高等院校艺术设计专业精品教材

设计心理学

（第二版）

李彬彬　编著

中国轻工业出版社

图书在版编目（CIP）数据

设计心理学/李彬彬编著. —2版. —北京：中国轻工业出版社，2022.5

全国高等院校艺术设计专业"十二五"规划教材

ISBN 978-7-5019-8792-4

Ⅰ.①设… Ⅱ.①李… Ⅲ.①工业设计 – 应用心理学 – 高等学校 – 教材 Ⅳ.①TB47 – 05

中国版本图书馆CIP数据核字（2012）第127327号

责任编辑：毛旭林

策划编辑：李 颖　　责任终审：孟寿萱　　封面设计：锋尚设计
版式设计：首经贸　　责任校对：晋 洁　　责任监印：张 可

出版发行：中国轻工业出版社（北京东长安街6号，邮编：100740）

印　　刷：三河市万龙印装有限公司

经　　销：各地新华书店

版　　次：2022年5月第2版第12次印刷

开　　本：889×1194　1/16　印张：19.5

字　　数：625千字

书　　号：ISBN 978-7-5019-8792-4　定价：49.00元

邮购电话：010 – 65241695

发行电话：010 – 85119835　传真：85113293

网　　址：http：//www.chlip.com.cn

Email：club@chlip.com.cn

如发现图书残缺请直接与我社邮购联系调换

220506J1C212ZBW

前言（第一版）

工业设计是一门新兴的、很有发展前景的重要学科。我国的工业设计专业从开始的几所大学设置，只有几年的时间，目前，已超过三百多所大学设有该专业，发展的势头有增无减。但办好工业设计专业却任重而道远。作为中国最早设有工业设计专业之一的无锡轻工大学设计学院教师，颇感压力巨大。因为工业设计是新兴学科，学科目标要探索，学科方法要研究，学科体系要建设，而作为教学这一环，课程建设是重中之重。

捧给读者的《设计心理学》是出自工业设计学科群中一位边缘学科、消费心理学作者之手。它从另一个切入点，研究工业设计的诸领域（产品设计－商品设计－企业设计），提出以消费者满意度 CSI (Customer Satisfaction Index)，作为工业设计的目标和手段，即设计就是提升消费者满意度的新观点。这一观点是有理论研究和实务验证背景的，并得到国内一些设计界、心理学界和管理科学界专家、教授的肯定和认同。

由沈大为教授和作者主持的江苏省 1996—1998 年重点软科学项目《设计附加值与消费者满意度》的研究中，采集了多种轻工产品的 CSI 实态数据，并建立产品、商品 CSI 的数据库，利用数据库，课题组进行了设计与消费心理的关联分析，并根据分析结果提出以 CSI 导向产品设计和商品设计的构想；同时，提出激励附加值的新理论。在中国科学院心理研究所陈龙研究员指导下，作者主持的原轻工业部和国家自然科学基金双重资助的项目《轻工企业组织行为与经济绩效跨文化的实证研究》中，提出企业设计新观念，即企业设计既包括企业外部形象 CIS 设计，也重视企业内部流程再造 BPR (Business Process Redesign)，而现代企业设计就是 CIS 和 BPR 之统合。要实现 CIS 设计和 BPR 设计之整合，方法和途径是用 CSI 工作支持系统。《设计心理学》的思考题设计，就是为了完成这一支持系统的。对于不同层面的学生，本科生和研究生在完成作业的要求上，在广度和深度上是不同的，从而使教学有机动性和灵活性。

新千年"达沃斯"会议的主题是新经济，它是以信息化、数码化和全球化为标志的。出席会议的中国代表很有感触地认为：信息产业软件，可以进口设备、进口软件、引进人才，但软件的输入内容，即信息的采集、分析和利用是不可替代的。另外，中国的数据库少得可怜。所以，设计 CSI 问卷，采集企业内、外实态的数据，建立 CSI 数据库等基础工作，必须由中国设计师自己来做。而未来的十年，中国要在咨询业有巨大的投入和发展（吴邦国在"迈向 21 世纪的中国经济"发言中，提出在未来十年对能源、交通、法律和咨询业将有重点投入）。我们用 CSI 采集企业内、外实态，并建立企业发展 OD (Organization Development) 的数据库，我们的 OD 数据库中既有国际发达国家（美、日等）企业设计的参照系统，又有中国特色的案例库。引导学生将中国的消费心理数据化、企业组织行为数据化，并企划进行动态式、纵贯式的追踪研究，为中国工业设计的产品设计、商品设计和企业设计提供咨询和诊断。《设计心理学》期望我们的学生获得一种信息化、数据化的新观念和新技能。

《设计心理学》除了介绍一般的消费心理规律以外，更关注外部世界的最新发展动态，力求使设计专业的学生有更宽泛的国际视野，更扎实的对本国企业文化的了解，同时掌握比较先进的采集企业内、外实态数据的技能和方法，努力实现无锡轻工大学设计学院的培养目标——"具有国际文化视野的、中国文化特色的、符合知识经济时代需要的未来设计师。"

站在世纪之交的门槛上，放眼未来，充满机遇和挑战；回首往事，充满欣慰和忧虑。面对自己的《设计心理学》课程设计，既有成就感，又有忧虑感。经过作者十年左右的努力，对该课程设计颇具个性感到欣慰；但由于工作条件和自己知识结构的制约，使课程的内容仍不尽如人意，这便是忧虑所在。由于教学的急需，只能抛砖引玉，将尚需修改的《设计心理学》提前面世，祈望专家和读者的批评和帮助，以便不断否定"自我"。作者坚信，没有最好，只有更好。

李彬彬
2000 年 11 月

前言（第二版）

笔者从事设计心理学的教学和科研已有20多年了，1987年在商学院教授消费心理学和管理心理学的同时，也在设计学院开设了《设计心理学》课程，应当感谢启蒙老师——中国科学院心理研究所的马谋超研究员和陈龙研究员，也要感谢提出跨界交叉建议的原无锡轻工业大学设计学院的张福昌教授和沈大为教授。笔者从1990年开始自编校际讲义《产品设计与消费者心理》（30万字），经过三年多教学实践后，《产品设计与消费者心理》一书于1994年10月由江苏教育出版社正式出版，并在1999年1月获江苏省普通高校第二届人文社科研究成果奖。在此基础上，结合承担的国家级和省部级软科学研究项目《轻工企业组织行为与经济绩效跨文化的实证研究》和《设计附加值与消费者满意度实证研究》的成果，在国内首推《设计心理学》一书，由中国轻工业出版社于2001年正式出版。

笔者在《设计心理学》（第一版）一书中首次提出新理念：以消费者满意度（Customer Satisfaction Index，简称CSI）作为设计管理系统评价的指标，在设计管理的全流程中，CSI作为产品设计系统评价的指标，体现在前期用户调研的产品定位、中期研发的产品决策和后期推出产品的商业模式取舍上，对这一系列环节判断的心理评价体系研究，成为我们教学和科研的主线。关注我们研究成果的有：清华大学柳冠中教授、李砚祖教授，西安交通大学的李乐山教授，中央美院的许平教授等学者；而从1999年吴为山教授的《视觉艺术心理》（南京师范大学出版社）中可知，东南大学张道一教授也是这一领域的先知先觉者。值得一提的是，美国西北大学认知心理学家唐纳德.A.诺曼教授于20世纪80年代出版的《设计心理》（中文版），也为这一领域的研究带来了新的信息。

目前设计界认同我们理念的同仁越来越多，各种版本的《设计心理学》已有二十余种。以往设计关注的重点是产品本身造型、功能、材质等刚性设计元素，如今随着乔布斯的成功，用户体验、用户参与、用户心理等柔性设计元素逐步从依附刚性设计要素的地位，上升到同样重要的地位。重视消费者满意度参数、以柔统刚的设计理念，放大了设计师的知识体系和操作深度。设计师认同以用户体验为中心的消费者满意度导向的产品心理评价系统，正在从电子产品、实体产品向信息产品、服务产品扩张。乔布斯的"苹果产品"成功之路已昭示我们，产品的用户体验、用户CSI参数是产品微创新的原动力，是第一位的、变化的、与时俱进的主动变量；而产品的造型、色彩、材质是从属的滞后变量，对这种模式的认知是当今微创新的范式。而中国UPA（专业用户体验组织）近十年来逐步活跃，关注和参与的设计师呈几何级数增长的趋势，表明消费者参与式设计是新的增长点。基于此判断，第二版《设计心理学》更关注信息的变化、消费者对信息的体验和CSI参数变化的反映，内涵和外延也更加丰富。

江南大学设计学院
李彬彬
2012年4月10日

目录

第一章 设计心理学的对象和意义 … 1
1.1 设计心理学的对象 … 1
什么是设计心理学／工业设计与消费者心理的关系／
设计心理学研究的内容
1.2 设计心理学研究的意义 … 10
设计心理学为"好的设计"服务／消费者满意度 CSI 与设计管理／
消费者满意度是现代设计的依据／消费者心理是现代工业设计的基础／研
究消费者心理与产品开发／研究消费心理与经济效益／
研究 CSI 与企业设计管理／研究消费者心理与设计师素质／
用户体验与微创新产品附加价值

第二章 设计心理学的研究方法 … 22
2.1 设计心理学研究方法综述 … 22
设计心理学的现代研究方法／设计心理学的新型研究方法
2.2 设计心理学的常用研究方法 … 25
设计心理学的初级研究方法／设计心理学的中级研究方法／
设计心理学的高级研究方法
2.3 设计心理学的现代研究方法 … 32
设计心理学宏观研究方法／设计心理学微观研究方法／
设计心理学的尝试性研究方法
2.4 创造性思维方法的研究和评价 … 43
创造性思维理论研究介绍／发散性思维的特点分析／具体操作案例／
创造性思维体系评价规则

第三章 设计与消费者的需要 … 47
3.1 设计与消费者需要综述 … 47
消费者的需要分析／消费者需要的理论研究／消费者需要与设计
3.2 消费者的需要分析 … 51
消费者需要的一般概述／消费者的需要、欲望、需求／
消费者需要的一般特征／消费者需要的不满足与设计／
影响消费者需要的基本因素
3.3 消费者需要理论与趋势研究 … 58
马斯洛的需要层次论／奥德福的 ERG 需求理论／
需要层次论与市场心理／中国消费者未来消费观／
中国消费者未来需要热点
3.4 消费者欲望与设计 … 70
消费欲望的特征／影响欲望的因素分析／欲望与设计的关系

第四章 设计与消费者动机 … 74
4.1 设计与消费者动机综述 … 74
消费者动机理论／消费者动机冲突／消费者动机的研究方法／
消费者购买动机分析
4.2 消费者动机分析与设计 … 78
消费动机的界定／消费者的一般购买动机与设计／
消费者的具体购买动机与设计／消费者现代购买动机与设计／

消费动机分析指标体系

4.3 消费者动机冲突分类与设计 ················ 86
双趋冲突——"接近—接近型"动机冲突与设计 /
双避冲突——"回避—回避型"动机冲突与设计 /
趋避冲突——"接近—回避型"动机冲突与设计

4.4 影响消费者购买动机的因素 ················ 89
影响消费者购买动机的外部因素 / 影响消费者购买动机的内部因素 /
消费动机与人群区分 / 自我概念与消费动机

第五章 设计与消费者的态度 ················ 95

5.1 设计与消费者态度研究综述 ················ 95
态度与态度理论 / 消费者态度与设计 / 消费者满意度导向设计研究

5.2 消费者态度分析与设计 ················ 99
态度的一般概述 / 态度的相关理论

5.3 消费者态度形成与设计 ················ 105
影响消费者态度形成的主观因素 / 影响消费者态度形成的客观因素

5.4 消费者态度转变与设计 ················ 109
广告宣传与消费者的态度转变 / 消费者的个体差异与态度转变

5.5 消费者满意度研究 ················ 114
消费者满意度 CSI 概述 / 消费者满意度 CSI 起因 /
消费者满意度的层次 / 消费者满意度 CSI 理论研究成果

5.6 设计与消费者满意度 ················ 118
设计 CSI 调查问卷的原则 / 设计 CSI 调查问卷的程序

第六章 设计附加值与消费者满意度 ················ 121

6.1 设计附加值与消费者满意度综述 ················ 121
附加值研究 / 设计附加值研究 / 设计附加值的创造与消费者满意度
CSI / 设计附加值的展望

6.2 附加值的理论研究 ················ 126
美国附加值理论研究 / 德国附加值理论 / 日本附加值理论 /
中国附加值理论

6.3 设计附加值的理论研究 ················ 129
初始附加值和激励附加值 / 设计与激励附加值 / 激励附加值的类型 /
商业设计与激励附加价值 / 设计趋势与激励附加值

6.4 消费者的满意度导向产品设计（吸尘器）案例 ················ 139
家用吸尘器设计心理评价问卷 / 家用吸尘器设计心理评价调查 /
消费者吸尘器使用相关分析 / 家用吸尘器设计心理评价分析

6.5 "设计附加值和消费者满意度"项目 ················ 153
项目完成情况和意义 / 主要技术指标 / 本项目的创新点 /
专家组鉴定结果 / 项目应用效果

第七章 设计心理微观分析 ················ 156

7.1 设计心理微观分析综述 ················ 156
年龄区隔与设计心理研究 / 性别与设计心理分析 /
个性与设计心理分析 / 家庭与设计心理分析

7.2 年龄与设计心理 ················ 161
儿童心理与儿童产品设计 / 青年心理与青年产品设计 /
中老年心理与产品设计

7.3 性别与设计心理 …………………………………………… 166
　　心理的性别差异／消费心理的性别差异与设计／
　　女性消费心理分析与设计／男性消费心理分析与设计／
　　中国城市女性消费状况调查报告
7.4 个性与设计心理 …………………………………………… 170
　　兴趣爱好与设计心理／能力与设计心理／气质与设计心理／
　　性格与设计心理／个性与市场心理细分设计
7.5 家庭与设计心理 …………………………………………… 178
　　家庭结构与消费者购买特点／家庭生活周期与产品设计／
　　家庭消费设计／家庭消费新观念

第八章　设计心理宏观分析 …………………………………… 184
8.1 设计心理宏观综述 ………………………………………… 184
　　社会文化与消费心理／社会阶层与消费心理／
　　社会群体与消费心理分析／社会心理现象与设计心理
8.2 社会文化与设计心理 ……………………………………… 188
　　中国文化特点／中国文化的消费行为／消费习俗与设计心理
8.3 社会阶层与设计心理 ……………………………………… 194
　　社会阶层的划分／社会阶层与设计心理／社会阶层对消费行为的
　　具体影响
8.4 社会群体与设计心理 ……………………………………… 197
　　社会群体与消费行为／消费文化与群体心理研究
8.5 社会心理与设计心理 ……………………………………… 201
　　社会心理现象概述／时尚的一般概述／时尚的规律和设计／
　　流行方式与设计心理／时尚与产品设计

第九章　产品设计与消费者心理 ……………………………… 212
9.1 产品设计与消费者心理综述 ……………………………… 212
　　产品生命周期与消费者心理／产品创新设计与消费者心理／
　　产品设计心理研究
9.2 产品生命周期与消费者心理 ……………………………… 215
　　产品生命周期概述／产品生命周期与产品设计／产品市场生命周期与产
　　品特点／产品生命周期与消费者心理／新产品扩散与设计
9.3 产品造型设计与消费者心理 ……………………………… 225
　　产品造型设计心理概述／产品的造型设计的心理策略
9.4 产品功能设计与消费者心理 ……………………………… 231
　　产品功能设计与生理需求／产品功能设计与工程心理
9.5 新型产品设计与用户心理 ………………………………… 237
　　用户体验设计与用户心理／现代服务设计与用户心理

第十章　商品设计与消费者心理 ……………………………… 241
10.1 商品设计与消费者心理综述 …………………………… 241
　　商品设计中消费者心理运用／现代广告设计与消费心理／
　　现代商标设计与消费心理／现代包装设计与消费心理
10.2 广告设计与消费者心理 ………………………………… 244
　　广告设计与消费者的感知／广告设计与消费者的注意／
　　广告设计与消费者的记忆／广告设计与消费者的情感／
　　国际广告设计理论与消费心理分析

10.3 商标设计与消费者心理 ·· 258
　　商标的心理功能／商标设计心理／商标的命名心理／
　　外销商品的商标心理
10.4 包装设计与消费者心理 ·· 266
　　包装的心理功能／包装的设计心理策略／外销商品的包装设计心理

第十一章　企业设计与消费者满意度 ······························· 272

11.1 企业设计与消费者满意度综述 ·································· 272
　　企业设计相关研究／消费者满意度的企业设计／
　　企业设计与消费者满意度
11.2 企业设计的理论研究 ·· 275
　　企业外部形象设计／企业内部设计与消费者满意度／
　　美国企业设计与消费者满意度／日本企业设计与消费者满意度／
　　现代企业设计与消费者满意度
11.3 企业设计与消费者满意度专题研究 ···························· 281
　　专题研究的引言／专题研究的方法／专题研究结果分析／
　　专题研究小结
11.4 企业设计与消费者满意度案例分析 ···························· 291
　　"A"电器集团公司企业咨询与 CSI 分析／
　　数据采集阶段对"A"企业整体形象实态调研／
　　分析"A"电器集团企业设计存在的问题／
　　课题组提出解决企业设计问题的建议／
　　中外企业设计与 CSI 案例分析

后记 ··· 304

第一章
设计心理学的对象和意义

■ 设计心理学的对象
■ 设计心理学研究的意义

1.1 设计心理学的对象

设计心理学是工业设计与消费心理学交叉的一门边缘学科,是应用心理学的分支,它是研究设计与消费者心理匹配的专题。现代的产品和商品的设计统称工业设计(Industrial Design)。1964年,比利时布鲁格斯(Bnuges)召开的工业设计教育研讨会上,对"工业设计"所做的界定为:"工业设计是一种创造性行为,它的目的在于决定产品的正式品质。所谓正式品质,除了产品外形和表面特点外,更重要的是决定产品的结构和功能的关系,以获得一种使生产者和消费者都能满意的整体。"近50年后的今天看布鲁格斯对工业设计的界定,其生命力犹在,其前瞻性令人赞叹。今天工业设计的经典代表乔布斯和他的"苹果"诠释了布鲁格斯的命题,乔布斯认为设计就是微创新,而他对用户体验的追踪和提供的创新型产品,"果粉"大军的形成,使"苹果"成为世界市值第一的企业,这种使生产者和消费者都能满意的整体世人皆知。

从布鲁格斯工业设计定义可以看出工业设计与消费者心理的关联性,尤其体现在最终道出的工业设计目的是"以获得一种使生产者和消费者都能满意的整体"。现代设计管理追求"产消者双赢理论",消费者直接参与到生产者的企划、生产、经营全过程之中,并成为企业生产经营的中心和组成部分,产消走向一体化,构成产消共益体,建立一种满意的心理联结,设计师与消费者互动的交互设计成为新趋势。在此情况下,生产者乐意继续向消费者提供优质的产品和服务,而消费者也愿意继续消费这种产品和服务。生产者找到了市场空间,消费者建立了对产品和服务的忠诚度,减少了消费者在消费过程中的无效劳动和风险。这种双满意的整体效果,就是现代工业设计所企盼的最佳境界。而"双满意"的关键是消费者满意度。所以我们认为,工业设计就是提升消费者满意度(Customer Satisfaction Index,简称CSI)。CSI提升,市场占有率扩大、稳定,经济效益自然就在其中;CSI提升,生产者口碑好、形象好,社会效益不言而喻。我国"十二五"规划提出文化创意产业是重点发展的新兴产业之一,并且"设计学"即将上升为教育部的一级学科,从理论上和实践上工业设计将以全新的面貌展现在学术界和产业界面前。大家对"什么是设计"有了更深的理解,除了我们认同的此前一些专家的界定,如:设计就是社会工程(王受之)、设计就是文化(柳冠中)、设计就是使点钞机运转(童慧明)、设计就是创新(刘东利)、设计就是经济效益(林衍堂)、设计就是协同(俞军海)、设计就是平衡(吴翔),我们还推崇的是国外著名专家、诺贝尔奖获得者赫伯特·西蒙(Herbert Alexander Simon)、苹果公司总裁乔布斯、米兰理工大学的曼梓尼(Ezio. Manzini)教授的界定:设计就是寻求满意解(赫伯特·西蒙)、设计就是微创新(乔布斯)、设计就是社会创新(曼梓尼)。

以上各位中外专家学者对布鲁格斯会议界定的"工业设计"有不同的见解,但我们认为是殊途同归,只是切入点不同,理解的层面不同,表征的方式不同,国外专家的界定使设计的内涵和外延深度和广度得到拓展。十年前,笔者从消费心理学视角看,设计就是提升消费者满意度,今天仍坚持这一命题,因为它是一个可持续的有生命力的界定。这里的"设计"主要讨论产品设计、商品设计和企业形象设计。

1.1.1 什么是设计心理学

关于什么是设计心理学并没有标准答案,国内至今已有20多个版本的《设计心理学》,说法各异,我们关注设计心理学的前沿动态:其一,诺贝尔奖获得者认知心理学家赫伯特·西蒙认为

"设计心理学是一门人机科学的心理学,其关键点是'评价—寻找备选方案—表现'的决策过程";其二,国际著名的设计心理学家唐纳德·诺曼认为"设计心理学是研究人和物相互作用方式的心理学"。进入互联网时代可称之为"交互设计心理学"。

我们认为:设计心理学是专门研究在工业设计活动中,如何把握消费者心理,遵循消费行为规律,设计适销对路的产品,最终提升消费者满意度的一门学科。说明这一内涵要注意六点:其一是工业设计活动,其二是消费者,其三是消费者心理,其四是消费行为规律,其五是适销对路的产品,其六是提升消费者满意度。

1.1.1.1 工业设计活动

工业设计活动是处理人与产品、社会、环境关系的系统工程,可以称它为社会工程或文化工程。它的出发点是消费者的需求,归宿则是消费者需求的满足,所以工业设计是以消费者为中心,满足消费者全方位需求的设计活动。而过去所说的工业技术设计活动,只满足消费者的功能性需求,重点是产品的使用价值,处理"物与物"的关系,它所面临的任务仅是单一产品的功利性、具体的实际操作处理和创造,而现代设计是一个涉及物质、精神、社会的无限宽泛的开放性活动。工业设计活动是多层面的,具体分析:

第一,工业设计活动是观念设计的活动。首先是工业设计活动本身的观念设计,虽然工业设计活动途径和方法是多种多样的,但观念的树立实际上是对设计的设计,我们称之为"元设计活动",这是非常重要的。没有系统的工业设计观念,就意味着没有正确的目标,即使有更好的手段和方法,也是无效的设计活动。其次是消费观念的设计,它倡导消费者采用一种崭新的生活方式,引导人们科学的生活模式,提高人们的生活质量。

第二,工业设计活动是综合创造的活动。它研究产品技术功能设计和美学设计的结合和统一,是在完善产品的使用价值的同时,解决产品的艺术观赏价值,是锦上添花,是对产品技术设计的优化、发展和完善,目的是满足消费者日益增长的全面需求,工业设计不是技术与艺术的简单相加,而是通过一定的思维和手段把技术和艺术的潜力发挥出来,创造一种使用方式。设计是对事物和社会生活的本质理解把握,设计师不可能掌握所有的技术,也不可能通晓所有与设计相关的专业知识,但设计师可以通过一定的思维、一定的方式调动或协调各种专门技术、专门人才来实现设计的综合创造。

第三,工业设计活动是包容性的活动。不仅包括工业设计自身的活动,比如各种产品的造型、色彩、表面装饰、包装、装潢和商标等内容的设计,还包括产品在推向市场过程中的营销设计,如产品的广告设计、橱窗设计、营业场所的内外装饰、展示设计等方面,用于刺激消费、引导消费,达到扩大销售的目的,这主要是视觉传达设计内容。另外还要注意工业设计与外环境的协调,既关注产品的造型效果,又注重产品间的相互关系及产品与环境的关系,由产品的自身扩大到包容产品的整个室内空间,使消费者拥有和谐优雅的工作环境和生活环境。如产品的环境污染的杜绝和处理,厂房的布局,建筑物的设计,车间内部的安排、室内装饰、光线、色彩的适当运用以及噪声的消除等,用以减轻劳动者(消费者)体力负担与精神疲劳,达到提高工效的目的。

第四,工业设计活动是以资讯为基础的。采集实态数据包括采集消费者、企业、社会等满意度数据,是当今工业设计活动的难题之一。发达国家根据 CSI 数据进行新产品定位,促销设计定位的成功案例值得学习。

第五,工业设计活动是一种整合企划活动。这种活动是有目的的,从调查使用要求和市场信息入手,了解资源、供应及产品销毁后对生态平衡、环境保护的影响;掌握生产方式和手段,生产和技术水平;作出产品开发计划;构思设计方案;制作工作模型、样机,确定设计方案;制订生产计划、落实工艺流程;试生产后投入市场;分析反馈的信息;改进后再投入批量生产;最后在市场上流通。这个产品从构思到生产,从使用到销毁的全过程都受控于设计,缺一环节都可能使设计失败。所以说工业设计就是产品开发的周密策划与审慎的实施。

第六,工业设计活动是文化活动。设计是文化,是人类对自然理解后的意识,是人类认识自身后运用材料、技术表达自己理想的行为。它是人类科学、文化水平的集中反映。所以说,设计是一种高层次的精神活动,它综合了人类科学、艺术的成果。工业设计的文化活动具体表现是理解消费者的生活方式、把握消费者生活方式变革,并倡导一种新的生活方式。所以说设计文化活动就是生活方式的设计。

1.1.1.2 消费者

传统对消费者的界定,是指消费商品的人。当然这里的商品概念是广义的,不仅包括市场上出售的各种产品,也包括有偿服务。各种产品,大的从重工业产品,如飞机、汽车等交通工具,到各种厂房建筑设备仪器,小的轻工业产品、日用百货、家用电器、家具以及室内装饰品等。后者如旅游、修理、运输、咨询、文娱等行业所提供的各种服务。在实际的生产劳动和生活活动中,每个人都要消费大量的产品与劳务,因此,在我国,每个人都是消费者,同时又是生产者和劳动者。现代对消费者界定是:所谓消费者是指任何接受或可能接受产品或服务的人。消费者是相对于提供产品或服务的生产者而言。消费者和生产者是一对共生概念。没有消费者,生产者也难以存在。消费者和生产者之间构成交换关系,其中有直接交换和可能交换二种关系。直接交换关系是指一手交钱一手交货（产品或商品）;可能交换关系是指潜在消费者的存在,是由CSI显示、预测可知消费者对产品需求的品种和容量等参数。这里的产品和商品概念是广义的。

现代产品与过去的产品概念上有很大的区别:其一,现代产品既讲硬件（如性能等）又讲软件（如服务、宜人等）。其二,现代产品突出以消费者需求为中心。其三,现代产品突出整体含义,即三结构层:①内部产品核心层,包括品质、功能、效用、服务、利益;②中间产品形体层,包括形状、特征、式样、包装、装潢、商标、品牌等;③外部产品附加值层,除外形附加值以外,交货期、安装、送货、维修、技术服务、培训、保证、赊账、优惠条件等软因素。

四川大学学者李蔚认为,消费者类型可以分为五种（图1-1）:即①潜在消费者,②准消费者,③显在消费者,④惠顾消费者,⑤种子消费者。

潜在消费者（Potention Customer）是消费者具有的买点与企业的现实卖点完全对位或部分对位,但尚未购买企业产品或服务的消费者。这类消费者数量庞大,分布面广,由于种种原因,他们当前并不购买企业的产品,如果企业针对他们进行营销设计,他们又可能成为企业的现实消费者。潜在消费者是企业的市场资源,也是企业的发展空间,潜客量的大小,决定着企业未来发展规模的大小,当一个企业的产品市场开发已经使潜在消费者量趋向极小时,企业便应考虑开发新的产品,否则就会停滞不前,甚至倒退。

准消费者（Subcustomer）是对企业的产品或服务已产生了注意、记忆、思维和想象,并形成了局部购买欲,但未产生购买行动的过客。对过客而言,本企业的产品或服务已进入他们的购买选择区,成为其可行性消费方案中的部分。但由于种种原因,他们一直未购买本企业的产品。消费者的购买行为是按"知—情—意—行"模式来完成的。根据这一模式,我们可以发现,过客不发生购买行为的三大原因:

原因之一,认识未到位。对产品或服务尚不了解,促进购买行为发生的信息支持系统——解释系统不能建立,因此不会贸然购买,因此只能是过客。

原因之二,情感障碍。认识虽然到位,但是情感不能到位,或因为企业产品名实不符,不能满足消费者的道德需求;或其服务不到位,不能满足消费者的理解需求;或设计不到位,不能满足消费者的审美需求。消费者存在多种情感障碍,购买行为不可能发生,也就只能是过客。

原因之三,意志冲突。由于消费者在购买决定中出现强大的意志冲突,而不能成为消费者,而只能停留于准消费者阶段。意志冲突主要表现为两方面:一是动机斗争。多种同类产品相比之下只能择其一,对被遗弃的商品消费者即为过客。二是行动困难。虽然各方面条件都具备了,但仍不能购买,其原因是有购买困难。主要表现为资金困难、时间困难和选择困难,这些困难也使消费者只能停留在过客状态。

显在消费者（Customer）是直接消费企业产品或服务的消费者。无论数量大小、次数多少,只要曾经消费过本企业的产品,就是本企业的一个消费者,他们不仅认识了企业的产品或服务,产生好感,作出购买决定,购买了产品,而且还要为此行为承担后果。如果后果是不满意,其对企业的损失,远远比其不购买本企业的产品或服务还要大。因为一个不满意的消费者,会直接、间接影响40个潜在消费者,使公司失去40笔可能业务。所以,把消费者可能不满意的产品卖给消费者是一场灾难。优秀设计的最高原则,就是尽量把消费者满意的产品卖给消费者,而避免让消费者买走不满意的产品。

惠顾消费者（Patron）常客就是经常购买本

企业产品或服务的惠顾消费者。常客是企业稳定的消费者队伍,他们反复购买企业的同类消费品,或购买企业不同类的各种消费品。惠顾消费者的产生有三大原因:

品牌忠诚——由于多次使用同一品牌,或长期使用同一品牌已经产生了心理定式即个体对其他产品形成了一道心理避拒隔离墙,即便其他品牌再好,也会不闻不问。

产品情结——对产品产生了一种特殊的情感,这种情感导致了一种稳固的消费趋向,甚至演化为癖好消费,这时,他们一般不再购买其他同类产品,而盯准一种产品购买。可口可乐公司20世纪80年代改变可口可乐配方时在美国引起轩然大波就是一例。

服务到位——以优良的服务,使产品更完美,或者弥补了产品之不足,使消费者乐意重复消费而成为常客。任何产品都不可能十全十美,任何厂检合格的产品都不可能保证到用户手里仍是100%合格。即使故障率只有千分之一,对于购得产品的消费者而言也是100%失败。为了弥补这个企业不能事前控制的问题,于是有了服务,良好的服务可以使企业这千分之一的故障率化为零。

惠顾消费者是企业的基本消费队伍,是一种市场开拓投入最小的消费者。根据国外的研究,留住一个常客的费用,仅是开发一个新消费者费用的七分之一,因此,企业着意培养自己的常客队伍,形成一个庞大的常客阵容,是生产者生存发展的根本,没有常客队伍的企业,一定是"兔子尾巴"企业。

种子消费者(Seed Customer)是由常客进化而来,除自己反复消费外,他们还为企业带来新消费者。种子消费者有四个基本特征:

忠诚性——他们忠于品牌、忠于产品、忠于生产企业,甚至忠于销售人员。他们对品牌、对产品有特殊的好感。

排他性——种子消费者往往在同类产品上,只消费某公司的产品,非此不买,他们是该公司产品最忠实的消费者。

重复性——不能反复购买的,不算种子消费者。种子消费者总是反复消费某公司的产品,是该产品的长期消费者,有的几乎一辈子都在消费它。

传播性——种子消费者不仅自己消费某产品,而且还会不厌其烦地向周边的亲朋好友、同事邻居广为宣传,是该产品的义务广告员。不仅如此,他们还介绍,甚至亲自带领新消费者去购买该产品。

种子消费者是一种能为企业带来新的消费者的消费者。种子消费者的数量,决定了企业的兴旺程度,也决定着企业的前景。

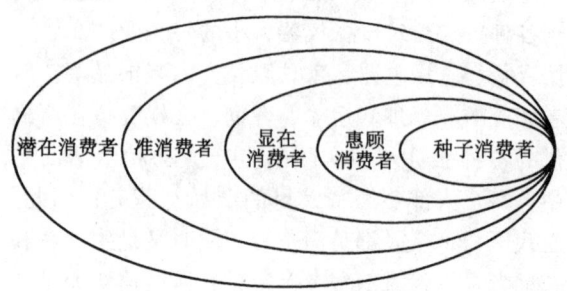

图1-1 五类消费者

我们开展设计心理学的研究,是企图沟通生产者和设计师与消费者的关系,使每一个消费者都能买到称心如意的产品,要达到这一目的,必须了解消费者心理和研究消费者的行为规律。

1.1.1.3 消费者心理

消费者的心理现象既包括消费者的一般心理活动过程,也涉及消费者作为个别人的心理特征的差异性即个性。消费者在消费过程中的心理现象,表现为对产品的感知、注意、记忆、思维和想象,对产品的好恶态度,从而引发肯定和否定的情感。由于消费者对产品情感程度不同,最后会反映在产品的购买决策和购买行为上。这些消费者的心理现象,有共性的规律性的东西,组成消费者心理的一般性内容。但是,消费者心理也有差异性,表现在他们对商品的兴趣、需要、动机、态度、价值观的不同,必然产生不同的购买行为。如集邮市场上的邮票,对集邮消费者来说,是一种需要,有强烈的购买动机,即使价格昂贵,自己经济并不宽裕,也要节衣缩食,争取早日购进。这种购买行为是其他消费者所不能理解的。

从本质上说,产品是为满足消费者的需要而设计的。第二次世界大战以后,随着技术的迅猛发展,产品的更新步伐加快了,产品的生命周期也缩短了。有些企业家认为,只要制造出新产品就能打开销路。实际上,有专家估计,大约80%的新产品遭到厄运,因为它们没有能够符合消费者的心理特点。下面考察两个案例:

案例一,美国有一家制造捕鼠装置的公司,厂家为了试制一种适宜老鼠生活习性的捕鼠装置，组织力量花了若干年工夫，研究了老鼠的吃、活动和休息等各方面的特性，这台受老鼠"欢迎"的捕鼠装置终于问世了。经实际使用，捕鼠效果确实不错，价格也并不比现有其他同类产品高。可是，投放市场后，这种新型装置压根儿卖不动。是何原因呢？后来查明，购买该装置的买主大多数是家庭的男人。他们每天夜间就寝前安装好这个装置，次日起床因忙于上班，把清理捕鼠装置的任务留给了家庭主妇。妇女们见死鼠就害怕、恶心，又担心装置不安全，会伤害到人，结果许多主妇只好将死鼠连同该装置一起丢弃，由此感觉代价太大。另一方面，留得该装置存在，又容易引起主妇对老鼠的可怕联想。因此，主妇们不希望自己的丈夫再买这种装置，从而使这种装置没能打开销路。此案例说明，把握消费心理应当注意使用者、购买者和影响者三变量的关系。购买者满意并不代表使用者满意，也不能形成回头客（惠顾消费者）。

案例二，20世纪40年代，一种方便、味美、廉价的饮料"雀巢速溶咖啡"（Nescafe）开始进入市场。但是，消费者对此不感兴趣，问津者寥寥无几。出现这种情况是令人费解的。在速溶咖啡出现以前，在家里喝上一杯咖啡需要经过一番复杂的操作：首先，从市场上买生咖啡豆，进行烘烤，再将烘烤好的咖啡豆磨细，然后才能煮出一壶咖啡。而配制速溶咖啡，无须特殊技术和耐心，谁也不会发生配料的错误；此外，它的价格也比传统饮料便宜。既然如此，那么，人们究竟为什么要抵制这种方便饮料呢？为了解答这个问题，消费心理学家开始调查人们对雀巢速溶咖啡的看法。他们找来一些有代表性的消费者，询问他们是否使用了速溶咖啡。所得到的回答几乎相同：他们不喜欢速溶咖啡的味道。

但是，消费心理学家用实验法证明咖啡豆磨出的咖啡与速溶咖啡在口味上无显著差异，因为大多数人都没有讲出速溶咖啡和新鲜调制的咖啡在味道上究竟有什么区别。他们认为，问题的根源可能并不在于味道的好坏，而是消费者心理存在着一种抵制速溶咖啡的潜在动机。为此，心理学家设计了另外一种提问方式（投射法）。他们特地编制了两张购货单（图1-2），这两张购货单除了一张上写着速溶咖啡，另一张写着新鲜咖啡豆以外，其余的物品全部相同。他们将两张购货单分别交给两组家庭主妇，请她们描述得到其中一张购货单的消费者各是一个什么样的人。

```
购货单1              购货单2
1听发酵粉             1听发酵粉
2块面包,1串胡萝卜     2块面包,1串胡萝卜
1磅雀巢速溶咖啡       1磅新鲜咖啡豆
1.5磅碎牛肉           1.5磅碎牛肉
2听桃子               2听桃子
5磅土豆               5磅土豆
```

图1-2 心理学家设计的两张购货单

所得到的描述截然不同。购买速溶咖啡的消费者被认为是一个懒汉，是一个邋遢、生活毫无计划和没有贤妻照顾的人。而购买新鲜咖啡豆的消费者则被描述成有经验的、勤俭的、讲究生计的、有家庭观念的和喜欢烹调的人。

这个结果表明，人们倾向于用十分消极的词汇去描写速溶咖啡的购买者，换句话说，速溶咖啡这种十分方便、节省时间的新产品在消费者心目中的印象不佳：消费者拒绝这种新产品的真正原因在于他们对速溶咖啡的偏见，而不在于它的味道。在这种情况下，愿意购买速溶咖啡的人当然很少。

针对这种情况，为了使速溶咖啡打开市场局面，改变人们的偏见情绪和消极印象，广告的主题就需要改变。新设计的广告一改过去强调速溶咖啡又快又方便的特点，转而强调市场上销售的新鲜咖啡所具有的美味、芳香和质地醇厚等特点，速溶咖啡都一一具备。在一幅杂志广告上，设计师画了一杯美味芬芳的咖啡，后面高高地堆着很大一堆褐色的咖啡豆，速溶咖啡罐上写着"100%的真正咖啡"。立刻，消极印象克服了，速溶咖啡一跃成为西方咖啡业中最受欢迎的一员。消费者已经被说服了，谁也不会再认为购买速溶咖啡的人是懒汉和无能者，他们已经认识到速溶咖啡所具有的各种优点和价值。

这是消费心理学研究工作中的一个实例。它包含了消费心理学中的许多重要问题。例如，消费者的动机问题，消费者（对速溶咖啡所持）态度在广告作用下逐渐改变的过程，消费者的需求变化，消费者（从习惯购买新鲜咖啡直到习惯购买速溶咖啡的）行为改变，如何根据消费者的特点来设计广告，消费者研究的方法等。

1.1.1.4 消费者行为规律

所有的消费心理现象可以概括为六个相互联

系的行为过程，如图1-3。

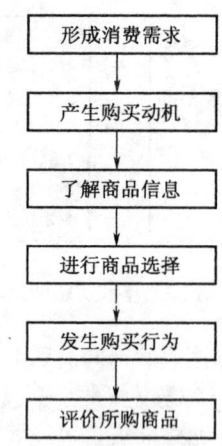

图1-3 消费者行为过程图

①形成消费需求。当人们因意识到自己缺乏某种东西而产生心理紧张时，一定的需求就形成了。现在人们的许多需求表现为消费需求，如爱美的姑娘因看到漂亮的时装而形成对时装的消费需求，生病的人对药品的消费需求，业余生活贫乏形成对电视机的消费需求等。

②产生购买动机。消费需求一旦形成，便会推动个体去寻求相应的满足。当必须通过购买才能满足消费需求时，个体的购买动机便会随之产生。但每个消费者的需求层次不同，会形成不同的购买动机。如处于生理需求层次上的消费者，一般形成求实求惠的购买动机；处于自尊需求的消费者，一般考虑威望地位而形成求名求异的购买动机。

③了解商品信息。一旦产生对商品的购买动机，消费者便会主动而又全面地寻求有关的商品信息，通过现代社会的各种大众传播媒介诸如广播、报刊、电视的广告，去了解产品的功能、价格、外观、质量、服务等，供进一步比较挑选。有的消费者相信各种产品广告，有的则相信亲友邻居介绍，有的则经常出入商店获取商品信息。

④进行商品选择。消费者将已了解到的关于某种商品的主要信息进行整理，根据一定的选择标准，对不同类型的产品作相互比较，以便最后作出选择。

⑤发生购买行为。消费者作出商品选择的决定后，一般很快就着手购买。但何时买、在哪个商店买、买多少、如何买等问题，在消费者中有不同的反应。如"春备夏装秋置棉"就是对购买服装恰当时机的一种经验说法。

⑥评价所购商品。购买并实际消费商品之后，消费者自然会对这种商品有所评价。当对所购商品比较满意时，消费者不仅愿在今后做重点购买，而且向其他消费者做义务宣传，扩大产品影响。倘若不满意，则将有相反的效果。

以上消费者行为规律的六个过程，具体在各个消费者身上不尽相同，也未必每次消费都有此六个过程，但消费者心理过程的复杂性是存在的，探究消费者行为规律的内容是丰富的。

1.1.1.5 适销对路的产品

适销对路的产品一般是消费者满意的附加值高的产品。科学技术与文化艺术是开发高附加值产品的手段。"以消费者为中心"的市场营销是手段，更是开发适销对路产品的最佳途径。

首先，产品的使用价值和价值的实现必须靠惊险的一跃，只有适销对路的商品才能跃过由生产到流通，最后跃到消费者那里；反之，不适销对路的商品就不能跃过，不能实现价值。

其次，适销对路的程度将影响满意度和附加值实现的程度。尤为适销的商品能升值，相反则可能贬值。只有特别适销的、满意度高的产品才能真正变成高附加值的商品；不适销对路的高附加值产品，只能变成样品和展品。

第三，适销对路，是指符合消费者的显在和潜在的需求，既符合功能需要，又符合购买力水平，特别是符合消费心理需要。因此，适销对路产品必须实用，能满足消费者的物质需要；还要产品经济、性价比值较高，定价合理；同时必须能满足消费者的审美心理，具有欣赏价值。

第四，同样是适销对路的产品，但不同的品牌，价格并不一样，这里有一个竞争力的问题，竞争分为价格竞争和非价格竞争。若靠价格竞争，就会是薄利多销，不能实现高附加值；所以要避免价格竞争，尽可能靠营销设计来提升消费者满意度，实现高附加值，实现厚利多销。

第五，适销对路的具体内涵不是一成不变的。在商品短缺的情况下，消费者重视物质需求；而在小康条件下，消费者转向重视精神需求，适销就是适应市场需求的变化。高附加值产品必须"高"在对市场的应变力上。

第六，适销对路，既有目前看到的（显在的），还有即将出现的（潜在的）。显然，能满足潜在需求就能得到更高的附加值。因此需要认真调查市场，细分目标市场，调查消费者需求和消费者态度指数，由消费者满意度来预测市场，确定潜在需求是设计心理学研究的重点。所以，高附加值产品常常是回应消费者满意度，来满足潜在需求的，它能开拓潜在新市场，具有强大的市场开拓力，适销对路产品是满意度设计的结果。

1.1.1.6 消费者满意度（Customer Satisfaction Index 简称CSI）

在实际营销中，让消费者满意是企业（生产者和设计师）开展营销活动的一个主要目标。因为一旦满意，消费者就可能进行重复或认牌购买的消费行为。消费者满意度这个概念，是市场经济发展到今天以消费者为中心的产物，它集中反映了现代的营销观念，即企业的赢利是通过满足消费者的需要，让消费者满意而得到的。现代设计与现代营销观念是同步发展的，对消费者满意度进行大量研究，并用消费者的态度指数来表征消费者满意度，这种研究大致经历了三个时代：

第一个时代是理性消费时代。这一时代，物质尚不充裕，恩格尔系数较高，生活水准较低，消费者在安排消费行为时，非常理智，不仅重视质量，亦重视价格，追求价廉物美和经久耐用。因此，消费者的态度指数是"好"与"坏"。

第二个时代是感觉消费时代。当社会物质财富开始丰富，人们的生活水平大大提高，恩格尔系数大大降低后，消费者的价值选择已经不再是价廉物美、经久耐用了，他们开始重视品牌、形象，这时消费者的态度指数是"喜欢"与"不喜欢"。

第三个时代是感情消费时代，即体验经济时代。随着社会的进步，时代的变迁，消费者越来越重视心灵上的充实和情感的体验，对商品的要求，已跳出了价格、质量的层次，也跳出了品牌和形象的局限，对商品是否具有激活心灵的魅力，十分感兴趣，追求商品购买与消费过程中心灵上的满足感和体验感。因此，这时消费者的态度指数是"满意"与"不满意"。

消费者满意度是反映当代消费心理的最新指标。我们看到，在第一个时代，旨在提高产品质量和降低产品成本的质量管理和成本管理得到超级发挥，甚至掀起了一场波及全球的TQC革命。在第二个时代，旨在塑形象、创名牌的企业形象管理得到超级发挥，也掀起了一场波及全球的CI运动。而今天消费者价值选择进入了第三个时代，旨在提升消费者满意水平、提高企业经营绩效的CSI设计被推上了历史舞台。运用"消费者满意度"能够评价、提高服务质量，由此CSI设计思想产生了。消费者满意通常包括三方面的满意：一是买到喜欢而满意的商品；二是接受到良好而满意的待遇；三是消费者心理上得到满足，如个性、情趣、地位、生活方式等。生产者和设计师应从这三方面通过运用CSI设计思想的基本方法，把消费者需求（包括潜在需求）作为企业开发产品的源头，在产品功能及价格设定、分销促销环节建立、完善售后服务系统等方面以便利消费者为原则，最大限度地使消费者感到满意。企业和设计师要及时跟踪研究消费者购买的满意度，并依此设立改进目标，调整企业的生产和经营的环节，通过不断地稳定和提高消费者满意度，保证企业在激烈的市场竞争中占据有利地位。具体来讲，需做到以下几点：

第一，站在消费者的立场而不是厂商的立场上去研究和设计产品。尽可能地预先把消费者的"不满意"从产品本身（包括设计、制造和供应过程）去除，并顺应消费者的需求趋势，预先在商品本身上创造消费者的满意。通过发现消费者的潜在需要并设法用产品去引发这些需要，使消费者感受意想不到的满意。

第二，不断完善产品服务系统，最大限度地使消费者感到安心和便利。德国大众公司周到的售后服务，一度是日本汽车商学习的榜样，在某一型号的最后一辆汽车出厂后15年内，大众能保证所有的必要配件。国内有些名牌企业，某一型号产品投产三年内，就难保消费者能找到必要配件。同时，零配件不仅确保存货，而且确保及时供货。西方一些公司的服务口号是："24小时内把零件送到世界各地。"

第三，十分重视消费者的意见，让用户参与决策。把处理好消费者的意见视为对创造消费者满意的准测。据美国斯隆管理学院调查，成功的技术革新和民用新产品中，有60%~80%来自用户的建议。美国的P&G日用化学产品公司首创了"消费者免费服务电话"，消费者可免费向公司打去有关产品问题的电话，公司对来电个个予以答复，且进行整理分析。这家公司的许多商品改造设想正来源于这样的"免费电话"。

第四，追求消费者的重复购买，设法留住老消费者。成功的设计是得到那些从产品和服务中获得满意的消费者。据美国汽车业调查，一个满意的消费者会引发8笔潜在的生意,其中至少有一个会成交;一个不满意的消费者会影响25个人的购买意愿;争取一位新消费者所花的成本是保住一位老消费者所花钱的6倍。

第五,按消费者为中心的原则建立富有活力的企业组织。①生产者和设计师要对消费者的要求和反映具有快速反应机制。②要养成鼓励创新的组织氛围。③组织内部要保证通畅的双向沟通。④从经理到设计师、售货员分级授权处理消费者要求,增强受权人的责任意识。

以上讨论消费者满意度 CSI 产生和发展的历程,对工业设计在深度和广度上有了新的要求,消费者态度指数从"好"与"坏"到"喜欢"与"不喜欢",再到"满意"与"不满意"三个阶段对产品设计的要求排序是:从功能质量层到形体审美层,再到服务附加层。可以看出,消费者满意度研究是设计进入高层次要求的依据,CSI 在工业设计的各个领域日趋显现其重要性和指导性。因此,设计心理学研究 CSI 及 CSI 对工业设计的导向作用,将在产品设计、商品设计、广告设计和企业设计等诸方面有专章分述,这里暂不展开讨论。

1.1.2 工业设计与消费者心理的关系

工业设计与消费者心理研究的主要目的是沟通设计者与消费者,使工业设计者了解消费心理规律,使产品的设计、生产、销售最大限度地与消费者需求匹配,满足各层次消费者,达到适销对路的市场效益。

消费者的需求一般分为两大类,即物质性自然性的需求,包括生理上和安全保健方面的需要;社会性精神性的需求,包括社交、美化和发展类的需要。工业设计的目标,一般把物质性的需要放在第一位,把求美和精神上的需要放第二位,这在消费者生活水平、文化修养水平不高时,是普遍的需求序列;产品一旦解决了物质功能条件时,对美的属性即审美需求马上就上升到第一位。

工业设计是广义的全方位的设计,不仅包括产品的定位设计、功能和外观设计,而且包括作为商品的促销设计。工业设计除了注重自身的完美以外,还需要产品的营销设计,注重产品的自我推销能力。比如包装装潢的推销功能和广告的推销功能,即使名牌畅销产品,也不能死抱住传统的观念:"皇帝的女儿不愁嫁"、"酒香不怕巷子深",也需要重视广告宣传。现代市场经济带来的激烈市场竞争要求工业设计离不开广告设计和传播设计。

广告策划创意的水平与研究消费者心理的水平是同步的,研究消费者心理越有深度,其广告创意的水平就越高,广告效果就越好。前面提到的雀巢和麦氏咖啡都进行了中国消费者心理的调研,并打开了中国市场。但雀巢咖啡比麦氏更了解中国消费者,其广告创意更贴近中国消费者心理,因而雀巢的市场占有率就远远地高于麦氏咖啡。虽然麦氏咖啡在行家的眼光中其口感和质量都优于雀巢,但雀巢广告的上乘创意,使雀巢咖啡赢得了中国市场的领先地位。那么工业产品的设计如何把握消费者心理活动的规律呢?一般应具备一些基本的心理学知识和有关的应用心理学的研究成果。比如在产品的广告设计中,就要运用消费者的感知规律、注意规律和记忆思维规律,使你设计的广告易于感知,引人注意,便于记忆,富于联想,达到促销目的;在产品的造型设计中,就要运用工程心理学、工效学的原理,根据消费者的生理心理活动特点来考虑工业设计,使产品达到结构合理、操纵方便轻松、使用安全舒适的目的。例如国内一厂家生产的一种电子仪器,在广交会上被外商选中,但提出要改进外观后再考虑订货。后来工程心理学家们协助该厂设计人员改进了仪器的造型和仪表、按钮的排布。其一是表板设计应符合工效学要求,即旋钮的位置应从使用方便的角度加以调整,使旋钮与指针的运动方向相配合;其二是指示仪表、旋钮和机箱的造型与色调要和谐。经过改进设计,生产组装的这种仪器令外商满意。另外,工业设计人员应了解社会心理现象,掌握消费者崇拜时尚的心理规律,迎合消费者的求美求新求异的购买动机,使产品具有时代性。

符合消费者心理的产品设计,可以给企业和商业带来一本万利的高效益。它投入小,产出多。日本是十分重视产品设计的国家,它在市场调查和消费者心理研究上肯花大力气和大本钱,因为他们懂得,符合消费者心理的产品设计若花费1美元本钱,可以带来1500美元的利润。所以,在日本企业的收益中,由于设备、技术的投入,回收只占12%,而靠产品设计的成果回收,就占51%,而在设计中的咨询费用、调研投入,即软件投入是全球名列前茅的。日本的自然条件并不乐观,人口稠密又无资源,居然成为"产品大国"而雄踞世界市场,其中符合消费者心理的产品设计所产生的巨大效益,不是很清楚吗?

产品设计要产生一本万利的高效益,把握市场和消费者是关键。产品设计是否适销对路,是否有很好的市场效应,评定的唯一标准是广大消费者,是市场,是人。因此,迎合消费者心理进行产品设计,就成为当今设计界有识之士的关心点。如果一个产品设计只为某个人欣赏,多数人不欣赏,那么这不是真正的产品设计,而仅仅是一件工艺品。所以,研究消费者的需要、动机、态度,乃至购买行为和消费规律,是中外设计师成功的必由之路。设计心理学重点在于探讨在工业设计活动中,如何把握消费者心理,遵循消费行为规律。我们希望本书能为钻研工业设计的人们提供有用的信息。

现代工业设计,是广义的产品设计,它不仅要求产品本身的内部功能先进,外形设计新颖美观,而且由产品的自身扩大到包容产品整个室内空间。这样,既关注产品的造型效果,又注重产品间的相互关系与环境的关系。使消费者拥有良好的工作环境和生活环境。另外,产品设计首先是商品设计,产品必须在激烈的市场竞争中实现其价值。围绕商品设计,还必须有一套引人注目的、行之有效的商标、广告、展示等促销手段,以及良好的包装装潢和安全措施,这一些被称之为视觉传达设计。现代产品设计师所关心的不仅是产品的形状、颜色,实际上已参与了商品的售后服务、广告、宣传等工作。因此,现代产品设计,是从市场经济的角度,把产品造型、室内环境和视觉传达设计视为一个宏大的系统工程,加以统筹策划和精心设计的。所以,设计心理学所谈及的产品设计是全方位的立体设计,是工业设计在企业经营中的具体体现。

20世纪80年代以后,日本采用新"商"品开发代替原来的新"产"品开发,虽然只是一字之差,但含义却有很大不同,反映当代设计更加注重消费者,更加注重市场;也反映产品设计思想的变迁,从强调技术与艺术的结合,发展到技术与需要、技术与市场的结合,正如西蒙教授提出的设计就是人技科学,构筑了一个以消费者为中心的产品设计新模式。这种设计新模式,与其说是推陈出新,还不如说是继承和发扬更为确切。这种产品设计与消费者心理密切结合的方式,是历代成功设计流派所一脉相承的。不管是当年为满足消费者的生理需求应运而生的"功能主义",还是为满足消费者的社会性需求的"后现实主义",到当今可持续的社会创新。他们的产品设计风格不同,流派各异,但围绕消费者心理进行设计的模式是不变的,比如,"功能主义"的产品设计,强调简洁实用而不是新奇时髦,为此依据人的生理活动规律进行产品设计,从而诞生了"人体工程学",通过详尽考察消费者人体的尺度、人的能力,给产品造型提供更为合理的设计依据。人体尺度概念逐步成为设计师的基本常识,产品设计中消费者的心理活动规律,也得到了广泛的重视。而"后现实主义"注意到以往产品设计过于理性化,千篇一律,不能满足消费者的精神需求,从而迫使产品设计师深入到人的精神领域,导致设计"从原先功能求形式的线性过程变为综合性的非线性过程",使设计观念向着"创造符合人体自由发展的新生活方面深化"。对消费者的行为和心理因素的深入研究和对人的多元化理解,就是"后现实主义"设计思想的主要内容。如果从消费者心理学的角度来分说产品设计流派,那么"功能主义"是满足消费者的低层次的生理性需求,而"后现实主义"是满足消费者的高层次的社会性需求,后者更注重消费者的心理活动规律。目前工业设计活跃的领域是"产品系统服务体系设计",目的是满足全民生活质量提升、追求幸福感的体验,以此产生的消费者满意CSI的采集和评价体系将有重大的调整,本书将在思考题操作层面做全面的改革,以CSI导向新产品设计。另外,本书将全面介绍消费者的心理活动规律,既有共性的、一般性的规律,又有个性的、差异性的规律;既有低层次的活动规律,包括消费者的感知、注意等方面的初级信息加工,也有高级活动规律,比如思维、情感、需要、动机、态度等方面的内容;既有消费者心理的宏观分析,又有消费者心理的微观分析。笔者希望本书能将工业设计所需要的主要消费者心理规律,尽收眼底,为工业设计提供方便。

1.1.3 设计心理学研究的内容

设计心理学是研究消费者心理活动规律在工业设计中的运用,它属于应用心理学范畴,有多学科的内容参与,是一门交叉性边缘性的学科。它涉及社会心理学、经济心理学、消费心理学、管理心理学、商业心理学、市场心理学、工程心理学等心理学方面的有关知识,也涉及工业设计中产品、商品制造与推销全过程所包容的知识和科学，比如产品功能、材料、结构、工艺、形态、色彩、表面处理、废料回收、环境保护；装饰中的视觉传达、CI设计的有关学科，包括社会科学和自然科学中许多知识，诸如材料学、物理学、数理统计、生理学、美学、市场营销学等，组成工业设计学科群。在设计心理学研究的各个领域，都有应用心理学与工业设计学科群知识的交叉和渗透，尤其是用CS观念和CSI预测市场的最新研究成果中，更反映这两门学科的交叉性和渗透性的巨大作用。

十年前《设计心理学》的理念和基本思路是正确并有可持续性的，但其分析问题的方法需要更新和拓展；说明问题的论据、案例需要与时俱进，我们做了增补和取舍。另外，每章节前均增加该专题的前沿动态，以增加对问题理解的深度和广度，其后的教学操作思考题增加相应的内容，以提高大家的学习能力。

设计心理学是应用心理学的一个新分支学科，由于工业设计是新兴学科，应用心理学的历史也不长，所以这门交叉学科从延生之日起，就生来具有不完善性，这是不足为怪的。自从笔者《设计心理学》第一版首创十年，国内《设计心理学》研究非常活跃，至今出版面市二十多种。我们认为每种设计心理学视角和切入点是不同的，他们对设计心理学的理解也是不一样的，但总目标是一致的——为工业设计与消费心理更好地匹配而努力。

1.2 设计心理学研究的意义

1.2.1 设计心理学为"好的设计"服务

所谓"好的设计"很难有一个统一标准，因为个人的出身、修养、爱好等不同，但是设计师和消费者还是应有一个大致的认同标准。经国内著名设计专家柳冠中先生介绍，德国造型咨询委员会顾问萱旺特（Schoenwandt）教授来华讲学，他认为"好的设计"有九条标准：创造性设计、适用性设计、美观性设计、理解性设计、以人为本的设计、永恒性设计、精细化设计、简洁化设计、生态性设计。

第一，创造性设计与消费者心理。

乔布斯的"苹果"是创新设计的典范，也是从用户体验、消费者心理研究取胜的伟大企业，乔布斯研究消费者心理到极致，从微创新起步，苹果公司从一开始就做微创新，iPod的微创新是里面的东芝小硬盘，号称可以存储一万首歌。从iPod开始，每一个微小的创新，持续改变，都成就了一个伟大的产品。

设计心理学的教学以创设CSI问卷为主线，以创造性、发散性思维训练为技能培养目标，期望学生迅速了解、掌握消费心理的方法。创造性的设计来源于外部世界多变的态势，来源于用信息化、数码化手段去客观反映消费者的需求动机的内容。而运用CSI去采集消费心理数据，并根据CSI导向设计是实现"创造性设计"的基本支持系统。

第二，适用性设计与消费者心理。

"适用性"是衡量产品设计的另一条重要标准，这是产品存在的依据。设计师与工程师的区别就在于设计师不光设计一个物，在设计之前看到的不仅是材料、技术，而且看到了人，考虑到人的使用要求和将来的发展。比如，乔布斯的微创新，在iPod中加入一个小屏幕，就有了iPod Touch的雏形。有了iPod Touch，任何一个人都会想到，如果加上一个通话模块打电话怎么样呢？于是，就有了iPhone。有了iPhone，把它的屏幕一下子拉大，就变成了iPad[①]。在这些微创新的整个过程中，用户体验的评价和消费者CSI的采集是极其重要的，所以设计心理学提供的消费者满意度CSI研究，将是适用性设计的依据。

第三，美观性设计与消费者心理。

"美观"是任何设计师都愿意为自己的设计赋予的形色，然而"美"是不能用一把尺子去度量的，美的确是人们在生活中的感受，是存在的，却又与人的主观条件，如想象力、修养、爱好分不开，所以又是可变的。它离不开生活，离不开对象，却又因人、因时代、因地域、因环境而异，是不断发展变化着的。一个好的设计必然是一个具有优美形态、合适的色彩以及给人的一种视觉享受的设计。"苹果"的美观性设计是形成"果粉"的重要依据。

第四，理解性设计与消费者心理。

理解性设计标准是设计必须被人理解。设计一个产品必须让人理解产品所荷载的信息，使用者一目了然这是什么产品，如何作用等，设计师

---

① 乔布斯和微创新［EB/OL］. http://blog.sina.com.cn/s/blog_ 49f9228d0100xhmm.html

是运用材料、构造、色彩等来表达产品存在的依据。设计心理学提供的消费者认知活动规律，将使设计师掌握造型识别、图形识别、广告识别等心理学基础，力求满足消费者一目了然的求便心理。"苹果"的多点触摸整合设计，给手机消费者带来极大的方便。

第五，以人为本的设计与消费者心理。

突出人而不是突出物是好的设计第五个标准。如有的灯具设计十分花哨，使人眼花缭乱，在室内空间夺去了人作为室内中的主体地位。好的设计作品应是含蓄的，突出的应是人，以满足人的要求。设计心理学将讨论对象和背景的关系，人是第一位的，其余全是背景，这不仅是观念上的准则，也是现代设计管理的核心，CS 策划将是设计心理学研究的主题之一。

第六，永恒性设计与消费者心理。

"永恒性"是第六个标准。不应片面追求流行款式，不应片面渲染、夸大其商业性或噱头。好的设计是经得住时间考验的。设计心理学将讨论支持消费者永恒性偏爱，是价值观问题。比如，宗教型价值观的消费者，对含有麦加指针的地毯、麦加报时的手表这些设计，取得全球近十亿的穆斯林人永恒性的满意度。

第七，精细化设计与消费者心理。

精细化标准是必须精心处理每一个细部。从构思到设计的完成，要使人感到耐人寻味而又不烦琐，从整体到细节都充满哲理与和谐。设计师不应被材料与加工工艺束缚，以致控制不了设计的结果，而应既把材料与工艺的特点发挥得淋漓尽致，顺乎自然，合乎逻辑，又要高于这些物的因素，体现出人的力量，给"物"赋予灵魂，成为人的对象。设计心理学提供的 CSI 市场调查的研究，为精细化设计提供"人性化"参数。如 BOSCH 电动工具的设计无一不是在与大量使用者接触调查后，根据所得的数据进行分析后而进行的设计。

第八，简洁化设计与消费者心理。

简洁是好的设计的第八个标志。烦琐是设计所忌讳的，它反映了设计师的思维混乱，丝毫不是价值的体现。设计心理学在讨论广告设计和商标包装设计时，将以案例分析的方法，说明简洁化设计必须依据消费者的认知规律，才能达到简洁化的效果。

第九，生态性设计与消费者心理。

这个标准要注意生态平衡和环境保护。塑料制品是终究要被淘汰的。除非它被新技术改头换面，否则这种材料会造成永久的环境污染。在德国已开始重新开发天然材料，目前虽然要大量投资，但从长远看是符合人类利益的。设计心理学认为，生态设计不仅是设计师观念的更新，更重要的是如何使消费者建立生态平衡与环保意识的观念，广告宣传和教育培训是全民族环保态度指数提升的关键，只有"产消一体化"，生态设计产品才有生存空间，否则再好的生态设计，没有消费者参与、认同，不可能有市场效应。

科技的发展和新媒体的运用，对"好的设计"标准也有了扩展和延伸，产生了新八条：

通用性设计、情感化设计、交互性设计、道德性设计、服务性设计、趣味性设计、本土化设计、再设计等。

第一，通用性设计与消费者心理。

通用性设计是指对于产品的设计和环境的考虑是尽最大可能面向所有的使用者的一种创造设计活动，具有七大原则：①公平地使用，②可以灵活地使用，③简单而直观，④能感觉到的信息，⑤容错能力，⑥尽可能地减少体力上的付出，⑦提供足够的空间和尺寸，使使用者能够接近使用。比如，新型的通用性公交车除正常人群外，还为坐轮椅的老年人和残疾人提供通道。

第二，情感化设计与消费者心理。

情感化设计，即设计充分考虑人性感情需求的满足，同时体现设计价值。社会的发展，人们精神生活要求提高，产品不再只是功能上的价值，物质化的极大富足导致情感需求。

第三，交互性设计与消费者心理。

交互设计是指设计人和产品或服务互动的一种机制。以用户体验为基础进行的人机交互设计是要考虑用户的背景、使用经验以及在操作过程中的感受，最终实现符合用户的产品。如时下最热门的 iPhone4 就是交互性设计的代表。

第四，道德性设计与消费者心理。

设计师在产品设计中应当有一个正确的价值取向，什么样的设计可以去做，什么样的设计不能去做。道德性设计是真实的设计，文明的设计，健康的设计，向善的设计，设计心理学为道德性设计进行引导，促使设计师更加符合社会道德规范。

第五，服务性设计与消费者心理。

所谓服务设计是企业和设计师将各种投入的

资源要素（人力、物料、设备、资金、信息、技术等）变换为产出服务产品的过程，也就是"投入—变换—产出"过程，并指出服务设计的特点：非物质性、不可存储性和同一性。现代服务设计专注顾客的角度来审视服务，服务设计师为未来的服务设想、规划和设计解决方案，他们观察和解释顾客的需求和行为模式，并转化到未来的服务中。目前工业设计活跃的领域是"产品系统服务体系设计"。

第六，趣味性设计与消费者心理。

趣味性设计是使产品设计幽默化，使消费者在使用产品时感到乐趣。它以一种亲和力，使观众在新奇、振奋的情绪下，被作品展示的视觉魅力和情感魅力所打动。用户在紧张的生活中尤其需要轻松和幽默，美国的一家公司在所生产的饼干的罐盖上印上各种有趣的谜语，只有吃饼干才能在罐底找到谜底，产品很受欢迎。提升了整体的艺术性。

第七，本土化设计与消费者心理。

本土化设计强调传统的文化内涵，利用传统、地域特色来表现现代的精神观念，以独特的个性与人格参与世界文化的发展。本土化设计从外观到色彩，从触觉到听觉，从局部到空间，从材料到功能，从产品本身到虚拟体验，从用户行为到心理感知等所有一切都是需要进行研究和设计的对象。

第八，再设计与消费者心理。

再设计（RE-DESIGN），是指重新面对身边的日常生活事物，从熟知的事物中寻求现代设计的真谛，给日常事物赋予新的生命。从"无"开始固然是一种创造，而把熟知的事物变得陌生则更是一种创新，且更具挑战性。再设计包含社会中人们共有的、熟知的事物再认识的意义，从消费者所"共有"的物品中来提取价值，设计心理学为再设计提供了一个与时俱进的发展空间。

1.2.2 消费者满意度 CSI 与设计管理

1.2.2.1 现代设计与名牌工程是关联的

中国经过30多年的改革和发展，市场需求呈现出多样化、个性化、高档化的趋势，名牌消费作为一种新趋势正敲开市场的大门，名牌对消费者的导向和认同效果也越来越强烈。正如许多生产者和设计家所说的，名牌是生产者和设计师进入市场的通行证。分析师认为，随着中等收入阶层的崛起，中国的消费率会不断上升，从2006年的58%上升到2010年的65%，到2020年将升到71%，接近发达国家水平。届时，中国将是全球最大的名牌消费国。谁拥有更吸引消费者的名牌，谁就能在与同行业的竞争中处于领先地位。随着2010年中国GDP超越日本成为全球第二大经济体，越来越多的国际名牌进入中国市场，竞争的压力也将中国品牌大量地推向国际市场，激烈的市场竞争赋予现代企业家与设计师更紧迫的使命感。因此，在中国生产者和设计师实施名牌战略时，导入CS战略就显得格外重要。

CS战略（Customer Satisfaction）即"顾客满意战略"，CS战略着眼立足于顾客，其价值取向和判断标准是"使顾客满意"，它的目的是为了提高顾客对企业、对产品的满意程度[①]。目前。激烈的市场竞争，主要表现为对顾客的全面争夺，而是否拥有顾客取决于企业与顾客的关系状况，顾客与企业关系的好坏则由顾客在消费企业提供的产品和服务过程中所体验到的满意程度来决定。只有让顾客满意，他们才能成为忠诚顾客，企业才能在激烈的市场竞争中生存。顾客满意所引发的顾客对品牌的忠诚度，是企业最重要的资源，因而CS成为企业和设计师打造名牌、竞争制胜的法宝。CS战略理念的融合必将缩小我国产品同发达国家产品的差距，也将引起我国企业和设计师观念的深刻变革。

名牌战略是指企业为了创造发展名牌而策划并实施的整体化运作项目，包括名牌生存环境分析、名牌创造目标设定、名牌产品对象的选择、名牌要素的识别、名牌创造过程与策略的规划实施及控制、名牌发展规划与实施控制、名牌再造策划与实施控制等内容[②]名牌工程是一个"品牌—实力—硬实力、软实力—战略、工程—品牌"组成的良性循环系统。实施名牌战略，首先，是使自己的产品能给消费者较高的满意度，站在消费者的立场上去研究、开发产品，并顺应消费者的需求变化趋势不断地改善产品，尽可能消除消费者对产品的"不满意"度。只有那些始终使"消费者满意"的产品，才是名牌产品。第二，纵观国际上的一些著名品牌的生产者和设计师，

---

① 瞿书斌，邝金丽. 实施CS战略创金融企业名牌［J］. 管理干部学院学报，2005.3：31-33

② 王兴元. 名牌系统工程应用案例及其启示［J］. 工业工程与管理，2006.6：62-66。

其成功经验表明，它们不但具有使消费者满意的产品，还具有与之相应的十分完善的消费者服务体系。因为任何好的产品，消费者在购买和使用过程中，都可能需要生产者（经销者）和设计师提供相应的帮助即服务。如消费者能享有周到和满意的服务，这无疑将更坚定了消费者对生产者和设计师的认可与合作。因此，企业实施名牌工程，要以"CS战略"思想为指导，以顾客需求为导向，以顾客满意为中心，以提供顾客需要的商品和服务为己任，以满足顾客需求、提高顾客满意度为目标，通过制定顾客满意指标，及时跟踪研究顾客的满意程度，并依此设计和完善顾客满意系统，调整企业服务环节，在顾客中树立良好的企业形象，创造企业名牌。①

1.2.2.2 现代设计的理念是策划"产消共益体"的实现

"产消共益体"是指生产者、设计师和消费者、顾客建立牢固的合作关系，依据双赢原则，生产者和设计师才有市场占有率。CS中的消费者是一个十分广义的概念，它不仅仅是生产者和设计师产品的消费对象，而且是生产者和设计师在整个经营活动中至关重要的合作伙伴，生产者和设计师与消费者之间的关系是否亲密，是否牢固，对生产者和设计师来说是十分重要的。因此，生产者和设计师在实施名牌战略时，要注意与消费者进行情感沟通，时刻了解消费者对产品和服务的满意程度，对消费者的需求和意见应具有快速反应机制。随时检查和校验生产者和设计师的服务体系，保障"消费者满意度"的作用。

"产消共益体"需要两者充分的沟通才能建立，良好的沟通具有以下作用：①随时了解生产者和设计师产品和服务的问题所在；②将能够引起消费者"不满意"的问题、缺陷等消灭在萌芽中，防微杜渐；③增加情感交流，使消费者对生产者和设计师产生一种情感的归属感，从而增强消费者对生产者和设计师及产品的忠诚度。这种超乎于企业与消费者经济利益之上的情感化的血肉联系，是生产者和设计师抵御竞争风暴，走出经营困境，不断发展壮大的坚强基石。因此，培养一大批忠诚消费者，是生产者和设计师创名牌、保名牌、发展名牌的永恒主题；④生产者和设计师有机会也有渠道倾听消费者的心声，并心悦诚服地接受消费者的投诉，随时改正自己的不足，使消费者感觉到自己受到尊重，有一种参与感，心理需求得到了很好的满足，也提高了消费者的满意度，加深了生产者和设计师与消费者之间的合作关系。总之，在21世纪这个体验取胜的年代里，生产者和设计师的产品能否成为名牌，主要取决于消费者对这个产品的满意度。从这个意义上讲，使消费者满意的产品是不可战胜的。因此，运用CS战略的思想精华，来指导生产者设计师先创"产消共益体"，再走上名牌战略的平台，这将是现代设计理念实现的必由之路。

1.2.3 消费者满意度是现代设计的依据

现代设计应该依据CSI数据库，并根据CSI导向工业设计，CSI采集的指标一般包括五个方面，参见图1-4 CSI说明图②。

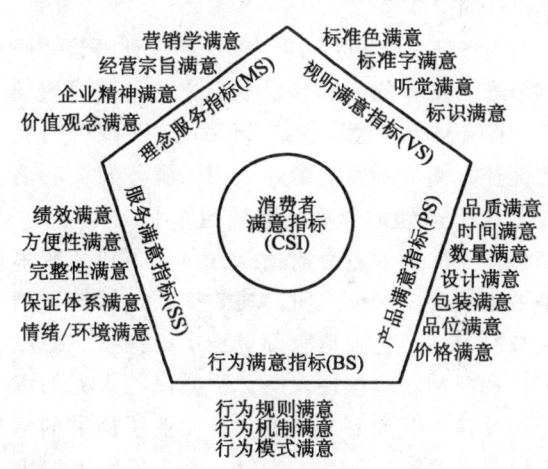

图1-4 CSI说明图

理念满意（MS）。即生产者和设计者的理念带给消费者的心理满足状态，它包括消费者对生产者和设计师经营哲学的满意、经营宗旨的满意、价值观念的满意和企业精神的满意等。这是企业设计的中心点。

行为满意（BS）。即生产者和设计师全部的行为状况带给消费者的心理满足状态，它包括行为机制满意、行为规则满意和行为模式满意等。这是企业组织行为设计的内容。

视听满意（VS）。即企业具有可视性和可听性的外在形象，带给消费者的心理满足状态。可

---

① 邝金丽. CS战略：我国商业企业实施名牌工程的最佳切入点［J］. 现代财经，2007.921卷：59-61
② 贺雪梅. 基于现代设计的CSI研究［J］. 集团经济研究，2007（35）：385

听性满意包括企业的名称、产品的名称、企业的口号、广告语等给人的听觉带来的美感和满意度;可视性满意包括企业的标识满意、标准字满意、标准色满意以及这三个基本要素的应用系统满意等。这是企业视觉传达设计的重要内容。

产品满意(PS)。即企业产品带给消费者的心理满足状态,它包括产品品质满意、产品时间满意、产品数量满意、产品设计满意、产品包装满意、产品品位满意、产品价格满意等。产品品质包括:功能、使用寿命、可靠性、安全性和经济性等。产品时间包括:及时性、随时性、省时性等。产品数量包括:容量、足量性、成套性、供求情况等。产品设计包括:色彩、造型、装饰、质地、手感、美感、时代感、实用性、便利性等。产品包装包括保护性、形象性、附加值等。产品品位包括:名牌感、个性化、多样化、新潮性、身份感等。产品价格包括:性价比、心理价格等。这些产品 CSI 变量的采集,结果是产品设计的重要参数。

服务满意(SS)。即生产者和设计师整体服务带给消费者的心理满足状态。它包括绩效满意、保证体系满意、情绪/环境满意、服务的完整性及方便性满意。绩效表明,服务的核心功能及其所达到的程度,绩效通常是成果导向,如餐饮业的绩效就是衡量饮食是否可口,账单是否正确等。保证表明,绩效提供过程的正确性及回应性,它强调服务过程中的品质、态度和负责精神。完整性表明,所提供的服务的多样性及是否有周到的服务。餐饮业所提供的营养说明、菜单、菜系、菜价、专为特殊消费者提供的菜单、特色菜及促销菜及多样菜色选择,都是表明该行业服务完整性的可列项目。方便性指有关服务的可接近性、简易性及使用的灵巧性。餐饮业在这方面所提供的服务包括:延长营业时间,全日营业,好的营业场所和地理位置等。情绪与环境指核心服务功能之外的感受,即消费者感到满意及良好的印象。这些是企业形象设计的重要内容。

国家"软科学课题"研究项目"中国用户满意度指数构建方法研究"①中的中国用户满意指数测量基本模型是在借鉴国外常见用户满意指数测量模型优点的基础上,结合中国消费者的具体特点建立起来的,包含形象、预期质量、感知质量、感知价值、用户满意度和用户忠诚 6 个结构变量的结构方程模型,模型中的各个结构变量和相互关系参见图 1-5。

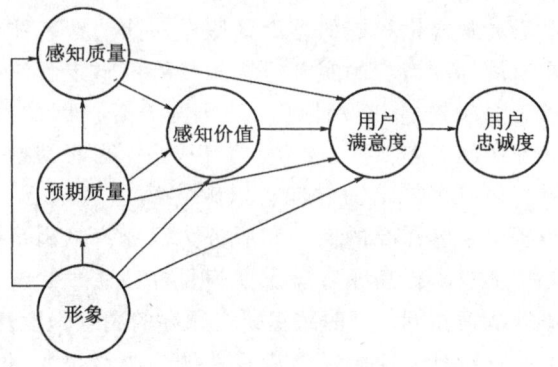

图 1-5 中国用户满意指数测量基本模型

形象。形象通常在用户准备购买产品之前就已经存在于用户头脑之中。形象同预期质量、感知质量、感知价值和用户满意度之间存在正相关关系。也就是说提高形象可以提高预期质量、感知质量、感知价值和用户满意度。一方面,具备良好产品质量声誉的品牌或公司的产品质量确实名副其实,用户满意度水平也高;另一方面,由于光环效应,消费者容易对具有良好品牌声誉的产品产生更高的感知质量和感知价值,从而提高满意度水平。

预期质量。预期质量是用户在购买和使用某产品或某种服务之前对其质量的估计。通常预期质量由用户过去的购买和使用经验决定的。如果提供的服务质量较高,用户就相信购买的产品或接受的服务质量也较高;否则,他们对质量的预期就较低。另外,用户从大众媒体传播或其他途径收集产品或服务信息,从而形成对质量的预期,预期质量同感知质量、感知价值和用户满意度之间存在正相关关系。

感知质量。消费者在购买和使用产品或服务以后对其质量的实际感受,用户根据自己的实际购买和使用经验对产品或服务的客观质量作出主观评判。因此,感知质量有客观性一面,又有主观性的一面。产品的实际性能指标是消费者形成感知质量的基础,但感知质量同产品性能的技术指标不完全吻合。仪器或测试测定出不同品牌产品性能指标的差别,而消费者却不能分辨出这种产品质量的差别。国内外研究证明,感知质量是

---

① 裴飞,汤万金,咸奎桐. 顾客满意度研究与应用综述[J]. 企业管理,2006.10:25

用户满意度的最主要的决定因素，感知质量越高，用户满意度也越高。

感知价值。用户在综合产品或服务质量和价格后得到利益的主观感受。消费者在评价产品和服务时，要看质量、价格。通过比较感知质量和感知价值对用户满意度影响的相对大小，可以了解用户满意形成过程中，究竟是质量因素还是价格因素起的作用更大。模型中同时引入感知质量和感知价值，有助识别消费者是质量驱动型的还是价格驱动型的。

用户满意度。通过线性变换就是最终得到的用户满意指数，它反映用户对产品的总体态度，满意是初始标准和实际感受同初始参照点差异的函数。用户满意取决于一定的参照物和用户的实际感知同该参照物的比较，消费者用来评价产品的表现并形成满意评价的参照物就是用户满意形成过程中的比较标准。

用户忠诚度。用户忠诚是模型中最终的因变量。用户对某产品或服务感到满意，就会产生一定程度的用户忠诚，在行动上表现为对该公司产品或服务的重复购买；反之，用户就会转向购买其他公司的产品或服务。用户忠诚度越高，重复购买可能性越大。用户忠诚这个结构变量，体现用户满意指数测量模型的目的之一，就是揭示用户满意指数同用户重复购买意向的关系。

满意度是最终要得到的目标变量，产品形象、预期质量、感知质量和感知价值是用户满意度的因变量，用户忠诚则是用户满意度的结果变量。该模型对结构变量选择和结构变量之间关系的定义可以帮助我们达到3个目的：第一，建立宏观层次上的用户满意指标体系；第二，建立行业和产品间用户满意比较；第三，分析用户满意度同影响因素以及用户满意度同用户忠诚的关系。

1.2.4 消费者心理是现代工业设计的基础

市场经济的发展，需要生产者和设计师变更观念，从以"生产为导向"的旧观念转变为"以消费者为导向"的新观念，生产者和设计师需要了解消费者市场和消费者心理；产品设计是与生产者和设计师管理同步的，生产者和设计师观念的变更，势必要求设计人员也要调整自己的设计思想，研究工业设计与消费者心理，正是迎合目前生产者和设计师形象提升与新产品开发的需要，为现代产品设计提供消费者心理活动的规律，指导他们如何把握消费者行为规律来进行产品设计，使设计出来的产品符合市场需求，适销对路，获取较好的经济效益和社会效益。"以消费者为中心"的新的经营观念，重点是消费者，生产者和设计师的主要精力集中在研究消费者的需求和消费动机上，而生产和销售只是作为满足消费者需要的手段。他们"按需生产，以销定产品"，现代的生产者和设计师生产是以消费者为中心的，非此不能适应市场经济的快速多变态势。所以，研究消费者市场，研究消费者心理成为现代生产者和设计师的出发点。

掌握消费者心理活动规律，是现代工业设计人员的基本功之一，无论是工业产品的造型设计，还是装潢设计、广告设计、服装设计等，都离不开对消费者的认知规律、情感规律和意志规律的深刻了解，离不开对消费者的态度、需要、动机、个性等差异心理的研究，一个成功的设计必然是基于符合消费者行为规律的。

传统产品设计大多指有形产品的设计，它们一般包括质量水平、产品特色、产品款式以及产品包装和品牌等要素。最初衡量产品设计需要考虑这些要素，但随着消费者自我价值的觉知，人们对产品的要求已超出产品本身的功用价值，转向审美及更高层次的情感体验。因此，有形产品的设计心理变得更加多元化。另外，越来越多的新型无形产品设计受到了广泛关注，其中主要有用户体验设计、服务设计以及品牌设计。对于消费者心理，用户需求的关注也被提到前所未有的新高度。其中，以用户为中心的体验设计为例，用户不再被动地等待设计，而是直接参与并影响设计。互联网发展加速了用户研究的脚步，也使得用户体验中出现的问题在最短时间内被发现，甚至被放大。只有随时掌握用户的使用体验反馈才能保证第一时间改善产品，提升用户满意度。例如，近年来各种类型的互联网产品占据了人们的视野，但只有把握正确的消费群体，进行正确的产品架构才能引起人们的关注。例如，C2C网络购物平台体验要素经过实证研究可划分为基础要素、易用要素和情感要素。用户人物角色也因网购经验、生活方式、用户体验存在着不同程度的差异。如网购经验高的人对于保护个人隐私、网站的客户服务、对不良买家的监督、纠纷处理、产品搜索和产品挑选方面更加关心，认为在这些方面的体验度较差。而初级组则主要对网站的操作、支付流程、产品的真假等方面遇到较多的问题。网购经验多的用户对于易用性方便的顾虑小于网络经验少的用户，他们的担心主要集中在个人隐私、网站客服、纠纷处理方面。网购经验对于网站体验的认知是成发展态势的，随着用户网购经验的增多，刺激其体验的要素会由原来的操作层面发展到情感层面①。

作为运用管理智慧的现代产品设计，需要提供多层次的服务设计内涵服务设计专注于从顾客的角度来审视服务，其目的是确保：从顾客的角度讲，该服务的是有用的、可用的、符合需求的；从服务提供者的角度讲，该服务是有效的、高效的、与众不同的。在这个过程中，同样必须"以消费者为中心"，研究消费者心理，正确把握消费者需求才能进行有效的服务产品设计。

1.2.5 研究消费者心理与产品开发

产品设计主要就是为了尽量满足消费者，满足市场的需要，一切都是为了用户的需要而去设计。显然，这样的话，我们就应该更好更全面地去掌握消费者的心理。

随着社会经济的发展与科学技术的进步，人们的生产和生活方式都发生了巨大的变化，物质需求观已不再停留于质和量的阶段，而是更高的精神与情感的满足。

当然，对于不同的产品，用户有不同的要求，也就是说对不同的产品用户都会表现出不同的关注点。比如有些产品设计人员把握了我国家庭消费的新趋势：独生子女的需求在家庭总需求的比重明显上升。在设计儿童玩具时，不仅设计普通玩具，而且大力开发高档玩具和智力玩具，及时投放市场，这样满足了儿童和家长的需求，厂家也获得了良好的经济效益。对于生活节奏快，居住集体公寓的年轻一族来说，既有使用洗衣机的需求，又不愿投放太多生活成本，而公用洗衣机却存在着卫生隐患。一项索尼创新奖的设计即将洗衣机主体与洗衣容器分开设计，使得每个用户在共享洗衣机的同时拥有自己独立的"洗衣腔"，节省资源的同时解决了用户的卫生顾虑。当产品营销不畅时，提示工业产品设计者，问题的症结在消费行为因素上。

为了不断满足消费者个性化的需求，设计领域中不断演绎着"个性化"的新产品设计和改进现有产品，而个性化的需求使消费者之间的同质性趋于减少、弱化，差异性不断扩大。作为新时期商品消费的主流和常态，个性化需求要求设计师们给每个层次的消费者以充分的关注和满足，在现有细分市场的基础上再细分直至消费者个体，并为其专门定制产品和服务即实施定制营销。因此一个成功新产品设计和改现有产品，除了注意功能、结构、外形等共性外，还应该有其个性，才能使它从许多同类产品中区别出来，引起消费者的注意和喜爱。

个性化设计引导趣味，造就时尚。一种新式样设计的产品投放市场，对消费者来说是一种具有一定强度的新刺激，是消费者对它由不适应到适应、由不习惯到习惯的过程。而正是有了不断推陈出新的样式设计鼓励了人们对流行时尚的追求，制造出新的流行。在这个商品空前丰富的时代，商品与消费者的关系正在发生转变，民众对商品的选择从满足需求到满意需求。在这一点上，设计师则应该一马当先成为大众趣味的引导者，要求设计师认真研究消费者的真正需求。而一种时尚产品又会导致习惯而丧失模仿的前提新奇感，于是走向时尚的终结，时尚的就成了不时尚。所以，设计师在一件产品大规模流行之前，就有必要思考和策划下一次的新流行时尚。"苹果"产品的持续创新，无不带给用户惊喜，iPod Touch、iPhone、iPad 都成功成为引领个性消费的时尚产品。"苹果"的成功不仅创造了口碑，创造了品牌，而且也为"苹果"捕捉了不少消费者的体验。从最初供 iPod 用户下载歌曲的 iTunes 到后来供 iPhone、iPad 用户自由选择应用程序的 appstore，看似简单的零售商店却蕴藏着强大的个性化体验。因此，苹果公司的成功也是设计个性化的成功。

又比如，现今兴起的互联网社区，即时信息，产品名目林林总总，但是只有找到正确的目标用户，并以此为指导才能获得成功。例如微博与人人，同样作为互联网社区，人人的用户往往是朋友，以及朋友的朋友，而微博的用户圈却是任何使用微博的人，朋友、同事以及陌生人。用户圈的不同、用户群体的不同必然导致二者不同的信息架构与开发重点。

当然，"个性化"的设计并不是说可以天马行空地无所顾忌，它也受到众多因素的制约。比如要考虑地域、生活习俗以及历史文化等的差异

---

① 郭苏. C2C 网络购物平台用户体验的角色划分研究 [D]. 无锡：江南大学，2008

性。因为每一个人都会有他所生活的历史文化背景，即在特定环境下的生活"范式"。如果抛开了这些"范式"去谈所谓的"个性化"，必然会遭到失败。必须将"个性化"的设计融入到特定的生活"范式"之中，以"共性"引导"个性"，在"共性"中追求"个性"，只有这样的"个性"才是真正完美和谐的"个性"。才是符合消费者需求的"个性"。

以消费者心理为导向的产品开发，一方面保证了产品在设计初期就以消费者满意度为基础，降低产品开发失败的概率，并且在设计推进的过程中根据消费者需求的变化随时跟进、改善设计。从产品周期角度，不仅节约了产品开发的时间，降低了成本，还有利地促进了产品的市场导入与成长。通过对目标消费者的细分，更有利于在产品开发中创造适销对路的产品，细微之处的需求点更能激发有效的创新设计与开发。

1.2.6 研究消费心理与经济效益

工业设计工作直接关联着生产者的经营和效益。

产品在市场上的最终地位是生产环节、经营环节和营销环节共同努力的结果，但最重要的是生产环节的产品设计，如果第一炮打不响，以后就谈不上什么经济效益。现代生产者和设计师面临的市场竞争激烈，对手如林，花色品种繁多，新产品层出不穷。生产者和设计师要提高经济效益，使自己的产品适销对路，就必须掌握消费者心理，抓住新产品设计这第一关。当代成功的生产者和设计师，如日本丰田公司就提出"用户第一、销售第二、制造第三"的经营方针，坚持"用户—销售—生产"为序的指导思想，使日本的汽车工业一跃成为世界之首。日本汽车工业的设计人员为了扩大产品市场，了解西方人的消费心理，根据西方人身材高大，设计了特别宽敞、舒适而且座位可以自动调节的汽车，适合美国人的心理需求，在美国和西方市场成为最受欢迎的汽车产品，使丰田公司成为全世界经营效益最好的生产者和设计师之一。

研究广告心理是改善设计管理的有效方法。例如用消费者喜欢的广告语、消费者乐意的广告形式、消费者日常接触的媒体，消费者日常的阅读习惯，包括消费者购买的成因，引起消费者的注意和记忆，从而产生购买动机，以扩大产品的市场占有率。现代生产者和设计师经营和营销对广告的依存越来越明显，甚至一条广告可以救活一个企业。如果广告设计不能引起消费者的注意，总是千篇一律、固定呆板地讲"质量上乘，实行三包"，那么广告就不能产生效益。

市场心理研究也有助于改善生产者和设计师经营和营销水平。比如当前消费者求取保健是一大市场心理，在日用百货的设计上，如果瞄准了这一消费心理，那么产品就有很好的销路。消费者尤其是儿童和老年人，对食品中的保健食品尤为关注；运动系列服装和保健锻炼器械销路很好；有关保健知识的书刊和报纸也深受广大消费者的欢迎。

此外，良好的用户体验也能提高生产者和设计师经营和营销水平。设计师在设计产品时要能够换位思考，体会用户的立场和感受，站在用户的角度，置身于用户的场景中思考和处理问题。对于用户体验的认同就像是一种信仰，设计师只有真正信仰它，设身处地从用户角度出发，才能得到它带来的收益。例如在上一代的 iPod 产品上，用户无须学习，手指即会在滚轮上顺势转动。iPod 在发出咯嗒嗒的转动声音时，令人惊喜之处在于屏幕操作居然与物理滚轮的操作协调得天衣无缝。于是人们对产品获得较高的使用满意度，从而带来理想的用户体验，也促进了产品的畅销。

1.2.7 研究 CSI 与企业设计管理

人们对产品多样性、高品质、高附加值的追求，使得传统设计已不能满足企业及社会的发展，企业对设计理解的不完整性，造成了设计上的无序化。在这些企业中，设计通常被认为是一种产品外形塑造、包装、展示或宣传品等零散性的工作，没有把设计同生产、销售、财务等放在同等重要的位置。企业内部不同部门的设计人员也缺乏有效的沟通，这些设计人员往往以本部门的设计观念和工作方式进行工作，没有意识到设计是一个系统性工作。

因此，即便好的设计也要真正实现出来，在这个过程中，要克服有限的资源与时间、和其他团队的沟通、设计流程如何进行、研究与测试经费有限如何寻找替代方案、工作环境与文化上是否配合等系统性工作。所以不论是在组织定位、设计流程、部门合作、沟通模式、人才发掘、人才培养、预算经费、工作环境、组织文化，都是在设计部门的管理阶层必须重视和探讨的话题。

设计与企业管理的结合必将成为设计发展的必然趋势，设计管理作为一个新兴领域已受到企业界、设计界、经济学界的普遍研究和重视。只有企业把设计视为一项系统性的工作，合理地利用设计资源，才能使企业在日益剧烈的市场竞争中前进。

就设计管理范围而言，不同的学者从不同的角度进行了划分。英国设计师 Michael Farr 所写的《设计管理》一书中，把设计管理视为解决问题的一项功能，他认为"设计管理的功能是界定设计问题，寻找最合适的设计师，创造一种环境并使他们在既定的时间和预算内解决问题"。不难看出 Michael Farr 是站在设计师的角度提出的设计管理的定义[①]。设计组织中，设计师是组织成员中的主体，他们的创造能力是企业获得竞争能力的要素，因此如何运用管理手段来激发设计师的创造力也成了设计管理所关注的。

设计组织还可以通过与设计院校建立战略合作关系或是借助外部的力量，来激发设计师的创造力，提高产品的创新性。如宝洁公司设置了好几种外部创新者联络的网络，包括与大学、政府、私人实验室、其他小公司、网上智力产品交易市场等[②]。而笔者所带领的研究团队亦和宝洁建立了产品设计评价研究中心。

先进的设计师认为设计管理，从企业的内外部资源的角度，将企业设计划分为两个部分：企业外部设计和企业内部设计。在企业设计中，有一个重要参数是不可忽视的，即消费者满意度 CSI 研究：企业外部满意度由企业理念识别（Mind Identity, MI）、企业行为识别（Behavior Identity, BI）和视觉识别（Visual Identity, VI）三者有机组成的整体 CIS（corporate identity system）。企业内部满意度则是，针对企业内部进行的设计，强调企业内部业务流程的改造，以关心客户的需求、满意度和内部员工满意度为目标。传统的企业外部设计中，设计师往往重视 VI 设计，而看轻了 BI 和 MI 设计；企业的内部设计，往往重视工艺流程、质量控管和成本核算等要素的优化重组，而忽视了组织行为、组织气氛和经济绩效的关系。

知识经济作为一种崭新经济形态的悄然兴起，在知识经济的模式中，知识、信息就是个人的乃至整个经济的首要资源。信息技术从本质上改变了企业、客户、供应商和内部员工之间的信息交换渠道，企业需要对既有的企业组织结构、客户群的选择等企业设计战略要素，作重新审视和调整以获取新的竞争优势，从而在新经济下更好地树立企业的品牌形象，使企业增值。所以产生了企业设计的新概念：组织结构扁平化，企业资源规划 ERP（Enterprise Resource Planning），计算机集成制造系统 CIMS（Computer Integrated Manufacturing Systems），企业的设计重点也从关注设计物到设计人的行为，从功能到用户体验，从产品本身到对服务及整个流程的重视。设计中更加注重个人的体验性，这种以人为核心的服务设计在产品设计中起着越来越重要的作用，所以出现了企业服务设计、企业可持续设计、企业体验营销设计。

企业设计在塑造企业品牌形象中的整合作用在许多世界著名品牌企业中得到了充分的证实和认可，如苹果公司营销战略设计。《设计心理学》第二版借助笔者多年参与和主持的《轻工企业组织行为与经济绩效》的软科学研究，以实证的方式分析了企业内部组织行为，受到竞争机制、企业文化和管理情景等多方面的制约，组织行为与经济绩效间呈复杂的关系，既有线性关系，又有非线性关系。而研究的支持系统，就是用 CSI 态度指数组成的数据库。此数据库，是以享有国际盛誉的企业诊断量表经过本土化修订后作为企业实态测评的工具，用此工具，采集企业实态数据而组成的，并以此作为企业发展的依据，从而提出一个符合企业实态的有效的企业设计报告书。这样的企业设计既有端起变革目标，又有中长期发展建议，得到企业的充分肯定。有关 CSI 与企业系统设计等详细内容，本书将在第十一章讨论。

1.2.8 研究消费者心理与设计师素质

"在今天信息的广泛传播，使得设计师不再是指一种简单的职业，它更像是一种潮流导向，甚至是改变人们生活方式的先驱与试行者[③]"。所以，设计师必须了解消费者心理，才能创造出更高品质、更适合于大众的产品，才能使设计服

---

① 李志春，寇树芳. 浅析设计管理［J］. 中国科技信息. 2007. 4：149
② 邓琼，王希俊. 基于体验经济的企业设计管理创新［J］. 湖南科技学院学报. 2007, 28. 5：73
③ 陈浩. 浅谈设计师的素质与能力培养［J］. 科教文汇. 2008. 36：12

务于大众，给人们创造更美好的生活。

1.2.8.1 研究设计心理学可以自觉地提高和发展设计人员的创造力

设计是一种创造性的活动，好的创意需要大量的知识积累和时间孵化，这就需要设计师对消费者有日常的观察与研究，研究消费者心理。一位优秀的设计工作者要有丰富的想象力。企划产品时，似天马行空、迁想妙得，创作时绝不能拾人牙慧，形式雷同，而是自辟蹊径，独出心裁。美国创造学家罗伯特·奥尔森曾说过："那些思想执拗、顽固、缺乏随机应变的素质和生活态度，或者思想偏僻的人，是很难推出新思想的。"通过学习，可以自测想象力，可以运用"急骤联想训练法"又称"头脑风暴法"，来训练和提高设计人员想象力，这是20世纪60年代美国心理学家训练大学生创造性思维的一种方法，在进行急骤联想训练时，观念要迅速抛出来，不要迟疑，也不要考虑质量的好坏，或数量的多少，评价在结束后进行。愈快表示愈流畅，讲的愈多表示流畅性愈高。据他们的训练结果，这种自由联想与迅速反应的训练，对于学生的思维，无论是质量和数量，流畅性和变通性，都有很大的帮助。这同样可以提高设计人员的想象力水平。

1.2.8.2 研究设计心理学可以完善设计人员的人格

人格（Personality）就是指一个人全部的心理面貌，包括外在自我和内在自我的全部内容。决定一个设计师设计水平的往往就是其人格的完善程度，完善程度越高其综合能力越高，越能帮助他解决设计问题。设计人员要有上乘的产品设计，必须要具备健全的人格，因为好的设计并不只是图形的创意，而是中和了许多智力劳动的结果，需要设计人员有广博的知识面和全面的修养，要具备精湛的专业技能，浓郁的创作情趣，博大的胸怀以及坚强的工作意志和作风。鲁迅先生说过："美术家固然须有精熟的技工，但须有进步的思想和高尚的人格，他们的制作，表面上是一张画或一个雕像，其实是他的思想和人格的表现。"其次，设计不只是设计师的个人行为，也是社会行为，是为社会服务的。设计师必须注重伦理道德，树立高度的社会责任感。同时，设计还受到国家法律、法规的保护与约束，因此设计师必须对相关法律、法规，尤其是与设计相关的合同法、专利法、广告法、商标法、环境保护法和标准化规定等有相应的了解并切实地遵守。作为一个以全面提高人民生活质量为终身事业的工业设计师来讲，必须注重个人的修为，"先修其形，后练其品"，才能创作出美好的工业设计产品。

1.2.8.3 研究设计心理学可以丰富设计人员的知识面

设计心理学是工业设计人员知识结构中的重要组成部分。工业设计被称为"技术与艺术的统一"，它涉及的学识范围相当广泛，作为工业设计科学技术性的一面，它涉及自然科学和社会科学的众多的学科领域，包括仿生学、数学、材料学、光学、色彩学、生理学、人体工程学、声学以及工艺学、信息工程学、环境工程学、技术经济学、市场学、哲学、心理学、系统工程学、价值工程学、生态学等；作为工业设计艺术性的一面，它涉及美学、审美心理学、技术学、技术美学、符号学，特别是技术艺术的理论等。上述所有学科都在工业设计中起着各自的作用，其中研究人的心理活动规律的心理学与工业设计关系更为密切。优秀的设计师应该有合理的知识结构和扩延知识的能力，并善于与不同学科的专家携手合作，同时也扩展他们的知识面。

比如联想设计和用户体验团队有15年左右的发展历史，大概16个创新实验室，涉及人机工程学、交互设计、工业设计、平面与多媒体设计、机械工程、机电一体化、同步制造、模具工艺、社会学和人类学等，有来自全球200个国家和地区的同事。他们认为设计越来越重视消费者的需求，重视用户体验。联想设计体验用户组织的时候，采用的是一个混合型的组织架构，既有自上而下又有自下而上，这样一个混合型的组织成为联想面对用户和面对市场的一个重要的组织手段。在自上而下里有一个重要的内容就是企业战略增值的过程——矩阵式用户体验，包括如何去理解用户，如何更好地提炼重点用户体验的因素，如何建立用户体验目标。而在自下而上里，建立了基于用户理解的开发模式，快速地去了解用户需求，定义然后再改进，开发出这些产品概念[①]。

设计师是产品与消费者之间的桥梁，设计师的独特贡献在于强调了产品或系统与人类特征、

[①] UPA 中国 2011 开幕主题演讲：Creativity, Innovation and Happy User Experience 姚映佳

需求及兴趣相关的方面。这种贡献基于设计师对与消费者相关的视觉、触觉、安全、方便等方面需求的独特理解。可以影响消费者的心理、生理和社会因素上的经验是工业设计师的基础。所以设计心理学提供的交叉性边缘学科的知识，是加强设计师理论素养和实践经验的基础性的学科。

1.2.9 用户体验与微创新产品附加价值

1.2.9.1 用户体验与微创新

乔布斯是微创新的鼻祖，他的"苹果"在用户体验研究和微创新上做到了极致，使"苹果"成为全球市值第一的伟大企业。而他的追随者奇虎360的CEO周鸿祎认为"用户体验的创新是决定互联网应用能否受欢迎的关键因素，这种创新叫'微创新'"。"你的产品可以不完美，但是只要能打动用户心里最甜的那个点，把一个问题解决好，有时候就是四两拨千斤，这种单点突破就叫'微创新①'"。微创新其实就是用户体验上的创新，它有两点很关键：

第一，从小处着眼，贴近用户需求心理。微创新的理解，最重要的价值观是用户至上，从用户的角度出发，挖掘用户的需求。只有这样，才能抓住产品的重点，改善用户的体验，降低用户使用产品的门槛。

第二，快速出击，不断试错。微创新是一个潜移默化的过程，不是一蹴而就的，需要渐进和累积，要不断地加以改进并满足用户需求，正是在这种企业与用户之间的互动，使得各种创新不断涌现出来。比如360安全卫士查杀流氓软件就是"微创新"，给用户电脑打补丁、体检、开机加速，每一项功能，都满足用户的需求，都是微创新。

1.2.9.2 微创新与产品附加值创造

以提升消费者的满意度为目的，通过微创新，创造产品附加值的途径有很多，2011中国微创新高峰论坛也发布了微创新九大类型：

技术型微创新提升产品附加值。通过对技术上一个微小点的突破，或是对已有技术的创新性应用，能够满足用户的某种需要，或给用户带来某种能够投其所好的独特体验。

功能型微创新提升产品附加值。通过创造出一种具有全新功能的产品或服务，或在自己的产品中增加全新的附加功能，制造出独特的用户体验，弥补消费者对原有产品的不满，有效提高产品的品质形象。

定位型微创新提升产品附加值。通过对产品或服务进行独特的定位，并针对这一定位进行产品设计，创造出具有这群人个性特点的产品，满足他们对产品的兴趣。

模式型微创新提升产品附加值。通过在其他成功模式上的改良创新，或是不同行业模式的借鉴融合，从而占领和扩大市场。如搜索引擎模式、团购模式。

包装型微创新提升产品附加值。对形状、色彩、质感、风格等外观设计元素进行设计，传递出产品和品牌的独有文化与内涵，这就是包装型微创新的价值所在。包装型微创新可以增强产品的视觉冲击力，提高消费者的满意度。

服务型微创新提升产品附加值。以顾客需求为出发点，关注环境、服务、对象、过程和人等服务要素，确定服务提供的方式和内容。贴心、周到而有特色的服务，可以营造出良好的用户体验。

营销型微创新提升产品附加值。采用新方式、新手段、新的传播渠道等进行营销，带来新的用户体验，从而引爆用户群。比如体验营销、口碑营销等带有互动性的营销方式，更容易实现微创新，带来产品附加值的提升。

渠道型微创新提升产品附加值。突破传统渠道的限制，让产品在最意想不到却又恰如其分的地方和顾客邂逅，这种产品与渠道的反差必然带来客户体验上的改变。如吉利汽车在网上开设官方旗舰店，意味着消费者购买汽车行为方式的改变，会给消费者带来独特的体验。

整合型微创新提升产品附加值。根据用户和市场的反映，用最适合的方式将各种微创新元素进行整合，注重产品使用中的用户需求，最终达到打动用户的目的。

关注用户体验已经成为21世纪企业发展的趋势，通过微创新提升产品附加值，也必将成为企业努力的方向，成为企业持续发展的动力。

思考题

一、名词解释

1. 设计心理学　2. 准消费者　3. 惠顾消费者　4. 微创新

---

① 丁庆龙．微创新：撬动地球的新支点——微创新：互联网行业新趋势［J］．华人世界，2011.9：24

二、简述题
1. 消费者类型。
2. 心理现象。
3. 消费行为过程。

三、分析题
1. 分析设计心理学为"好的设计"服务的案例。
2. 如何根据消费者满意度 CSI 导向成功设计。
3. 分析微创新与产品附加值创造的关系。

四、实务操作
小组讨论：消费者满意度五大维度（理念满意、行为满意、视听满意、产品满意、服务满意）具体细分的内容。

第二章
设计心理学的研究方法

■ 设计心理学研究方法综述
■ 设计心理学的常用研究方法
■ 设计心理学的现代研究方法
■ 创造性思维方法的研究和评价

2.1 设计心理学研究方法综述

设计心理学的理论研究得到了消费者心理学、社会心理学、工程心理学、认知心理学和管理心理学等相关心理学科的背景支撑与交叉影响。研究方法也有很多共通与借鉴之处。例如，在消费者行为学中，研究方法包含了深度访谈、焦点小组、隐喻分析、投射等定性研究方法以及实验法、观察法等定量研究方法，这些方法对设计心理学研究方法是有很好的指导意义和参考价值，而工程心理学与认知心理学中进行生理、心理等实验方法，也能很好地应用于设计心理学领域。

设计心理学的研究方法分为两大类：定性研究和定量研究。

定性研究通过特殊的方法和手段获得人们的想法、感受等较深层反应的信息，主要了解目标人群有关态度、信念、动机、行为等有关问题。定性研究是一个发现问题的过程，主要回答事件"为什么"之类的问题。定性研究可以发现群体用户中普遍存在的一些问题以及一些个案。

定量研究是采用大量的样本数据来测试和证明某些事物的研究方法，通过分析大量的数据来找出具有统计学意义的趋势，在回答事件"是什么"上有重要的参考价值。并且用以更加确信地反映全部用户的真实情况。

在设计心理学的实证研究中，将定性研究与定量研究相结合，以得到比较准确、全面、细致的研究结果。

设计心理学一般常用的研究方法有观察法、访谈法、问卷法、投射法、实验法、总加量表法、语义分析量表法、案例研究法、心理描述法、抽样调查法、创新思维法这11种方法。其中访谈法涉及的具体评价方法又包括结构式访谈、无结构式访谈和投射法，而问卷法包含的具体评价方法又包括总加态度测评法、语义分析量表法、心理描述法和抽样调查法。一般说来，观察法、访谈法、案例研究法属于定性研究，而问卷法、实验法为定量研究。

2.1.1 设计心理学的现代研究方法

由于企业创新、产品创新强大需求的推动，加上新的理论、技术的进一步发展，设计心理学研究的方法和实践有长足发展。近年来，在设计心理学领域出现一些现代较为通用的研究方法，包括定量研究和定性研究两个方面。其研究目标除了消费者的"显性知识"，还包括"隐性知识[①]"。获取和表征用户的隐性知识，并将这些信息转化为适当的设计元素，运用隐喻和推理的原理传递产品信息，是进行知识管理与设计创新的基础和源泉。这些方法是很好的工具，无论在用户研究方面还是在可用性测试方面都有着重要的意义和作用。其中包括基本方法的延伸、综合，以及各种新型的研究方法。主要有深度访谈、焦点小组、群体文化学（也叫人种志）、角色分析法、情境分析法、生活事件法（讲故事）、感性工学和意象尺度等方法。这些方法当中，除了感性工学和意象尺度法之外，多为定性研究方法。在设计心理学的实证研究方面，常常表现为定量与定性方法的综合分析。实证研究方法的特点体现在四个方面：客观性、数据性、系统性以及中立性。实证研究是从客观的角度出发，以真实的数据作为支撑，通过定性加定量的系统方法，对结果进行中立的评定。

[①] 罗仕鉴等. 产品设计中的用户隐性知识研究现状与进展 [J]. 计算机集成制造系统，2010.4：673-688

实证研究包括两个层面，即基础研究和拓展研究。基础研究通常为实态研究，通过田园调查、人种志等方法进行频数分析、关联分析等。拓展研究常常借助自然实验、实验室实验等方法进行因素分析等。吴朋（2006）在《品牌价值心理导向玩偶设计的实证研究[①]》中，通过深度访谈等定性研究方法对消费心理、消费习惯、附加价值等信息进行了提炼，又通过问卷法、抽样调查、实验法等定量研究方法对各变量进行了深度的关联分析和因素分析，得出三方面的实证研究结果：①性别、年龄职业、地理位置对消费态度的影响，②性别、年龄职业、地理位置对消费者偏好的影响，③从品牌形象角度建构玩偶品牌价值。

以下从定性和定量方面进行设计心理实证研究方法介绍。

2.1.1.1 定性研究方法

首先，设计心理学研究方法有普遍的适应性，在其基础上的延伸与发展使得这些方法更好地服务于现代的市场调查与用户研究领域。参与式观察、焦点小组等都已成为普遍的研究方法。例如，访谈按形式不同可细分为结构式的、半结构式的和非正式的；按手段媒介不同可分为入户访谈、街头拦截、焦点小组访谈、电话访谈、网络访谈等。需要根据调查对象和环境的不同灵活选用，也可多种方法穿插融合，达到最好效果。大部分关于市场调查的访谈知识是范式的、基础的，而深度访谈在传统的基础上更加细化，进而发展出具有鲜明特色和偏重点的访谈方法。

其次，设计心理学本身就属于多学科交叉领域，研究方法也是受到心理学、社会学，人类学等社会科学的影响而富有综合性的特点。这样更加有助于研究人员去理解"人"—"消费者"—"用户"的需求，并且加快了信息获取的速度。例如群体文化学的方法被越来越多地应用到用户研究的领域。群体文化学又称人种志学、民族志学，主要通过实地调查来研究群体并总结群体行为、信仰和生活方式。群体文化学通过对代表性人群的深入理解，尤其是对用户生活方式、生活体验和产品使用的深刻理解、对用户对产品功能、形态、材料、色彩、使用方式、喜好和购买模式等进行评估，通过观察用户面对技术、造型和使用时的情绪和态度，识别用户的相似点和差异性，了解用户想购买什么、喜欢什么以及如何喜欢，从而明确产品应该具备的品质，为设计心理学研究提供参考，其主要程序与方法如下：

通过对报纸、书籍、杂志、网站等各个媒体相关主题资料的收集、分析和归类，提取舆论引导的关键词，对目标群体使用产品的特定活动和背景环境有一个总的了解。

通过观察、拍摄、访谈、视觉故事和实地考察等方法，针对产品使用过程、使用情境和使用态度，了解个人的偏好以及如何看待和理解这些产品，并发现特定产品与其生活方式在某些方面的行为之间的联系。

在前期全面、翔实、充分、有效地调查研究之后确定典型的用户模型，从而发现大量可进行设计创新的具体线索，从而引导后期的设计创造。

其中包括移情设计、行为聚焦、文化探察等新型的研究方法，也包括了日趋成熟的情境方法。情境化是群体文化学的基本特征之一，也是构建服务系统的要素来源。目前基于情境（Scenario）的产品设计与用户研究方法逐渐被学者重视，设计学院举行的国际DESIS工作坊经过实地考察、资料分析，将服务设计进行情境化的划分，将创意设计细化到服务流程中的每一个环节。上海交通大学的卢杰（2007）在《基于群体文化学的产品开发模糊前期研究》中建立五类典型老年人模型，并从老年人典型的生活情境入手，得出学习需求、健康需求、交流需求、娱乐需求为最强烈的需求点。江南大学硕士研究生刘兰兰2008年在《情境故事法在产品设计开发中的应用研究——以开发"老年人生活伴侣"为例》探讨情境故事法在产品设计中的应用，并在开发商务笔记本电脑案例中使用，构筑用户使用商务笔记本电脑的几种问题情境，找出关键议题，发现用户新的需求。

2.1.1.2 定量研究方法

常用的问卷法、实验法、态度总加量表法、语义分析量表法、抽样调查法等仍发挥着定量研究的主要作用。随着科学技术的发展，计算机与网络数据库等手段更多地参与到了设计心理学的研究领域。眼动实验，行为分析以及感性工学等现代研究方法使得研究数据更加科学和可信。

[①] 吴朋.品牌价值心理导向玩偶设计的实证研究.[D].无锡：江南大学，2006

例如，眼动的研究动态包括：利用眼动技术记录多种指标，包括注视和凝视时间，眼跳时间和位置、回跳时间等。可用来研究阅读、视觉搜索和场景浏览等问题。如眼动研究在 web 可用性上的应用。可用性领域的权威 Jakob Nielsen 等人在研究实验中发现被试者阅读网页时常常会呈现"F状"的模式。如网页注视热点图 2-1 所示，其中红色表示该区域受关注度最高，黄色次之，蓝色再次之，灰色则表示基本没有被关注。

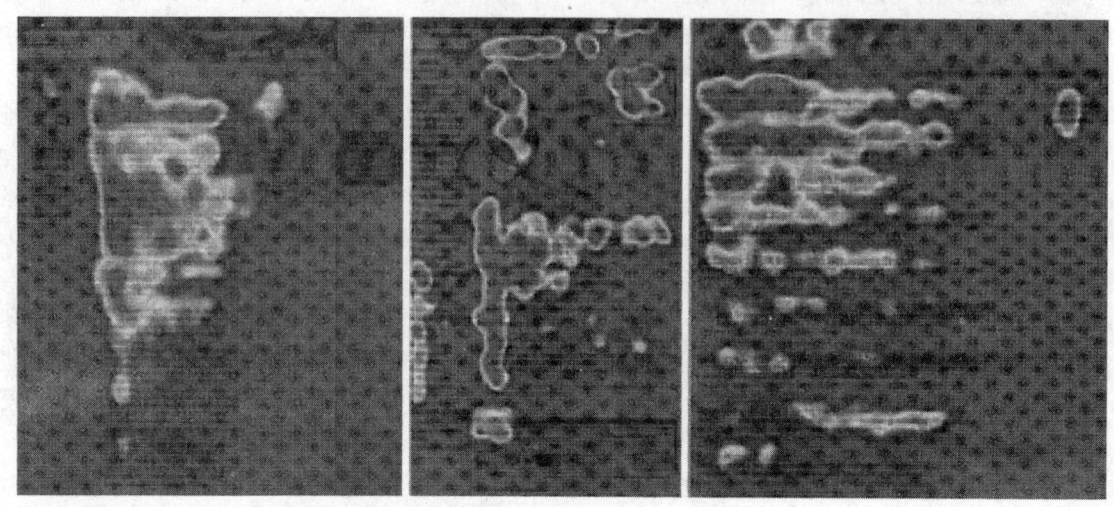

图 2-1　网页浏览的"F状"模式

关于感性工学的研究将在第九章中详细介绍，本章主要关注其研究方法。感性工学也是一种消费者导向的基于人因工程的产品开发支持技术，利用此技术，可将人们模糊不明的感性需求或意象转化为细部设计。目前，主要通过生理学和心理学两种手段测量。

生理测量法。从生理角度研究用户的认知、情感产生的生理神经信号，借助传感器等测量仪器，通过测量用户的脑电波、心跳、皮肤汗液、电位、呼吸、表情等生理指标的变化，了解用户的认知、情感等状态，获得相应信息。这种测量经常用在如医疗器械、农业机械等较为注重工程学的设计领域。

心理测量法。以问卷形式调查人们当前的情绪状态、心理感受，或者通过分析用户的口语报告获取情感信息。其中最常用的是语义差分量表，它由若干表达情感体验的词汇和量尺构成，量尺由两个意义相反的形容词作为两极，根据程度差异均等地分为 5~7 级，由用户依据情感认知程度选取相应的等级作出判断。传统上，做调查时，一般采用图片、幻灯片或者实物来向用户展示产品的不同造型或功能。随着信息技术的发展，为了增加用户对创新产品的体验深度，虚拟现实技术、三维造型和基于互联网的调查技术也得到了广泛的应用。

为了提高测量的准确度，两种方法可以结合起来使用。测量的结果还需要转换为产品的相应结构参数或者创新功能，才能最后完成设计的要求。由于用户的主观感受，其语义表达因人而异、因文化而异，受时间、地点和环境的影响很大。

定量所得数据需要借助因素分析、聚类分析、多元尺度分析、联合分析等方法进行提炼和解读，最后得到可以实际应用的评估参数。

2.1.2　设计心理学的新型研究方法

新型的实证研究方法在目前受到学界和行业的关注，旨在提供一种更加灵活和合理的用户研究途径。这种新颖性一方面体现在实证研究的实验设计方面，另一方面体现于实证研究的数据搜集与整理分析。

江南大学与宝洁合作的项目 TLE 法是新型实验设计的案例。实验的特色在于通过模拟新商品推广、交易和消费者使用的现场，从中观察记录并习得消费者对该新商品的期望、需求、态度、消费行为等。再配合焦点小组、现场影音资料分析、PDA（管理个人信息，如通讯录、计划等，并且可以上网浏览，收发 E-mail 的手持设备）跟踪记录、图片日志等方法，进一步习得目标消费群体的价值观、生活方式、商品诉求等。

伊利诺伊设计学院教授 Vijay Kumar 和 Patrick Whitney 意识到质性材料的冗长和不规则，例如数小时的视频记录和录音、大量的活动过程照片以及杂乱随性的笔记。如何将这些打碎成有规律的节点，发展变革成可为用户使用的设计资料？这个过程既耗费时间也耗费成本，再加上不同团队在不同环节的分析方法和描述语言都不一样，即便是意义很相近的词语也可能造成理解上的歧义，造成信息传达的错误。所以尤其在团队合作的时候，更需要简单标准的工具来统一分析的方法。POEMS 框架就是这样一种工具。名古屋大学教育和人类发展研究院大谷尚（Takashi Otani）教授认为，质性研究的难点不单在于前期资料收集技巧，诸如如何拍摄音像、怎么访谈、如何记录对方的语言等很多领域已经"理论饱和"；质性研究的难点在于，后期收集来的资料该如何分析。他通过多次实际项目的有效检验，总结出适合小规模数据的质性材料分析手法 SCAT（Steps for Coding and Theorization）。

另外，图解思维法、服务设计法等新型方法也在逐步开始应用到现代设计心理研究中。随着设计心理学科的发展，会有越来越多的新型研究方法出现，更好地为产品设计、企业创新服务。

2.2 设计心理学的常用研究方法

人的消费活动是一种复杂的社会行为。是人类心理活动的一部分。研究消费者心理活动规律的方法，与整个心理学的一般研究方法是一致的，心理学本身的发展，为心理学的应用分支的发展，提供了科学的基础。但人类的消费活动是一种特殊领域。在运用心理学的某些研究方法了解消费行为规律时，必然有一些新的内容和新的问题，因此探索设计心理学研究方法，不仅有利于自身的发展。也丰富心理学主干研究方法的积累。根据研究方法的常用程度、难度系数及复杂程度，我们把研究方法分成初级、中级和高级。将常用程度较大、难度系数较小的和复杂程度一般的研究方法归为初级方法，随着研究方法内容的梯度增加，上升为中级和高级。

2.2.1 设计心理学的初级研究方法

一般我们常用的研究方法是观察法和访谈法。

2.2.1.1 观察法

观察法是心理学的基本方法之一。观察是科学研究的最一般的实践方法，同时也是最简便易行的研究方法。所谓观察法是在自然条件下，有目的有计划地直接观察研究对象（消费者）的言行表现，从而分析其心理活动和行为规律的方法。设计心理学借助观察法，用以研究广告、商标、包装、橱窗以及柜台设计等方面的效果。例如为了评估商店橱窗设计的效果，可以在重新布置橱窗的前后，观察行人注意橱窗或停下来观看橱窗的人数以及观看橱窗的人数在过路行人中所占的比例。通过重新布置前后观看橱窗的人数变化来说明橱窗设计的效果。

观察法的核心是按观察的目的，确定观察的对象、方式和时机。观察时应随时记录消费者面对广告宣传、产品造型、包装设计以及柜台设计等方面所表现的行为举止，包括语言的评价、目光注视度、面部表情、走路姿态等。

观察记录的内容应包括：观察的目的、对象、观察时间、被观察对象的有关言行、表情、动作等的数量与质量，另外还有观察者对观察结果的综合评价。

观察法的优点是自然、真实、可靠、方法简便易行、花费低廉。在确定观察的时间和地点时，要注意防止可能发生的取样误差。例如，在了解商店消费者的构成时，要分别休息日和非休息日，也要区别上班时间和下班的时间。有时商店消费者的构成也受周围居民成分的影响，要观察少数民族消费者的特点，就应该选择少数民族特需品的供应商店。在分析观察结果时，要注意区分偶然的事件和有规律性的事实，使结论具有科学性。

观察法的缺点也是明显的。在进行观察时，观察者要被动地等待所要观察的事件出现。而且，当事件出现时，也只能观察到消费者是怎样从事活动的，并不能得到消费者为什么会这样活动、他的内心是怎样想的资料。

现代科技水平的发展，使观察法能借用先进的观察设备诸如录像录音、闭路电视的方式进行观察，使观察效果更准确更及时，并节省观察人员。但观察法只能记录消费者流露出来的言行、表情，而对流露出这种言行、表情的原因，是无法通过观察法直接获取，因而必须结合其他的有关方法，才能进一步了解消费行为规律。当研究的心理现象不能直接观察时，可通过搜集有关资料，间接了解消费者的心理活动，这种研究方法叫调查法。调查法分为两种，一种是口头调查法，亦称谈话法、访谈法；另一种是书面调查法，亦称问卷法、调查表法。

2.2.1.2 访谈法

访谈法是通过访谈者与受访谈者之间的交谈，了解受访者的动机、态度、个性和价值观念等的一种方法。访谈法分结构式访谈和无结构式访谈两种。结构式访谈又叫控制式访谈。它是通过访谈者主动询问受访者逐一回答的方式进行的。进行这种形式的访谈，访谈者需要根据访谈的目的，事先拟好访谈的提纲，或访谈的具体问题。访谈时按照提纲或问题发问，让受访者回答，以收集所需要的资料。这种方法类似于问卷法，只是不让被试笔答而用口答而已。运用这种方法能控制访谈的中心，比较节省时间。但是，这种方式容易使受访者感到拘束产生顾虑也容易让受访者处于被动的地位，使访谈者只能得到"是"与"否"的回答，而不能了解到受访者内心的真实情况。因而访谈的结果深度不够，也不容易全面。

无结构的访谈法是通过访谈者和受访谈者之间自然的交谈方式进行的。它不拘于形式，不限时间，又尊重受访者谈话的兴趣。受访者不存戒心，能在不知不觉中吐露出自己内心的真意，使访谈者获得较深层的材料。但是，这种访谈要求访谈者有较高的访谈技巧和经验。他要善于取得受访者的信任，愿意接受他的访谈。如果遇到不大健谈者，他又能引起话题，给访谈创造出活跃的气氛不至于出现冷场、尴尬的局面，同时还得把握谈话的重点和方向。即使有经验的访谈者，用这种方式访谈，也比较费时、费事。同时，访谈的结果也不能作数量化的处理，有些问题也难以获得正确的解释。

访谈开始时的开场白非常重要，它起着引导和创造气氛的作用。在访谈进行中也应注意，既要善于打破僵局，防止沉闷气氛的产生，又要把握交谈的中心，不能离题太远。对于受访者要尊重，也要使人感到自然，不受拘束；对于爱说者，只能引导，不能挫伤发言者的积极性；对于不爱说者，也应注意多给人家以发言的机会。要知道，性格内向的人往往思想相当活跃，其见解有时更加高明。

要使访谈顺利进行并获得满意的效果，访谈者应掌握基本的访谈策略。这主要包括如何接近受访者，取得受访者的信任，怎样处理受访者的拒绝和积极展开交谈的策略。在接近受访者的时候，访谈者要自我介绍，出示自己身份的证明或介绍信。要说明访问的目的，强调访问的重要性；使受访者对访谈的问题感兴趣。要解除受访者的顾虑，说明选他为受访者不是由于个人的原因，而是需要各方面的人为研究代表，他是作为大样本中的一个小样本而被选中的。对于他的回答，以及他的地址、身份一定保密，不会有损于他，希望他能给予积极的支持和大力的合作。在开始和受访者接触时，就应采取积极进取的态度，不要给受访者以拒绝的机会。例如，见面后要说"我想进来跟你谈谈这件事"，而不能问"我可以进来吗？""你现在有时间吗？"即不要让受访者顺口用"不"字回答你，而要让他难以拒绝你的要求。否则，一个"不"字把你拒之门外，话题就很难再转过来了。万一遭到拒绝，访问者要机敏，迅速分析遭到拒绝的原因，并设法加以克服。访谈者受到礼遇，访谈就算成功了一半。要获得完全的成功，访谈者还得掌握交谈的技巧。打破僵局：形成交谈的友好而融洽的气氛非常重要。访谈者应该从题外到题内，引导受访者发言，让他滔滔不绝，而不是简单地应付访谈者的发问。交谈中访谈者对受访者的谈话要有反应，让受访者知道你正在用心听他的谈话，不能毫无反应。但这种反应不是支持或反对他的意见的表示，要防止有暗示作用的发生，这些情况的恰当处置，才能使访谈法得以顺利进行。

2.2.2 设计心理学的中级研究方法

中级研究方法，我们把案例法、心理描述法、问卷法、抽样调查法和相关分析统计法归为此类。

2.2.2.1 案例研究法

案例研究法也称"个案研究"，较早在医学研究方面获得成功。这种技术在20世纪20年代初被哈佛学者引入企业经营管理科学的研究，它通常是以某个行为的抽样为基础，分析研究一个人或一个群体在一定时间内的许多特点。这种方法用于消费心理学的研究是极为有用的。在这里研究者"不是自己去搜集资料，而是使用公开、已通用的资料"。案例研究可分为探索性（分析性）案例研究和实证性（验证性）案例研究两大类型。前者一般是对通过罗列情况和提供数据而编成案例的分析研究,从众多而又典型的消费现象中,寻求判断性的方案与答案;后者一般是对通过筛选大量实例选择出典型的案例加以分析研究,以说明和印证学科的某项原理,或对学科内容中的一些策略和方法的具体运用作出示范。前者对探测消费需求变化规律、引导消费、为消费者提供消费经验与知识、为设计师当前设计提供参考背景资讯,有着显著的效果。后者对设计心理学学科的建立与研究有着重要的作用。也为设计师的未来设计提供概念框架的资讯。当然这两种研究也是相互联系、相互影响的。本书第五章和第十章的个案研究所提供的内容也许对读者有一定的启示。

2.2.2.2 心理描述法

心理描述法这种方法是一种扩展了消费者个性变量测量（包括测量有关的行为概念）以鉴别消费者在心理和社会文化特点这个广泛范围内差异的一种有效技术,其特点有二:一是内在的测量。它所测量的相对而言是模糊的和难以捉摸的变量,诸如兴趣、态度、生活方式和特点等;二是定量测量。它虽然和动机研究在为设计师提供全面而丰富的概貌上有相同之处,但所要研究的消费者特点则是定量而不是定性的测量。它需要自我操作的问卷或"调查表",涉及回答者的需要、知觉、态度、信念、价值、兴趣、鉴赏等方面。心理描述法是对动机研究和纸笔法个性测验两种特点的综合。心理描述的变量常常指的是AIO变量,因为大多数研究者着重于对活动（Activies）、兴趣（Intersts）和观点（Opinions）的测量。这里,活动指的是消费者（或其家庭）如何打发时间;兴趣指的是消费者（或其家庭）的偏好和优先考虑的事情;观点指的是消费者对各种各样的产品或服务是如何感知的。在回答AIO调查时,要求消费者对各种陈述的"同意"、"中立"或"不同意"进行程度判定。其计分法与总加态度量表和语义量表法相同。

曹稚在《生活方式导向中国多功能乘用车设计研究①》中从日常活动、品牌意识、品质追求、流行倾向、休闲态度、价格和理财意识、家庭意识、外向程度、对事业和成功的看法、对科技的态度、对环保和社会公益的态度等几个方面来测量目标调研人群的生活方式,并按照生活方式对消费者进行分类,再从人口统计变量、消费行为、对多功能乘用车外观造型偏好等方面对各分群进行特征描述。以下是AIO生活方式陈述句列表:

（A）我经常活跃于社交场所;我花很多钱用于休闲活动;双休日我愿意待在家中而不是外出,放假时我喜欢去旅游……

（I）我向往欧美等发达国家社会的生活方式;我喜欢购买具有独特风格的产品;流行与实用之间我比较喜欢流行;我喜欢花时间与家人待在一起;对我来说,家庭比事业更加重要;我往往是最早购买最新技术产品的人;我通常选择购买最便宜的产品;我愿意多花一些钱购买高质量的物品;我欣赏支持公益事业的企业或品牌……

（O）为了赚更多的钱我可以牺牲休闲时间;生活中,休闲与工作应该划分得相当清楚;即使价钱贵一点,我还是比较喜欢买外国产品;对环境无害的产品,即使价钱高一些,我也会去购买;我喜欢的品牌,我会一直使用它;购物时,我不太注重品牌;科学技术使我的生活方便、舒适;金钱是衡量成功的最佳标准……

2.2.2.3 问卷法

问卷法就是事先拟定出所要了解的问题,列成问卷,交消费者回答。通过对答案的分析和统计研究,得出相应结论的方法,这是研究消费心理常用的方法之一。这种方法适宜了解影响消费行为的动机、态度、性格、价值观等方面的问题。问卷由调查人根据调查目的制定,调查目的不同,可设立三种形式不同的问卷:其一,开放式问卷。被调查者可按自己的意志;选择某种自己认为最佳的答案,填写在调查表有关栏目内;其二,封闭式问卷。被调查人不能任意填写,只能按调查者设计的答案,选择其中自己最满意的一项填写在有关栏目内;其三,混合式问卷。即一份问卷中,既有开放式要求的栏目,又有封闭式要求的栏目。应用问卷法进行调查,一般有编制问卷,发放问卷,收回及分析问卷几个步骤。这种方法能够较快地获得丰富的资料,而且花费的劳动和支出的有关费用也不大,所以受到调查单位的普遍欢迎。问卷设计的方式大体上包括这样几种:

是非问题的设计。让被调查者在一个问题上表明其赞成还是否定,简要地选择"是"与"否"。比如"你喜欢××牌号的洗衣机吗?"喜

---

① 曹稚,生活方式导向中国多功能乘用车设计研究[D],江南大学硕士学位论文.2008

欢的打"√",不喜欢的打"×"。

多种选择题设计。让被调查者在一个问题上的多项答案中选择其中一个以上的答案。比如:"你为什么喜欢××牌号的洗衣机?"可让消费者在下列答案中选择一个或一个以上:a. 商标设计美;b. 造型美观好看;c. 牢固耐用;d. 噪声小;e. 耗电量少;f. 保修期长;g. 安全;h. 名牌货。

分类问卷设计。让被调查者将所需调查的项目归为几类。比如,要求消费者回答:在您的购买力范围内,下列各类商品哪种是您认为最需要的?最需要的(A),一般需要的(B),暂时不需要的(C)。

a. 彩色电视机 (　)
b. 摄像机　　 (　)
c. 无氟电冰箱 (　)
d. 个人电脑　 (　)
e. 名牌自行车 (　)
f. 移动电话　 (　)
g. 摩托车　　 (　)
h. 小汽车　　 (　)
i. 空调器　　 (　)
j. 商品房　　 (　)

在运用问卷法调查时,问卷的编制要符合调查的目的,问题要清楚明了,不能用暗示的语气,应使被调查者易于理解和便于回答。

问卷法就是一套让受测者回答的题目,以及使用这套问卷的说明。说明包括施测的条件、指导语和计分的规则,把问卷交给受测者,让受测者回答,通过对答卷的分析研究,得出相应结论的方法。设计一份问卷要符合严格的科学要求。首先要确定研究的目的,明确所要测量的变量有哪些,这些变量的行为表现是什么,在此基础上才能编制出合适的问卷题目。

问卷的题目编制成以后,一般要进行预备性的测验,以收集必要的资料来考察问卷的质量,问卷的质量就是它的信度和效度如何。问卷的信度是指它测定结果的稳定性。稳定性越高,说明它受随机误差因素的影响越小,反之则是随机误差大。同一问卷对同一组受测者施测两次,其前后两次测量的结果越一致,其稳定性越高,信度越好,问卷越可靠。问卷的效度是指问卷能测出待测属性或功能的程度。效度越高,说明问卷受系统误差的影响越小,反之则是受系统误差的影响大。为了保证问卷有较高的质量,往往需要在预测的基础上对问卷做反复多次的修改。只有在问卷臻于完善的情况下,问卷才能成为一种测量的工具,正式加以使用。

问卷法的优点是同一张问卷可以测试众多的消费者,测试既可以分别进行,也可以采用集体的方式,像学生考试那样,让很多人同时填写相同的问卷,因而问卷法是在短时间内收集大量资料的一种有效方法。其结果也容易加以统计处理。但是,因为它是纸笔测验,要受文化水平的限制。同时,对回答问卷的认真程度各不相同,遇有不负责任的受测者若随意填写问卷,也会影响对结果的分析,另外复杂的问卷编制起来也相当困难。不过,问卷法的这些缺点,比起它的优点来还是次要的,而且这些缺点也是可以在一定程度上加以克服的。

2.2.2.4 抽样调查法

(1) 抽样调查法的特点

抽样调查法也是一种揭示消费者内在心理活动与行为规律的研究技术,其分类特点如表 2-1 所示。

表 2-1　抽样调查的分类特点

序号	抽样方法	类型	特点
1	单纯随机抽样	概率性抽样	只适用于定期做,可判断误差,费用较高,周期较长,不方便
2	分层随机抽样		
3	分群随机抽样		
4	系统抽样		
5	任意抽样	非概率性抽样	可以经常做,不能判断误差,费用低,周期短,方便
6	判断抽样		
7	配额抽样		

(2) 抽样调查法的程序

抽样调查所搜集的资料是从有限的但被认为可以代表整体的"样本"中取得的。其原理是:①确定总体;②抽取子样;③调查取得数据信息,进行数据分析,然后再推断总体。其程序如图 2-2 所示。

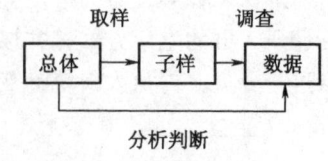

图 2-2　抽样调查程序图

（3）抽样调查法的说明

抽样调查的取样问题也就是"问谁"的问题，表示你以什么人为样本。不论采用什么研究方法都有一个样本问题。消费者的人口特征和心理活动不同，他对某一产品的意见或态度也不同。因此，要根据消费者的不同情况、占消费者总体的比例，或者根据产品销售对象的特殊性进行科学取样。取样要采用专门的办法，主要有随机取样和分层取样两种。

随机取样是指在特定总体中每个人都有被选择的同等机会。随机取样可以这样进行，在消费者总体中，比如某一地区的全体居民，按随机数目表，在派出所的户籍卡上确定被调查者，这样信度比较高。一般说来，为了保证研究结果的精确性，消费者调查取样的数量应大一点，但与样本大小相比，样本的代表性更为重要，一定要在目标消费群体中抽样。许多国家社会性的调查个案在 3000~5000 个之间，由于取样科学，误差也很小。在科学取样的前提下，再增加个案数目也没有必要，很可能是一种浪费，而且调查人数多也并不保证结果就一定正确。典型例子是 1956 年美国某杂志主持的竞选总统的民意测验，这个民意测验结果是以 250 万被调查者的回答为依据的，但民意测验的结果同实际选票结果正好相反。因为这个测验虽然样本大，但取样不科学。他们寄发问卷的名单是从电话登记处和汽车注册处获取的，从而所得样本只能代表较高收入的阶层，而不能代表低收入的阶层的选民。而且，不回答的人数比例较高，虽然有 250 万人回答，但是寄出的问卷是 1000 万张，问卷回率仅为 25%。

分层抽样得到的样本是根据各类消费者在总人口中所占比例的复制品。比如，我们要根据文化程度来确定被调查者，那么每种教育水平的人在所取样本中所占的比例，必须与其在总人口中的比例相同。如果在已知总体中有 15% 的大学毕业生，那么在所取样本中也必须有 15% 的大学毕业生。分层抽样可以根据不同标准，如年龄、性别、教育、收入水平和地理位置等分别进行。

2.2.2.5 相关分析统计法

自然界中有许多现象之间是具有一定联系的，描述这种现象或客观事物相互间关系的密切程度并且用适当的统计指标表示出来的过程就称为相关分析（correlation analysis）。按数理统计法建立两个或多个随机变量之间的联系，称之为相关关系。相关分析就是研究随机变量之间的相关关系的一种统计方法。

统计学中测量两个或多个变量之间的相关程度是用皮尔森（Pearson）相关系数来表示的，该系数的值在 -1~1 之间，可以是此范围内的任何值。当该系数为 -1 时，表示变量间为完全负相关，数值在 -1 和 0 之间，表示变量间为负相关；当该系数为 1 时，表示变量间为完全正相关，数值在 0 和 1 之间，则表示变量间为正相关；该系数为 0 则表示不相关。Pearson 相关系数的绝对值越接近 1，表示两变量间的关联程度越强，该系数的绝对值越接近 0，则表示两变量间的关联程度越弱。

马丽娜（2011），在《大学生气质类型与微型轿车色彩偏好及意象研究①》中，实证研究回收 131 份有效问卷，用 SPSS 软件进行了大学生气质类型与微型轿车颜色偏好的相关分析，相关系数模型包括四种大学生气质类型（胆汁质、多血质、黏液质、抑郁质）和被试者对 13 种色彩样本喜爱与厌恶的态度（各 13 个变量）。以胆汁质气质类型为例，受测者与喜欢红色微型轿车的相关系数为 0.382，它们之间存在正相关关系，误差水平 p 为 0.00 < 0.01，说明它们之间具有极显著的相关关系。受测者与喜爱橙色微型轿车的相关系数为 0.245，为正相关，误差水平 p 为 0.005 < 0.01，而受测者与厌恶橙色微型轿车的相关系数为 -0.181，它们之间为负相关，误差水平 p 为 0.039 < 0.05，说明气质类型为胆汁质的大学生喜欢橙色微型轿车。而受测者与喜欢蓝色微型轿车的相关系数为 -0.195，误差水平 p 为 0.025 < 0.05，加之受测者与厌恶蓝色微型轿车的相关系数为 0.359，误差水平 p 为 0.00 < 0.01，它们之间也具有极显著的相关关系，这说明胆汁质类型的大学生厌恶蓝色的微型轿车。

2.2.3 设计心理学的高级研究方法

在比较高级的研究方法中，除了借助比较先进的仪器设备外，项目设计的难度系数较高，风险系数较大，误差也不可小视，需要较高的能力和知识掌控，才能保证研究方法的正常展开。

其中包括投射法、态度总加量表法、语义分析量表法和实验法。

---

① 马丽娜. 大学生气质类型与微型轿车色彩偏好及意象研究 [D]. 无锡：江南大学，2011

2.2.3.1 投射法

访谈法和问卷法都能收集到大量的资料,但是在使用一般的访谈和问卷法时往往会发现,消费者或受测者对问题的回答可能并不真实,他们自觉或不自觉地会把自己内心真实的想法掩饰起来,而用合乎社会一般见解的说法应付测试。如何克服访谈法和一般问卷法的这种缺点,真正能够了解到受访者或受测者的真实动机和态度呢?运用投射法就可以解决这一难题。这种研究方法不让被试者直接说出自己的动机和态度,而通过他对别人的描述,间接地暴露出自己的真实动机和态度,这种方法亦称角色扮演法,它是从心理测验的投射测验借鉴发展而来的。在调查消费者为什么要买或为什么不买某种产品,或者了解消费者对某种产品、某种商标、某个商店的印象时,用一般问卷法或访谈法寻求这类问题的答案,往往不一定是消费者内心的真实想法。为了解决这一问题,心理学家们设计了间接问卷,使被试说出真心话,从而了解到他的真实消费动机和态度。这种间接问卷法就是投射法。最著名的例子是20世纪40年代美国关于速溶咖啡的购买动机的研究,本书在第一章已介绍这一案例。在研究消费者态度时,常用三种投射方法:角色扮演法、示意图法和造句测验法。

(1) 角色扮演法

这种方法在前述的速溶咖啡消费心理研究中首先使用。此法就是将被试设想自己正是购买某件商品的角色,然后,表明这个角色对这种产品的态度,对直陈式态度问卷进行表态。这样通过角色扮演,了解消费者的深层动机。

(2) 示意图法

让被试写出示意图中某角色的话,从中看出应答者本人的态度。比如美国有一个使用漫画的测验,漫画上画了一位药品商正在问一位消费者:"这里有名牌阿司匹林和普通阿司匹林。名牌的100片6.7美元,普通的100片2.7美元,你要哪一种?"测验要求应答者必须代那位消费者回答,填下这位消费者回答药品商人的问话。这就是一个典型的示意图测验,目的是在消费者无所顾忌的情况下,研究名牌对阿司匹林销售的影响。

(3) 造句测验法

研究者提出某一类型的问题,如"妇女一般挑选××牌自行车","假如头痛,买××"等不完全的句子,要求消费者将看到这个不完整句子后浮现在脑中的词填上。这种方法能够提供很多关于消费者的信息。

2.2.3.2 态度总加量表法

总加量表法是R.A.利凯特于1932年制定的,因而又叫利凯特法。总加量表一般由二十条左右组成,每条都是一种意见。施测时让受测者在每条意见后标出自己对这条意见的态度是同意、比较同意、说不清、不太同意、不同意中的哪一种。根据测试的结果计算受测者在每条意见上的得分,再把每条意见的得分加起来。得分愈高表明他对这一对象愈赞成,否则就是愈不赞成,或者相反,得分愈高表明愈不赞成,这要取决于测试者计算分的方式。

总加量表的制作方法有如下几个步骤:

①搜集与研究问题有关的项目,即各种赞成的、无明确态度的、反对的意见。

②选择被试者做实验,让他们分别在各条意见后选择赞成(5)、比较赞成(4)、无意见(3)、不太赞成(2)、不赞成(1)中的一种作为自己对这这条意见的态度(五分法)。也有按三分法:赞成、无意见、不赞成或两级:赞成、不赞成选择的。还有七分法,由设计问卷者选择。

③计算每一被试在各条意见上的得分。赞成的给5分,比较赞成的4分,说不清3分,不太赞成2分,不赞成1分。也可以反过来,赞成的给了1分,其余的依次为2分、3分、4分,反对的为5分。前者是得分愈高愈赞成;后者相反,得分愈高愈不赞成。

④对每一条意见都进行辨别力检验,把辨别力高的意见留作量表项目,把辨别力低的意见删掉。进行辨别力检验的方法是,计算每个人评定各条意见的总得分,并按得分的高低依次列出来。分别计算得分较高的前面25%的被试在每一项目上的平均得分,以及得分较低的后面25%的被试在每一项目上的平均得分。再算出这两组被试在每一项目上的平均得分之差,如果某一项目的值差别大,此项目的辨别力就强,否则,此项目辨别力就弱。

辨别力检验的意义在于:总分高的被试,他在每一项目上的得分也应高;总低的被试,他在每一项目上的得分也应该低。两组人在各项目上的平均得分的差也应该大。某一项目符合这一原则,说明在这一项目上评判上的差异,即得分之差是由个体之间掌握的标准不同造成的。如果某一项目不符合这一原则,说明各被试对这一项目的理解不同,给分高的给它的分高,给分低的给它的分也高或者相反,给它的分都低。这样的项目就是不好的项目,在选择量表项目时就应该将其删去。这样就可制成一个总加量表了。总加量表的制作比起等距量表来要简单得多了,这种量表是目前应用得相当普遍的一种量表。利凯特说,用他的总加量表所测得的结果与塞斯通用等距量表所得结果的相关为0.80。但其制作方法比塞斯通法要省事得多。

2.2.3.3 语义分析量表法

语义分析量表的制作方法是 C. E.奥斯古德、G. J.萨西和 P. H.坦南鲍姆于1957年提出的。他们认为,对某一事物的态度包含许多方面,其中最主要的有"性质"、"力量"和"活动"三个方面。测量态度,应从这三方面来测量。性质即对事物好—坏、美—丑、聪明—愚蠢、有益—无益、甜—酸等的评价,称作评价向量。力量即对事物特性的强—弱、大—小、有力—无力、重—轻、深—浅等的评价,称作潜能向量。活动即对事物动态特性如快—慢、积极—消极、敏锐—迟钝、活—死、吵闹—安静等的评价,称作活动向量。

制作一个对某一事物态度的语义分析量表,一般就是按照这三种向量确定一对对相对应的形容词,如好、坏;大、小;快、慢等。一对形容词分别是两个极端,把一个极端(好、大、快)放在左边,另一极端(坏、小、慢)放在右边。每对形容词之间画七个横道,如:

好———————坏
大———————小
快———————慢

七个横道距两极端的距离不等,代表态度的趋向和趋向的程度。在好坏两个极端之间,最左端的横线代表"最好";最右端的横线代表"最坏";第四条横线,即中间那条横线代表"不好不坏";其他横线的意义依次类推。这很像利凯特量表中赞成、比较赞成、无意见、不太赞成、极不赞成的样子,不过它不是五项而是七项;它没有赞成、不赞成的名称,要有七条横线。两者的意义是相同的,其态度指数的计分法和利凯特量表法是一样的,只是语义法态度尺度在形容词中间放置,而总加法态度尺度在每一项目的右边放置。

施测时就是让受测者按照他对这一态度对象的印象,在七条线中找一条和自己的印象相符合的横线打上记号。例如,他对这一态度对象的印象极好,就在好坏这一对形容词间选最左边一条线打上记号;印象极坏就在最右边一条线上打记号,以此类推。要求受测者在每一组横线上都得打上一个记号,而且只能打一个记号,既不能空了,也不能重了。语义分析量表在制作时,表示各向量的形容词要选择得当,便于受测者思考。如果不把好坏、大小、快慢等和态度对象很好结合起来,缺乏操作性的意义,受测者很难作出评定。所以要把量表所包括的各种向量具体化。例如,对于某种色彩的感性语义评价量表可以包含如下一些内容:

甜美的———————苦涩的
优雅的———————粗俗的
现代的———————古典的
华丽的———————朴素的
坚硬的———————柔软的
温暖的———————冰冷的

还可以列出更多的项目来完善人们对于色彩的感性认识。也可以专门测试某一特定产品的色彩、材质、外形所带给人们的感性体验。根据测试的要求制定量表内容。

通过多种色彩感性语义的评价,可以直接从量表上看出几种色彩之间的感受差别,这样有助于设计者为产品选择更加符合预期效果的色彩。语义分析量表比较简单,制作的方法比较容易掌握,不必制定很多陈述句或事先测定其量表值,测试结果直接显示在量表上,比较形象化。用语义分析表不仅可以评定某一商品、某一商标、某一商标的广告效果,对某一商店、厂家、公司的印象,而且也能评定对某一概念的态度。其应用范围相当广泛,凡与人的态度有关的事物,包括概念,都可用其进行评定。

2.2.3.4 实验法

所谓实验法是指有目的地在严格控制的环境中或创设一定的条件的环境中诱发被试产生某种心理现象,从而进行研究的方法。实验法一般有二类,即实验室实验法和自然实验法。这种实验法在工程心理学和广告心理研究中有广泛的应用。

(1) 实验室实验法

是在专门的实验室内进行的,一般均可借助各种仪器设备而取得精确的数据。它具有控制条件严格,可以反复验证等特点。比如在工程心理中，为了设计操作面需要确定手臂的活动范围，可以将人群按一定年龄分组；选取一定的样本进行实验室仪器测定，以此作为设计机器装置操作面和操作空间布置的依据。实验法是在人为设计的环境中，测试实验对象的行为或反应，人的行为或反应往往由多种因素决定，如果能控制某些主要因素，就会使我们更好地理解实验对象的行为表现。比如，仪器操作者对仪表示值的误读率与仪表显示的亮度、对比度、仪表指针和表盘的形状、观察距离、观察者的疲劳程度和心情等有关。因此，通过考察亮度、对比度、距离、指针和表盘形状等可控因素与误读率的关系，以此作为标准，设计出可靠、高效的操作条件。又比如广告心理测定，了解消费者在广告宣传之后，人们对产品的看法，以及由此引起的产品销售变化。为了达到这一目的，广告测定上的工作，往往围绕着五方面问题展开：其一是看了广告之后，对于我们企业有所了解的，究竟增加了多少人；其二是看了广告之后，对于我们产品的性能及优点有所了解的，究竟增加了多少人；其三是看了广告之后，在理智或情感上对我们产品采取有利态度的，究竟增加了多少人；其四是看了广告之后，已采取行动去购买我们产品的，究竟增加了多少人；其五是看了广告之后，你能回忆出多少内容。为了回答这些问题，一般可以采用室内或室外两种调查实验法。所谓室内方式，就是邀请消费者到室内来看或来听广告并询问反应。研究人员还可以操作各种变量，来比较鉴定各种广告的心理效应。这种实验室实验可以很快获得结果，又可节约费用。但室内环境往往与现实生活有一段距离，有时它并不能显示真实的广告效果。

（2）自然实验法

一般这种研究方法都把情境条件的适当控制与实际生产活动的正常进行有机地结合起来，具有较大的现实意义。比如广告心理测定的选择也有室外实验进行的。室外测定工作一般有两类常见的测定内容：其一叫做机械性测定内容，其中包括广告本身的设计、广告的标题、所附图片、文稿内容、版面的安排和印刷技术等变量；其二是观念性的测定内容，它是指一份广告所表达的整个意思是否切合营销策划需要。这部分内容包括广告的号召力、感染力、亲和力、记忆力、注意力等变量。如果广告是用电视作出的，测定还得包含人物及配音这一变量。例如，吴朋2006年在《品牌价值心理导向玩偶设计的实证研究》中将实验调查安排在室内，使用标准化的指导语并控制相同的玩偶产品照片呈现时间及被试作答时间，有效地降低了调查的随机误差。

2.3 设计心理学的现代研究方法

设计心理学的研究方法与时俱进，随着社会经济、科技等相关因素的提升，现代研究方法的宽泛性和深刻性也得以显示。我们把体现宽泛性生活事件法、深度访谈法、焦点小组法、角色分析法和情境构筑法归入宏观研究方法，而把显示深刻性的因素分析法、多维尺度法、联合分析法、聚类分析法和情境分析法归入微观研究方法。

2.3.1 设计心理学宏观研究方法

宏观研究方法包括生活事件法、深度访谈法、焦点小组法、角色分析法和情境分析法。

2.3.1.1 生活事件法

生活事件法是一种反对以抽象取代丰富的生活意义与人的情感世界，更关注事实的微观的或本土的叙述的一种反理性研究方法。它注重讲述故事，用故事临摹生活并展示内部真实于外部世界，同时故事也塑造和建构叙事者的人格和实在。设计心理学运用剧本场景法、角色扮演法等方法和生活事件叙事法的理论依据是一致的。

首先，叙事可作为设计心理学研究方法中，焦点访谈、深度沟通中获得深度资料的重要手段。叙事资料作为数据资料的补充，可以通过对具体个案的深入剖析，而使研究能够揭示出一般的规律或独特的意义。其次，叙事调查也可以用于作为设计心理前期小范围问卷调查过程中的先导研究；或结合使用客观调查于大样本研究时，使用叙事方法于小样本做深度了解。生活事件叙事法通过对生活方式和生活质量的观察和描述，用于设计心理学研究消费者和消费群体的问卷设计和消费者满意度CSI数据库设计的信息来源。此外，叙事还可以作为研究设计对象的一种表述方式。它通过叙述围绕着研究对象的一系列事件所构成的故事，展现出问题、原因、对策和结果，使人们从中得到启发。自传或传记也是一种叙事表达方式。

叙事方式观察人们的生活方式，不一定在研究的结束阶段，它往往贯穿于研究的始终。在这中间，可能是研究过程的片断，或者是叙事资料的整理与随感，最重要的是进入一个个不断的思考过程、生活体验的细节。因此，对于研究者自身来说，叙事方法的收集整理资料功能，反思与重组观念功能，以及成文的功能往往融合在一起。这样最后形成的文章，展现的不仅是思维的结果和研究的结论，而还有更具价值的思维和研究的行动历程与心理历程，从而给设计师更深刻的启示。

当前国际著名的设计企业比如飞利浦、索尼在新产品研发时，一般都采用生活事件叙事法，通过和消费者充分沟通和互动，体验生活事件的细节，从而找出新产品研发的市场机会。

赵彭2011在《基于群体文化学方法的都市"拼客"拼车服务设计研究[①]》中，用典型的受访者进行生活情景的记录，采用叙事的方式记录一天典型的生活，并且自我描述对于拼车的看法和建议。更加便捷和真实地获得第一手的用户资料。

2.3.1.2 深度访谈法

深度访谈法是前面访谈法的延伸和拓展。它是一种无结构的、直接的、个人的访谈。一般用它来揭示对某一问题潜在消费的动机、信念、态度和情感。应用深度交谈的一个重要之处，是被访者观点没有平行影响效应。当涉及个人隐私等私人问题之类高度敏感主题时，深度访谈就会比小组讨论容易被优先选择。

深度访谈时，每位被访者都有很多说话机会，时间控制在0.5~1小时之间。一次小组讨论中，所有机会同等，讨论时间由被访人们和主持人共享，每人的发言时间在8~10分钟之间。深度交谈最基本的是倾听，为表示认真倾听一位被访者的意见，就要表示出兴趣，从理解和信任可以发现更深入的提问的线索。

（1）回忆式访谈

回忆式是对自己的行为、某个经历回忆再现的过程，适用于访谈不容易现场观察到的事件或不容易第二次发生的事件等。例如一个都市年轻人偶然发生的一次拼车行为，或是对一个成年人访谈小时候学校发生的事情等。回忆式访谈要注意谈话内容的铺垫，要帮助被访者顺着事件发生的逻辑回忆细节，一边访谈一边认真构筑回忆情境。同时要注意说话人的情绪波动，不要因自己武断猜测而随意打断被访者的叙述。回忆式访谈除了可以再现当时事件发生状态，也可以动态地追踪现在被访者的态度看法有什么改变和发展，做时间上的纵向对比。

（2）生活史的或自述式的访谈

生活史的或自述式的访谈是指让被访者叙述有关自己的信息，可以从时间纵向发展角度叙述自己人生某个阶段成长过程和生活状态，比如学习语言的过程、养成习惯的过程、文化观念转变的过程等。因为调查者不可能有足够的时间和机会与被访者一起成长，所以设法感受如同实地考察和被访者生活在一起的样子。或者从横向铺展类别的角度叙述自己的方方面面，比如工作、家庭、朋友、学历、性格、兴趣爱好、消费观念等。因为调查者也不可能在短期内全靠观察，了解被访问者的方方面面。所以生活史的或自述式的访谈作用很大，只是要注意因为叙述内容可能很多，所以访问者最好在心里搭建信息框架，自己大概要了解什么信息，以便后续资料分类分析。同时可以采取图片故事法、图片日志法等视觉工具，帮助被访者投射出自己的意思，也让分析者获得更真实，更有想象的空间的资料。

（3）关键角色人访谈

关键角色人访谈是指选择能传达信息多的，或是说话很权威的、知识丰富的人访谈，往往能提高访谈的效率和质量。比如，对于苹果产品的实证研究，"果粉"无疑有着更加深刻的体验，出于他们对于品牌的忠诚，对产品会有较为全面和系统化的认知，包括品牌的产品迭代，更新时间，每款产品的优劣甚至是他们对于品牌的期望。关键人物访谈在某种情况下是访谈的捷径，但绝不是万能钥匙。如果需要知道普通用户的态度和需求，那关键人物的访谈很可能会片面极端。此外，对关键人物访谈时要格外注意语气和礼貌。

2.3.1.3 焦点小组法

焦点小组由经过训练的主持人，以一种无结构自然的形式与一个小组的被测评者（消费者、使用者）交谈，主持人负责组织讨论，从而获取一些相关问题的深入了解。焦点小组调研的目的在于，了解和理解消费者、使用者心中的想法及其产生的原因；调研的关键是，使参与者对主题进行充分和详尽的讨论。意义在于，了解他们对

[①] 赵彭. 基于群体文化学方法的都市"拼客"拼车服务设计研究 [D]. 无锡：江南大学. 2011

一种产品、服务、品牌或企业的看法，了解所调研的事物与他们生活的契合程度，以及在感情上的融合程度。

焦点小组访谈法，远不止一问一答的面谈。他们之间的区别也就是"群体动力"和"群体访谈"之间的区别。群体动力所提供的互动作用是焦点小组访谈法成功的关键，正是因为互动作用，才组织一个小组而不是进行个人面谈。群体会议的效果会使一个人的反应成为对其他人的刺激，从而可以观察到受访者的相互作用，这种相互作用会产生比同样数量的人做单独陈述时所能提供的更多的信息。

焦点访谈法的实施程序：①准备焦点访谈，选择焦点小组访谈设备并征选参与者；②选择主持人，制定讨论指南；③实施焦点小组访谈；④编写焦点小组访谈报告书。现在的焦点访谈主要形式有：①电话焦点小组访谈法（主要存在于受访者不方便到场的情况）；②双向焦点小组访谈法（指让目标小组观察另一个相关小组）；③电视会议焦点小组访谈法；④计算机焦点小组法。

2.3.1.4 角色分析法

角色（Persona）分析是指以创建用户特征为核心，精确地描述一个假想用户及其所达成的愿望，并将注意力集中在设计和使用性方面，为产品设计提供了一个具有定性和定量数据，并可承载和传达大量用户信息的工具①。首先根据资料的分析识别用户的特征共性与差异，构造出几个假想的典型用户角色，并将角色放在相应的产品使用情境里，明确角色与产品的关系，以创造适合典型用户的产品或提高产品的可用性、易用性。吴勘等在总结国外文献的基础上，提出以角色设计为导向的产品设计方法（Persona - Based Conception Design Method，PBCDM），通过创建典型角色来代表某些具有共性的目标用户，从而满足具有类似目标和需求的用户群，具体实施流程如图2-3。

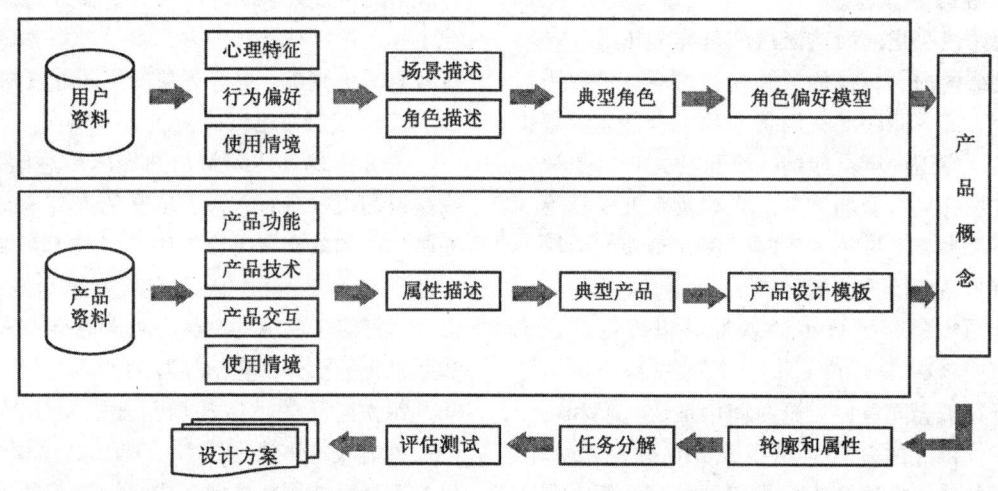

图2-3 以角色设计为导向的产品设计方法 PBCDM

从图中可以看出，产品设计的最初应从用户资料和产品资料双重入手。其中用户资料可以是访谈、调查问卷等一手资料，也可以是市场调研报告的回顾分析和市场研究人员采访等二手资料。用户资料经过心理特征、行为偏好、使用情境等方面的分析后，被进行角色和使用场景的双重描述。描述角色和场景方法主要有文字叙述式和列表式，现在随着调研工具先进化，图片记录、视频记录等方式则更生动，也可以尝试应用群体文化学方法。

其次是典型角色创建，当用户类型过多的时候，要权衡角色优先确立产品使用的主要对象。同一种类型角色也会在不同情境中使用产品，因此创角色的时候也要充分考虑可能出现的不同使用场景，才能更符合使用习惯和特殊要求。角色创建的整个过程要不断地反省评估，最好是通过回溯检验规范成角色模板，以便用于以后的设计项目或提供内部交流指导用。

---

① 吴勘，陆长德. 基于角色分析的概念设计方法和系统研究 [J]. 现代制造工程，2009（6）：106-110

随着角色创建的不断完善，分析角色资料库便能总结出角色偏好模型，至此用户资料的分析环节结束，之后进入正式产品设计阶段。产品设计包括定义产品概念、明确特征属性、设计产品轮廓等。此外为了体现不同类型的角色在不同场景的使用流程，还需要将产品的使用和交互过程细化分解成一个个可操作的任务片段，设计用户是怎样才能完成任务切片，最终达到使用产品的目的。如有必要，可邀请典型用户评估测试一下任务切片的交互设计是否合理，产品功能是否能满足他们的需求，这样最终敲定产品方案。

2.3.1.5 情景分析法

（1）情景理论

情景是一个人在进行某种行动时所处的特定背景；是一系列活动场景中人、物行为活动状况，特别指在某个特定时间内发生状态的相关人、事、物，强调某时在某个场所内，人们的心灵动作及行为，属于特定环境及时间内发生的状况，包括在使用产品过程中人、物关系及情境内人、物的关联性[①]。

情景组成因素包括环境、人、时间、地点及它们之间的交互要求，情景分为外部情景、内部情景及设计子情景。外部情景主要是由跨学科领域知识构成；内部情景是由领域问题内部的知识构成；设计子情景则是将情景层层分级，通过它使得外部情景与内部情景被有效利用，从而更好地进行新问题的求解。情景是作用于设计者知识、经验、灵感、场景等的一种重要设计要素。通过构建一系列设计情景、进行类比设计联想、构建情景模型、提出原理与方案问题、分析推理及创新设想、寻找解决问题的未预见发现特征并总结设计过程规则，最后通过实例来检验其可行性，并提出更新的设计问题[②]。

情景研究可以贯穿设计的始终。完整的构筑情境的产品概念设计流程如图2-4所示。情景设计各要素的实现是通过设计智能体的洞察力、感知、记忆、经验与知识的表达等信息来进行。通过设计子情景、内部情景及外部情景等之间的交互作用来产生并获得新的设计理念与设计灵感，再由所创设的情景与模拟情景来探索创新设计的规划设想。获得的创新结果则需要创意情景

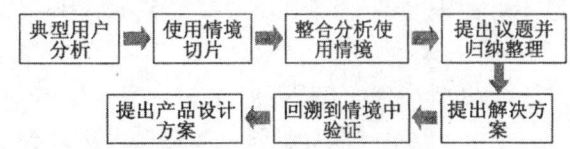

图2-4 构筑情境下的产品设计流程

支持，而获得创意情景同样会促进可预见性结果与未预见性结果的产生，这些结果的获得将会驱动有特色创新产品的产生。通过创设情景得到的新产品将不断满足用户新的需求，进而达到驱动产品创新及提升产品竞争力的目的。

（2）情景属性归纳法[③]

对前期收集的情景日记记录的整理与访谈内容对情景描述，根据情景理论维度做一些适度的归纳，获得一些情景属性词汇。而后通过实验（深度访谈等）来进一步获得相对全面完整的情景属性因素，进而对情景进行分类。

设计制作情景收集工具：情景日记记录方法/情景日记表格。

情景属性整理维度：

根据情景理论的研究对情景属性划分为以下3个维度进行研究：

情景中的空间因素，包括情景的时间、地点、环境等客观因素：情景是在什么时间、空间下发生的，是情景存在的客观条件。

地点因素：情景是在什么地点下发生的，也是情景存在的客观条件。

环境因素：情景中人所处的环境的状况。

情景中人的因素，包括情景中是什么人参与了，人的目的，人的行为、感受等方面。

什么人：什么人参与其中是情景描述的主语。

什么目的：情感、目的是情景存在的主观反映。

情景中物的因素，情景空间状态下，物的状态、情景中用户的使用行为。

什么行为：行为是情景得以延伸的条件，如同情景剧一样，没有行为，情景也就成了摆设。

秦银（2011）在《大学生智能手机应用软件设计的用户期望研究》中对智能手机应用软件建立了资讯目的情景、学习目的情景、娱乐目的情景、移动情景和多任务情景五种模式下的具体

---

① 柳冠中．事理学论纲[M]．中南大学出版社，2006
② 胡飞．工业设计符号基础[M]．高等教育出版社，2007
③ 秦银．大学生智能手机应用软件设计的用户期望研究．[D]，江南大学硕士学位论文，2010

设计期望因素。

2.3.2 设计心理学微观研究方法

设计心理学的微观研究方法包括因素分析法、多维尺度法、联合分析法、聚类分析法。

2.3.2.1 因素分析法①

因素分析是处理多变量数据的一种科学方法，它可以揭示多变量之间的关系，其主要目的是从为数众多的可观测的变量中概括和推论出少数的"因素"，用最少的"因素"来概括和解释最大量的观测事实，从而建立起最简洁、最基本的概念系统，揭示出事物之间最本质联系的方法。

在实际的研究中，我们经常面临的几十个甚至上百的变量，每个变量可能包含成百上千个观察数据，这时发现规律的任务就可以归结为一个化简问题，即将众多的变量归结为一些主要的、正交的、互不相关的"因素"，用尽可能少的因素来归结尽可能多的数据资料：比如中科院心理所马谋超研究员主持的报纸广告效果心理评估元素经过统计得到 38 个，通过 SPSS 进行因素分析，统计特征值后产生六大因子：因素一认知力、因素二清晰度、因素三必要信息、因素四感染力、因素五可信度、因素六行为度。

因素分析包含以下四个特点：

①因素变量的数量远少于原有的指标变量的数量，对因子变量的分析能够减少分析中的计算工作量；

②因素变量不是对原有变量的取舍，而是根据原始变量的信息进行重新组构，它能够反映原有变量大部分的信息；

③因素变量之间不存在线形相关关系，对变量分析比较方便；

④因素变量具有命名解释性，即该变量是对某些原始变量信息的综合和反映。

因素分析有两个核心问题：一是如何构造因子变量；二是如何对因子变量进行命名解释。因子分析有下面四个基本步骤：

①确定待分析的原有若干变量是否适合于因子分析；

②构造因子变量；

③利用旋转使得因子变量更具可解释性；

④计算因子变量的得分。

因素分析是从众多的原始变量中构造出少数几个具有代表意义的因素变量，有一个潜在的要求，即原有变量之间具有比较强的相关性。KMO 检验和 Bartlett 球度检验是检验变量是否适合做因素分析的两种比较实用的方法。

（1）KMO（Kaiser - Meyer - Olkin）检验

KMO 的取值范围在 0 和 1 之间。如 KMO 的值越接近 1，则所有变量之间的简单相关系数平方和远大于偏相关系数平方和，因此越适合于因子分析。如果 KMO 越小，则越不适合于做因子分析。

Kaiser 给出了一个 KMO 的标准：

0.9 < KMO：非常适合。

0.8 < KMO < 0.9：适合。

0.7 < KMO < 0.8：一般。

0.6 < KMO < 0.7：不太适合。

KMO < 0.5：不适合。

（2）Bartlett 球度检验（Bartlett Test of Sphericity）

Bartlett 球度检验的统计量是根据相关系数矩阵的行列式得到的。如果该值较大，且对应的相伴概率值小于用户中的显著性水平，那么应该拒绝零假设，认为相关系数矩阵不可能是单位阵，也即原始变量之间存在相关性，适合于做因子分析；相反，如果统计量比较小，且其对应的相伴概率大于显著性水平，则不能拒绝零假设，认为相关系数矩阵可能是单位阵，不宜于做因子分析。

许衍凤（2006）《大学生 MP3 随身听战略设计心理评价实证研究②》中，利用"头脑风暴"、"专家访谈"、"文献检索"等方法收集到大学生 MP3 随身听设计心理评价因素 81 项，并在此基础上进行 SPSS 因素分析，最后统计算分析出①个性化、②服务周到、③界面宜人、④实用、⑤价格适中、⑥形态美感、⑦方便性、⑧一般功能、⑨色彩、⑩材料、⑪娱乐性、⑫品牌、⑬整体协调、⑭购买渠道、⑮环保、⑯沟通性、⑰愉悦性 17 个主要因素，核心因素是"MP3 随身听的个性表现价值"，进而得到"大学生 MP3 随身听战略设计心理评价因素重要性量表"。

---

① 余建英，何旭宏. 数据统计分析与 SPSS 应用 [M]. 北京：人民邮电出版社，2003. 292 - 295

② 许衍凤. 大学生 MP3 随身听战略设计心理评价实证研究 [D]. 无锡：江南大学，2006

2.3.2.2 多元尺度法①

(1) 多元尺度法概述

多元尺度法可以看成是另外一种方式的因素分析，它是让研究者对观察个体间的相似性或不相似性（距离）做有意义解释的分析工具，将资料处理后以几何图形方式展示类似距离资料的结构。它的主要贡献在于发展图式知觉（Perceptual Map）是属于一种非属性基础（Nonattribute - based approaches）的方法，与因素分析等属性基础方法（Attribute - based approaches）不同②。而所谓属性基础方法，其原理是在于先找出相关属性，然后再利用量表进行评点，接着以因素分析等方法进行，最后找出关键的因素。而非属性基础的方法，则是先由受测者对各项事物做整体的判断，比如对各事物间相似程度的知觉及对这些事物的偏好，然后试着去找出形成那些判断的特征或属性。

(2) 多元尺度法的原理

多元尺度法处理的一般是表示事物之间的接近性的观察数据，既可以是实际距离，也可以是主观评判的相似性。其目的是要发现决定多个事物之间相似性的潜在维度，用较少的变量对事物之间的相似性作出解释。

假设有 n 个事物，由被试对事物进行两两比较，判断其相似性程度，就会得出一个表示事物相似性程度的矩阵。如果事物数量较多，两两比较相对困难，可以采用分类的方法将事物进行归类，要求被试自由地将物体分为几个相互排斥的类别，而用被试在分在同一类别中的次数作为事物之间的接近性指标。多维尺度法的计算过程是要寻求几个较少的潜在维度，将多个事物表示在由潜在维度决定的坐标系中，并比较坐标系中表示事物的各点之间的模型距离与观察距离的一致性，通常是通过多步迭代的方法，不断调整影响模型拟合度的点的坐标，直到表示模型拟合度的压力函数值不再变小，或者变小的幅度对研究的目的来说足够小。

(3) 多元尺度法程序

多元尺度法中一个流行的程序是 ALSCAL（Alternating Least - squares SCALing），它能做最小方差的迭代过程。因其每一个阶段都是一个最小方差的过程，所以其总的运算法则被称为交替最小方差法，简称 ALSCAL。ALSCAL 是为了操作精确的数字数据，或者在一些被很好定义的统计判断上不确定的数据而设计的，包含了大多数的模型技术，控制问题及操作研究运算法则。目前在 SPSS 中所用的程序名称为 ALSCAL，而非 MDS（Multidimensional scaling，多维量表分析），但事实上两者都是指相同的统计程序。

在问卷的初始设计阶段，常需要从众多初始收集的样本中精选出典型的代表性样本，来进入最终的正式问卷。以往代表性样本的挑选过程通常是：先根据样本特点或调研目的编制测量项目，并请受测者对众多样本在测量项目上打分，根据各样本的得分对样本进行因素分析，再根据得出的主要因素进行聚类分析，从而挑选出代表性样本。然而，有时候由于各个样本的潜在特征无法得知，或虽可得知但相当麻烦，为了挑选代表性样本而编制测量项目，就显得复杂且不容易。在这种情况下，使用多元尺度法来发掘出各个样本的潜在维度，配合聚类分析进行代表性样本的挑选，就是一种很好的途径。

2007 年江苏省高校研究生培养创新工程项目（大学生自我概念与 NOKIA 手机造型风格偏好研究）的研究对象是 NOKIA 手机，最终形成的测评问卷应包含 NOKIA 手机的代表性样本以及用于测评的样本。如果按照一般的挑选代表性样本的方法，需先找出测评样本的代表性形容词，但由于代表性形容词通常又是要在得出代表性样本之后通过因素分析才能筛选，这样就会陷入两难的困境。运用多维尺度法发掘出各个样本的潜在维度，配合聚类分析进行代表性样本的挑选，则可以很好地解决这个问题。

请受测者观察过所有的样本之后，根据个人主观感觉将 44 个手机样本进行分类，把他们认为较相似的样本依照编号大小依序填入相同栏内，每类之间的数量可以不同。统计时，从第一类开始记录，按照顺序先以第一类最大编号的图形为基准，当两对应图形被分为同一类时，在预先准备的表格上作记号，再根据顺序以第二大、第三大的样本为基准进行记录，直到倒数第二的编号为止。重复上面的记录方法，直到每组中所有受测者各类别的分类资料记录完成后，累计每

---

① 林佳梁. 大学生自我概念与 NOKIA 手机造型风格偏好研究 [D]. 无锡：江南大学，2009
② Suan S. Schiffman, M. Lance Reynolds Forrest W. Young 著，杨浩二译，多元尺度法理论、方法与应用 [M]. 台北，1996

格得分，得到所有受测者的相似性数距。用 SPSS 分析相似性数距可以得到 44 个样本在 6 个维度上的坐标值，以 6 个维度的坐标值作为分类变量，运用聚类分析，将 44 个样本分成 7 类，并可得到每个样本至该类别中心的距离，与中心距离最小者，可视为该类的代表性样本。

2.3.2.3 联合分析法

联合分析通过假定产品具有某些特征，对现实产品进行模拟，然后让消费者根据自己的喜好对这些虚拟产品进行评价，并采用数理统计方法将这些特性与特征水平的效用分离，从而对每一特征以及特征水平的重要程度作出量化评价。

联合分析的主要步骤：

第一，确定产品特征与特征水平。这些特征与特征水平必须是显著影响消费者购买的因素。一个典型的联合分析包含 6~7 个显著因素。确定了特征之后，还应该确定这些特征恰当的水平，例如 CPU 类型是电脑产品的一个特征，而目前市场上电脑的 CPU 类型主要有：奔腾 II 450、奔腾 II350、赛扬 300 等，这些是 CPU 特征的主要特征水平。特征与特征水平的个数决定了分析过程中要进行估计的参数的个数。

第二，产品模拟。联合分析将产品的所有特征与特征水平通盘考虑，并采用正交设计的方法将这些特征与特征水平进行组合，生成一系列虚拟产品。在实际应用中，通常每一种虚拟产品被分别描述在一卡片上。

第三，数据收集。请受访者对虚拟产品进行评价，通过打分、排序等方法调查受访者对虚拟产品的喜好、购买的可能性等。

第四，计算特征的效用。从收集的信息中分离出消费者对每一特征以及特征水平的偏好值，这些偏好值也就是该特征的"效用"。

第五，市场预测。利用效用值来预测消费者将如何在不同产品中进行选择，从而决定应该采取的措施。

联合分析采用了一系列的现代数理统计方法，如正交设计、回归分析等，这些方法的计算量巨大，必须有专门的软件来实现从虚拟产品设计到估计效用模型、预测等一系列过程。一些常用的统计软件如 SPSS，SAS 中包含有联合分析的基本模型，在实际应用中更多地采用联合分析专业软件。

石蕊（2008），《多元品牌忠诚模式的手机设计实证研究[1]》采用联合分析法将消费者选购手机产品时的权重要素及其水平通过正交设计组合成多个模拟手机的产品方案，将碎片化的大学生手机消费群体统计归纳为绝对忠诚者、相对忠诚者 a、相对忠诚者 b、无品牌忠诚者四种类型的多元品牌忠诚消费群，从消费者的选择结果统计分析出各属性水平的效用值和重要程度。见表 2-2。

表 2-2 手机产品总体样本的属性及其效用

权重属性	属性水平	效用
品牌 （28.27%）	诺基亚	0.889
	索尼爱立信	-0.444
	联想	-0.444
整机功能 （29.86%）	普通	-2.111
	中等	0.889
	较好	1.222
外观样式 （14.16%）	一般	-0.447
	较好	0.111
	美观	0.336
价格 （26.71%）	便宜	1.566
	中等	-0.111
	较高	-1.444

2.3.2.4 聚类分析[2]法

聚类分析（Cluster Analysis，CA）是将记录的变量按相似程度归类，探索其中的规律。聚类分析的主要依据是把相似的样本归为一类，而把差异大的样本区分开来。将对象根据最大化类内的相似性、最小化类间的区别性的原则进行聚类或分组，所形成的每个簇（聚类）可以看做一个对象类，由其可以导出规则。聚类也便于分类编制，将观察到的内容组织成类分层结构，把类似的事件组织在一起。从人们对产品的认知过程来看，人们往往是将识别的产品形态信息与头脑中已有的模式不断地进行比较、验证，是一个由粗到精、由主体到细节、由模糊到清晰的过程；同时，由于产品之间所具有的诸多可比较性和相似性，这一过程又具有某种程度上的不确定性和非严格性。从相似的观点来看，产品间的相似性

---

[1] 石蕊. 多元品牌忠诚模式的手机设计实证研究 [D]. 无锡：江南大学，2008
[2] 罗仕鉴，潘云鹤. 产品设计中的感性意象理论、技术与应用研究进展 [J]. 机械工程学报，2007，43.3：8-12

覆盖了与产品有关的拓扑结构、几何形状以及产品的表达功能等多个方面；并且在同一相似性特征中，又有不同的相似程度之分，即产品的相似存在于不同层次、不同方面。

利用聚类分析，通过分析用户的分类和喜好，对产品造型或者色彩进行分类，可以发掘出具有相似的喜好；产品设计者根据聚类的结果，可以更好地理解用户的需求，重新调整产品的形式，从而设计出用户满意的产品。吴朋（2006），《品牌价值心理导向玩偶设计的实证研究》根据23款玩偶由15个形容词所界定的风格，使用"聚类分析"的方法进行分类。通过比较样本（23款玩偶）在多个变量维度（15个形容词）上的取值的接近程度（使用SPSS默认的测量方法：欧氏距离平方Squared Euclidean Distance和默认的聚类方法：组间连接Average Linkage Between Groups）将样本（23款玩偶）进行分类，得到聚类树形图，玩偶按照形象接近程度被重新组合，进而将23款玩具分到简约奇异组、温情可爱组、时髦女孩组、古灵精怪组和强悍男人组5组别中。

2.3.3 设计心理学的尝试性研究方法

最近在国内外的用户研究中，有理论性的有应用性的研究活动，尝试出现一些的研究方法，包括民族志法、用户研究工具、品牌个性视觉化、交易学习实验法和隐喻抽取技术。

2.3.3.1 民族志法

民族志的应用，也是体现提问题能力的一个范例。民族志在本质上是一套系统而复杂的方法——通过提问，找到那些隐藏的、可以揭示事实真相的问题。

人的自觉意识，只能让我们注意到小部分的经历和体验。而民族志的力量也来源于此。如果我们对所有的体验都产生意识，那么我们将会不知所措。因此，我们的头脑将现实进行过滤，过滤成我们能够处理的形态。但与此同时，也产生了副作用——很多意识被自动消除。而那些被过滤掉的意识，通常对创新特别有用。因此，我们需要一种方法来找回那些被忽略的经验。民族志，恰恰就应用了这种方法。

日本公司在设计产品时，会注意到产品的许多隐性问题，如握在手中的感觉、操作的舒适度等。汽车钥匙，就是一个简单的隐性知识的案例。一把钥匙可以同时开启车门和发动汽车已经司空见惯，并且钥匙是对称的，可以朝正反两个方向旋转。然而直到近些年，美国的汽车制造商仍然提供两种不同而且不对称的钥匙。在黑暗中进行摸索时，通用汽车的驾驶者只有25%的机会找到正确的开锁钥匙[①]。

2.3.3.2 用户研究工具POEMS框架和SCAT法

（1）记录用户材料的工具——POEMS框架[②]

POEMS框架，它能帮助调研者用五个类别的词组清单将大量的用户反映（如观察视频）加以标签分类：people（人物）、objects（物品）、environments（环境）、messages（信息）和services（相关服务）。比如要观察人们使用家庭娱乐设备的情况（图2-5），其中一组数据可以被描述成"小男孩"、"电脑"、"书房"、"角色扮演游戏"、"互联网"。如果一个词并不能很好地反映全部状况，则可以用多个词组来描述，比如"小男孩"、"电脑、手机"、"书房、卧室"、"看电影、角色扮演游戏"、"互联网"。这样的描述直观简练地概括出该被试者的对家庭娱乐方式倾向和文化价值观。如果被试换成注重健康保健的老人，那列出的词组清单肯定和小男孩截然不同，词组的差异化就是被试不同特点的体现。

POEMS框架的优点在于：①分类科学全面，将完整的事件或文化现象拆成people（人物）、objects（物品）、environments（环境）、messages（信息）和services（相关服务）五大架构，便于分类整理、凝练材料、结果比较、直观易懂，是优秀的材料分类工具。②意识到services（相关服务）在人物生活中的重要性，便于发掘服务和人、物、环境、信息之间的关系，提出有利于服务设计的质性研究成果。③适用于小规模的质性材料分析，同时便于创建典型用户角色。运用POEMS框架的时候需注意，不能让POMES框架成为虚设的形式存在，应确保分类得出的结论是准确有价值的，能够与后面的设计环节无缝连接，结论可以被研究的下一步所用。

---

① [美] 兰登·莫里斯著，林均烨等译. 持久创新 [M]. 北京：经济科学出版社，2011
② WHITNEY P, KUMAR V. Faster, cheaper, deeper user research [J]. Design Management Journal, 2003（spring）：50-57

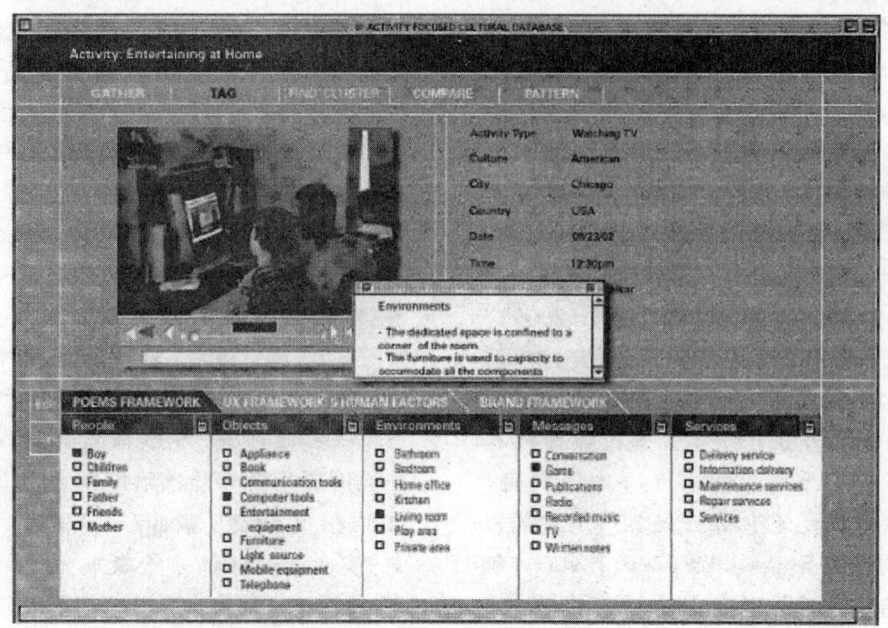

图2-5 "美国芝加哥儿童家用电脑娱乐状况调查"之POEMS框架材料分类截屏

(2) 分析语言的工具——SCAT（Steps for Coding and Theorization）手法[①]

大谷尚教授的SCAT手法是专门针对语言材料的分析工具，通过四个核心的四个步骤将观察和访问过程中对方所说的话语セグメント化（切片化），提炼出关键词背后的概念、话语言外的理论，从而便于创建角色故事情境，提出研究过程中的疑问和挑战。在SCAT开始之前，有必要做到如下几点：

①设计制作分析表格（表2-3），便于内容的记入；

②明确本次调研的目的和分析要点；

③文字数据录入的时候要有所侧重，筛选有价值的答案填入表格的"文"栏。

表2-3　　　　　　　　　SCAT手法访谈分析表格

××××年××月　　关于××××××的SCAT访谈表格　　被访人：×××　　主持人：×××

序号	发言人	文	<1>文中应该注意的语句	<2>左边语句换个说法该怎么说	<3>能说明左边的文以外的概念	<4>总结主题、构成概念（联系上下文整体来考虑）	<5>问题、新课题提出
1							
2							
3							
4							
5							
故事情境							
理论记述							
今后研究							

[①] 大谷 尚. 4ステップコーディングによる質的データ分析手法SCATの提案——着手しやすく小規模データにも適用可能な理論化の手続き [J]. 名古屋大学大学院教育発達科学研究科紀要，2008，54.2：27-44

一切准备就绪后,即可以个人为单位,逐步分析每一个采访对象的语言。从表格中可以看出SCAT的四个核心步骤为:

①文中应该注意的语句(重点记录与研究相关、值得关注、无法理解的语句文字等)。

②<1>中应该注意的语句换个说法该怎么说(分析者尝试用自己的话描述<1>,力求将表面现象归纳成一般的、本质的)。

③能说明<2>的文以外的概念(分析者要考虑<2>的叙述发生的背景、条件、原因、结果、影响、比较、变化等,深层次的讨论<2>的意义)。

④总结主题、构成概念(联系上下文,总结前三步分析下来的主旨,并形成指导意义性的概念)。

最下面三行内容很关键,"故事情境"是指通过被访者现述的语句,联系全文构筑被访者与访谈主题相关的故事情境,包括事件的背景、过程、被访者心理特征等,让分析者更好地总结事件的经过,站在被访者角度思考问题。"理论记述"类似于理由陈述,为什么会这么分析?为什么会得出如此的结论?结论是什么?故事发生的原因是什么?理论记述一栏是以归纳概括的语言总结各种因素和缘由。"今后研究"是课题展望内容,在四步分析之后分析者会思考现状,发现问题和提出研究难点以便今后攻克。今后研究一栏是对问题、难点和今后发展思考的总结。最后三行可以说是个案访谈的结论浓缩与回顾。

赵彭(2011)在《基于群体文化学方法的都市"拼客"拼车服务设计研究》中从群体文化学角度出发,采用SCAT表格对被访人叙述的故事情境、人物档案背景、不同的拼车活动情景进行记录。进行出租车"拼车"服务和非营利性的私家车拼车服务两种情景构筑,并以信息发布查询模块、信息匹配和车辆调度模块、服务计费模块、服务评价模块四大模块为中心归纳拼车服务设计的要素。

2.3.3.3 品牌个性视觉化研究①

可视化是一个综合概念,它可以适用于数学(例如,几何图片)、方法论(信息和可视化战略)、心理学(学习技能)、工业(产品设计)和信息技术(交互可视化)等。同时,它还深入到每个人日常生活的角落,从我们看到的(广告、图标、海报等)到我们所使用的(计算机、互联网、手机界面等)。

代尔夫特大学硕士研究生吕凡在其《品牌个性定位与比较的可视化工具》中尝试了品牌视觉化的整个过程,目标是寻找出一些能准确反映品牌个性特征的一些图片,这一过程有三个步骤:①搜集包含各种元素的图片,②通过小组会议筛选图片,③通过问卷调查测试图片。通过逐步筛选,最终留下了合格的照片。这一过程将调查品牌特质转化为图像。在最初找寻了大量的图片,为之后进行精简过滤做准备。接下来通过小组讨论和调查测试来引导过滤的工作。定性研究帮助我们了解人们视觉认知,定量研究则在一个广泛的区域中测试这些认知。设计测试的结果显示视觉图片可以极大地帮助人们理解品牌个性的概念。

选择那些通过测试的图片为一组作为合格的结果,因为它们可以成功地表达品牌人格特质的含义。这些有效及高度有效的图片将被用于接下来的设计阶段,用来作为改进和比较品牌性格的品牌策略工具。

2.3.3.4 交易学习实验法(TLE)

交易学习实验法(Transaction Learning Examination)起源于美国俄亥俄州立大学。实验的特色在于通过新商品推广、交易和消费者使用的现场,从中观察记录并习得消费者对该新商品的期望、需求、态度、消费行为等。再配合焦点小组深访、现场影音资料分析、PDA跟踪记录、使用者图片日志等方法,进一步习得目标消费群体的价值观、生活方式、商品诉求等。这些实地作业、新颖有趣的群体文化学方法,不仅对新商品或迭代产品有了质的测试评估,更是对目标群体文化共性加以阐释,以便今后更好地开发目标群体的产品。

宝洁公司与江南大学设计学院设计心理学研究组,合作项目完整地实践了TLE方法。整个项目分三个阶段进行,第一个阶段任务是模拟新商品的推广。项目组通过桌面调研、商品信息整合、目标人群访谈等方法尝试设计出合适的推广方式,种类包括网络论坛广告、招贴海报、视频广告播放、传单投递、节日主题广告等。第二个阶段是新产品的现场交易。实验的重点在于通过现场对目标消费者观察、谈话、记录,获得目标

---

① 吕凡.品牌个性定位与比较的可视化工具[D].荷兰代尔夫特理工大学,2010

群体在购买时对测试商品的真实态度。第三个阶段是消费者深度访谈与跟踪记录。此阶段是 TLE 方法最为重要的一环。其中访谈涵盖了消费者在购买和使用中的各种问题，包括购买动机、对产品的期望和偏好、现场购买的感受、个人生活方式和使用方式的自述、对新商品的态度评价、使用体验等。跟踪记录主要是给参与访谈者发放了 PDA 和特制的图片日志，用于被访问者自行记录生活中的有关信息，比如使用新商品的过程、居住环境、外出出行等。这些语言、图片、实态资料有着较强的说服力，能引发分析人深层次的思考与共鸣。

2.3.3.5 隐喻抽取技术（Zaltman Marketing Metaphoria, ZMET）

隐喻抽取技术以图片为隐喻体，使用看图说故事的方式来诱发用户内心深层的认知意图。它以探讨用户内心深层的想法为主体，选择非文字语言的图片为媒介，发现用户潜意识层面的想法和概念，为每个受访者建立一幅心智地图，并在此基础上绘制受访者共识心智地图，这幅心智地图呈现出大多数人多数时间内对主题的概念以及概念之间的连接关系，反映用户对研究主题的认知结果。

隐喻抽取技术（ZMET）主要应用在以下领域：品牌定位、品牌个性与品牌形象描绘、消费者需求挖掘、新品开发[①]。在《看见消费者的声音——以隐喻为基础的广告研究方法》一文中，扎尔特曼教授详细地阐述了扎尔特曼隐喻抽取技术（ZMET）的七个步骤（林升栋等，2005）。

招募受访者：

一个典型的研究要招募 20 名受访者，研究人员将会告知受访者一系列关于研究主题的介绍，并给受访者 7~10 天的时间通过各种资源，包括网络、杂志、书籍、报纸等媒介收集图片，这些图片必须代表研究主题对受访者的意义。

引导式访谈：

这里的引导式访谈不同于传统的结构式访谈，基本等同无结构式访谈，这样的访谈更加有效可靠，且还可获得更深入的相关信息。引导式访谈以一对一的形式进行，需要两个小时，且将访谈内容进行录音。访谈包括一系列步骤，具体使用根据研究问题的性质和数据的使用方式而定。以下是具体访谈内容：

①讲故事：故事是人类记忆与沟通的基础，经过一周对研究主题的深入思考，受访者会带着自己丰富的故事来进行访谈。由受访者阐述，来了解每张受访者自己收集来图片的选择意义，以及与研究主题之间的关联性。

②未找到的图片：请受访者描述他们想找而没有找到的图片，并解释这张图片有什么特别的意义以及为何选择这样的照片来说明被访主题。

③分类任务：请受访者根据自己对图片的理解，就图片的意义对所有收集到的图片进行分类工作，并请他们解释如此分类的原因及所代表的意义。受访者对图片的分类次数及张数不受任何限制，按照他们对于图片的理解，也可请受访者为所分每一组想一个标签名称。

④概念抽取：这里的概念是研究者对受访者想法的进一步捕捉和解读，再思考的结果，表现为一个个名词或词组作为受访者想法的标签。

⑤最具代表性图片：请受访者从收集到的图片中，挑选一张他认为最能代表他对研究主题想法的图片，并解释为什么选择这张图片以使研究者能更准确了解受访者内心想法。

⑥相反的图像：请受访者从所提供的图片中找出与研究主题意义相反或负面概念的图片，如没有，请受访者描述这应该是一张什么样的图片。

⑦感官印象：知觉的印象不同的感官作用不同地帮助我们了解外部世界，并以记忆的方式重现。这个阶段我们请受访者使用其他感觉器官来描述研究主题应该是什么，不应该是什么。

⑧个人心智图：研究员回顾受访者提到的所有概念，并与受访者确认这些概念的正确性，是否还有遗漏。研究员与受访者一起将这些抽取出来的概念进行连接，来描述研究主题相关重要概念间的联系。

⑨拼贴图：请受访者将他认为能表达他重要想法的图片挑选出，拼贴成一个总结性的图片。这个过程可由受访者描述与指点，由研究员在电脑上用图形处理软件来完成，也可由受访者经过裁剪等操作来自己制作出拼贴画。

⑩总结影像或小短文：请受访者根据研究主题写下一小段文字，来对总结图片进行必要的说明的方式挖掘该属性对受访者的价值及意义，让受访者自由回答。

---

① GeraldZaltman. 客户如何思考 [M]. 北京：机械工业出版社，2004：1-100

访谈结束后，研究人员所做工作如下：

①辨认关键主题：研究员就会回顾访谈记录来辨认关键主题。这一阶段的工作是以分类理论、感性理论和处理定性数据的研究成果为基础的。所有的 ZMET 构想都是双重意义的。

②数据编码：完成关键主题的列表之后，研究员会按照成对的构想的方式进行数据编码。成对构想间存在因果关系。它们在讲故事、未找到的图片和概念抽取这些步骤中被提取出来。

③构建共识图：根据大多数时间、大多数人的大多数想法这一原则。研究人员对受访者中的成对构想进行分析，并利用"三多"原则得出的数据来构建共识图。这里有两个量化的标准：超过三分之一的受访者提及的构想和超过四分之一的受访者提及的成对的构想才会被纳入共识图。

④观察共识图：建立共识图之后，研究人员将会随机地选择受访者的文件，然后观察该受访者与前后连续的受访者所抽取的构想之间的差异，借此去了解共识图中包含的构想的覆盖率。

⑤描述重要的构想和共识关系：描述重要构想和构想关系的方法有很多，例如视觉和其他感官知觉、数码影像以及视频短片都可以用于了解受访者的隐喻。

在商业应用上 ZMET 有着广泛的应用，很多大型公司通过诸如此类的方法改变它们吸引消费者的方式，如花旗银行（Citibank）、迪斯尼（Disney）、卡夫（Kraft）、麦内尔消费者健康理疗公司（McNeil Consumer Health Care）和约翰·迪尔公司（John Deere）等。在学术界，目前中国台湾地区对 ZMET 的研究相当丰富，大陆目前有对旅游中典型元素的识别与分析①以及对智能手机的用户体验研究②。

2.4 创造性思维方法的研究和评价

2.4.1 创造性思维理论研究介绍

研究创造性思维有很多方法，但在国际上最有影响的是美国加州大学心理学家吉尔福特（Guilford）的学说。他不仅继承了前人的研究成果，而且提出了创造力三维结构模式，并指出发散性思维是创造行为的关键理论。尤其值得学习的是运用对发散性思维的研究和成果的评价体系，使创造性思维的教学有了可操练性的程序。因此，研究创造性思维就变成了研究发散性思维的主题。

所谓发散性思维（divegent thinking），是指不依常规，寻求变异，有多种答案的一种思维形式。它要求沿着各种不同的方面去思考，重组眼前的信息和记忆系统中的信息寻求多面性。发散性思维由流畅性、变通性和独特性三个因素构成。发散性思维是创造行为的关键成分。

发散性思维研究的历史不长。高尔顿（Golton）从 1892 年开始研究有成就、有创造的科学家、政治家、诗人、音乐家、画家等的心理能力，成为研究此问题的先驱。到 1918 年，吴伟士（Woodworth）第一次使用了这个概念，以后斯皮尔曼（Spearman），卡特尔（Cattell），塞斯顿（Thurstone），泰罗（Taylor）等人在 20 世纪 50 年代以前，对词的流畅性、观念流畅性、联想流畅通性作过一些研究。直到 50 年代以后，美国加州大学心理学家吉尔福特（Guilford）提出了三维结构思维模式，他认为智力活动的内容、智力活动的过程（运算）和活动成果（产品）三方面去考虑创造性思维。在运算这一维度方面，包括认识、记忆、发散性思维、集中性思维、评价五种。此后对于发散性思维的研究有了较大的进展，目前，发散性思维已成为研究创造性思维的重要方面，基本上已达到测量标准化、方法系统化、成果应用化的水平。国内华东师范大学潘洁教授在 20 世纪 80 年代初就做了这方面的研究。

2.4.2 发散性思维的特点分析

个别差异显著是发散性思维的重要特征。以符号测验为例，大学生样本测验中，60 分钟内，流畅性最好的被试连续发散为 109 个，最差的仅为 39 个，相差 70 个。变通性最好的 22 个，最差的 7 个。特异性最好的 10 个，最差的 0。

从发散性思维的三个因素来分析，图形、符

---

① 谢彦君等. 东北地区乡村旅游中典型元素的识别与分析——基于 ZMET（隐喻抽取技术）进行的质性研究 [J]. 北京第二外国语学院学报, 2009.1: 41-46

② 董方亮，王继成. 基于 ZMET 方法的智能手机用户体验研究 [J]. 2009, 281-285. 2008 年国际工业设计研讨会暨第 13 届全国工业设计学术年会

号、语义三个测验的平均得分情况都是流畅性最高，变通性次之，独特性最低。反映这三个变量的操作的难易程度趋势。

因为发散性思维要求不依常规，寻求变异，求得多种答案，只有以多量为基础（流畅性），沿着不同的方面去发散（变通性），不依常规、突破现成的、一般的东西去发散（独特性）才能完成。因此，流畅性主要是发散性思维的量的指标，只要按照问题去发散，发散越多得分越高。而变通性则要求从不同的方面去发散，思维运算涉及信息的重组，如分类、系列化，甚至转化、蕴涵，具有较大的灵活性和可塑性，在规定时间内得到不同方面的发散量肯定是大大地低于流畅性的。与此相应地，离散程度也必然相对地缩小了。至于独立性因素，要求以新的观点去认识事物，反映事物，意味着思维空间的重新定式，难度是最高的，因此得分是最低的，相应地离散程度也最小。由于独立性更多地代表发散性思维的质，它在发散性思维三因素是有特别重要的意义。

2.4.3 具体操作案例

为了进一步说明发散性思维的三因素的趋势，即流畅性＞变通性＞独创性，举一实例分析之。在图形测验中的测题，"请你根据下面的图形，想象它和什么东西相似或近似，想出的东西越多越好"。

52名大学生被试的测验结果报告：在流畅性因素方面，被试中发散量最高者为38个，得38分。具体为："窑洞、桂林山水、彩虹双架、坟墓、乌篷船、射击射线、堡垒对峙、双座哨石、喷水池、萌芽、两只仙鹤戏水、冰山将融、橱窗、魔鬼的眼睛、问讯处、枪洞、隧道进口、隧道出口、笔记本、天边浮云、拖把、城门、树荫、跳水、鹭鸶入水、鲟鱼头、鲳鱼须、破蛋、窝窝头、峡谷、深山谷、木马、径赛冲线、双竿垂钩、拱桥、两个桥洞、海上日出哨石旁、双鱼跃。"他与第二、第三名的流畅性相差16~18分（第二名22分，第三名20分），而最差的仅只发散出"远处的山头、两个山洞"，得2分。

在变通性方面，得分最高为4分，即他们从4个不同的方面去发散。上述流畅性最好的被试（流畅性得分38）也只得4分，①水平线上两个相同的物体：如"窑洞、桂林山水、彩虹双架"等；②水平线上两个不同的物体：海上日出哨石旁、隧道进出口等；③侧面看的物体：乌篷船、喷水池等；④运动的物体：双鱼跃、鹭鸶入水、冰山将融等。而变通性差的，一般都看成水平线上两个相同物体，得分1分。这样，变通性分数大大地低于流畅性，离散程度也大大缩小了。

在独特性方面，得分最高的为3分。如有一被试发散出："伸在一张纸后的两个指头"、"三架飞机空中留下的烟道"和"水田里的两个插秧人"，他能以新的观点去观察事物，把这一抽象的图形看成为"整体的一部分"（两个指头，一张纸的边缘），"不同方向的飞机的烟道"和"立体形象"（两个水田里的插秧人）。十分新颖、独特，在总体中也是少数。上述流畅性、变通性的最高得分者在独特性方面却只得1分。从测试结果看来大部分被试都是有一定的发散量；较低的变通性，而在独特性方面就全无新意。因此，从总体和个别情况分析流畅性、变通性、独特性三因素，都呈现了这种递减的趋势，这一规律可以认为是发散性思维的一个重要特征。

2.4.4 创造性思维体系评价规则

总　则

本测验为发散性思维测验，共分三个部分：图形测验、符号测验和语义测验。

每类测验各举一小题，均以流畅性、变通性、独特性三个维度记分，评分的总标准如下：

流畅性：指在特定时间内所写出的关于答题的所有正确答案的个数。它是发散性思维的熟练程度的标志。

变通性：指所写出的关于答题的答案的类别变化，即被试的答案的类别的数量。它是发散性思维能力的可塑性或可变性的标志。

独特性：指发散出的关于答题的新颖、独特、稀有的答案个数。它是可塑性的更高形式，即在转换和变化意义的基础上，产生新颖、独特、聪明的思想。

分　则

图形测验评分标准：

例一：请你根据下面的图形，想象它和什么东西相似或相近，想象出的东西越多越好。

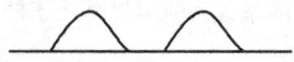

流畅性：

写出的确切的物体、现象、人物均可以记1分。

变通性：

①理解为水平线上两个相同的物体现象或人物：如两个馒头等，两条彩虹，两个插秧人等。

②想象为水平线上两个不同的物体：如，海上日出峭石旁等。

③从不同方向想象的物体：如侧向：驼峰、鸟、乌篷船。反向：倒放的水缸。转向：B字、两面旗子在竿上，等。

④运动的物体或现象：如，两条抛物线。

⑤其他。

独特性：3，4，5 答案中某些新颖独特的可以得分。

语义测验评分标准：

例二：请你写出"铅笔"的各种用途，越多越好。

流畅性：写出"铅笔"用途正确答案的全部数量。

变通性：

①书写工具，写字、绘画等。

②测量工具，作直尺等。

③作实验材料，铅芯导电、试验等。

④作礼品、商品等。

⑤改变形状作其他用途，如雕刻、笔芯作润滑剂等。

⑥作其他用途：做模型、玩具、道具、成捆铅笔当小凳子等。

独特性：2～6之中的新颖、独特用途可以得分。

比如某一大学生样本测试的结果分析：

流畅性评分：

①写字、绘画、改稿件、木工划线、描眉、拓碑文、印图案、涂墨、作标记、彩色铅笔上色等。

②作物理实验、作杠杆、作钟摆、作电极、抽去笔芯当吸管、两支铅笔作光的衍射实验等。

③作火箭模型、电动机模型、电刷木架、船模、做弹子枪、跷跷板、拼字游戏（|| +| = |||，|| -| =| 等）、当作二胡码子、鸟笼等。

④支撑物（填台/凳脚）、铅芯作塞孔、直尺、当滚筒（卷录音磁带、卷纸）、废铅笔头当燃料、筷子、魔术道具、教鞭、作圆规（二支）、当书签等。

⑤礼品、奖品、纪念品、艺术观赏品、商品、展览品、作信物、刻字作纪念品。

⑥演员折断笔表示愤怒之极。

⑦公共服务处放铅笔方便群众提意见。

⑧口袋中的铅笔是工程师的标志，铅笔是木工的标志。

变通性评分：

①书写工具。

②实验材料。

③模型、玩具。

④作各种各样的工具。

⑤作精神方面的工具。

⑥抒发感情的工具。

⑦职业标志的工具。

独创性评分：

①描眉、拓碑文、着色。

②当吸管等。

③拼字游戏等。

④铅笔芯塞孔等。

⑤作信物、纪念品等。

⑥抒发感情的工具。

⑦职业标志的工具。

符号测验评分标准：

例三：请以1，2，3，4四个数字进行运算，要求最后等于8，排出的算式越多越好。

①可用"加减乘除"，"平方"，"开方"运算。

②每个数字在式子中只用一次，而且必须用一次。

流畅性：符合题目要求的正确算式可得分。

变通性：

①用加减运算。

②用乘除运算。

③用加、减、平方、开方运算。

④用多种符号运算。

⑤其他。

独特性：在④，⑤两类中有独创性者。

例四：请创造各种不同的符号系统（即代号、标记）来代替下列句子，越多越好。"太阳落山前，我们在田野里散步。"

流畅性：符合题意的各种符号系统均可得分。

变通性：

①中（外）文代号。

②数字符号。

③发音代号。

④抽象图形代号：如 ◇ △ ╱ 等。

⑤各种密码（电报、自编密码等）。
⑥音乐符号。
⑦象形文字。
⑧逻辑符号。
⑨其他（图画等）。

独特性：④～⑨中某些新颖、独特的答案。

2.4.5 创新思维综合法

创新思维的核心是"无中生有"、"有中生新"，见图2-6。

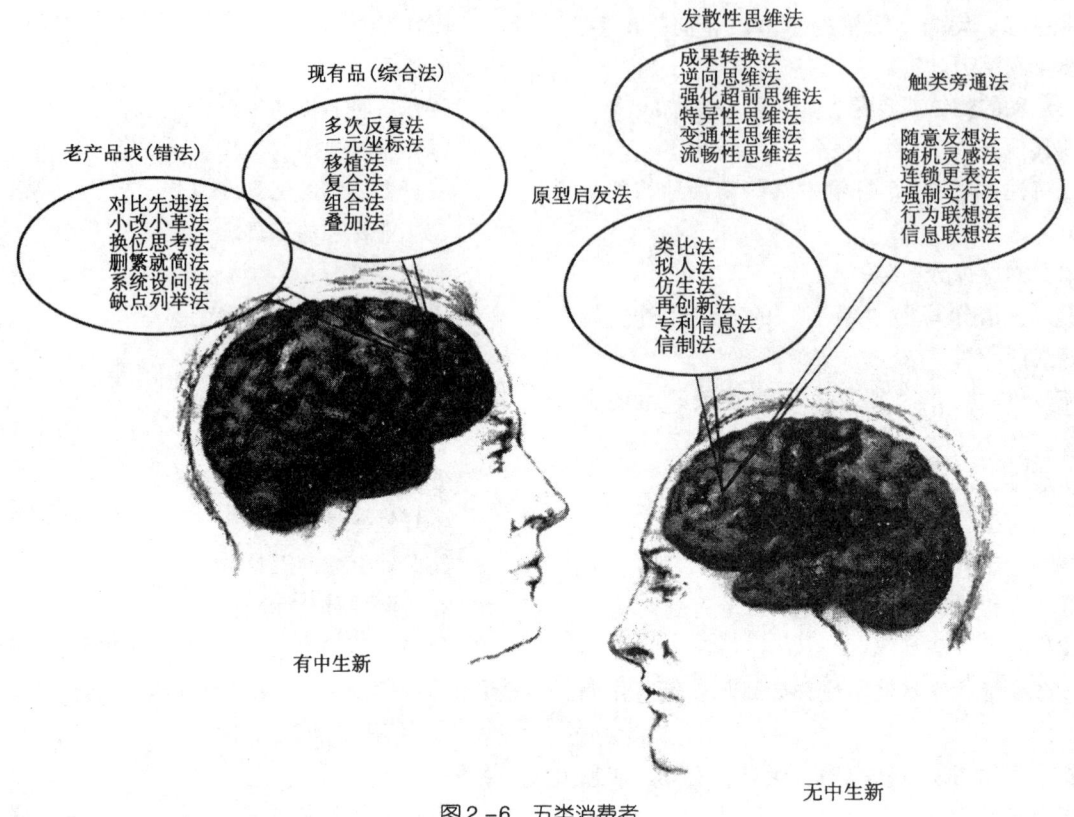

图2-6　五类消费者

思考题

一、名词解释

1. 访谈法　2. 问卷法　3. 投射　4. 实验法　5. 因素分析法　6. 角色分析　7. 深度访谈

二、简述题

1. 总加态度量表制作的步骤。
2. 语义分析量表的三向量内容。
3. 创新思维综合法的具体方法。
4. 联合分析法的步骤。

三、分析题

1. 从图形、语义、符号角度，举例说明发散性思维的评估指标。
2. 多维尺度法的程序。
3. 情景属性的归纳维度。
4. 因素分析法的程序。

四、实务操作

根据设计心理学的研究方法，以团队形式讨论设计一份CSI指标的问卷（确定方法）。

第三章 设计与消费者的需要

- 设计与消费者需要综述
- 消费者的需要分析
- 消费者需要理论与趋势研究
- 消费者欲望与设计

3.1 设计与消费者需要综述

"所谓需求,主要指人对某种目标的渴求和欲望……人的需求如同人的生命过程一样,处在一个不断的新生与变动之中[1]。"自从美国人本主义心理学家 A. B. 马斯洛在1943年提出研究人类需要的理论后,需求理论就成为心理学分析中很重要的一个组成部分,并在不断的改变和修正中发展。

3.1.1 消费者的需要分析

消费者需要是指消费者生理和心理上的匮乏状态,即感到缺少些什么,由此引起的紧张,并为了减少这种不舒适的紧张状态的一种反映。需要是和人的活动紧密联系在一起的,人们购买产品,接受服务,都是为了满足一定的需要。消费者需求系统可以概括为一个由支撑需求要素:收入、心理、习惯、生活方式等构成,以满足人类生存和发展需求为目标的有机整体。消费者需求系统结构见图3-1。

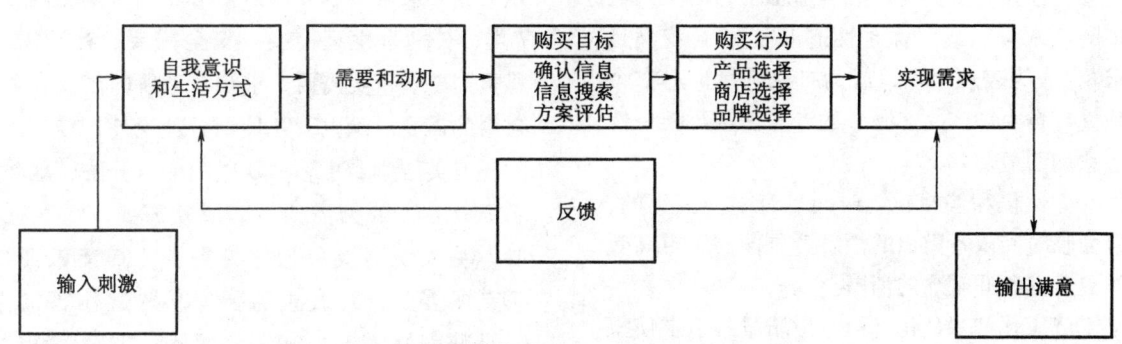

图3-1 消费者需求系统结构图

由图3-1可知,消费者需求是通过输入刺激产生的,引起输入刺激的因素很多,既有消费者自身生理的因素,又有消费者所处的外部环境、企业的营销等因素。在众多因素的作用下,消费者形成一定的自我意识与生活方式,特定的自我意识与生活方式导致消费者产生相应的需要和动机。为了满足这些需要和动机,消费者就会确定相应的购买目标并产生相应的购买行为。这一过程所带来的购买行为的实现与消费体验又会对消费者的内部特性和外部的环境产生影响,从而最终引起消费者自我意识与生活方式的重新调整或改变[2]。消费者需求在新的时代条件下也在不停地发生着变化。工业化、信息化和知识化是现代化发展的三个阶段,目前世界正处在一个以教育、文化和研究开发作为先导产业的现代知识经济时代,这给人们带来了一个平等、开放的网络环境,个人的活动范围更加广泛,活动内容也

---

[1] 李祖砚. 产品设计艺术 [M]. 北京:中国人民大学出版社,2005
[2] 俞洁方,何嗣江. 消费者需求系统理论在商业银行拓展个人金融业务中的应用 [J]. 数量经济技术经济研究,2002年,P107

是多种多样。由此产生的一个直接影响是全体约束减弱，归属群体多元化。这都不同程度地影响我们每个人的价值观及生活方式与追求。在这样的条件下，消费者需求展示出一些新的特征：

①消费者心理需求层次提高。"从更一般的意义上说，在高级需要层次上，生活变得越来越复杂。需求尊重、地位比需求有爱涉及更多的人，需要更大的舞台，更长的过程，更多的手段以及更多的从属步骤和预备步骤。在友爱的需要与安全的需要相比较时，也同样存在上述差异。

②消费动机多样化。伴随着生活需要满足水平的逐步提高和生活状态及方式的改变，直接或间接的生活、消费经验的丰富，消费心理的不断成熟，其生活追求形成了"基本追求"→"求同"→"求异"→"优越性追求"→"自我满足追求"的基本变化过程。

③广泛化与高度化。生活水平提高，生活领域扩大，生活方式多样化，消费生活范围扩展，需求领域逐步扩大。

④情感化与感性化。由于心理需要层次的提高，生活中追求中的精神、情感的因素不断增多。

⑤个性化与多样化。心理追求上，由于人们更多的"求异"或"优越性追求"、"自我满足追求"，或为表现个性，或为自我满足，追求个性独立、自由和产品、服务的专属性甚至唯一性趋势愈加明显。

⑥方便化和快捷化。时间是有限和宝贵的，经常面临时间入不敷出的消费者更倾向于更高效率、更具有时间观念的消费。

⑦健康化和绿色化。对生活质量的追求使得人们更加关注自身身体健康。

⑧复合化和关联化。一方面，对某一消费活动的需求，往往是功能性、心理性以及社会性等需求的复合体，由顾客个体情况及生活场景等的不同其权重有所差异。另一方面，各种需求之间关联性增强，形成生活需求生态体系。在这样的消费需求变化条件下，相关学者也做了大量研究，例如有：《知识经济下的消费者需求变化趋势与企业产品策略研究》[①]（张方步，2007），该文认为知识经济条件下消费者需求的变化呈现出情感化与感性化、个性化与多样化、健康化与绿色化、复合化与关联化等的趋势特征，因此产品具备了新经济下的新特点，企业产品策略要考虑到消费者需求和产品特点的新变化，赋予产品新的特性。相关论文还有《金融危机下的消费者需求与动机》（周洋、文悦，2009），该论文指出人的需要是按次序逐级上升，当下一级需要获得满足之后，追求上一级的需要就成为行动的动力。而在金融危机下，人们对需要的放弃是从上到下的，也即在顾全较低级的需要的时候放弃部分较为高级的需要，如消费者首先会放弃对美感的需要，而更关注商品的实用性。

3.1.2 消费者需要的理论研究

在传统的消费者需求分析中，两分法观点将消费者需要分为两类，一类是生理需要，即物质需要，另一类是社会需要，即精神需要。恩格斯（德）和奥尔德弗（美）则提出三分法，主张将需求分为三类，即生存需要、享受需要和发展需要。奥尔德弗认为可分为：生存需要、相互关系需要和成长发展需要三类。以中国学者陈沛霖为代表的部分学者则将需求分为 5 类，即生存需要、享受需要、发展需要、自主和尊重需要和贡献需要。美国学者马斯洛则将需求由低至高分为 7 类，分别是生理需要、安全需要、社交需要、尊重需要、审美需要、求知与理解的需要和创造自由的需要。除以上几种划分理论外，较为出名的还有美国学者亨利·默里的十八分法，他将需求细分为①贬抑需要，②成就需要，③交往需要，④攻击需要，⑤防御需要，⑥恭敬需要，⑦支配需要，⑧表现需要，⑨躲避伤害需要，⑩躲避羞辱需要，⑪培育需要，⑫秩序需要，⑬游戏需要，⑭抵制需要，⑮感觉需要，⑯性需要，⑰求援需要，⑱了解需要这十八项。其中，马斯洛的需要层次论作为最被广泛接受的需要理论[②]"，则是从人类心理为基础进行分析研究。这个学说把人的需要看作一个多层次的组织系统，是由低级向高级逐级形成和实现的。这个理论认为，存在着七种基本的人类需要，这七种需要按照各自的重要性排列成从低级向高级需要发展的不同层次。需求层次理论是解释人格的重要理论，也是解释动机的重要理论。其提出个体成长的内在动力是动机。而动机是由多种不同层次

---

① 张方步. 知识经济下的消费者需求变化趋势与企业产品策略研究. 中国海洋大学硕士学位论文，2007，P15
② 学成明. 马斯洛人本哲学 [M]. 北京：九州出版社，2003

与性质的需求所组成的,而各种需求间有高低层次与顺序之分,每个层次的需求与满足的程度,将决定个体的人格发展境界。需求层次理论的一个基本假设就是"人是一种追求完全需求的动物"。该理论从根源上揭示了人类需求发展的变化趋势,从而对洞悉消费者需求,通过产品设计指向消费者购买有一定指导意义。

相关研究文献有《大学生自我概念与NOKIA手机造型风格偏好研究》(林佳梁 2011),该论文讨论了在产品的同质化程度日益突出、消费者追求形象性价值的今天,消费者对产品体现自我概念与实现自我一致性的需求,运用感性工学探讨消费者对手机造型认知的感觉及消费者意向与手机造型要素之间的关系,并通过大量实证研究得出消费者意向与手机造型要素之间的量化关系。相关论文还有《产品设计中消费者研究的方法与价值》(林佳婕,2008)与《从市场消费者需求谈产品研发设计》(线文瑾,2008)等。其中《从市场消费者需求谈产品研发设计》一文从产品设计师的角度展开研究,以产品设计开发活动中消费者的需求与定位为研究对象,阐明了产品设计与消费者研究的现状及未来发展趋势,分析了基于产品设计的消费者研究的重要意义。论文从现有的消费者心理、需求、行为、满意度及生活形态细分等相关理论工具着手,确定并阐述了产品设计中消费者研究的具体内容以及两者的相互关系与作用,运用相关知识理论,着重探讨在产品设计流程中消费者研究的具体方法,并对消费者特征和生活方式细分进行系统分析和研究。

3.1.3 消费者需要与设计

狭义的产品设计是指产品的造型和形态;广义的是指"满足现代人的需求构想出可供工业化机械批量生产的衣、食、住、行产品以及推广这些产品而进行的包装和广告等辅助性设计①"。产品也可分"有形产品"和"无形产品"两类。有形产品通常可以直接体验,也就是看到、摸到、闻到、尝到和查验,而且通常可以在购买之前体验。例如,你可以试驾汽车,可以闻一闻香水的味道或者预先测试一下手机性能。而无形产品,例如计算机软件、咨询、服务、医疗和会计等,则很少能够事先体验或者查验。

在无形产品设计领域中,早在20世纪80年代,提出电子信息空间虚拟化的西方设计学界就开始探讨未来设计走向、信息设计、网络界面设计等概念,这类设计涉及数字语言及程序化等非物质特征,因此提出了非物质设计概念。"非物质设计"是以信息设计为主的设计,是基于服务的设计。对于工业设计而言,非物质设计是对社会后工业化或信息化结果的表达。"非物质"不是物质,但"非物质"是基于物质的,只不过是超越于物质层面,工业设计只有融入这一全新的理念才会适应现代产品设计的要求②。而在有形产品设计领域中,产品形态设计最为受到关注与研究。在产品的设计过程中,产品形态主要包含两个意思,一是指产品的外形,二是指蕴涵在物体内的神态,两者结合才是产品形态。在产品形态的设计过程中,可以通过各种的方法和手段,使产品形态展现出不同的感觉,这就是产品形态的表现力③。设计师如何通过产品形态设计满足消费人群的审美需求及情感需求,在产品与人之间建立某种情感联系,是现代情感化设计趋势下设计师们必须重视的一点。消费者的购买行为受到多方面的影响,诸如消费者自身的个人因素、家庭因素、外部的文化因素、社会流行因素及产品自身的形态因素等。其中,产品自身的形态因素具有极大的影响。消费者往往在购买产品后寄托它自己的各种情感,赋予它更多以物质价值无法衡量的价值内涵。很显然,如果在产品设计、研发、生产阶段就赋予消费者可能要求赋予的精神、文化、情感等高阶价值的内容的话,该产品在被消费者见到的第一时间就会深深地打动他。这也是消费者在产品上寻找的除使用价值之外的最重要的东西,而这些东西只有通过产品形态才能得以展示④。消费者的需求层次与产品的功能关系如图3-2所示,它为将来的产品形态设计提供了有力参考。

---

① 阿尔·里斯,劳拉·里斯. 品牌22律 [M]. 上海人民出版社,2004
② 杨轮,薛洁. 浅谈非物质主义下的艺术设计走向 [J]. 消费导刊,2008
③ 邵家俊. 质量工程展开 [M]. 北京:机械工业出版社,2004
④ 郭南初,熊志勇. 产品形态与消费者需求关系研究 [J]. 包装工程,2006:211-213

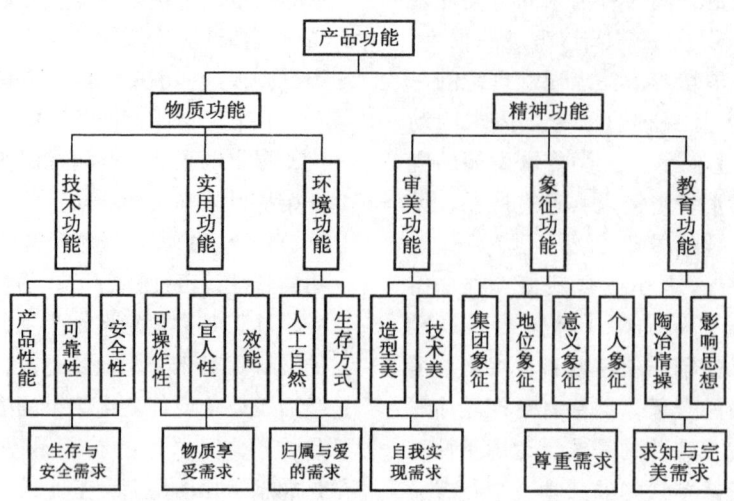

图3-2 需求层次与产品的功能

江南大学产品设计心理研究方向在无形产品设计与有形产品设计均做了大量研究，相关的有：《大学生智能手机应用软件设计的用户期望研究》（秦银，2011），该论文以无形产品智能手机应用软件为研究对象，依托与期望相关的理论进行针对产品设计的用户期望理论研究，以大学生作为目标群体，通过系列期望问卷进行智能手机应用软件的情景性期望、期望的权重以及期望的容忍域的系统，研究了用户对应用软件设计的期望，为移动产品的设计提供指导。此外还有《"新宅女"情感价值导向的美容小家电体验设计研究》（董绍扬，2011），该论文以有形产品电吹风为切入点，对"新宅女"这一新兴生活群体入手分析，衡量她们的情感价值模式，挖掘对该群体用户美容小家电的设计策略并反映到产品设计中。

与国际接轨后我国市场竞争越发激烈，本土企业面临更大的挑战，企业必须以消费者需求为中心制定市场营销策略及产品设计方案。在一家大型公司中，大约有90%的产品开发案例是失败的，其中30%并没有开发出任何产品，其他的虽然有产品问世，但人们不喜欢，或从来不使用；即便使用了，也是状况百出。为什么出现了这样的现象？正是因为设计师没有真正把握住消费者的真正需求，设计的产品不为消费者所需要，自然受到市场的摒弃①。做好需求分析，是新产品设计成功的关键。例如同样是一台手机，为什么苹果公司的新版iPhone手机在上市后3天内能卖出100万台，而深圳的山寨手机每款能卖到2万台就大功告成呢？苹果公司iPhone的成功就在于提供了超出客户期望的价值，满足了消费者内心潜在的需求。提供超出客户需求的价值的产品不但能占据很高的市场份额，取得惊人的销售数量，而且可以获得比一般产品高出很多倍的利润率。创新型企业不断开发出满足客户需求，甚至超出客户期望的新产品。苹果公司首席执行官史蒂夫·乔布斯曾说："手指是我们与生俱来的终极定点设备，而iPhone利用它们创造了自鼠标以来最具创新意义的用户界面。"iPhone手机首先在创意方面敢于打破常规，开发出的产品远远超出用户的预期需求，因而取得了上市时一个周末就销售100万台的佳绩。激发突破性新产品创意的最好的方法是"由用户设计（Design by User）"，即不但由用户提出新产品创意，还请用户设计出自己想要的产品。很多企业难以设计出具有突破性的新产品的主要原因就是"为用户设计（Design for User）"，将自己的想象强加在用户身上，设计的受众目标是已有的和潜在的消费者，如果设计满足不了消费者生理与心理的需求，得不到消费者认可，那么，无论设计有多么艺术性、科学性、时尚性，仍然不是一项成功的设计②。因此，一个成功的设计师应懂得洞察顾客的真正需求，以客户真正需求为出发点，在突破性创意的基础上，要进行大量的用户研究和更为

---

① 梅云畅，吴恺．关于建立以消费者需求为市场导向的企业管理策略分析［J］．财经界，2007，42

② 陈英．论消费心理学引导品牌设计的成功．商场现代化，2009，32-33

深入的顾客需求研究,并据此进行产品定义,最终设计出成功的、令消费者满意的产品。

3.2 消费者的需要分析

众所周知,人们的消费行为是千差万别的。有的消费者对时髦产品感兴趣,总是率先使用。有的则忠实于某一牌号的产品,反复购买;有的消费者持币待购,表现出理智型购买;有的则吃光用光,表现出冲动型购买;有的存钱是为了购房或买家电、家具等耐用产品;有的储蓄为了假期旅游或为子女的教育投资。总之,消费行为的多样化使人们生活格局形成了多元化,也使生产和市场显得丰富多彩。设计心理学的研究,希望从消费行为的差异性中探求某些共同的规律,其中研究消费者需要就是了解消费行为规律的第一步。

3.2.1 消费者需要的一般概述

消费者需求是决定消费者行为的重要组成部分,然而消费者需要受到多重因素的相互影响,与消费者需要有关的概念就多如需要、诱因、动机、欲望、需求、满意等。从美国消费心理与行为学家 D.I. 霍金斯建立的消费者心理与行为模式模型中我们则可以清晰地看出需要在消费行为过程中所处的地位。如图3-3消费者心理与行为模式所示。

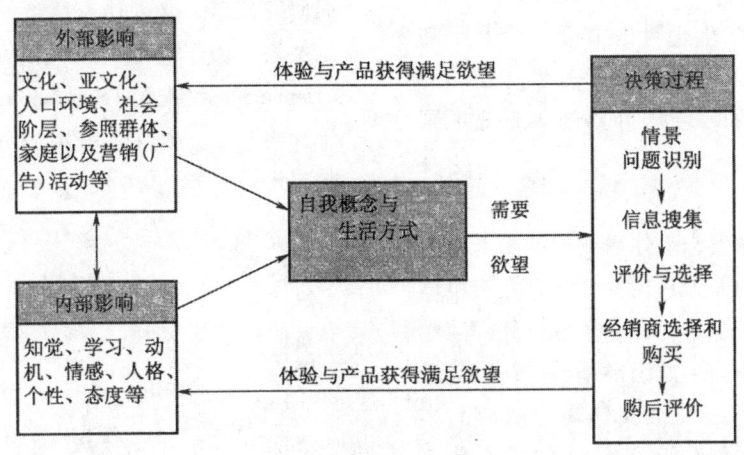

图3-3 消费者心理与行为模式

其中,自我概念(self-concept)又称自我形象(self-image),Best& Coney(2001)认为自我概念(self-concept)是指个人对自己的想法与感受,也可以说是对自己的知觉,或者是对自己的态度①。由于自我概念是基于过去的一些认知而在记忆中形成的,它可以被激发和回忆,从而影响购买决策。生活方式影响消费者的购物取向及消费模式,来自相同的亚文化群、社会阶层、职业的人们也有不同的生活方式,生活方式不同的消费者对产品或服务有着不同的需要,其购物取向也不同,在信息搜集、媒体使用、决策过程方面也会有所不同。人们追求的生活方式与自我认知的自我概念是消费者需要与欲望的基石,同时进一步影响消费者的购买决策与用户体验过程,并最终转化为用户感知,反作用于消费者自我概念和生活方式的追求。

3.2.1.1 需要的概念

需要是决定销售和消费的力量。熟悉和掌握消费者的心理需要,对于了解社会消费现象,预测消费趋向,以便在商品生产和商品经营中,进行精心的商品设计和周到的销售服务,对于促进营销活动的作用是不可低估的。根据心理紧张的概念,认为需要就是因为生理或心理上的缺乏而引起的紧张,为了减少这种不舒适的紧张状态的一种反映。当个体由于来自外部或内部的刺激而引起某种需要时,机体内部便出现不平衡现象,表现为一种紧张的心理状态,这时的心理活动便自然地指向能够满足需要的具体目标。比如当我们饥饿时,机体内部便出现不平衡状态,这时普

---

① 樊华. 商场定位与顾客自我概念一致性的实证研究 [J]. 商场现代化,2007

通食品就可以解除心理的紧张状态。于是对食品的需要就是这个心理活动的反映，但它并不具有对具体行为的定向作用。在需要和行为之间还存在着动机、驱动力、诱因等中间变量。比如，当饿的时候，消费者会为寻找食物而活动，但面对面包、馒头、饼干、面条等众多选择物，到底以何种食品充饥，则并不完全由需要本身所决定。换句话说，需要只是对应于大类备选产品，它并不为人们为什么购买某种特定产品、服务或某种特定牌号的产品、服务提供充分解答。当然也有另一种情景，有时我们并不饥饿偶尔路经某一食品店，店中散发出诱人的香味，这时也会引起人们的食欲，产生尝鲜享受的需要，以解除当时心中的不平衡现象。这里同样是对食品的需求，但前者是基本食品，满足的是人们自然的生理性的需要，后者是高档食品，满足的是人们自尊、审美和享受类的需要。所以消费者的需求因外界的刺激源不同而产生不同的需要。

3.2.1.2 诱因

一般认为，能够引起个体需要的刺激源称为诱因，与它相对应的概念是内驱力。存在于机体内部的动机因素是内驱力，存在于机体外部的动机因素是诱因，内驱力和诱因都是形成动机的因素。诱因有两大类，一类是具体事物或商品本身，另一类就是外界创设的情景，比如产品的广告、包装、装潢之类。比如上面讲的普通食品就是具体事物本身。倘若将食品精工细作而形成美味佳肴（装潢食品），则是属于创设情景而诱发需要一类了。在诱因的作用下，人们会产生一种"不买就感到不平衡"的认知失调现象，像机体处于生理状态不平衡一样，它同样会引起一种不舒服的紧张状态，为了获得新的平衡，人们便产生购买动机，直到满足需要为止，例如青年人看到街上流行的时装，面对自己过时的服装就有相形见绌之感，于是为了获得新的平衡就可能弃旧换新。研究诱因，是引导消费、刺激消费的重要内容。

3.2.1.3 动机

个体对某种缺乏的直接体验可以转化为需要，进而引出购买欲望即动机。在心理学定义中，动机是由目标或对象引导、激发和维持个体活动的一种内在心理过程或内部动力[①]。在此处

我们也可以将动机定义为推动有机体寻求满足需要目标的内驱力。动机一般是内隐的，所以具有复杂性。同一个动机，可以表现不同的外显行为，消费者买服装的动机，可以表现为买料子加工、买成品（各种材质、色彩或款式）等多种消费行为。当然，同一个外显行为却隐含不同的动机。总之动机的类型是多种多样的。作为消费者而言，消费需求一旦形成，便为推动个体去寻求相应的满足，当必须通过购买才能满足消费需求时，个体的购买动机便会随之产生。关于购买动机的讨论将在本书的第四章介绍。

3.2.2 消费者的需要、欲望、需求

研究消费者，基本是在研究消费者的需求；而研究需求，必须研究需要—欲望—需求—满意的关系。关于需要（Need）、欲望（Lust）、需求（Demand）和满意（Satisfaction）可简写为NLDS，译为洛迪士。国内学者李蔚提出用图3-4的坐标来表示。

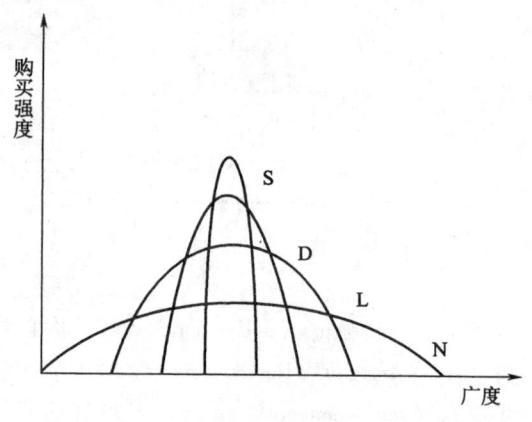

图3-4 洛迪士（NLDS）坐标

从图3-4中可以发现，在横坐标——宽度上，N, L, D, S有如下关系式：

$$N > L > D > S$$

这个关系式表明：N的宽度远大于L，L的宽度远大于D。在纵坐标强度上，N, L, D, S之间有如下关系式：

$$S > D > L > N$$

这个关系式刚好与前一关系式相反，它表明在强度上，S远大于D，D又远大于L，而L远大于N。为了进一步弄清N, L, D, S的含义，进行分别论述。

[①] 彭聃龄．普通心理学（修订版）[M]．北京：北京师范大学出版社，2004：326

3.2.2.1 需要（Need）

需要，英文用 Need 表示，我们用 N 代表。需要是有机体感到某种缺乏而力求获得满足的心理倾向，它是有机体自身和外部生活条件的要求在头脑中的反映。需要是个体动力的源泉，它直接影响着个人的基本行为。需要的基本特征：需要的意向性——也就是个体只有朦胧意向，而并未明确的目标指向，因此，对需要的调查是比较困难的；需要的广泛性——需要面很广，它是由心理控制，因其中包含了许多非现实的成分；需要的理想性——它常是个体的一种理想、愿望，而不是要去实现的目标，所以它的动力性并不强；需要的周期性，需要总是随着满足需要的具体内容和方式的改变而不断变化和发展。也就是说，需要不直接形成购买力。需要只是一种潜在的未来市场，研究消费者需要的范围、趋向和结构，对于生产者和设计师进行前瞻预测，是十分必要的。

3.2.2.2 欲望（Lust）

欲望，英文的惯用表达是 Desire，但为了与需求（Demand）相区别，我们用 Lust 表示，简称为 L。需要是一种不稳定状态，是人类某种需要的具体体现，同时它也是世界上所有物质最原始的、最基本的一种本能。当它有明确的指向物时，称意向，当它明确指向一定目标，并产生希望满足的要求时，称欲望。所以欲望是需要的发展。欲望已经具备了指向性的特征，也就是它已指向一定的目标物。但这并不表明个体一定会去满足它。因为欲望毕竟仅是一种愿望，无论它多么强烈，仍是一种愿望而已。从洛迪士坐标可以看出，欲望的广度比需要窄得多。

3.2.2.3 需求（Demand）

需求用英文 Demand 表示，简称为 D。在心理学中，需求是指人体内部一种不平衡的状态，对维持发展生命所必须的客观条件的反应。营销学中，需求可以用一个公式来表示：需求 = 购买欲望 + 购买力，即有购买力支持的欲望。从这里我们可以看出，需求与需要和欲望有质的不同，需求构成了现实市场，具有当前获利性，而需要、欲望构成未来市场，只具有未来获利性。从洛迪士坐标可以看出，需求广度比欲望和需要窄得多，它只是有购买力支持的欲望和需要。在需要和欲望上，个体之间是难分高低，但一旦与购买力接钩，社会就分出了层次。购买力强者，需求的广度更广，购买力弱者，需求广度就窄，在强度上，需求比欲望和需要强得多，因为它距现实最近，它可以满足得起的需要。对消费者的研究，核心是其需求，从其需求中，寻找产品开发方向，从其需求中，调整产品结构，确定经营与服务策略。

3.2.2.4 满意（Satisfaction）

满意，英文表达为 Satisfaction，简称为 S。满意，是对需求是否满足的一种界定尺度。当需求被满足时，个体便体验到一种积极的情绪反应，这称满意，否则即体验到一种消极的情绪反应，这是不满意。消费者满意度 CSI 是研究消费者需要和需求量化指标，这一指标不仅可以量化显在需求，而且也可以反映消费者的隐私需求。因此，得到全球 CSI 研究的高度重视。

3.2.3 消费者需要的一般特征

3.2.3.1 需要的多样性

由于消费者的收入水平、文化程度、职业、年龄、民族和生活习惯不同，自然会有各种各样的爱好和兴趣，对商品和服务的需要也是丰富多彩和千差万别的。比如对日用品消费，每个人在品类、质地、色彩、档次上的需求不尽相同，对食品的要求也存在着习惯上的差异，这种需求的多元化就是消费者需要的多样性。

3.2.3.2 需要的发展性

随着工农业生产的发展和消费者人均收入的提高，人们对商品和服务的需要也不断变化，知识经济带来一系列的深刻变革，消费需求不断得到发展。科学技术的进步，使产品工艺不断更新，使消费者能不断接受新产品；过去消费少的高档耐用商品比如笔记本电脑、汽车、房产等进入消费类商品领域大量消费；过去未曾见过的新品种、新款式不断面市，使消费者的潜在消费欲望会变成现实的购买行为，使消费者有可能更新换代消费品，而一种需求满足了，又会产生新的需求，这就促使了消费需求的发展，这就是消费者需要的发展性。

3.2.3.3 需要的层次性

人们的需求是有层次的，各层次大体上有顺序，且层次之间连续。贯穿这些层次的，是人类价值体系的两类不同需求。一类是沿生物图谱上升方向逐渐变弱的本能或冲动，即低级需求和生理需求。一类是随生物进化而逐渐显现的潜能或需要，即高级需求。一般来说，总是首先满足最基本的低级需求和生理需求，即首先满足"生活资料"的需要，而后是满足社会性、精神需要，即属于"享受资料"和"发展资料"。生理需求是社会需要、精神需要的基础，随着生产的发展和消费水平的提高，以及社会活动的扩大，人们消费需要的层次逐渐向上移动，逐步由低层向高层发展。广大消费者已经不满足吃饱穿暖的基本需求，人们要求吃好吃营养，穿好穿漂亮，而且还有娱乐、旅游、培训学习的要求。对属于社交类、享乐类的商品不仅是感兴趣、羡慕而已，由此发展到购买高档商品是必然的，这就是消费的层次性。

3.2.3.4 需要的时代性

消费者的需要常常受到时代精神、风尚和环境等因素的影响。时代不同，消费者需要和爱好也会不同。社会的发展和科学的进步，给消费者的需求涂上了时代的色彩。1999年哈佛商学院出版社的《体验经济》一书正式将体验经济带入世界视线。随着体验经济的兴起，为体验经济而服务的体验设计也随之得以发展，设计师如何在产品设计活动中挖掘消费者情感需求并在产品中表现出来成为当前设计迫切的问题。社会经济形态转变使得用户情感需求与日俱增，消费者和制造商都对产品满足人的情感需求方面提出了更高的要求，现代"80后"、"90后"的消费者就越来越重视并强调消费产品或服务的个性化，人们的消费心理呈现出浓烈的突出个性、突出自我的特征，这些都是在原集体主义下中国消费者所不具备的需求特征。

3.2.3.5 需要的伸缩性

消费者对商品的需求，随购买力水平变化会发生不同程度的变化。购买力强则对商品的档次要求高，数量上按需购买，对价格则不多做考虑；在购买力低下的状况下，情况就不同了。这种消费的伸缩性在不同商品类别中，有不同的表现。比如日常生活必需品的需求伸缩性是较小的，消费者对一日三餐的需求是均衡的，有一定限度的，不会因消费者收入提高或价格降低而有过多的需求。但是更多的商品，比如社交类商品、享受类商品和发展类商品，消费者需求的伸缩性就大了，他们要求品种多、档次高、款式新，购买就热烈，反之就冷落。例如，据统计，在亚洲金融危机期间，80%消费者减少了在休闲、娱乐和购买衣物中的花费。即炫耀性消费随着购买力的下降而显著下降，消费者放弃了对美感的需要，进而更加追求实用性，作出更为经济的选择，比如将去巴黎的蜜月改为去香港①。

3.2.3.6 消费需要的可诱导性

消费者的需要是可以引导和调节的，这种引导可以通过多种方式，厂商不断推出适销对路的产品或新产品，这样可以刺激消费，这是直接引导消费；通过大众媒体的广告宣传，提出新的消费观念和消费理由，引导消费者使用新产品，这是间接引导消费。比如高档的女士内衣销售，若没有引导消费，销售工作将难以进行。在这里，高级内衣品牌维多利亚的秘密就做得颇为成功，他们通过消费心理研究，提出女性内衣并不只是一件普通衣物而已，除了保护、塑形等基本功用之外，更展示的是一种女性在新时代下自信、魅力的精神面貌，似乎每一个女人一旦穿上了维多利亚的秘密，就圆了一个长久以来的梦。该品牌通过这样的方式诱导消费者需求，从而大获成功，最终成为世界顶级的女性内衣品牌。

3.2.3.7 系列性和替代性

消费者的需求有系列性，购买商品有连带购买现象。比如消费者购买iPad时，往往附带买iPad Case、iPad Dock、Apple Wireless Keyboard等配套商品；在买衣服时，也会附带考虑与之搭配的头巾、帽子、鞋子和所拎的小包等，希望自己的打扮得体；这就给我们的产品设计人员和商品服务人员以启发，消费者对系列产品还是十分欢迎的，系列产品为消费者带来方便和美观，也为广告及产品设计人员创作提出了新的要求。消费者对商品的需要还有替代性。这就需要产品设计人员和销售人员及时把握市场发展趋势，适应消费者需求变化，努力开发新品，多准备代用商品，满足消费者更新替代的需求。

3.2.3.8 需要的季节性和时间性

消费者的需求往往随季节时间的变化而变化。比如夏天要冷饮，冬天要火锅。当然消费者的有些需要是常年均衡的，要经常购买的，像柴米油盐烟酒杂货、牙膏牙刷等。还有些商品季节性时间性很强，如节日商品像鞭炮、节日礼品、节日服装等。产品设计人员和销售人员往往抓住节日的有利时机，推出新品，促进销售。比如"六一"儿童节前夕，是儿童用品市场最活跃的

---

① 周详，文悦．金融危机下的消费者需求与动机［J］．企业管理，2009.8：80 – 82

时候，产品设计和销售策划就要更多地考虑儿童的需求，丰富产品的色彩，加入儿童喜爱的元素。2008年起我国节日假期改革增加了传统节日端午节、中秋节的假期，这必然将带动起传统民俗产品的消费需要。

3.2.3.9 需要的社会性

人的个体性需要是存在于社会形态中的，这就使得个体需要具有社会性，社会环境决定着人的需要内容，例如求职，就需要你把个体需求与社会发展需求结合起来，没有一个结合点，你的需要就不会在社会环境中获得满足。所以个体需要的产生、满足以及满足的方式途径，无一不以社会存在为前提，它时时刻刻都要受到社会存在制约。从这个意义上说，人的需要是个体个性与社会共性的统一，个体需要是社会需要的基础和前提，社会需要是个体需要的必然形式和中介。

3.2.4 消费者需要的不满足与设计

当某种原因使个体不能达到他原来预期会满足需要的某个目标时，他可能使自己转向替代品。虽然这个替代目标可能不像原来的目标那样令人满意，但它在一定程度上能满足原来的需要。当目标无法达到，需要得不到满足时，人们会体验到挫折感。阻碍达到目标的障碍可能是个人性质的，如心理、体力或财力上的限制，也可能是物理的或社会环境的。无论是什么原因，个人都会对挫折情境作出某种反应。有些人会设法绕过障碍，如果那也失败了，就选择替代目标。这些人对由于目标没有达到，而体验到的挫折感能比较好地适应。但是，另一部分人却可能把目标没有达到看做个人的失败和对自身能力的否定，从而体验到焦虑。比如：某人想买一款高端单反数码相机，但又买不起。如果他是一个善于应变的人，他可能会花较少的钱买一款中低端单反相机。如果是一个不善于应变的年轻人，则可能贷款购买，或者要求父母为自己买一款。当因目标无法达到而体验到挫折感时，人们为了减轻焦虑，求得内心的平衡，有时候会采用一些特殊的策略。在心理学中，这些策略称为心理防御机制。常见的心理防御机制包括：文饰作用、退缩、投射作用、我向思考、认同作用、攻击、压抑、退行等。

（1）文饰作用

又叫理由化的适应，指一种自强防御机制或适应行为。即一个人为了掩饰不符合社会价值标准、明显不合理的行为或目标没有达到，而虚构出某些似是而非的理由来为自己辩护，把自己的行为说成是正当合理的，以隐瞒自己的真实动机或愿望，即所谓的文饰作用。例如，一位试图戒烟但屡遭失败的人可能会认为，如果他改吸过滤嘴香烟，就可以避免吸烟的危害，因而也就没有必要戒烟了。一个考生考试失败会把原因归结于身体状态不好，或者题目太难，超出考试范围等。文饰作用不同于有意说谎，因为个体并没有意识到他对挫折情境的认识是歪曲的。

（2）退缩即退出挫折情境

一位不会使用缝纫机的人可能根本不利用已购置的缝纫机去缝衣物。而且，在此条件下他可能断定，买现成的衣服更便宜，并且能省出很多时间从事其他活动。

（3）投射作用

投射又称外射作用，是指个体将自己不喜欢或不能承受但又是自己具有的冲动、动机、态度和行为转移到他人或周围事物上，认为他人或周围事物也有这样的动机和行为。人会将遭受挫折的原因归结于客观原因或其他人的无能，例如一个发生了车祸的司机可能会责怪道路不平、天气恶劣或其他司机犯的愚蠢错误等。

（4）我向思考

完全受需要和情绪支配地想入非非，完全脱离现实，这种幻想能使个体在想象中去满足在现实中未获满足的需要。例如，安徒生童话《卖火柴的小女孩》中描写的那个饥寒交迫的小女孩，在想象中得到了温暖的火炉、慈祥的奶奶和一只又肥又大的散发着诱人香味的烤鹅。

（5）认同作用

指下意识地向那些个体认为有关的人或情境"看齐"，以此来解决挫折感。有些广告会描写一种挫折情境，如一男子因患口臭在与女友相会时不得不戴上口罩，然后，用广告宣传的产品克服了挫折（使用某个牌子的牙膏后，口臭的烦恼消失了）。这一类型的广告，就是利用了部分消费者的认同心理。

（6）攻击

即受挫折的人可能采取攻击行为以维护自尊。受挫折的消费者会联合起来抵制或控告某一产品，从而迫使厂家改善商品质量和服务，比如中央电视台曾对互联网企业百度的竞价排名进行报道，由于大量用户因为百度排名而进入一些假冒网站消费，购买到了一些虚假的产品，致使上当受骗，受到一定损失。因此引起了新闻业、互联网企业和众多消费者对百度竞价排名的不满和投诉，甚至引起了一系列的法律诉讼。

（7）压抑

指个体将一些不被自我所接纳的冲动、念头等，在不知不觉中被抑制到无意识中，或把痛苦的记忆，主动忘掉排除在记忆之外，从而免受动机冲突、紧张及焦虑的影响，即抑制那些无法或难以满足的需要，这样，个体常常会"忘记"他的需要。被压抑的需要有时会以间接的方式表现出来，如果这种方式是社会所接受和赞许的，就称为升华。

（8）退行作用

即采用幼儿的或不成熟的方式对挫折情境作出反应。前面提到的那个买不起高端单反相机的男士，如果转而要求父母给他购买，就可以视为一种退行作用。

这里列举的防御机制远远不是完全的。事实上，几乎每个人都会根据自己的生活经验发展出特有的应付挫折的方法。在设计心理学中，如何将消极的挫折反应，引导到积极的升华行为上来，是一个非常有价值的课题，很多需要理论实际上认为，需要满足并不能促使个体行动，相反，正是需要理论的不满足（或待满足）才促使个体行动。心理学家斯特朗（Strong）曾提出了一个模型，用以说明消费者在市场上的需要过程，而生产者和设计师应当利用这一过程的规律（图3-5）。

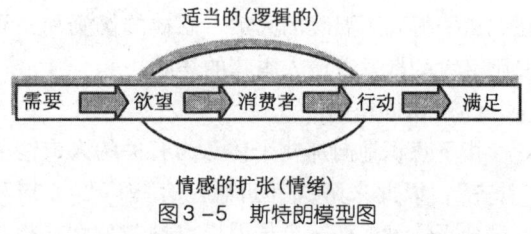

图3-5 斯特朗模型图

根据斯特朗提出的模型，市场策略步骤如下：

第一步，是促使消费者产生不满，即激发其需要。在一个特定的时刻所激起的需要往往取决于环境的提示。例如，看到邻居家中新购置的柜式空调，可能会诱发对柜式空调这一特定商品的需要。各种广告宣传在这里可以起很大的作用。

第二步，生产者或设计师应了解消费者的具体需要，并为此提供一个能满足这些需要的商品目录，他们必须善于利用消费者的欲望和对商品的看法，并且了解怎样才能使消费者得到满足。

第三步，为自己的商品建立起一个"满足者"的形象，即让消费者感到，这种商品能够满足他的需要。这种形象必须是使人感兴趣的、有说服力的和可以信赖的。

第四步，行动。这里所说的行动是指购买行动，而不是销售行动。在商品市场上采取强制性的销售是不适宜的，理想的做法是进行巧妙的说服。

第五步，满足。即生产者和设计师的市场策略，应保证消费者的需要确实得到满足。这一做法有利于以后的生产或销售。目前商业界广泛流行的一句话"消费者永远是对的"，就是这个原则的说明。

3.2.5 影响消费者需要的基本因素

消费者的需要受到许多因素的影响，除了消费者自身的因素之外，还有许多客观因素，这些主客观因素综合地影响着消费者在购买活动中的需求心理。

3.2.5.1 政治法律因素

党和国家的方针政策，直接关系到消费者需要的增长变化。如2009年2月，财政部、科技部、发改委、工信部四部委召开"节能与新能源汽车示范推广试点会议"。重点支持新能源汽车发展，对混合动力客车、纯电动和燃料电池客车进行补贴。于是在2009年，在国家密集的扶持政策出台背景下，新能源汽车驶入快速发展轨道。2009年1~11月，新能源商用车——主要是液化石油气客车、液化天然气客车、混合动力客车等——销量同比增长178.98%，至4034辆。在国家对新能源汽车的大力扶持下，动力锂电池也迎来巨大市场机遇，2009年度锂概念板块整体上涨172.04%，遥遥领先沪市79.18%的同期涨幅。

3.2.5.2 社会经济因素

社会经济的发展，是消费者需求得到满足的基本前提，也是消费者需求变化的重要因素。在商品经济的条件下，实现消费需求是要有购买能力的。社会经济发展了，个人收入水平提高了，使消费者需求满足有了物质基础。在改革开放以前，我国广大消费者收入水平低，当时结婚的青年人有了"手表、自行车、缝纫机"，所谓的"三大件"就心满意足了，对于其他一些高级贵重物品是不敢想的。如今结婚的年轻人，女方直接要求男方有车有房，这主要是改革开放后，消费者收入增加,可以满足各种需求。随着国家经济飞速发展,人民消费水平不断提高,现在结婚对物质的要求更是大大提高。根据 2011 年网络晒出十大城市"娶亲"成本可以看出端倪。深圳以 208.2 万元排名第 1,其次为第 2 名的北京:202.8 万元;第 3 名上海:200.82 万元;第 4 名杭州:178.2 万元;第 5 名广州:128 万元;第 6 名南京:102.8 万元;第 7 名苏州:94.4 万元;第 8 名天津:92.6 万元;第 9 名武汉:65 万元;第 10 名成都:55.4 万元。排行榜从谈恋爱到结婚的花费全部计算其中,详细估算了房屋、家电、喜酒和度蜜月等各种开支,而消费的主要开支用于买房、装修、家电、轿车、办喜酒与首饰部分。现代人结婚开支的增加,大大促进了婚庆产品与婚庆服务行业的发展,未来,婚庆用品设计或将成为工业设计领域一个重要的部分。

3.2.5.3 社会文化因素

文化广义理解是指人们创造的一切精神财富和物质财富的总和,即人们所创造的一切都是文化,如玉器、铁器、汽车、飞机、宇宙飞船等物质财富,无一不是人类的文化。狭义的理解,文化是指物质生活以外的精神现象和精神生活。它包括科学、教育、文学艺术、新闻出版、广播影视、图书文物、思想观念、宗教、道德、法律以及风俗习惯等。社会文化由物质文化、精神文化和行为文化构成,它们对人的心理发展有着非常重要的影响,人们的物质生活方式和精神生活方式无不烙上社会文化的印记。

文化对于人们行为的约束和评价标准在宗教、民族和种族等方面差异颇大,我们称之为"亚文化"或"次文化"。消费者行为不仅带有明显的社会文化特征,而且还带有所属的亚文化的特征。亚文化集团拥有的独特的生活方式,成员往往与其发生认同,因此一般认为亚文化对其成员的影响比社会文化(主文化)还要强。例如宗教亚文化中,佛教、伊斯兰教、印度教等宗教信仰不同,各自教徒对商品的挑选和购买各具特征。佛教教义中严禁宰杀生灵,主张吃素;而信奉真主的伊斯兰教的国家禁酒,忌食猪肉,不用猪制品;印度教中把牛看成是"圣牛",老死不能宰杀。除此之外,人们的饮食方式、穿戴式样、婚丧嫁娶的礼仪、待人接物的规范都要受到一定文化的制约,就是人们生活中的心理方式也受到文化的影响。

在全球化的大潮下,跨文化研究成为开展与世界各国、各民族多元文化对话,促进互识、互补,实现不同文化之间的沟通和理解的重要方法。其中国际著名的跨文化研究专家、美国学者吉特·霍夫斯泰特(G. Hofstede)从 20 世纪 70 年代开始,经过数十年的调查研究,问卷发放遍及 50 多个国家,通过大量的统计分析和理论推断,提出著名的国家文化理性分析五维度模型:权利距离;不确定性的回避;个体主义—集体主义;男性度—女性度;长期观—短期观。在江南大学产品设计心理研究方向中,王丽文就曾在《从国家文化模型剖析中国品牌广告》一文中,依据这 5 个维度,对中国品牌广告的现状进行理性分析,探索了中国品牌广告个性的趋势,并对如何从微观层面提升中国品牌广告的绩效水平提出了四点总结意见。

3.2.5.4 地理区域因素

我国人多地广,各个地区特定的自然条件、生产力水平、历史文化传统等因素形成了许多不同的消费习惯,构成了许多不同的消费需求。地处山区与平原、沿海与内地、热带与寒带的民族在生活方式上存在的差异显而易见。如有的以大米为主食,有的以面粉为主食,有的爱吃辣,有的爱吃甜,有的吃羊肉抓饭,有的喝酥油奶茶。又如,广州人讲究吃的消费习惯使广东的名菜、美点都集中在广州。各酒家的烹调工艺精美,采用的原料、辅料考究,各类食材经大师制作,皆成美味佳肴。粤菜也以特有的菜式和韵味,名列我国著名八大菜系之一。而在埃及东部撒哈拉地区的人,因为严重缺水的自然环境,形成了以沙代水的生活习俗,如洗澡时不用水而是用细沙,甚至牲畜的内脏也只用沙"擦洗"一下就食用,和粤菜的精雕细琢相比更显得粗犷。地理亚文化对人们的衣、食、住、行方面的习俗影响明显,使得生活在不同地理环境中的不同国家、地区和民族的消费习俗具有约束和决定作用。

3.2.5.5 群体因素

心理学中的群体,是指人们通过一定的关系结合起来,有较为稳定的互动方式和结构,有密切相互关系的人群共同体。人们在群体中相互作用、相互影响,就产生了群体心理,如从众、模仿、流行和暗示等。这些群体性的心理现象对消费者心理及行为产生制约作用。①从众。个体在群体中常常会不知不觉地受到群体的压力,而在知觉、判断、信仰以及行为上,表现出与群体中多数人一致的现象,这就是从众现象。②模仿。

所谓模仿，是指在没有外界控制的条件下，个体受到他人行为的影响，仿照他人的行为，使自己的行为与之相同或相似，自觉地或不自觉地效仿一个榜样。如影迷们总是喜欢模仿他们崇拜的电影明星的装束打扮。③流行。流行这种群体心理现象，是社会上相当多的人在较短时间内，由于追求某种行为方式，使人们相互之间发生了连锁感染，并使之在整个社会中到处可见。消费行为的流行，就是一定时期内常常出现的一种为一个群体、阶层的许多人都接受和使用的商品样式。它既包括有形物质商品的消费热，如"iPhone热"、"iPad热"等，也包括非物质商品的消费热，如"瑜伽热"、"街舞热"等，还包括消费观念上的意识形态领域的流行热。消费流行是商品经济发展特有的社会经济现象，其产生的社会基础是生产力的发展和人们物质需要、精神需要的增长。

值得注意的是现代随着人们对电脑的依赖，产生了"宅男""宅女"这一新兴群体，而电子商务的发展更加使得"宅群体"升级化。"宅"群体的主要构成人群是"80后"、"90后"，但也不乏一些中年人，只是领域不同。其中年轻人一般主攻ACG（动画、漫画、游戏）等项目，中年人则把精力和金钱用在音响、汽车等个人消费行为方面。"宅一族"催生了"宅经济"，"宅一族"是网络购物、网络社区、电子商务、即时通讯等业务的主要用户。目前"宅一族"的人数还在不断增加，如何为"宅一族"群体进行设计，成为现代设计师必须考虑的一个问题。

3.2.5.6 消费者本身的个体因素

这些因素是消费者的年龄、性别、职业、文化程度、家庭类型以及个性等人口特征内容。而消费者的年龄不同，对消费品的需求内容是有很大差别的，消费者有不同的年龄阶段，比如婴儿、幼儿、儿童、少年、青年、成人、老人等，就形成不同的市场。消费者职业不同，也会形成不同的消费行为和情趣爱好。以读书时间为例：每周平均读书时间3小时以下总体上看，选择"1小时以下"的职业群体主要是"企业普通员工"、"非在职人员"、"自由职业者"和"企业管理人员"；选择"1~3小时"的职业群体人数比例差别不太大；"学生"选择"7小时以上"比例最大，然后依次是"机关事业单位工作人员"、"企业管理人员"和"非在职人员"等，还有部分人读书时间在7小时以上，属于文化程度较高、读书出于职业需要的人群。消费者的个性差异也反映在其消费需求的变化上，独立性冒险性强的消费者，往往对时髦商品有渴求心理；而顺从型的消费者，往往表现为消费的从众，对大众普及型产品较为喜欢；个性弱的消费者，往往遵从传统观念，当新产品失去新异性时才肯接受，才肯购买。

而在消费者本身的众多因素中，家庭因素的影响最为明显。如单一的夫妻式家庭，没有孩子，休闲时间多，负担少，其消费需求与核心式或复合式家庭，多人口多层次的消费需求显然不同。核心式家庭多为独生子女家庭，独生子女的消费占家庭总消费的40%以上，而复合式家庭上有老下有小，消费的内容是孝敬老人和照顾小孩。就我国目前家庭消费而言，具有均等性、稳定性和集约性等特点。所谓均等性，即是家庭成员在消费生活方面是平等的。成年人基本上能够互相协商购买决策，全家共享商品的使用价值。所谓稳定性，是指我国家庭收入一般比较固定，因而用于消费支出及各项消费品之间的分配比较稳定和均衡；同时，正常的家庭生活受制度和法律保护，家庭成员之间的关系维系紧密，生活安定、和睦、幸福。所谓集约性，是指家庭通常集中较多的消费资金用于某一项或者某几项消费之上。但也由于每一家庭所属的民族文化、社会阶层、宗教信仰、职业性质及教育程度的制约，形成了各自的家庭消费风格、家庭消费习惯、家庭消费态度等。每个消费者一般都要在一个特定的家庭中生活一定的时间，老一辈家庭成员的消费行为会潜移默化地遗传给下一代家庭成员，从而影响着家庭成员的消费需要；同时，家庭成员在共同消费中的互相作用又不断改变着、革新着家庭消费意识及行动。从大家庭里分化出去的各个小家庭，乃至每一个家庭成员的消费行为都必然带着原有家庭消费特征的烙印。

3.3 消费者需要理论与趋势研究

3.3.1 马斯洛的需要层次论

美国人本主义心理学家A.B·马斯洛是西方心理学家中对需要问题做了系统考察和研究的代表人物之一。他于1943年在《人类动机理论》一文中初次提出了研究人类需要的理论，又称"需求层次论"，并于1954年又对这个理论做了进一步的发展和完善。尽管提出人类需要的理论不乏其人，但马斯洛的需要层次论是一个被广泛接受的需要理论。其基本原理认为：人的需要具有层次性，全部发展的一个最建档的原则就是满足各层次的需要。这个学说把人的需要看作一个多层次的组织系统，是由低级向高级逐级形成和实现的。在初期，马斯洛认为人的基本需要可以归纳为生理、安全、交往、尊重和自我实现五类。后来，马斯洛于《激励与个性》一书中又在第四与第五层需要间补充了求知需要与审美需要，使之增加到七个层次。这个理论认为，需要按照各自的重要性排列成从低级向高级需要发展的不同层次。马斯洛的需要层次图如图3-6所示。

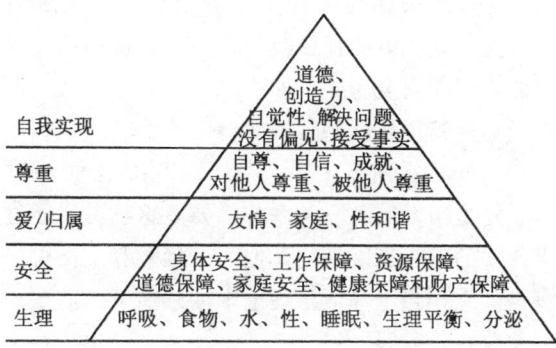

图3-6 马斯洛的需要层次图

马斯洛认为，人在较高级的需要出现之前，首先寻求低级需要的满足，当基本需要得到满足之后，就会出现新的较高级的需要，并激励个体去满足它。也即是说低层次需要得不到满足，一般不会追求高层次的需要。正如一个处于饥寒交迫环境中的人不会追求娱乐需要一样。

3.3.1.1 生理性需求

这是维持个体生存的最基本的需要，包括对衣、食、空气、住所、性等的需要，这类需要得不到满足，便危及生存，因此是应当最先得到满足的需要。在我国现阶段，人民的生活水平普遍提高，绝大多数人的温饱问题已得到解决，人们对较高层次的需求趋势已明显增加。

3.3.1.2 安全性的需求

表现为人们总希望有一个安全、有秩序的环境，有稳定的职业和生活保障。我国的劳动人事制度、医疗保健制度、银行储蓄存款制度以及各种福利制度都是满足人们安全需求的不同措施。

3.3.1.3 社交性需求

即爱、情感和归属的需要。表现为人们总希望与同伴及亲友保持融洽和友谊，希望得到爱情，归属于一个集团或群体，希望成为其中一员，相互关心、相互照应等。在我国，随着改革开放政策的进一步深化，人们的社交活动日趋频繁，即使是离退休的老年人，其社交活动圈子也日趋扩大，像老年大学、老年活动室遍及全国。

3.3.1.4 自尊的需要

人都有自尊心和荣誉感，希望有一定的社会地位，获得荣誉，受到别人的尊重，享有较高的威望。消费者有自尊心希望在社会上获得一定地位的需求，包括独立、自由、自信、地位、名誉、认同和被尊重等，这也是关系个人荣誉感的需要。

3.3.1.5 审美需要

这是消费者对审美理想和艺术境界的需求，包括装饰、点缀、旅游观光，讲究住所、时装和美味以及文化鉴赏和天伦之乐等。消费者对产品的要求，在达到功能和质量的标准之后，产品的美观等因素将上升为主要内容。

3.3.1.6 求知的需要

这是消费者为了适应周围的社会和自然环境而对学习、认知、增长科学文化知识、发展智能和体力、提高思想修养和道德情操等方面的需求。这种需要在很大程度上能够使消费者自我更新，对提高科学技术水平和人类文明程度有着积极的效用。

3.3.1.7 自我实现的需要

在前六种需要都获得一定程度的满足后，人们就会追求更高层次的自我实现的需求。所谓自我实现就是指人们对发挥和满足自己潜在能力的一种需要，即一种个性化的需要，在不同的人身上，其自我实现的需要会以不同的方式表现出来，一般总是希望自己能充分发挥潜能，干一番事业，获得成就，实现理想，成为自己所期望的人。按马斯洛的七个需要层次，分析我国目前的消费心理需求状况，可以认为消费欲望大致处于第四、第五层次之间，而消费能力处于第三、第四层次之间。也就是说中国消费者已普遍追求产品的美观漂亮，提高个人的形象等属于精神性需求的内容。由于全国经济发展不平衡，部分发达地区的消费能力与其消费意愿同步；有些地区的消费者其收入水平还有限，只能达到温饱水平，其消费意愿还只是一个理想。美国、日本等发达国家的消费心理水平已达到第五、第六、第七层次之间，他们的消费已倾向于个性化消费，即自我实现的需要。

马斯洛的需求层次理论比较全面地反映出人的需要的特点,行为主义把人的需要与动物的需要混同起来,比较简单,而且机械,不能反映一个人的真实的、复杂的、变化的需求,精神分析的需求理论则主要从非健康的人的需要出发,因此不一定能反映正常的、健康的、社会人的实际。人本主义则避免了上述各学派的不足,而能较为全面地反映一个社会人的需要[1]。由于其丰富的科学性,受到科学界的普遍重视,其具有以下几个显著特征:

①广泛的实用性与直感性。马斯洛关于需求层次的划分具有极高的直感性,使人一看便懂,十分直观,这和原苏联与我国现心理学教科书中将需要依据起源或性质而分为"自然与社会"(两分法)与"物质、社会和精神"(三分法)等划分都更加的具体和真切,更加容易为大众所理解和接受。

②机械性与融合性的统一。尽管马斯洛的需要层次所划分的7个层次之间显示出一定的机械独立性,但绝不可以忽略各种需要之间存在的相互交叉与融合。例如交往与审美之中都有爱的存在;尊重、自尊需要与自我实现需要统一。

③生物进化论与动态发展观的统一。马斯洛提出的"人的低级需要来得较早,而高级需要来得较晚"的理论虽然有明显的生物进化论的观点,但他更把它视作一种从低向高动态发展的系统看待,这一点是符合人身心发展的规律的。

马斯洛"需求层次"理论具有极高的历史价值与贡献。首先,马斯洛是人本主义心理学家,他从人性理论出发,较早地对人的需要进行了具体的研究、分类和阐述,因而引起了人们后来对需要的关注与重视。需要层次理论在西方以至于后来在世界许多国家都产生了重大的影响。马斯洛的"需求层次"理论最初只在心理学界有一定影响,而到了1960年著名管理学家麦格雷戈出版的《企业与人性面》一书,介绍了需要层次论后,引起了管理学界的广泛重视。其次,马斯洛对于需要层次的划分理论具有较强的质感性、逻辑性,易于人们所理解,所以长期以来得到了广泛的流传。最后,马斯洛需要层次论由低向高逐级发展、满足、递进的观点,揭示出人们需要发展的一般规律,具有普遍的社会指导意义。

3.3.2 奥德弗的ERG需求理论

ERG理论是美国耶鲁大学的组织行为学教授克雷顿·奥德弗(Clayton. Adherer)在马斯洛提出的需要层次理论的基础上进行更接近实际经验的研究后,于1969年在《人类需要新理论的经验测试》一文中修正马斯洛需要层次论的论点,提出的一种新的人本主义需要理论。奥德弗认为,人们共存在3种核心的需要,即生存(Existence)的需要、相互关系(Relatedness)的需要和成长发展(Growth)的需要,因而这一理论被称为ERG理论。

(1) 生存需要

生存的需要与人们基本的物质生存需要有关,关系到机体的存在或生存,它包括马斯洛提出的生理和安全需要。即指衣,食,住以及工作组织为使其得到这些因素而提供的手段。

(2) 关系需要

这是指发展人际关系的需要。这种需要通过工作中的或工作以外与其他人的接触和交往得到满足。它相当于马斯洛理论中的感情上的需要和一部分尊重需要。

(3) 成长需要

这是个人自我发展和自我完善的需要。这种需要通过发展个人的潜力和才能方可得到满足。这相当于马斯洛理论中的自我实现的需要和一部分尊重的需要[2]。

除此之外,他还提出了三个概念:

第一,需要满足。即在同一层次的需要中,某个需要只得到少量满足时,会强烈地希望得到更多的满足。这里,消费需要不会指向更高层次,而是停留在原有的层次,向量和质的方面发展。

第二,需要加强。即低层次需要满足得越充分,高层次的需要就越强烈,消费需要将指向更高层次。

第三,需要受挫。高层次的需要满足得越少,越会导致低层次需要的膨胀,消费支出会更多地用于满足低层次需要[3]。

ERG理论除了用3种需要替代了5种需要以外,与马斯洛的需要层次理论不同的是,ERG理

---

[1] 张世富. 人本主义心理学与马斯洛的需要层次论 [J]. 学术探索,2003.9:66-68
[2] 龙明先. 需要层次理论与ERG理论的比较研究 [J]. 企业技术开发,2009.6:19-121
[3] 李芬. 马斯洛《动机与人格》述评 [J]. 哈尔滨学院学报,2006

论表明：人在同一时间可能有不止一种需要起作用，可能多种需要同时作激励因素而起作用。马斯洛的需要层次是一种刚性的阶梯式上升结构，即认为较低层次的需要必须在较高层次的需要满足之前得到充分的满足，二者具有不可逆性。而 ERG 理论并不认为各类需要层次是刚性结构，比如说，即使一个人的生存和相互关系需要尚未得到完全满足，他仍然可以为成长发展的需要工作，而且这三种需要可以同时起作用。三种需求之间没有明显的界限，它们是一个连续体而不是层次等级关系。ERG 理论并不强调需求层次的顺序，认为某种需求在一定时间内对行为起作用，而当这种需求得到满足后，可能去追求更高层次的需求，也可能没有这种上升趋势。

此外，ERG 理论还提出了一种叫做"受挫—回归"的思想。马斯洛认为当一个人的某一层次需要尚未得到满足时，他可能会停留在这一需要层次上，直到获得满足为止。相反地，ERG 理论则认为，当一个人在某一更高等级的需要层次受挫时，那么作为替代，他的某一较低层次的需要可能会有所增加，即人们对较低层次的需要的渴望会变得更加强烈，导致人们向较低层次需要的回归[1]。例如一个人社会交往需要得不到满足，可能会增强他对得到更多金钱或更好的工作条件的愿望。

马斯洛需要层次理论的应用价值在于设计师可以根据五种需要层次对消费者的多种需要加以归类和确认，然后针对消费者未满足的，或正在追求的需要进行针对性设计，给予刺激。奥德弗的 ERG 理论的应用价值在于提出消费者的多种需要可以同时存在，ERG 理论比需要层次理论更符合实际、完整和严密。根据"受挫—回归"思想，设计师在进行用户研究时应进行更深入和全面的分析，设计策略应该随着消费者需要结构的变化而作出相应的改变，而且根据不同人群的不同需要制定相应的设计、营销策略。ERG 理论同马斯洛的需求层次理论有一定的相似性，是马斯洛需求层次理论的完善和升华。ERG 理论分析了需要层次建立在"满足—上升"的逻辑后又提出了当个体满足低级需求后追求高级需要受阻后还会产生"受挫—回归"逻辑，是对马斯洛需求层次理论的极大完善[2]。

3.3.3 需要层次论与市场心理

消费者性别、年龄以及生活经验等方面的不同，会导致消费者有不同的消费心理。除了这些最基本的，消费者的职业、收入、地域等都会对消费者心理产生影响，因此，在当今"眼球经济"的感性时代，市场竞争不断激烈，设计师都应该在设计之前首先进行大量的市场调查，分析不同层次消费者的购买动机及心理，对产品进行恰当定位，不断融入新文化，设计出更加人性化的产品，使产品的各种心理功能得到更好的体现，只有在设计中运用好多层次消费者的心理动机，才能满足消费者心理，激发消费者的购买欲望[3]。

3.3.3.1 市场细分与市场心理

市场细分是美国市场学家温德尔·史密斯（Wendell R. Smith）于 20 世纪 50 年代中期提出来的。市场细分（market segmentation）是指营销者通过市场调研，依据消费者的需要和欲望、购买行为和购买习惯等方面的差异，把某一产品的市场整体划分为若干消费者群的市场分类过程。每一个消费者群就是一个细分市场，每一个细分市场都是具有类似需求倾向的消费者构成的群体。市场细分是市场心理中的重要内容。进行市场细分的原因是由于不同的背景、国家、血统、兴趣、需求、需要、认知的人之间具有差异性，而全球市场的差异性使得市场细分成为一项有吸引力的、可行的、具有潜在的高获利性的战略。

市场细分的依据主要是根据消费者个性特征类别，主要有 9 种细分方式，包括地理细分、人口统计细分（根据人口特征细分）、心理细分、心理图示（生活方式）细分、社会文化细分、使用相关细分、使用情景细分、利益细分以及混合细分（hybird segmentation）——例如从人口统计以及心理层面，地理以及人口统计因素方面，以及价值观和生活方式等方面进行细分。通过周密的市场心理调查，了解不断涌现的新的消费需求，并根据需要层次进行分类，从而提出一些满足特定消费者的新构思，这种构思可能仅利用现成的技术或设备，却可能创造出一个新市场来。产品的心理细分是根据消费者个人内在的或内部

---

[1] 宋志鹏，张兆同. ERG 理论研究 [J]. 现代商业，2009.89
[2] 沈静涛：需要层次理论与 ERG 理论的差异性研究，吉林广播电视大学学报，2010.93-94
[3] 邓巧云，李大纲. 消费心理与包装设计策略. 赵士奎，包装设计，2010.130-133

特征的心理变量，如动机、个性、预期、学习经验以及态度等因素将其细分出不同的目标市场，设计针对性极强的产品，即使在常人认为已饱和了的市场上也可以另辟蹊径。

马斯洛的需要层次论可以简化为五大层次：生理性需要、安全性需要、社交性需要、自尊审美性需要、自我实现需要。这一需求层次理论可以作为产品心理细分的基础。对消费者而言，其消费需求也可分成五大类，在市场就形成五大目标市场，即满足人们生理需求的生活必需品市场；满足人们安全需求的保健安全用品市场；满足人们社交性需求的社交用品市场；满足人的自尊需求的享受类用品市场和满足人的自我实现需求的发展类用品市场。分析我国消费者需求的变化趋势和产品市场状况是市场心理研究的具体内容，对设计工作者设计新产品有十分重要的指导意义。

3.3.3.2 生活必需品市场心理

生活必需品市场是维持人的生理需要的基本生活条件，这个市场包括基本食品、普通衣着、普通家具等一般日用产品。当前我国在这个市场的变化，是随着人们物质生活水平的提高，人们的生活方式，生活节奏发生改变而产生的。比如基本的食品消费，就由数量型向质量型转变，由原料型向半成品和成品型转变。食品消费从早先人们购买米、面、油、生肉等原料手工制作，到购买半成品，比如挂面、腌制好的肉、煮煮就能喝的汤料，再到直接购买成品，如方便面、方便汤、包装好的熟食、外卖食品等。这种转变的标志之一，就是用于粮食的消费比重下降，用于多样化营养化的食品消费大幅上升。另外，现代生活方式和生活节奏加快，人们希望将购买、处理以及烹调的过程加以适当压缩，用节省出来的时间去改善生活质量和更好地工作生活。于是人们对粮食的半成品和成品更加欢迎，例如面条、面包、馒头、糕点之类需求量大增，为适应这一需求的第三产业生意兴隆。另外副食品蔬菜的小包装的市场销售情况也看好，而现在，人们对于食品的安全更为关心。所以，我们的广告和包装设计，应当注重满足人们对食品的营养和花色品种需求的宣传，同时也要注重人们简化用膳、方便用膳以及关注食品安全的心理，发展这方面的新产品设计和开发，都会有较好的市场前景。

3.3.3.3 保健用品市场心理

保健用品市场指为满足消费者的安全保健需求而形成的目标市场。这个市场的产品主要有药品、卫生用品、保健食品、保健器械、购买保险等。从国内外市场心理分析材料来看，消费者注重"安全性"的意向已成为当前消费行为一种趋势。日本心理学家马场房子，在一次关于消费者行为趋势的调查中发现，被试购买食品动机居第一位的是注重"食品的安全性"。以往为多数消费者视作首位的"节约"意向，已退居第七位、而过量饮用会有损身心健康的"酒类"则居最末一位即第十七位。由于近几年频发食品安全事故，我国消费者对食品的安全性要求的呼声也越来越高。例如被评选为2008年度十大消费事件的三聚氰胺奶粉事件，引起了社会各界人士的广泛重视，三鹿公司因为其奶粉质量的不合格，招致全社会的批评与抵制，最终不可避免地落到破产的地步。由于此事件，一时间引起了全社会对奶制品安全的关注，最终波及各类食品的安全问题。于是，在2009年2月28日，十一届全国人大常委会第七次会议通过了《中华人民共和国食品安全法》，从制度上解决了现实生活中存在的食品安全问题，更好地保证了食品安全。

3.3.3.4 社交产品市场心理

社交产品市场，指为满足人们社交需求而产生的目标市场，主要包括礼服类服装、首饰、烟酒、茶叶、咖啡、礼品糕点等产品。随着经济体制改革的进一步深入，人们的社交活动日益频繁，男女老幼均表现出社交活动的积极性，反映在社交商品市场上，则出现异常活跃的局面。每逢过年过节、结婚喜庆、生日祝贺，商店里的礼品蛋糕、盒装点心、高档烟酒、好茶咖啡等便会出现一股热销浪潮，这主要是满足走亲访友和在家招待客人所需。

目前我国城市居民用于烟酒茶等社交商品的人均支出，正以平均每年10%以上的速度递增；产品的结构要求是包装精美、质量上乘，有利于健康的将大受消费者的欢迎。比如在酒类消费中，人们对装饰精美，包装别致又配有知名品牌商标的低度酒、高档酒、礼品酒的需求量不断上升，销路很好。现代的衣着打扮其保温蔽体功能并不十分重要，更主要的是具有自我介绍和吸引对方的社交功能。我国城市居民每年用于衣着打扮的消费额，以每年递增15%左右的速度冲击服装市场，我国服装消费的模式也发生了变化。国外对当代人的服装消费趋势做了调查，在日本大约有39%的人先考虑服装设计样式，其后是面料花色，首先考虑价格的人只占30%，关心服装面料和做工的人仅有20%。在我国也有相同的趋势，人们都希望购买样式好，流行又较便宜的服装，结实不结实不太重要，因为不等穿破便要更新换代了。这就提示我们的服装设计师，服装设计的要点是款式新颖、面料漂亮、富有时代感和流行性，至于质地和做工可以放到其后去考虑。当然这是一部分人的服装消费心理。服装设计师还要善于瞄准服装市场的缺门进行设计，同样会产生较好的经济效益。比如前阶段中老年人买衣难的问题，服装市场只注意青年人的需求，设计和生产许多五彩缤纷、多姿多态的服装新品，使广大青年消费者从"蓝灰色中山装大军"中分化出来，开始领导服装新潮流了。然而，中老年人的服装市场就产生了缺口。要知道，爱美之心人皆有之，中老年人的社交活动也是十分频繁的。即使是离退休的老年人，其社交活动也是十分活跃的，况且现代社会已逐步向老龄化发展，老年人的生活圈子日益扩大，所以开发中老年用品市场，尤其是老年用品市场，是产品设计的一个目标市场。

3.3.3.5 享受类产品市场心理

享受类产品市场，这类产品的功能是满足人们的自尊心、荣誉感之类的需求而产生的目标市场。这类产品包括工艺品、古玩、美食、时装以及高档耐用日用品，还包括旅游、娱乐、参加舞会之类的享受性消费。顾客对于享受类产品的市场心理具有以下特征：

（1）呈现多元化。发展类产品作为满足人们虚荣心等需求而产生的产品深受顾客的偏好、审美观点和个人品位影响，譬如，对于同一款珠宝首饰，有的人认为它过于花哨，但对于有的人而言，它却显得风格独特，世间少有。就这些因素而言，导致了消费者对珠宝饰品感知价格的多元化。

（2）存在动态性。消费者对这类享受类产品需求是无止境的且动态性的。例如消费者对一款高级手表的造型、设计、做工等都有极高要求，希望款式新颖独特，现实个性，然而这样的需求促使这类产品一直紧跟时尚的潮流，并迎合潮流的趋势，从而也使得人们对这类产品评价时所采取的衡量标准在不断改变。

（3）具有导向性。这点主要针对商家而言。顾客对享受类产品的需求是可以通过商家对产品的设计、加工和完善的服务来进行导向的[①]。

其中人们对产品的要求不仅仅考虑的是物质性指标，诸如使用价值即结构功能，往往并不满足于杯子的这种起码的实用功能，而是总要挑选那些外观悦目好看，加上设计新颖、图案别致的杯子，甚至有的消费者宁愿多付出一定的代价去购买同样是用来喝水的比较美观的杯子，而不大愿意去要那些价格低廉却难看过时的货色。这说明，人们进入弱化质量标准等实用功能，以满足人们基本的生理性需求，而是具有在此基础上并与此相结合的更高更重要的精神需求，这包括了社会的、心理的还有审美的内容。比如一只杯子，它的物质性功能不过是可以盛各种饮料的容器，但在社会日益进步经济日益发展的今天，在物质需要基本满足之后，就产生了强烈的精神方面的需求，而享受类产品的设计和生产就是满足人们这类需求的。设计享受类产品的侧重点，应当是审美的，符合消费者的求美心理；其次是时尚的，满足消费者的社会心理。一些消费者对耐用消费品也不断更新，比如他们对于MP3、手机和电脑之类，并不等到实在不能再用时才换，往往是在一段时期之后，就想再换一个新产品，以保证紧跟产品发展的步伐，即使做不到这一点，至少也希望不落后于时代，希望和同时代保持同一步调，以免落后太远。所以设计新产品，不仅要注意经济的技术的问题，也要注意心理的和社会的问题。

3.3.3.6 发展类产品市场心理

发展类产品市场，这类产品的功能是满足人们的所谓"自我实现"的需求，即用以满足人们的个性发展和完善的需求。这类产品包括学习用品、各类书籍、各种培训、用以智力开发和终身教育的用品以及具有个性的产品。众所周知，追求完美是人的需求的最高目标，而对于人的发展、完善最有利的影响是教育，所以，各种有利于教育的配套产品会受到消费者的普遍欢迎。产品设计者应当把握消费者的心理，融教育于产品设计中。比如我国实行独生子女政策，家长们普遍关心孩子的早期教育，与早期教育有关的各种产品销路都很好。像培养能力发展智力的各式早教机，尤其是英语点读机；扩大儿童知识面的书刊，报纸、读物；训练儿童特殊能力的各种乐

---

① 章欣. 感知价值的市场心理剖析及其提升策略 [J]. 超硬材料工程, 2006. 8：59-61

器，其中消费者家中的中高档乐器像钢琴、小提琴、吉他、手风琴、电子琴等，有相当数量是为儿童购买的。孩子的父母乃至祖父母一辈，愿意为孩子教育投资，这为发展儿童用品的市场开发和设计儿童用品指出了侧重点。另外成人的自我表现的观念也很强烈，尤其是外销产品的设计更应注意自我实现的需求。

在美国，人们的服饰、发型享受方式等差异很大，极少雷同，反映在消费行为上则希望他们使用的产品或服务能体现个体的独一无二的特征。因此大型超级市场上琳琅满目的产品是为消费者提供大量的自由选择和表现自我的方式，而广告商充分利用人们的这种心理，作出各种针对性极强的广告、包装、装潢等促销手段。

随着商品经济的发展，我国人民的消费水平日益提高，人们的消费差异日益明显，要求消费品的个性化已表现在服装、日用品和家具、室内装饰品等产品的选择上。所以，我国的产品设计人员，不仅对外销产品要注意个性化，对国内产品也要表现个性。在产品造型、包装、装潢，以及产品广告设计方面要力求独特性、竞争性，注意从心理上进行市场细分，努力开创新潮流，不追随别人。

3.3.4 中国消费者未来消费观

3.3.4.1 变化因素

要了解中国消费者未来消费观的变化，首先要对影响中国消费者未来消费的因素进行分析，就要从社会经济、社会政治、社会文化和消费者自身这四个方面分别讨论。

（1）社会经济

经济因素是影响中国未来消费需求变化的最根本的因素。中国经济不断发展并且稳步增长。随着国家经济的发展，国民的消费需求呈现更多新特点。未来人均收入会快速增长，相应的家庭可支配收入也将快速增长。未来10年，收入超过5000美元的家庭数量的增长有可能比人均收入增长率发展快将近6倍。美国麦肯锡公司的研究认为在未来20年内，中国将出现一个庞大的中产阶层。其中一份报告中关于中国的中产阶级这样写道："①2010年将出现大批下层中产阶层，其家庭年收入在2.5万元到4万元之间。而到2020年，家庭年收入在4万元到10万元之间的上层中产阶层将大量涌现；②中国正在崛起的中产阶层具有两个明显的特点。首先，和大多数发达国家相比，中国中产阶层的年龄较低。其次，未来城市的中产阶层，无论从规模还是消费能力而言，都要远远高于目前的城市富裕人群；③住房和医疗保健将成为两个增长最快的消费大类。到2025年为止，这两项支出加起来将占到家庭预算的16.6%。"中国经济的不断增长将使数亿中国家庭摆脱贫困的命运。当前，中国77%的城市家庭的年收入少于2.5万元；到2025年，根据麦肯锡的估测，将会仅有10%的城市家庭年收入少于2.5万元。那时，中国的城市家庭将成为全球最大的消费市场之一，每年的消费能力高达20万亿元。

（2）社会政治

党和国家的方针政策会影响到消费者需要的发展。十六届三中全会指出，加快城镇化建设，是我国全面建设小康社会的必然要求。我国的城镇化进程不断加快——农村到城市的人口迁移数量依然巨大，而且在一代人之间将会在生活方式上发生剧烈的变化。据资料统计预测，我国估计到2014年，约一半的人口将会城市化，这个比例到2024年可能会上升到58.2%。从1994年到2024年的30年时间里，中国的城市人口很可能从3.5亿人上升到7.5亿人。这意味着每年城市人口净增长1300万人。城市人口的增加势必会影响中国未来消费结构。

（3）社会文化

中国极其辽阔的国土使得地区差异在品位上的体现越来越明显，不同地区不同民族，消费习惯和结构都不一样，所处的文化历史环境所受教育都不同，导致不同年龄阶段的消费者在消费态度上也不同。例如，中国当代历史的动荡就造就了不同年龄的消费者具有完全不同的消费态度。一个10年以后55~60岁的人（现在应该是45~50岁），他或她是在20世纪50~60年代里成长起来，那是一个极其痛苦的年代。一般而言他们的消费态度是趋向于保守型的，以强调商品的功能性为主，讲求经济原则。而"70后"、"80后"，尤其是80年代后出生的年轻人作为独生子女消费者，他们所处的社会背景，所受的完整的教育与他们的父辈相比是安定的有保障的，于是他们有着跟其父母截然不同的消费态度。

（4）消费者自身

和人口变化同样重要的就是中国消费者自身消费习惯的革命性变化，不同消费者的社会和文化背景清楚地影响着整个的消费模式，以及产品和品牌的偏好。年龄阶段、性别、个性特征、从事职业、文化程度、家庭类型等这些自身因素的差异导致各自对消费品的需求也很不同，从而会引导消费品细分市场，针对不同年龄层次，不同爱好，不同性别等的消费者推出特定的商品。中国的主力消费军也呈现一些新的特点，和欧美发达国家有所不同。在发达国家，收入最高的人通常是中年人。例如在美国，高收入的人通常在45～54岁之间。但是在中国，高收入的工作通常需要较高的教育水准和培训，而年龄较大的一代人教育水准普遍较低。与此同时，中国政府正在为年青一代的高等教育投入大量资金，最富裕的消费者将来自25～44岁的年龄层。对于无论是提供大众消费品和服务的公司而言，还是提供策略和解决方案的设计行业而言，最大的机遇来自新崛起的这个25～44岁的年龄层。

正处于工业社会向人文社会转型中的中国消费者，其消费能力还处于第五、第六层次之间，但心理需求状况则可认为已处于第六、第七层次之间。麦肯锡公司在一份关于《中国城市消费者的崛起》报告中指出："随着中国新兴中产阶层的兴起，食品和衣服等生活必需品的开支已经不是家庭的主要开支，消费中的较大比例是灵活性消费品，中国经济的消费模式将随之发生重大改变。"麦肯锡报告预计：未来几年，灵活性消费在总消费中所占的比例将逐步增加。其中，运输和通讯费用将以10%的速度增长，娱乐和教育费用将以9.7%的速度增长。随着中国消费者继续投资买房，购房和公用费用将以11.7%的速度增加。自费医疗保健支出的增长率将达到12%，将成为增长最快的产品大类。目前，灵活消费品占到城市居民消费总额的55%，到2025年预计将上升到74%。因此中国消费者未来的消费观有以下主要几类。如图3-7所示。

图3-7　未来消费观

3.3.4.2 未来消费观类型

(1) 态度消费观

也可称为偏好消费观，主要包括消费者对自身的态度，对家庭、朋友，对工作、社会，对文化、环境的消费态度。态度是人们对外界事物反应的一种心理倾向。随着物质生活条件的不断改善，人们已不仅仅满足于追求简单的生活质量。人们更注重在知觉和情感上更具有吸引力的产品，人们更多的是在消费一种生活态度，一种生活愿景。消费者把他们对未来的希望、对朋友家人的关怀、对社会的期望等都表现在消费需求中。

(2) 感官消费观

包括视听觉消费、嗅觉消费、味觉消费、触觉消费等。感官于人体是一个巨大的接受系统，人们生活中80%左右的信息都是来源于人们的眼睛、耳朵以及语言的交流，而其他人体器官还没有充分地被利用起来。所以感官消费是一种值得我们关注的消费需求新趋势。

(3) 情绪消费观

主要包括冲动消费、发泄消费、情趣消费。人是富有情感的，喜、怒、哀、乐、哭、笑、气、骂，因此而产生的消费行为也是多种多样，但也极容易受到外界的影响。虽然这种消费行为很不稳定，却也是现代消费者时常发生的一种消费行为。因此，这也是值得设计师关注的消费需求趋势。如发泄消费就是现代消费行为中的一种不由理智控制的消费行为。消费者因为受到某种刺激大喜或者大悲从而进行的无目的无计划的消费。它是冲动不理智的产物，但往往发生的消费金额数量巨大。符合情趣消费需求的设计不仅富有趣味性，往往还带有一定的启发性，为人们发现平凡生活中的不平凡。这也是人们在日益紧张的生活中寻找乐趣，放松心情的一种消费方式。所以说有些时候设计并不必有多么高科技，只需要多花一点心思，就能让人会心一笑，为人带来快乐和享受。

(4) 模糊消费观

包括性别模糊、年龄模糊、身高模糊、情感模糊等模糊消费。消费者的需求越来越多变，要求也越来越高，反映的心理越来越复杂。如中性化消费就是现在非常为人所知的一种消费心理。女性的穿着打扮像男性，男性也像女性那样学习打扮自己。老年人喜欢接触新鲜事物，拉近与年轻人的距离。年轻人喜欢"嘻哈"风格，穿着宽宽大大不合身的衣服。这些都是打破常规的、不能简单定性的模糊消费趋势。

（5）文化消费观

它包括国际文化、民族文化、民俗文化、社会团体文化、怀旧文化、流行文化、未来文化等。进入21世纪，各国经济走向融合，地球村的说法早已为人所知。但在物质消费品泛滥的环境下，人们却越来越迫切地追寻自身的根源，精神的立足点。民族的，才是世界的。因此这种文化消费需求不仅是中国特有的，更是一种世界性的消费趋势。

（6）知识消费观

包括如网上教学、深造留学、老年大学、返校流、语言教学、专业考级、职称考试、预科教育等。知识消费是一种一直存在的消费需求，但是随着现代技术的发展，人们文化层次的提高，出现了更多形式多样、层次更高的知识消费需求。中国已逐渐步入老龄化，有句古话叫"活到老，学到老"。这句话在现代充分得到了体现。老年人的文化层次越来越高，为了丰富老年生活，更多的老年人选择重新求学，丰富生活。而现代许多企业的在职人员也会迫于竞争的压力，返校学习，充实自己，提高资本。而面对大批的希望考研、出国留学、考职称的学生和社会人士的需求，像新东方、恩波这些专门应对应试教育的教学机构也就产生了。

（7）生态消费观

包括绿色消费，循环消费，人性化消费，健康消费。在地球自然资源紧缺的今天，生态观念已经是全球性的观念。它也成为一种消费趋势。近来国家"十二五"规划也导向国民生态消费观，并有补贴政策。据了解，我国青少年的肥胖率约占全国青少年的1/4，这是相当惊人的数目。肥胖大多是由不健康的饮食习惯和生活中有过多的垃圾食品造成的。所以健康的消费观念迫在眉睫。健身中心、瑜伽馆、理疗SPA层出不穷。人们的健康消费观念也越来越明显。

（8）系统消费观

主要包括产品系统消费、服务系统消费、信息系统消费、品牌系统消费等。产品、服务、信息、品牌的系统性设计越来越受到消费者的青睐。完整的、优良的系统设计不仅能取得消费者的信赖，还更能提升其系统本身在市场上的竞争力。如VIP服务就属于服务系统的一部分，消费者可以享受到商家一系列的人性化服务。如产品的系列包装，能给消费者良好的印象。如CIS企业识别系统设计，不仅能体现企业的核心力，还能加强企业识别性，提高在消费者心中的地位。还有连锁超市、连锁饭店、连锁健身机构这些以连锁店形式存在的企业也比其他企业更具有市场竞争力。

（9）网络消费观

主要包括电子商务、虚拟游戏、数字影视、手机媒体、网络通信、电视导购等。随着互联网和数字技术的日益普及，人们迎来了以数字媒体为标志的以网络传播方式和以个人才艺为主的创意经济新浪潮。网络媒体媒介的快速发展，使得以传统实际市场为媒介的商务消费方式发生了巨大的变化，商务文化创意产业就是这一新型产业的主要代表。

（10）投资消费观

主要包括信贷投资、保险投资、股票投资、房屋投资、境外投资等。投资消费随着消费者可支配收入的提高，及消费观念的改变，使市场的消费需求不断发生新的变化。人们已不满足于将多余的收入放入银行作为储蓄，而更多的是拿来投资以获得更多的收益。因此投资公司、股票机构、房地产公司日趋增多。

（11）管理消费观

包括如理财消费、银行管理、私人管家、家政服务、宠物旅馆等。毕竟，消费者不是个个都是理财投资专家，消费者的个人投资往往存在着很大的风险。因此也派生出了为这些投资型的消费者而服务的管理消费机构。另一方面，经济的快速发展，人们的房子买得越来越大，时间却越来越少，许多新生代的父母为了工作大多没有精力照顾子女、管理家务。因此，就出现了类似管家，保姆等管理服务。

（12）速度消费观

包括慢消费、快消费、规律消费等消费趋势。一方面，日益紧张快速的生活节奏，传递出人们对情感和文化的诉求，注重气氛和全身心的享受。因此，慢消费越来越受到消费者的欢迎。慢消费并不意味着浪费光阴，而是删除不必要的繁杂，使人们有更多的时间和精力享受真实的乐趣，有心思仔细品味生活中的小小体验，哪怕是孩子们的一张涂鸦。另一方面，时间就是金钱，经济的快速发展,要求人们以更快的速度、更高的效率来迎接未来,因此快速消费也成为一种消费趋势。如快递服务就是一种专门针对人们快速生活需求而产生的服务。

（13）体验消费观

包括DIY消费、参与性消费、交互式消费、尝试消费。现代的消费已不局限于简单的消费者——索取,生产者——给予的关系了。消费者可以参与到产品、服务中,甚至是参与整个产品加工过程或体验生产制作。这些方式不仅拉近了消费者与产品、服务的距离,更带起了一种新的消费趋势。如DIY（Do It Yourself）是现在最流行的名词之一,意思是自己动手创作。消费者在消费的同时能加入自己的想象,创作出独具特色的产品。整个过程中不仅消费者自己能获得成就感,有时还能激发设计师的灵感。又如"驴友"、"背包客"等新名词,讲的也是一种新的体验消费方式。现在很多消费者喜欢和一群志同道合的伙伴,背上背包,离开喧嚣的城市,回到大自然的怀抱,寻求新的体验,寻找刺激。而尝试消费也是一种新的消费趋势,指的是商家在推出新产品、新服务之前寻找一部分消费者来提前体验,并获得产品的使用信息。因此除了商场中有样品试用外,网络上也出现了许多体验性网站。

（14）社交消费观

包括国际交流、婚姻介绍、老年交友、被动消费等消费趋势。现代人生活节奏日益紧张快速,人们忙于学习、工作,人与人之间的感情日趋淡漠。而网络和电话等现代通讯方式使人与人之间面对面的交流越来越少。许多人感到自己生活圈子小,年轻人没有时间找异性朋友,老年人的同龄朋友少,生活孤独。因此出现了许多交友中心、婚姻介绍所,解决消费者的需求。

3.3.5 中国消费者未来需要热点

消费者的消费观受到众多因素的影响,时刻处在一个不断变化的过程。例如在1929年时,资本主义世界爆发了有史以来最为严重的经济危机,为了转嫁危机,各国竞相向中国倾销过剩产品。从《振兴国货之先觉问题》（金文恢 1930）一文中我们可以得知,当时由于洋货价钱低廉且质量远超国货,"洋货遂代替土货畅销于中国",一时间形成了"爱好外货,鄙夷国产"的社会氛围,人人竞相购买洋货,导致民族工业受到极大挫折。而随着近代工业的发展,本土企业如联想、海尔、美的等企业越发成熟、壮大,在国际市场中也逐渐占有一席之地,国内消费者也随之开始逐渐接受国产品牌,购买国货。消费观念一定程度决定消费者的消费需求,现在社会日新月异,消费观念不断变化,消费者需求就更难以把握。然而通过上节提出的中国消费者未来消费观,我们梳理总结得出中国消费者的未来需求热点,作为设计师与企业把握市场变化的参考,未来需求热点如图3-8所示。

随着生活水平的提高,对生活质量的重视度不断提高,根据图3-8未来需求热点,我们可以总结出以下几个未来需求的热点。

3.3.5.1 对健康食品和食品安全的需求

紧张的职场生活导致传统健康食物再度兴起,人们越来越倾向于用健康食品来恢复身心的活力；从豆浆机、专门的煲汤电锅等在卖场里热销可以见得中国家庭越来越重视日常饮食的营养均衡；但是目前中国的食品状况还没到让人完全放心的程度,近几年来食品安全事故频发,例如人工鸡蛋、三聚氰胺奶粉、瘦肉精、地沟油、染色馒头等问题就在一定程度上引起了消费者心理上缺乏安全而造成的紧张感,虽然国家于2009年6月1日起颁布并实施《中华人民共和国食品安全法》以加强监管,但无法完全消除消费者心中的不安感与紧张感。因此消费者为了减少这种不舒适的紧张状态就产生了对安全、健康食物的消费需求。为应对此类问题,追求优质的消费者乐意购买有助于鉴别纯净、清洁和探测杂质的产品,这即是对健康食物的需求启示着产品设计开拓的新领域、新市场,值得设计人员好好去调查和开发这类产品。

3.3.5.2 对 Healthy Happy High（3H）的需求

在许多国家,人们已开始从重视生活水平的提高向重视生活质量的提高转变。消费者对提倡和引导健康、快乐、高质量的生活的相关产品越来越关心。紧张快速的生活节奏使人们更注重健康,注重健康的生活方式以达到高品质生活；瑜伽日渐流行并迅速在形式上多样化起来；同样,男性到健身房运动塑形的人数也逐渐增多。生活质量就是用来反映居民生活需要满足程度的一个概念。它既反映人们的物质生活状况,又反映社会和心理的特征,是个内容广泛的概念、包括居民生活需要的多个方面,如衣、食、住、卫生与

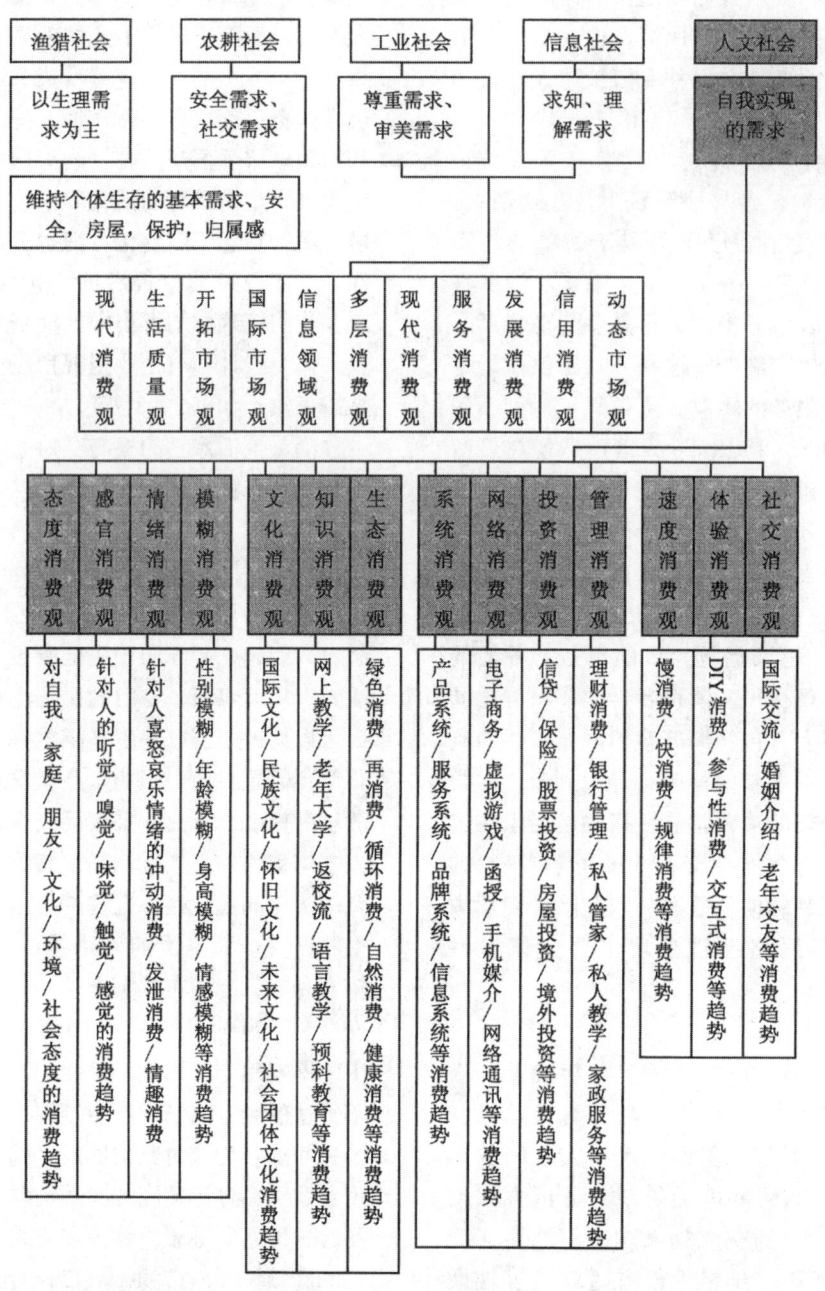

图 3-8 未来需求热点

健康、就业、社会秩序与安全、公平、自由、满意感等。在政策扶持下，农村和落后地区人们的耐用消费品拥有量逐步增加。今后几年中，消费者的特点将表现为由"从无到有"向"升级换代"发展。尤其是城镇居民，将进入耐用消费品的更新换代阶段。住房商品化的推进给消费市场注入巨大活力，电脑的普及和小汽车进入部分家庭，都是消费市场发展的机遇。

3.3.5.3 对精神及情感方面的需求

现代生活中，我们已经被忙碌的职业生活和各种繁杂的商业活动搞得晕头转向。回过头来我们已经失去了很多情趣，"情感"已经是这个时代消费者的一种重要需求。为了自身的需要，消费者开始更关注情感的诉求，在工业设计方面以人为本的情感设计成为一个主题，而情感在设计里面自然占有重要地位。波德里亚曾指出，商品除了马克思所指出的交换价值和使用价值，也同样具有符号价值。一件物品之所以能够被人消费，表明了它绝不只是从物质上生产出来的简单物件，同时也是铭刻文化价值和文化意义的复杂符号。它不仅具有经济生命，还具有社会生命和文化生命。同一件衣服，相较原始社会简单遮体的功能，从款式上更体现出过多的意义符号，如男性的"力量"、"威武"，女性的"柔美"、"感性"。人们消费任何物质产品，都要支付出一定的代价，这仅仅是一种"经济成本"①。如今，随着市场经济的发展和消费者消费层次的不断提高，消费者已不满足基本生存必需的消费模式，而是附加着越来越多的情感需要、伦理需要、个性需要等。说得具体些，自身的消费模式趋向人情味，能完整地表现文明的价值。正由于如此，当今的经营商家，不能仅仅只关注"经济成本"，而且更要关注"心理成本"。

日本母子助成会和东京学友出版社，从关怀母子生活的角度出发，巧动脑筋，合作开发生产了一种"保育自鸣琴"。该琴可以发出促使婴儿"镇静"、"调整"、"活动"、"休息"、"明朗"、"勇气"、"热情"、"忍耐"等12种指令。这种新产品无疑是身为母亲的消费者的福音。与此同时，该琴商的推销方式也颇富情感色彩：他们发动遍布日本各地的育儿研究会带着样品，前往出生后14天至6个月的婴儿家中当场"表演"。当婴儿听到琴中美妙快乐的音乐旋律便立即会停止哭泣，转而破涕为笑或安宁平静地入睡。耳闻目睹这一幕，疼爱子女的父母自然会很乐意付出一笔"心理成本"费，购下这一种价格不算低的新产品。

3.3.5.4 对细分市场的需求

过去居民的收入低，对应的是相当单调的市场，没有多少商品，市场基本固定。改革开放之后，中国消费市场发展很快，但潜力仍然非常大。今后消费市场，无论是经营类型，还是方式都会有大的发展和变化。消费者的需求也变得越来越具有多样性和多层次性。在市场上，由于受许多因素影响，不同的消费者通常有不同的欲望和需要，因而不同的消费者有不同的购买习惯和购买行为。例如女性与男性消费需求不一样，不同年龄层次不同爱好的女性消费需求又不一样。所以现代策略营销得经过三个阶段才能推出适销的产品：按不同的细分变量将市场划分为不同的顾客群以细分市场；制定衡量细分市场吸引力的标准，选择一个或几个要进入的市场以选择目标市场；确定企业的竞争地位及其向每个目标市场提供的产品以确定产品定位。不同的消费者的不同消费需求需要工业设计作出反应，制定相应的解决办法和策略，这样出来的设计才以人为本，符合人性化需求。在快速变化和竞争极为激烈的市场中，企业面对着市场和技术的高度不确定性。了解市场对经营成功是很关键的。然而很多公司不能了解他们的市场是因为：①在注重新顾客时忽略了核心顾客；②忽视了市场的变化；③没有明确的目标就推出新产品；④不能判断市场何时处于高峰。因此，公司只有认真地界定与细分市场，才能发现新的市场机会。

3.3.5.5 对体验方面的需求

体验经济时代的来临，使得体验成为一种新的需求备受人们追求。体验需求是社会经济发展到一定阶段的必然产物。在生产力水平低下、消费者购买力十分有限的条件下，人们最关心的是满足温饱，而无心去体会感受。只有当社会生产力水平提高，人们生活改善了，社会产品空前丰富时，体验才会被人们所需要。

体验需求与传统形态的社会需求相比有以下显著特征：①在需求结构上，情感需求比重增加。消费者在注重商品质量的同时，更加注重情感的寄托和愉悦，购物过程的心理追求往往超过生理追求。②在需求内容上，大众化标准产品日渐失势，个性化的产品需求与日俱增，追求新、奇、特产品已成为一种具有普遍性的消费现象。③在消费目标上，从注重产品本身向注重产品感受转移。人们不再更多地注重产品的消费结果，而是更多地注重产品的消费过程。④在产品接受方式上，人们不再满足企业的诱导和操纵，而要求直接参与设计和制造。

体验需求为产品带来了新的价值源泉，企业需要根据这种新的消费需要设计产品。企业应该满足消费者希望与其一起根据新的生活意识和消费需求开发出有共鸣的"生活共感型"产品的愿望。在开拓反应消费者创造新的生活价值观和生活方式的"生活共创型"市场的过程中，体验需求的研究为工业设计提供了新的研究方向。

了解和研究本国消费者需求的趋势，有助于设计师捕捉、激发消费者欲望，使自己的设计更好地为消费者所理解和接受。因此，现代设计师作为具有先进意识的群体，一方面应通过及时了解消费背景环境的变动来预测消费需求。另一方

---

① 汝绪华，汪怀军．刍议当代消费的特征及其异化［J］．商业时代，2010：18

面应学会通过 CSI 采集消费心理数据，了解消费者心理，研究和预测消费者的需求，紧抓消费动向。顺应时代的发展，遵循消费的规律，从广阔而丰富的消费需求中，寻找新的设计思路。将动态机制、开放精神和创新潜力融入设计中，创造出具有生命力的设计。星巴克就是这样做的，星巴克公司早在 2002 年就开始进行市场调查，并依靠他的"咖啡师"大军了解消费者需求。最近，它又开始让产品研发人员和跨部门小组进行"灵感"的实地考察，去亲身体验消费者的需求与流行趋势，星巴克公司的产品负责人则前往世界各地，参观当地星巴克连锁店和餐厅，了解当地文化与习俗，从而找出最能满足消费者需求的方法①。

3.3.5.6 对服务方面的要求

过去人们的消费主要是在物质方面，从中国消费群体的演变情况发展趋势看，对服务消费的需求上升更快，服务消费占总消费的比重呈上升趋势。服务遍布在生活的每一个角落：餐馆、酒店、公共场所、商店、银行、保险公司、文化机构、大学、机场、公共交通枢纽……随着社会的发展，人们的消费预期不断提高，使得一些现有的服务设施与服务系统不能满足消费者的需求。毫无疑问，人们从来没有像现在这样关注他们所接受的服务。消费者在售前、售中、售后获得的体验决定着一个品牌和企业的整体品质在消费者心中的地位。消费者可以在几分钟内对他们使用的任何东西——产品及服务，作出评估和比较。在这样的世界里，公司要为它们的行为和所提供的产品承担比以往更多的责任，也要对他们所传递的服务予以特别的关注。因此，在服务领域应用设计的技术是十分必要的。这样可以有效地提高品牌和企业的整体形象，使消费者对服务产生更大的满意度。通过品牌知名度和整体品牌形象的提升，更多的商业机遇和投资合作也会随即而来。另一方面，服务设计能够帮助企业提高服务效率从而节约成本。从生态学的角度来说，服务设计对问题的服务化解决方案减少了有形产品在生产过程中对资源和能源的过度使用。企业能够更好地控制服务所提供的内容，并从中获得更多的回报。

3.4 消费者欲望与设计

3.4.1 消费欲望的特征

需要是指人们因为某种欠缺没有得到满足时的心理状态。欲望是指想得到某种具体的东西以满足或部分满足某种需要的愿望。一部人类社会发展史，就是欲望不断产生又不断满足的历史。人的欲望永远不会处于静止不变的状态，而是始终处于不断变化的动态过程中。"社会历史的发展表现为社会形态的更替，每一旧的社会形态为新的社会形态所代替，都在不同的程度上解放了生产力，推动了生产力的发展，使经济、文化、思想发展出现新的局面，而人的欲望就向前迈进了一步。"对设计师来说，要发现捕捉处于动态的消费欲望，并使其指向目标实现，应当了解和研究欲望的基本特征。

（1）欲望具有起动性

它可以发动行为，使个体由静止状态转向活动状态。当欲望能量积聚到一定程度，机体自我防护系统会本能调动一切生理、心理的体能、智能发动行为，促使能量释放，获得满足平衡。

（2）欲望具有方向性

在其产生和发展之始即明确指向某一特定事物。

（3）欲望具有趋强性

欲望一旦形成，能量积聚到一定程度，必然会随实现时间的延长和实现满足的难度变得越来越强烈，机体寻求满足平衡，释放能量的本能促进了欲望的趋强特性。

（4）欲望具有持久性

一经形成的欲望暂时无法实现满足会存储入记忆，记忆中的欲望会保留很长时间，甚至永生不忘。欲望越强，持久性越长，长期能量积聚得不到释放，有时一旦突然释放，机体会从不平衡适应变为平衡不适应，产生类似"范进中举"的悲剧。

（5）欲望的复合性（多元性）

形成的欲望都有一个明确的目标，但这个目标常常并不是单一的，而是一个欲望目标的复合体。在朝向目标的行动中常常复合着多元的欲望

---

① 温如春．了解消费者需求探寻创新机遇［J］．商场现代化，2006：145

因素。

(6) 欲望具有重复性

这是指许多欲望即使满足后仍会留下深刻的记忆，并会因各种影响而多次重复产生。欲望的重复性在设计中具有非常重要的意义，因为人们对许多日用消费品，甚至包括原材料、设备都会有重复选购、使用的需求，如何使产品或广告留给消费者最佳印象，使其产生"品牌"重复选购的消费行为，不但会扩大产品的销量，而且会延长销售期。

(7) 欲望具有选择性

虽然在欲望形成之初就会有明确的指向目标，但由于欲望还具有多元复合性，消费者可能在欲望主次的权衡利弊中，改变原指向目标的品牌而选择其他。另一点，人们在生活中常会同时产生两个以上的不同需求欲望，或在一个欲望尚未满足时，另一个欲望已产生，这时多数人会根据欲望与利益，需求主次去选择先满足哪一个欲望，也会根据欲望满足的难易度选择较易达到的目标。这点对设计师也十分重要。

(8) 欲望的关联性

欲望的出现不是孤立的，常常前一个欲望与后一个欲望、这类欲望与那类欲望都有某种内在的关系。可以利用这种关联性进行预测产品市场、产品周期、某些产品购买欲望的形成时机和高潮期。这对产品开发改良生产计划，做广告的最佳时机，媒体选择，广告创意，产品形态，包装设计形式感都具有极重要的参考价值。

3.4.2 影响欲望的因素分析

了解和研究影响欲望的因素有利于设计师知道如何去捕捉、激发消费者的欲望，使自己的设计更好地为消费者所理解和接受。著名心理学家勒温借用拓扑学和物理学的概念，认为人的行为是由"心理动力场"（心理场）决定的，心理场主要由个体的需求及其有关的环境相互作用组成，用公式表示：

$$B = P \cdot E$$

其中 B（行为）是 P（人）和 E（环境）的函数，即行为是随人生理、心理（主观）和环境（客观）认知的变化而变化的。现用沈大为教授创意的鱼形图加以说明。如图 3-9。

鱼身外环境 E 的改变和鱼身任何部分扭动都会促使鱼的行为和方向变化，归纳起来影响欲望的发生发展主要有以下几种因素。

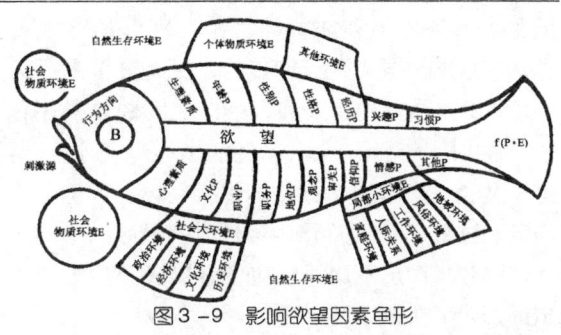

图 3-9 影响欲望因素鱼形

3.4.2.1 欲望的发生发展受客观环境（E）的影响

人们所生存的客观环境（E）无时无刻不在作用和影响不同个体对事物的态度，甚至直接影响欲望的发生和发展。客观环境（E）包括：自然生存环境、社会物质环境、个体物质环境、个体经济环境、社会政治环境、社会经济环境、社会文化环境、社会历史环境、家庭环境、工作环境、人际环境、风格环境、地理地域环境等。这些环境有物质性的和意识形态性的，自然性的，社会性的，它们无时无刻不影响着各种各样的人。处于相同环境的不同个体，对环境会有不同的反应，处于不同环境的相同个体和处于不同环境的不同个体，都会产生不同的反应。

3.4.2.2 欲望的发生发展受客观刺激源强度的影响

在人们所生存的自然环境（E），社会环境（E），物质环境（E），人际环境（E）等许多环境中随时都产生着各种类型和强弱的刺激源，刺激着人的感官，刺激源越强，人在生理和心理上的反应越大，欲望的产生发展也越快。往往一块色彩迷人的花布、一套精美漂亮的服装、一块诱人的蛋糕、一件吸引儿童的玩具、一句蛊惑人心的广告语、一种诱人的电视广告画面都会成为强有力的刺激源，直接起到激发欲望的关键作用。

3.4.2.3 欲望受实现满足难度、条件的影响

由于欲望同时存在持久性，选择性，复合性，因此当欲望实现因环境条件（E）或个体素质（P）严重不足，难度很大，感到毫无希望时，一部分人会通过自我调节（P）缓解、转移或暂时存入记忆，等待机会。人们常说的"知难而退"便是一种将欲望自我缓解、消除的调节。也有些是根据欲望实现的可能性现实（E），降低标准，达到暂时或局部的满足。

3.4.2.4 欲望受个体素质差异的影响

这是影响欲望的人（P）的因素，人和人不

但在生理条件上存在差异,在心理上也存在差异,而这些差异有先天遗传的,更有许多是后天环境(E)造就的,人和人个体之间的差异还包括:性别、年龄、性格、经历、生活习惯、情感、文化、职业、职务、地位、兴趣、审美、信仰等。这些不同的差异会对相同刺激源、相同的环境(E)作出不同的反应,直接或间接影响欲望的产生和发展。

3.4.3 欲望与设计的关系

设计是社会经济发展到一定水平,人们的消费价值观念由追求物质产品向精神产品转变过程中出现的一种产业经济形态,它反过来又进一步刺激人们对创意生活的追求和创意产品的喜爱。设计主要通过重构产品概念。引导消费理念、提供对比信息、强化符号差异、刺激购买欲望等多种途径培养更加细分的消费者群体及更加成熟、挑剔的终端消费者。

随着我国人均 GDP3000 美元时代的来临,人们不再满足对生活必需品数量的占用,而是向更高层次消费欲求转变,向生活产品的品质、品位、风格等方面转变,这就为设计产业的生存提供了广阔的消费市场。同时随着创意设计对消费产品的逐步渗透面对消费产品外观品质和功能设计个性化的要求不断提高,将进一步刺激人们对穿衣设计的需求和依赖。设计产业极大地刺激了人们的消费欲望。目前部分消费行为的产生不是基于消费需求,而是在消费欲望的刺激引导下产生购买行为,设计产业对消费市场的影响力将成倍扩大。

不管在设计中需要解决多少问题,评价设计的优劣成败最终还是看其能否激发消费者的欲望,并使这种欲望能朝向设计的指向目标,完成对产品的购买行为。这种行为持续时间越长,面越广,你的设计就越成功。可以说所有企业的产品策划、设计方向、创意、营销策略都必须建立在研究分析消费者需求欲望的基础上。"市场调研"、"开发价值"、"可行性分析",究其实质就是围绕消费者的需求欲望所展开的各项工作。对一则广告进行效应反馈分析,也就是研究广告作为欲望刺激源的强弱程度和作用,是否较理想地使消费者按广告目的导向产生购买行为收到成效。拿广告策划、广告设计来说,为什么有些企业花了大量的广告费却事倍功半,得益的却是同类其他产品?原因是这种广告大多为闭门造车,根本没有很好地去研究消费市场同类产品的特点(E),没有研究什么样的形式、创意、发布时间、发布媒体、广告语,能更适合产品销售地区的对象特点(P),能否激发需求欲望。如果设计策划定位点偏误,广告无明显个性特点,定位在同类产品的共性上,广告发布地区对象模糊,则广告的失败是必然的。

法拉利跑车通过品牌形象的塑造,在消费者心中形成了一种超越汽车物质属性的身份认知,速度、设计、美、昂贵的价格以及优越的性能,都不再是游离于消费者之外的商品属性,而是一种社会身份的具体支撑物。汽车由交通工具转化为身份符号,与房屋、珠宝首饰、高档服装、高档手表转化为身份符号,不但内在机制相同,而且都直接或间接地指向着一种拥有——身份关系:拥有它们就获得了某种社会身份。在这里,广告充分利用了身份符码的符号标志性,并将它赋予具体的品牌,从而在品牌与身份之间建立一种等值关系,使身份外显成为可能,身份欲望的满足方式就是消费方式。

20世纪40年代美国"雀巢速溶咖啡"推销策划失败就是犯了错误,因其创意定位没有充分的消费心理研究分析、没有重视消费欲望的复合性,忽视消费传统习惯(P),和文化观念(E)对欲望产生发展的影响,仅将广告定位放在宣传速溶咖啡的一般品质和速溶上。吸取教训后的广告不但强调了速溶咖啡原材料的正宗性,更强调了速溶节省时间给消费者带来的真正利益,从而打动了消费者的心,激发了消费欲望,产品销售量直线上升。在产品设计上,典型例子是20世纪三四十年代的流线型设计,为什么会从受消费者广泛欢迎、到很快在设计领域和产品市场消失。原因是流线型滥用在各种产品中(E),甚至发展到凌驾于功能之上,设计师忽视了人类求新的本能欲望(P),"流行"的东西即使很美也不可能永远流行下去。

"流线型"为什么经过近半个多世纪的沉默,近些年又悄悄受宠了呢?这是流行产品具有周期性的规律,被新设计师利用的结果。原因是年青一代没见过20世纪50年代前的东西,老的一代则有怀旧之情(P),对长期以来产品各种各样的直线棱角造型已厌烦(E),更重要的是设计师吸取了教训,新的流线型已不再滥用,也不再是老流线型的重复,更注重时代感,个性化,在功能和形式美关系上作出了较正确的处理。如今西方许多企业家在产品策划开发设计中，常常将新产品的生产周期设定在一个较短的时间，即使该产品的市场销售势头尚未跌落，仍不惜重金投资设计开发更新的品种，关键是他们悟出了需求欲望的规律，摸到了消费者的脉搏。懂得了没有消费欲望就没有市场，设计依赖消费而存在，但设计又引导和推动了消费的道理。

所谓"市场"和"竞争"，说到底是吸引和争夺消费者的竞争，其根本就是能否满足、刺激消费欲望，体现能否创造新的理想的环境；创造能吸引消费者的新的形式、色彩、形态、功能、质量、价格；了解消费心理、爱好、兴趣、习俗等。如果从欲望规律去评价设计水准，则只能引起知觉或一般性注意的设计，仅仅是低级水平的设计；能引起一定注意或一般性兴趣的设计，属初级水平设计；能引起兴趣，并有较强的说服力，能激发需求欲望的设计，属中级水平设计；只有不但能迅速引起注意和兴趣，而且具有很强的说服力、持久力，使激发的需求欲望，能导向设计指向行为目标的才称得上高级水平的设计。

若要达到高级水平的设计，设计师除了完善个人的知识结构、专业技能外，在设计中必须重视做好以下各点：

①随时注意观察和捕捉消费者需求欲望，调研 CSI 分析 P·E 的变量关系。

②对需求欲望的特点进行全面定位分析，找出主欲望和次欲望，并分析它们的相互作用关系。我们通过 CSI 问卷即可以达到目的。

③挖掘能激发需求欲望的各种因素方法和形式，环境（E）和人（P）的关联分析可以提供启示。

④重视寻找或创造各种欲望激励方式并比较、选择最佳的方法和媒体、途径。

⑤欲望持续效应可行性分析。能使设计激发的欲望持续时间产生的记忆度，联想度和购买欲望便是激励性设计（第六章将专题讨论）。

⑥欲望产生的行为导向分析。包括对市场同类产品占有率、饱和度、价格、包装、广告、产品特性及消费对象心理的综合分析研究，比较产品环境（E）和消费者（P）的影响，能否使消费者欲望行为导向产品目标。

⑦设计创意构思定位。在上述各点基础上明确设计目标要求，确定方法、手段、形式；设计定位和实施。

⑧完成设计制作。运用专业表现表示技能，达到消费者满意效果。

⑨重视收集并分析欲望行为市场效应反馈信息，信息反馈评估工作要建立数据库（CSI 数据库），进行纵贯式追踪研究，是十分重要和有效的工作。

⑩评估后的修正设计。根据纵贯式追踪，CSI 各变量会因环境（E）和消费者（P）的变化而发生改变，由于数据库的建立会产生快速应变系统去修正设计，达到适销对路，最终实现"产消共益体的"目标。

思考题

一、名词解释

1. 需要　2. 欲望　3. 需求　4. 市场细分
5. 满意　6. 诱因

二、简述题

1. 消费者需要的一般特征。
2. 消费者应对不满意的心理防御机制。
3. 影响消费者需要的基本因素。
4. 消费者需要的理论分类法。
5. 消费者需要的未来需求热点。
6. 消费者欲望的特征。

三、分析题

1. 分析消费者体验需求的兴起对工业设计的启示。
2. 分析消费者未来需求发展趋势。
3. 分析消费者的需要、欲望、需求的关系。

四、实务操作

根据消费者的需要和欲望，确定设计团队的 CSI 问卷设计目标。

第四章
设计与消费者动机

■ 设计与消费者动机综述
■ 消费者动机分析与设计
■ 消费者动机冲突分类与设计
■ 影响消费者购买动机的因素

4.1 设计与消费者动机综述

4.1.1 消费者动机理论

早期动机理论包括三种，分别是：马斯洛的需求层次理论、麦格雷戈的 X 理论和 Y 理论以及赫茨伯格的双因素理论。当代动机理论主要包括麦克利兰的成就需要理论、洛克的目标设置理论、亚当斯的公平理论和弗鲁姆的期望理论[①]。各种动机认知理论：归因、效能感、控制感、无助以及目标思维相互关联的认知概念成了目前主要动机理论的基础[②]。

总结之下，现有的动机理论体系共有以下几大类。

（1）本能主义动机观

主要代表有麦独孤和詹姆士，他们将人类复杂的行为分为几种或者十种本能行为。同时，弗洛伊德也是一位本能论者，不同的是，他还把人的心理活动划分为有意识和无意识，认为人的动机分为有意识动机和无意识动机等[③]。

（2）S-R 动机观

1913 年华生在《心理学评论》杂志上发表了题为《行为主义者心目中的心理学》一文，标志着行为主义心理学的诞生。早期的行为主义者古斯里认为，既然一切行为都是由刺激所引起的肌肉收缩和腺体分泌反应，那么行为原因的唯一解释便是刺激[④]。所以，在他看来，动机就是刺激，动机作为一种内部因素，它是机体内部的刺激。例如，所谓饥饿这种动机无非就是一些胃壁收缩、血糖降低等内部生理刺激，这种内部刺激使个体作出觅食行为直至找到食物。

（3）人本主义动机观

人本主义心理学是 20 世纪 50 年代发展起来的心理学流派，其主要代表人物有马斯洛、罗洛·梅、罗杰斯等。人本主义心理学家反对行为主义认为心理学是研究人的行为的科学，强调研究人的动机、需要、价值观、潜能等内部因素。马斯洛在解释动机时强调需要的作用，他认为所有的行为都是有意义的，都有其特殊的目标，这种目标来源于我们的需要。

（4）认知学派归因论

归因论最早是由海德（1957）在研究社会知觉中提出的，海德认为个体的任何行为既有外部的也有内部的原因，是内外两方面共同起作用的结果，但在某一时刻，总有其中某一种原因起主要作用。关键是弄清其行为的原因是外在的还是内在的，才能有效控制个体行为。

（5）成就动机论

成就动机论是美国心理学家麦克莱克和阿特金森于 20 世纪 40~50 年代提出的理论模式。该理论认为，个体在投入成就情境时会产生两种心理倾向，即追求成功的动机和避免失败的动机。追求成功的动机和避免失败的动机都是在任务难度中等困难的情况下最强。

（6）认知评价论

认知评价论是由德西和莱恩（Deci&Ryan）提出的，又称为自我决定论。该理论从人的内部动机出发，强调人的兴趣感、能力感、控制感和主动感在个体行为中的重要性。根据该理论，外

[①] 吴国辉.西方动机理论的发展对思想政治教育激励方法的启示[J].理论观察,2006:103
[②] 冯同喜.中国文化下的动机理论[J].山东纺织经济,2008:94
[③] 尤方华.动机研究综述[J].湖南科技学院学报,2005:208-210
[④] 叶浩生.西方心理学的历史与体系[M].北京:人民教育出版社,1998

部事件对个体而言是一个刺激，个体会对这些事件进行认知评价。如果将外部事件知觉为一种控制性事件，则个体可能会觉得行为不是由自己控制，其内部的自我决策感即会被削弱，进而引起其内部动机弱化，反之则增强。

（7）目标定向理论

目标定向理论来源于教育领域 Nicholls、Ames、Dweck 的研究。成就目标理论认为，在成就情景下有两种主要的目标取向起作用，一般称作任务目标和自我目标，这两种目标取向与人们如何判断自身的能力水平及如何主观定义成功有关。认知评价理论认为，任何能增强个体能力感的事件将会导致内部动机的增强，因此任务定向可以增强人的内部动机，而自我定向则有可能会弱化内部动机。目标倾向理论较注重于任务定向，认为个体通过这种以自我为参照系统的任务定向可以获得更多的乐趣，从而保持并增强内部动机。

（8）逆转论

逆转论（reversal theory）是 Apter（1982）提出的，该理论是关于动机、情绪和人格的理论。它是建立在现象逻辑学、心理测量学、实验心理学和心理生理学的研究结果上的一门较新的理论，同时一些临床的案例研究所得来的数据也是它产生的基础之一。逆转论提出元动机这个概念，认为元动机就是个体的基础的心理需要，而且这种心理需要总是以对立的形式出现的，也就是说，对每一种心理需要来说，总有一个与之对立的需要。根据逆转论的论点，在日常生活中，人们心理状态总是在这五对模式中的某一对中的两个模式需要中转换，因此"不同的时间人也不同"[1]。

（9）双因素理论

双因素理论是美国心理学家费雷德里克·赫茨伯格（Frederick Herzberg）于 1959 年提出来的，全名叫"激励—保健因素理论"。所谓保健因素，就是那些造成不满的因素，它们的改善能够解除不满，但不能使人感到满意并激发起人的积极性。所谓激励因素，就是那些使人感到满意的因素，唯有它们的改善才能让人感到满意，并给以较高的激励，调动积极性。因此，双因素理论认为，要调动人的积极性，就要在"满足"二字上下工夫。保健因素充分时，人们不会不满意，但也不会感到满意。只有激励因素增长时，人们才会感到满意。

从以上的动机理论的论述我们可以发现，心理学领域对动机的研究从关注个体的本能到关注社会因素，从关注外部因素（诱因）到关注内部因素（需要、认知评价，归因方式）到自我主体（自我效能、自我决定）等，同时动机的研究从机械观逐步过渡到理性观。韦纳曾经提出了构建普遍意义的动机理论的几条原则[2]，这些原则实际上也概括了最新的动机研究各领域的内容和特点。如今，面对新形势下的社会环境，动机理论也有了相应的发展，相关研究如《中国文化下的动机理论》（冯同喜，2008），该论文从动机理论的来源和种类入手，详细分析动机理论产生的文化背景，同时结合中国特有国情文化，深入分析了中国传统文化下动机和需求的模式、趋向。立足中国特殊国情，对动机理论进行深入探讨的论文还有《中国独生代消费者炫耀性消费动机的实证研究》（姜岩，2008），鉴于中国人的炫耀性消费日益呈现低龄化倾向，该论文首次在中国文化背景下针对独生代群体的炫耀性消费动机进行实证研究。作者选取在校大学生消费群体进行抽样调查，测量中国独生代消费者炫耀性消费动机的初始要素，通过对回收数据的统计分析，得出了中国独生代消费者炫耀性消费动机的三维因子结构，包括"面子"动机、自我享乐动机和追求独特动机。而在电子商务大肆兴起的今天，也为消费者动机研究开辟出了新的研究领域，例如《B2C 条件下消费者动机实证研究》（陈慧、李政、李远志，2007），在该论文中，作者以 15 名网络消费者为访谈对象，以 252 名网络消费者为问卷调查对象，研究了网络消费者的消费动机，将网络消费者的消费动机分为 7 个类型："交流与尝试"、"自由与控制"、"娱乐"、"信息搜索"、"个性化"、"价格"和"方便"。

4.1.2 消费者动机冲突

动机冲突是指两个或者两个以上的事件、动机、目的、需求、冲动、行为同时出现于同一有

---

[1] Apter, M. J.（1982）The experience of motivation: The theory of psychological reversals. London: Academic Press
[2] 伯纳德·韦纳著，人类动机：比喻、理论和研究 [M]，孙煜明译. 杭州：浙江教育出版社，1995

机体而引发的矛盾状态①。当处于相互矛盾的状态时，个体难以决定取舍，表现为行动上的犹豫不决，这种相互冲击的心理状态，称为动机冲突。动机冲突具有以下特性。

(1) 复杂性与多维性

"人的心理现象很复杂，但不是杂乱无章的。各种心理现象之间存在着一定的联系和关系，成为一个有结构的整体"②。每一种心理现象又存在多种维度和表现方式，因此，每个人的心理机制都不是单一层面的、一成不变的，而是多层次并且各个层次不断变化的。随着个体的成长，当各个心理现象都形成较为稳定和突出的表现形式后，心理机制就开始出现倾向性，即某一些心理特征在人的心理机制中占主导地位。动机冲突也是这样一种复杂，多维，不断变化的心理特征。也可以这么说，正是由于存在着不同时期，不同维度，不同层面的动机冲突，才强化并发展个体占主导地位的心理机制，才成就了个体心理发展的动态性与完整性。

(2) 动机冲突的普遍性

人类活动的普遍性及其心理演化的普遍性，赋予了人类动机的普遍性。因为动机具有激发、维持活动的功能，而且得以维持的活动与个体的发展具有普遍的联系。而动机冲突正是在这些活动的取舍当中，促使个体作出选择，获得的目标，求得成长。

(3) 动机冲突的连带性

所谓的连带性是指，一事物的发生或者存在会引发或者伴随另外的事物。动机冲突的连带性是指，伴随该冲突出现的他心理过程的这一现象。比如说，在成就动机冲突发生时，连带着渴望成功与避免失败的双向张力。同时，会出现紧张与期待两种心境，其间，还可能伴随焦虑与放松这两种情绪。总之，动机冲突的连带性，更注重的是在动机冲突出现到解决这段时期内，伴随其出现并消失心境状态和情绪体验等其他的心理现象与行为。我们可以作出这样的假设：动机冲突越激烈，持续时间越长，个体体验到的紧张感就越强③。

正是由于动机冲突具有上述的众多特征，其内容也各有不同，对其分类也相对的显得复杂。心理学上一般把动机冲突按性质和形式加以分类。动机冲突按性质，可以分为原则性动机冲突和非原则性动机冲突④。按照形式，可以分为双趋冲突、双避冲突、趋避冲突和多重趋避冲突。双趋冲突是指，当两者对个体都有吸引力时，必须选择其中之一时产生的动机冲突。如鱼与熊掌不可兼得的冲突，它属于选择性冲突。双避冲突是指，两者都是个体力求回避的，而只能回避其一时产生的冲突。如有些人拒绝努力又害怕失败的冲突。趋避冲突是指，同一事物对个体既有吸引力又有排斥力时产生的冲突。如人们爱美食又害怕变胖的冲突。多重趋避冲突是指，人们面对着两个或者两个以上的目标，而每个目标又分别具有吸引和排斥两个方面。如个体选择环境好离家近待遇差的工作和一个环境好离家远待遇好的工作时，出现的冲突。总之，动机的不同性质的冲突和不同形式的冲突，往往是交错着的。动机冲突自提出以来受到广泛关注，相关研究有《趋避式动机冲突产生的认知心理机制探析》（付建丽，2011），该论文就动机冲突的性质，分类以及其认知的心理机制做了严谨的分析，并提出了一些设想，旨在初步探索动机冲突产生的认知心理机制。

4.1.3 消费者动机的研究方法

我国对于消费者动机实证研究的掌握已经比较成熟，无论是研究工具的应用，还是研究结果的统计分析，都基本与国际接轨。国际上盛行的"探索研究"、"描述研究"和"因果研究"的各类研究方法，归因分析、相关性分析、可靠性分析、因子分析、方差分析、判别分析、对应分析、联合分析、主成分析、多维尺度分析、聚类分析、结构方程模式等高级统计分析模型，以及SPSS、SAA等分析软件都能在我国消费者领域中应用。而动机研究方法的发展详见表4-1消费者动机研究方法所示⑤。

---

① 林崇德，杨治良，黄希庭．心理学大辞典［Z］．上海：上海教育出版社，2003：140
② 罗大华．犯罪心理学［M］．北京：中国政法大学出版社，2002：58
③ 付建丽．趋避式动机冲突产生的认知心理机制探析［J］．长江师范学院学报，2011.3：77-80
④ 陈中永．现代心理学［M］．呼和浩特：内蒙古大学出版社，2000：311
⑤ 程园园．传统价值观对奢侈品购买动机的影响研究［D］．中南大学硕士论文，2007

表4-1　　　　　　　　　　　　　　消费者动机研究方法

年　代	研　究　方　法
1920年以前	一手调查
1920—1930	调查表结构设计、调查技术
1930—1940	配额抽样、简单相关分析
1940—1950	概率抽样、回归方法、高级统计推断、消费者与固定样本调查
1950—1960	动机调研、运筹学、多元回归、实验设计、态度衡量技术动机研究
1960—1970	双复式分析、判别式分析、因子分析和聚类分析、贝叶斯统计分析和决策理论、量表理论、计算机处理应用、品牌忠诚度概率模型
1970—1980	测量和量表编制、多维度量表技术、多属性态度模型、共变量分析、因果分析
1980—1990	高级统计技术发展、神经网络、专家系统和人际混合模型、直觉决策支持模型、数据库管理和数据挖掘、客户满意度模型
1990—现在	民族志法、用户研究工具、移情设计法、行为聚焦法、品牌个性视觉化、交易学习实验、心理描述法、相关分析统计法、投射法、态度总加量表法、语义分析量表、实验法、生活事件法、焦点小组、角色分析法、情境构筑、因素分析法、多维尺度法、联合分析法、聚类分析法、情景分析

4.1.4　消费者购买动机分析

心理学研究认为，消费者购买行为是社会性行为、动机性行为。购买动机是引发消费者购买行为的直接原因和动力，购买动机则是在消费者需要的基础上产生的，而需要是消费者由于缺乏某种东西而产生的主观欲求状态①。因此，在消费者购买行为的产生过程中，需要和动机占有特殊、重要的地位。如图4-1需要、动机与行为的关系所示。

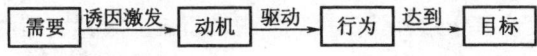

图4-1　需要、动机与行为的关系

需要、动机与行为的关系表明，消费者的任何购买行为都是有目的的，这些目的的实质是为了满足人们的某种需要，当需要未得到满足时，人们就会产生内心紧张或驱力，在外界诱因的激活下，需要转化为具体的动机；继而在动机的驱使下，采取行动（包括购买行为）来实现目标。购买动机是购买行为产生的直接原因，动机由需要转化而来，因此，需要、动机的强烈程度是制约消费者购买行为产生的重要条件。高强度的购买动机会使消费者想尽一切办法导致购买行为的发生。

消费动机是能够引导人们购买某一商品或选择某一品牌的内在动力。产品设计是以消费者为中心的创造活动，在设计中着重研究"物"与"人"之间的协调关系，掌握消费者的心理感觉及需求。因此，只有充分研究了消费者的心理和购买动机，设计出能打动消费者的产品，才能在日趋激烈的销售竞争中处于不败之地②。消费者决定花钱买东西的行动，是在某种动机推动下进行的，人们的行动一般由一定的主观内部原因即动机支配进行，而动机又与需要密切相关，动机是在一定条件下需要的体现，是由人的需要转化而来③。换言之，人是为了满足某种需要才行动的。消费者到商店购买某种商品是因为他们需要这种商品。如在不同的季节人们就会到商店购买不同的衣服。动机是由需要转化而来的，但是人的需要不一定全都能转化为推动人去行动的动机。

针对消费者的购买动机，国内学者做了大量研究，例如《移动增值业务消费者动机实证研究》（韩璐，金永生，2009），该论文基于心理学理论对移动增值业务的消费者动机进行了

---

① 林广春. 消费者动机导致购买行为的制约因素 [J]. 郑州：航天工业学院学报，2006.1，35-136
② 王海峰，杨君顺. 现代产品设计中的消费者购买动机分析 [J]. 集团经济研究，2007年12月，254
③ 江林. 消费者行为学 [M]. 北京：首都经济贸易大学出版社，2005

实证研究，研究发现移动增值业务的消费者动机可以分为 8 个类型："娱乐、好奇与自我表现"、"成就交流"、"从众与榜样"、"交流需要"、"信息获取"、"便利性需要"、"习惯性奖励"和"其他奖励"[①]。相关论文还有如《基于卖场消费的消费者购买行为分析》（杨文博，2010），该论文通过对卖场消费者购买动机分析，将消费者行为类型分为名义型决策、有限型决策和扩展型决策三类，用以指导卖场经营者如何进行营销活动。

4.2 消费者动机分析与设计

4.2.1 消费动机的界定

动机的英文 Motivation 这一概念由 R. Woodworth 于 1918 年率先引入心理学，他把动机视为决定行为的内在动力[②]。国内外对动机理论有着广泛的研究，主要存在以下几种理论。

4.2.1.1 动机理论

（1）内驱力理论

这种理论由 Bowitz 最早提出，该理论认为，动机作用是过去的满足感的函数，其意义是，如果过去的行为导致好的结果，那么人们就有反复进行这个行为的倾向。

（2）认知论

陶乐曼（E. C. Tolman）和勒温（Lewen）等提出的认知论与上述内驱力理论正好相反，认为人的行为的主要决定因素是关于信念、期望和对未来的预测，其意义在于此前的很多动机理论都认为动机是一种不可预知的内生行为，认知论则提出动机不仅是可以预知，而且是带有目的性的，这样就使得了解消费者行为和动机的方法更为灵活。

（3）诱发力——期望理论

这个理论是弗鲁姆提出的，他用诱发力、期望和力的概念，来描述人类动机作用模式。模式的内涵是，个人想要进行某种行为的力，是一切成果的诱发力及其行为由于完成这些成果而同时产生的期望强度的积代数和的单调增函数。简单一些讲，就是个人进行某种行为的力，是诱发力和期望强度乘积的代数和的单调增函数。其核心意义是，人的努力是由诱发力和期望相结合所决定的。

在心理学定义中，动机是由目标或对象引导、激发和维持个体活动的一种内在心理过程或内部动力[③]。在心理学上一般被认为涉及行为的发端、方向、强度和持续性。动机的产生源于未被满足的需要、需求与欲望，当需要缺乏，人会产生紧张的状态。这个状态将"驱使"个体通过行为有意识或者下意识地参与到能满足需要并减轻这种紧张的状态。需要可能源于内在的需要，也可能源于外在的刺激，或源于需要与外在刺激的共同作用。如果简单地将"需要"与"动机"视为同义，对深入分析、理解消费者行为并无助益。因此，我们可以将需要（Needs）作为某种活动的动力，需要的缺乏给行为指出方向的话，那么，动机则是在心理强化之下给需要的方向以定位，并推动有机体朝着预期的目标行动。

它不仅起激发行为的作用，还影响着行为的持续时间。动机由三种要素构成：①需要驱使；②刺激强化；③目标诱导。

由此可见，动机作为一种能量，其强度的大小，取决于三个变量：①需要的强度，即有机体内的生物与本能的空缺状况；②刺激物的激活效能，即外界环境所提供的条件对有机体的激活效能；③目标诱力的大小，即在众多刺激中的能够构成行为目标对人的诱发力（拉力）。

这三个要素相互作用，构成了动机的合力。如其中某个变量发生变化，都将会影响动机的强度。基于这种认识，我们把动机定义为：它是由需要驱使、刺激强化和目标诱导三种要素相互作用的一种合力。这种合力反映了动机所具有的三个特质：①动机与实践活动有着密切关系，人的一切活动、行为都是由某种动机支配的；②动机不但激起行为，而且能使行为朝着特定的方向、预期的目标行进；③动机是一种内在的心理倾向，其变化过程是看不见的，通常只能从动机表现出来的行为来逆向分析动机本身的内含和特征。

动机是一个很复杂的系统。一种行为往往包含着若干个动机，而不同的动机有可能表现出同样的行为，相同的动机有可能表现出不同的行

---

① 韩璐，金永生. 移动增值业务消费者动机实证研究[J]. 北京：北京邮电大学学报，2009，12.61-63
② 孙跃. 中国奢侈品消费行为研究，西南财经大学博士论文[D]. 2008，4.1，124
③ 彭聃龄. 普通心理学（修订版）[M]. 北京：北京师范大学出版社，2004，326

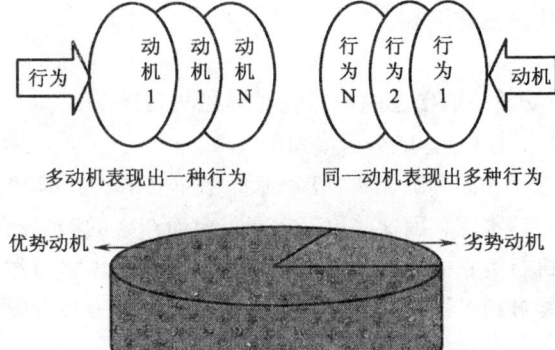

图4-2 动机与行为的关系

图4-2说明：一个复杂而多样的动机往往以其特定的相互联系构成动机系统。在动机系统中，各种不同的动机所占的地位和所起的作用是不同的。有些动机比较强烈而稳定称为主导动机；其余的则为劣势动机。主导动机具有较大的激活作用，在其他因素相同的情况下，个体行为是和主导动机相符合的，劣势动机的原因往往由动机冲突引起。

4.2.1.2 消费者购买动机

研究消费者的动机，以消费者的购买动机为主要内容。购买动机（Purchase Motivation）是直接驱使消费者实行某种购买活动的一种内部动力，反映了消费者在心理、精神和感情上的需求，实质上是消费者为达到需求采取购买行为的推动者。而由于人的需要复杂多变，导致消费者的购买动机也是复杂多变的[1]。消费者的购买行为大多是由多种动机共同作用的结果，多种动机包括物质性动机、社会性动机，近期动机和远期动机，集体主义的动机和利己主义的动机等。多种动机以一定的相互关系形成个体的动机体系。在同一动机体系中，不同动机所占的地位和所起的作用是不相同的，总是有些动机比较强烈而稳定，有些动机比较微弱而不稳定。消费者的最强烈最稳定的动机是购买的主导动机，有些动机比较微弱而不稳定，是非主导动机。主导动机具有更大的激励作用，在其他因素相同的情况下，购买行为是和主导动机相符合的。

由于消费者各个人的价值观念不同，主导动机会以不同方式表现出来。比如在物质生活不充裕时，顾客较多考虑的主要是功能、质量及价格这三大因素，然而有些消费者注重体面、喜欢炫耀，以满足自己的优越欲和荣誉感，他们宁可缩食也要购买名牌衣服，使用价格昂贵的消费电子产品；而另一些消费者的主导动机是讲究营养与保健，他们可能穿着朴素，但是却花很多钱买各种保养品和保健品。这种情况，在同一消费者身上也会出现。比如消费者持币待购，犹豫是买笔记本电脑、智能手机还是平板电脑？到底应该购买哪一种产品主要取决于个人在购买动机中，三种产品何种购买欲望最强而决定的。根据心理学家分析，驱使人们行动的动机不下600种之多，消费者购买商品的动机是复杂的、多变的、多层次的。因此我们可以将消费者的动机分为一般购买动机和具体购买动机来分析[2]。消费者购买动机的特点主要有以下几个方面。

（1）目的性

消费者头脑中一旦形成了具体的动机，就有了购买该商品和消费商品的目的。消费者会对将要购买的商品有明显的要求。

（2）迫切性

购买动机的迫切性是由消费者的高强度需求引起的。当消费者在生物或者本能上有了迫切的需求极易产生相应的购买动机。如有人对骑自行车本身不感兴趣，但进入大学后，发现宿舍与教学楼很远，见很多同学骑车上下课十分方便，就会产生迫切需要一辆自行车的想法。

（3）内隐性

是指消费者出于某种原因而不愿让别人知道自己真正的购买动机的心理特点。如现代某些消费水平并不高的年轻人，她们购买高级时装或其他各类奢侈品，美其名曰是喜欢该品牌的设计，实质上其真正的购买动机可能是为了显示自己的身价及富有程度，满足自己的虚荣心。

（4）多样性

消费者在购买商品时，可能是出于一种消费动机，但也可能是多种消费动机。千千万万个消费者在购买不同物品时的动机不一样，是因为商

---

[1] 来尧静. 论消费动机的中介效应 [J]. 学术界, 2010.11, 74
[2] 钱敏, 余猛. 顾客满意的双因素论初探 [J]. 中国质量, 2004, 29-31

品的特性不同会产生不同的消费动机。

(5) 模糊性

大多数消费者具体购买某一商品时，对自己的动机并非有完全的认识，这种情况尤其体现在平时的日常用品上。比如一位家庭主妇不断添置高档家庭用品，可能是为了减轻自己的工作量，也可能是为了体现自己的品位，与人攀比，或者希望自己从中解脱，有更多时间照顾小孩等。一般情况下只要看到合意的商品就会产生购买动机。

(6) 矛盾性

当个体同时存在两种以上消费需求，且两种需求互相抵触，不可兼得时，内心就会出现矛盾。这里人们常常采用"两利相权取其重，两害相权取其轻"的原则来解决矛盾。只有当消费者面临两个同时具有吸引力或排斥力的需求目标而又必须选择其一时，才会产生遗憾的感觉。

(7) 主动性

动机的形成可能源于消费者本身内部因素（需要、消费兴趣，或消费习惯），也可能源于外部条件的激发（如广告的宣传、购物场所的提示等）而消费者对于购买商品有了明确清楚的目的后，接受外部刺激会更加主动，会自己主动地搜集与商品有关的东西。

(8) 可变性

在消费者的诸多消费需求中，往往只有一种需求占主导地位，同时还具有许多辅助的需求。当外部条件相同时，占主导地位的消费需求将会产生主导动机，辅助性的需求将会引起非主导动机。主导动机能引起优先购买行为。一旦消费者的优先购买行为实现，优势消费需求得到满足，或者消费者在购买决策过程或购买过程中出现新的刺激，原来的辅助性购买动机便可能转化为主导性的购买动机。

(9) 模仿性

现实生活中，每个消费者的行为都不可避免的受到参照群体的直接或间接影响，其中家庭影响最为强烈，这是一种从众式的购买心理动机，消费者或不甘落后或不想显得特异，为追求平等，刻意模仿他人，借以求得心理上的满足，显示出一种购买动机的"同一"。当然，对于不同的商品，消费者受参照群体的影响也不同。如柴、米、油、盐等生活必需品，参照群体的影响就比较小，购买动机更容易导致购买行为的发生。而一些贵重物品如珠宝、首饰、家具、家用电器等受参照群体的影响较大，消费者购买动机导致购买行为中参照群体的制约作用更加明显。

4.2.2 消费者的一般购买动机与设计

4.2.2.1 本能分析模式

人们有饥、渴、寒、暖、行止、作息、性等生理本能，因这些生理本能需要而产生的购买动机行为，如饥思食、渴思饮、寒思衣等称之为本能分析模式又称生理性购买动机。具体表现有以下几种动机。

(1) 维持生命动机

当消费者在饥思食、渴思饮、乏思息的动机驱使下，产生购买食品、饮料、家具、卧具等购买行为，就属这类动机。

(2) 保护生命动机

当消费者为御寒而购买衣服鞋袜，为居住而购买装修材料，为治病而购买药品等行为的动机。

(3) 延续生命的动机

消费者为结婚、组织家庭、养儿育女而购买生活用品的购买动机。

(4) 发展生命的动机

消费者为了使生活过得更加方便、舒适和愉快而购买享受类商品的动机以及为了掌握和提高劳动技能和知识去购买书、电脑等发展类商品的动机。

一般而言，在本能动机驱动下的购买行为，具有经常性、反复性和习惯性的特点，多数是日常生活的必需品。

4.2.2.2 心理分析模式

由人们的认识过程、感情过程和意志过程引起的行为动机，叫做心理分析模式。这一模式包括三种类型的动机。

(1) 感情动机

感情包括情绪和情感两个方面，情绪动机是由人的喜、怒、哀、欲、爱、恶、惧等情绪引起的动机。例如，为了增添家庭欢乐气氛而购买音响产品，为了过生日而购买蛋糕和蜡烛等。这类动机常常是被外界刺激信息所感染，所购商品并不是生活必需或急需，事先也没有计划或考虑。这一类购买动机，一般具有冲动性、即景性和不稳定性。情感动机是由人们的道德感、理智感、美感等高级情感引起的动机。比如人们为了表达爱情会给恋人购买价格不菲的礼品，为了提升自身形象而购买高级时装或精美首饰等，这一类的购买动机，具有较大的稳定性，往往可以从购买行为中反映出人的精神面貌。

所谓感情动机来说，主要特点有下面几种：

①炫耀地位。炫耀性消费（conspicuous consumption）是一种以追求名牌为主的虚荣消费，它注重商品的符号价值而非使用价值，以显示消费者在人际中的独特性，获得心理满足感，并以此寻求他人和社会的认同。这多见于功成名就、收入丰厚的高收入阶层，也见于其他收入阶层中的少数人，在他们看来，购物不光是适用、适中，还要表现个人的财力和欣赏水平。他们是消费者中的尖端消费群，购买倾向于高档化、名贵化、复古化，如几百万乃至上千万元的轿车，几十万元的手表的生产正迎合了这一心理。

②竞争或好胜。社会学家称之为"比照集团行为"。有这种行为的人，照搬他希望跻身其中的那个社会集团的习惯和生活方式。人家有了大屏幕彩色电视机、摄像机、金首饰，自家没有，就浑身上下不舒服，不管是否需要，是否划算，也要购买，表现出一种不愿落后于人的心理。

③求新。这是追求商品超时和新颖为主要目的的心理动机，他们购买物品重视"时髦"和"奇特"，好赶"潮流"。在经济条件较好的城市男女中较为多见，在西方国家的一些顾客身上也常见。例如，来我国旅游的一对瑞士夫妇，穿着奇特，与众不同，当推销员向他们介绍古戏装时，他们非常高兴，当即购买了两套，并说明要回国后举行生日宴会时穿出来，让所有的宾客感到惊奇。

④舒适。在尽可能范围内求得个人和家庭的舒适。

⑤娱乐。购买乐器、家庭音响、体育用品等，作为娱乐活动的消费。

⑥安全。如购买保险，或者购买滋补品等，以求延年益寿。

⑦社交。购买美丽的服装、化妆用品，以求在交往中给人留下良好的印象。

⑧好奇、求名。出于好奇心或求名而购买，好奇是一种普通的社会现象，没有有无之分，只有程度之别。一些人专门追求新奇，赶时髦，总是充当先锋消费者，至于是否经济实惠，一般不大考虑，诸如魔方、跳跳糖、谜语手纸、电动牙刷、意彩娃娃等能在市场上风靡一时就是迎合了这一心理。

⑨特殊爱好。如为满足集邮爱好而购买邮票，或者收藏其他纪念品等。

⑩发展。即为了自身今后的发展而购买，如书籍、电脑、求学培训等。

（2）理智动机

理智动机是人们建立在对产品的客观认识的基础之上，经过分析比较、判断决策之后产生的购买动机。由于对所购产品的特点、性能和使用方法早已心中有数，所以这种动机具有客观性、周密性和控制性的特点。在理智动机驱使下的购买行为，比较注重产品的性能、质量，讲究实用、可靠，价格适宜，使用方便，设计科学，经久耐用等。比如消费者购买高档耐用的电器时，均经过深思熟虑、权衡利弊之后，决策购买的。从理智动机这方面来说，主要的购买动机特点有以下几种：

①容易使用。求实心理，是理性动机的基本点，即立足于商品的最基本效用。在该动机的驱使下，顾客偏重产品的技术性能，而对其外观、价格、品牌等的考虑则在其次。如手机设计合理、容易上手，罐头便于开启，包装易于拆封等。

②提高效率。省力省事无疑是人们的一种自然需求。商品，尤其是技术复杂的商品，使用快捷方便，将会更多地受到消费者的青睐。带遥控的电视机，只需按一下的"傻瓜"照相机，可以连接电脑的卡片相机以及许多一次性商品走俏市场，正是迎合了消费者的这一购买动机。

③使用可靠。顾客总是希望商品在规定的时间内能正常发挥其使用价值，可靠实质上是"经济"的延伸。名牌商品在激烈的市场竞争中具有优势，就是因为具有上乘的质量。所以，具有远见的企业总是在保证质量前提下打开产品销路。

④耐久性。商品，尤其是大宗商品，因为其价格昂贵且需要使用时间长久，故消费者一般要求性能可靠，经久耐用。

⑤便利。如各种快餐食品及经处理过的半成品、蔬菜、大米等，这类商品因能节约大量时间，所以在我国特别受快节奏生活的人和家庭的欢迎。

⑥经济。经济即求廉心理，在其他条件大体相同的情况下，价格往往成为左右顾客取舍某种

商品的关键因素。折扣券、大甩卖之所以能牵动千万人的心，就是因为"求廉"心理。相对于商品的效用来说，价格比较适中，即使购买时价格较贵，但其寿命长久、耐用，因而仍比较经济。

⑦良好服务。产品质量好，是一个整体形象。对多数消费者而言，花不小一笔积蓄购买高档耐用消费品，即使就是享誉世界的名牌产品也不能完全消除心理上的紧张感。因而，有无良好的售后服务往往成为左右顾客购买行为的砝码。为此，提供详尽的说明书，进行现场指导，及时提供免费维修，实行产品质量保险等都成为企业争夺顾客的手段。这一点在一些大宗商品和高科技产品的买卖中最为常见。

⑧安全。随着科学知识的普及，经济条件的改善，顾客对自我保护和环境保护意识增强，对产品安全性的考虑越来越多地成为顾客选购某一商品的动机。"绿色产品"具有十分广阔的前景就是适合这一购买动机来促进销售。

(3) 惠顾动机

惠顾动机是基于情感和理智的经验，由于某些企业推销商品产生信任和偏好，对特定的产品、商标、厂牌、商店等产生特殊的信任和偏好，使消费者重复地习惯地前往购买的一种消费动机。这种动机也叫信任动机，顾客之所以产生这样的动机，或者由于产品质量好，有较高的声誉；或是生产厂家具有相当的权威和知名度；或是因为营业员礼貌周到、信誉良好、提供信用及劳务；商店地点时间便利，店面布置美，秩序良好，商品丰富，价格合理，在消费者中树立美好的产品形象与信任。因此每一推销商和商店的声誉或特色均可以给予顾客一种不同的印象。其广告宣传等推销方面的应用，主要就在于使顾客对之产生良好的印象。在这种动机支配下，顾客重复地、习惯性地向某一推销商或商店购买，这些消费者往往是企业的忠实支持者，他们不但自己经常购买，而且对潜在的消费者有很大的宣传影响作用，甚至生产者的产品和服务出现某些过失时，也能给以充分的理解。我们生产者的产品能在消费者中激发其惠顾动机，其经济效益和社会效益是相当可观的。激发消费者的惠顾动机，应该注意产品质量信用，花色品种的设计，包装装饰的新颖，以及产品广告的选择和宣传，营销人员的服务周到等因素，这些努力的结果，使产品在消费者心目中建立起独特的印象，这样，不但

为某一企业某一商店形成一支牢固的消费队伍，而且还可以依靠这支队伍的宣传，扩大产品的知名度从而占据更广阔的市场。一般来说，惠顾动机特点包括：

①时间地点便利。如商店位置离居住地点不远，营业时间长。

②品种齐全。商品种类齐全，消费者有较大的选择余地。

③价廉物美。商品质量优良，价格适中。

④良好服务。营业人员服务态度好、服务周到，能为消费者提供便利的服务、维修和送货上门等，具有良好的声誉。

⑤炫耀特殊身份。例如经常光顾某些专售高档商品的商店，显示出一种与众不同的身份。

4.2.3 消费者的具体购买动机与设计

分析消费者的具体购买动机是指常见的、一般的类型，这里列举求实、求新、求美、求名、求利、好胜、癖好、平等、隐蔽、安全、疑虑、求速及效仿十三个方面的购买动机。

4.2.3.1 求实购买动机

求实是以追求产品的实际使用价值为主要目的的购买动机，其核心是"实用"和"实惠"。这是顾客特别是我国消费者普遍存在的心理动机。他们购买物品时，首先要求商品必须具备实际的使用价值，讲究实用，特别重视产品的效用、质量，讲究朴实大方、经济实惠、经久耐用、使用方便等，而不过分强调外形的新颖、美观、线条、色彩、个性等特征，具有这种求实购买动机的人，一般是经济收入不太高的工薪阶层，消费要从长计议的人；在年龄层次上，中老年人比较多，他们比较求安全，注重传统和经验，不爱幻想，不富想象；在区域分布上，一般经济欠发达地区的人求实心理偏多，具有求实购买动机的心理，一般不易受产品的包装、商标和广告宣传的影响，他们比较认真细致、精打细算，他们是中低档商品的主要购买者，对于高档商品、特殊商品持慎重态度。

4.2.3.2 求新购买动机

求新是以追求产品的时髦与新颖为主要目的的购买动机，在经济较发达的城市青年男女中较为多见。这种动机的核心是趋时和奇特。在选购商品时，这类消费者特别重视产品的款式和社会的流行式样，喜欢追逐新潮流，而不大注意产品实用与否或价格高低。这些消费者的特点是富于

幻想，渴望变化，蔑视传统，喜逐潮流，对过时的商品或老产品不感兴趣，对流行的知识性、趣味性新产品感兴趣，容易受商品的广告和包装等因素的影响。

4.2.3.3　求美购买动机

爱美是人的一种本能和普遍要求，爱美之心人皆有之，美感性能也是产品的使用价值之一。企业对产品外观设计注入越来越多的投资，就是因为消费者购买决策时，美感动机的成分越来越重。求美是一种以追求产品的欣赏价值为主要目的的购买动机，在女性消费者、高学历消费者、文艺界人士及经济发达的国家的顾客多见。这种动机的核心是讲究装饰和打扮。在选购商品时，特别注重产品本身的造型美、色彩美和装饰美，重视产品对人体的美化作用，对环境的装饰作用以及对人的精神生活的陶冶作用。他们购买产品，往往不是为了产品的使用价值本身，而是从中得到美的享受。他们选购商品往往特别注意商品的品位和个性，名牌商品和高档商品对他们具有较大的吸引力，这些人往往是高级化妆品、首饰、工艺品和家庭陈设用品的主要消费对象。

4.2.3.4　求名购买动机

求名是以一种显示自己的地位和威望为主要目的的购买心理，在具有一定政治地位和社会地位的人中较为多见，尤其是现代社会中，由于名牌效应的影响，吃穿住使用名牌，不仅提高了生活质量，更是一个社会地位的体现。因此，这也是为什么越来越多的"追牌族"涌现的原因。这种动机的核心是显名和炫耀。在选择商品时，特别重视产品的威望和象征性意义，喜欢购买名贵商品，超乎一般消费水平的商品，或显示其生活富裕、地位特殊，或表现其品位超群，从而得到一种心理上的满足。当然，求名心理大多是潜在的。例如在国外，有人在自己院子里修一座游泳池，主要动机是为了向别人夸耀自己的富有，但却对邻居讲这是为了锻炼身体，增强健康。

4.2.3.5　求利购买动机

求利是一种以追求廉价消费品为主要目的的购买动机，是一种"少花钱多办事"的心理动机，其核心是"廉价"。有求利心理的顾客，在选购商品时，往往要对同类商品之间的价格差异进行仔细的比较，而对商品的质量则要求不高，喜欢选购处理价、特价、折价、优惠价的商品，当推销员向他们介绍一些稍有残损而减价出售的商品时，他们一般都比较感兴趣，只要价格有利，经济实惠，必先购为快。具有这种心理动机的人，以经济收入较低者为多。当然，也有经济收入较高而节约成习惯的人。

4.2.3.6　好胜购买动机

好胜是一种以争赢斗胜为主要目的的购买动机。这种人购买某种商品往往不是由于急切的需要，而是为了赶上他人，力求超过别人为目的，表现出"优越感"和"同调性"的消费心理现象，他们抢先购入最好的产品，以便能炫耀于人前，满足自己好胜的心理。这种购买者不拘于某一阶层，他们的好胜程度具有一定局限性，同时还具有偶然性的特点和浓厚的感情色彩。比如有些消费者为了不至于落后于其他消费者的消费层次，不至于使"优越感"失落，他们往往为了赶上"时代的步伐"而过早地淘汰原有的耐用消费品，即使原有耐用消费品的使用价值并没有消失，他们也在所不惜。比如，他们为了购买新的高档手机，竞相廉价出售原有的尚新的手机；为了购进新的笔记电脑，而竞相廉价出售原有的台式电脑。

4.2.3.7　癖好购买动机

癖好是一种以满足个人特殊爱好和情趣为目的的购买动机。有些消费者由于生活习惯和业余爱好，喜欢购进一些特殊的商品。比如有的人喜欢花木盆景，有的人喜欢古玩字画，有的人喜欢集邮摄影，有的人喜欢看书看报，如此等。这种癖好心理动机，往往同某种专业特长、专门知识和生活情趣有关，因而其购买行为比较理智，指向也比较集中和稳定，具有经常性和持续性的特点。例如，有的人宁愿节衣缩食，省下来的钱买喜欢看的书，有的则买邮票，这就是癖好购买动机的实例。

4.2.3.8　平等消费动机

有这种心理的顾客，在购物时，既追求商品的使用价值，又追求精神方面的高雅。他们在购买行动之前，就希望他的购买行为受到推销员的欢迎和热情友好的接待。这是一种以要求得到售货员或他人尊重为主导倾向的消费动机。其核心是"平等"和"友好"。经常有这样的情况，有的顾客满怀希望地进商店，一见推销员的脸冷若冰霜，就转身而去，到别的商店去了，甚至再也不愿光顾那家"冷若冰霜"的商店。这类消费者以他乡来客、异国宾朋和地位不高的人为多。他们都希望受售货员和当地人的尊重。至于农民消费者进城由于文化水平的限制，对所购品可能表达不好更需要售货员的尊重。具有这种消费动机的人，由购买时的某种刺激（如受到冷遇或他人嘲讽等），很可能变成冲动式购买或被迫购买。"自尊之心人皆有之"，在消费行为上也同样如此。

4.2.3.9 隐蔽消费动机

这是一种想隐蔽其消费心理而不愿为他人所知的消费动机。其核心是"秘密"。有这种心理的人，购物时不愿为他人所知，常常采取"秘密行动"，这种动机在消费活动中，常常是左顾右盼，不愿当众成交，一旦他选中了某件商品而周围无他人观看时便迅速成交。这类动机在一些健全的有钱人中较为常见。例如，一个有钱妇人在选购首饰时，看中一件高价的首饰但不愿当众成交，其原因是害怕显露财富，甚至担心会遇到歹徒跟踪等，惹出不必要的麻烦。具有这类动机的消费者通常希望得到售货员的帮助。女青年购买卫生用品，男青年为异性朋友购买女性用品，国外一些政府官员或大富商购买高档商品时，也有类似情况。

4.2.3.10 效仿消费动机

这是一种从众式的购买心理动机，其核心是不甘落后或"胜过他人"，他们对社会风气和周围环境非常敏感，总想跟着潮流走。有这种心理的顾客，购买某种商品，往往不是由于急切的需要，而是为了赶上他人，超过他人，借以求得心理上的满足。

4.2.3.11 疑虑消费动机

这是一种思前顾后的购物心理动机，其核心是怕"上当"、"吃亏"。他们在购买物品的过程中，对商品质量、性能、功效持怀疑态度，怕不好使用，怕上当受骗，满脑子疑虑。因此反复向推销员询问，仔细地检查商品，并非常关心售后服务工作，直到心中的疑虑解除后，才肯掏钱购买。

4.2.3.12 安全消费动机

有这种心理的人，他们对欲购的物品，要求在使用过程中和使用以后，必须保障安全，尤其像食品、药品、洗涤用品、卫生用品、电器用品和交通工具等，不能出任何问题。因此，非常重视食品的保鲜期、药品的无副作用、洗涤用品有无化学反应、电器用具有无漏电现象等。

4.2.3.13 求速消费动机

这是以在购买商品的时候要求交易迅速的心理动机。具有这样的心理动机往往有几种情况：时间紧迫的情况下的需求、购买挑选性不强的商品或者劳务、购买长期消费习惯的商品。这类消费者消费时，行动迅速紧急，语言简短，往往不加挑选和比较，即刻成交。

4.2.4 消费者现代购买动机与设计

高速发展中的中国，受到发达国家消费的示范效应影响，国内消费者的购买动机染上了某些西方的色彩，其中优越欲、同步欲、换购欲和独特欲是四种主要的现代购买动机。

4.2.4.1 优越欲

优越欲亦称炫耀欲，美国经济学家凡勃伦（Veblen）在1899年出版的《有闲阶级论》一书中，详尽考察了有闲阶级的炫耀性消费形态①。凡勃伦认为，要获得尊荣，并保持尊荣，仅仅保有财富或权力是远远不够的，有了财富或权力还必须能够提供证明，炫耀性消费就是为财富或权力提供证明以获得并保持尊荣的消费活动，即在购买商品上要显示出比别人优越的欲望，也就是说在一种努力维护和提高自我观念的动机作用下购买物品，这主要表现在抢先购进最好的耐用消费品上，如购进价格昂贵的宽屏大尺寸液晶彩色电视机、摄像机、家庭影院设备、中心空调装置等时髦高档商品。这时，消费者的购买动机除了要使用这些商品的功能以外，还存在更深层次的购买动机，如夸耀于人前，显示自己的地位优越等。人们购买高档显贵的商品，除了满足使用价值以外，还有一种心理上的满足，即通过购买一件新潮、贵重商品，消费者显示了他的令人羡慕的经济实力和"高雅的"生活情趣。因此，高档商品有双重身份，既有物理特性的使用价值，又有象征意义的心理价值。

在现代社会里，不管个人有没有意识到，人们的购买动机中越来越多地渗透了商品的心理成分，也就是为商品的心理功能而购买的。商品的心理功能就是指通过某件具体商品，可以炫耀出这件商品的持有人的社会地位、经济地位、生活

---

① 凡勃伦著，蔡受百译.有闲阶级论[M].北京：商务印书馆，1964

情趣、个人修养等个人的特点和品质。

4.2.4.2 同步欲

亦称同调性，这是一种比较普遍的心理现象。它是人们"从众心理"在购买动机上的反映。主要表现在人们购买耐用消费品方面和别人保持同一步调。社会风气和群体行为对购买者会产生一种驱动力，使他渴望购进别人已经拥有的同类产品。比如近几年，家用轿车已进入一些家庭的日常生活，另一些家庭就跃跃欲试，这种消费心理造成家用轿车的普及率的加速化。产生这种现象的原因当然与消费者的收入增长、产品的产量上升有关，但消费者的同步欲也起到不可低估的作用，在一定程度上增强了购买这些产品的势头。

同调性还反映在消费者的"恐后"心理上，担心落后于时代，不合潮流，担心别人说自己没眼力，担心别人捷足先登，担心失去机会等。在购买行为前后，这是一种很普遍的心态。西方一些经济学家认为，消费已被一些人看成是有助于消除社会差别和歧视的手段，消费的同步欲加速这种消除的进程。据说社会上各个阶级和阶层都有自己的衣服、装饰和生活方式的特征、以区别于其他阶级和阶层。现代消费品的日新月异和新消费品的推广，虽然不等于直接取消阶级和阶层的差别，却减少了社会歧视。塑料或镀金、包金的珠宝首饰的生产和化妆品的推广，使得低收入女性在打扮上与高收入女性的差距缩小了。这种"显示平等"、"缩小差距"、"互相攀比"的心理，就产生了中国消费市场的同调性，这也是手机、MP3、电脑等数字产品的普及率为什么会迅速提高，大大偏离了经济学权威部门的市场预测结果的重要原因之一。

4.2.4.3 换购欲

这种购买动机也称"更新欲"，即在原有商品的使用状况尚属良好的情况下，就另买新的，或卖旧换新。这在现代社会的消费者中已是常见现象，尤其在西方发达国家里表现较为突出。比如日本家庭使用不足5年的电冰箱，约有27%要换新的；在美国，民用小汽车的更新就更为频繁。在经济发展如此迅速的今天，人们的经济收入大幅度上升，为消费者更新换代自己的耐用消费品创造了条件。有一部分消费者"换购欲"比较明显，他们企图不断及时更新自己的耐用消费品，以保证家庭生活的时髦，保证优越于人的地位，即使做不到这一点，也希望能跟上同时代人的步伐。虽然不同收入水平的消费者"换购欲"的强度表现不同，但普遍对新产品还是持肯定态度。因为新产品款式要新一些，性能要好一些。

另外我国传统的节俭民风和长于计划的消费观念对"换购欲"还是有抑制作用的，随着市场经济的进一步发展，人们的消费观念的更新，"换购欲"的强度也会上升。我们产品设计人员应当认真研究现代消费动机，研究消费者的"换购欲"，这对把握市场动态，预测产品趋势，制订生产计划将会起重要的作用。目前，我国城镇的手机的拥有率已达90%，接近发达国家水平。而且市场调查表明，消费者已不满足于普通手机了，随着智能手机的流行，更多的消费者要求换购各品牌的智能手机，索尼爱立信首席执行官伯特·诺德伯格预计2015年中国智能手机占有率将高达50%，消费者的这种换购欲对指导我国手机市场的发展，无疑是很有价值的。

4.2.4.4 独特欲

消费者会使用产品来构建和表达自我。如Beik（1998）发现：消费的产品可以帮助人们表达和强化自我。独特欲指个体通过获取、使用和处理能够构建和强化一个人的个体和社会身份的消费品，追求与他人的差异。很多研究证实消费者会获得或展示物质所有物及参与某些消费体验，其目的是构建和表达与他们不同的自我形象。如果追求与他人不同的个体相信其购买的产品会在公众场合被他们注意到，并且与他的自我匹配，他的自我会被强化和保持。人们讨厌与他人过度相似，当人们的产品几乎一致时，会削弱人的独特性，减少人们对自我的感知，这样就会产生负面情感。与象征程度低的产品相比，消费者更有可能使用象征程度高的产品来构建和表达自我形象。特别是在社会发展繁荣之今天，消费者更加注重追求个性与自我表达，反对重复与单调。这一趋势主要体现在服装等流行时尚等产品行业，个性化定制生产与个性化设计的研究对市场未来发展有重要意义。[①]

---

① 杜伟强，于春玲，赵平. 自我表达、独特性动机和消费者推荐. 中国营销科学学术年会暨博士生论坛，2009，103 - 111

4.2.5 消费动机分析指标体系

消费者购买行为是社会性行为、动机性行为。消费动机是引发消费者购买行为的直接原因和动力，然而消费者动机是看不见的，是隐藏在消费者心里的，设计师如何分析消费者心中不可见的动机，用以指导设计，就成为判断设计是否成功的关键。从动机的特质和动机与行为的关系来看，动机是可以被量化的，只不过动机不是被直接量化，而是通过外显的消费行为折射得出。

量化分析的意义在于通过量化找到目前市场和消费者的需求，以此为指导制定、修改企业营销策略及设计管理定位，也可以间接了解到企业经营能力上的优势和缺陷，帮助企业弄清楚自己在行业竞争中所处的位置，帮助企业看清自己未来的发展趋势，以便企业尽快地寻找到新的市场机会，为企业提高自身竞争优势提供客观依据。如何进行动机量化及动机量化的划分具体参见表4-2动机分析指标表格所示。

表4-2　　　　　　　　　　　　　　动机分析指标

动机唤醒度	动机唤醒度即动机被唤醒的难易程度。有些人发现自己有某种需要可是并不一定会发展成动机。比如想去旅游，可因为工作忙没时间或是没有同伴一起同行，一段时间后这种需要就慢慢消失了。又比如在看过某地风光片的宣传后想去旅游，但只是想想而已，不准备发展成动机
动机潜伏期	动机潜伏期即是从动机形成到发生购买行为之前的这段时间。不同消费群体的动机潜伏期长短是不一样的，有的潜伏期较长有的则很短。在潜伏期内，人们可以理性地比较各种商品和服务信息，为之后的购买行为做准备
动机实现性	即动机是否获得实现或动机是否激发出购买行为。有些动机已经形成了，可经过了较长的动机潜伏期后仍然没有出现购买行为，以至于到最后动机消失了。有些人的动机是很有效的，是一定要被实现的，他们在经过很短的潜伏期后便有了实际的购买行为
动机复杂度	同一种行为背后会出现多种动机单体，因人而异，有的人出现的动机单体个数较多，有的人则较少。动机复杂度就是用来衡量同一行为背后存在的动机单体数量的多少。有些消费者在发生购买行为之前要考虑很多的因素。他想要时尚、体面、经济实惠的物品；他要考虑品牌的社会地位；他要考虑自己的经济承受能力；还要满足自己对物品各方面功能的要求，因此出现了多种动机单体的碰撞。碰撞越激烈就越难平衡，这就会导致动机的潜伏期延长，动机的实现性降低。而有些则相反
动机有效性	这是一个综合指标。是对动机唤醒度、动机潜伏期、动机实现性、动机复杂度的综合指标。用来判断动机是否有效。动机唤醒度高、动机潜伏期短，动机实现性高、动机复杂度低的动机是最有效的动机。反之则有效性不高

这些动机的量化指标构成了一把尺子，设计师可以用这把尺子衡量不同消费群体的动机强度。消费者是产品设计的关键，满足他们的需求是设计成功的关键。因此，成功的设计师是那些能够迅速地感知到消费者需求，并有效地将消费者需求开发成成熟的产品或服务，再运用合理的营销策划和有吸引力的广告策略将产品呈现给消费者。

4.3 消费者动机冲突分类与设计

消费者往往同时具有多种动机，并且在许多场合，这些动机同时起作用，各种动机并不协调和谐，动机冲突是难免的。数不清的产品、服务和活动，不断地展现在我们面前，诱使我们去消费，可是由于时间、金钱及精力的限制，使我们不能随意地去消费。在现实生活中，一个人常常遇到各种动机冲突。例如学习的动机与娱乐的动机，耗费的动机与节约的动机，奋斗的动机与舒适的动机之间往往发生冲突。为了减肥就要放弃一些美食；为了强健，就要放弃一些闲暇；为了某种名牌，就要放弃其他名牌……如果对动机冲突不能很好处理，就会产生强烈的消极情绪，使人陷入困惑和苦闷之中，甚至颓废和绝望，无力自拔。动机冲突不但影响人的正常工作和学习的积极性，还会给人的身心健康带来严重的威胁，甚至使人的精神状态趋于崩溃，乃至行为失常。

动机冲突又称心理冲突，是指在个体活动中，经常同时产生两个或两个以上的动机，如果这些并存的动机无法同时获得满足，而是相互对立或排斥，其中某一个动机获得满足，而其他动机受到阻碍时，所产生的难以作出抉择的心理状态。动机冲突也是造成挫折的原因之一，动机冲突和挫折的区别是：动机冲突必须有两个或两个以上互相排斥的动机，而挫折可以只有一个动机；动机冲突往往发生在动机已经形成，但还未见诸行动时，而挫折则常常发生在为达到目标而采取行动的过程之中或过程之后。消费动机冲突是消费者在采取购买行为前发生的动机冲突，表现为几个相互矛盾的消费动机发生斗争，斗争的结果将决定购买何种商品，买这种牌号还是买那种牌号的商品；去看戏还是去看电影；旅游乘火车还是乘轮船等，都是消费动机冲突的表现。消费者的动机冲突表现类型是多种多样的。勒温将动机冲突分为三种类型：双趋冲突、双避冲突和趋避冲突。

4.3.1 双趋冲突——"接近—接近型"动机冲突与设计

双趋式冲突又称"接近—接近型"冲突。这类冲突是指消费者个人具有两种以上都倾向购买目标而产生的动机冲突，是"接近—接近型"的。当消费者面临两个以上都想满足、都具有吸引力的可行性方案，却因为某种条件的限制而无法同时达到并且要从中进行选择时，这时的心理冲突最厉害。生活中常会碰到不同消费内容之间的动机冲突，例如在购买智能手机时，三种牌号的智能手机都是市场上的主流品牌，功能相似，价格也相差无几，消费者也确实急需购买一台，但是究竟购买哪一台，发生了吸引力均等的冲突，消费者对这三种选择举棋不定。当产生这样的动机冲突时，产品本身的设计、及时的广告，同时价格及营销策略的调整都可使其中的一种选择占据优势[①]。比如提出"先玩后付钱"、分期付款，使这两种抉择均得到满足，皆大欢喜。要解决消费者的动机冲突，诱导消费者购买本产品，必须寻找本品牌与众不同之处，加以广告定位，突出个性，打破均势，强化本产品的吸引力，在具体操作时可以采取以下措施：

第一，刺激强化：当消费者对选择某一品牌已有了信念，但是对其产品的优缺点还不能作出判断时，企业应当寻找本品牌与众不同之处，突出本产品的个性。比如：消费者在购买空调时，重视外观的好看与否、变频与否、噪声的高低等因素，但在对这些因素进行了比较之后还不能决定时，企业可以针对某一特点进行宣传推广，例如提示消费者该品牌的空调环保性能优越，省电节能或操作智能等来宣传产品的优点，刺激消费者购买。

第二，目标引诱：通过产品设计，增加产品吸引力，从而打破均势。在中国，肯德基与麦当劳的市场份额是差不多的，消费者对于这两个品牌的认同度相似，因此在选择这两个品牌时形成了正—正动机冲突。然而经过十多年的竞争，肯德基的销售额居中国餐饮之首，越来越多的人选择了肯德基，消费动机冲突缓解了。因为肯德基坚持"立足中国、融入生活"的策略，并提出"为中国而改变"的口号。作为中国社会的一分子，肯德基秉承"回报社会"的企业宗旨，积极关心需要帮助的人们。其主要形式是赞助中国儿童和青少年教育事业以及普及健康知识、倡导均衡饮食、适当运动的健康生活理念，提升品牌的文化内涵。相比之下，麦当劳在这些方面则有所欠缺。

为了保住产品的优势，使消费者在激烈的市场竞争中识别本产品，当消费者发生动机冲突时能倾向本产品，厂商和设计师经常发生广告大战。2007年4月，联合利华倾力推出"十年磨一剑"的专业去屑品牌清扬，目标直指坐拥中国去屑市场80%份额宝洁公司旗下的海飞丝，清扬邀请了当红韩国明星Rain代言男士产品，女士产品则由台湾娱乐节目主持人小S代言，广告语"我喜欢黑色""我用清扬"很好地契合了目标消费人群追逐个性、注重美观时尚的喜好。海飞丝也不甘示弱，重新设计梁朝伟、李大齐代言的广告，广告语"为你准备一个干净清洁的肩膀，让你随时依靠""完美蜕变 给我新生"用来反击清扬代言人小S针对老牌去屑产品的那句"如果有人一次又一次对你撒谎，你要做的就是立刻甩了他"。广告战之外，清扬发起了"千万人去屑大挑战，赢巴黎时尚之旅"的事件营销活动，并在终端销售中推出琳琅满目的促销组合。海飞丝则就势更新包装、改头换面，以全新的姿态重

---

① 林晓航.消费者动机分析与营销策略[J].中山大学学报，2006，115

获消费者青睐。

4.3.2 双避冲突——"回避—回避型"动机冲突与设计

双避式冲突又称"回避—回避型"冲突，也称"负—负"冲突，即消费者面对两种或两种以上的动机，并且不得不作出选择，而这些选择可能带来不利的后果，或利益上的损失，消费者为了回避这些不利的后果和损失，在动机上产生了冲突。即消费者既不想失去享受或消费，又不想付比较多的代价，因此部分消费者喜欢"廉价品"，就是这种心态的反映。如有消费者在不耐烦的售货员手中买下了高档的电脑，回家后发现质量和性能有问题，想要退货，但是一想到退货时营业员会发脾气不予退货，产生胆怯心理，同时消费者又不愿蒙受经济损失，夹在两个都想避开的可能之间，处于进退两难，难以选择的状态。比如近年来，国内商品房积压非常严重，2000 年统计的闲置率达到 16%，2007 年的闲置率进一步上升。大部分居民强烈希望能拥有一套自己的住房，但收入水平两极分化加剧，许多低收入的居民根本没有经济能力购买这样的房子。同时商品房的销售价格每年都在提高，现在不购买的话，将来购买的价格还要上涨，所以人们面临着"买"与"不买"的双重不利动机冲突。再如，消费者家中有的洗衣机、电视机有些过时，心中不免产生冲突，既不想花较多的钱买新的，又不愿用过时的旧产品。我们可以站在消费者的角度，为消费者着想，减少带来不利的后果或利益上的损失，缓解消费者的不安心理，从而解决这种"负—负"动机冲突。

对此，营销者也可以用改变营销方法和变换广告宣传来解决。我们可以使用如下方法：

第一，变通刺激。通过设计和改变营业环境等方法，可以缓解消费者的不安心理或降低消费者的利益损失。比如在中国，手机通信领域只有联通和移动，消费者只能选择这两种通信运营商，它们的服务各有优缺点，现在移动公司正在提高服务质量，提出"诚信服务，满意 100"服务口号，可以在某种程度上缓解消费者抵触情绪。又如，一些地方开展"有奖竞猜"和"买一送一"活动，使销售量增加，就是针对消费者的"负—负"动机冲突而设立的一种新的营销方式。在使用刺激强化方法的同时，也是在运用目标诱导的方法，变相降低产品的销售价格，从而增加产品的吸引力。比如戴尔集团的系列笔记本，推出"以旧换新"的营销策略，以平息消费者心中的两难冲突，达到促销的目的。可口可乐公司在全国各地开展"再来一瓶"活动，使销售量大增，也是针对消费者的双避动机冲突而设立的一种新的营销方式。

第二，缓解消极。通过产品设计，增加产品吸引力，缓解消费者消极的消费心理。也可以针对"负—负"动机冲突，设计出一种全新的产品，能一举解决消费者的动机冲突，不但可以满足消费者的需求，也为企业开阔了市场。比如：针灸减肥，整形美容，SPA 的风靡就是"负—负"动机冲突的趋势下产生的，当下人们生活压力大，时间少，没有精力去锻炼身体钻研养生之道。为了保持青春的容貌与体态，他们寄情于一些科技的手段，来迅速有效地达到效果。这些消费者既不想改变现在的生活方式，又不能忍受身体容貌的变化，所以针灸减肥、整形美容、SPA 的成功产生就是因为它解决了消费者的"负—负"动机冲突。

4.3.3 趋避冲突——"接近—回避型"动机冲突与设计

趋避式冲突又称"接近—回避型"冲突，也称"正—负"冲突，即消费者要实现两种或两种以上的消费动机，而在实现第一种动机时会带来真正的消费价值，在现实第二种消费动机时会带来不利的后果，消费动机产生了正负冲突。消费者常常面临可能引起愉快，又可能引起不愉快的商品时，就发生趋避动机冲突，比如某种商品质量好价格高，这时消费者想买，又嫌价钱太贵，尤其对一些服装的选购，觉得"看上眼的买不起，买得起的又看不上眼"。趋避冲突在消费者行为中较为普遍，在这种情况下，一个消费者碰到的问题是：购买某一种产品，既有积极的后果，也有消极的后果，比如有的人喜欢吃甜食，又怕发胖，或担心加重糖尿病；喜欢抽烟，但无法排除烟焦油、尼古丁等对身体健康的损伤；喜欢电脑上网，又担心受射线辐射影响，视力受损；使用微波炉方便，又怕微波泄漏变成慢性自杀。人在采取任何行动时，都要考虑到利害得失，都倾向于趋利避害。而利害得失又没有绝对的客观标准，有时只凭主观感受来判断。每当人们决定趋近时，对害与失的感受性就增高；每当人们决定躲避时，对利与得的感受性也增高，所以人们在正、反两个方面之间，常常陷入犹豫不决的困扰情境之中。

在产品设计中，为应对消费者此类动机冲突，设计师应从两方面来改进。

其一，改进产品本身的功能。如针对用户喜欢喝酒又担心发福，可以开发一种低热量的啤酒，可以在某种程度上减轻这类冲突，这样，那些对体重特别敏感的啤酒爱好者，既可以痛饮啤酒，又可以防止摄入过多的热量。无糖甜食、低焦油卷烟、防泄漏微波炉等，也是这类产品设计。

其二，改变广告的主题设计，采用醒目的标志，明确提示"无糖"、"无盐"、"低焦油"、"防泄漏"等，与消费者的动机冲突点相对应，使矛盾的动机冲突得以平衡协调，有利于消费者解决趋避冲突。动机之间的冲突以何种方式、何种结果加以解决，经常会影响消费者的消费方式和消费内容的取舍，进而决定企业和产品的命运。作为产品设计人员，应当了解消费者的动机冲突，分析冲突类型，提供一些"好的"解决方法，从而打破动机冲突的僵局，引导消费者使用您推荐的产品，从而使产品在激烈的市场竞争中，立于不败之地。

心理学家马奇和西蒙（March&Simon）曾经将动机冲突过程用于描述消费者面对几种可供选择的商品，必须作出选择决定时的情况。

一种可能是"不能确定"，消费者对购买情况缺乏充分的信息，感到难以评价自己的选择。这时，提供消费者所需要的信息，可以帮助消费者作出明智的选择，从而促成购买行为。

另一种可能是"不能比较"，即在所提供的信息中，所有商品的质量及适用性相当，因而难以抉择。在这种情况下，广告和其他销售宣传对消费者的行为可以有很大影响。

第三种可能是"不能接受"，即消费者认为所提供的商品中没有一种可以接受，因而拒绝购买。这时消费者的需要未获满足，他可能转而采取别的行为，如光顾其他商店，寻找同类的商品进行比较，比较之后，消费者仍有可能购买原先遭到拒绝的商品。在所有这三种情况中，适当的设计宣传都可以在很大程度上影响消费者的购买行为。

4.4 影响消费者购买动机的因素

影响消费者购买动机的因素很多，主要有两方面：其一是来自购买的外部环境，诸如政治经济环境、人文地理环境、居住生活环境等；其二是来自购买产品的本身因素，诸如产品的品质、功能、造型、规格、包装、商标、广告、保修以及价格等。

4.4.1 影响消费者购买动机的外部因素

购买动机的形成，对于消费行为的发生，具有重要的意义。我们发现，有些消费者尽管动机很强烈，但仍然不会导致购买行为的发生，或者导致购买行为的转向，这往往是影响消费者购买动机的外部因素所致。

4.4.1.1 政治经济因素

政治上改革开放，经济上繁荣昌盛，势必提高人民的生活水平，增长了购买力，使消费者的购买行为异常活跃。改革大潮触动了方方面面，人们最易接受的触动就是生活方式的改变，家庭生活自动化、电气化，吃讲营养，穿讲漂亮，用讲高档的消费观念成为更多人的共识。想当年，封闭式的经济，人们清一色的着装，不是蓝灰色的"中山装"大军，就是"八亿人民八亿兵"的黄军装海洋，即使有些消费者想买些漂亮衣服装扮自己，也因怕犯"资产阶级生活方式"之嫌而作罢，甚至有的消费者怕穿新衣服被人说成"浪费"，而在新衣服上打上几个补丁，以示其"艰苦奋斗"的作风。

4.4.1.2 人文环境因素

中国有崇尚节俭的民风，国家也提倡"少花钱多办事"。因此一些享受类产品的购买动机就要有所限制。比如有些收入颇丰的年轻人，可能想买一款新潮的高档服装，以显示自己的经济地位和时尚品位，但父母并不认可和理解这种审美与价值观念，他就可能表现得谨慎起来，暂时取消购买动机。对于不带防污气装置摩托车和助力车，人们也认为这是"有污染环境的产品"，由于这类产品价格低于环保型车，消费者购买代步车时，还是选择这些摩托车和助力车，而不去买配有防污设备和有相关汽油的车。因此购买这些产品的心理就十分微妙，政府考虑到环保标准的落实，采取污染源材质的控制措施，用宏观政策的制约和补贴政策，来促成环保产品的销售。消费者的环保觉悟和自我约束不会自动生成，要靠全社会宣传、教育的力度，这就需要设计师既有生态设计的产品，又有生态设计意识的广告。创造一种有环保意识的绿色人文环境。

4.4.1.3 居住环境因素

随着经济的迅速发展和大规模的城市化建设，

国民居住环境得到了极大的改善,随着人们纷纷搬进新居,不仅新婚夫妇要购买各种新的生活用品,就是中老年人乔迁之喜也需更新家具、日用品之类的东西。生活环境的改善使许多传统产品的购买力下降,甚至处于被淘汰的境地。由于现代住房都是采用钢筋混凝土结构,安装了完备的煤气与供暖系统,传统取暖煤炉逐渐被电热暖器取代,传统火炉被电磁炉取代,也正是因为这样居住环境的变化导致了现代家用电器市场竞争激烈的场面,这构成了现代工业设计的主要设计内容之一。

4.4.1.4 广告定位因素

在选择广告定位时,我们应该充分了解消费者的心理活动,创设消费条件,尽可能强化那些能够维持在加强消费动机的外部环境,尽可能避开妨碍或削弱购买动机的因素,比如美国米勒酿酒公司(Mllier Brewirig Company)原先给本公司的米勒"Highlife"牌啤酒的广告定位是"一种乡村俱乐部的产品",可是后来发现在乡村俱乐部这种上流社会人士聚会的地方,啤酒的消耗量并不大。在美国,80%的啤酒是由30%的饮酒者所消费的,年龄分布在18~34岁之间,主要是蓝领工人、大专学生等,于是,米勒公司适时调整了广告主题,定位是"米勒时间",即在完成一天紧张工作或学习之后,用米勒"High life"牌啤酒来奖赏自己一番。喝米勒啤酒就是为了享有米勒时间。这样的广告定位,强化了更多人购买米勒啤酒的动机,使米勒啤酒在美国畅销,十年不衰。

4.4.1.5 地理区域因素

某些产品具有区域性,不同地区的消费者其购买动机不同,动机的强度也不同。前几年,曾发生电磁灶的广告大战,各种牌号的电磁灶一轰而上。实际上电磁灶的市场并没有那么大。电磁灶与一般炉子相比,确有许多优点,没有明火,没有烟尘,热效率高等,一部分消费者可能对此发生兴趣,以至构成购买动机。但是,另一部分低阶层的人则想电磁灶每台售价500多元,这么多钱买一台"炉子",是否具有这种紧迫性?在什么区域,什么环境下才具有这种购买动机?才会发生购买电磁灶的行为?通过市场调查,发现在没有煤气灶,甚至连买煤球、煤饼也困难的地区,消费者才会萌发购买电磁灶的消费动机。于是"双圈牌"电磁灶就打出了"何必忙得团团转,没有煤气有双圈,双圈电磁灶就是方便"的广告主题,这样有针对性的宣传,使双圈牌电磁灶找到了目标市场,打开了销路。

4.4.1.6 购物环境因素

营业员的服务态度,商店橱窗、柜台的布置、营业大厅内的设施等,都会影响消费动机。比如要把老年市场搞活,促发老年消费者的购买动机,就必须改善服务态度。老年人购物喜欢多问,如果营业员能耐心地回答,便很容易做成生意,但是,不少售货员嫌老年消费者啰里啰唆,掏钱动作太慢,几张票子数来数去不耐烦。这种观念影响老年人的购买动机,另外,老年人体力衰退,很难适应拥挤嘈杂的购物环境,希望在选购商品过程中,能够不时地坐下来小憩。如果商店能够为老年消费者准备一些可供休息的简单设施,那么,老年人的购买行为会增加频次。

4.4.2 影响消费者购买动机的内部因素

影响消费者购买动机的因素除了外部条件以外,产品本身的内在因素也发生重要的作用。消费者非常重视产品本身的质量、功能、造型、规格、包装、商标、广告、保修以及价格等这些内部因素。

4.4.2.1 产品的品质

这是构成购买动机非常重要的因素。比如电视机的图像清晰;空调的制冷效率高、省电和低噪声;音响的音效效果等。

4.4.2.2 产品的功能

指产品的效用。一是要耐用,二是要多功能。比如旅游鞋的设计,既要耐穿耐磨,又要晴雨两用,平地登山两用。因为功能多,能满足消费者多方面的需求。

4.4.2.3 产品的造型

指产品的图案和美术设计。比如家用电脑在满足功能要求的前提下,作为家用电器之一,外观要好看,以体现主人的审美与家居装修的风格。

4.4.2.4 产品的规格

产品的大小、重量也是构成购买动机的重要因素。比如商品是否放得进手提包或口袋,拿用时其重量是否适宜,能否分等包装,是否便于携带,都影响消费者的购买动机。比如电子市场上热销的电子阅读器、平板电脑等,造型小巧,非常便携,很受消费者的欢迎。

4.4.2.5 产品的包装

包装是无言的宣传员。美国曾经做过实验,将品质相同的洗衣粉以不同的色彩分别包装,然后让家庭妇女比较而调查其对洗衣粉的评价,结果对青色和黄色组合包装的洗衣粉认为"洗净效果甚佳",而用红色和黄色组合包装的却认为

"会损伤布料"。所以，包装色彩对产品的评价具有很大的影响。

4.4.2.6 产品的商标

这与购买动机也有密切关系。许多惠顾型的消费者，在购买商品时，认准商标和品名就买。比如空调中的"海尔"、"格力"；电磁炉中的"美的"、"格兰仕"；剃须刀中的"吉列"、"飞利浦"等名牌优质产品就很受消费者欢迎。

4.4.2.7 产品的广告

广告不仅是传播产品信息的工具，也是刺激消费者购买产品的诱因。在现代市场营销中，广告的作用日趋重要。广告的设计应当把握消费者的购买动机，有针对性地宣传，才能收到较好的促销效果。消费者的购买动机是很复杂的，但只要细心观察，认真分析，就能把握。比如，国外对女性化妆的动机分析十分仔细，甚至罗列到上百个消费理由，其中主要如下：

化妆是一种乐趣；化妆时比不化妆时心情愉快；化妆能调节个人的生活；化妆对女人来说是为了增加魅力；化妆是为了引起男性的注意；化妆可以使她本人比别人更具风采；化妆是女性的修饰和爱好；化妆是社交中的一种礼节；由于希望与其他人一样而化妆；化妆是一种习惯；化妆可以显示出一个人的个性；化妆能突出自己的优点；通过化妆可以显示个人的风度和气质。因此化妆品的广告宣传可以针对以上各种动机进行设计和策划。

4.4.2.8 产品的保修

如购买各种家用电器或日用品之后，在使用的阶段发生故障时，给予一定时期的保修或保用，使消费者放心，也是形成购买动机的因素之一。比如现在许多厂商销售电视机、冰箱等都写上保修3年或5年以上，消费者就愿意买，而有的保修期短就不好销售，因为有了保修，买后不会短期内失去使用价值，解除了消费者的后顾之忧。

4.4.2.9 产品的价格

一般产品的质量和价格是影响购买动机的两个重要因素。价格的影响除了价值规律以外，还有心理规律。比如有一些质量相似的商品，只是由于外观造型、色彩、材质不同，价格差别甚大，消费者宁愿购买高价商品；而对于一些处理品、清仓品、出口转内销品，削价幅度愈大，消费者的疑惑心理会愈严重，愈加不敢问津。这主要是消费者根据经验把价格同商品质量挂钩，往往把价格高低作为衡量产品质量的标准，从价格上来判断商品的优劣。常言道"一分钱一分货"，"便宜无好货"，便是这种消费心理的生动反映。从前所谓"愈便宜的东西愈能销售"的观念，不一定能适用于任何商品，日常生活必需品"便宜"的因素会构成购买动机，但高档耐用商品在同类产品中，若其价格不同，消费者宁愿多花钱买好点的，一些顾客多愿意买进口的、选购比较贵的、质量有保证的产品，这是因为高档商品使用时间长。

4.4.3 消费动机与人群区分

需要层次是对个体动态的一种描述，但换个角度，从静态的角度看待整个人群，需要层次与人群分层有相应的联系性。低收入人群与需要模型的低层联系密切，中产人群主要与需要中层相联系，上层人群则与需要的顶层联系较为密切。这是有一定的理论依据的：低收入人群强调的是人基本需要，而上层人群则更注重享受类的需要，与之相应的，中产人群则可能会两者兼顾。为了使问题分析的准确度提高，有必要对上述人群进行进一步的细分。其中，上层人群可分为品牌情结的人群（即钟情于某种或某几种特定品牌的人群）、大无畏类型的人群（这种人对购物表现出不在乎的现象，想买什么就买什么）和从众型的人群三个方面；中产人群可细分为理智型人群、偶尔冲动性人群和从众型人群三方面；低收入人群也可细分为超级理智型、自卑型和忧郁型人群三个方面。

首先将消费人群进行划分，见表4-3所示。

表4-3　　　　　　　　　　消费人群划分

经济实力	人格倾向	具体表现	消费行为模式
上层人士	艺术型、社会型、宗教型	有品牌情结、讲究地位、跟时髦	随意模式、行为随意性强、不具明确的目的，只是满足自己的社交需求、尊重需求
中产阶级	理论型、经济型、社会型、艺术型	行为理智、偶尔冲动、较从众	经济人模式、决策人模式、被动人模式
低收入人群	理论型、经济型	理智、从众、自卑、犹豫	经济人模式、被动人模式

由表4-4人群和动机量化指标比照，我们可以更直观细致地看出其间的关联。

表4-4　　人群和动机量化指标比照

经济实力	进一步细分	动机唤醒度	动机潜伏期	动机实现性	动机有效性	动机复杂度	主导动机	动机冲突
上层人士	品牌情结	很强	很短	很强	很高	很弱	品牌	很弱
	讲究地位	很强	短	强	高	弱	身份	很弱
	无所谓	很强	短	强	高	弱	心情	很弱
	跟时髦	很强	很短	很强	很高	很弱	流行趋势	很弱
中产阶级	理智型	一般	长	不太强	高	强	价格 质量	强
	较冲动型	强	很短	很强	很高	很弱	流行趋势	很弱
	从众型	强	短	强	高	强	社会认同	弱
	犹豫型	一般	长	弱	不高	很强	全部动机	很强
低收入人群	超级理智	弱	比较长	弱	很低	非常强	价格质量	非常强
	犹豫型	弱	比较长	很弱	很低	非常强	全部动机	非常强
	自卑型	非常弱	很长	非常弱	无效	非常强	消除自卑	非常强

研究消费者动机的目的在于说明市场的"7Os"问题，即购买者（Occupants）、买什么（Objects）、什么时间购买（Objectives）、谁参与购买（Organizations）、怎样购买（Operations）、什么时间购买（Occasions）、在何处买（Outlets）。将复杂虚幻的市场细分成这样7个问题，有助于企业和设计师看清市场，根据市场调整自己的战略，及时提高企业自身的竞争、生产、销售、赢利和创新能力。给出动机的量化指标是为了向设计师与企业提供一种分析消费群体的思路。

研究消费者的购买动机很困难，一则因为消费者虽然知道自己的动机，但不愿向别人讲明；二则消费者本人可能也不清楚自己的购买动机。因为人的购买动机是一个复杂的动机体系，有生理学的、生物学的、社会学的，有属于艺术的、经济的、伦理的、政治的等因素；有时是以意识状态表现，有时则是潜意识的，有时又是多种动机交织在一起。例如，一位青年女性购买花衬衫时，既可能是为了增加自己青春的风采，也可能是希望引起周围朋友的羡慕，抑或是为了博得异性朋友的好感。总之，分析消费者的购买动机是一件既复杂又重要的工作。购买动机往往和购买理由是同步的，我们采集CSI数据的首要工作是罗列消费者的购买理由，而且运用"头脑风暴法"去设计某种产品的CSI问卷。问卷的项目内容，绝大多数是消费动机和消费理由，然后配上态度指数的计分尺度；作为问卷的答案，让消费者表态，回收问卷，就可以分析消费心理趋势。我们设计师所关注的产品CSI状况，是用来导向设计的，具体细化的程序将在后面章节讨论。

4.4.4　自我概念与消费动机

20世纪80年代，Sirgy提出自我概念—产品形象一致性理论，认为包含形象意义的产品会激发相同形象的自我概念，从而更容易产生购买行为[1]。进而，Shavelson等在前人研究的基础上，提出自我概念的多维度模型，认为它与消费行为之间的关系较为复杂[2]。上述观点已得到众多国外学者的认可。就在人们普遍认为自我概念可直接影响消费行为的同时，越来越多的学者意识到消费动机在解释二者之间关系时的重要价值。例如，于坤章和梁辉煌认为，自我概念对消行为的影响主要源于两种动机：自我提升动机和自我一致性动机，它们都是消费者发生购买行为的主要决定因素[3]。

---

[1] Sirgy, J. M. Self—Concept in Consumer Behaviour: A Critical Review. Journal of Consumer Research, 1982, 9 (3): 287-300
[2] Shavelson, R. J., Bolus, R. And Keeling, J. W. Self—Concept: ilecent Developments in Theory and Method, New Directions for Testing and Measurement. Journal of Consumer Research, 1995, 15 (4): 112-129
[3] 于坤章, 梁辉煌. 消费者自我概念对消费行为的影响 [J]. 湖南财经高等专科学校学报, 2007.23

4.4.4.1 自我概念

一般而言，自我概念（self-concept），又称自我形象（self-image），Hawkins, Best, & Coney (2001) 认为自我概念（self-concept）是指个人对自己的想法与感受，也可以说是对自己的知觉，或者是对自己的态度[1]。社会心理学家 Mehta 认为消费者会随着社会角色的转变而改变自我概念，他将这种变化的自我称之为"柔性自我"[2]。在综合国内外相关研究的基础上，吕筱萍和邹忠良提出男性消费者自我概念的 SELF (Society, Enterprise, Love, Family) 模型[3]，林佳梁（2011. 江南大学）根据产品形象和消费者自我概念之间的自我一致性，研究得出消费者意象与手机造型要素之间的量化关系。综合前人的研究成果，本文认为自我概念可以分为：

①家庭自我。它是指消费者对家庭的认知程度与整体看法。家庭环境对消费者自我价值感有重要影响。

②情感自我。它是指消费者对自身情感表达方式、情感丰富程度等的认知程度，这间接地在日常交往、学习及购买行为中表现出来。

③交际自我。它是指消费者对参与社会交往欲望的感知。在社会交往的过程中，消费者希望自我价值得到别人的肯定，因而其内心特别重视别人的评价。

4.4.4.2 消费动机

1918 年，伍德沃斯率先将动机这一概念引入心理学领域，它是指推动个体采取行为的内在驱动力，这种驱动力是由于需要没有得到满足而产生的紧张状态所引起[4]。由于人的需要复杂多变，导致消费者的消费动机也是复杂多变的，从不同的角度，对消费动机可以进行不同类型的划分。在消费动机的各种分类方法中，按照性质将其分为自然动机与社会动机是最为流行的一种。前者又叫物质动机或个人动机，是由人的自然属性引起并以生理需要为基础的动机。社会动机又叫精神动机，是由人的社会属性所引起、经学习而获得的动机，它不仅与人的经验有关，而且还与社会文化等因素密切联系。人类社会越是发展，社会动机就显得越重要，在一定条件下，它所产生的力量会大大超过自然动机。

4.4.4.3 消费行为

消费行为是现代营销学理论的根基，自 20 世纪 50 年代以消费者为中心的营销观念产生以来，消费行为研究就已形成比较稳定的理论模型与研究范式。美国市场营销学会（AMA）认为消费者行为是认知、感情、行为及环境因素之间的动态互动过程，是人类履行生活中交换职能的行为基础[5]。就研究路线而言，西方消费行为研究主要采用的是实证主义研究方法，认为消费者购买过程可以分为若干阶段，并对消费者感知、认知、学习、态度、决策及反馈过程进行切分式研究[6]。

通过总结前人的研究成果，本书将消费行为界定如下：从实际出发确定消费目标与数量，运用科学方法从多种可行性方案中寻找最优方案以确定适合自身条件的消费方式。

自我概念之所以影响消费动机，是因为具有不同自我概念的消费者，他们进行消费的侧重点与最终目的存在差异。如上所述，自我概念可以分为家庭自我、情感自我及交际自我三个维度。这三种自我分别有着不同的侧重点，最终影响着消费动机的形成。因此，在不同自我概念形成的环境下，消费动机具有明显的区别。由于消费动机包含两个维度：社会消费动机与个人消费动机，因此，自我概念对消费动机的影响是多维的。Dolich 在对购买啤酒、香烟及牙膏的行为进行研究时发现，人们往往喜欢那些他们认为与自身自我概念相吻合的产品[7]。根据他的研究结论，个体行为都趋向于维护和强化自我概念；商品的购买、展示及使用等可以向个体和其他人传递象征意义；个体的消费行为趋向于通过消费具有象征意义的商品来强化自我概念。已有研究表明，消费者的自我概念决定着其消费行为。Zhu 和 Meyers—Levy 认为消费者的自我概念是行为导

---

[1] 樊华. 商场定位与顾客自我概念一致性的实证研究 [J]. 商场现代化, 2007 (1)
[2] Mehta, A. Using Self—Concept to Assess Advertising Effectiveness. Journal of Advertising Re—search, 1999, 39 (1): 81 - 89
[3] 吕筱萍, 邹忠良. 男性消费者自我概念结构模型及其实证研究——以杭州市为例 [J]. 商业经济与管理, 2006. 5
[4] Alba, J. A. and Hutchinson, J. W. Dimensions of Consumer Expertise. Journal of Consumer Research, 1987, 3 (2): 411 -454
[5] Bennett, P. D. Dictionary of Marketing Terms. Chicago: American Marketing Association, 1989
[6] 罗纪宁. 西方消费者行为学研究理论和方法评析 [J]. 江汉论坛, 2005. 9
[7] Dolieh。G. Winning Again in The Marketplace: Nine Strategies for Revitalizing Mature Products. Journal of Consumer Marketing, 1985, 13 (4): 102 -113

向的，而且自我概念包含多个维度，其影响消费者行为是一个包含中间变量的动态过程[①]。杨剑等在研究体育消费时认为，在体育消费行为的诸多影响路径中，主客观因素都影响到消费者行为的形成和培养。而在这些主客观因素中，既有自我概念与消费动机的直接影响，又有自我概念的间接影响[②]。于坤章和梁辉煌也指出，自我概念对消费行为的影响主要是通过消费者动机的中间作用而产生。消费动机的各维度在自我概念的各维度与消费行为的关系中起着中介作用。

在江南大学的产品设计心理研究中，《大学生自我概念与 NOKIA 手机造型风格偏好研究》（林佳梁，2011）一文对消费者自我概念如何影响消费者动机做了深入研究。研究从自我概念一致性的角度探讨消费者偏好特定的手机造型风格的原因，即消费者自我概念与产品造型风格一致性程度是否会影响其对不同造型风格产品的购买，运用感性工学和大量实证研究探讨了消费者意象与手机造型要素之间的量化关系。通过各项测试得出：大学生偏好造型风格与其理想自我概念相一致的 NOKIA 手机，而现实自我概念的影响作用并不显著。其中，大部分测试项目上大学生的理想自我概念均明显地高于其真实自我概念，在这些项目上会引发大学生的自我提升动机，促使其实现理想自我一致。而根据各类别大学生群体的理想自我概念，及 NOKIA 手机造型特征与大学生意象认知的关系，我们可以得到对应于大学生所期望的理想自我概念的 NOKIA 手机造型元素组合，由此设计出手机的造型能够大大符合消费者理想自我概念，由此刺激消费者产生购买动机。

思考题

一、名词解释

1. 动机　2. 惠顾动机　3. 感情动机　4. 理智动机　5. 动机冲突　6. 动机潜伏期　7. 自我概念　8. 动机复杂性

二、简述题

1. 动机理论的体系。
2. 消费者的具体购买动机。
3. 消费者的现代购买动机。
4. 消费者的动机冲突类型。
5. 影响消费者购买动机的因素。
6. 消费群划分。

三、分析题

1. 根据动机与行为的关系，分析消费者购买动机的实态。
2. 分析消费者动机冲突的类型与设计的关系。
3. 分析消费者的动机类型与设计的关系。
4. 简析自我概念与消费动机的关系及对设计的启示。

四、实务操作

用发散性思维法罗列消费者的购买理由和不购买理由，为团队的 CSI 问卷设计内容项目细化服务，并做小组记录。

[①] Zhu, R. and Meyers—Lzvy, J. The Influence Of Self~View on Context Effects: How Display Fixtures Can Affect Product Evaluations. Journal of Marketing Research, 2009, 46 (1): 37-53

[②] 杨剑，李刚. 自我概念、消费动机和体育消费行为整合性关系研究 [J]. 广州体育学院学报，2008.2

第五章
设计与消费者的态度

■ 设计与消费者态度研究综述
■ 消费者态度分析与设计
■ 消费者态度形成与设计
■ 消费者态度转变与设计
■ 消费者满意度研究
■ 设计与消费者满意度

5.1 设计与消费者态度研究综述

5.1.1 态度与态度理论

态度是一种习得的认知、情感和行为的倾向性，用于积极或消极地应对某种事物、情境、惯例、理念及个人。态度是一种个体差异很大的心理结构，因此，它反映了人格特质并与其密切相关。

目前颇具影响力的态度理论共有以下几大类。

5.1.1.1 态度三要素论

它由心理学家罗森伯格（M，J. Rosenberg，1960）提出，这三种要素分别是：认知、情感和行为。态度作为个体内在的心理过程，它不能直接加以观察，但可以从个体的思想表现、言语论述、行为活动中加以推断。态度不仅具有动机性功能，同时还具有认知性功能。从消费心理学的角度，态度将会直接决定和影响消费者的消费行为和心理反应①。若想使消费者产生购买某产品的消费行为，就必须造就消费者对该产品的购买定势，因此产品设计者和生产者必须了解消费者的态度。研究表明，对商品的好恶态度是预测购买情况的有利因素，也是市场心理调查的有效手段。人们对商品的态度良好可能会产生需求变量提升，从而转化为购买意图；而抱有否定态度的消费者则完全没有购买意图。同时消费者在作出消费决策时，倾向于与他喜欢的人保持一致或相似，而会有意识地避免与自己厌恶的人作出相同的选择。因此，态度可以用来帮助进行市场细分和选择目标市场。

5.1.1.2 认知失调理论（Cognitive Dissonance Theory）

它是在20世纪50年代末期由著名的社会心理学家里昂·菲斯廷格（美国）提出，借以说明态度与行为之间的关系，预测出人们改变其态度和行为的倾向性究竟有多大。比如由于对某种高档家电使用不当，造成的产品故障，往往会归因到厂家的产品质量不好（其实也有设计非人性化造成的因素），以致减少消费者自己的责任而达到认知平衡。苹果从升级操作系统 Mac OS 8 到推出半透明的 iMac，到强大操作系统 Mac OSX，到 iPod、Power G5，再到现在的 iPhone 和 Apple TV 以及 iPad，乔布斯都力图让创新产品符合消费者心目中的苹果文化印记，而消费者则经历了从认知失调到平衡到再失调的循环往复的过程。消费者的态度及认知失调通常是通过行为表现出来的。2010年9月17日，iPad1 发售，北京第一位用户排队 50 个小时；2010年7月10日，苹果上海浦东店第一位用户排队 60 个小时；2010年9月25日，iPhone4 上市，上海香港广场店第一位用户排队 77 小时等。

5.1.1.3 自我觉知理论（Self-perception Theory）

传统的"态度—行为"模式，试图说明态度对行为的影响。但正如物理学中的作用力与反作用力一样，学者在质疑中提出了"行为—态度"模式。自我觉知理论正是在传统的"行为—态度"模式背景下被提出来。它更强调的是消费者对于产品本身的反馈，以此来指导设计者的设计意图。在消费行为中，人们对老产品的习惯性购

---

① （美）诺曼著．梅琼译．设计心理学［M］．北京：中信出版社，2010：59-61

买，而对新产品的自我觉知的抵触。如微软最初推出 Windows7 系统并没有引起消费者的注意，人们对 Windows XP 系统已经非常熟悉并且使用范围广泛，随后在用户体验的宣传中逐步改变消费者的态度。这种现象有双重意义，其一提示老产品的忠诚度（种子消费者和惠顾消费者），其二提示对新产品拓展的难度（消费观念、深层购买动机方面的问题），这在新产品开发和营销设计上有重要的参考价值。

5.1.1.4 态度改变的说服模式

代表人物是霍夫兰德（美国）等，他们于 1959 年提出，在态度改变说服模式中包括了态度改变的过程及其主要影响因素，对理解和分析消费者态度改变具有重要的借鉴与启发意义。如 2011UPA 的主题 Mobile your life，移动商务从过去简单的用短信进行客户沟通已经发展到了从移动客户管理、移动精准营销到移动高效管理，进而扩散到了整个企业经营的各个层面。

5.1.1.5 参与改变理论

20 世纪 40 年代心理学家勒温 Lewin（德国）提出的一种态度理论。这个理论明显不同于平衡理论和认知失调理论，区别在于：它没有特别强调改变态度的认知成分，而是强调在参与群体或团体的活动中改变态度。勒温的这个理论提出个体在群体中的活动可以分为主动型和被动型两大类。如当下热门的"用户体验""交互墙面"都是提倡用户的参与度，在用户参与的过程中改变用户的态度。

5.1.1.6 双重态度模型理论（Dual Attitudes Model）

由 Wilson 和 Lindsey 等人提出的双重态度模型理论认为，人们对于同一态度客体能同时存在两种不同的评价，一种是能被人们所意识到、所承认的外显的态度，另一种则是无意识的、自动激活的内隐的态度。联想和命题过程评价模式（Associative and Propositional Processes in Evaluation, APE)[①] 是双重态度模型理论的延伸。APE 模型认为，理解态度的评价判断应该根据其潜在的心理过程：联想过程和命题过程，二者分别对应内隐和外显态度，并相互影响。同时，APE 模型还对态度改变进行了新的诠释。因此，该模型对于今后的态度研究具有一定的理论意义。除此之外，还有归因理论，双加工模型等。

随着时代的变迁，越来越多的研究者开始在理论探讨中结合实证研究的基础上提出了新的观点，相关研究如《消费者态度改变途径探讨》（朱向梅，2006）、《态度多属性模型与消费者态度测量及改变》（王新珠，2009）、《消费者态度的新认知：二元化的矛盾态度》（黄敏学、冯小亮、谢亭亭，2010）等。

5.1.2 消费者态度与设计

设计与消费者态度息息相关，在产品设计、品牌设计、商品包装设计及广告设计中表现得尤为突出。

5.1.2.1 产品设计与消费者态度

产品设计评价越来越体现出价值的市场属性和消费者属性。迈克尔·波特指出："产品设计效果的价值取决于消费者的感知和认同，如果消费者没有感觉到获得了价值，那么企业的努力就无法得到回报。"江南大学设计学院产品设计心理评价研究团队，在此项研究中有着重要贡献。如团队研究员（董绍扬，2011）《新宅女情感价值分析与小家电体验设计评价研究》[②] 将用户情感价值与"新宅女"匹配并引入产品设计，分析用户价值构成与传递；许衍凤《大学生 MP3 随身听战略设计心理评价》[③] 中，对大学生消费心理做了深入分析，通过实证研究发现"个性表现因子"，对总方差的贡献率最大，为 16.129%，表明了大学生 MP3 随身听消费心理的核心与大学生追求较高层次的需求有关。此外还有《城市青年职业女性群体时尚消费特征研究——以长沙市为例》（唐琳，2008）。产品一旦在使用中与人类发生了关联，人类就不会仅仅满足于使用价值，必然地会对源于产品的功能与形式所产生的主观价值也就是产品的象征性提出要求。因此，在进行产品评价时，研究者必须深入研究消费者，弄清楚消费者真实需求、潜在需求，围绕这些要求建立起设计的预期目标和评价方向，找出与设计目标实现相关的影响因素，区分各个因素的重要性及其层次关系，建立产品设计的评价体系。

---

① JOHNSON B T, MAIO G R, SMITH MCLALLEN A. Communication and attitude change: causes, processes, and effects [M] // ALBARRACiN D, JOHNSON B T, ZANNA M P. Handbook of attitudes and attitude change. Mahwah. NJ: Erlbaum. 2005: 617–669
② 董绍扬. 新宅女情感价值分析与小家电体验设计评价研究 [D]. 江南大学. 2011
③ 许衍凤. 大学生 MP3 随身听战略设计心理评价 [D]. 江南大学. 2005

5.1.2.2 品牌设计与消费者态度

品牌设计任重而道远。比如诺基亚手机，它的使用者从高级白领到青年学生，手机的型号与"款风"也随着使用者的不同而发生变化。但是，只要拿出一款 NOKIA 手机，你会马上认出它是 NOKIA，而不是其他的品牌。孔丹阳和喻德容 2009 年在论文《基于企业品牌战略的产品识别体系的研究》中提出品牌形象是企业与消费者之间的一个重要的桥梁，是企业发展的奠基石。要想确立企业的品牌形象首先要明确企业的产品识别体系，这样才能够更加有效地展现出企业产品，更好地树立企业品牌形象[①]。例如上海财经大学博士万莉（2007）在《品牌个性与消费者自我概念的一致性对品牌偏好的影响研究》[②]中对品牌个性和自我概念的操作定义和构面加以界定，构建了以品牌个性与消费者自我概念一致性为核心影响因素的品牌偏好模型。实证研究方面，提出研究假设，对产品进行分类，对现有的中国品牌个性量表在"维度"、"层面"和"特质词语"三个层次上进行了修正。李琴（2008）的论文《都市青年白领电熨斗品牌认知模式的研究》是在品牌认知及相关理论的基础上，对白领的生活方式及品牌消费方式进行理论研究，然后在目标人群中展开电熨斗品牌认知的实证研究，找出国有品牌存在的问题，并提出相应的对策及建议。

5.1.2.3 商品包装设计与消费者态度

"人靠衣裳，物靠包装"。在现代社会中，商品的包装设计是重要的促销手段，包装设计脱离消费者，那么再精心的设计，也不能打动消费者去购买商品，包装的促销目的也就成了泡影。如今的消费者欣赏情趣和生活方式变得越来越个性化、多样化，甚至每个家庭成员之间的爱好都各不相同。因此包装要根据消费者的个性化、多样化需要来设计。例如，"iTea"茶叶包装设计，采取茶叶的图形作为包装品牌的统一形象，十分生动，具体。"Power Zero"品牌饮用水包装设计，充满个性的瓶形设计针对当代青少年张扬个性、表现自我、酷且时尚的特点，让"新新人类"们多了一个既实用又可"炫"的方式。

5.1.2.4 广告设计与消费者态度

消费者态度从其性质上说，有积极的，也有消极的，它对广告的影响也有积极与消极之分。其中消费者态度对广告设计影响最大的是偏见和归因。偏见是人对某些客观物所持有的缺乏以充分事实为根据的态度，它在广告宣传的过程中经常可见。如有些老年人除了传统的老字号品牌，不认可其他品牌。想要改变这类人群的消费态度是比较困难的。因为造成这种偏见的因素可能是地位或是认知上的，比如运动鞋的广告往往以青年人为目标受众，而机关领导干部则通常不会去关注它，这与消费者自身的社会地位有关。关于归因，在消费者态度对广告设计的影响中也尤为突出。作为设计师我们通常是出于理想状态的，比如一个广告上市，我们希望消费者开始由无意注意到有意注意，继而产生兴趣，激发购买欲望，最终付诸购买行动。但是在现实生活中，人们通常会给广告生成一种简单的判断，就停止了反应的过程。因此，广告设计师不仅要了解市场的外在环境，如时间、周围环境，与其相互作用的某个人等，还要了解消费者的内在因素，通过面部表情、姿势、印象等。

5.1.3 消费者满意度导向设计研究

Cardozo 在 1965 年首次将顾客满意的观点引入营销领域，提出顾客满意会影响顾客的购买行为。消费者满意指数（Customer Satisfaction Index，简称 CSI）是目前许多国家积极开展研究和使用的一种新的宏观经济指标和质量评价指标。伴随着中国加入 WTO，国内市场竞争变得日益激烈，消费者满意度的概念也逐渐为人们所熟悉。很多企业认识到提高消费者满意度的重要性，并把如何提高消费者满意度作为企业重要的战略出发点。在现代产品设计、生产和销售的过程中，如何提高消费者满意度是巩固和开拓产品市场，提升企业竞争力的关键。产品设计效果心理评价的过程中，用得最多的一个理论就是消费者满意度理论（CSI），这衍生一些相关的课题，比如：满意度导向工业设计——满意度导向产品设计、满意度导向商品设计（品牌设计、广告设计等）、满意度导向企业设计等。

---

① 孔丹阳，喻德容. 基于企业品牌战略的产品识别体系的研究[J]. 广西轻工业. 2009, 25 (11)
② 万莉. 品牌个性与消费者自我概念的一致性对品牌偏好的影响研究[D]. 上海财经大学, 2007

消费者满意度理论旨在发现和确定影响消费者满意度的因素，以及消费者满意度和这些因素之间的作用机制。消费者满意度理论既是构建消费者满意度指数模型的基础，同时又是对消费者满意度指数进行分析评价的主要依据。消费者满意理论CSI作为一种潮流首先出现在西方发达国家。卖方市场向买方市场的转变，使得企业自觉地把竞争重点由产生率转向服务等级的提升，提高顾客满意度。

消费者满意度是指企业所提供的商品和服务的最终表现与消费者期望的吻合程度的大小，相对应的有一系列不同的满意程度和态度指数。简而言之，用一个公式来表示：

满意度 = 产品绩效 - 消费者期望值

消费者购买商品或服务时会产生一种自己的需求是否被满足的心理感受。由此我们看出消费者满意度就是其感觉状态的一种水平，它取决于消费者的实际感受同预期效果的比较。差距越小说明消费者越满意。消费者的期望既包含其以往的经验、相关群体的影响，又在很大程度上取决于市场营销者的刺激。因为存在差异，所以消费者对企业产品或服务有着不同的满意度。同时，消费者心目中的理想产品或服务也会影响其满意度。要保证消费者满意，就要使顾客有物超所值的心理感受。

1989年瑞典引进美国人发明的CS指标体系，建立了国家级的顾客满意度指数CSI（消费者满意索引）。1990年日本丰田、日产、JR铁道公司、日立、高岛屋百货公司等大型公司全面展开CS战略。1991年5月，美国营销学会召开了首届CS会议，研究如何以CS战略来应付竞争日益激烈的市场变化。此外，法国、德国等国的大公司也相继导入CS战略。至此，CS风潮在全球发达国家迅速蔓延开来。

随着瑞典于1989年在全国范围内首次成功地建立了顾客满意度指数SCSB（瑞典消费者满意气压计）来度量本国经济增长质量，引起了发达国家高度重视，许多国家在此后也开始着手研究和建立本国的顾客满意度指数，美国、欧洲共同体、英国、加拿大、澳大利亚、新加坡、韩国等国家已经开始了这方面的研究。

欧洲满意度指数ECSI（欧洲的消费者满意索引）于1998年在欧洲共同体各国进行了试验，并进行技术上的协调，它既可以得出欧洲顾客满意度指数ECSI，也可以得出14个成员国各自的指数。欧洲顾客满意度指数的基础是计量经济学模型，这个模型用最少的一组基本动机去说明顾客的偏好、质量感受和消费行为。在这个模型中，包括7个相互联系的结构变量，如图5-1所示。

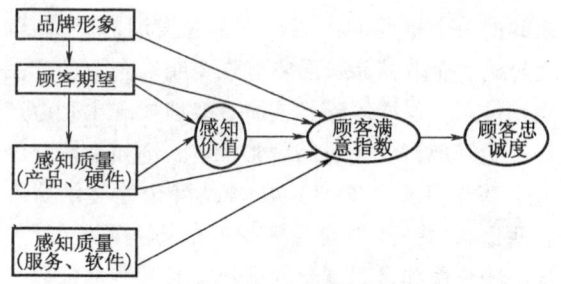

图5-1 欧共体满意度指数模型

当今社会个性化消费的趋势逐步明显。同类产品的可替代品增加，导致了消费者选择空间的扩大，其购买产品的不确定性因素也逐渐增加。所以，消费者对产品或服务的满意与否直接关系到产品的市场占有率。美国《哈佛商业》杂志发表的一项研究报告指出："公司只要降低5%的顾客流失率，就能增加25%~85%的利润。"所以，企业要想赢得长期顾客，就要创造并提升消费者满意度。美国市场营销大师菲利普·科特勒在《市场营销管理》一书中指出："企业的整个经营活动要以顾客满意度为指针，要从顾客角度，用顾客的观点而非企业自身利益的观点来分析考虑消费者的需求[①]。"从消费者的角度切入来分析他们的需求，是提升CSI的根本途径。

纵观各国建立的国家满意度指数，它们的理论模型和采用的方法大同小异，其中，美国满意度指数ACSI模型和方法最具有代表性。如图5-2所示，美国顾客满意度指数模型是由六个隐变量（观测不到的假设变量）组成的因果模型，其中，顾客满意度是最终所求的目标变量；感知质量、感知价值和顾客期望是顾客满意度的原因变量；而顾客抱怨和顾客忠诚是顾客满意度的结果变量。在实际调查中，模型中的每一个隐变量都是由相关的一组显变量（有观测数据的变量）通过加权和得到的，显变量则是通过实际调查收集数据得到。

---

① 曹礼和. 顾客满意度理论模型与测评体系研究[J]. 湖北经济学院学报, 2007, 5 (1)

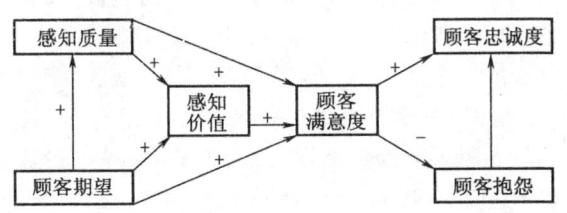

图 5-2 美国顾客满意度模型

江南大学设计学院产品设计心理评价研究团队，近年来一直致力于此类课题的研究，同国内外研究相比，团队主要侧重于对用户（即消费者）的研究。该课题组针对不同的产品，研究特定的用户群体，课题中重点把握用户群体的消费心理，深入挖掘用户需求，从而完善体验评价。如许衍凤（2006）《大学生 MP3 随身听战略设计心理评价实证研究》、秦银（2010）[①] 选择从用户期望切入研究产品体验的满意度，并提出了量化分析方法：以用户双因素关系量化模式来分析用户期望、用户体验的量化与比较，探讨两者之间差距的研判。王昊为《高校环境下智能手机的心理评价与设计研究》[②] 是以智能手机为研究对象，定位大学生目标人群，以消费者满意度、心理评价以及可持续设计为理论基础，导入可持续设计准则，调查并分析当今大学生的手机使用状况以及生活方式，力求探索高校环境下的智能手机开发模式。研究方法上，主要根据以用户为中心的设计方法来建立有效的人物角色，并根据所得出的人物角色模型，以及收集的消费者态度数据中挖掘新的功能和价值需求，遵循可持续设计的准则，完成智能手机的功能服务设计提案等，具有较大的影响。

综上所述，国内外学者在产品设计过程、产品方案设计方法、产品设计心理评价等方面做了大量的研究工作，但基本上都是基于技术方面而言。实际上在激烈竞争的现代市场条件下，产品的生命周期不断缩短。顾客成为企业最重要的一种市场资源。因此，在产品再设计过程中，要着眼于市场与顾客需求。又因为顾客对企业产品的满意与否是关系企业发展的决定性因素，再设计的产品当然要能提高顾客满意度。因此，根据顾客的需求以及再设计的产品能提高顾客满意度的原则进行产品创新，应是所有企业进行产品设计时应该考虑的一个基本原则。

5.2 消费者态度分析与设计

5.2.1 态度的一般概述

5.2.1.1 态度与消费者态度的概念

态度是人类社会生活中最常见的心理现象。态度是指个人对某一对象所持有的评价与行为倾向。态度的对象是多方面的，其中包括有人、物、事、制度以及观念等。

消费者的态度就是指消费者在购买活动中，对所涉及的有关人、物、群体、观念等方面所持有的评价和行为倾向。比如消费者对某些产品是否喜欢，对宣传产品的广告是否相信，对推销产品的营业员服务是否满意等。例如，消费者对某品牌绿色产品建立了好感，这种好感不仅仅建立在该产品能够为顾客带来更多的利益，而且由于该企业承担起了保护环境的社会责任，并且追求创新的认识之上。从这个方面来讲，态度又总是与一定的认知相联系。当我们对产品产生了好感，并且对其有了一定的认知之后，接下来就会产生选择、购买该产品的意向。所以，将态度看作是由情感、认知和意向所构成的持久系统，更能反映态度的本质。

20 世纪 90 年代中期，一个新的研究领域——内隐性社会认知（Implicit Social Cognition）由美国心理学家 Greenwald 和 Banaji 提出，即过去经验的痕迹虽然不能被个体意识到或自我报告，但是这种先前经验对个体当前的某些行为仍然会产生潜在的影响。这一理论强调了无意识在社会认知中的作用，并进而提出了一种关于态度的新概念——内隐态度（Implicit Attitudes），即过去经验和已有态度积淀下来的一种无意识痕迹潜在地影响个体对社会客体对象的情感倾向、认识和行为反应。在此基础上，Wilson 和 Lindsey 等人提出了双重态度模型理论（Dual Attitudes Model），他们认为人们对于同一态度客体能同时存在两种不同的评价，一种是能被人们所意识到、所承认的外显的态度，另一种则是无意识的、自动激活的内隐的态度。因此在消费态度

---

① 秦银. 产品体验中的用户期望研究 [J]. 包装工程，2010.10.
② 王昊为. 高校环境下智能手机的心理评价与设计研究 [D]. 江南大学，2009

调查时,最大限度地获得真实内隐态度较为重要,电脑调查问卷法可以较好地解决这一问题。一方面,用户单独面对电脑相比面对调查员,戒备心会减少;另一方面,可以用电脑控制填写时间,让用户减少思考时间,下意识的用隐性态度作答。

人们对一个对象会作出赞成或反对、肯定或否定的评价,同时还会表现出一种反应的倾向性,这在心理学上称为定势作用,即心理活动的准备状态。所以,一个人的态度不同,也就会影响到他看到、听到、想到、做到什么事时,产生明显的个体差异。由此可见,一个人的态度会对他的行为具有指导性和动力性的影响。若想使消费者产生购买该产品的消费行为,必须造就消费者对该产品购买的定势,也就是创设条件使消费者对该产品有好感的心理准备状态,那么指导消费、诱导消费也就水到渠成。这里创设条件的内容,包括产品设计、广告设计、包装装潢设计等方面的工作。

5.2.1.2 态度的成分

心理学家罗森伯格（M,J. Rosenberg,1960）提出态度三要素说,是影响较大的态度学说。三要素说的主要观点是,态度是按照一定的方式对特定对象的预先反应倾向。这种预先反应倾向由三种要素构成:认知、情感和行为。认知是指个体在对对象的认识与理解的基础上所作出的评价;情感是指个体对于对象的好恶;行为是个体对对象的反应倾向,即采取行为的准备状态。态度是刺激（态度的对象）与反应（生理的、心理的、行为的反应）之间的中介变量,刺激和反应分别为可测的独立变量和从属变量,见图5-3。

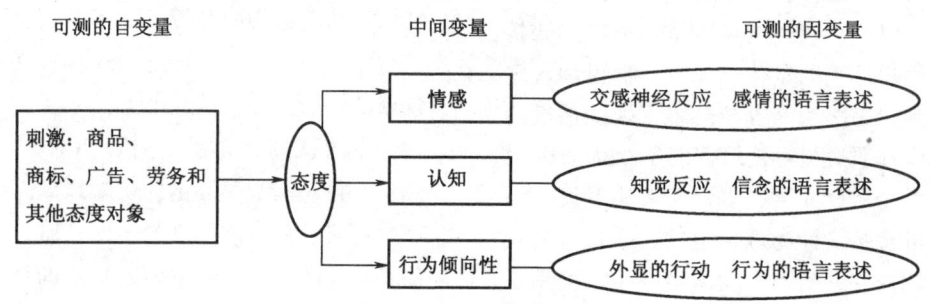

图5-3 态度结构图

态度结构图是通过刺激、态度、反应三者关系来说明的。态度是刺激与反应之间的中介因素,"三要素说"明确了三个变量及其相互关系,有利于态度的测量和态度控制的研究。刺激和反应都是可观察、可测定的,因此态度这个中介变量,可以通过对刺激和反应这两个变量的测定,分析它的状态、变化等。我们可以利用态度研究的可操作性,对消费者的态度进行定量分析,从而提高市场调查和市场预测的科学水平。

消费者的态度成分,包括消费者的认知、情感和购买行为。比如消费者对广告的态度,是一个综合的表现。首先对广告作用的认识和理解,若是相信的,就把它作为消费的指南;接着便在情感上表现为乐意收视各类媒体的商品广告;然后才会产生在广告的驱动下的购买行为。我们要研究消费者对广告媒体的态度,就要通过测定消费者对各类广告媒体的认知程度,比如消费者对报纸、杂志、广播、电视、互联网等各类广告媒体的收看率的比较,加上消费者对各类广告媒体的喜爱程度,如消费者对四大媒体广告收视时间的长短对比,最后测定消费者由广告驱动而产生的购买行为指标;即消费者购买各类商品的人数比较和满意度状况。整合态度的三成分内容,以说明消费者对某种广告媒体的态度的实况规律,为广告策划中的媒体选择,提供科学的参数。

5.2.1.3 态度的性质

态度具有如下几方面的性质。

（1）态度不是先天遗传的,而是后天培养的

态度不是本能行为,虽然本能行为也有倾向性,但本能是生来就有的,而所有的态度是学来的。当代人对网络购物的喜爱态度,是后天养成的;消费者对苹果iPad的态度不是先天就有的,通过苹果品牌效应和消费者口碑宣传而渐渐确立了消费者态度,它是后天习得的。

（2）态度必须有一个特定的对象

此对象可能是具体的,也可能是状态的或观念的。随着新技术的发展,此对象也有可能是虚拟的。比如消费者对广告的态度,对有奖销售的

态度以及对新的消费观念的态度等。

（3）态度具有相对的持久性

态度形成的过程需要相当一段时间，而一旦形成之后又是比较持久的、稳固的。如果消费者在某种产品广告的驱动下购买了该产品，使用后满意，消费者会保持相当长的印象，产生相信广告认牌购买的结果；反之，将产生"一旦被蛇咬，十年怕井绳"的否定态度，而且改变这种态度是很困难的。因此，广告的创意设计的难点之一，就是如何改变受众的态度。

（4）态度是一种内在心理结构

态度是个体内在的心理过程，它不能直接加以观察，但可以从个体的思想表现、言语论述、行为活动中加以推断。态度是一种行为趋势，这种行为趋势是由认知、情感、意向三元素表征的。就同一态度而言，认知、情感、行为三种成分之间是协调一致的，而不是相互矛盾的。比如SONY数码相机，消费者如果认为它携带方便、品质优良、价格合理（认知成分），则怀有好感（情感成分），并着手购买或意向购买它（行为倾向）。反之，若认为它质劣价昂，则对它不怀好感，也就不可能有购买行为发生。

（5）态度的核心是价值

态度来自价值判断，人们对某个事物所具有的态度取决于该事物对人们的意义大小，也就是事物所具有的价值大小。事物的主要价值，有的西方学者认为有六类：①理论的价值；②实用的价值；③美的价值；④社会的价值；⑤权力的价值；⑥宗教的价值。消费品具有各种价值，消费者根据自己的需要和价值观来选购商品。如产品的可用性评价研究体现了实用价值；产品的造型意象、色彩语义等研究体现了美的价值；用户体验评价的提出符合理论价值的需求；服务设计的诞生体现了社会的价值；设计中越来越多地融入"禅"文化反映了宗教的价值。由于人们的价值观不同，对于同一件事情，会产生不同的态度。对于同一类商品，由于消费者的价值观有差异，对商品的价值取向也就各异，对产品的态度也不同，这就给予产品设计人员有益的启示：新产品开发的方向是消费者的态度取向和价值取向。

（6）态度的一元化

态度的一元化表现为从肯定到否定、从正到负的连续状态；态度的变化也沿着这种从正到负的链条进行，态度的这种一元连续状态，可以观察和测定，为操作性地研究态度，提供了方便。

实际研究中的态度测量和态度问卷，就是根据态度的这个性质制定的。比如我们研究消费者对各种广告媒体的态度，就可以用五分法或七分法测定态度值。在七分法中用 +3，+2，+1，0，-1，-2，-3 或者（7，6，5，4，3，2，1）分别表示最喜欢、喜欢、较喜欢、无所谓、较不喜欢、不喜欢、最不喜欢等七种态度值。

（7）态度具有可变性

尽管态度具有相对的稳定性，但它并非一成不变，人们可以运用各种手段和策略来对个体施加影响，促使他改变态度。广告设计、造型设计、包装设计、色彩设计等诸方面，可以成为态度转变的诱因，如何提高诱因的刺激强度、可接受度、亲和度等，均是设计心理学研究的重要方面。

5.2.1.4 态度的功能

消费者对产品、服务或品牌形成某种态度，并将其储存在记忆中，一旦需要，就调用出来，解决实际中的购买问题。通过这种方式，态度有助于消费者有效地应对动态的购买环境，使之不必对每一个新产品或服务都以新的方式作出解释和反应。据卡兹（Katz，1960）的研究，态度大致有四种功能，即适应功能、自我防卫功能、知识或认知功能、价值表现功能。

（1）适应功能

适应功能指态度能够很好地让人适应环境，趋利避害，因为人是社会性动物，他人和群体对个人的生存和发展具有重要作用。只有形成适当态度，才能从某些人或群体中获得赞同或融洽。

（2）自我防卫功能

自我防卫功能是指形成关于某些事物的态度，能够帮助个体回避或者忘却恶劣环境或者难以正视的现实，从而保护个体的现有人格和心理健康。

（3）知识或认知功能

知识功能主要是指形成某种态度更有利于对事物的认知和理解。如果个体了解自己喜欢什么，反感什么，在作出选择的时候会更加容易。

（4）价值表达功能

价值表达功能指形成某种态度可以向别人传达自己的核心价值观和标准。人们往往使用自我概念来表达对外在的人或事的态度。

5.2.2 态度的相关理论

有关态度理论的研究，除了罗森伯格的态度三要素理论以外，比较著名的理论还有认知失调理论、自我觉知理论、态度改变理论、参与改变理论、双重态度模型理论和联想和命题过程评价理论。

5.2.2.1 认知失调理论

"认知是心理活动的一种。个体认识和理解事物的心理过程，涉及知识的获取、使用和操作等过程。包括知觉、注意、表象、学习和记忆、思维和语言等心理研究的重点，其研究结果构成心理学知识体系的主体①。"认知过程从广义上说既包含信息获取的过程和信息处理的过程（即思维过程），同时也包含作为前两个过程结果的知识状态改变的过程或产生（也叫再生）主观信息的过程。狭义地理解，认知就是指上述知识状态改变的过程，即主观信息产生（或信息再生）的过程。

20世纪50年代末期，著名社会心理学家里昂·菲斯廷格（Leon. Fes‐tinger）提出了"认知失调理论"（CognitiveDissonanceTheory）借以说明态度与行为之间的关系。所谓失调就是指"不一致"，而认知失调是指个体认识到自己的态度之间、或者态度与行为之间存在着矛盾。菲斯廷格指出：任何形式的不一致，都会导致心理上的不适感，这促使当事人去尝试消除存在的失调，从而消除不适感。换言之，个体被假设会自动地设法使认知失调的状态降到最低的程度。不用说，人总会在此一时或彼一时有此一种或彼一种认知失调，无人可以幸免。你明明不喜欢经理，却要对他毕恭毕敬；你并不喜欢某种产品，却要为企业向别人推销它；你明知应依法申报、缴纳所得税，却想从中做些手脚；你对自己的孩子提出种种要求、规范，可自己却并不总是身体力行。像这样的认知失调还可以举出许多。人们怎样应付自己心理上的不平衡呢？菲斯廷格认为，人们想消除认知失调的愿望是否强烈，取决于三个因素：

①造成的失调的重要性。如果失调的现状无足轻重，人们往往会不在乎。损失一角钱所引起的失调就无法与损失100元所引起失调相比。但若造成失调的因素非常重要，比如"汉斯是否该为救他妻子的性命而去偷药"，道德压力就迫使他必须解决这一失调，要么不救人，要么不顾法律，要么找一种合理的解释，认为为救人而触犯法律不算什么，以便为自己开释。当广告创意围绕认知失调进行分析，并将其影响因素进行排序，影响力大的，其说服力最大。

②当事人认为自己影响、应付失调的能力有多大。如果人们自认为无能为力，造成失调的原因在于外部环境条件或上级命令或规定，正好可以把行为做外部归因，从而减轻自己对失调所负的责任。比如由于对某种高档家电使用不当造成的产品故障，往往会归因到厂家的产品质量不好（其实也有设计非人性化造成的），以致减少消费者自己的责任而达到认知平衡。

③因失调而可能得到的报偿有多大。如果陷入失调，但由此获得的报偿或收益很大，那么可以产生一种平衡，认知失调造成的压力也就不会过于强烈。实际上，高报偿本身就是一种合理化理由，一种强有力的平衡剂，足以矫正认知失调的不一致性。常言"重赏之下必有勇夫"，就是这个道理。在消费行为中的风险消费，比如投资、买保险等，都是消费者考虑收益大、高回报所做的决策。

由于上述三个因素，认知失调下的行为变得相当复杂。有认知失调并不意味着一定采取行为恢复平衡，而认知失调理论的价值就在于帮助我们预测人们改变其态度和行为的倾向性究竟有多大。尽管具体情形会是很复杂的，至少可以肯定，认知失调越大，压力就越大，想消除不平衡的欲念就越强。设计应当充分利用认知失调理论，创设失调空间（造型、包装、色彩、广告等），并着意诱导消费者，按设计意图消除不平衡感，最终达到"产消双赢"的设计目的。

5.2.2.2 自我觉知理论

传统的理论是"态度—行为"模式的，试图说明态度对行为的影响。但正如前面的讨论，除非考虑其他中介因素，否则态度对行为的决定关系并不明朗。这激发了一些学者探究是否存在相反的关系，即行为决定了态度。这种理论是"行为—态度"模式。自我觉知理论（Self‐perceptionTheory）正是在这一背景下提出来的。自我觉知理论考察了这样的事实：当人们被问及对某一事物的态度时，人们实际上是先回忆针对此一事物的行为，然后根据这一行为推导出自己的有关态度。比如，若问某人是否喜欢某一产品，他说："这一产品我用了几十年，自然是喜欢的。"或者一个人也可能干脆会说："我一直在用

---

① 朱向梅．消费者态度改变途径探讨［J］．科技情报开发与经济，2006：126－129

这产品。"回答是针对行为的，但言外之意是持肯定的态度。

实际上，如果把态度与具体行为相剥离，往往人们会说不出持某种态度的原因。比如，若问一个"果粉"为什么喜欢苹果机，他可能说不清原因，只会回答："就是喜欢嘛。我就认准它。"显然这是在用行为注释态度的原因。因此，自我觉知理论认为，在有了事实之后，"态度"是用来使自己的过去行为合理化，而不是用来指引未来的行为。

自我觉知理论得到了许多证实。和传统模式相比，这种"行为—态度"模式揭示了另一个方向上的作用关系，行为反而是现在的决定者。这听起来和习惯认识相悖，但它反映了这样的心理事实：人们擅长为过去的行为寻找合理化的说明，却不擅长去从事已有良好理由的行为。这在消费行为中，可表现为人们对老产品的习惯性购买，而对新产品的自我觉知的抵触。前面提到的美国可口可乐改变口味遭到反对，就是这方面的案例。这种现象有双重意义，其一提示老产品的忠诚度（种子消费者和惠顾消费者），其二提示对新产品拓展的难度（消费观念、深层购买动机方面的问题），这在新产品开发和营销设计上有重要的参考价值。

5.2.2.3 态度改变的说服模式

霍夫兰德和詹尼斯于1959年提出了一个关于态度改变的说服模式，包括态度改变的过程及其主要影响因素，对理解和分析消费者态度改变具有重要的借鉴与启发意义。它建立在信息传递理论与社会判断理论基础之上。霍夫兰德的信息传递理论为社会心理学态度研究做出了重大贡献。他将信息传递的过程视为一个系统，存在着不同的影响因素。他认为，在信息传递过程中，影响态度变化的主要因素有：信息发布者提供的信息的可信度、信息的内容结构、受信者特点、受信者参与传递活动等。社会心理学中的态度改变，是指在一定的社会影响下，一个已经形成的态度，在接受某一信息或意见的影响后，所引起的相应的变化，其本质是个人的继续社会化。态度改变分为两种，一是一致性的改变，指方向不变而仅仅改变原有态度的强度，即量变；另一种是不一致的改变，指以性质相反的新态度取代原有的旧态度，或说是方向性的改变，即质变。通常说的态度改变更多指后者，即方向性的改变。

社会判断理论认为，个体所持态度应用一段区域来表示，这段区域由接受的区域、态度不明朗的区域和拒绝的区域等组成。当个体遇到某一劝说信息或新的观点和看法时，首先对此进行判断，弄清这些信息、观点在个体自身的态度区域中位于哪一位置，然后才可能根据上述原则作出改变态度或拒绝不变的反应。霍夫兰德（C. I. Hovland）"二战"后在耶鲁大学进行了大量关于沟通和态度改变的研究，他以其信息传递理论与社会判断理论为基础，进一步提出了一种以信息交流过程为基础的态度改变—说服模型。该模式将态度改变的过程分为四个相互联系的部分：

第一部分是外部刺激，它包括传递者（即信息源）、传播和情境三个要素。信息内容和传递方式是否合理，对能否有效地将信息传达给目标靶并改变其态度具有十分重要的影响。情境因素是指对传播活动和信息接收者有附带影响的周围环境，如信息接收者对劝说信息是否预先有所了解，信息传递时是否存在干扰因素等。

第二部分是目标靶，即说服对象。说服对象对信息的接收并不是被动的，他们对信息传递者的说服有时很容易接受，有时则采取抵制态度，这在很大程度上取决于说服对象的主观条件。

第三部分是中介过程，它是指说服对象在外部劝说和内部因素交互作用下态度发生变化的心理机制。

第四部分是劝说结果。它说明企业经营者应该慎重选择信息传递者，其自身的信息源特征如权威性、可靠性、外表吸引力和受众喜爱程度等，影响着说服效果。然后，传播内容和传播方式须经过合理安排，这对能否有效地将信息传达给目标靶并使之发生态度改变具有十分重要的影响。再次，企业经营者和设计师必须了解消费者，他们对于企业或信息传递者的说服有时很容易接受，有时则采取抵制态度，这在很大程度上取决于说服对象的特征。最后，不要忽视情境的作用，说服不是在说服者与被说服者之间孤立进行的，而是在一定的背景因素下进行的，这些背景条件以及情境因素对于说服是否能达到预期说服效果、成功改变消费者态度起着重要的作用。在众多的说服模型中精心组织可能性模型 ELM（the elaboration likelihood mode）和启发式——系统模型 HSM（the heuristic systematic model）是两个比较有代表性的模型，ELM 模型强调态度受说服信息中的中枢或边缘线索的影响；HSM 模型强调态度受不同程度的认知的精心组织中系统性或启发式线索的影响，同时强调个体动机的影响。这两个模型都体现了信息接收、态度改变以及行为改变的一般性过程。

5.2.2.4 参与改变理论

参与改变理论是心理学家勒温（Lewin）于20世纪40年代提出的一种态度理论。这个理论明显不同于平衡理论和认知失调理论，区别在于：它没有特别强调改变态度的认知成分，而是强调在参与群体或团体的活动中改变态度。勒温的这个理论来源于他的实验研究。他在群体动力学的研究中发现，个体在群体中的活动可以分为主动型和被动型两大类。主动型的人主动介入群体活动，他们参与政策的制定，参与权利的推行，自觉遵守群体规范等。被动型的人则被动地介入群体活动，他们服从权威，服从别人制定的政策，遵守群体规范等。为了研究个体在群体中的活动对改变态度的影响，他做了个美国家庭主妇对食用动物内脏的态度转变的实验。实验中，他把一批美国家庭主妇分为两组，一为控制组，一为实验组。对控制组被试，勒温用演讲的方式，亲自讲解动物内脏的营养价值、烹调方法、口味等，要求她们改变对食用内脏的厌恶态度，并把动物内脏作为日常食品。而对于实验组被试，勒温则组织她们开展讨论，共同议论动物内脏的营养价值、烹调方法、口味等，并且分析使用动物内脏做菜可能遇到的困难，如丈夫不喜欢吃的问题、清洁问题等，最后由营养专家指导每个人亲自进行试烹煮。实验结果发现，控制组只有3%的人采用动物内脏做菜，实验组则有32%的人采用。这个实验有力地证明了勒温的观点。他认为，改变态度的方法不能离开群体规范和价值。个体在群体中的活动的类型和性质，决定其态度，也能改变其态度。参与改变态度的理论在西方已得到了较为广泛的应用。

5.2.2.5 双重态度模型理论

双重态度模型理论（Dual Attitudes Model）是Wilson和Lindsey等人提出的。双重态度模型理论认为，人们对于同一态度客体能同时存在两种不同的评价，一种是能被人们所意识到、所承认的外显的态度，另一种则是无意识的、自动激活的内隐的态度[①]。20世纪90年代中期，美国心理学家Greenwald和Banaji提出了一个新的研究领域——内隐性社会认知（Implicit Social Cognition），它是指过去经验的痕迹虽然不能被个体意识，但是这种先前经验对个体当前的某些行为仍然会产生潜在的影响。这一理论强调了无意识在社会认知中的作用，并进而提出了一种关于态度的新概念——内隐态度（Implicit Attitudes），指过去经验和已有态度积淀下来的一种无意识，潜在地影响个体对客体对象的情感倾向、认识和行为反应。

双重态度理论模型包含以下一些观点：首先，相同态度客体的外显态度与内隐态度在人的大脑内是共存的。其二，表现双重态度时，内隐态度是被自动激活的，而外显态度则需要主动有意识地从记忆中去检索。当人们检索到外显态度，且强度能超越内隐态度，人们才会报告外显态度；反之，他们将只报告内隐态度。其三，在外显态度被人们从记忆中检索出来的情况下，内隐态度也会影响那些无意识控制的行为反应，如一些非言语行为。其四，外显态度相对易于改变，内隐态度的改变则较难。最后，双重态度和人们的矛盾心理不同，在面临思想冲突的情景时，有双重态度的人通常报告的是一种更易获取的态度。在态度测试中，人们为了保持一种良好的公众形象，可能在作答时超越自己的内隐态度，从记忆中检索出外显态度，从而表现出内外态度的不一致。普通纸笔式的问卷调查较多的是消费者对社会客体的一种外显的、有意识的自我报告。因此在消费态度调查时，最大限度地获得真实内隐态度较为重要，电脑调查问卷法可以较好地解决这一问题。一方面，用户单独面对电脑相比面对调查员，防备心会下降；另一方面，可以用电脑控制填写时间，让用户减少思考时间，下意识地用隐性态度作答。

5.2.2.6 联想和命题过程评价（APE）模式

Gawronski和Bodenhausen提出的新的态度改变模型——联想过程和命题过程评价模型（Associative and Propositional Processes in Evaluation, APE）是在双重态度模型的基础上提出的。APE模型认为人类大脑工作中存在两种性质不同的过程，即当个体面对某个事物时，表现出积极或消极的反应趋势根植于联想过程和命题过程，而这里的联想过程对应于内隐态度，命题过程则对应

[①] RUDMAN L A, LEE M R. Implicit and explicit consequences of exposure to violent and misogynons rap music [J]. Group Processes & Intergroup Relations. 2006. 5 (2): 133-150

于外显态度。

联想和命题过程相互作用是 APE 模型的重要假设,也是该模型与传统模型的主要差别之一。一方面,联想过程中的自动化情感反应是评价判断的基础。人们倾向于把自己对一个对象的态度评价判断建立在自动化情感反应的基础上。另一方面,命题过程在确定的条件下也会影响联想评价。APE 模型认为态度不单纯是从记忆中提取的,还是即刻建构(Online Constructions)的,且在联想和命题过程中态度的建构不同[①]。在命题过程中评价性判断被看作是建构的,是因为命题不是预先决定的。APE 模型还认为,内隐态度具有意识性。因为一般情况下人们都具有某种程度的意识来达到其自动化情感反应,而且他们倾向于依赖这些情感反应作出评价性判断。模型还指出这些关于内隐态度——或自动化情感反应的意识性假设与 Lebel 和 Gawronski 最近的研究结果一致[②]。

但是 APE 模型没有假定在我们的记忆中不具有已经存在的评价,这一观点与先前的 MODE 模型(Motivation and Ability as DEterminants)或双重态度模型的观点非常不同。因此 APE 关注的不是态度结构而是态度过程导致的评价。根据这一观点,不同的情境会有不同的情绪或可获得的知识,从而导致人们的评价中的改变。而内隐和外显态度测量中的一致性具有跨情境性,而这也的确能解释现实生活中的一些现象,也为传统对于态度的研究提供一个重要补充。

5.3 消费者态度形成与设计

态度的形成不是与生俱来,而是在后天的生活环境中,逐渐培养、学习而形成的。消费者对产品的态度、消费者对广告的态度,也不是先天具有的,而是在消费行为过程中形成的。影响消费者态度形成的因素是多方面的,不仅有消费者自身的内部因素,例如,消费者本身的需要与欲求、人口特征、个性以及生活方式等,同时也有外部因素的刺激,受消费者的所属群体、文化环境、经济形势等影响。

5.3.1 影响消费者态度形成的主观因素

5.3.1.1 消费者的需求

消费者对能满足自己需要欲望的对象,或能帮助自己达到目标的对象都会产生好感,形成肯定的态度;而对阻碍达到目标或引起挫折的对象,则会产生厌恶的态度。也就是说,欲望的满足与消费者的肯定态度相联结,反之则与否定态度相联结。消费者的态度是在购买活动中习得的,消费者购买了货真价实的商品,售后服务是满意的,消费者对该产品就形成肯定态度;若在购买活动中买了伪劣商品,不能满足消费者的需求,则消费者对该产品就形成否定态度,如果要使消费者对某一产品持肯定态度,我们要做的重要工作之一,就是宣传新产品的消费理由,以便使消费者对该新产品产生需求和欲望。我们的广告设计可以提出消费新需求,输送消费新观念,为消费者着想,使消费者认识到购买新产品的必要性,从而产生喜欢新产品的态度。例如,"乐百氏"纯净水广告着重指出自己的产品是经过一层又一层直到二十七层的过滤形成的很纯的纯净水,这既是运用认识中的理性推理,又抓住大众情感活动中的承诺感受,把深邃的"理"寄于"情"之中,通过视觉上的反应达到情感上的共鸣。娃哈哈营养快线的广告语"没吃早餐,就喝营养快线",既突出了产品的方便,又强调了它的营养;云南白药牙膏广告语中"国家保密配方"的描述,一下子把它和其他品牌和种类的牙膏区别开来,让消费者产生一种信任感。

5.3.1.2 消费者的人口特征

所谓人口特征,是指个体的一些自然的或社会的基本客观属性,例如年龄、性别、文化程度、职业、婚姻等。消费者的态度形成与消费者的人口特征有关,不同年龄组的消费者对某一新产品态度的形成速度不同,青年人容易接受新东西,追求变化新奇,对新产品形成肯定态度的速度较快,而老年人则比较趋于保守,接受新事物较慢,对新产品态度的反应也较迟缓。黄世祥(2010)[③]对被称为 Web Generation 的"90 后"

---

① PETTYRE,FAZIORH, BRIIglOL P. Thenewimplicitmeasures: anoverview [M] PETTYRE,FAZIORH, BRilglOLP. Attitudes: insights from the new implicit measures. New Yorl Psychology Press. 2008

② KRUGLANSKI A W, DECHESNE M. Are associative and propositional processes qualitatively distinct comment on gawronski and bodenhausen [J]. psychological Bulletin. 2006, 132 (5): 736-739

③ 黄世祥,"90 后"大学生手机媒体消费以及其价值观研究:以广东部分高校学生为样本,暨南大学硕士毕业论文,2010

大学生手机媒体消费及价值观进行研究，研究表明手机在"90后"大学生群体中由简单通讯工具转变为个人移动多媒体，超过86%的"90后"大学生的手机媒体消费靠家庭支撑，这种消费方式影响着他们的身份认同，他们对娱乐类信息的消费比其他任何信息类型的消费都要多。消费者的文化程度的差异，对他们获得有关商品知识造成不同程度的影响，也影响到对商品态度的形成，尤其是一些高科技产品，电脑控制的民用产品，如果不详尽地输出商品的功能、使用规则和保养修理等方面的知识，要想使不同层次消费者都有肯定的态度是不可能的。所以有的厂家在推销新产品时，很注重推销员的素质，要求他们以通俗易懂的语言，将复杂高深的全自动设备，向不同文化程度的消费者进行讲解说明，以获得较好的市场营销效果。

消费者的性别不同，对产品形成的态度也不同。女性消费者渴望得到别人的赞美，男性消费者渴望得到别人的尊重，不同的性别对于社会的认同需求不同。同时，女性通常被认为是消费的主力军，在追求自身发展的过程中主体性很强，但是在整个社会生活中，女性消费者仍常处于"被看者"和"客体"的位置（张慧玲，女性消费问题研究，华中师范大学硕士学位论文，2006），女性消费者通常呈现冲动、易受环境影响、挑剔、反复无常、优柔寡断等性格特征；而男性消费者通常呈现果断、独立、自尊、自满、急躁等性格特征。在虚拟产品中，同样表现为色彩、网站结构、显示信息与功能等的差异性。例如当男性消费者与女性消费者在面对C2C电子商务网站购物时，呈现的是两种迥异的用户需求，男性消费者在浏览页面时更希望能有直接的商品信息，而无需反复搜索对比，而女性消费者则更愿意货比三家，海量信息搜索找寻。男性对网站整体偏向于刚硬理性的色彩搭配，而女性偏向于温暖感性的色彩搭配。消费者的婚姻状况也影响消费者的态度形成。未婚的消费者消费行为是"天马行空，独往独来"，对一些新产品的态度是我行我素，购买随意性强；已婚的消费者，消费行为比较拘束，大多是夫妇双方合计行事，购买活动以计划性为主，对新产品的态度也比较谨慎。

5.3.1.3 消费者的经验

一般而言，态度是由经验的积累和分化慢慢形成的，但是也有一次经验造成深刻印象，而形成某种态度的。比如某个家庭搬新家后需要购置空调，往往会因为之前用过的那台空调的效果好、耗能低、不费电等优点而对该品牌留有好印象，从而凭经验继续购买该品牌的空调。当然，消费者对产品的经验可能形成满意的态度，也可能形成不满意的态度。消费者上一次当，会留下难忘的印象，不但影响该产品的购买活动，还会对生产该产品的生产者和设计师形象形成否定态度，这不仅是眼前利益的损失，还会影响生产者和设计师的后续产品市场。注重产品质量，注重售后服务，是赢得消费者肯定态度的关键。因此，消费者的直接经验是形成和影响态度的重要因素。

5.3.1.4 消费者的个性

个性对人对事乃至对整个社会的态度会显示其独特的个性，这种个性的独特性也会影响态度的形成。内倾型的消费者在购买商品时，往往从自己的主观体验和想象出发，去评判商品的价值，对别人的议论并不在乎，他们的商品态度形成是"自动型"的；而外倾型的消费者，性格开朗善交际，容易接受他人的意见，对商品的态度形成是"他动型"的，易受外部环境的左右。美国消费者心理专家科波宁教授的研究报告表明，对吸烟持不同态度的消费者，性格差异也较明显：对吸烟持肯定态度，并在吸烟行为上表现为一天一盒以上的大量吸烟的消费者，其性格中攻击性方面得分最高；而对吸烟持否定态度，并在行为上是不吸烟的消费者，其性格中秩序、服从等方面得分最高。

5.3.1.5 消费者的生活方式

20世纪80年代，生活方式概念由合成词稳定为单词（lifestyle）。研究生活方式与消费行为的关系，可建立生活方式的测量模式，制定生活方式因子，从而细分消费者类型。而生活方式的测量模式与生活方式因子，对可用性的评价因子的制定有参考作用。如虚拟世界生活方式的研究中，陈立巍等通过访谈、问卷等方式，运用量表分析、探索性因子分析和验证性因子分析，从而建立了包括个性满足、人际交往、社会融入和虚拟体验四个维度的虚拟世界生活方式测量模型[①]。该模型的建立可对虚拟世界居民的行为、兴趣、价值观和态度等基本特征进行分析和评

---

① 陈立巍，叶强．虚拟世界网络用户生活方式测量模型研究．管理科学，2009.2

估。为了理解和掌握消费者的行为规律，可以从了解消费者的生活方式入手，结合价值观等概念，以此预测其购买和消费行为。

具体来说，生活方式受文化、价值观、家庭、经历等影响，从而影响需求与欲望，同时影响购买和使用行为。生活方式决定了人们的消费决策，另一方面，这些决策也影响或改变人们的生活方式。生活方式的变化决定了需要的变化，社会需要的变化又诱发新的造物行为，从而形成设计创新的不断更迭①。如图5-4所示，受个性、情绪等因素影响，形成人们的态度、期望、兴趣等生活方式的不同，从而影响到人们的消费行为。

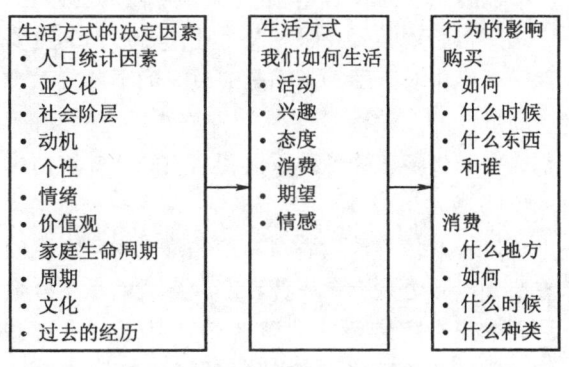

图5-4 生活方式的决定因素与影响②

生活方式具有4个特性。

（1）综合性和具体性

生活方式属于主体范畴，从满足主体自身需要角度不仅涉及物质生产领域，也涉及日常生活、政治生活、精神生活等更广阔的领域。它是个外延广阔、层面繁多的综合性概念。任何层面和领域的生活方式总是通过个人的具体活动形式、状态和行为特点加以表现的，因此生活方式具有具体性的特点。

（2）稳定性与变异性

生活方式属于文化现象。在一定的客观条件制约下的生活方式有着自身的独特发展规律，它的活动形式和行为特点具有相对的稳定性和历史的传承性。但任何国家和民族的生活方式又必然随着制约它的社会条件的变化或迟或早地发生相应的变迁，这种变迁是整个社会变迁的重要组成部分。

（3）社会形态属性和全人类性

在不同的社会形态中，生活方式总是具有一定的社会性，在阶级社会中则具有阶级性。另一方面，生活方式又具有非社会形态的全人类性的特点。

（4）质的规定性和量的规定性

人们的生活活动，离不开一定数量的物质和精神生活条件、一定的产品和劳务的消费水平，这些构成了生活方式的数量方面的规定性，一般可用生活水平指标衡量其发展水平；对于某一社会中人们生活方式特征的描述，也离不开对社会成员物质和精神财富利用性质及它对满足主体需要的价值大小的测定，表现为生活方式质的方面的规定性，一般可用生活质量的某些指标加以衡量。来自相同的亚文化群、社会阶层、职业的人们可能各有不同的生活方式，生活方式不同的消费者对产品或服务有着不同的需要，消费模式也存在明显差异。

生活方式决定了许多消费决策，而这些决策反过来又强化或改变了人们的生活方式。生活方式通常为消费行为提供了基本的动机和指南，虽然它往往是以间接和微妙的方式表现出来。武汉理工大学的许超凤（2010）以用户生活方式与混合动力轿车内饰设计之间的关系为研究内容，以心理情感及使用方式等各种人性化因素的考虑为出发点，从空间的角度思考生活方式对车辆内饰的影响，结合材料、人机及设计心理等将更多人性化的因素融入内饰设计。生活方式导向中国多功能乘用车设计研究（曹雍，李彬彬，2009）是从消费者的生活方式研究着手，研究了不同群体在生活方式上的差异以及所带来的汽车消费需求上的差异，不同的是许超凤的研究偏重于汽车空间因素，曹雍的研究偏重于生活方式导向最终的汽车造型设计偏好和消费行为。

5.3.2 影响消费者态度形成的客观因素

5.3.2.1 消费者的所属群体

消费者对商品的态度，在很多情况下，是由其所属的群体而来的。属于同一家庭、学校、工厂、团体、社会的成员，常具有类似的态度，这是因为消费者与其所属群体中多数成员有共同的认识，无形中接受了团体的压力。这些都是个体在群体的活动中，在成员之间的相互作用下，互相模仿、互相暗示、互相顺从而形成的。消费者

---

① 王志强，公瑞，张燕．基于乐活生活方式的数码产品设计．江南大学学报（人文社会科学版），2011.1

② （美）霍金斯（Hawkins, D.I.）等著，符国群译．消费者行为学[M]．北京：机械工业出版社，2007

的态度形成受家庭影响是最明显的，不管消费者在家庭中扮演什么角色，其消费态度都可以追溯出某种家庭的色彩。作为儿子的消费者，他对各类商品的选择取舍，除了有自己的意愿，父母亲的影响是至关重要的，所以儿子的消费态度很大程度上由家长决定；作为父母的消费者，他们是节俭型还是追求时尚型，这又可以追溯到他们的祖辈是传统型还是开放型家庭出身。家庭的消费观念对其后代的消费态度和消费行为有潜移默化的作用。

消费者的态度形成还受到工作群体、朋友群体等社会群体的影响。比如 Crocs 刚进驻中国时，由于它价位偏高且造型奇怪，如同玩具一般的发泡塑料质感与艳丽的色彩让消费者一时不能接受。大街上如果有人穿着一双 Crocs，定会引起议论与回头的目光，消费者产生从众心理，他们逐渐把这胖胖的带孔的塑料泡沫鞋视为时尚的象征，Crocs 形成消费浪潮。

5.3.2.2 消费者的文化背景

消费者的文化背景比较复杂，包括许多不同的亚文化背景，亚文化对消费者的态度形成影响较大。亚文化可以分成民族、宗教习俗、种族、地理区域等不同类别。不同种族的消费者有不同的消费态度，西方认为美的商品，东方人也许认为是丑的。不同区域的人对食品味道的态度也各异，我国南方人喜欢吃米饭、甜食，菜的味道要清淡一些；北方人喜欢吃面食，菜的味道要浓一些；湘蜀一带的人喜欢吃辣椒；山西人喜欢吃醋；陕北人不吃鱼；广东人喜欢吃"龙"（蛇肉）和"虎"（猫肉），对活鱼活虾尤为喜欢。不同文化背景的人，有不同的生活形态，也形成了对各类消费品的不同态度。有人研究过不同生活形态的美国妇女的购买行为，发现传统型的妇女比较喜欢购买易存储和烧烤类的商品；享乐型的妇女则喜欢烟酒、烧烤及社交类的商品；而比较年轻的家庭型妇女则喜欢为孩子和自己用于打扮的装饰品。

5.3.2.3 政治经济形势

作为形成消费者态度的外部条件，重要方面就是政治经济形势。只有政治稳定、经济发达，人们的购买水平才会提高；加上生产工艺技术的进步，使新产品层出不穷，使消费者有可能有实力去喜欢新产品，购买新产品。人们只有满足了生理性的需求，才会产生对美的、享受类的产品的渴求，形成对表现自我、完善自我的产品的崇尚。比如人们对流行产品的态度形成，就是政治经济发展的结果。当政治经济是封闭的保守的，时尚现象较少出现，经济的落后、交通的闭塞，使新产品不可能在短时间内得到传播，不能在多数人中间相互效仿，人们对流行持否定的态度，也就不能形成流行。现代社会，政治经济的开明发达，交通和大众传播的发展，为新产品流行创造了条件，消费者可以不到外地去，甚至不出家门，就可以知道当前社会上的流行服装和流行产品。他们通过看报纸看杂志，听广播看电视上互联网等，了解流行趋势。社会的发展引起观念的更新，消费者对流行的肯定态度逐步形成。

5.3.2.4 广告对态度的影响

广告对于消费者态度有着非常显著的影响。它是广告心理学研究领域及企业广告运作的重要课题。广告对态度的影响是通过人们不断接触广告而形成的比较稳定的对广告总体反应的倾向，也是由广告唤起的各种积极和消极的认知和情感的反映。

广告宣传是消费者对新产品形成肯定态度的重要手段，也是影响消费者态度形成的重要外部原因。广告宣传要使消费者对产品形成肯定态度，广告的策划和定位就要从宣传产品本身的"企业定位"和"产品定位"，转向消费者定位。也就是以消费者立场为中心来构思广告；用自己人的口吻劝导消费者接受新产品，为消费者着想，提供消费新需求的理由，使消费者产生认可新产品的态度。AOBO 金鸡胶囊一句"心疼家人却从不心疼自己"，一针见血地道出了大多数中年女性在家庭中所扮演角色的辛劳，进而与观众产生了共鸣，体现了对中年女性的关爱。

肯定态度的形成，除了要理性地说服，还要有情感的推动，广告宣传除了在提出消费理由，诱发消费新需求上做文章以外，还要重视情感诉求，起到体现消费者的情感，交流消费者的情感，最后激发消费者的情感，使消费者与广告诉求产生共鸣，从而形成对广告的肯定态度。但是我们的广告设计有些就不太注意这方面，缺乏与消费者的感情传递和交流，许多广告图案尽管生动活泼、文字优美，但往往偏重艺术性，而忽视亲切感、人情味，使消费者难以接受；虽然有些广告也采用奉承吹捧的手法，肯定消费者购买本产品是您的"明智的选择"、"最佳的选择"、"科学的选择"等，但消费者往往无动于衷，影响肯定态度的形成。

5.4 消费者态度转变与设计

社会心理学中的态度转变，是指在一定的社会影响下，一个已经形成的态度，在接受某一信息或意见的影响后，所引起的相应的变化，其本质是个人的继续社会化。态度改变分为两种，一是一致性的改变，指方向不变而仅仅改变原有态度的强度，即量变；另一种是不一致的改变，指以性质相反的新态度取代原有的旧态度，或说是方向性的改变，即质变。通常说的态度改变更多指后者，即方向性的改变。

人格态度的改变都是在一个人的原有态度与外部存在着一些不同于此的看法（或态度）发生差异造成的，这种差异会产生压力，引起内心冲突，或称不协调、不平衡、不一致，为缩小这种差异，减少压力，人具有恢复心理协调的能力，其方式之一是接受外来形象，改变自己原有的态度；方法之二是采取各种办法去否定或抵制外部影响，以维持原有态度，而这些抵制的办法有：贬损信誉、歪曲信息、掩盖拒绝。当人们有时无法驳倒对方的论点时，常采用贬低或损坏影响者的声誉来表明信息不可靠或降低劝说信息的价值，从而加以拒绝。这是直接针对传达者采取的攻击，通过贬损对手，贬损他的能力权威甚至进行人身攻击，而使对方的论点失去力量。歪曲信息即有意无意地或断章取义地将对方某些实质上不同于自己的观点看做是和自己的看法相近或相同，或者相反，把对方观点故意夸大到极端，失去可靠性甚至变得荒唐可笑，前者叫做同化作用，后者称反向或逆向作用。

无论是认为相近或是认为对方观点完全不可信，都在于缩小或取消差异，因而也就不存在压力而去改变其态度。掩盖拒绝有两种方式，一是以文饰或美化自己的真正看法和态度来拒绝外部的劝说或影响，另一种方法是不理睬，不回答对方的意见，也很少说不，而是毫无道理地拒绝对方的一切论据，从而继续维持自己的见解。对掩盖拒绝策略的研究源于沙利文的自我系统概念：个人为了消除焦虑，就会形成一种具有防御功能的自我觉知系统或一套衡量自己行为的标准，这就是自我系统，自我系统的主要功能就在于消除紧张和焦虑以获得满足和安全，自我系统的防御功能主要通过自我动能。自我动能是在认可和反对、奖赏和惩罚的经验的基础上形成的人际行为模式。它就像用显微镜看东西，除了由镜头传来的东西，看不到别的，它使人自动地回避焦虑，即所谓"选择性不注意"。消费者态度的改变很大程度上在于外界对其的刺激，下面主要以高露洁牙膏为例，阐述消费者对产品态度转变的几种策略。

一是给产品增加新的重要属性。它以研究为基础，针对产品本身的属性，增加产品新的特色。如果消费者认为这类产品中应该具有哪些属性，那么，这些属性肯定对消费者很重要。这种策略应用比较广泛。它通常会导致产品实质上的变化。比如高露洁牙膏在去除牙垢和令口气清新两个属性上略胜一筹，但是，佳洁士牙膏在预防蛀牙这个特点上要远远胜出，总体上似乎高露洁牙膏并未获得多少竞争优势。在这种情况下，一个进攻性策略就是：给产品增加新的属性特点，即进行产品重新设计，如给牙膏加上一个美白的功效，实际上高露洁牙膏正是这样做的。

二是突出自己产品的优势属性。突出产品或服务的优势属性，即强调了变量。如果发现消费者对自己产品的某个属性评价比竞争对手要高得多，就强调这个属性对产品的重要性；同时，如果自己公司的某个属性差于竞争对手，那么，就贬低这个属性的重要性。高露洁在营销活动中重点强调牙膏去除牙垢和令口气清新的重要性。这样，就可以更好地树立产品或者服务在消费者心中的积极意象。

三是强化产品属性给消费者带来的价值。强化产品的某种属性具有某种消费结果，这种消费结果又可以满足消费者对某种价值的追求。例如，佳洁士牙膏中含有相当成分的防治龋齿的成分，这样，使用佳洁士牙膏，就不会受到龋齿的侵扰，所以你就会更健康和更自豪。因此，在广告运作中，佳洁士牙膏就应该突出这样的主题，即使用了佳洁士牙膏后，你会为自己的牙齿健康而深感自豪。

态度形成之后比较持久，但也不是一成不变的，它会随着外界条件的变化而变化，从而形成新的态度。态度的转变有两个方面：一是方向的转变，另一是强度的转变。比如对某一事物的态度原来是消极的，后来变为积极的了，这是方向的变化；原来对某事物有犹豫不决的态度，后来变得坚定不移的赞同，这就是强度的变化。当然，方向和强度有关，从一个极端转变到另一个极端，既是方向的转变，又是强度的变化。消费者的态度，有善意的满意的，或者说是肯定的态度；也有恶意的讨厌的，或者说是否定的态度。这是说的两个极端，其间还有不同的程度的态度表示。比如从最喜欢到最厌恶之间有喜欢、较喜欢、无所谓、较不喜欢、不喜欢等。心理学家设计了态度测量的主观量表，表示态度之间的强弱（见图5-5）。

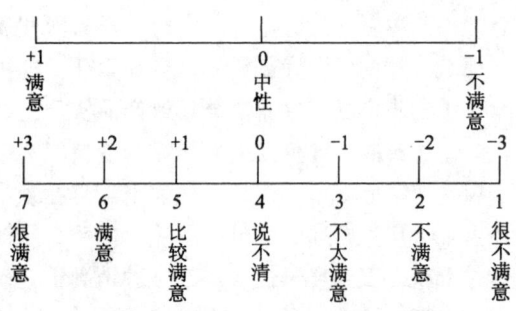

图5-5 态度尺度图

从图5-5中可知，第一项中"-1"与"+1"表示两个极端（不满意、满意）"0"表示中性，无所谓。第二项中的"+3、+2、+1、0、-1、-2、-3"（很满意7，满意6，比较满意5，说不清4，不太满意3，不满意2，很不满意1）表示态度的等级或程度。量表上任何两点都可以表示原先态度与要求改变态度之间的差距。如果两点落在尺度的两端，则表示两者差距很大；反之，两者靠得很近，则表明差距很小。态度改变的难易要看两者差距的大小来决定。因此要转变一个人的态度取决于他原来态度如何，如果两者差距太大，往往不仅难以改变，反而会更坚持原来的态度，甚至持对立情绪。在改变态度的实用途径中，健康专家和人际交往专家通常用的方法是恐惧感唤醒。这一方法的假设是如果一个人恐惧感足够强，就会发生态度改变和随之而来的行为改变。比如他可能会因为恐惧由一个飙车的人转变为一个开车很慢的人。但是，如果所唤醒的恐惧感非常强烈，则很少会有积极的作用。

比如让一个习惯吃中式早餐的人每天改吃面包牛油并不容易，生活方式态度的转变需要时间。如果消费者购买过某种品牌的劣质商品，心中愤愤不平，这时该品牌的广告，不但对他毫无作用，而且十分反感。改变消费者的态度，除了提高产品质量改善服务态度以外，还有许多因素值得重视。研究这些因素，对促使消费者态度的改变有十分重要的作用。根据大量的研究，可把决定消费者改变态度的因素或条件归纳如下。

5.4.1 广告宣传与消费者的态度转变

广告宣传对消费者的态度转变是有影响的，但是宣传对消费者态度变化效果的大小究竟怎样，这还取决于以下几个因素。

5.4.1.1 广告宣传者的权威

广告宣传者本身有无权威对广告受众的态度转变关系很大。宣传者的威信是由两个因素构成，即专业性和可信性。专业性指专家身份，如学位、社会地位、职业、年龄等，可靠性指宣传者的人格特征、外表仪态以及讲话时的信心、态度等。同样是一件商品，若得到专家的权威性肯定，必然产生很强的说服力，使消费者的态度迅速从否定走向肯定，或者从肯定走向否定。

心理学家伯洛（Bello）在研究了宣传者本身威信与态度改变之间的关系时指出，其中有三个因素是很主要的：其一，宣传态度的公正与不公正、友好与不友好、诚恳与不诚恳，这些就是可靠性因素；其二，宣传者的有训练与无训练、有经验与无经验、有技术与无技术、知识丰富与不丰富，这些就是专业性因素；其三，宣传时语调坚定与软弱、勇敢与胆小、主动与被动、精力充沛与疲倦无力，这就是表达方式的因素。伯洛认为，在这三个因素中，第一第二因素是主要的，第三较不重要。

当然心理学的实验还发现，宣传者的声誉对消费者的影响是一时性的。开始时这种影响很明显，随着时间的推移，这种影响逐渐减弱，以致宣传者有无声誉，其宣传效果也无多大差异。例如，追风洗发水借王菲的名气一时间为众人所知。但短暂的时间过后，大家的注意力便不再像之前那么关注这件产品了。这说明，为了取得一时效果，可以聘用权威人士或声誉高的宣传者是一个有效的措施，但要获得长期效果，就要考虑其他因素了。

5.4.1.2 广告宣传的内容及其组织

对商品优缺点的宣传是只讲优点，还是优缺点都讲？心理学家对此进行过研究认为：对于文化程度低的人来说，单方面宣传，容易改变他们的态度；而对于文化程度高的人，则听到正反两方面的内容，宣传效果最好；当消费者文化程度较高时，受片面说明的影响较小，所以全面介绍商品，优缺点均反应时，对其影响较大。另外，人们最初的态度与宣传者所强调的方向一致时,单方面的正面宣传有效,若最初态度与宣传者的意图相对抗时,那么正反两面宣传效果更为有效。对宣传的内容还要进行有效的组织,比如可以采用引起受众恐惧的宣传,宣传的内容要使对方具有不安全感,有一定的压力,产生一定的焦虑,这就能使对方改变态度,如宣传抽烟会引起癌症,不戴安全帽会发生流血事故等。如欧美广告"死神来了"就是以安全带为主导,引发人们的恐惧心理。但是恐惧心过分强调之后,反而会引起逆反心理,从而采取否定或逃避听取宣传的态度。所以我们若需要立即改变消费者的态度,那么广告宣传必须能引起人们较强烈的恐惧心,并使这种恐惧心理成为一种动机力量,以激发消费者迅速改变态度。这种宣传必须把握适度,其中有许多值得研究的内容。

广告宣传内容在数量上的适度,也是内容组织的重要方面。心理学研究认为,应该分阶段逐步发放广告内容,不能急于求成,否则欲速则不达。我们对广告媒体心理学研究表明,延长广告播出时间,消费者的态度指数并不是同步增长的,而是开始时随播出时间增加而增加,到达一定数量的时候,消费者的反应呈饱和状态。所以,一味增加广告宣传力度,并不能达到改变消费者态度的目的。例如,2008年,恒源祥集团十二生肖的广告,从"恒源祥,北京奥运会赞助商,鼠鼠鼠"一直说到"恒源祥,北京奥运会赞助商,猪猪猪",一分钟的广告时间里,完全没有新鲜的创意和变化,观众一片哗然。尽管这个老品牌通过这一广告再次成为焦点,可是很多人由此对这个品牌反感至极。

广告信息用一次性提供方式好,还是逐步增加信息量渐进性提供方式效果好呢?山东《潍坊日报》社对"851"超级口服液的广告做了这方面的对比研究。在潍坊用"渐进式"宣传,让消费者形成"深卷入"的购买活动,购买高峰持续了1个月。同时,在泰安使用一次性广告宣传,结果同样的产品、同样的广告次数、同样的媒体,而且两个城市的规模、经济状况、消费者人口数量等也基本类似。只是采用两种不同的广告宣传组织方式,但产生了两种不同的消费态度和购买行为,潍坊一个月的销售额达到43.8万元,而泰安只有潍坊的一半。

5.4.1.3 广告宣传是否给予明确的结论

在广告宣传时可以向消费者提供足以引出结论的资料,让消费者自己下结论,也可以直接向消费者明示出结论来。至于哪种方式有利于态度的改变,这要以广告内容的简繁,发布者的权威性和信用,以及消费者的文化水准和能力而定。一般说来,比较难以理解的信息,发布者较有威信,而消费者又难以下结论的,明示结论的效果较好。反之,则让消费者自己去得出结论的效果较好。心理学研究认为,要转变一个人的态度,必须引导他积极参与有关活动,在实践中转变态度。比如广告宣传食品中的新品种,可以让消费者品尝之后,改变对新食品的态度。

发布信息者的意图是否让消费者发觉,这也是值得注意的问题。一般说来,如果消费者发觉广告发布者的目的,在于使他改变态度时,他往往会产生警惕,而尽量回避宣传者,因而效果就会降低;如果消费者没有发觉宣传者在有意说服他,他就比较容易接受其意见,而改变态度。在广告宣传中要多一份真情,心中要有受众,发挥"自己人效应",少一份说教。不要以"教导者"自居,动不动就说"明智的选择"、"最佳的选择",从而让消费者感到,广告是为大众着想,而不是只为生产者和设计师着想,这样缩短广告设计师和消费者的心理距离,消费者的态度就会转向广告宣传者的方向。

5.4.1.4 传播信息的媒体

传播商品信息的渠道是多种多样的,除了广告宣传以外,还有商品的包装装潢设计,橱窗样本设计,还有促销设计和口传信息等。而现代社会传播信息的媒体主要是报纸、杂志、广播、电视和网络,此为五大媒体。五大媒体的作用各有千秋,但比较下来,以电视广告对改变消费者态度的效果最佳,而网络媒体更具活力和发展潜力。

电视广告综合利用消费者们喜闻乐见的视听形式,给大众以多种感官的刺激,容易引起消费者的注意,便于消费者对广告内容的理解和记忆,对改变消费态度效果明显。而且,电视广告可以把单调的抽象产品认知成分,变为多彩的画面和动人的语言,以求得消费者情感上的共鸣,从而改变消费者的态度;电视广告还能充分展示"以消费者为中心"的意图,用各种表现手法突出消费者形象,反映消费者的生活,使消费者深深体会"自己人效应"。

网络媒体与传统相比最大的优点是它给消费者提供了与广告直接互动的机会,这种互动不但可以发布信息，同时可以产生趣味、提高品牌信息的亲和力。这种移情作用，增强受众对产品的好感。另外网络广告表现丰富多彩，集声、动画于一体，融合了传统媒体的优点——如同广播、电视一样得到听觉和视觉的刺激，又可以获得阅读报纸、杂志等平面媒体广告产生的感受。此外，网络广告传播范围极广、时效灵活，可以把信息24小时不间断地转播到世界各地，同时更新速度快。尤其是未来社会，经济全球化使人口的流动性越来越大，网络广告可使品牌信息持续不断地达到目标受众，让品牌突破地域和时间限制，与现有的消费者维持稳定而长久的关系。艾瑞咨询在《2008～2009中国网络视频行业发展报告》中提出，到2013年，网络视频广告规模占网络广告市场比重将达到11.0%，约为22亿，超过富媒体广告3个百分点，成为搜索引擎广告和图形品牌广告之后的第三大网络广告形式。再次，网络广告的效果易测。利用网络很容易通过服务器记录、调查多少用户看过，以及这些用户查阅的时间和地域分布，更先进的测量手段（如DAKT）能得出更详细的统计：广告有多少呈现次数、有多少点击率，以及点击的时间、地点甚至点击后的活动，极大地方便了广告主即时监测特定品牌进行传播活动的效果，并对品牌传播策略加以调整。如依云矿泉水广告"滑轮宝宝"篇，被评为2009年点击率最高的视频之一，并以4500万次的点击率入选吉尼斯世界纪录。它以内容的新奇吸引了大部分网民的注意力。网络时代，新奇的戏剧性成为视频广告的首要也是最基本创意点。同时，准确的点击率统计数据也成为广告成功的最佳证据。

5.4.2 消费者的个体差异与态度转变

对于转变消费者态度的因素分析，除了前面讨论态度形成的因素如消费者的需求、消费者的人口特征、消费者的经验、个性和生活方式等仍起作用以外，对态度转变有重要影响的还有消费者的观念、消费者的动机、消费者的偏见、消费者的社会角色以及生活质量。

5.4.2.1 消费者的观念

观念是态度认知成分中的重要组成部分，观念的更新必然带来态度的转变。消费态度的改变，首要工作是消费观念的变化。如果消费者仍抱着"新三年，旧三年，缝缝补补又三年"的服装消费观念，他们势必对推上市场的各类新式服装抱有消极态度，不是看不顺眼，就是说风凉话，甚至戴上"奇装异服"的帽子。所以，我们的首要工作是宣传新的消费观念，这种宣传是亲切的、细致的，当消费者经历新旧产品更替时，总是存在矛盾心理，对旧东西熟悉，对新东西犹豫，到底新产品比老产品优势在何处？消费者在购买新产品时表现出的这种疑虑意念是十分普遍的：怕上当受骗，怕得不偿失，怕与本人身份不当，怕不安全，怕使用不惯，怕维修不便……由于顾虑重重，消费者对新产品的态度也是犹豫不决的。

要转变消费者的态度，就要对准消费者疑虑意念中的关心点，有针对性地宣传，而新产品的生产者和设计师也要针对关心点，为消费者着想，排忧解难，提出新消费的合理性和必要性，而不是简单空洞的说教。简单宣传是不能解决消费者的新旧矛盾的，没有消费观念和意识方面的转变，消费行为和消费态度会带有极大的保守性。

成功的宣传方式是，透过消费形式，抓住消费本质，提出消费理由，输送消费新观念，从而转变消费态度。例如"IBM公司：四海一家的解决之道""雕牌洗衣粉：不买贵的，只选对的"；"西门子冰箱：0℃不结冰，长久保持第一天的新鲜"等广告都具有上述特点。

5.4.2.2 消费者的兴趣

消费兴趣是消费者个体差异之一。所谓兴趣，是指一个人积极探究某种事物的认识倾向，它是人对客观事物的选择性态度，是由客观事物的意义引起的肯定的情绪和态度形成的。消费兴趣就是人们对某一种商品需要方面的情绪倾向。比如读书人喜欢逛书店，而对于自行车，不同需求的人，选择兴趣就不同，是载重车、代步车、休闲车，还是运动车，选购态度也不一样。消费者对某一种产品的兴趣是可以渲染、培养和诱导的，这种渲染、培养可以通过广告宣传、橱窗设计和消费者之间的口传信息等传播方式进行。

兴趣的形成不是一蹴而就的，要增加宣传的次数，提供成功的经验，使消费者有仿效的榜样，通过消费兴趣诱发消费态度的转变。比如有的消费者对体育用品没有兴趣，对健身保养持无所谓态度，我们就应从正反两面提供信息，让他们了解体育对国对民对己的好处，也了解不注意锻炼对身体的危害，并让他们参与到体育运动中去，由此引发兴趣。

5.4.2.3 消费者的偏见

偏见会影响态度的转变。在消费者的偏见中，以"第一印象"作用最明显。对商品的第一印象并不一定反映产品的本质特征，因此第一印象往往形成消费者的偏见，但这第一印象的作用却不容忽视。如果消费者第一次购买某种产品称心如意，他会产生认牌购买行为，形成对该产品的肯定态度；如果第一次购买后不愉快，遗憾或失望，不仅会改变本人对该产品的态度，而且会波及他人。

偏见是一种不正确的态度，是人们固有的否定性和排斥性的看法和倾向，是人们对某一事物缺乏充分事实根据的态度。偏见除了"第一印象"以外，还有"哈罗现象"，即以偏概全，抓住一点不及其余。还有刻板现象，人们认识外界事物时往往根据它们的共同特征加以分门别类，这种类化的思想方法固定下来，就形成了刻板印象，导致偏见。消费者过度崇尚外国商品就是一种刻板印象。这种偏见被投机商利用，会产生"假洋货"泛滥的后果。许多消费者盲目崇洋，认为买进口商品有面子，但自己缺乏辨别真假的本领，只要看到标有外语便趋之若鹜。其实在市场上的进口商品中，至少有一半是伪造品。有些年轻人，书包上画着一个对勾，就认为这是耐克，是国际品牌，可见缺乏必要的知识和了解，是产生刻板现象的主要原因。

要改变人们盲目崇洋的态度，就要充分利用宣传媒介的作用，给消费者更多的正反两方面的信息，让消费者有辨别真伪的能力；另外还要一分为二地分析外国货，学习人家的长处，洋为中用，增强民族自尊心，努力缩短与外国货之间的差距。当然有些崇洋的消费心理，并非从"外国货质量好"这一消费动机出发，而有更深层次的内容。一些外国名牌商品属于奢侈品范畴，价格昂贵，一般人不敢问津。因此，这些真洋货都具有"富贵潇洒"的心理价值。对于普通百姓而言，这些洋货他们可望不可及，但国际名牌所隐含的心理价值却是他们所向往的。假洋货正是迎合了这些消费者心理，通过偷梁换柱的手法，使之成为他们买得起的"高档商品"。难怪有些消费者会有"超值享受"之感了，这就是盲目崇洋的深层消费动机，也是趋避动机冲突的结果。转变消费者的态度，针对表层的消费动机，宣传工作比较容易，效果也比较快；而要做消费者深层动机的宣传，难度就比较大。因为形成深层次的内容成分多、时间长，参与影响的因素也多，不是一两次宣传就能奏效的，当年速溶咖啡的宣传就是很好的一例。

5.4.2.4 消费者的社会角色

社会角色是指人们在现实生活中的社会身份，比如消费者可以是工人、农民，也可以是干部、教师等。社会角色影响人们态度的转变。因为人们的社会角色包含各自的人格特征、文化水平、能力素质以及社会化程度的差异，这就决定了人们态度转变的难易。社会角色中文化层次较高的人，素质较强的人，人格特征属理智型，一般转变他们的态度较难；反之，文化层次较低的人，能力素质较差的人，人格特征属情感型，转变他们的态度就较容易。我们要转变各种社会角色的消费态度，应当根据社会角色中的差异，采取不同的宣传方式，才能取得理想的效果。

研究消费者的社会角色，是促进消费者态度转变的有效方法。了解消费者的社会角色，以便和消费者的观点产生共鸣，产生表同作用，表明生产者的观点和消费者的观点是一致的，这样缩短了商品生产者和消费者之间的心理距离，使认知协调，转变消费者的态度也就容易了。另外，了解消费者的社会角色，不仅要掌握生产者和消费者之间在观点上的一致，而且要掌握他们两者之间更多的相似之处，这样可以提高宣传的效果，加速消费者态度的转变。因为相似之处会使人产生表同的趋向，把商品生产者当成自己人，形成"自己人"效应。例如推广具有中国传统元素的商品，最好运用本土特色的场景，更有亲和力和说服力；做儿童食品的广告宣传，让小朋友做广告模特儿效果较好；而女性化妆品的宣传，一般是年轻女性的事了。

5.4.2.5 消费者的生活质量

生活质量是人们对自身生活状态的一个综合评价，生活质量指标一般可用满意度指数、信心指数或是快乐指数加以描述。消费者的生活质量决定了其不同的信息接触方式及对广告的认可和接受程度。全面小康社会，人们更加追求精神生活质量。一是人们对社会贡献而获得的认同感，人们的理想、社会责任得以实现而获得的精神满足；二是人们在工作之余享受社会产品和优美的城市环境而获得的愉悦感与幸福感；三是个人在所处的工作环境中同事关系与民主生活氛围融洽，个人才能得以充分发挥，工作有成就感，决策有参与感；四是家庭关系与夫妻关系融洽，住房面积宽敞,家人和邻里关系和睦,社区建设与社区环境优美而产生的愉悦感。主观幸福感是生活质量研究的新视角,它试图解释人们如何评价其生活状况,涉及人们的生活满意度以及人们的积极情感。消费者自身情感(积极或消极)及生活状态(满意与否)会对其消费活动产生一定的影响。生活质量指标一般可用满意度指数、信心指数或是快乐指数加以描述。

在关注生活质量的同时,"幸福指数"一词广为流行。与此相应,幸福指数也被认为是反映人们生活质量的核心指标。与人民生活息息相关的各种问题越来越受到重视,"国计"更多地、也更密切地围绕"民生"展开,"幸福感"受关注,"满意度"成指标,幸福指数已经开始进入各级决策者的视野,并成为一种重要的政策目标,真正能体现人们幸福与否的还是主观幸福感,主观幸福感是一个心理指标,体现的是人们的心理活动,这也为主观幸福感的测量带来极大的挑战。可见功能已经不是人们购买商品时考虑的唯一因素,充分研究消费者心理的商品设计,才能打开局面,取得成功。

5.5 消费者满意度研究

5.5.1 消费者满意度 CSI 概述

消费者满意度(Customer Satisfaction Index)作为一个社会经济生活中的概念,并不是什么新发明,它始于何时,也无从考证。1965 年,Cardozo 首次将顾客满意的观点引入营销领域,提出顾客满意会影响顾客的购买行为。他运用实验研究方法测量了产品披露之前的顾客期望,指出顾客期望对其购物体验和消费评价有积极的影响。随后,学者们从不同的研究角度开始了对顾客满意度的关注,但是这一阶段的顾客满意研究,多限于定性分析。

20 世纪 80 年代后期,对顾客满意度的研究开始从定性分析发展到定量分析。经济全球化使各国和各地区市场竞争加剧,对科学测评顾客满意度提出了新的要求。应用性研究和学术性研究开始着重于顾客满意体系构建的细化,以及最优化顾客满意度战略的执行。美国学者 Hunt、Oliver 等就顾客满意度的测量问题进行了探索。Parasuraman, Berry 和 Zeithaml (1985) 进一步发展了严密的科学调查和通用的服务质量理论,他们提出的多项目的 SERVQUAL 量表被认为是关于顾客满意度、服务质量和顾客期望的理论研究中对顾客满意度进行操作化的最早尝试之一[①]。他们将决定服务质量的因素分为可靠性、响应性、保证性、移情性与有形性五种。SERVQUAL 量表建立在上述这五个决定因素基础之上,通过对顾客服务预期与顾客服务体验之间的差距的比较分析来衡量。其主要观点认为,感知绩效和顾客期望之比是使顾客满意的关键。

20 世纪 80 年代末 90 年代初,美国、日本及欧洲一些国家的先进企业使用消费者满意度作为评价手段,并在实施的过程中取得了显著的成效。实践证明,消费者满意度是一种行之有效的现代企业战略,为企业造就宝贵的无形资产,提高企业的竞争力。

我国顾客满意度的研究起步较晚,1995 年清华大学赵平教授将"顾客满意度"这一概念引入中国,并开始进行系统性研究分析。2000 年,由国家质量监督检验检疫总局和清华大学中国企业研究中心共同承担了国家"软课题"研究项目"中国用户满意度指数构建方法研究",为在我国建立国家级用户满意度指数奠定了基础。从 2002 年开始,中国顾客满意指数开始推广应用。中国一些大企业如海尔集团、TCL 集团、宝山钢铁集团等出于竞争力的考虑纷纷实施顾客导向或市场导向战略。2005 年 5 月,由中国标准化研究院与清华大学合作组建的中国标准化研究院顾客满意度测评中心(简称测评中心)正式成立。测评中心拥有符合中国国情的中国顾客满意指数(China Customer Satisfaction Index,简称 CCSI)测量模型。中国用户满意指数测量基本模型是包含形象、预期质量、感知质量、感知价值、用户满意度和用户忠诚 6 个结构变量的结构方程模型,公开出版《2006 年中国用户满意度手册》。

5.5.2 消费者满意度 CSI 起因

消费者满意理论 CSI 作为一种潮流首先出现在西方发达国家,作为一个科学概念,并正式以"CSI"简写的形式出现,始于 1986 年一位美国消费心理学家的创造。1986 年美国一家市场调研公司以 CSI 为指导,首次以消费者满意度为基

---

① 裴飞,汤万金,咸奎桐. 顾客满意度研究与应用综述 [J]. 企业管理,2006 (10):25

准发表了消费者对汽车满意程度的排行榜,引起理论界和工商企业界的极大兴趣和重视,随后便得到广泛应用。1989年,瑞典引进美国人发明的CSI指标体系,建立了全国性的消费者满意指标(CSI),进一步推动了CSI理论与实务的发展。1990年,日本丰田公司、日产公司率先导入CS战略,建立消费者导向型企业文化,取得了巨大成功,很快引发了一股CS热潮,逐步取代原来的CI战略。1991年5月,美国市场营销协会召开了首届CS战略研讨会,研究如何全面实施CS战略以应付竞争日益激烈的市场变化。此外,法国、德国、英国等国家的一些大公司也相继导入CS战略。至此,CS理论和CSI指标体系在西方发达国家迅速传播并不断发展完善,CS战略成为企业争夺市场的制胜法宝,从而形成了经营史上又一次新的浪潮。

CS战略的基本指导思想是:企业的整个经营活动要以消费者满意度为指针,要从消费者的角度,用消费者的观点而非生产者和设计师自身的利益和观点来分析考虑消费者的需求,尽可能全面地尊重和维护消费者的利益。

构成CSI的主要思想和一些方法曾经讨论过,有的企业也尝试过。但是,作为一种科学化和系统化的理论。一种整体经营战略,一种全新的经营哲学和方法,并学会用CSI导向设计、导向生产、导向经营、导向战略整合,这是20世纪末新经济时代的生产者和设计师所关注的热点。CSI产生的原因有几个方面。

5.5.2.1 市场竞争与环境变化

商品经济的高度发展导致了商品供应的不断丰富,经济全球化趋势的加强,导致了市场竞争的不断加剧,大多数行业由卖方市场转向买方市场,企业赢利不再依靠强大的生产力就可获得,让消费者满意才是企业的生命之源。于是,千方百计让消费者对企业及其产品、服务满意,就成为生产者和设计师全部经营活动的出发点与归宿。

另外,日趋激烈的市场竞争,使企业的产品在质量、性能、信誉等方面难分伯仲,也使企业间通过产品向大众传达的信息趋于同一,从而使社会大众很难从日趋同一的产品信息中,感受到企业的独特魅力。企业以CSI为指导所产生的消费者导向型优质服务,能使企业与竞争对手区别开来,产品和服务所达到的消费者满意是消费者购买决策的决定性因素。最早对这种竞争环境变化作出系统性反应的斯堪的纳维亚公司,提出了"服务与质量"的观点,自觉地把生产率的竞争转换为服务质量的竞争。20世纪80年代后期,美国政府专门创设了国家质量奖,在产品和服务的评定指标中,有60%直接与消费者满意度有关。

5.5.2.2 质量观念和服务方式的变化

依据传统的标准,凡是符合用户要求条件的,就是合格产品。在激烈竞争条件下,新的质量观应是:生产者的产品质量不仅要符合用户的要求,而且要比竞争对手更好。现代意义上的企业产品是由核心产品(包括产品的基本功能等因素),有形产品(质量、包装、品牌、特色等)和附加产品(提供信贷、交货及时性、安装使用方便及售后服务等)三大层次组成。现代社会中系统的服务,正占据越来越重要的地位。所谓服务设计是企业和设计师将各种投入的资源要素(人力、物料、设备、资金、信息、技术等)变换为产出服务产品的过程,也就是"投入—变换—产出"过程。并指出了服务设计的特点:非物质性、不可存储性和同一性。美国管理学家李斯特指出:"新的竞争不在于工厂里制造出来的产品,而在于能否给产品加上包装、服务、广告、咨询、融资、送货、保管或消费者认为有价值的其他东西。"在这种趋势下,企业新的质量观要求企业进行CS策划,靠服务方式的创新和服务品质的优异来提高消费者的满意度,从而争取消费者,这已成为越来越多优秀企业的共识。

5.5.2.3 消费者消费观念的变化

在"理性消费"时代,物质不很充裕,产品质量、功能、价格是选择商品考虑的三大因素,评判产品用的是"好与坏"的标准。进入"感性消费"时代,消费行为由"量的消费"已逐步提高到"质的消费",对服务的消费需求增加,对商品品质、服务水准要求日增,消费者往往关注产品能否给自己的生活带来活力、充实、舒适和美感。他们要求得到的不仅仅是产品的功能和品牌,而是与产品有关的系统服务。于是,消费者评判产品用的是"满意与不满意"的标准。企业要摒弃饮鸩止渴式的价格战,营造"情感品牌",进行"友好营销"。情感化设计往往能以独特的表现形式吸引受众的注意力,促进人们对广告、产品和品牌形成良好的态度。企业必须要用CS经营思想创造出迎合消费者新的消费观念,满足消费者需求的产品来。20世纪90年代，是服务取胜的时代，这个时代企业活动的基本准则应是使消费者满意。进入21世纪后，不能使消费者感到满意的企业将无立足之地。

移动通讯时代，消费者要求得到的不仅仅是产品的功能和品牌，而是与产品有关的系统服务。因此企业必须要用CS经营思想创造出迎合消费者新的观念，满足消费者需求的产品和服务。在信息社会，企业要保持技术上的领先和生产率的领先已越来越不容易，靠特色性的优质服务赢得消费者，努力使企业提供的产品和服务具备能吸引消费者的魅力要素，不断提高消费者的满意度，将成为企业经营活动的方向，美国摩托罗拉公司确立的消费者服务的"零抱怨"策略，中国无锡商业大厦"购物零风险"的服务特色，都是CS战略在企业经营实践中的体现和发展。CS经营思想热潮始于汽车业，目前已扩展至家用电器、电脑、机械制造、银行、证券、运输、商业、旅游等行业，发展十分迅猛，业绩十分突出。因此，无论从理论意义上还是从实践意义上看，CS理论和CSI评价体系确实开辟了企业经营的新思想和新方法，尤其对设计管理的全流程监控提供有价值的指导。

5.5.3 消费者满意度的层次

根据弗鲁姆的期望理论，如果对于产品、服务的评价超过了原来的心理期望值就会产生愉悦感而感到满意，反之则失望、失落而感到不满意。消费者的"满意"由低到高分为三个层面：

第一，物质层面。对所提供的产品的质量、性能、形态、包装等产生满意，是满意的基础，企业最基本的工作便是产品设计对这一层面的构筑。

第二，精神层面。对所提供的服务例如服务态度、服务场所和企业形象等感到满意。

第三，社会层面。即社会满意层次，是最高的、也是企业最难实现的满意层面，主要是消费者对在消费过程中所体验到的对社会利益维护的程度的满意。

5.5.4 消费者满意度CSI理论研究成果

根据国家自然科学基金资助项目的成果报告（中科院心理所徐金灿等），消费者满意度研究综述主要包括以下成果。

5.5.4.1 消费者满意度的模式研究

（1）差异模式

在20世纪70年代早期，美国开始对消费者满意度进行大量研究。Olshavsky等学者探查了期望的差异理论及对产品绩效作用的有关理论。满意度的差异理论提出，满意度是由差异的方向和大小决定的，差异是消费者对产品是否满足自己需要的实际体验（即产品绩效）与最初的期望相比较所产生的结果。这可分为三种情况：

第一，产品的绩效与期望相同，此时差异为零；

第二，产品绩效大大低于原来的期望，此时会产生负差异；

第三，当产品绩效高于最初的期望时，就会产生正差异。

在第二种情况下消费者就会对产品（或服务）产生不满。在对期望的研究中，Miller认为期望有以下四类：理想的、预测的、应该的和最不可忍受的，并且提出由于期望类型的不同，消费者的满意情况就可能不一样。

（2）绩效模式

在该模式中，消费者对产品（或服务）绩效的感知，是消费者满意度的主要预测变量，他们的期望对消费者满意度也有积极的影响，如图5-6所示。这里的绩效是相对于他们支付的货币而言，消费者所感知的产品（或服务）的质量水平，相对于投入来说，这种产品或服务越能满足消费者的需要，消费者就会对他们的选择就越满意。

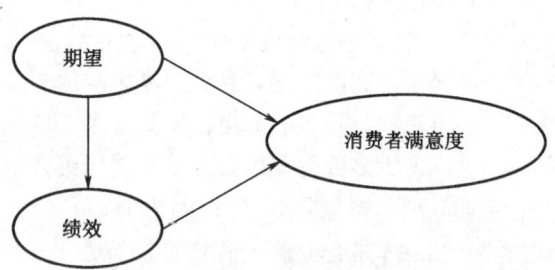

图5-6 绩效模式图

期望对消费者满意度有直接的积极的影响（Fornel等美国学者）。根据该产品在最近一段时间的绩效表现，消费者对作为比较支点的期望，不断进行调整。绩效和期望对满意度的作用大小，取决于它们在该结构中的相对强弱。相对于期望而言，绩效信息越强越突出，那么所感受到的产品绩效，对消费者满意度的积极影响就越大；绩效的信息越弱越含糊，那么期望对满意度的效应就越大。

专家认为，服务的绩效信息要比产品的绩效信息弱（Zeithaml）。这种模式常常用在整体水平上，来研究消费者的满意度情况，例如瑞典的消费者满意度指数就是以该模式为基础确定的。

目前，对消费者满意度的研究中，人们虽然提出了差异模式、绩效模式及其他理性期望模式等消费者满意度的结构，但是由于消费行为本身的复杂性，及对比的标准不一样，就会产生满意情况不同，这就要求对消费者满意度的结构，进行深入的探索和研究。

5.5.4.2 满意度对消费者行为的影响

（1）满意度和购物意向

因为研究消费者满意度的真正目的，是预测消费者的反应。因此，人们开始从行为学的角度来研究消费者满意度。一种观点认为，消费者满意度对购物意向的影响，是通过态度间接地起作用的。例如 Oliver 的研究发现，高水平的满意度可增加消费者对品牌的偏爱态度，从而增加对该品牌的重复购买意向。但也有人认为，消费者满意度对购买意向有直接作用，例如，一项调查发现，有相当大比例的不满意消费者，不愿意再购买同样品牌的产品（TARP）。LaBarbera 和 Mazursky 发现消费者满意对重购意向有相当强的影响，但满意度对重购意向的影响强度随消费者品牌忠诚水平的增高而减少。

（2）满意度和口碑

人们也常把口碑作为消费者的行为指标之一。有人认为负面的信息比正面的信息更可能传播（TARF），但有些专家认为，满意的消费者要比不满意的消费者多参与口头传播。Rjchinsn 的研究发现，当问题比较严重和销售员对消费者的抱怨不做反应时，不满意的消费者更有可能进行负面的信息传播。Fuchills 提出传播负面或正面的信息，依赖于消费者对产品的期待，当他们对产品有较多的期待时，负面的口碑就会增多。Valle 等认为，虽然满意的消费者不愿意向商场的工作人员说出自己的满意体验，但他们更有可能向亲朋好友提起。还有人提出，满意度对口碑的影响绝大部分是以情感方式而不是认知方式进行的。

（3）品牌满意度和品牌忠诚度

Engel 把品牌的满意度定义为消费者对所选品牌满意或超出其期望的主观评价的结果，他把消费者对品牌的满意度分为，明显满意度和潜在满意度。前者是指消费者把期望和绩效进行明显对比，对产品绩效进行评价而产生的对产品的满意情况，这是在精细加工的基础上对品牌评价的结果，后者是指当缺乏评价品牌的动机或能力时，消费者就不可能对期望和绩效进行明显对比，此时这种没有被消费者意识到的满意度，就称为潜在满意度，它是隐含评价的结果。

研究者认为，明显满意度直接作用于真正的品牌忠诚度，因为明显满意度是基于对品牌的肯定的明确评价，这就会使消费者对该品牌进行承诺，而对品牌的承诺则是产生真正品牌忠诚的必要条件。所以，明显满意度将与真正的品牌忠诚度正相关。潜在满意度是建立在对品牌选择的隐含评价的基础上，消费者只是接受该品牌，不一定会产生对该品牌的承诺。潜在满意度虽然与真正的品牌忠诚之间存在着正相关，但没有明显满意度与真正的品牌忠诚之间的相关大，研究结果证明了这一观点。

另外，发现评价品牌选择的动机和能力，对真正的品牌忠诚度有着直接的影响。由于研究消费者满意度的最终目的是为了提高企业的竞争能力，吸引消费者来购买和使用自己企业的产品或服务。目前，对满意度影响消费行为的方式，还没有一个统一的认识，有的认为满意度是通过态度来对人的消费行为间接地有影响，而有的则认为满意度直接起作用。

（4）消费者满意度的测量

从生产者和设计师来看，对消费者满意度的测量是提高产品竞争力的重要指标。通过对消费者满意度的测量，可帮助企业和设计师找出提高产品质量和个性化的途径，以增加企业的竞争优势。

Swan 等认为产品的绩效包括产品的操作性绩效和表达性绩效，前者是指产品的物理绩效是否满足实际需要（也称物理绩效），后者是指该产品所带来的心理上的满足感（也称心理绩效）。当产品的操作性绩效小于原来对它的期望时，消费者就可能产生不满；但当产品的操作性绩效大于原来的期望时，消费者不一定就会满意，即没有不满意，只达到初始附加值水平。只有在表达性绩效等于或超过原来的期望时，即达到激励附加值水平时，消费者才可能满意。因此，要想使消费者满意，必须使产品在操作和表达上都达到消费者的期望，否则，消费者就会产生不满。这些研究结果和我们提出的产品初始附加值和激励附加值的观点有异曲同工之处。在实际运用中，对消费者满意度的测量常遵从以下步骤：了解产品或服务的评价因素，一般以物理绩效和心理绩效为主。在每个维度上，让消费者对要调查的企业及其竞争对手进行评价表态。让消费者对企业的总的满意度进行评价表态，一般用于企业设计。

通过满意度的调查，可让企业的管理层发挥企业优势，克服本身不足，以增强自己的竞争能力。本书第十一章将介绍用 CSI 进行企业诊断和企业设计的案例。

5.6 设计与消费者满意度

5.6.1 设计 CSI 调查问卷的原则

不同的产品和服务，就有不同的 CSI，生产者和设计师在实施 CS 设计时，必须首先设定 CSI 调查问卷，CSI 问卷的设计没有统一的内容，但对国内专家四川大学学者李蔚的观点，我们有同感。必须遵循的基本原则如下。

5.6.1.1 全面性原则

CSI 是用来测量消费者满意度的，因此它必须具有全面性。如果不全面就不能完全准确地反映消费者的满意状况。假如一个产品的 CSI，仅有核心产品项目而缺少无形产品项目和外延产品项目，就可能只采集产品质量、功能等方面的满意度，而不能采集产品造型、包装、服务等方面的满意度，这就不利于全面了解消费者的满意信息，也不利于提升消费者满意水平。

5.6.1.2 代表性原则

影响消费者满意或不满意的因子很多，我们不能都一一用作测量指标。全面性原则是要求 CSI 应面面俱到，不得遗漏。而代表性原则，则要求在每一个侧面都应选择最能代表该侧面的主成分因子，主成分因子总是涵盖着某一侧面所携带的全部或主要信息。借助于这些特征因子的测量，就可以了解到它所在的侧面的全部或主要信息，因而不需要对所有信息因子进行了解。具体操作可采用 SPSS（社会科学软件包）处理。

5.6.1.3 区分度原则

在设计 CSI 问卷的项目因子，所选项目必须具有较高的区分度，必须可以分化出来，并能独立存在的。如果不能完全独立出来，或虽分化出来，但独立性差，与其他项目因子没有明显区分，那么它就不能用着测量满意度的指标。所谓区分度，是指选出的项目因子与其他项目因子的区分程度，问卷项目因子的区分度，可以在总加态度量表法中得到启示。

5.6.1.4 效用性原则

用作 CSI 问卷的项目因子，它必须能够反映消费者的满意度的实态。如果所采用的项目因子根本就测验不出消费者在消费相应的商品和服务之后的满意实态，那么这些因子就是没有效用的，不能被使用。有关这一原则的把握，体现在问卷设计的程序中。

5.6.2 设计 CSI 调查问卷的程序

5.6.2.1 确定问卷调查目的

在编制问卷方案之前，首先要确定问卷目标，也就是调查、采集消费者态度指数的方案。问卷编制用于什么样的群体，只有对问卷目标群体的年龄、性别、职业、文化程度、经济收入和家庭背景及居住条件等人口特征，进行关联分析后，编制问卷的方案才能有的放矢。

CSI 问卷所编制的方案是用来采集什么 CSI，是采集需要实态、消费理由、消费观念，还是满意度，必须首先考虑清楚。不仅要明确采集的目标，还要对目标进行全面分析，将目标转换成可操作的术语。

5.6.2.2 制定 CSI 编题计划

制定 CSI 编题计划主要注意几个方面：

①强调问卷调查目的，尤其要指出参与问卷活动有助于改善产品和服务质量、更好地为消费者服务，也就是调查活动与消费者自身利益是一致的，在消费者合作下，广泛收集资料和项目。

②在编题阶段，编题计划指出应该写哪些种类的题目。主要参考以下几方面内容：一根据该项目的专家经验，二根据消费心理规律，三根据消费者的访谈反馈信息，四根据以往该项目问卷调查的有关背景材料。以确定问卷题目是否恰当地代表了所要采集的领域，核对重要方面的问题是否遗漏。

③问卷项目编制要简明易懂。以免被试回答时感到不明白，模棱两可；造成采集的态度指数因表态有差错，导致问卷回收的质量偏差，影响信度和效度。

④问卷的容量：问卷的内容不可太多，以免被试回答时感到厌烦，造成被试的心理负担而影响问卷的质量。题量最好不超过 30 分钟为宜。

5.6.2.3 问卷指导语

指导语是指导答卷者正确完成答卷的说明性语

言,它的内容包括问卷目的、说明和被测评者如何作答的指示。问卷指导语,一般要求文辞简短,通俗易懂,适合各种文化层次的人阅读。评分标准是对问卷结果进行量化处理的指标。一套问卷方案应有相应的评分标准,根据这个标准才可以确立消费者的满意度。一般用五分法(5——满意;4——比较满意;3——说不清;2——不太满意;1——不满意)或用七分法(7——很满意;6——满意;5——比较满意;4——说不清;3——不太满意;2——不满意;1——很不满意)。

5.6.2.4 问卷编制程序

制定问卷的过程包括草拟、编排、预试和修订等一系列过程,这一系列过程不是一次性的,在编出满意的方案之前总是在不断重复这一系列过程;在重复中修改一些意义不明的题目,取消一些重复性和不适用的题目,主要方法请参考利克特总加态度量表法。在编写和修订题目时,应注意几个问题。一是题目的范围和数量要与编题计划一致;二是题目数量要多于使用方案,以备筛选;三是题目要易于操作;四是题目清楚明白,通俗易懂。

(1)草拟问卷

编题计划编好后,就要搜集有关资料作为草拟问卷的依据。通过发散型思维"头脑风暴法",和从目标消费者中搜集的消费理由和消费动机等内容,建构问卷的初步框架结构。从思维流畅性角度,在数量上搜集和发现更多的消费理由,包括正面理由和负面理由,希望产生100个左右的项目数量;并注意变通性、多元化的思维效果,特别关注代表前卫意识的特异性项目,使草拟问卷既符合全面性原则又符合代表性原则。

(2)选择问卷形式

在多数情况下,任何题目都可以用几种形式呈现,封闭式问卷或开放式问卷形式都可以尝试。详细选择可参考本书问卷法一节。我们如何选择最优方式?这就要求编题者根据材料的性质、特点和问卷的内容及对象来综合考虑。如果我们要采集消费者的满意度,就可以用封闭式问卷或直陈式态度量表,若要了解消费者的消费理由或心理预期值,就可以采用访谈法并辅以直陈式态度量表予以补充。

(3)制定和修订问卷

制定消费者满意度问卷实质上是制作一份态度量表,它由一套有内在联系的句子组成,这里的内在联系是,消费者的消费理由、动机、观念、生活方式、兴趣、爱好和个性等多维度组成的,企图涵盖消费心理的主成分。问卷的质量需要通过预测,甚至多次预测、多次修改,方可得到较为理想的CSI问卷。

5.6.2.5 问卷预测

(1)问卷预测注意事项

项目究竟是优是劣不能仅由编题人的主观感受或推理来决定,而要由实践来检验。因此,在确定正式方案之前,必须对初拟方案进行试测,以检验其可信性和可靠性。在进行预测时应注意几个问题:

一是用于预测的样本,应来自本方案正式使用的目标消费者,否则就不能对项目进行科学的检验。

二是不仅要求被测者按题目要求回答,而且要求其报告主观感受以及超出题目以外的想法,以备修正之用。

三是在测试时要随时记录受测人的反应,作为方案修订时的参考。

(2)问卷预测的意义

预测有三个方面的意义:

一是了解编题者未意识到的问题。消费者千差万别,需求多种多样,编题者是难以先期预想的,而通过预测就可以了解到这些未意识到的问题。

二是鉴定题目表达形式的好坏。在预测时,我们就可以了解到哪些题目使消费者理解困难,哪些题目使消费者不知如何作答,哪些题目是可有可无,哪些题目容易导致误会等。有了这些反馈信息,我们就可以对题目做进一步的修正。

三是了解消费者对问卷本身的态度。消费者对这类问卷是否有兴趣,题目长度应是多少才不致使消费者产生负担感,什么样的题目表达方式才能吸引消费者的全面合作,有了这些信息,就可以设定出使消费者满意并愿积极参与的问卷方案。经过初选确定的项目是否能准确地问出消费者的真实状况,这还需要进行一系列的工作,主要体现在问卷项目的选取和认定。

5.6.2.6 问卷项目选取和编排

经过前面的工作所获得的项目总是多于正式使用的项目,为了保证问卷方案的简短性,只能从备选方案中选择优秀的项目进入最终方案中,优秀项目即区分度高的项目,所取的项目必须要有较高的区分度所谓区分度就是指问卷的项目对所要测试内容的区分程度或鉴别能力。对于区分度的确定可以参考总加态度量表法，经过区分度检验的项目，可以入选作为问卷项目的正式录用题目。

问卷区分度高，必须做预选项目的区分度考验工作，利用总加量表法的程序完成。问卷区分度考验七步骤如下：

①发现和采集某一产品的消费理由100个，力争有代表性和全面性。

②把100个消费理由做成直陈式态度量表（初稿）并配上态度指数（五分法或七分法）。

③在目标消费者群体中预测初稿CSI量表，并回收问卷。

④统计所发问卷的CSI总分，并按得分高低排序，将25%的高分问卷和25%的低分问卷取出。

⑤计算总分为高分问卷中，每条项目的平均值，同时计算总分为低分的问卷中每条项目的平均值。

⑥计算出高分卷各项目平均值与低分卷各项目平均值之差，即得出差值。

⑦最后将各项目的均值差按大小排序，得高分的题目表示区分度好，得低分的预示区分度差，需要修改或删除。

5.6.2.7 问卷项目的编排

经过项目区分度考验过的题目，可以正式入选CSI问卷设计的最后一道程序，即问卷项目编排。项目编排一般有两种：

①集中式编排。集中式编排是将测量某一方面的内容集中编排在一起的编排方式。比如我们在测量产品满意度时，就可以把产品功能方面的所有题目编排在一起，而又将产品品质、造型、价格等方面的题目安排在各自的题目库里。

②分散式编排。分散式编排是将所有项目打乱按随机方法进行编排的一种编排形式。比如对产品满意度的调查方案，就可以把产品的功能、价格、造型、品质等各自题目库里的题目全部打乱，然后用消费理由、消费动机或消费态度等综合板块排列成型。

思考题

一、名词解释

1. 态度 2. 认知失调理论 3. 自我觉知理论 4. 态度改变说服模式 5. 双重态度模型理论 6. 联想和命题过程评价模型 7. 消费者满意度的差异模式

二、简述题

1. 态度的性质。
2. 影响消费者态度形成的因素。
3. 消费者满意度产生的原因。

三、分析题

1. 根据消费者态度形成规律，如何提高品牌设计的水平。
2. 在产品设计中消费者的态度对消费者行为有哪些作用。
3. 消费者的不同生活形态对消费者态度带来的影响。
4. 如何根据消费者态度转变的规律，提高广告设计的效果。
5. 分析消费者满意度理论成果，产品设计和品牌提升有什么启示？

四、实务操作

根据消费者满意度调查的原则程序，编写团队的CSI问卷，并进行预测活动。

第六章
设计附加值与消费者满意度

- 设计附加值与消费者满意度综述
- 附加值的理论研究
- 设计附加值的理论研究
- 消费者的满意度导向产品设计（吸尘器）案例
- "设计附加值和消费者满意度"项目

6.1 设计附加值与消费者满意度综述

6.1.1 附加值研究

马斯洛需求层次论，人的需求从低到高。随着人需求层次的提高，附加值越来越受到关注。附加值（Value Added）是附加在产品原有价值上的新价值，它的实现在于通过有效的设计手段进行连接。附加值是抽象的，但是可以感知，它能给予消费者一定层面上的精神满足。在市场竞争日益激烈，产品同质化程度越来越高的情况下，附加值也成了企业制胜的法宝。

专家学者从繁复的社会经济现象、市场态势、企业产销行为中，考察、探研产品的附加值与附加值作用。传统附加值理论主要有：美国的拉卡附加值理论，把附加值称为生产价值（Production Value），强调了附加值是生产出来的；德国的列曼附加值理论，注重人与资本两者的关系，强调人的创造作用，把附加价值称为创造价值（Created Value）；日本的竹山附加值理论，是指销售额减去从外部购进的价值，所剩余的价值；中国学者黄良辅先生的三元结构理论，是从科学、艺术和哲学三方面综合研究附加值学说的理论与实践，具有全面性、高瞻性和新颖性的特点；江南大学设计学院（原无锡轻工业学院）沈大为教授提出的"激励附加值"概念，从使用者、消费者满意度入手，通过对附加价值概念新的分析，指出附加价值中存在初始附加价值和激励附加价值的两层性，对应的消费者满意度的两个层面，功能、物质层面，即初始附加值；精神、心理层面，即激励附加值。附加值理论的发展是从重视物质层面到强调精神层面，从有形到无形。

社会经济的发展，附加值的理论和实践研究得到了更加深层次和多元化的发展。附加值理论方面的新发展：出现了美国的德鲁克附加值理论，指出附加值是企业生产的产品或提供的服务所得的总额，减去外部买进的原材料或服务的采购额的差额，明确地将服务等无形的产品引入到附加值的定义中来，是对附加值理论的一个提升；美国的经济附加值理论（EVA），又称经济利润、经济增加值，是一定时期的企业税后营业净利润与投入资本的资金成本的差额，是一种有效的激励方式，可以用 EVA 的增长数额来衡量经营者的贡献，并按此数额的固定比例作为奖励给经营者的奖金，使经营者利益和股东利益挂钩，激励经营者从企业角度出发，创造更多的价值，从而提高了员工和消费者的满意度；数字附加值（DVA），是对经济附加值的发展，然后结合了数字化战略，对 IT 企业与数字化创业机会进行规划、管理。这些理论的新发展，是站在各个角度、各个层面对附加值理论的补充和提升，使其更加适应当今瞬息万变的市场环境。

附加值的实践研究主要包括在很多不同行业进行的探索，例如经济、品牌、包装、企业、金融、产品、服务等。关于经济附加价值的研究，"利用经济附加值（EVA）分析和利用现金流量、资本成本、竞争优势等驱动要素增加企业的价值"[1]；品牌附加值研究，品牌通过各种方式在产品的有形价值上附加的无形价值，它是在产品的物质功能基础之上建立起来的消费者的精神享受。产品包装设计中的附加价值，"在产品的原始价值都处于同质和

---

[1] 李庐. 经济附加值与企业价值管理 [J]. 特区经济, 2007.11

饱和的状态下，商家更注重通过产品包装外观的设计来增强产品在市场的竞争力，以优秀的包装设计赋予产品附加值或高附加值和利润①。"基于附加值的现代企业绩效评价，"在以价值管理为导向的战略管理理念的指引下，在财务目标的基础上引入反映企业长期可持续发展的战略指标，构建一套基于附加值的企业绩效评价指标体系②。"EVA理论及其在金融行业中的应用，"把投资决策、业绩评价以及薪酬激励等统一起来，使得基于价值的管理变得简单、直接，具有逻辑上的一致性，从而让银行经营在根本上优化了资源配置，发挥了最大潜能，增强了自身的生存力与竞争能力③。"对产品附加值的影响研究，把产品款式设计与附加值联系起来，寻找出通过产品设计获得更高利润、占领市场的思路和途径。总之，附加值越来越被更多的领域关注，可以说附加值是企业生命的来源。

6.1.2 设计附加值研究

设计时代，商品经济迅猛发展，竞争不断激化，促进了现代设计的变革。香港工业设计协会会长何伟明在谈到香港工业设计的发展时说，香港从20世纪80年代"设计代工+制造代工"到"设计代工+原创设计制造"，再到现在的"原创设计+自创品牌加工"，工业设计的发展路线与企业自身品牌的发展关系密切。从经济学上的微笑曲线来看，一个企业如果只是从事加工贸易，它所获得的利润是最低的，企业如果要继续发展必须增加产品的附加值。

北京市科学技术委员会实施了"设计创新提升计划"，旨在为企业解决产品设计中遇到的问题，提升企业竞争力和设计公司服务水平，同时通过示范带动作用，增强企业和全社会的设计创新意识，激励企业自主创新，在全社会激发设计创新的巨大力量。"创意产业的发展将带动周边制造业公司的发展，一个小设计公司虽然只有十几、二十来个人，但其设计占据了产业价值链的高端，对成百上千家加工企业能起到巨大的带动作用。"

国家"十二五"规划提高产业核心竞争力中，也提到"坚持走中国特色新型工业化道路，必须适应市场需求变化，根据科技进步新趋势，发挥我国产业在全球经济中的比较优势，发展结构优化、技术先进、清洁安全、附加值高、吸纳就业能力强的现代产业体系"。产品通过设计在市场上与消费者"沟通"、"对话"，达到推动消费者购买的目的。但经济的发展、科技的进步以及人们文化生活水平的提高，使得人们的消费观念在不断改变，消费者对现代设计也有更高的要求，已不仅仅停留在视觉层面，而是更倾向于对产品的文化需求和个性化追求。日本的产品设计家平岛廉久认为：商品提供给消费者的价值有两种：一种是硬性商品价值，是指商品实际能提供给消费者的功能，如化妆品就是保护皮肤，服装就是御寒；另一种是软性商品价值，则是指能满足消费者感性需求的某种文化，像香水就是品牌的高贵感，魅力感等。软性商品价值的提高无一例外都要靠设计，所以这部分的价值就是设计附加值。

以"苹果公司"为例，苹果从升级操作系统 Mac OS 8 到推出半透明的 iMac，到强大操作系统 Mac OSX，到 iPod、Power G5，再到现在的 iPhone 和 Apple TV 以及 iPad，乔布斯力图让创新产品都符合消费者心目中的苹果文化印记，以至于苹果每年只能开发出一两款产品，但几乎每款都让消费者欣喜若狂。2010年5月，苹果市值超过微软，成为全球最值钱的科技公司。2011年1月，苹果超越中国石油，成为全球市值第二大的企业。2011年8月11日，苹果市值正式超越埃克森美孚，成为全球最有价值的上市公司。苹果的成功不仅仅是乔布斯的个人魅力，还有苹果产品一次次的改革，每次改革都是紧跟目标人群，让产品拥有非常好的用户体验，先进的硬件和大量的软件，同时注重产品的营销策略，领先的品牌管理理念，才能让苹果的品牌号召力一直保持。

许衍凤的《大学生MP3随身听战略设计心理评价实证研究》④通过对顾客价值理论和设计风险决策管理漏斗理论的研究，将消费者满意度概念引入到产品战略设计评价过程当中。顾客满意可以分为三个层次，分别是物质满意层、精神满意层和社会满意层，即影响顾客满意和不满意

---

① 杨敏. 产品包装设计的附加值 [J]. 企业管理, 2008 (1)：87
② 付宝红. 基于附加价值的现代企业绩效评价 [J]. 管理观察, 2010.3
③ 马磊. 基于EVA理论的我国商业银行价值创造力研究 [D]. 成都：西南财经大学, 2008
④ 徐衍凤. 李彬彬. 大学生MP3随身听战略设计心理评价实证研究 [D]. 江南大学, 2005

的要素可以分为三个层级，即基本层面价值要素、满足层面价值要素和兴奋层面价值要素。其中，基本因素与物质满意直接相关；可表达因素和兴奋因素与精神满意层相关；而社会满意层则与驱动因素的三因素有关。研究对180个有效样本在81个变量上进行主因素分析，通过因素分析，提取了大学生MP3随身听战略设计心理评价的17个主因素（见表6-1）。

表6-1　　　　　　　　　因子旋转矩阵结果（Rotated Factor Matrix）

因素	变量	新变量	项目内容	载荷值	共同度
1	64	1	获得周围人的认同	0.768	0.781
	65	18	能够增强自信心	0.749	0.804
	66	32	体现个人情趣品位	0.722	0.795
	68	42	体现追求流行的功能	0.649	0.775
	63	50	可以体现年轻有活力	0.644	0.785
	67	55	可以体现经济实力	0.589	0.779
	71	57	彰显个性功能	0.510	0.725
	69	58	与服装的协调性	0.502	0.783
2	15	2	产品售后服务好	0.762	0.756
	14	19	产品质量有保障	0.750	0.746
	52	33	支持固件升级，可更新	0.653	0.722
	62	43	有扩充槽，可扩充内存	0.587	0.750
	19	51	从网上下载资源方便	0.516	0.711
	39	56	与其他电子产品兼容性	0.427	0.706
3	22	3	屏幕大	0.755	0.741
	21	20	彩屏	0.717	0.762
	46	34	背景灯多种颜色可选择	0.538	0.755
	86	44	触摸屏输入	0.514	0.721
	47	52	显示屏背光，晚上看方便	0.480	0.743
4	1	4	音乐播放功能	0.646	0.698
	8	21	复读、跟读功能	0.567	0.738
	2	35	U盘存储功能	0.557	0.677
	5	45	FM收音功能	0.424	0.700
5	45	5	价格低适合大学生	0.628	0.743
6	29	6	独特的外观造型	0.691	0.701
	31	22	像某种东西的外观造型	0.541	0.703
	34	36	时尚的外观造型	0.432	0.767
7	54	7	体积小	0.789	0.774
	49	23	同步显示歌词	0.638	0.747
	55	37	便于携带	0.622	0.789
	48	46	即插即用，不用连接线	0.523	0.798
	51	53	可以长时间连续播放	0.512	0.736

续表

因素	变量	新变量	项目内容	载荷值	共同度
8	3	8	录音功能	0.655	0.658
	61	24	定时开关机的功能	0.603	0.685
	85	38	可以设置密码的功能	0.521	0.701
	50	47	支持多种显示语言	0.461	0.792
9	16	9	外观色彩时尚	0.811	0.825
	17	25	外观色彩高雅	0.711	0.799
10	42	10	材料质地坚硬	0.816	0.754
	32	26	外壳采用镜面效果	0.806	0.723
	43	39	材质容易清理	0.702	0.793
	36	48	外壳采用磨砂表面	0.527	0.689
	44	54	荧光材质	0.511	0.706
11	59	11	容量大，存更多歌曲	0.811	0.768
	7	27	TTS文本转发音功能	0.784	0.742
	6	40	附加小功能（备忘录等）	0.571	0.771
	9	49	内置小游戏	0.483	0.699
12	12	12	国产品牌有民族感	0.786	0.521
	13	28	国产品牌有民族感	0.711	0.578
13	78	13	按键颜色与整体一致	0.671	0.700
	79	29	按键形状与整体协调	0.618	0.824
	74	41	按键是隐藏式的	0.531	0.724
14	72	14	同学或朋友的推荐	0.653	0.712
	81	30	在电脑城购买	0.469	0.734
15	41	15	材料环保	0.530	0.734
16	57	16	双耳机可与爱人分享音乐	0.744	0.759
	58	31	音乐公放的功能	0.540	0.725
17	38	17	可散发香味，令人愉悦	0.408	0.736

将17个主因素分别命名如下：①个性表现因子；②服务因子；③宜人性因子；④实用性因子；⑤价格因子；⑥形态美感因子；⑦方便性因子；⑧一般功能因子；⑨色彩因子；⑩材料因子；⑪娱乐性因子；⑫品牌因子；⑬整体协调性因子；⑭购买渠道因子；⑮环境因子；⑯沟通性因子；⑰愉悦性因子。据此评价大学生对MP3随身听的需求侧重程度，找出现有MP3随身听的不足，从而指导具体的MP3随身听产品设计改进，尤其针对大学生用户群体的电子产品研发有重要的参考价值。

曹百奎、李彬彬的《主观幸福感导向电吹风设计效果的心理评价研究》[1]选取电吹风为研究对象，结合了社会学主观幸福感的相关理论知识及常用量表模型，建立了主观幸福感导向的产品设计效果心理评价模型，探讨了将主观幸福感应用于电吹风设计效果心理评价活动的可行性，由充裕感、公平感、安定感、自主感、宁静感、和融感、舒适感、愉悦感、充实感和现代感这10个幸福感指标体系为手段编写问卷，以实证研究的形式探讨幸福感与家电产品设计效果评价的关系，实证研究采取网络调研的形式，以电子邮件

---

[1] 曹百奎，李彬彬. 主观幸福感导向电吹风设计效果的心理评价研究[D]. 无锡：江南大学，2009

问卷为主。最终得出主要实证结论：设计精美且有品位的产品能增强人们的幸福感；主观幸福感对小家电产品影响涉及六个方面因素：情感因素、生活状态、家庭因素、社会因素、心理因素、健康因素，其中情感因素、生活状态、家庭因素是消费者购买产品时考虑最多的三个因素。与传统的 CSI 产品设计心理评价相比，主观幸福导向小家电产品设计心理评价最大的不同是加入了消费者本身情感体验、生活状态及幸福心理体验，即以消费者情感体验为中心而设计与评价是本课题研究的创新点。

满足人们日益增长的精神的和心理的要求，提升设计附加值，是时代发展对现代设计提出的又一重大课题。

6.1.3 设计附加值的创造与消费者满意度 CSI

设计附加值的提升与消费者满意度的提升有着必然的联系。消费者面对多种选择的同质化产品，更加注重产品所附加的软性价值。而设计附加值的提升会直接使得消费者的满意度得到提升，因为它是从如何提高 CSI 考虑的，所以消费者必然对这样的产品"买单"，从而企业的经济效益将会得到大幅度提升。

提高产品设计附加值可以增强产品的市场竞争力。如前所述，2010 年 9 月 17 日，iPad 1 发售，北京第一位用户排队 50 个小时；2010 年 7 月 10 日，苹果上海浦东店第一位用户排队 60 个小时；2010 年 9 月 25 日，iPhone 4 上市，上海香港广场店第一位用户排队 77 小时；相对于苹果，上海世博会盛况的沙特馆排队 8 小时简直就不值一提。苹果的设计走在全世界的前端，是新技术的发明者和应用者。消费者购买苹果的产品买的就是它的设计，苹果的品质和时尚给追捧者一个很好的购买理由，现在已经成了一种符号，象征着身份与品位。①

以提升消费者的满意度为目的，创造设计附加值的途径有很多：利用工业设计（对产品功能、造型、色彩等诸方面新的创造性设计），使产品更符合消费者心理和生理需求欲望，并不需要科技有多大突破，而是利用现有工艺手段就可进行。有些产品甚至只需做很小的改动，就可身价大增。利用工程设计（对产品内部功能结构或原理的改良和创造性设计），达到满足消费者对产品功能品质的需求欲望；利用工艺设计（对产品加工工艺技术和应用新材料的改良设计），达到提高产品的质量和品质档次感的目的；加强高科技产品的开发，提升设计附加值；创建名牌，满足名牌消费层的需求，创造高附加价值；利用广告提升设计附加值，好的广告设计不仅能最有效地传播产品信息，使顾客了解产品的实际使用价值，更能提升产品的心理价值，使顾客能通过广告设计所传递的信息暗示他能获得许多非产品的价值等。

吴君、李彬彬《家用吸尘器设计心理评价的实证研究》②将顾客价值理论引入家用吸尘器产品设计心理评价的实证研究，通过因素分析将消费者对家用吸尘器的心理评价因素简化到 10 个主因素：多功能因子、方便因子、外观造型因子、材料因子、品牌因子、广告促销因子、性能因子、可持续购买因子、色彩因子和净化空气因子。研究结果表明，对于家用吸尘器产品来说，新技术的运用、多功能的实现，使消费者在基本层面的价值要素中不断地发现吸引他们的新价值，同时对于其他层面的价值，消费者又表现出与对待成熟产品相同的价值需求，即重视产品的个性与品位、在乎品牌形象、重视产品服务等。

要强调的是，现在越来越多的企业通过人性化设计、文化设计、绿色设计、体验设计、服务设计、情感设计、商业设计等来提升设计附加值。人性化设计是在设计中对人的心理生理需求和精神追求的尊重和满足，是设计中的人文关怀，是对人性的尊重，以消费者的满意度为前提。文化消费是现代市场消费的重要趋势，这种高雅的文化行为是一种精神追求，能使消费者产生某种心理满足，提升其满意度，所以企业越来越重视文化设计。绿色设计，着重考虑产品环境属性，提高产品的使用率，增加其设计附加值。体验设计力图使消费者无论从产品本身还是消费过程中等都感受到一种愉悦感、一种独特的审美体验，提高消费者的满意度。服务设计，顾客追求的并不仅仅是产品的实用价值，也有其售后的服务，服务的本质就是为产品创造更多的附加价值。情感设计，就是在产品的设计中融入情感，以增加情调趣味，用情感打动消费者，提高附加

---

① 马丽娜，李彬彬. 消费者满意度与产品设计附加值 [J]. 产业与科技论坛，2008 年第 7 卷第 12 期：152
② 吴君，李彬彬. 家用吸尘器设计心理评价的实证研究 [D]. 无锡：江南大学，2007

值。商业设计,能根据市场来满足人们逻辑上的先后、高低顺序的消费需求,增加消费者满意度,提升设计附加值。从以上几种提升设计附加值的方式,我们可以看出,设计完成了一个从设计物到设计人的行为,从强调产品功能到强调消费者体验和感受,从重视产品到重视服务的转变。

不同的时代有不同的设计趋势,通过设计的途径来增加消费者满意度,这也是未来提升设计附加值的趋势。本章总结的设计趋势主要有:个性化设计、简约性设计、本土化设计、趣味性设计、体验性设计、智能性设计、自助式设计、银色设计、和谐化设计。这些设计都是以人为本的设计,在提升消费者满意度的进程中使设计附加值得以高度显现。

6.1.4 设计附加值的展望

企业要想在激烈的竞争中生存和发展,就必须使其产品占有更大的市场份额,力争使产品具有更高的设计附加值。北京时间2011年4月19日,苹果公司指控三星公司涉嫌侵犯专利权和商标权,并有不正当竞争行为。苹果代表称:"三星的最新产品从外观到用户界面,乃至外包装,都与iPhone和iPad十分相似。这并非巧合。这种公然的抄袭是错误的,我们需要在其他公司剽窃创意时保护苹果的知识产权。"三星则在一份声明中称:"三星研发自己的核心技术,扩大知识产权储备,是我们不断成功的核心要素。三星将积极应诉,采取合法手段保护我们的知识产权。"三星与苹果在知识产权的自我保护意识,其实是对设计附加值的竞争,从而使产品达到更高的市场占有率。

6.1.4.1 打造用户体验

乔布斯成功地打造了苹果文化的品牌形象:设计、科技、创造力和高端的时尚文化,实现了"文化—产品—用户—品牌"之间良性循环的营销精粹,成为全球业界、消费者关注的热点。中国企业往往更多关注在用户渗透方面的渠道策略,对实现产品与用户之间的有力纽带缺乏关注,难以成就有持续影响力的品牌价值。打造产品与用户之间的纽带需要对用户体验倾注更多关注,而这种关注需要渗透在公司文化中才会像苹果公司那样创造有强大影响力的营销。

6.1.4.2 设计创新提升产品附加值

创新带来企业间的竞争优势,提高生产效率,降低成本;创新使生产者开发出新产品。技术一般都指硬件技术,即功能、性能,而同时也应该更注意软性技术设计体现,如产品内的技术性能是非常高超的,但当人们使用它时却是非常简单、非常容易。创新的同时也要考虑到与市场的结合,更需要考虑消费者的真正需求是什么,而不是盲目的去创新。在一个新产品出来之前一定要做深入的市场调查和市场分析,这种新产品是不是符合当时代的消费观念和消费者对产品的接受能力。这样的一个创新产品在市场上,才能够成为"先驱"而不是"先烈"。

6.1.4.3 设计成为一个系统工程

就像苹果实现了"文化—产品—用户—品牌"之间良性循环,产品设计一改以往只给企业或者用户提供一个美观实用的造型感观,而变得越来越像是提供一种整套的解决方案,能够让产品设计流程从一开始的产品语义、造型设计,到用户体验,最后再到后端的服务提供。

6.1.4.4 设计向品牌拓展

产品设计是品牌设计的基础,是和品牌设计的功能性特征相联系的形象。消费者对品牌设计的认知首先是通过对其产品功能的认知来体现的。一个品牌设计不是虚无的,而是因其能满足消费者的物质或心理需求,这种满足和其产品息息相关。当消费者对产品评价很高,产生较强的信赖时,他们会把这种信赖转移到抽象的品牌上,对其品牌产生较高的评价,从而形成良好的品牌形象。苹果、三星、联想等企业都通过大力发展设计,实现了品牌拓展;设计服务水平逐步提高,服务内容向品牌战略和市场营销等领域延伸。

6.1.4.5 设计拉动制造

设计拉动型制造企业是当今世界企业发展的方向。美国的苹果、耐克,日本的索尼、三菱,韩国的三星、LG,荷兰的飞利浦,瑞典的宜家,德国的西门子等,都是这类企业的典型代表,实现了设计企业与制造业无缝对接。设计理念的导入,促进企业转变经济发展方式,在自主创新能力建设上提高一步,前进一步。设计附加值使产品在可用的基础上达到易用、好用的结果,满足使用者的生理、心理需求。

6.2 附加值的理论研究

各国专家从不同的层面和视角切入,提出的

附加值理论各有特色。下面详细分析。

6.2.1 美国附加值理论研究

6.2.1.1 拉卡理论

拉卡（A. W. Ruckey）是美国研究附加值的一位创始人，曾在美国东部麻省剑市的埃迪·拉卡·尼苦尔斯经营顾问公司，并担任过总经理的职务。他长期从事经营顾问工作，通过这些顾问活动，他系统地分析、研究了1949～1959年期间美国制造业的附加值与工资的关系。他发现，工资在附加值中所占比例（是相对数）不约而同地在某个范围内。后人将工资在附加值中所占比例称为拉卡系数，以此来纪念他的研究成绩。拉卡把附加价值称为生产价值，他对此做了系统的研究，并在这方面留下了不可磨灭的功绩。他逝世于1968年。这位发现拉卡系数和对研究生产价值作出重大贡献的学者至今仍闻名于世。

拉卡把附加值称为生产价值（Production Value），并未使用附加价值（Added Value）（以下简称附加值），就是因为他一直从事着生产企业的调查，强调了附加值是生产出来的。拉卡认为：决定企业职工一年收入的多少，是因企业每年创造的生产额或利润的不同而变化的。在进行工业调查时，他将生产过程中对原材料所附加的价值记录为附加值，即由总销售额减去原材料费、动力费、消耗品费用后，得到的附加值数值。所以他说：生产价值是因为企业的生产活动所附加于原材料费上增加的价值。他说的生产价值就是附加值。

拉卡的附加值具体计算公式为：

附加价值 = 销售额 − （原材料 + 外包加工费 + 动力费 + 消耗品费）

= 人工费 + 营业支出 + 各种负担

6.2.1.2 德鲁克理论

彼得·德鲁克（Peter F. Drucker）对现代管理学有着卓越的贡献及深远的影响，被尊为"大师中的大师"。他可谓现代管理学的开创者，被人们誉为"现代管理学之父"。德鲁克1909年出生于维也纳，祖籍荷兰，从小生长在富裕文化的环境之中。他1937年移民美国，曾在一些银行、保险公司和跨国公司担任经济学家与管理顾问。德鲁克在广泛实践的基础上写了30余部著作。

德鲁克将附加值称为"贡献价值"（Contribution Value），他是从市场营销学的角度提出的。他认为附加值是企业生产的产品或提供的服务所得的总额减去外部买进的原材料或服务的采购额的差额。与其他几位学者不同的是，德鲁克明确地将服务等无形的产品引入到附加值的定义中来，这种提法对于分析第三产业的附加值非常有用。同时，德鲁克也强调企业创造的附加值是企业对社会的一种贡献：从宏观来看，全社会企业贡献价值的总量大小可以反映该国的国民收入状况；从微观来看，贡献价值直接反映企业的盈亏状况。德鲁克的这种思想影响和决定了他关于企业如何对待外部存在的一系列观点，成为企业如何看待顾客和消费者、如何看待经销商、如何看待社会公众以及如何看待国家等问题的思想基础。如"顾客是企业的基石，是企业存活的命脉，只有顾客才能创造就业机会。社会将能创造财富的资源托付给企业，也是为了满足顾客需求①。"德鲁克认为，企业存在的目的或者说企业营销最终的目的不是利润，而是通过整合经济资源生产出产品和服务来满足顾客的需求。

德鲁克的附加值具体计算公式为：

附加价值 = 生产额（产品 + 服务） − 采购额（原材料 + 服务）

6.2.1.3 经济附加值理论

近年来，西方国家又开始流行一种新的附加值指标，即经济附加值（Economic Value Added，简称EVA），是美国思腾思特咨询公司（Stern Stewart & Co.）提出的。

"简单地说，经济附加值指标等于公司投资资本收益（息前税后利润）超过全部资本费用的价值。这里所指的资本费用不仅包括债务资本的成本，而且包括股本资本的成本"②。从算术角度说，EVA等于税后经营利润减去债务和股本成本，是所有成本被扣除后的剩余收入（Residual income）。EVA是对真正"经济"利润的评价，或者说，是表示净营运利润与投资者用同样资本投资其他风险相近的有价证券的最低回报相比，超出或低于后者的量值，它是衡量企业生产经营的真正盈利水平的一种指标。经过发展，EVA指标越来越受到企业界的关注与青睐，世界著名的大公司如可口可乐、IBM、美国运通、通

---

① （美）德鲁克，齐若兰 译. 管理的实践 [M]. 北京：机械工业出版社，2009
② 彭艳波，刘祁云. 公司业绩衡量经济附加值指标相关问题探讨 [J]. 现代经济信息，2009.21：175

用汽车、西门子公司、索尼、戴尔、沃尔玛等近300多家公司开始使用EVA管理体系。

经济附加值EVA具体计算公式为：

EVA =税后营业净利润 - 资本总成本
　　=税后营业净利润 - 资本 × 资本成本率

《财富》杂志高级编辑曾著书说："EVA是现代管理公司的一场革命，EVA不仅仅是一个高质量的业绩指标，它还是一个全面财务管理的架构，也是一种经理人薪酬的奖励机制，它可以影响一个公司从董事会到基层上上下下的所有决策，EVA可以改变一个公司文化。"

思腾思特公司提出的"Four M's"的概念可以最好地阐释EVA体系，即评价指标（Measurement）、管理体系（Management）、激励制度（Motivation）以及理念体系（Mindset）。

由于各国（地区）的会计制度和资本市场现状存在差异，经济附加值的计算方法也不尽相同。

6.2.1.4 数字附加值理论

新世纪，IT行业面临着巨大的挑战，以往的管理方法与战略手段不能使得IT企业成功实现增值，为了解决这些问题，一种崭新的IT企业管理理念应运而生：DVA（Digital Value Added）数字附加值。

数字附加值，就是通过把数字化战略和组织管理实践结合在一起，以确保IT企业或数字化创业机会获利与成功。DVA主要涉及三个方面：一是富有创新性的数字化管理系统，二是柔性的组织管理结构，三是革新的商业流程。数字化管理系统是以财务管理工具为核心，整合薪酬激励机制，利用现代信息技术达到管理目的的一种创新性的管理机制。DVA结合了当今流行的数字化战略和EVA的衡量尺度、评价指标、激励体系和内部控制实践，是将数字化战略和组织管理用一种严密的经济方法，来规划、优化、评估数字化创业机会。①

数字附加值（DVA），为了从数字化创业机会获得最大的回报必须把几个不同的组成部分完美地结合在一起，这种整体方法如图6-1②所示。

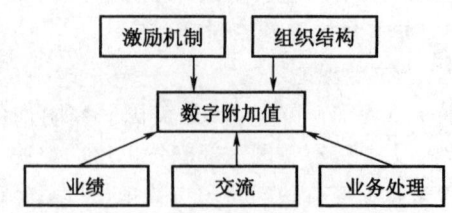

图6-1 数字附加值的相关因素图
（图片来源：张克亮，陈德棉，邹辉文.DVA——数字附加值——IT行业的崭新管理理念）

6.2.2 德国附加值理论

重要的有列曼理论。

列曼（M.R..Lehman，1886—1966年）是一位追求以人为中心的经营管理专家，擅长附加值研究，是附加价值学说的另一位创始人。

这位德国学者专门从事研究在经营活动中，人与资本两者的关系，强调人的创造作用，所以他把附加价值称为创造价值（Created Value）。他认为：每个职工能创造多少附加值（即为人均附加值）要比每个职工能创造多少生产值（即我们常用的劳动生产率）更为重要。列曼在提出人均附加值（又称为附加值生产力）要比劳动生产率更重要的同时，还提出了要计算资本所创造的附加价值（即资本附加值率），以便考察投入与产出的关系。他认为采用资本附加值率（附加价值÷总资本）比产出投入比（总产值÷总资本）更重要。列曼还指出：考察一个企业不仅要看其创造的附加值有多少，更应该看企业的人均附加值和资本附加值率的水平。

列曼认为，创造价值应等于薪金、法定的社会费、任意的社会费、其他津贴、交易税、营业税等的税金、财产税（包括柏林救济税的法人税），借贷资本的利息和投入于经营的自有资金的收益等的总和。列曼的附加值具体计算公式为：

附加价值 = 生产额 -（材料费 + 外包加工费用 + 折旧费 + 修善费 + 保险费）
　　　　= 人工费 + 制造费 + 营销费 + 利息 + 税收

---

① 李健，周霞.EVA的延伸发展——数字附加值（DVA）[J].商场现代化，2005.12：165
② 张克亮，陈德棉，邹辉文.DVA——数字附加值——IT行业的崭新管理理念[J].科学学与科学技术管理，2002.7：77

6.2.3 日本附加值理论

重要的有竹山理论。

竹山正宪是日本现代经营研究所的代表取缔役（即常务董事），经营计划员审查委员会委员长、第一劝银经营中心顾问。他1932年生于日本山梨县，专门从事附加价值研究20多年，长期指导日本300多家工商企业，并多次主持经营管理讲座，出版了《高附加价值经营法》、《高利润经营讲座》、《减量经营之推行法与实例》和中长期经营计划等方面的书共计40多种。竹山先生很早就提出了以附加价值为中心的经营观点。本书也采纳这个观点，进行高附加值经营的探索。竹山先生对附加值经营的研究具有卓越的贡献，曾荣获日本通产省（经济部）企业局长奖。

竹山对附加价值的定义是：所谓附加价值，乃是在由外部购进的价值上，重新加上自己公司所创造的那部分价值。或者说：附加价值，系在销售额（生产额或完成的工程金额）减去从外部购进的价值（非附加值）所剩余的价值。竹山的附加值具体计算公式为：

附加价值 =（销售额 + 杂项收入 ± 盘点资本调整额）–（材料费或商品购进成本 + 外包加工费 + 动力燃料费 + 包装费 + 租赁费 + 水电费 + 折旧费 + 修缮费 + 险费）

6.2.4 中国附加值理论

重要的有黄良辅理论与沈大为理论。

6.2.4.1 黄良辅理论

我国的黄良辅先生有别于以上几位学者，德国学者列曼主要是从研究生产的角度研究附加值，即研究生产经营活动中人与资本的两者关系，是人均附加值和资本附加值的"创造价值"论创始人。美国的拉卡是从劳动工资方面研究附加值的"生产价值"定义和学说的创立者。日本竹山正宪则是从计划方面研究附加值理论。美国的德鲁克从市场营销学的角度研究附加值理论。数字附加值则是管理学角度的研究。而中国学者黄良辅先生多年研究附加值理论，从整合的角度提出自己的三维合一的附加值理论。国内相关学科的专家对这一理论给予很高的评价，他们认为：

首先，该理论是综合性的、多层面的系统化研究附加值学说，在总结吸收国内外"各行己见"之成果基础上，结合主持轻工业科技工作的大量所知和实践，拓宽研究之领域，新创立体型的、科学、艺术和哲学三维合一的高附加值理论，并初成体系。

其二，该理论是从企业市场经济活动、从市场营销组合的角度，从企业发展之战略高度研究产品高附加值的创造。

其三，该理论是高附加值战略的思想和理论，是以相当数量的企业实践、实例研究为基础，并亲自参与之实际案例为论据，作为新创理论的背景，更具有切实的典型意义和参照价值。可以看出，从科学、艺术和哲学三方面综合研究附加值学说之理论与实践，具有全面性、高瞻性和新颖性的特点。

6.2.4.2 沈大为激励附加值理论

以无锡轻工业大学设计学院沈大为教授为首的《设计附加值与消费者满意度》课题组，从微观、操作层面上提出激励附加值理论。从使用者、消费者满意度入手，通过对附加价值概念新的分析，指出附加价值中存在初始附加价值和激励附加价值的两层性，对应的消费者满意度也有两个层面，即功能、物质层面，其态度指标是"好与不好"，解决的是初始附加值；第二层面是精神、心理层面，态度指标是"喜欢与不喜欢"、"满意与不满意"，解决的是激励附加值问题。激励附加价值是在初始附加价值的基础上通过激励因素实现的高附加值。有效的激励是企业实现利润最大化目标的重要方法和手段，激励因素在实现激励附加值的经济价值的同时，实现了满足消费者的精神心理价值，而心理价值是以高满意度为核心的。指出附加价值是动态的，它主要受产品综合质量、价格、产量、物耗成本和产品销售量的影响。提出了激励因素的几种类型和创造方法，分析了各类不同激励因素的激励机制和作用，明确指出"设计艺术"是众多激励因素中最重要和最有效的，它具有巨大的知识经济价值潜能。在竞争激烈的市场经济中设计艺术对企业的经济效益，对社会物质文明和精神文明发展具有十分重要的经济意义和社会现实意义。

6.3 设计附加值的理论研究

设计可以提升附加值，在国际上已成为不争的事实。在国内，人们的认同度也在与日俱增。从某种意义上来说，设计时代意味着附加值的时代。但是，如何从设计切入提升附加值，附加值的类别，以及有关设计附加值的理论研究，应当是工业设计师关注的问题。

6.3.1 初始附加值和激励附加值

同类产品品质的"同质化"，导致质量差别不是很大，即使有一些新技术、新工艺问世，其他企业的模仿力和改革接受能力都十分敏锐、快速，科学技术已不再成为竞争中的唯一条件，而消费者因自身文化、审美趣味、经济条件的提高，加上受国际产品和文化的影响，消费品位要求越来越高，消费心理的变化节奏也越来越快。人们已开始从重功能性消费转向重文化性消费，更重视商品中所包含的文化艺术与个人或家庭需求的一致性，从"物"的消费转向"感受"的消费，日益倾向于感性、品位、心理满意等抽象的标准，所以，产品附加值在市场上的地位就越来越高，它与产品卖点难以分割，日益融为一体。因此把握和激发消费心理，最终实现其满意度，是提高产品销售和附加价值最重要的因素。从随机抽样问卷调查和对几十家生产厂家访谈的材料分析，我们发现附加价值中常常包含"初始附加价值"和"激励附加价值"两个方面。在市场经济条件下，绝大部分企业为了保持或扩大市场占有率，增加产品的销售量，常常在原有产品的基础上进行新品种设计开发或改良，用更新更好的产品外观造型、色彩、包装设计增强和提高产品的品质档次感，提高文化艺术品位，增强商品的个性差异，从而达到刺激、满足人们消费欲望，提升人们对产品的满意度，最终实现推销自己产品的目的。

心理学家赫次伯格的《工作的激励因素》(1959，与伯纳德·莫斯纳、巴巴拉·斯奈德曼合著)中"双因素激励"理论认为：激励人们行为的要素有两个层面，其一是保健因素，又称维持因素；其二是激励因素，又称可持续因素。前者是一种维持生存需要的基本因素，后者是刺激提高和满足生活质量的因素，这既是人类行为规律，也是社会经济、生活的发展规律。比如同样一块面料可以做成很普通低档次的服装，也可在此基础上精心设计制作成款式新颖、很有文化艺术性的服装，这两种服装让消费者所产生的满意度不同，价格不同，销售量不同，所创造的附加价值和利润也就不同。由此，许多改良好的新产品在功能、构造、原理等方面往往仍保留老产品的特点，而又增加了新的特色，原来产品的附加价值仍保留在新产品中，通过设计改良，新增加的特色激励了消费欲望，创造了新的附加价值。这种相对于新产品的原产品附加价值称为"初始附加价值"，新产品激励后超过原附加价值的增加部分称为"激励附加价值"。"激励附加价值"已不是原始物耗概念上的附加价值，而是一种全新的、具有创造力的、在原来附加价值基础上增加的真正意义上的"附加价值"，这是以科技、文化、艺术、知识为主体创造的一种新价值，因而也可称其为"知识经济附加价值"。"激励附加价值"是使企业经济效益得到真正提升，甚至决定企业生存命运的重要部分。通过有效激励因素创造的激励附加价值可以采用公式计算：

激励附加价值 = 新产品附加价值 – 初始附加价值
= (激励后单位产品价格 ×
新销量 – 激励后单位物耗成本 ×
新产量) – (激励前单位产品
价格 × 原销量 – 激励前单位
物耗成本 × 原产量)

要研究激励附加价值首先必须研究激励因素，而激励因素是全方位的，它涉及政治、经济、文化、历史、艺术、心理、行为、科学、技术等各领域或学科的知识或技能。

6.3.2 设计与激励附加值

许多功能相同的产品，价格却能相差几十甚至上百倍；同样是汽水，有的无人问津，有的却能风靡全世界；同样质量的皮包，有的卖几百元，有的却能卖到几万元。在创新产品中，设计所占的产品总价值比例约为5%；在改良设计中，设计的价值约占总价值的15%；在以设计著称的服装、皮具等行业，设计的价值更是占到了80%以上。在工业设计方面，这种投入与产出比也相当惊人。据日本的日立公司统计，他们每年工业设计创造的产值占全公司产值的51%，而技术改造所增加的产值只占总产值的12%。美国国际商用机器公司（IBM）的产品售价历来高出同类产品市场价格的25%，却保持了极大市场份额和客户，其原因在于公司向用户提供了以设计更新和开发为中心的高文化服务。这就是设计对提升产品附加值所起的作用，已经成为不争的事实。

6.3.2.1 设计激励附加值

鸟巢、央视大楼、三宅一生、奈良美智……

设计的力量正深刻影响着我们的生活。那么设计的价值究竟在何处？艺术审美是与人类共生共存的，无论是人类文明之初石器时代的石饰、骨饰，还是西安半坡出土的原始陶器，或是仰韶文化出土文物中的绳形装饰压文、鱼形刻纹，都说明人类对审美的追求从创世之日起就没有间断过，将来也永远不会间断。这种对美的追求充斥于人类生存活动的每一个角落，不仅在物质上，而且更在精神上。人与动物的最大区别是人能创造新的物质世界和精神世界。人依赖这种创造而生存、发展。几千年人类文明的发展史证明，对新事物的探索和追求是人类的一种本能，一种原动力，五光十色的世界就是在这种不断的追求下创新和完善的。而商品生产和销售是人类生存活动中最重要的一部分，不论过去、现在或将来，正常状态的人都会追求相对旧事物更新更美的东西，那种不管美丑随意选购商品的人毕竟是极少数。社会进入个性化消费、生活方式消费、文化性消费的趋势越来越强时，单纯的信息传达准确的商业概念已经不再适合，附加条件是足够的吸引人，并能让消费者动心。这时企业产品在外观造型、款式、色彩、包装、装潢上所体现的产品品质形象、艺术形象、文化形象的层次及个性含量就会成为消费者选购商品时最重要的视觉特征，成为吸引消费者、提高满意度、提高与同类产品竞争力度中的最重要的激励因素。这些激励因素大部分通过"设计"去完成，能提高消费者满意度的设计，必然会创造新的激励附加值。

"设计是解决问题的方法，只要能解决问题，那么这个设计在某种意义上就可以称为是成功的设计①。"这个问题的解决就可能成为激励因素。比如改善产品设计能提高附加值。产品的设计应充分考虑市场消费愿望，对已有产品在外观、性能、辅助设施等方面重新规划和考虑。它并不需要科技有多大突破，而是利用现有工艺手段就可进行。有些产品甚至只需做很小的改动，就可身价大增。以生产运动装闻名的瑞伯公司设计出一种篮球鞋，考虑到投篮人脚踝骨易受伤，因而设计出一种可充气的、富有弹性的鞋舌，同时设计者在其外面加上一个橙黄色篮球形状凸形标志，这样既美观醒目，又安全实用。

可以说所有的社会人都自觉或不自觉地或抗争地处于一种"限定选择"生活的制约状态，不管你是穷人还是富人，只是受"限定"的内容、范围大小不同而已。因为任何人对社会的索取，对自然和物质的选择并非能真正做到随心所欲，而只能是一种有限的自由选择。这种限定既是客观的，有时是不可抗拒的；也可能是主观的，心甘情愿的或违心的。这种限定制约常常是多元交叉形成的，既有来自于自然、物质的，又有来自于社会的、政治的、道德的、经济的、文化的、历史的、生理的、心理的、艺术审美的、宗教信仰的、种族的。也可能来自于社会环境、生活环境、家庭环境、风俗习惯等各个方面。这种"限定选择"反映在商品物质消费上同样十分明显。亿万富翁虽拥有在世界范围内选购自己喜欢的各种名牌产品、高档豪华商品、享受绝大部分特权，但也有些是金钱买不到的，有些则受其名誉、社会地位、政治政党关系、道德观念、宗教信仰、传媒舆论、种族传统、风俗世俗、健康状况、家庭环境等各种因素制约，能办而不敢办，想享受而不敢享受。而穷人、生活不富裕者则受政治、政党、社会地位、名誉、传媒的限定较少，大部分人主要考虑经济和家庭因素。这部分人不敢轻易涉足高档名牌产品圈，视线主要盯着中低档产品作比较，期望买到价廉物美的产品。设计使"限定选择"成为现实，使附加值成为浮动变量。

这种限定既是客观的，又是主观自觉的，它促成了社会各个不同消费层面，在无形中左右着各类消费群的不同消费选择。尽管在"限定"范围内的选择是自由的，但不管是富人还是穷人，在本能上均具有抗拒限定的意识，而只有设计才能使消费者在不改变其客观经济条件的状况下，通过改变商品形象档次，以优美的包装效果、产品造型，使中档具有高档的感觉和效果，在限定范围内最大限度满足消费者在物质和情感心理、虚荣心理、审美心理、自尊心理上的需求。

凡是能激励提高消费者满意度的设计，都能通过调整商品价位、扩大市场销量、降低成本等方法，创造高设计附加价值，提高企业利润。因为，作为消费者来说，他更希望自己所花钱买的产品能物超所值，除了具有基本的功能价值外，还能得到所期望的高科技附加值、造型附加值、情感附加值、社会附加值、文化附加值、服务附

---

① 蓝江平."个性"在Ⅵ与商业设计中的表达 [J]．中国商界，2008.12：159

加值等。所以，只有符合主体消费层次需求欲望的设计，才会产生激励效应和激励附加价值。

6.3.2.2 激励附加值的创造

现实中所有成功企业和失败企业的经验已证明：企业要使自己的产品在市场竞争中保持不败，就必须不断创新，并且在同类创新中保持领先的地位。必须时刻盯住市场，不断为自己的产品注入有效的激励因素。在我们的抽样调查中发现，许多企业的产品都在原产品的基础上经过了多次的改良创新，每一次的改良创新都为产品注入了新的激励因素，有的通过这种激励，调整并提高了单位产品的价格，有的促进了销售，提高了市场占有率，使萎缩疲软的市场重新振作起来，增加了附加价值和企业利润。像生产糖果糕点类的食品厂家，必须一直不断在产品的造型、花色品种和包装设计上翻新，给消费者一种新的感觉，刺激消费欲望，而许多新产品的原料、配方及加工工艺并没有很大的变化。即使像家电、汽车等科技含量较高的产品，国外许多名牌制造商仍投入大量的人力、物力不断创新，从功能、造型款式、色彩上研究开发新的符合消费心理需求的新品。市场的竞争力已经使产品生产周期越来越短，老的激励因素被新的激励因素代替，新的激励因素又被更新的激励因素所代替，因此任何一种激励因素都有其生命周期，生命周期越长，创造的附加价值越大。激励因素所创造的价值有时并不是体现在企业净产值的绝对增加或利润的增加上，如果某种激励因素能使企业产品避免滞销或减缓市场占有率的降低，这就已经体现出其激励价值。

相关调研对全国7个省市20家企业、50余种产品进行了问卷调查，85%的企业在"利润变动原因"栏中，都承认通过"设计"提高了产品的竞争能力和销售量，设计后产品销售均值平均比设计前增加1.91个百分点。有60%的企业利润得到增长，最低增长6%，最高增长30.16%。从抽样调查统计中发现，90%以上的企业都是通过有效的激励因素提高激励附加值而增加或维持企业的经济效益。因此如何发现、挖掘、开发、研究有效的，有创造力的，有持久生命力的激励因素及激励方法是当前经济领域和工业设计的头等大事。

应当说，凡是能有效提高企业产品品质、功能特性、品牌形象，能有效刺激消费欲望，促进商品销售的方法、措施及其效果都属于"激励因素"，都能产生激励附加价值，促进销售，提高市场占有率，并提高企业的经济效益。

6.3.2.3 消费者满意度导向设计的案例分析

例如：某糖果食品厂主产品为板式纸包装奶油巧克力和圆、方形散装奶油巧克力，口感品质优良，销售状况一向良好，但在市场竞争中发现年销售量呈逐年下降趋势，由50吨降至30吨，而价格由原68元/千克降至62元/千克后，销售形势并没好转。经市场调查后，消费者在造型偏爱上满意度指数不同，由此决定加大产品设计力度，改原产品单调的圆、方造型为可爱的鸡心形和贝壳形，并精心设计了包装，内为复合吸塑成形内托（16粒装），每粒再用精印彩色包装纸条包装，外为透明烫金塑盒。礼品化包装效果提高了产品品质档次感，16粒装净含量160克，出厂价32元/盒，原产品物耗成本（原材料、模具、包装等）为34元/千克，新产品为54元/千克。由于新产品符合人们的消费心理需求，达到了消费者满意度，销售量由30吨回升至50吨。

新产品的"激励附加价值"按公式计算如下：

新产品价格 = 32元/160克 = 20元/100克
= 200元/千克

初始附加价值 = 62元 × 30000（30吨）−
34元 × 30000（30吨）
= 84万元

新产品附加价值 = 200元 × 50000（50吨）−
54元 × 50000（50吨）
= 730万元

激励附加价值 = 新附加价值 − 初始附加价值
= 730万元 − 84万元 = 646万元

从以上例子明显看出，"设计"是一种创造激励因素的重要和有效的方法。产品注入激励因素后比注入前附加价值增加646万元，约等于初始附加价值的8倍，可见有效激励因素在创造高附加值上具有十分重要的意义。

6.3.3 激励附加值的类型

激励因素的类型及其设计方法有许多种，但归纳起来主要有14种。

6.3.3.1 工业设计与激励附加值

通过对产品功能、外观造型、色彩、包装、广告等诸方面新的创造性设计，赋予产品新的功能、文化和艺术感染力，使产品更符合消费者心理和生理需求欲望，有效提高产品的品质形象，提高企业形象信任度，增强产品的视觉冲击力，提高消费者的满意度，促进产品销售。这是通过设计策划和设计活动所创造的新附加价值。其激励因素主要通过设计手段创造，特别注意创造性、新颖性、艺术性、趣味性、文化性、商品性、个性，该法适合所有的产品，是应用最广泛最有效的高附加价值创造方法之一。电源适配器指示灯设计，最早使用这项设计的是 Apple，在 Powerbook 和 i book 上使用，后来 SONY 也开始使用，这种设计在电源适配器插头上直接用灯光指示，可以避免你需要伸头到桌子下面去看电源适配器是否通电。

6.3.3.2 工程设计与激励附加值

这是运用设计创造激励因素的另一种类型和方法，主要通过对产品内部功能结构或原理的改良和创造性设计，增强和提高原有产品的性能特点、品质档次，使其优于同类产品，达到刺激和满足消费者对产品功能品质的需求欲望，通过新产品价格提升或促进销售创造新的附加价值。这种激励因素特别注意科学性、合理性、先进性、创造性、经济性、超前性、专利性。海尔空调使用了节能环保技术，满足了消费者爱护环境的心理。

6.3.3.3 工艺设计与激励附加值

通过对产品加工工艺技术和应用新材料的改良设计，提高产品内外加工精度，达到提高产品的质量和品质档次感的目的。或提高生产效力，降低成本，主要通过品质质量和价格竞争因素激励消费，扩大销售量创造新的附加价值。劳力士蚝式恒动系列手表设计（正面的玻璃和背面的后盖都是鼓起的，样子很像海里的蚝，又有蚝的坚固特征，所以以蚝式命名），每只蚝式手表表壳均由一整块不锈钢、18K 黄金或白金精心雕刻而成，这阶段至少需要 150 道工序，以保证产品的质量和档次。

6.3.3.4 高科技设计与激励附加值

通过合理有效地利用高新科技、发明、专利技术，充分改造和开发产品，提高产品有效科技含量，使企业产品性能特点优于市场同类产品，创造高、精、尖、可靠而先进的品质形象，刺激消费欲望，并以优质优价的新价位扩大销售创造高附加价值。该激励因素的创造必须注重超前性、先进性、新颖性、实用性、专利性、经济性，这类激励因素若能有效发挥，必然会产生高附加价值。Fujitsu 的无线键盘，为我们实现了无线操作的梦想，具有这种技术的机型，其键盘是可以取下来的，采用 RF 方式和主机通讯，可以在主机范围 10 米内任何你喜欢的地方操作，非常方便。

6.3.3.5 品牌效应与激励附加值

通过创建名牌，或合资、联营，借用名牌企业商标的名牌效应，既可提升价位又可促销，满足名牌消费层的需求，创造高附加价值。借用名牌商标这种激励因素必须获取名牌商标企业的许可并保证企业产品品质达到名牌产品的同等水准，这种激励因素十分有效。德国 ALNO（阿尔诺）厨具，以"厨房中的宝马"为进入中国市场的战略，迎合了中国人追求卓越品牌的心理。

6.3.3.6 广告设计与激励附加值

通过对企业产品的广告策划设计和发布，用新颖创意、富有艺术感染力的形式，视觉冲击极强的设计语言和令人激动信服的广告语，有效传播商品信息，介绍商品功能特点，宣传企业形象，刺激消费者的购买欲望，说服消费者，最终达到推销商品的目的，使企业获取最大的经济效益。伏特加酒的广告宣传在不同的地方，有不同的主题，"绝对巴黎"、"绝对伦敦"、"绝对北京"等，视觉冲击力极强，给人留下了深刻的品牌印象。

6.3.3.7 人性化设计与激励附加值

人性化设计是指人类生存意义上一种最高设计追求，它体现了"以人为本"的设计核心，是运用美学与人机工程学的人与物的设计，展现的是一种人文精神，是人与产品、人与自然完美和谐的结合设计[1]。人性化设计是在设计中对人的心理生理需求和精神追求的尊重和满足，是设计中的人文关怀，是对人性的尊重。随着社会的发展，设计所具有的人性的意义就越来越显示出其重要性。现代社会给人们带来巨大的物质利益的同时，也带来了许多现实问题，如人的孤独感、失落感、心理压力的增大、自然资源的枯竭、环境的恶化等，这些都是没有把人性化的设计观系统地贯穿于人类活动中造成的。因而人性化设计的实质，就是在考虑设计问题时以人为轴心展开设计思考，既要考虑设计满足当代的人，又要满足未来的人。如送饭或药品的小车，在它

---

[1] 邱忠诚，高娟，李惠萍. 产品人性化设计与理性的关系[J]. 包装工程，2005.2：188

的轮子上设计一个刹车装置，这样就不怕碰撞而使车子滑开伤害到小孩或老人。又如超级市场的购物车架上加隔栏，有小孩的购物者在购物时可以将小孩放在里面，从而使购物更方便更轻松。

6.3.3.8 文化设计与激励附加值

"文化设计"是一种全新的概念，就是在设计过程中，调动一种或多种文化元素或文化符号，进行提炼、完善，并通过解构、重组等艺术手法来完成思想或情感初衷的设计。"文化设计"的提出是在强调设计内在意蕴时代已经来临，是要把设计作品添注浓厚的文化气息、文化内涵以及文化底蕴，要把设计领域拓宽、把设计意蕴加深、把设计元素丰富化。当前的文化设计普遍注重作品本身的文化底蕴，注重对人们心底文化情结的引导以至于产生共鸣①。"仰韶酒"、"孔府家酒"之所以受到人们的喜爱，不仅仅在于它的酒味香醇，更在于提示人们中华文明的仰韶文化和海外游子思念祖国的文化需要。

6.3.3.9 绿色设计与激励附加值

绿色设计（Green Design），也称生态设计（Ecological Design），环境设计（Design for Environment），环境意识设计（Environment Conscious Design）。在产品整个生命周期内，着重考虑产品环境属性（可拆卸性，可回收性，可维护性、可重复利用性等）并将其作为设计目标，在满足环境目标要求的同时，保证产品应有的功能、使用寿命、质量等要求。绿色设计的核心是"3R"，即 Reduce, Recycle, Reuse。在日本东京的人行道上，行人走过一块"发电地板"，"发电地板"可以通过行人的踩踏而产生电能，为圣诞节彩灯供电②。这种设计引导人们的行为，形成一种可持续的生活方式，同时提高产品的使用率，增加其附加价值。

6.3.3.10 体验设计与激励附加值

正如西方经济学家所言，体验经济已成为继产品经济、商品经济和服务经济之后的一种新型的经济形态。而体验设计正是体验经济理论与商品市场战略结合的产物。"约瑟夫·派恩与詹姆斯·H·吉尔摩撰写的《体验设计》对其定义为：它是将消费者的参与融入设计中，是企业把服务作为'舞台'，产品作为'道具'，环境作为'布景'，使消费者在商业活动过程中感受到美好的体验过程③。"它强调的是一种开放式的互动，力图使消费者无论从产品本身还是消费过程中等都感受到一种愉悦感，一种独特的审美体验，一种让内在心灵感动的元素。随着时代的发展，消费者审美水平的提高，人们的消费需求已从低层次的物质功能需求转向高层次的精神功能需求。根据马斯洛的层级需求理论，体验设计不再只是关注传统设计中对人的生理和安全等低层次的需求，而是扩大到对消费者的自尊及自我价值实现等高层次的精神需求的思考。无疑这样的设计是更能使消费者满意的，无形中大大地增加了产品的激励附加值。消费者为了感受这样的体验，会愿意付出自己的金钱。如迪士尼主题公园、阿迪达斯位于北京的全球首家品牌中心等都是成功的例子。

6.3.3.11 服务设计与激励附加值

服务设计是设计领域中一种新兴的专业方向。"服务设计主要研究将设计学的理论和方法系统性地运用到服务的创造、定义和规划中④。"具体来说可以理解为它是以顾客的某种需求为出发点，通过运用一种或几种创新的、以人为本的方法，关注环境、服务、对象、过程和人等服务要素，来确定服务提供的方式和内容的过程。服务设计是以人为本的，关注消费者的真正需求。企业可以通过提供无形的服务设计来提升产品的附加值。如"国际著名的咖啡连锁品牌——星巴克。他们认为其产品不单是咖啡，还包括顾客在咖啡店内获取的体验和享受的服务，因而更注重咖啡之外的服务与设计如情调气氛、室内设计、灯光和音乐等⑤"。这些设计为星巴克带来了超过咖啡本身价值的巨大的激励附加值。

6.3.3.12 情感设计与激励附加值

设计者通过各种形状、色彩、材质等造型要素，或产品的使用场景、自然环境、社会文化背景等更广泛的要素，将情感融入设计作品中，以期消费者在欣赏、使用产品的过程中激发人的联想，产生共鸣，从而获得精神上的愉悦和情感上的满足。人类是有情感的生物，在内心深处有与

---

① 王战强．新形势下文化设计的市场拓延［J］．长三角，2009.3：16
② 黄诗鸿．参与和交流——绿色设计中人性化因素在城市公共设施中应用的探讨［J］．生态经济，2010.3
③ 左铁峰．论体验经济条件下的产品体验设计［J］．装饰，2004.10
④ 李冬，明新国，孔凡斌，王星汉，王鹏鹏．服务设计研究初探［J］．机械设计与研究，第24卷第6期 2008.12
⑤ 孔昭君，杨男男．星巴克的体验之路［J］．北京理工大学学报（社会科学版），2004.12

周围人和世界联系的需求，情感为我们的生活带来深度和意义。美国著名经济学家、社会学家托夫勒说过："人类需要高技术，更需要高情感，人们的购物过程不仅满足的是物质需要，还有文化上的需要。产品一旦被赋予某种美好的情感，就会缩短人与产品在情感上的距离，出现购买行为上的文化认同。"所以在产品设计中，设计师要注意将情感融入产品之中，"通过情感的注入，使人对设计产品建立某种'情感联系'，原本没有生命的产品就能够表现人的情趣和感受，变得生动起来，从而使人对产品产生一种依恋[1]"，这样产品的附加值也会得到大大的提升。这也能直接提升消费者的满意度，最终赢得顾客的再次购买。如意大利 Alessi 公司设计的一组浴室挂件用品，其造型表现为毕恭毕敬的小人手捧杯盘或拿着毛巾架听候指令，而其内涵语意则表现为，使用者在一天的工作后回到家所感受到的亲近与关怀。这就是一种从使用者情感需要角度出发进行的设计。

6.3.3.13 非物质设计与激励附加值

"设计形态从'物'的设计向'非物'的设计的转变：即从有形的设计向无形的设计转变；从实物产品设计向虚拟产品设计转变；从产品设计向服务设计转变[2]。"这种转变，不仅扩大了设计的范围，使设计的功能和社会作用大大增强，而且导致设计本质的变化。设计从一个讲究良好的形式和功能的文化转向一个非物质的和多元再现的文化，进入一个以非物质的虚拟设计、数字化设计为主要特征的设计新领域，设计的功能、存在方式和形式乃至设计本质都不同于物质设计。如汽车设计，过去仅仅设计物质的汽车本身，现在则要求更多的考虑非物质的交通和环境等问题；洗衣机设计师，不仅考虑洗衣机本身的设计，还要更多地考虑一种洗衣服务的方式和可能。日本 GR 地铁公司设计了一种快速地铁+出租+自行车的交通服务方式，为乘客提供了人性化的、灵活快捷的交通条件。非物质设计，反映了设计价值和社会存在的一种变迁，更能够满足人们的需求。

6.3.3.14 商业设计与激励附加值

商业设计为商品终端消费者服务，在满足人的消费需求的同时又规定并改变人的消费行为和商品的销售模式，并以此为企业、品牌创造商业价值的都可以称为商业设计。商业设计与人们的生活态度和消费观念密切相关，"具有很强的市场适应和调节的特性，它能根据市场来满足人们逻辑上的先后、高低顺序的消费需求[3]。"在新经济时代，商业设计施展出种种哗众取宠的手段来争取顾客和市场。有的广告采用"自由"、"个性"、"另类"等具有前卫性的口号来营造时尚，为消费添加些许文化点缀，制造和扩大市场新的消费卖点。也有不惜重金进行商场现代化的豪华装潢、门面装修、增加自动扶梯及中央空调等设施，对营业空间进行更合理、更有品位、更加艺术性的分隔和装饰布置，精心布置货架和橱窗，增添有商业和文化氛围的霓虹灯灯箱、促销的各种广告吊旗、POP 广告，强化热情周到的服务态度，以及使消费者满意的售后服务承诺，各种刺激消费者的有奖销售活动，换季大特价、大优惠等。我们反对"金玉其外，败絮其中"，但我们必须明白"金玉其外"绝对是打造高附加值的一个不可缺少的因素。

6.3.3.15 其他设计激励因素附加值

利用社会有特殊意义的纪念日、节日（例如香港回归纪念、情人节、中秋节、春节等）或有影响的重大活动（世界杯、奥运会、国际电影节、艺术节等），争取获得推荐产品荣誉，使用特许标志或者设计产品的纪念版，影响刺激消费心理，扩大商品的销售，创造高附加价值。此外还有利用与产品相关的历史、名人的影响，利用消费者的猎奇心理、虚荣心理、自尊心理，创造激励因素，刺激消费欲望，创造附加价值。

以上各类不同的激励方法创造的激励因素，只要能起到激励作用，就必然会创造激励附加价值。许多企业为了能更有效地提高自己产品的竞争力，常常是几种方法同时使用，在一个产品上注入多种激励因素，将新产品导入市场，产生一炮震乾坤，压倒同类产品的效果。

6.3.4 商业设计与激励附加价值

如今，消费不再是为满足日常生活的基本需求，已经成为一种具有文化色彩和生活情调的现代享受。人们价值观、消费观、消费能力的变

---

[1] 王鹤. 产品设计中的情感设计 [J]. http://biz.newmaker.com/art__33588.html
[2] 朱建春. 非物质社会背景下的设计新潮——基于非物质设计的研究 [D]. 无锡：江南大学，2008
[3] 陈卫民. 商业设计与消费 [J]. 商场现代化，2009.3：207

化，使消费者不再对商业市场盲目顺从，而是表现出极具个性的、独立的消费需求和消费心理。商业设计能够根据市场反馈的消费信息，从产品广告设计、产品包装设计、商业环境设计等多个方面自我调整，来进一步满足人们消费的需求、贴近人们的消费心理。所以，商业设计是产品生产企业与消费者之间必不可少的桥梁，在社会经济发展中有极其重要的地位。但是对商业创造价值，人们一直存在偏见，许多人把商业看成是一种中间剥削，认为商业只是一种中介，商品价值是生产厂家创造的，商业自身不会创造价值。这种创造价值的观点是片面的，必须客观地承认，商业活动通过服务形式同样能创造激励附加价值，这种激励附加价值是产品整体附加价值中的一部分。

众所周知，同一厂家的产品在不同的商店不仅销售价格不同，而且销量差别也很大，因而商业利润高低悬殊。这种差别并非是产品品质造成的，而是由商业销售中的激励因素所致。像无锡市商业大厦和八佰伴、万达广场和保利广场等商店，不但商品价位较一般商场高，而且销量利润远超其他相同规模级别的大商场。造成这种差距的原因是什么？这种差距说明什么问题？至少有一点可以肯定，即商家所创造的利润中有一部分并不是单纯依靠商品品质的优劣，而是通过商业促销服务设计创造的，可见商家既是企业产品与消费者之间必不可少的中介，也是能通过促销激励因素创造激励附加价值的行业。

从宏观上讲，商业设计涉及商业空间环境设计、产品广告设计、产品包装设计、展具道具设计、展示陈列设计等。具体到某个商业行业领域，其商业设计包含的内涵还可以细化，比如就地产行业而言，商业设计包括调查分析、市场定位、投资回报分析、业种业态组合与建筑规划、建筑方案设计、招商规划，以及后期的卖场分割、商业空间装饰设计、促销方案设计等[1]。可以说，商业设计对商业经济有着巨大的影响价值，在宣传商品、销售商品以及促进商业经济有条不紊进行等方面具有重要的作用和价值。在当今经济时代环境下，应该尤为关注商业设计，特别是商业设计与商品流通的关系。

商品的生产和销售竞争越来越激烈，在全国任何一个城市，到处都可以看到各种产品销售大战的激烈场面，有时达到白热化的程度。在大战中常常是厂家商家联合作战，产、销利益是一致的，商家只有依靠产品质量和能被消费者接受的好价位，靠服务消费者去提高营业额，为此目的现代商场往往采用各种激励因素和各种促销手段。一切激励方法和手段都是为了提高消费者满意度，以扩大商品的销售量。商店的激励因素与产品不同，必须综合多样才能充分发挥作用。商业激励附加价值的计算公式为：

商业激励附加价值 = 营业总额（零售价 × 产品销量）- 营业物耗成本 - 促销物耗成本 - 装潢设施折旧 - 商品进价成本

商业激励因素中的绝大部分可以利用设计手段和设计方法去达到，所以设计也是创造商业激励附加价值最重要和有效的方法手段。

值得指出的是，在激励附加价值中还有一个潜在的并非能以货币形式衡量的重要价值，即：在设计创造物质文明价值的同时也创造了精神文明价值。精神文明是人类在改造客观世界和主观世界的过程中所取得的精神成果的总和，是人类智慧、道德的进步状态。精神文明价值直接体现在对社会政治、道德、安定、文化、艺术、审美情趣的促进或提高上，能繁荣市场，丰富和提高生活质量，创造消费者愉悦的心理，使顾客获取最大的满意度。附加价值中创造的这种健康的精神心理价值无法用货币价值去衡量，但具有十分深远的意义。更值得注意的是商业模式的设计，这是更富有智慧。创意的高附加值设计，"苹果"的一美元下载音乐的模式锁定"果粉"就是一例。

6.3.5 设计趋势与激励附加值
6.3.5.1 个性化设计

个性化设计，强调新颖、独特和与众不同。产品的个性是产品的独特性，这是由人需求层次的多样性决定的。个性化消费的出现离不开设计师的贡献：设计师一方面顺应时代的要求，提供丰富的物质产品供消费者选择，使消费者的个人消费需求有了可供实现的载体，消费市场不再是供不应求的紧张局面，消费者有机会去选择自己喜爱的产品；另一方面，设计师变化多姿的设计风格给消费者提供了个性化消费的可能性。当然，个性化不可能是无限制随心所欲的个性化，决定个性化产品的客观事

---

[1] 岳亮. 浅谈商业设计在商品流通中的作用 [J]. 中国商贸，2009 (21): 195

实——材料、产品结构、工艺手段、产品造型和色彩等，都受限于当前的生产力水平，因此相对而言，个性化表现在设计艺术中也肯定有流派的区别。

经济繁荣的信息化时代，人们渴望使用代表他们品位的产品，用具有特点的产品表达他们的个性，对那些具有创新设计思想并与他们的想法有关的产品表现出强烈的兴趣。设计的过程也不仅仅是设计师借助技术和发挥想象力的过程，还是设计师与使用者不断对话表达使用者愿望的过程，越来越多的年轻人希望设计师们为他们设计出引导时尚的个性化产品。IDEO公司相信，就像人们已经可以随意改变电脑屏幕的保护图案那样，人们今后也希望能够根据自己的方式来定制产品，设计师将在产品的外观和质地上为消费者的品位留有余地。在产品的价格、质量和功能都类似的情况下，设计成了唯一影响消费者选择的因素，个性化的设计越来越受到消费者的欢迎。

6.3.5.2 简约性设计

简约性设计不是简单设计，俗话说简约并不简单。简约是一种品位，是设计师对产品的各方面的因素进行前期综合的衡量，分析和取舍得到的。删除一些不必要的外在形式，简洁的主体形式会使视觉形象更加个性和突出。

简约性设计的特点是：结构最简单，材料最俭省，造型最简练，表面最纯净。它代表了一种具有重要意义的态度和方式，而偏向极其纯净性和几何抽象性。

造型要简约，不能为了型而去造型，浪费一些不必要的材料，增加了产品的成本和工艺的复杂程度。好的形态本身就有一种自身的说明能力以及和使用者交互的能力，而这种能力是设计师通过自己的设计语言赋予产品的，同时，被使用者很好地接受。

功能有时候也要简约，在数码产品中的简约风格日益盛行。自从苹果推出iPod suffle以来，许多厂家推出功能简单没有屏幕的MP3，使简约成为一种新的时尚。

最后，色彩和材质也要简约。当今的家电产品的多以黑色、白色、银色、灰色为主，有时候也会有少量的色彩来点缀。

简约性设计是以人为本的设计，一切不利于人使用及操作的因素都将革除。当今人们的生活节奏在加快，工作压力也在增加，能源出现危机，在这种状况下，简约性设计以简洁明快，新颖亲切迎合了消费者的需求。

6.3.5.3 本土化设计

我国拥有深厚的文化底蕴。这种文化财产将是取之不尽，用之不竭的设计财富。

首先，产品物质功能设计的本土化。从中国人的生活形态、生活方式、生活习惯与生活水平出发，设计产品的物质功能将是本土化设计的首要问题。不同的民族，不同的国家，在生活形态生活习惯上有一定的差异，在设计产品时也应该充分考虑到产品的物质使用功能，使之符合人们的生活方式与习惯。

其次，本土化设计应该充分运用本国的资源特色与工艺条件，因地制宜地发展新产品，使本国的资源得到有效的利用，本民族特色得到发挥，为社会创造更多的财富，在国际市场上做到扬长避短，振兴民族工业。

每一个民族都有自己独特的个性，都有实现自我的良好愿望和追求，都在用自己的方式（包括产品设计）表现自己，借助有形的实体表达民族识别要求和寻求民族认同感，这种个性也就是本土特点，它是构成世界文化整体的一部分。

6.3.5.4 趣味性设计

"设计师对时尚和大众趣味的正确把握有利于设计上的不断创新，创造商业价值和社会价值，可以这样说，时尚可以推动设计创新，反之，设计创新同样可以引导大众趣味，造就时尚"。

趣味本身就是一种生活方式，对趣味性的把握体现一个人对美好生活、乐观积极的态度，健康的心理追求。一些创意独特的极具趣味性的产品，悄无声息地进入我们的生活，颠覆了我们的观念，我们会因此重新去审视生活、享受乐趣。

趣味性设计的集中体现方式：

①色彩——采用流行色以及那些极具温馨典雅浪漫气息的色彩，同时更多地与环境场合相结合。

②造型语意——弱化产品形体，不存在外形对功能绝对的指示性作用，使得产品具有更多的联想空间。单看它们的外形，也许你抓破了头也不知道它们有什么用途。

③功能——一个产品，除了它的设计之初的使用功能外，可能在不同的人心中产生不同的共鸣，完成更多产品外在功能性的延伸，很多甚至是无法预知的。

④材料——大胆尝试新的、跨度大的材料，

将其用于自身设计。

⑤造型元素——对于趣味性的产品设计而言，现在都开始对设计进行一个立体化的重构，也就是打破以往对设计的评价体系，开创一些新的元素。

趣味性设计，从产品设计的角度来说，是产品语意、人机和谐的必然体现；从商业的角度来说，是产品增加附加值的必然手段。

6.3.5.5 体验性设计

产品的属性随着经济形态的变化而变化，相对于产品经济、商品经济、服务经济和体验经济，它的属性也由自然化向标准化再向定制化以及人性化发展。

产品作为道具，应该给予消费者更互动、更独特的体验，以获取充分的人性化体验价值。现代主义设计虽然提出"以人为本"的设计思想，但是在标准化的生产环境下根本不可能仅仅为一个人设计一种产品，也就不可能做到真正的个性化。而在体验经济时代下，人们的需求才是高度的人性化。如针对老年人使用的手机，特别采用大屏幕设计，使年长者可以看得更清楚。

体验经济时代也更多强调产品给人们带来的愉悦感，产品设计更注重人们在使用产品时的愉悦感受。在体验经济时代，产品设计应该创造一种强烈的独特体验价值，能够带给消费者其所期待的价值。

6.3.5.6 智能性设计

产品设计的智能化特征表现在：智能性、网络性和沟通性。

智能性——指产品自己会"思考"，会作出正确判断并执行任务。比如伊莱克斯智能吸尘器三叶虫，每天在无人指挥的情况下，自动完成清洁任务，如果感觉电力不足，三叶虫会自动前往充电，充完电后还会沿着原来的路线，继续完成未结束的清扫工作。

网络性——指产品可以随时和人通过网络保持联系。这种联系超越了空间的限制，人可以随时随地控制产品，产品之间也是互相联系的。

沟通性——指产品和人的主动的交流，形成互动。这种互动是积极的，一方面产品接受人的指令，并作出判断的参考意见；另一方面产品可以觉察人的情绪的变化，主动和人沟通。

计算机和网络技术对人类的影响才刚刚开始，未来会有更加广阔和深入的应用，将渗透到人们生活的中的每个环节。产品智能化的程度会更高，会根据情景判断作出不同的选择。以往产品具有安全性、可靠性、经济性、便捷性、舒适性和协调性等特征，能用、易用、好用到乐用，这一生理上的变化会带来心理上的"安心、放心、舒心、称心"。网络系统将更加有利于人的生活，家庭生活网络系统会让家电更加和谐的工作，社会网络系统让工作和娱乐的界限模糊。

6.3.5.7 自助式设计

人们对个性化的要求日益增强，希望能够按照自己的意愿去组合或搭配。自助式设计就是要求设计师在设计过程中充分考虑到设计物在完成后的多样组合性和搭配性，以方便人们可以任意组合和搭配，这也就是消费者的自己动手做过程。

"自助式"这个概念在我们的日常生活中用的比较广泛。比如"自助餐"以及酒吧里的"自助调酒"等，这些都是根据人们的消费个性化与随意化而提出的消费理念。而产品上的自助式设计同样也是为了满足人们的不同需要，比如现在手机的设计，使用者可以根据自己的喜好更换手机的外壳，使同一个手机由于颜色或肌理的不同而给人不同的视觉感受。

自助式设计就是根据人们的这种渴望变化，不断求新的心理而提出的一种新的设计趋势。它是设计师在设计产品时，有意提供给使用者多种创造空间，使使用者可以根据自己的需求，很容易地创造出自己喜欢的产品。

6.3.5.8 银色设计

世界人口老龄化的迅速进展，老年人的数量正在不断增加，"银色设计"是基于老年人的需求，专门针对老年人的不同特点而进行的设计。设计的目的是通过设计来解决老年人生理、心理上的缺陷，以实现他们生活上的自助、自理。

"银色设计"考虑的着重点：

①安全设计——老年人机体反应能力、控制能力等有所下降，安全因素应特别考虑。

②方便设计——由于老年人的特殊性，设计要着重操作方便，材料使用尽可能地轻便。

③娱乐、休闲设计——考虑休闲娱乐的因素，尽可能使产品成为老年人休闲娱乐生活的好伙伴。例如，自行车设计可为喜爱骑车外出钓鱼、旅游等活动的老年人，设计放置钓具的附件、水杯、小气筒等。相信像这样的细心周到的设计，定会给他们的生活带来更多的乐趣。

④健身性设计——针对老年人的身体状况，

产品设计强调健身功能，对于老年人尤为适合。

⑤色彩设计——在针对老年人设计的造型、色彩上要摆脱沉闷、单调的局面，老年人的生活也需要活力和热情。

总之，"银色设计"是一个前景广阔的市场，我们每个人都要走进白发世界，因此，关爱老年人，就是关爱全人类。为老年人的需要而设计，是一件对全社会都有益的事情。

6.3.5.9 和谐化设计

和谐化设计，即设计在处理人、产品和环境要素的相互关系时，使各个对立因素在动态的发展中求得平衡，并将具有差异性甚至矛盾性的因素互补融合，建构成一个有机的、协调的整体，最大化地满足人们之于功能和情感的双重需求。

基于产品，其和谐化设计不是简单的"造物"，乃是孕育着人的丰富情感以及强大功能性、审美性、经济性的和谐整体。

和谐化设计的深入，产品设计的重心越来越转移到多元的具象"关系"上。这些"关系"事实上就是"人"、"产品"、"环境"三大要素之间的关系。它们的协调与平衡，就是产品和谐化设计的具体体现，其大致可归结为以下三点：

①人与产品的协调——这里的"人"是围绕设计行为或设计成果的所有人，包括使用者、设计者、工程师等；而"产品"则是设计的成果。产品的设计不仅要可用，即具备实用功能性，还要适用，表现为体量适中，使用舒适、气氛愉悦以及对特殊群体如老人、小孩、病人、残疾人、孕妇、左撇子等的关怀。因而，在设计中就要求整合加工工艺、材料等要素，依据人机工学原理，使产品与人的生理特征和心理特征相协调，重点考究在使用过程中好拿、好放、好用以及使用时的心理体验等。

②产品与产品的协调——首先是单件产品自身各零件、部件所构成系统的协调，包括形状、大小及彼此间的连接关系，其中又包含各零件间的线型风格、比例关系以及色彩搭配等。其次是单件产品与构成相互关系的其他产品的协调。

③产品与环境的协调——这里的"环境"是指接受设计的消费主体（亦可称设计美的审美主体）进行消费活动（包括审美活动）时所处的空间，包括自然环境和社会环境。产品应随环境的改变而改变。于是，就有了一般居家的生活用品、休闲场所的娱乐产品、宾馆酒店的奢侈产品以及旅游场所的纪念产品等。首先与社会环境协调，产品所处的社会人文环境。其次与自然环境的协调。生态是我们面临的共同问题，用可持续发展的眼光设计产品是每一位设计师的义务和责任。

6.4 消费者的满意度导向产品设计（吸尘器）案例

注：本案例是教学讨论型，可供分析取舍用，实践应用型则在此基础上产生。

6.4.1 家用吸尘器设计心理评价问卷

您好！我是江南大学的研究生，目前正在做家用吸尘器设计心理评价的毕业论文。因为是科研，答案不存在对错好坏，请您表达您最真实的意见。谢谢您的支持！

一、下列是对您个性特点和生活形态的描述，请您发表您的看法，在横线中打"√"表态。

	同意	比较同意	说不清	不太同意	不同意
1. 我喜欢追求新奇的东西：	——	——	——	——	——
2. 我往往是较早购买新技术产品的人：	——	——	——	——	——
3. 我很在乎我买的东西是否很流行：	——	——	——	——	——
4. 我喜欢购买看上去风格独特的产品：	——	——	——	——	——
5. 便宜没好货，好货不便宜：	——	——	——	——	——
6. 购物时，我一定要"货比三家"：	——	——	——	——	——
7. 我更愿意攒钱买大件商品：	——	——	——	——	——
8. 我喜欢买打折的商品：	——	——	——	——	——
9. 我对自己的花销非常谨慎：	——	——	——	——	——

	同意	比较同意	说不清	不太同意	不同意
10. 购物时，我最重视商品是否符合自己的品位：	——	——	——	——	——
11. 买东西时，即使贵一点，我也只去大商场：	——	——	——	——	——
12. 买东西时我愿意多花点钱购买质量高的：	——	——	——	——	——
13. 我向往发达国家的生活方式：	——	——	——	——	——
14. 如果有富余的钱，我更愿意把它存入银行：	——	——	——	——	——
15. 我工作只是为了谋生：	——	——	——	——	——
16. 我希望能达到所从事职业的顶峰：	——	——	——	——	——
17. 工作的稳定比高收入更重要：	——	——	——	——	——
18. 为了赚更多的钱我可以牺牲休闲时间：	——	——	——	——	——
19. 工作成绩比金钱更重要：	——	——	——	——	——
20. 我对饮食非常讲究：	——	——	——	——	——

	同意	比较同意	说不清	不太同意	不同意
21. 没做过广告的产品我不会去买：	——	——	——	——	——
22. 广告是否频繁代表公司的实力和产品的优劣：	——	——	——	——	——
23. 广告是生活中必不可少的东西：	——	——	——	——	——
24. 我一直在不断学习新鲜事物：	——	——	——	——	——
25. 做事情我喜欢亲力亲为：	——	——	——	——	——
26. 金钱是衡量成功的最佳标准：	——	——	——	——	——
27. 看电视是我最主要的娱乐方式：	——	——	——	——	——
28. 我很满足现在的生活：	——	——	——	——	——
29. 我对居家环境卫生很讲究：	——	——	——	——	——
30. 对我来说事业比家庭更重要：	——	——	——	——	——

	同意	比较同意	说不清	不太同意	不同意
31. 我喜欢邀请亲戚朋友到家里做客：	——	——	——	——	——
32. 合资企业产品的质量不及原装进口的好：	——	——	——	——	——
33. 即使价格贵一点，我还是喜欢购买国外品牌：	——	——	——	——	——
34. 我购物时不注重品牌：	——	——	——	——	——
35. 使用名牌可以提高人的身份：	——	——	——	——	——
36. 我喜欢尝试新的品牌：	——	——	——	——	——
37. 我常常以实际行动支持环保：	——	——	——	——	——
38. 我很少在购物前把要买的东西考虑周全：	——	——	——	——	——
39. 购物时，我只看要买的东西，买完就走：	——	——	——	——	——
40. 只有要买东西的时候，我才去商场：	——	——	——	——	——
41. 小家电对于普通家庭已不是奢侈品：	——	——	——	——	——
42. 小家电是时尚的代表：	——	——	——	——	——

二、下面是对您家吸尘器的综合情况进行了解，请在"____"上填写或在○上打"√"
　　1. 您家何时开始使用吸尘器：_____ 年。
　　2. 您家现有吸尘器是：○1）自己购买　○2）购物赠品　○3）别人赠送
　　　 品牌是：_____。
　　　 价格是：_____。
　　　 款式是：○1）卧式　○2）直立式　○3）桶式　○4）便携式　○5）全自动智能式
　　　 功能是：○1）干式　○2）干湿两用式
　　3. 除了现有吸尘器，您家以前还使用过的吸尘器品牌有：

1) _____；2) _____；3) _____。

★若现有吸尘器是别人赠送，则第 4 题不用作答。

4. 您何地购买了现有吸尘器：○1）电视直销　○2）购物网站　○3）百货商场　○4）专卖店　○5）家电商场　○6）超市　○7）上门直销

5. 您家用吸尘器清洁的地方有：○1）地面　○2）地毯　○3）墙壁　○4）家具　○5）电器　○6）门窗　○7）床褥　○8）窗帘　○9）书架　○10）装饰品

6. 您家平时用吸尘器主要清洁的地方是（从上题选，填序号）：_____。

7. 对现有吸尘器的整体评价是：○1）非常满意　○2）一般满意　○3）普通　○4）不满意　○5）非常不满意

8. 以下为吸尘器各种品牌：
1）三洋　2）卓力　3）美的　4）好运达　5）伊莱克斯　6）龙的　7）小狗　8）大金　9）飞利浦　10）小飞人　11）LG　12）德龙　13）松下　14）金科　15）福维克

您听说过的品牌有（填序号）：_____。

您觉得好的品牌有（填序号）：_____。

如果您家要更新吸尘器，您倾向于买的品牌是（填序号）：_____。

三、以下是购买吸尘器的各种理由，请根据您家的实际购买原因，在横线中打"√"表态。

	同意	比较同意	说不清	不太同意	不同意
1. 同事或朋友推荐：					
2. 为体现生活品质：					
3. 为了打扫卫生轻松一点：					
4. 家里买了地毯：					
5. 清洁保护地板：					
6. 给小孩一个干净的空间：					
7. 刚搬了新家：					
8. 吸尘器是家中必备产品：					
9. 可以除螨，孩子对螨虫过敏：					
10. 想要一个一尘不染的居家环境：					
	同意	比较同意	说不清	不太同意	不同意
11. 买台吸尘器代替抹布的作用：					
12. 用吸尘器吸尘不会损坏家具：					
13. 拥有吸尘器是健康生活的表现：					
14. 更新一台噪音低的吸尘器：					
15. 原来的功能太单一，更新一台多功能的：					
16. 卧式吸尘器吸尘时有牵绊感，想换台直立式的：					
17. 正好搞促销：					
18. 广告给人深刻印象：					
19. 买了作为礼物送人：					

四、下面是吸尘器产品的各种指标，请根据您的了解或体会发表看法，并与您家中的吸尘器作比较，在方框中打"√"表态。

	我的观点					与我家的吸尘器			
	重要	比较重要	无所谓	不太重要	不重要	相符	有点相符	不清楚	不太相符	不相符
1. 噪音小：										
2. 吸力强：										
3. 省电节能：										
4. 重量轻：										
5. 可散发香味、令人愉悦：										
6. 吸尘同时清新空气：										
7. 吸力可调节：										
8. 尘满显示功能：										
9. 多重过滤、零废气排放：										
10. 边缘防撞设计：										
11. 吸尘同时除污垢：										
12. 吸水功能：										

	我的观点					与我家的吸尘器			
	重要	比较重要	无所谓	不太重要	不重要	相符	有点相符	不清楚	不太相符	不相符
13. 集尘盒设计，无须换尘袋：										
14. 电线足够长：										
15. 自动收线装置：										
16. 无线操作：										
17. 反清洁方便：										
18. 集尘袋（盒）容量大：										
19. 吹风功能：										
20. 根据身高，手柄可调节长度：										
21. 可单手操作：										
22. 脚踩式开关机：										
23. 可以背在身上使用：										

	我的观点					与我家的吸尘器				
	需要	比较需要	无所谓	不太需要	不需要	相符	有点相符	不清楚	不太相符	不相符
24. 附件可单独购买：										
25. 小刷头镶嵌机身设计：										
26. 多个吸嘴吸不同地方灰尘：										
27. 织物刷（清洁窗帘/床垫/布艺沙发/挂毯等）：										
28. 毛刷（清洁家具表面/百叶窗/空调滤尘网等）：										
29. 软毛刷（清洁白墙等）：										
30. 缝隙吸嘴（清洁角落）：										
31. 橡皮刷（清理液体）：										
32. 香波刷头（机内加清洗剂）：										
33. 宠物刷刷头：										
34. 除螨振动刷头：										

	我的观点					与我家的吸尘器				
	重要	比较重要	无所谓	不太重要	不重要	相符	有点相符	不清楚	不太相符	不相符
35. 负离子刷头（净化空气）：										
36. 抹布刷头：										
37. 玻璃清洁刷头：										
38. 地毯刷头：										
39. 产品设计独特，装饰性强：										
40. 外形时尚：										
41. 外形小巧：										
42. 流线型造型：										
43. 卡通造型：										
44. 色彩亮丽：										
45. 色彩柔和：										
46. 金属漆表面：										
47. 产品采用环保材料：										

	我的观点					与我家的吸尘器				
	喜欢	比较喜欢	无所谓	不太喜欢	不喜欢	相符	有点相符	不清楚	不太相符	不相符
48. 外壳材料韧性好：										
49. 外壳材料耐磨：										
50. 品牌知名度高：										
51. 品牌口碑好：										
52. 外国品牌：										
53. 低价格：										
54. 广告出现率高：										
55. 广告吸引人：										
56. 售后服务好：										
57. 产品促销活动：										
58. 营业员服务态度好：										
59. 销售现场功能演示：										
60. 产品外包装精致：										

谢谢您的热情配合，问卷马上就要填完了。现在请您填写您的个人信息，此资料只作研究分析，不作他用，请您如实填写，谢谢！ （请您在"○"或"□"内打"√"）

◇您的性别：○女　○男

◆您的年龄：□25岁以下　□25－30岁　□31－35岁　□36－40岁　□41－50岁　□51－59岁　□60岁及以上

◇您的文化程度：○初中及以下　○中专或高中　○大专　○大学本科　○硕士及以上

◆您的住房：□租别人房子　□购买的房子　□和父母一起住　□其他

◇您的住房面积：○40－60m²　○60－80m²　○80－100m²　○100－120m²　○120－140m²　○140－160m²　○160－180m²　○180－200m²　○200m²以上

◆您的居室风格（本题多项选择）：□时尚　□前卫　□简约　□精致　□豪华　□典雅　□现代　□传统　□中式明清　□东南亚风格　□美式风格　□北欧风格　□地中海风格　□田园风格

◇您的婚姻情况：○已婚　○未婚

◆您的家庭构成：（本题多项选择）□父母　□兄弟姐妹　□配偶　□子女

◇您的职业性质：○政府机关　○事业单位　○广告业　○企业一般职工　○自由职业　○电信通讯　○证券业　○企业管理人员　○公司职员　○外企职员　○事务所　○建筑房地产业　○科研人员　○文化传媒　○IT行业　○教师　○医疗行业　○商务服务　○其他（请填写）。

◆您觉得以下哪些与自己情况相符（本题多项选择）：
□善于社交　□感情外露　□待人热情　□思想前卫　□事业心强　□追求实际　□敏感多心　□比较传统　□按部就班　□喜欢名牌　□兴趣广泛　□讨厌广告　□工作第一　□比较外向　□善于容忍　□做事有耐性　□追求时尚　□讲究饮食　□精力旺盛　□家庭观念重　□考虑周到　□勤俭节约　□做事谨慎　□环保意识强　□注重品牌　□计划性强　□感情丰富　□经济意识强　□随大流，易受他人影响　□喜欢金融投资　□冲动性小　□注重生活品质　□喜欢稳定的工作　□对彩票感兴趣

辛苦了！非常感谢您！

6.4.2 家用吸尘器设计心理评价调查

6.4.2.1 被调查人群人口特征分析

性别分析：在回收的有效问卷中，女性91份，占总调查人数的63.6%，男性52份，占总调查人数的36.4%。由于家用吸尘器产品的特殊性，无论是使用还是购买，女性人数较男性要多，故在问卷法方式有意控制女性被试人数多于男性。

年龄特征：在回收的有效问卷中，25～30岁的51人，占总数的35.7%，31～35岁的27人，占总数的18.9%，36～40岁的23人，占总数的16.1%，41～50岁的34人，占总数的23.8%，51～59岁的8人，占总数的5.6%。

文化程度分析：在回收的有效问卷中，初中及以下学历1人，占总数的0.7%，中专或高中学历16人，占总数的11.2%，大专学历48人，占总数的33.6%，大学本科学历63人，占总数的44.1%，硕士及以上学历15人，占总数的10.5%。总体来说，大专及大学本科的学历的人数共111人，占总体的77.6%，说明了被调查的家用吸尘器用户的受教育程度总体很高。

调查人群的职业性质分析：消费者选择购买和使用家用吸尘器，与其职业特征没有必然联系，各行各业的人都有可能成为家用吸尘器的用户。

住房特点分析：调查结果表明被调查者以品质追求型居多，这也表明了消费者购买使用家用吸尘器是其生活水平提高、进一步追求高质量生活的体现。消费者不同的个性与品位决定了其不同的居室风格，而特定的居室风格决定了居家环境中的家具等的特色和布置的不同。被试的143位消费者其居室风格都不趋同，这说明消费者是否购买使用家用吸尘器，与其居室风格没有必然的联系。

6.4.2.2 调查人群生活方式与个性分析（表6-2）

均值（Mean）是集中趋势的测度值之一，是一组数据的均衡点所在，易受极端值得影响。标准差（Std. Deviation）是离散程度的测度值之一，反映了数据的分布，反映了各变量值与均值的平均差异。

表6-2 被试人群生活方式与个性研究

序号	生活形态指标	变量	Mean（均值）	Std. Deviation（标准差）
1	时尚新潮	喜欢追求新奇的东西	3.73	1.095
		较早购买新技术产品	3.31	1.112
		在乎买的东西是否流行	3.05	1.286
2	经济消费	便宜没好货，好货不便宜	4.07	1.041
		购物时货比三家	3.99	1.062
		愿意攒钱买大件商品	3.48	1.101
		喜欢买打折商品	3.01	1.125
		对花销非常谨慎	3.29	1.099
3	生活品质	最重视商品是否符合自己品位	4.29	0.788
		即使贵点也只去大商场	3.61	1.096
		愿意多花钱买质量高的	4.31	0.780
4	家庭生活	向往发达国家生活方式	3.42	1.209
		看电视是最主要娱乐方式	2.64	1.364
		很满足现在的生活	3.30	1.235
		对居家环境卫生很讲究	4.06	0.765
		对我来说事业比家庭更重要	2.35	0.967
		喜欢邀请亲戚朋友到家里做客	3.50	1.018

续表

序号	生活形态指标	变 量	Mean（均值）	Std. Deviation（标准差）
5	工作金钱	有富余钱更愿意存入银行	3.17	1.237
		工作只是为了谋生	2.69	1.276
		希望达到所从事行业的顶峰	3.76	1.071
		工作稳定比高收入更重要	3.53	1.101
		为了赚更多的钱可以牺牲休闲时间	2.70	1.320
		工作成绩比金钱更重要	3.39	1.113
		金钱是衡量成功的最佳标准	2.62	1.156
6	饮食健康	对饮食非常讲究	3.21	1.016
7	广告态度	没做过广告的产品不会买	2.42	1.107
		广告是否频繁代表公司的实力和产品的优劣	2.38	1.067
		广告是生活中必不可少的东西	3.41	1.208
8	品牌意识	合资企业产品质量不及原装进口的好	2.90	1.159
		即使价格贵一点，还是喜欢购买国外品牌	2.82	1.144
		购物时不注重品牌	2.57	1.226
		使用名牌可以提高人的身份	2.89	1.228
		喜欢尝试新的品牌	3.22	0.969
9	环保意识	常常以实际行动支持环保	4.02	0.804
10	购物计划	很少在购物前把要买的东西考虑周全	2.80	1.240
11	购物节奏	购物时，只看要买的东西，买完就走	3.42	1.317
		只有要买东西时，才去商场	3.31	1.407
12	对小家电的认知	小家电对于普通家庭已不是奢侈品	4.54	0.725
		小家电是时尚的代表	3.38	1.156

分析表 6-2 可以看出，被试人群的生活方式具有以下共同特征：

被试人群对生活品质有较高的要求。被试人群均重视工作、金钱与家庭三者间的平衡：对事业都有一定的追求，但在其心目中，事业并不比家庭更重要，他们也不会为了金钱，拼命工作，不顾家庭。他们很重视家庭生活，对居家环境卫生均表现出较高的要求。

被试人群对生活品质的关注还表现在他们品牌意识的认知上。他们注重品牌，但又不盲目看重、相信品牌，对他们来讲，产品的品质是第一位的，而不是品牌，虽然在一定程度上品牌就是品质的象征。

当今一些发达国家人们的价值观正从"最大限度地推进经济增长转向通过生活方式的变化而最大限度地保证生存幸福"、"最大限度地提高生活质量"的转变。被试人群注重生活质量这一特征正体现了这种转变。

被试人群多为理性消费者。从对被试人群的购物计划、购物节奏、时尚新潮意识、经济消费和广告态度几个维度上的考察，可以看出他们理性消费的特点，这与被试人群的年龄、受教育程度和经济状况不无关系。

被试人群普遍具有高度的环保意识。在"常常以实际行动支持环保"这一变量上，被试人群的平均得分为 4.02 分，标准差为 0.804，高均值低、标准差说明了被试人群对生存环境的普遍重视，并已经有了将之付诸行动的具体体现。

被试人群普遍认为"小家电对于普通家庭已不是奢侈品"，但却不太以为"小家电是时尚的代表"。而慧聪网家电行业频道（2003 年）调查显示，82% 以上的消费者认为"小家电在家庭生活中扮演越来越重要的角色","小家电对于普通家庭已经不是奢侈品"。同时，65%的消费者趋向同意甚至完全同意"小家电是一种时尚的代表"。他们之所以持这种观点，是认为小家电已成为他们家庭的消费必需品，重在其实用性，因而不再是炫耀性的、时尚的代表。

同时调研发现被试人群在"家庭观念重"、"注重生活品质"、"环保意识强"等选项上具有高选择率，由此可以发现被试人群对自己个性形态上的判断与其生活方式上的考量结果相一致，其中在家庭生活这一指标上还须说明的是：随着社会的发展和生活质量的提高，婚姻家庭逐渐成为人们（不管是男性还是女性）人生价值的重心，婚姻家庭将越来越受到人们的重视。这与零点调查&指标数据于2005年5月进行的城市居民生活调查结果是相一致的。

虽然生活形态和价值观有所不同，但是中国和国外消费者对小家电产品的情感需求并没有本质性差异，主要集中在追求更有品质的生活、关注健康等方面。中国和国外消费者对小家电产品的需求差异主要体现在功能需求的差异以及产品物理表现元素的差异。比如对于功能，中国消费者也许喜欢功能复杂一些，而国外消费者也许喜欢功能简单一些；对于外观，中国消费者也许喜欢体积轻巧一些，而国外消费者也许喜欢体积庞大一些。[①]

6.4.3 消费者吸尘器使用相关分析

6.4.3.1 被调查者吸尘器使用年限调查

在143位被访者中，其中102位家里的吸尘器是第一次购买使用，其余41位被访者家里使用过不止一台吸尘器。有95位被访者家中的吸尘器是2000年以后购买的，占调查总人数的66.4%。以上数据说明了近几年来家用吸尘器国内市场的发展。

6.4.3.2 现有吸尘器来源调查

对家用吸尘器来源的调查可以看出市场上的吸尘器产品主要有两种销售形式：作为独立产品销售和作为其他产品的附赠产品。

消费者获得此产品则有三种渠道：自己购买、购物赠品和别人赠送。

在回收的有效问卷中，76.9%的家用吸尘器是消费者自己购买的，购物赠品只占被试总体的4.9%，这说明了家用吸尘器产品是以独立销售为主，消费者的需求是此类产品销售的最主要因素。

6.4.3.3 现有吸尘器品牌分析

回收的有效问卷中，被试者家中现有吸尘器品牌众多，共有14个，包括国际小家电品牌如飞利浦、松下、伊莱克斯、三洋、好运达等品牌，国内大家电品牌兼营小家电如海尔、美的，合资品牌如灿坤，国内小家电品牌如龙的。

从品牌占有率来看，飞利浦、LG、三洋位列前三位，其次是美的、松下、福维克、海尔、好运达、伊莱克斯等品牌。这与之前对家用吸尘器市场品牌状况分析结果基本一致。

6.4.3.4 被调查吸尘器价格分析

实证研究对于家用吸尘器价格的调查所得结果与前面资料分析中的价格趋势有所不同。被试家用吸尘器价格总体有向高价位分散的倾向。虽然500~700元的价格集中度仍然较高，从表中也可以看出，近千元或超过千元价格的家用吸尘器产品也拥有一定比例。由于高价位往往意味着多功能与高品质，这说明消费者对此类产品的综合要求有所提高，低价不是其主要考虑的因素。

6.4.3.5 被调查吸尘器款式与功能分析

由表格可以看出，卧式吸尘器占据了半壁江山，占调查总数的53.4%。这与《数字家电》第0601期对国内市场上家用吸尘器款式统计数据相比较有所下降。本次调查中，干式家用吸尘器占到了调查总体的89.5%，占绝对多数，而干湿两用家用吸尘器只占到了10.5%。

6.4.3.6 被调查者吸尘器购买场所分析

被试人群购买吸尘器的主要场所是家电商场和百货商场，这可能是考虑这类场所质量和信誉有所保证。

相关资料显示，家居小家电市场各档次产品面对不同的消费群体展开了错位竞争。其中，销售高端产品的百货店构成了小家电市场的第一层级，家电连锁店形成了小家电市场的第二层级，一些大型综合超市等构成了小家电市场的中低端

[①] 小家电营销：消费者引导和教育才是关键 [EB/OL]. http://www.globrand.com/2006/05/21/20060521-212743-1.shtml. 2006-5-21

将被调查家用吸尘器产品价格分布特征与购买场所分析相结合，可以看出被试人群在此类产品的选择上偏向于中高端。

6.4.3.7 被调查者家用吸尘器使用场所分析

被试人群家用吸尘器使用场所几乎涉及了家中所有地方，其中主要用吸尘器清洁的地方是地面、地毯、家具和墙壁。这说明家用吸尘器产品多功能的发展，其使用不再局限于传统的清洁地毯。

6.4.4 家用吸尘器设计心理评价分析

6.4.4.1 因素分析

在本研究中，通过运用因素分析的方法，将问卷第四部分中收集到的家用吸尘器设计心理评价的多个评价因素提取概括为几个主因素，从而能更简洁明了地分析消费者在各个因素上的期望程度和实际需求。

前提检验：因素分析是从众多的原始变量中构造出少数几个具有代表意义的因素变量，有一个潜在的要求，即原有变量之间具有比较强的相关性。KMO 检验和 Bartlett 球度检验是检验变量是否适合做因素分析的两种比较实用的方法。

（1）KMO（Kaiser – Meyer – Olkin）检验

KMO 的值越接近 1，则所有变量之间的简单相关系数平方和远大于偏相关系数平方和，因此越适合于因子分析。如果 KMO 越小，则越不适合于做因子分析。

Kaiser 给出了一个 KMO 的标准[②]：$0.9 <$ KMO：非常适合；$0.8 <$ KMO < 0.9：适合；$0.7 <$ KMO < 0.8：一般；$0.6 <$ KMO < 0.7：不太适合；KMO < 0.5：不适合。

（2）Bartlett 球度检验（Bartlett Test of Sphericity）

Bartlett 球度检验的统计量是根据相关系数矩阵的行列式得到的。如果该值较大，且对应的相伴概率值小于用户中的显著性水平，那么应该拒绝零假设，认为相关系数矩阵不可能是单位阵，也即原始变量之间存在相关性，适合于做因子分析；相反，如果统计量比较小，且其对应的相伴概率大于显著性水平，则不能拒绝零假设，认为相关系数矩阵可能是单位阵，不宜做因子分析。检验结果如表 6 – 3 所示。

表 6 – 3　KMO 检验和 Bartlett 球度检验

Kaiser-Meyer-Olkin Measure of Sampling Adequacy.		0.081
Bartlett's Test of Sphericity	Approx. Chi-Square	7343.573
	df	1770
	Sig.	0.000

表 6 – 3 中 KMO 值为 0.801，根据统计学家 Kaiser 给出的标准，适合于因子分析。

Bartlett 球度检验给出的相伴概率为 0.000，小于显著性水平 0.05，因此拒绝 Bartlett 球度检验的零假设，认为适合于因子分析。

因此，通过 KMO 检验和 Bartlett 球度检验结果可知此部分设计心理评价因素的相关性很高，适合做因子分析。

6.4.4.2 主因素的提取

对调研的 143 个有效样本在 60 个变量上进行因子提取和因子旋转，得到了初始统计量结果，如表 6 – 4 所示。

表 6 – 4　初始统计量（Initial Statistics）

因子 (Component)	特征值 (Eigenvalues)	方差贡献率 (% of Variance)	累积方差贡献率 (Cumulative %)
1	18.509	30.848	30.848
2	4.544	7.573	38.421
3	4.172	6.954	45.374
4	2.828	4.713	50.087
5	2.171	3.618	53.705
6	2.077	3.462	57.167
7	1.806	3.009	60.177
8	1.730	2.883	63.059
9	1.567	2.612	65.672
10	1.478	2.463	68.135

提取方法：主成分分析法[②]

通过因素分析，提取了 10 个主因素，其特征根值均大于 1。它们占总方差的 68.135%，可以解释变量的大部分差异，可以认为，这 10 个因素是构成重要因素 60 个项目变量的主因素。

---

① 2005 年家居小家电市场评析 [EB/OL]. http://info.homea.hc360.com/2006/02/241034305527 – 2.shtml, 2006 – 2 – 24

② 余建英，何旭宏. 数据统计分析与 SPSS 应用 [M]. 北京：人民邮电出版社, 2003. 294 – 295

提取主因素数目的效果，也可由碎石图（Scree Plot）（图 6-2 横坐标为公共因子数，纵坐标为公共因子的特征值）中直观看出：大因子间的陡急的坡度与其余因子的缓慢坡度之间的明显的折点确定出因子数[1]。

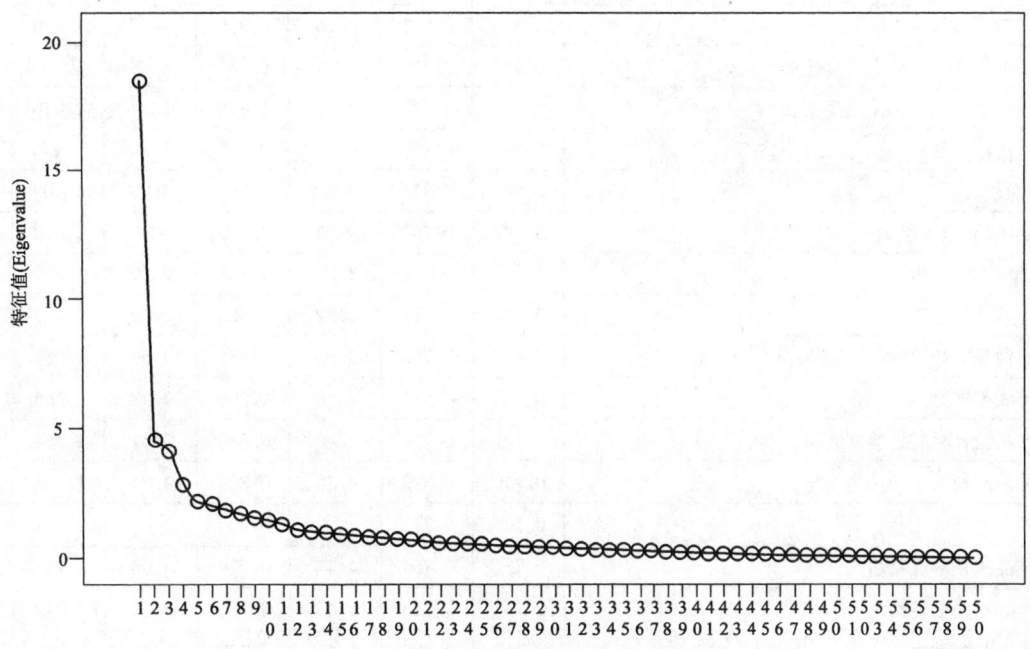

图 6-2 心理评价因素碎石图

6.4.4.3 因子矩阵的旋转（表 6-5）

未经过旋转的载荷矩阵中，提取的因子在许多变量上都有较高的载荷，含义比较模糊，为了明确解释主因素的含义，将因子矩阵进行方差极大正交旋转（Varimax），得到在各个主因素上具有高载荷的项目。

表 6-5　　因子旋转矩阵结果（Rotated Factor Matrix）

因素	内容	载荷值	共同度	我的观点		与家中吸尘器相比		均值差
				均值	标准差	均值	标准差	
多功能	橡皮刷（清理液体）	0.853	0.834	3.75	1.147	2.16	1.105	1.59
	香波刷头（机内加清洗剂）	0.843	0.848	3.62	1.216	2.00	1.021	1.62
	除螨振动刷头	0.795	0.831	3.69	1.246	2.01	1.021	1.68
	负离子刷头（净化空气）	0.792	0.810	3.66	1.204	2.05	1.009	1.61
	抹布刷头	0.786	0.778	3.78	1.147	2.23	1.099	1.55
	毛刷（清洁家具表面/百叶窗/空调滤尘网等）	0.776	0.841	4.17	0.911	3.17	1.245	1.00
	缝隙吸嘴（清洁角落）	0.746	0.804	4.29	0.871	3.65	1.360	0.64
	吹风功能	0.716	0.764	3.55	1.215	2.90	1.143	0.65
	玻璃清洁刷头	0.703	0.731	3.87	1.112	2.66	1.502	1.21
	吸水功能	0.625	0.680	3.66	0.985	2.73	1.440	0.93
	软毛刷（清洁白墙等）	0.591	0.720	4.05	0.959	3.17	1.473	0.88
	地毯刷头	0.474	0.716	4.29	0.885	3.57	1.402	0.72
	织物刷（清洁窗帘/床垫/布艺沙发/挂毯等）	0.469	0.827	4.42	0.891	3.48	1.347	0.94
	吸尘同时除污垢	0.465	0.696	4.32	0.747	2.80	1.412	1.52

[1] 余建英，何旭宏. 数据统计分析与 SPSS 应用 [M]. 北京：人民邮电出版社，2003：307-307

续表

因素	内容	载荷值	共同度	我的观点		与家中吸尘器相比		均值差
				均值	标准差	均值	标准差	
方便性	可单手操作	0.756	0.842	4.24	0.896	3.27	1.450	0.97
	根据身高，手柄可调节长度	0.732	0.729	4.57	0.587	3.88	1.236	0.69
	集尘盒设计，无需更换尘袋	0.637	0.748	4.01	0.809	2.24	1.076	1.77
	反清洁方便	0.541	0.795	4.18	0.901	2.99	1.175	1.19
	无线操作	0.529	0.757	4.09	1.006	1.90	1.109	2.19
	集尘袋/盒容量大	0.489	0.709	4.29	0.795	3.32	1.018	0.97
	脚踩式开关机	0.477	0.773	3.87	1.125	2.50	1.373	1.37
	可背在身上使用	0.459	0.717	3.22	1.380	2.09	1.221	1.13
	电线足够长	0.446	0.782	4.66	0.595	3.69	1.051	0.97
外观	流线型造型	0.808	0.817	4.30	0.880	3.78	1.345	0.52
	产品设计独特，装饰性强	0.771	0.754	4.40	0.840	3.68	1.361	0.72
	外形时尚	0.756	0.829	4.25	0.809	3.71	1.368	0.54
	外形小巧	0.506	0.727	4.38	0.660	3.64	1.241	0.74
材料	产品采用环保材料	0.754	0.764	4.43	0.727	3.08	1.114	1.35
	外壳材料韧性好	0.732	0.820	4.41	0.725	3.20	1.212	1.21
	外壳材料耐磨	0.716	0.808	4.55	0.767	3.43	1.286	1.12
品牌	品牌知名度高	0.584	0.724	3.87	0.768	4.05	1.044	-0.18
	品牌口碑好	0.552	0.647	4.50	0.691	4.03	0.996	0.47
	外国品牌	0.511	0.606	2.92	0.953	3.74	1.555	-0.82
广告促销	广告吸引人	0.913	0.900	2.78	0.945	2.87	1.037	-0.09
	广告出现率高	0.885	0.832	2.67	0.933	3.05	1.269	-0.38
	产品促销活动	0.571	0.738	2.96	1.006	2.56	1.225	0.40
	低价格	0.472	0.604	3.38	0.999	2.78	1.318	0.60
	销售现场功能演示	0.407	0.708	3.85	0.903	3.29	1.293	0.56
	产品外包装精致	0.407	0.650	3.46	0.962	3.18	1.046	0.28
性能	吸力强	0.818	0.820	4.64	0.525	3.99	1.010	0.65
	噪音小	0.667	0.696	4.64	0.523	3.38	1.353	1.26
	省电节能	0.498	0.725	4.50	0.680	3.17	1.002	1.33
可持续性	附件可单独购买	0.643	0.637	4.43	0.989	3.38	1.250	1.05
色彩	金属漆表面	0.745	0.635	2.88	0.868	1.97	1.103	0.91
	色彩亮丽	0.645	0.701	3.37	1.073	2.97	1.653	0.40
净化空气	吸尘同时清新空气	0.743	0.722	3.82	0.969	2.38	1.347	1.44
	可散发香味令人愉悦	0.736	0.789	2.88	1.051	1.97	1.162	0.91
	多重过滤零废气排放	0.438	0.706	4.17	0.872	2.83	1.126	1.34

因子载荷值：在各个因子变量不相关的情况下，因子载荷值指的是原有变量和因子变量的相关系数，即原有变量在公共因子变量上的相对重要性。因此，因子载荷值越大，则公因子和原有变量的关系越强。

变量共同度：也称公共方差，反映全部公因子变量对原有某一变量的总方差解释说明比例。共同度是衡量因子分析效果的一个指标。变量共同度越接近1（原有变量标准化前提下，总方差为1），说明公因子解释原有变量越多的信息。可以通过该值，掌握该变量的信息有多少被丢失了。本研究筛选出来的评价因素变量的共同度大部分都高于0.7，说明提取出的公因子已经基本上能够反映各原始变量70%以上的信息，仅有较少部分的信息丢失，因此，因素分析效果较好。

6.4.4.4 因素的命名

由因子旋转矩阵可以看出主因素与其构成变量间的关系。本研究根据构成每一主因素的高载荷项目变量内容（如表6-5），将10个主因素分别命名并且解释如下：多功能因子、方便因子、外观造型因子、材料因子、品牌因子、广告促销因子、性能因子、可持续购买因子、色彩因子、净化空气因子。

①多功能因子：多功能因子是指家用吸尘器产品的各种使用功能。产品的多功能设计是以消费者的需求为出发点和归宿点。分析表中家用吸尘器产品的各类功能，发现可以将其归纳为以下几方面：首先，保留和发展了传统清洁的原始功能诉求。吸尘器最基本的功能为吸尘，传统的吸尘器以地毯吸尘为主，而新型的吸尘器功能，已不仅限于地毯吸尘，更是延伸到了地板、家具、墙壁等室内的各个面上。根据不同的吸尘面，刷头的设计也变得多样化，设计不同的吸嘴。其次，不但能"吸"，更能"扫"、"擦"、"抹"。抹布刷头等的运用，使吸尘器产品吸尘同时还能除污垢，使得吸尘器产品的运用不但能代替传统扫帚的功能，更是连抹布等传统清洁用具也一并代替。这种集吸、扫、擦、抹于一体的多重功能，不但增加了使用场所，更大幅度提高使用效果。再次，针对"水"而设计的功能。吸尘器按使用功能可分为干式、干湿两用式。传统的干湿两用式吸尘器是用橡皮刷进行吸水，而现在吸"水"功能也已得到了更大范围的衍生：机体内加入清洁剂，用香波刷头在吸水同时还能清洁污垢面甚至是玻璃。最后，为消费者的健康而设计的功能。人们生活品质的提高和家居环境的改善，越来越关注环境对自身健康的影响。应用了多项先进的健康技术的吸尘器产品，通过高效的过滤和杀菌消毒为人们的健康、快捷提供更多帮助。一些吸尘器更加上了除螨功能，创新地将负离子技术应用于吸尘器。在吸尘器工作时，一面依其强大的内压吸尘除螨，一面释放负离子，能够达到消灭室内多种有害菌的目的，从而保障了室内环境健康、清洁，达到了房间空气质量的高标准，增加了人们对有害病菌及螨虫的抵抗力。

②方便因子：小家电的核心诉求点以"便利"为主。家用吸尘器产品的设计通过人机工学原则，来达到方便性：比如根据身高，手柄可调节长度，让人操作吸尘时可以保持人体自然姿势，不用弯着腰。还有，现在许多吸尘器都具有吸力调节功能，有些产品就将这一功能设计在手柄处，使得消费者使用时能按照清扫的实际状况选择不同强度的吸力，轻松调节吸力。在人体工程学设计上的方便性还表现为可单手操作、伸缩式手柄的利用、电源开关的布局，甚至是灰尘指示。细节的设计体现了对人性的关怀。省去弯腰操作环节，人性化设计比较突出。

结构功能上的创新也为家用吸尘器产品带来了方便性。不直接用手接触而清洁滤尘器的"滤尘器操作杆"结构以及"点触按钮全方位扫除"功能的设计无不是利用结构的创新为消费者创造方便性。

对于方便因子中的各个变量，被试人群表现出一致的重要评价，说明吸尘器产品操作使用上的方便性的确是消费者重要关注因素。

③外观造型因子：产品的形态是技术审美信息的载体，外观因子作为产品价值的外部特性，往往是消费者最能直接感知到的价值。消费者在选购产品时往往是通过产品外观所表达出的某种信息内容来进行判断和衡量与其内心所希望的是否一致，并最终作出购买决策。

赏心悦目的产品是每个人都喜欢的，因为其在发挥自身功效的同时，还能充当装饰品摆在家里。现在的家用吸尘器，大都采用流线型设计。这些吸尘器外形小巧玲珑，宛如微型轿车、迷你跑车、玩具车、子弹头面包车等，颇具时尚感，在家居美化的装饰效果也不错。

被试人群对外观造型因子中的各个变量表现出一致的高赞同就说明了这一点。

④材料因子：材料因子指家用吸尘器产品关于材料方面的一些特性，比如"材料是否环保"、"材料是否耐磨"等。

在对被试人群进行生活方式和价值观调查时，发现他们普遍具有较强的环保意识，并常常以实际行动支持环保。环境污染的严重加剧，给居民的生活带来了严重的健康危机，这使得消费者对周围一切物质都非常关注其是否环保，是否会影响到自身健康。环保性逐渐成为产品价值的重要影响因素。产品要符合环境保护的要求，就要尽量采用可再生、对环境无污染、易于回收的材料。消费者对吸尘器产品材料环保性的重视正是显示了这一特点。

产品材料除了环保性以外，对于吸尘器产品来说，其材料的耐磨性和韧性也相当重要，因为消费者在使用吸尘器时经常会发生碰擦，吸管、刷头等附件也经常会被扭转、踩踏，所以，优质的材料是产品长久使用的保证。

⑤品牌因子：在中国，品牌对于消费者选择的重要性越来越明显，因为今天的消费者受两方面的影响，一方面是强烈的消费主义哲学在影响着他们，另一方面受到有限消费知识的限制，导致消费者对产品的认识也很有限。在这种情形下，品牌作为一个社会选择符号，它的作用是巨大的。[①]

在品牌因素中，还有一个不可忽视的变量，就是消费者对于（家用吸尘器产品）外国品牌的看法。被调查者普遍认为在吸尘器的购买决定因素中，是否是外国品牌不是很重要，而实际情况是，被试者家中的吸尘器产品基本上都是外国品牌。由此可以看出外国品牌在这一产品上的绝对实力，分析其原因有三点：其一，外国品牌整体实力很强，如飞利浦产品线相对完整，各产品系列均居市场领导地位；其二，家用吸尘器产品的技术门槛比较高，很多国内品牌受技术所限，只能游走于市场边缘；其三，消费者对此类产品的质量、性能、外形和时尚性等，即产品的价值有非常高的要求，这是目前国内很多品牌很难做到的。

⑥广告促销因子：广告促销因子是指家用吸尘器产品营销方面的影响因素，包括广告、价格、促销、销售现场功能演示和产品外包装。

有关资料显示，消费者对于目前广告的整体印象不佳。这使得消费者认为广告是否吸引人、广告出现率是否高，对于其在家用吸尘器产品上的购买决策影响不大。而事实上，根据本研究的调查发现，市场上针对吸尘器产品的广告并不多，甚至可以说很少。除了各大商场或超市的广告小卡片，消费者很难在各类大众传播媒体上看到吸尘器产品的广告。所以，从目前来看，消费者购买此类产品其决策受广告影响不大。但我们不能由此推论吸尘器产品市场不需要广告的介入；相反，这正是提醒业界要加强此类产品的广告宣传，从个别经典的吸尘器广告也可看出此类产品的广告事实上很受人欢迎。

相对来说，在广告促销因子中，对消费者来说较为重要的因素是销售现场功能演示。对于消费者来说，其购买小家电，最关注的是其使用功能，因此，持续的终端演示显得尤为重要。通过演示能让消费者对产品作出正确评价，同时这种体验式的营销也更说服消费者。

⑦性能因子：性能因子是指家用吸尘器产品的核心性能，包括噪音、吸力等。

吸尘器涉及空气动力学、密封性、降噪研究等不少尖端科技。吸尘器在外国普遍体积较大，但在中国，消费者不仅要求吸尘器体积小，还要具备多种先进技术，同时还要除尘多、噪音小。吸力强劲是消费者对吸尘器产品最基本的要求，达不到这一点，吸尘器的发展将无从谈起。消费者在使用产品时不但追求由产品功能所带来的效果，同时也关注产品使用过程的舒适度，这种舒适度包括人机工程学所涉及的每一方面，其中也包括噪声问题。

现在，新技术、新材料的利用使吸尘器产品的这一矛盾得到了很好的化解，各自的质量得到了大幅度的提高。电机是家用吸尘器核心构件之一，随着设计水平、制造水平以及新材料、新结构、新原理的采用，现今的电机技术正朝着小型化、薄型化、轻量化、无刷化、智能化、静音化、高效化、节能化、环保化、可靠化、精密化、组合化的趋势发展。无极变频技术的采用，把吸尘器的工作噪音降至极低的水平，同时利用变频实现节能。同时，减振材料、隔音棉等新材料的运用以及多气孔结构的设计也在一定程度上减少了噪音问题。

⑧可持续购买因子：附件可单独购买，是指随着家用吸尘器产品的不断研发更新，有更多的功能被设计创新出来，而消费者可以根据其自身的需求，选择一种或几种其需要的功能，然后单独买其附件。福维克品牌的家用吸尘器即使用了此种销售方式。消费者购买其产品可以选择除尘清洁的基本套型，还可以根据自身的需求与经济实力单独购置除螨深层清洁机或者抛光打蜡机。这种附件可单独购买的方式使得产品能满足多层次、多需求的不同消费者，同时也有利于产品研

---

① 袁岳．强势品牌在中国的精耕之道．2002 年 5 月"上海国际品牌论坛"上的演讲

发的不断创新。

⑨色彩因子：在产品设计中，色彩是借以实现产品视觉传播的各种符号要素中的很重要的一种，由于色彩具有诉诸人类感情的巨大力量，所以它是产品设计中不可或缺的重要符号要素，也是顾客对产品价值收益的典型外部特性之一。消费者往往会因对产品色彩的喜好而直接获得对产品进行抽象的利益感知。产品色彩规划的审美不仅仅要追求单纯的形式美，更重要的还在于与产品特性相关的色彩功能性、色彩工艺性、色彩环境性、色彩象征性与色彩流行性、色彩嗜好性等[①]。

家用吸尘器产品的色彩丰富多样，有的艳丽，有的柔和。比较艳丽的彩色调有黄色、红色或者紫色等。吸尘器色彩比较艳丽，主要是因为家庭劳动，色彩鲜艳有利调节人的心情，而色彩感强烈，可以暗示主人家庭清洁是件愉快的事。

但是问卷的调查显示，消费者不是很喜欢具有亮丽色彩的此类产品，而是比较钟情于柔和、温馨的色彩，这可能与本次实证研究被试人群的群体特征，如年龄、受教育程度等有关。

⑩净化空气因子：近年来，家庭装修致使甲苯、甲醛等有毒气体超标成为人们患白血病的一大因素，正威胁着人们居家生活的安全和健康，有品质的居家生活已经不满足于看得见的干净，对于消除那些看不见的细菌、真正提升空气质量有了更高的要求。现在的吸尘器则采用多重过滤系统，通过强劲离心力，将灰尘与空气彻底分离，将灰尘留在尘袋，清新空气排出机外，同时，（斜）上排风设计也有效控制了积尘飞扬的情况，这样就避免了尾气的二次污染。有些吸尘器产品的集尘盒材质中还添加了有极强杀菌作用的纳米银颗粒，可以将细菌、微生物、霉菌、螨虫等全面杀死，不会再次污染环境。此外，负离子光触媒技术的应用更是大大加强了净化空气的效果。在吸尘器工作的同时通过释放新鲜负离子，消灭室内多种有害菌，不但净化了空气更是消除了异味。活性香气的采用更是让消费者吸尘时感受到自然、清新的纯净香气，大大加强了劳动时的愉悦感。

6.5 "设计附加值和消费者满意度"项目

《设计附加值与消费者满意度》的课题是由江苏省科委批准的1996年江苏省重点软科学研究项目（编号为BR96037），课题组由江南大学设计学院（原无锡轻工业学院）沈大为教授和笔者主持。

项目经过两年的努力，在1998年圆满结题并获省科技进步奖，填补国内空白。下面分四个方面简介研究项目概况。其一，项目完成情况和意义；其二，主要技术路径；其三，项目的创新点；其四，项目专家组鉴定的结果。

6.5.1 项目完成情况和意义

在江苏省科委和中国轻工业联合会的资助下，在跨学科的专家学者的帮助下，在有关企业的配合下，我们课题组克服了重重困难，经过两年的艰苦奋斗，终于超额完成项目合同书的全部内容和主要技术操作指标。在经费资助只占总预算的20%情况下，靠课题组大量的人力资源投入，完成工作量浩大的消费者态度指数的采集工作（全国23个省市自治区）。建立了轻工产品CSI数据库，为设计附加值的讨论，奠定了实证研究的基础。

本课题采用了心理学态度测量法，应用消费者满意度CSI这一综合量化指标，选择有代表性的具有一定附加价值和价位量的产品，其消费层面较宽和有前瞻性的轻工四大类产品（化妆品、酒类、摩托车、洗碗机）进行实证研究。采用随机抽样、问卷调查和入户调查的方法，在全国23个省、市、自治区发放、回收总计6500余份问卷调查表。用机算机登录了近百万个数据，运用SPSS（7.0）软件包处理，建立分析模式。在此基础上建立了比较规范的轻工产品四大类别的CSI数据库。应用该数据库资料，结合对企业的入户调查资料，分别在价格心理、消费动机、消费欲望，消费意向以及影响因素（人口特征）等众多项目采集的数据，进行关联分析，为消费心理的量化研究提供了有效的方法和参照系统。

21世纪将是一个知识经济时代，可以说"工业设计是21世纪的带头学科之一"。本课题组为工业设计提供的CSI数据库和关联分析模式，将为中国工业设计和企业决策提供科学的咨询服务，这种服务将会创造巨大的经济效益。在课题组的一些实务操作和咨询服务中，已显示出其巨大的影响力。本课题的深入研究会给目前众

---

① 张宪荣，张萱. 设计色彩学［M］. 北京：化学工业出版社，2003

多企业经济注入新的生命力。

6.5.2 主要技术指标

主要技术指标有三点:

第一,设计若干轻工产品的"设计附加价值与价格心理"的调查问卷。通过研究认为,价格满意度仅仅是消费者满意度中的一个因子。因此我们在设计问卷时突破了价格心理的局限,拓宽了消费者满意度的范围,把附加价值内涵和消费者心理细化了,组成比较全面的"设计附加价值和消费者满意度"的问卷,因此实际研究的 CSI 指标比原计划书的涵盖面更宽,性能更好,更加全面地为工业设计提供更多的科学参考数据。

第二,选择四大类轻工产品:化妆品、酒类、摩托车、洗碗机作实证研究,设计了独特的调查问卷,入户调查,在全国 23 个省、市、自治区发放达 6500 份,回收问卷共录入近百万个数据,建立了轻工四类产品附加价值与消费者满意度的数据库,性能指标和质量大大超过了原计划书的要求。

第三,根据登录的四大类轻工产品的 CSI 数据库,我们采用 SPSS(7.0)软件包处理,建立了"附加值与消费者满意度"的关联分析模式,这种先进软件包的处理模式,为今后市场调研开辟了一种新的思路和途径。

6.5.3 本项目的创新点

提出附加值的两个层面的新观点:即初始附加值和激励附加值,并强调激励附加值在"知识经济"时代的重要性。

提出对附加值进行量化的新指标——消费者满意度的新方法。

建立四大类轻工产品的消费者满意度的数据库和关联分析模式。为市场预测、产品定位、广告策划、营销设计等多方面提供咨询服务。

本研究为新学科"设计心理学"的建立和完善,提供了理论基础和实践案例,为学科的发展起到有力的推动作用。

突破了原项目设计框架,将消费者价格心理的研究拓宽到整个满意度的研究;因此,超额完成了本项目设计的任务和目标。

6.5.4 专家组鉴定结果

本项目由江苏省科委主持的专家通讯评审鉴定。项目鉴定的专家组主任由南京师范大学博士生导师余嘉元教授(工业心理学)担任,副主任由南京艺术学院博士生导师许平教授(艺术设计)和南京大学新闻系主任孟建教授(传播学)担任。鉴定组专家还有华东师范大学博士生导师杨治良教授(心理学)、上海交通大学管理学院石金涛教授(工业工程)、南京大学商学院陶鹏德教授(经济学)、上海大学美术学院方振兴教授(艺术设计),最后余嘉元教授综合各位专家通讯书面评审意见,写出项目的鉴定结果如下:

根据全体评审委员的意见,综述评审意见如下:

一、这是一项具有重要理论和实践意义的跨学科研究课题,它综合了工业设计、消费心理学、市场营销学、数理统计、心理测量和计算机科学等多门学科的前沿知识,其研究成果填补了该项领域的空白,必将对学科的发展起到有力的推动作用。同时,该课题又有很强的实用性,它对于建立中国轻工产品的设计附加价值与消费者态度指数 CSI 的数据库和分析模式,并根据 CSI 来预测市场是非常有用的。同时,它对于企业内部的有关设计工作提供了全方位、全过程的咨询服务,成果的应用和推广将提高企业的经济效益和社会效益。

二、该课题涉及学科多,研究难度大。课题组运用了科学严谨的研究方法,指导思想明确,技术路线可靠,系统性强,对传统方法有突破,所得数据翔实,统计方法先进合理,整个研究达到了预期目标。

三、课题的成果有创意。提出了产品附加价值中存在初始附加价值基础上通过激励因素实现的激励附加价值,对其内涵、来源的论述深入,具有独创性。

四、研究者对于国外的测量工具在中国应用方面进行了大量的、有益的探索。消费者态度指数 CSI 的数据库和分析模式的建立,是一项非常可贵的贡献,体现了课题组卓有成效的创造才能。

五、该课题的研究为企业的营销决策提供了重要的参考依据,对于企业目标市场的选择、新产品开发、价格制定、广告策划等方面具有重要的实用价值。同时,为企业诊断、企业咨询提供了科学的、实证的依据。

总体的评价和建议:

本课题的研究理论起点高、科学性强、富有创造性，填补了国内空白，达到了国内领先水平，并和国际先进水平同步。全体评审委员一致同意该课题通过评审。

6.5.5 项目应用效果

本项目是一个学科综合性很强的软课题，涉及工业设计、工程设计、消费心理学、社会心理学、经济学、市场营销学、数理统计学、计算机科学等多种学科的交叉合作，是知识经济领域中一个极为重要的课题。本课题不但涉及国家经济的增长和发展，而且与任何一个生产产品的企业及商品销售领域都有着密切的关系。因此本课题在经济领域、工农生产领域、商业营销领域、工业设计领域、科技产品开发领域都具有直接或间接的应用价值。在项目实务操作中，曾用 CSI 数据库做有关轻工产品的新品开发和营销策划，提供咨询服务。该实务操作报告书，为企业的产品目标消费者的认定、广告设计的诉求点和如何培训促销员等方面，都有重要的指导意义，受到企业的好评。

思考题

一、名词解释

1. 拉卡附加值　2. 列曼附加值　3. 竹山附加值　4. 黄良辅附加值　5. 德鲁克附加值　6. 经济附加值理论（EVA）　7. 数字附加值（DVA）

二、简述题

1. 初始附加值和激励附加值。
2. 激励附加值的类型。

三、分析题

1. 分析设计对提升附加值的贡献，并举例说明。
2. 分析商业设计采用哪些激励因素来提升消费者满意度。
3. 从提升消费者满意度角度，分析创造设计附加值的途径。
4. 从设计趋势，分析激励附加值的创造。

四、实务操作

小组讨论：根据吸尘器产品 CSI 导向设计的案例分析，评价你团队设计的 CSI 问卷，确定目标消费者的样本群，并进行抽样分工。

第七章
设计心理微观分析

■ 设计心理微观分析综述
■ 年龄与设计心理
■ 性别与设计心理
■ 个性与设计心理
■ 家庭与设计心理

7.1 设计心理微观分析综述

设计心理的微观分析,就是分析影响消费者行为的内环境,即影响消费者行为的个体要素。这些要素主要有:消费者的年龄、性别、个性和家庭。

7.1.1 年龄区隔与设计心理研究

7.1.1.1 年龄阶段划分

关于年龄的划分有不同的标准。美国新精神分析派的代表人物艾里克森以个性特征作为划分标准,将人生划分为:婴儿期、婴儿后期、学前期或游戏期/幼儿期、学龄期/童年期、青少年期、成年早期、成年中期、成年后期/老年期。我国学者朱智贤教授根据个体心理发展各不同时期内的综合主导活动、智力和个性特征,将个体划分为:乳儿期(0~1岁)、婴儿期(1~3岁)、幼儿期(3~6、7岁)、童年期(6、7~11、12岁)、少年期(11、12~14、15岁)、青年期(14、15~25岁)、成年期(25~65岁)、老年期(65岁以后)。不同研究者按不同的理论依据,划分结果虽然不同,但大体上与消费行为相关的消费者群体,可划分为儿童、青年、中年和老年消费者。

7.1.1.2 儿童与消费心理分析

科学的儿童心理学产生于19世纪后半期。1882年德国生理和心理学家普莱尔(W. Preyer)《儿童心理》的出版标志着儿童心理学正式成为科学。继普莱尔后,陆续的学者包括成熟论格塞尔、环境论华生、精神分析论弗洛伊德、相互作用论皮亚杰、社会文化历史观维果茨基等,都对儿童心理学的形成与完善作出贡献。中国最早开创儿童心理学研究的是陈鹤琴,他的《儿童心理之研究》是中国第一部儿童心理学教科书。朱智贤编写的《儿童心理学》对中国儿童心理学的研究和教学起积极的推动作用。

1962年,美国学者麦克尼尔提交儿童消费者行为的论文,把儿童当做一个真正市场对待,其后出版《儿童消费者》(1987)、《儿童顾客》(1992)等,在他多篇论文中,从国内外视角,描述儿童消费者行为及有效的儿童营销策略,于2001年作为访问教授在北大光华管理学院,为MBA开设儿童消费者行为学。当今,独生子女广受关注,与其相应的儿童消费产品设计成为市场重点开发之一,该领域的理论和实务研究十分活跃。

最近,各国研究者在儿童心理、儿童消费行为及其导向的儿童产品设计等方面有新的研究。理论研究有:《未成年消费群》(程士安等,2004)、"儿童消费者行为研究"(胡晓红,2006)、《儿童心理学》([英]谢弗著,王莉译,2010)等;实务研究相关论文有:《品牌价值心理导向玩偶设计的实证研究》(吴朋,江南大学,2006)、《基于设计符号学的儿童游乐产品设计研究》(周丽丹,南昌大学,2008)、《基于心理学的儿童产品设计方法研究与应用》(王白鸽,陕西科技大学,2009)等,研究角度虽然不同,最终都归结于儿童产品设计。例如《品牌价值心理导向玩偶设计的实证研究》采用396个变量数据(包括年龄、性别,10个有关消费态度的问题,购买频率,有关自我形象的15个形容词维度,23款玩偶产品各15个形容词维度,外加一个喜好度),运用聚类分析方法,得出性别、年龄职业、地理位置对消费态度和偏好的影响,并得出"基于消费者心理评价的二维产品分布图",为玩偶产品设计提供一定的设计思路。①

---

① 吴朋,李彬彬.品牌价值心理导向玩偶设计的实证研究[D].江南大学,2006

7.1.1.3 青年与消费心理分析

青年中最具有代表性的是"80后",又称为独生代,包括独生子女与非独生子女。中国目前的独生代主要是从1979年开始实行计划生育政策以后出生的。有关调查认为"80后"在消费心理特征上可以归结为三个方面:一是乐观消费,敢于冒险,消费目的更强调追求快乐、享受生活,而非传统的"成就感";二是消费中注重对个人价值的体现,对关系消费、情感消费关注度降低;三是重品牌,重时尚,并愿意为此付费,对低价产品的解读可能不再是"划算",而是"不够档次"。①

国际上近一个世纪以来对独生子女的研究主要集中在健康、智力、性格特征和社交四个方面,比较独生子女和非独生子女之间的差异,并出现几种分歧:独生子女优于非独生子女、非独生子女优于独生子女、独生子女与非独生子女无显著差异。中国的独生子女研究主要集中在心理和教育两方面,伴随独生子女人口的成长进行。② 近年从消费者行为学角度对青年的研究有:奥美跨国广告公司对亚洲未来一代(精灵世代 GENIE)消费者研究(1997)、中国新生代市场检测机构等对中国城市青少年消费形态的报告(1999)、《X+Y+N世代行销》(林贺敏1998-2003)、《中国年青一代消费模式》(吴绍宏,2001)等。《中国独生代消费行为研究》(阳翼2008)从消费者行为学的视角,全面、系统、实证地研究独生代,总结出独生代消费形态的三大特征(有钱就花,及时行乐;崇尚品牌,追求时尚;个性自我,享受人生),并从价值观维度将独生代细分为五大市场(传统型、享乐型、成就型、世故型、自我型),弥补了独生代消费者行为研究的空白。江南大学葛建伟在《"E"世代人群生活方式分类与电磁炉消费行为研究》(2007)中,提取出"E"世代人群生活方式十大因子(事业成就发展、挑战生活、实用方便、产品风格关注、传统家庭因子、运动休闲、谨慎购物、购物消遣、经济安全感、关注生活规律),把"E"世代人群细分为成熟时尚型、追求完美型、传统居家型三种类型。③

7.1.1.4 中老年与消费心理分析

老龄化是人类社会发展的必然趋势。预计2050年全球超过90%的国家和地区将成为老龄社会,我国将成为高度老龄化国家。中国巨大的银色市场已经形成。中老年消费者较之于青年消费者,在心理上更成熟,消费更理性,追求商品的实用性。

中年人消费的年龄细化研究相对匮乏,对老年人的深度研究近期得到重视,并取得一定的研究成果。例如老年人数码产品设计、无障碍设计、服务设计、关爱设计等方面比较活跃。在老年心理学与消费行为方面的宏观研究有:《中国老年市场细分研究》(应斌,2007)、《中国老年消费者行为:西方理论与中国实证》(刘超,2008)、《老年心理学》(赵慧敏,2010)等。《中国老年市场细分研究》系统分析中国老年消费者心理行为,选择适合中国老年市场的细分变量(人口特征、社会经济特征、地理位置、社会心理、健康状况、行为方式、媒体偏好等),构建中国老年市场细分模型理论框架,并探讨细分模型中各子市场的特征,提出相应的营销策略。微观方面研究论文有:《中国老年益智健身玩具开发设计研究》(朱云峰,江南大学,2007)、《城市老年人家庭卫浴系统设计研究》(张如磐,江南大学,2008)、《老年人手机的人性化设计方法研究》(雍磊,华中科技大学,2008)、《基于设计心理学的老年家居用品无障碍设计研究》(刘佳娣,陕西科技大学,2009)等。其中,《基于设计心理学的老年家居用品无障碍设计研究》以老年家居用品设计为研究对象,依据人体测量学,建立老年人人体模型尺度,阐述体现人文关怀的老年家居用品无障碍设计原则(以老年人为核心、易用性、求适性、人机适宜、创新性、环境安全等),以老年用厨房设计为实践探索,具体说明无障碍设计方法,为无障碍设计提供一定依据。④

7.1.2 性别与设计心理分析

2010年第六次全国人口普查主要数据公报[1](第1号)显示,我国男性人口占51.27%,女性人口占48.73%,男女比例越来越接近。1974年美国心理学家麦考比(E. E. Maccoby)和杰克林(C. N. Jacklin)发表的《性别差异心理

---

① 丁家永. 2010后中国消费者研究——挖潜2010年后的消费行为. 中国营销传播网
② 阳翼. 中国独生代消费行为研究 [M]. 暨南大学出版社. 2008: 34-35
③ 葛建伟,李彬彬. "E"世代人群生活方式分类与电磁炉消费行为研究 [D]. 江南大学, 2006
④ 刘佳娣. 基于设计心理学的老年家居用品无障碍设计研究 [D]. 陕西科技大学, 2009

学》标志着性别差异心理学的诞生。性别差异反映在人们活动的许多方面，如两性在认知、情绪活动、自我实现等方面的差异。性别差异反映男女两性购买能力、消费需求和购买决策的消费心理不同。

从性别差异视角，研究论文成果有《传统两性性别特征的互渗对工业产品设计的影响》（李苒，重庆大学，2007）、《品牌忠诚的性别差异研究——以北京地区手机消费为例》（罗晶鑫，北京工商大学，2007）、《产品视觉形式要素的性征与设计方法研究》（宗霞，江南大学，2007）等。《性别差异化设计研究——户外运动用品的性别差异化设计》（霍春晓，江南大学，2007）分析性别的生理及心理差异，从女性角度提出产品性别差异化设计的五个基本要求（功能、造型、材料、色彩、使用者心理），以冰镐、背包等为例，从功能、造型、材料、色彩、使用者心理五个方面具体分析，对女性户外运动产品设计有一定指导意义。①

7.1.2.1　女性与消费心理综述

过去20年，获益于中国经济发展和社会开放的中国女性，在社会地位及家庭财务支配中的发言权逐渐提高，中国女性消费潜力巨大。中国一线市场，女性的消费"决策权"已从传统的食品杂货、化妆品、服装发展到旅游健身、文化教育、休闲娱乐、数码产品、奢侈品、房产、汽车等新的高端消费领域，二三线女性消费市场也随之跟上。中国市场消费已经进入"她世纪"。②

早期大部分从社会学、人类学的角度研究女性，随着消费时代的到来，人们开始注重女性消费行为的研究。国内现有女性消费行为的研究，部分是由广告主出资的女性消费行为的专项研究，部分市场调查公司和学术机构也有专门针对女性消费者的研究。③如华南国际研究市场公司对成年女性基本消费行为的研究（1999）、零点调查公司对都市青年女性消费基本形态的研究（2000）、中国社会调查事务所对成年女性消费方式的研究（2001）、香港城市大学商学院对成年女性角色转换中的消费模式转换研究（2001）等。关于女性消费心理的著作有：《女性消费心理面面观》（周宇宽，2002）、《女性消费心理的5F模式》（杨晓燕，2002）、《女性价值观与购买行为》（张梦霞，2005）、《2009~2010年：中国女性生活状况报告》（韩湘景，2009）等。中山大学管理学院杨晓燕从自我概念角度划分的女性消费者5F理论模型（家庭自我、情感自我、心灵自我、表现自我、发展自我），将中国对女性消费者的研究更推进一步。国内高校对女性心理及消费行为等研究较多，针对新出现的现象有独到见解。如《女性自我概念导向手机产品形象实证研究》（孙宁，江南大学，2008）、《性别视角下的女性化妆品包装设计研究》（高慧，上海交通大学，2008）、《女性数码产品设计研究》（张萍萍，华东师范大学，2010）等。《新宅女情感价值导向的美容小家电体验设计》（董绍扬，江南大学，2010）抓住社会特殊"宅女"人群，提出六大价值观体系（自由、物质享受、经济效益、美与健康、自我实现、内外和谐）及用户情感价值三要素（愉悦、安心及成就感），从情感体验层次（本能、行为、反思），将用户情感价值与"新宅女"匹配并引入美容小家电设计，以电吹风为个案，是基于美容小家电"陪同感"情感价值下体验战略设计的一次创新。④

7.1.2.2　男性与消费心理综述

男性在消费心理上不同于女性。男性对社会地位、身份的追求和对家庭责任的过度负担及所从事职业的特点等因素，决定男性消费者的消费心理趋向追求身份、地位、精神等方面。男性的购买动机不如女性强烈，表现为购买迅速、重视商品质量、求便、自尊等。相对来说，专门的男性消费行为研究较少。例如有零点调查公司对中国10个城市4232个样本进行新男性与新时代的调研（2002）、《男性消费者自我概念结构模型及其在轿车市场细分中的运用研究——以沪、杭、甬、宁四地调查为例》（邹忠良，浙江工商大学，2006）等。《男性消费者自我概念结构模型及其实证研究——以杭州市为例》（吕筱萍，邹忠良，2006）在自我概念研究基础上，从理论推导出男性消费者自我概念结构SELF理论（社会自我 social self、事业自我 enterprising self、情感自我 loving self、家庭自我 family self）及其立

---

① 霍春晓.性别差异化设计研究——户外运动用品的性别差异化设计［D］.江南大学，2007
② 丁家永.2010后中国消费者研究——挖潜2010年后的消费行为.中国营销传播网
③ 黄升民，陈素白，吕明杰.多种形态的中国城市家庭消费［M］.北京：中国轻工业出版社.2006：132
④ 董绍扬，李彬彬.新宅女情感价值导向的美容小家电体验设计［D］.江南大学，2010

体结构模型，采用因子分析（社交自我型 S、事业自我型 E、情感自我型 L、家庭自我型 F）和相关分析的实证研究方法，对其理论与模型进行检验，进一步对自我概念的影响因素做动态研究。①

7.1.3 个性与设计心理分析

个性指个人带有倾向性、本质性和比较稳定的心理特征的总和，包含个性倾向性和个性心理特征两方面。个性倾向性包括需要、兴趣、信念和价值观等；个性心理特征包括气质及能力等方面。由于定义角度不同，不同学者对消费者个性的内涵及成因的理解各不相同。消费者个性研究常以某种个性量表来界定消费者个性心理，研究某类性格特征与某一具体商品消费的相关关系，其结论往往为争论不休。②

7.1.3.1 生活方式研究

密歇根大学管理学院营销学副教授 Aaron Ahuvia 和中山大学管理学院营销学博士阳翼认为："生活方式是一种综合的概念，可以定义为人们花费时间和金钱的类型，它反映了一个人的活动、兴趣和意见。"③ 目前较流行的生活方式测量方法主要有两种：一是心理图示法（activities、interests、opinions，简称 AIO），即活动、兴趣、意见结构法；二是 VALS（Values and Lifestyle Survey）方法，即价值观念和生活方式结构法。西方运用 AIO 量表研究生活方式主要集中在市场细分、消费者特征描述、生活方式比较分析、生活方式趋势分析四方面。中国人的生活方式研究目前引起注意，从消费者行为学角度研究生活方式比较活跃。近年学术界对中国人生活方式族群研究有代表性的是零点调查公司的研究成果：将中国消费者生活方式划分为 14 个分群（理智事业族、经济头脑族、个性表现族、经济时尚族、求实稳健族、消费节省族、工作成就族、平稳求进族、随社会流族、传统生活族、勤俭生活族、工作坚实族、平稳小康族、现实生活族），根据量化数据及测试语句意义特征将 14 个分群，梳理形成积极形态、求进务实、平稳现实三大派别。此后，构建中国消费者生活方式分群与社会分层的结构图，即 CHINA - VALS，并与 VALS 进行比较。④ 目前，国内学者及各高校从生活方式入手对消费者进行研究较多，如：《我国消费者生活方式地区差异的实证研究——以上海、北京、武汉、青岛、沈阳为例》（陈一鸣，南开大学，2007）、《生活方式导向中国多功能乘用车设计研究》（曹稚，江南大学，2008）、《虚拟世界网络用户生活方式测量模型研究》（陈立强/叶强，香港理工大学/哈尔滨工业大学，2009）等。《基于生活方式的农村市场细分研究》（雷祺/陈立彬，中国人民大学，2010）把农村居民的生活方式划分为金钱型、尊重型、传统型、权力型和道德型，以这五种生活方式为基础把农村市场细分为守旧型、享受型、现实型、权威型、欲望型、创造财富型、个人价值增值型和守法型，为开辟农村产品市场提供一定指导意义。⑤

7.1.3.2 气质研究

气质是个体典型的表现于心理过程的动力方面的特点，包括心理活动的速度、强度、稳定性和指向性方面的内容。一般人的气质可以分成四种基本类型：兴奋型（胆汁质）、活泼型（多血质）、安静型（黏液质）、抑制型（抑郁质）。根据气质类型可将消费者划分多种类型。罗纪宁教授基于中国古代"天人合一"的全息系统方法，提出一个基于"心理场的消费者气质研究理论范式"，将不同层面的消费心理和行为纳入阴阳五行系统中去，提出五行消费细分模式。五型人（金型人、木型人、水型人、火型人、土型人）在气质心理不同维度表现各有差异，但现实中大多数人呈现各型交叉混合的情况。运用阴阳五行理论"取类比象"的方法论，消费者的消费需求态可分为五类，各有不同的五行属性。这五类需求态在品牌消费和产品/服务消费层面各有不同的结构特征及内涵，但相同的五行属性表明其内在的心理态势是同质的⑥。江南大学马丽娜在

---

① 吕筱萍，邹忠良. 男性消费者自我概念结构模型及其实证研究——以杭州市为例 [D]. 浙江工商大学，2006
② 罗纪宁. 基于"心理场"的消费者气质研究——全息系统方法论在消费者行为研究中的应用 [J]. 管理学报. 2007，4（6）：707 - 708
③ Aaron Ahuvia，阳翼. "生活方式"研究综述：一个消费者行为学的视角 [J]. 商业经济与管理. 2005.8：32 - 38
④ 阳翼. 中国独生代消费行为研究 [M]. 暨南大学出版社. 2008：74 - 76
⑤ 雷祺，陈立彬. 基于生活方式的农村市场细分研究 [D]. 中国人民大学，2010
⑥ 罗纪宁. 中国式品牌消费行为细分模型——中国消费者气质与品牌选择的实证研究 [J]. 管理学报. 2005.2（1）：101

《大学生气质类型与微型轿车色彩偏好》中，从消费者气质入手，深入研究微型轿车色彩，制作微型轿车色彩趋势分析图，得到不同气质类型大学生在轿车色彩偏好上存在显著差异的结果，探索性地构建基于大学生气质类型的微型轿车色彩意象尺度图和意象形容词尺度图，对我国微型轿车色彩设计研究带来一些参考价值。①

7.1.3.3 个性与市场细分研究

市场细分研究有两个视角：一是产品导向的市场细分，主要为企业界采用，他们根据不同营销决策目标（产品和品牌定位、定价、广告定位等），围绕具体某产品或品牌，从特定情境下消费者特征的角度对消费者进行细分；二是消费者导向的细分，主要为理论界所采用，研究重点是以什么方法和标准对消费者的需求和行为特征进行分类，关注的是以顾客总体特征为细分标准去对消费者分群，运用分析解剖的研究方法对消费者心理特征与行为进行细分。②

细分研究可发现特定消费者群体的需求和需要，由此开发和宣传特定的商品和服务，以满足每个群体的需求。美国消费者行为领域的国际知名学者希夫曼，将消费者的九个主要特征作为市场细分的基础，提出市场细分的方法：地理细分、人口细分、心理细分、消费心态细分、社会文化细分、使用情况细分、使用情景细分、利益细分以及混合细分。阳翼在此基础上又将他们归为三类：环境细分（地理细分、人口细分、社会文化细分）、心理细分、行为细分（使用情况细分、使用情景细分、利益细分）。事实证明，许多新产品已经被开发出来填补由市场细分所揭示的市场空白。

消费行为与个性相关系数很高，消费者行为学角度研究的专著较多。消费者行为最早研究始于营销领域，最大影响在心理学领域。消费者行为书籍主要由管理学者和心理学者撰写。经典的消费者行为学专著有：希夫曼和卡纽克的《消费者行为学》（第七版，2002）、所罗门的《消费者行为学》（第八版，2007）、卢泰宏的《中国消费者行为报告》（2005）、江林的《消费者行为学》（2007）等。相关实证研究有：精信Grey广告公司的1996年到2000年对中国城市居民消费研究；电通广告公司1998年的中国三世代消费群体研究；中山大学中国营销研究中心（CMC）2002年的中国消费者行为的区域性特征方法研究；上海灵狮广告公司2004年对中国消费者行为的研究等。《大学生智能手机应用软件设计的用户期望研究》（秦银，江南大学，2010）在个性心理细分基础上，以大学生为目标群体，以智能手机应用软件为研究对象，通过系列期望问卷进行智能手机应用软件的情景性期望、期望的权重以及期望的容忍域的系统，研究用户对应用软件设计的期望，为移动产品的设计提供一定指导作用。③

7.1.4 家庭与设计心理分析

家庭因素是影响消费行为的微观要素之一。家庭因素对购买习惯形成影响力，且导向消费者购买活动的家庭决策。家庭对消费影响表现在两方面：微观表现为家庭结构不同，其购买特点和购买决策类型不同；宏观表现为家庭生活周期对消费者的影响。

西方社会学曾把家庭功能概括为生产、繁殖、经济、社会四个方面。中国现代家庭在消费时具有四个具体功能：实际目标功能、模式的维持和紧急性情况处理的功能、对外环境的适应功能、储蓄功能，都是为了维持和改善家庭生活状况。处于不同阶段上的家庭，其消费行为和消费方式存在很大差异，分析这种差异，是市场心理微观分析的一个重要方面。

在中国，家庭的研究有举足轻重的意义。关于中国家庭消费的实证研究有：1996年香港大学对北京、香港、澳门等城市进行中国人家庭购买决策行为的研究；香港《MEDIA》1996年对转型期的城市家庭消费的研究等；专著有：《家庭消费结构演变的制度分析》（田学斌，2007）、《扩大消费需求的微观基础研究——我国城镇居民家庭资产与消费问题》（邹红，2010）等。《多种形态的中国城市家庭消费》（黄升民，2006）从家庭消费的宏观层面描述家庭消费，并深入到家庭内部，包括家庭成员的消费角色地位、家庭成员的媒介接触与共享、广告关注与态度意识、家庭意见沟通与矛盾冲突等。研究论文有：《家庭厨房用具的情感化设计》（李苏南，江南大学，2007）、《现代城市家庭厨房产品设计

---

① 马丽娜，李彬彬. 大学生气质类型与微型轿车色彩偏好 [D]. 江南大学，2010
② 阳翼. 中国独生代消费行为研究 [M]. 广州：暨南大学出版社 2008.12：38
③ 秦银，李彬彬. 大学生智能手机应用软件设计的用户期望研究 [D]. 江南大学，2010

研究》（施高彦，浙江工业大学，2009）、《基于生活形态的家电产品设计研究》（王增，湖南大学，2009）等。《城市80后新婚家庭视听娱乐系统和谐交互研究》（吴民桂，江南大学，2009）分析收集80后新婚家庭成员（People）、行为（Activities）、视听娱乐产品使用时的场景（Contexts）及视听娱乐产品（Product）四个元素相关信息，提出和谐家庭视听娱乐系统交互，探讨并细化影响系统和谐交互的感官因素（视觉、触觉、听觉、嗅觉）及环境因素（物理环境、社会环境），得出城市"80后"新婚家庭视听娱乐系统和谐交互设计因素（个性化与简约美、对情感体验的追求、充满想象力、创造欲、参与欲），结合人物角色和场景设定法，进行系统和谐交互设计实践。[①]

7.2 年龄与设计心理

一般年龄的市场区分将消费者划为：儿童与儿童用品市场；青年与青年用品市场；中老年与中老年用品市场。

7.2.1 儿童心理与儿童产品设计

7.2.1.1 儿童的年龄区隔及其特点

著名儿童心理学家朱智贤先生[②]将"儿童"分为新生儿期、乳儿期、婴儿期（先学前期）、幼儿期（学前期）、学龄初期、少年期（学龄中期）、青年初期等几个时期，以此分析儿童心理发展。

新生儿期（出生后约一个月）：新生儿期是心理现象的发生时期，是个体心理活动的起点，儿童依靠由皮下中枢实现的无条件反射来保证他的内部器官和外部条件最初的适应。

乳儿期（一个月到1岁）：心理发展水平极低，知觉开始出现，有比较明显的注意力和初步的记忆能力。开始具有"表象"的心理活动，慢慢掌握随意动作，跟成人开始建立最初步的言语交流能力，并获得对简单事物的初步认识能力。

婴儿期（1岁到3岁）：言语和动作有所发展，所接触的范围是家庭内部，对接触的事物十分好奇，且可以准确地玩弄和操控其所熟悉的物品。心理活动带有明显的直觉行动性，注意力和情绪都不很稳定。

以上三个阶段中，儿童心理发展水平极低，基本不构成对儿童消费品市场的影响因素。儿童穿什么、用什么、吃什么、玩什么基本取决于家长的认识。

幼儿期（3岁到6~7岁）：心理过程带有明显的具体形象性和不随意性，抽象概括性和随意性开始发展，开始形成最初的个性倾向。他们好动，模仿能力强，与外界有一定接触，好奇心较强烈，对客观事物有一定直观性想法，已形成一些初步的兴趣偏好。消费心理特点表现为：出现个体消费行为；依存性强，观察力弱，缺少对商品的鉴别，消费自主能力弱；以消费生活必需品为主。

学龄初期（6~7岁到11~12岁）：儿童开始走进学校集体生活，消费心理有大跨度变化。他们开始有一定的社交范围，消费需求和内容扩大。家庭、老师和同学是影响他们消费观念的主要因素。消费心理表现为：独立性逐步提高，有一定的消费自主能力，消费具有盲从性和攀比心理；一定的趋同心理，喜欢穿同样的衣服，用同样的文具，以表示和同学的一致性；不完善的明辨能力，思维不成熟，对于商品的认知有待提高，易受销售商及商品外表误导。

少年期（11~12岁到14~15岁）：少年期是从幼稚期向成熟期过渡的时期，是独立性和依赖性、自觉性和幼稚性错综矛盾的时期。一方面他们希望自己是"大人"，得到家长和老师的认可和尊重；另一方面从思想和行为上还保留儿童固有的稚气，具有半儿童、半成人的心理。这个阶段的儿童感受力和观察力急剧提高，形成一定的自我意识，希望别人了解自己的个性特点。出现逆反心理，趋同心理逐渐弱化。消费者心理表现为：有成熟感、独立性强，不愿受父母束缚，要求自主独立地购买所喜欢的商品；消费具有目的性，购买的倾向性开始确定、购买行为趋于稳定；对商品的分析、判断、评价能力逐渐增加；社会性需求增强，受社会影响的范围逐渐扩大，包括同学、朋友、书籍、大众媒体、明星等。

青年初期（14~15岁到17~18岁）：身心各方面已经达到相对成熟的阶段，形成基本的世

---

① 吴民桂. 城市80后新婚家庭视听娱乐系统和谐交互研究[D]. 江南大学，2009
② 朱智贤. 儿童心理学[M]. 北京：人民教育出版社，2003，7

界观和价值体系，具有高度的独立思考能力和辩证思维逻辑。自觉性和独立性达到一定高度，但对世界的认知观察和自我意识还不够成熟。消费心理表现为：消费情绪基本稳定，形成初步的价值观和世界观；消费目的性明确，具有稳定的倾向性；消费自主，消费需求复杂，以社会消费需求为主，消费能力提高；个性消费，表现为展示自我个性的消费心理。

7.2.1.2 儿童群体消费心理特性

①攀比求胜心理：攀比求胜心理是儿童阶段比较明显的一个重要心理特征。现代家庭多是核心式家庭模式，独生子女优越感十分强烈，家长就有求必应。攀比和求胜心理很早进入现代儿童的生活。

②独我意识：独我意识是不乐意跟同龄人分享自己物品和思想的心理特点。当代儿童是家庭的中心，导致习惯以自我为中心，这代儿童自私自利，自我占有而不许别的孩子动自己的玩具和物品。

③整体心理早熟：早期教育使现代儿童越来越聪明，强烈的好奇心和模仿能力，使他们通过众多的传播媒介获得大量信息，他们的心理特征表现为"表面化的早熟"，只知其一不知其二。

④花钱无顾虑：继"80后"，出生在90年代和21世纪的儿童，尤其是城市里的孩童，对"钱"的概念很模糊。长辈的宠爱形成花钱无顾虑、大手大脚的习惯。很多儿童对价值是否与价格相符的问题却很少考虑，觉得花父母的钱理所当然。

⑤好奇心：儿童心理活动水平较低阶段，以直观、具体的形象思维为主，对商品的注意和兴趣一般由外观刺激引起。选购商品时，不以是否需要为出发点，而取决于商品新奇、独特的吸引力。

⑥模仿性：儿童在消费方面的群体意识比较强，他们喜欢和同龄人标准保持一致，主要表现在购买饮料、食品、玩具及衣服的时候。很多电视广告利用儿童的这一普遍的消费心理进行诉求。

⑦品牌意识：现代儿童出生在优越环境中，每天接触各种信息，尤其是电视广告和父母的影响，对品牌具有一定认识。在 University of Wisconsin–Madison 的心理学家安妮·迈克埃利斯特所作的一项最新研究中，研究者向幼儿园的孩子出示16个产品种类中的50个品牌标识的图片，包括玩具、电子设备以及速食品。几乎一半的小孩都认得以小孩为受众的品牌，有20%的儿童则能辨别出并非针对他们的品牌。

7.2.1.3 儿童用品市场分析与设计

我国儿童占总人口的20%左右。据城市的调查，儿童在家庭消费的总开支中约占50%，因此儿童用品市场潜力巨大。儿童的衣物、用具、家具及所有的生活用品，都是孩子成长中的伙伴，应该精心设计，有意识、有想法地为孩子考虑而进行设计。

开发儿童用品市场，要根据各年龄阶段儿童的心理特点设计孩子喜爱的产品。现代家庭，独生子女是家中的"小太阳"，选购儿童商品自然由孩子"拍板定案"，所以造型有趣、想象力丰富的设计，包装精良、色彩绚丽、富有童话色彩的装潢能引起儿童的注意，诱发他们的购买动机，促成他们的购买行为。另外儿童用品的广告设计，也应当生动活泼、富有情趣。常常用儿童喜爱的形象如奥特曼、小熊维尼、喜洋洋、灰太狼等动画角色的形象来做广告宣传，能给孩子带来欢乐和愉悦，是儿童用品促销的有效方式。

开发儿童用品市场，除根据儿童消费心理设计和生产以外，还要把握影响儿童消费的家长、老师的消费心理。儿童最听妈妈（44.1%）、爸爸（34.3%）的话，老师（12.6%）也有相当的发言权。图书、教育、营养品类产品都关注老师和学校这一渠道。另外，很多家庭，爸爸妈妈忙于事业，爷爷奶奶（5.4%）照顾孩子，所以老人的感受也要顾及。此外，年龄较大的孩子易受伙伴的影响[①]。当今家长越来越重视儿童的早期教育和智力投资，在目前的家庭消费中，智力投资的比重普遍上升。因此产品设计者应当把握家长的消费趋向，在产品的品种、造型、包装、装潢、商标设计方面突出这一内容，在产品广告的宣传重点上也突出智力开发，迎合儿童家长的心理，使儿童用品有很好的市场。比如可以开发儿童智力的营养食品、智力玩具、智力图书以及培养儿童特殊能力的音乐、美术用品等。麦克尼尔教授在《儿童市场营销》中指出，儿童已经作为三个市场的消费者，即直接的消费者市场（花自己钱买自己喜欢的商品）、影响者的市场

---

① 宋专茂. 设计心理学 [M]. 广州：广东高等教育出版社，2007：105

（花父母钱买自己喜欢的商品）、未来消费者的市场（未来将消费所有的商品和服务），是一个有巨大潜力的市场。

以儿童玩具为例，就幼儿（3~6岁）玩玩具来说，不单是所谓的玩，还能提高孩子智能及运动能力。玩具应该按儿童成长阶段制作，适合儿童各个年龄阶段。例如，玩堆沙时可有铁锹和桶、绘画用蜡笔，再大一点时也可用剪刀①。儿童玩具的设计，可从功能性、安全性、游戏性及形态结构四方面考虑。功能性即玩具所具备的使用价值，在考虑父母愿望的基础上，针对不同年龄阶段儿童需求，通过外观造型、色彩、工艺技术等来实现。现代家庭独生子女多，家长期望值高，各类高档益智类玩具较受欢迎，如积木益智玩具。安全性是家长在选择玩具时最多考虑的问题。儿童自我保护能力较差，易受伤害，所以在玩具的安全性设计中要特别注意材料的无毒性、外形结构的圆滑无尖锐形态、结构的合理牢固。游戏性即玩具的"玩"法。儿童兴趣和注意力容易转移，独特、新颖的"玩"法会激发他们的兴趣和引起他们的注意力，并能培养探索精神和想象力。好的"玩"法还能增加玩具的附加价值，并得到家长的喜爱。形态结构即玩具的外观造型和内部结构。儿童玩具的形态要符合儿童的心理和中国传统的审美心理，美观大方的造型和新颖独特的结构有利于儿童高尚审美情趣的培养。②

日本索尼公司曾专为儿童设计生产的系列音响产品"我的第一个索尼"，不仅研究了产品的使用者——儿童的心理活动规律，也研究产品的购买者——父母的消费心理，取得了极好的市场效应。索尼公司的设计师发现，在现代电子产品充斥生活环境的今天，天生好奇的儿童均有对成人用的音响产品摸一摸碰一碰的探究心理，但成人的产品在控制与操作方式等方面对儿童来说均不适用。于是他们在儿童心理学家的指导下，设计了一种玩具化造型、夸张的旋钮按键、纯色调的产品，并根据购买者儿童家长的心理，采取"为儿童设计产品，为父母设计包装"的不同方针，用儿童图书的方式设计产品包装，使其在货架上十分醒目，取得巨大的销售成功。这种由十多种产品组成的"我的第一个索尼"系列音响产品拓展出一个崭新的市场天地，这个系列被誉为简单技术开发市场的典范，并且在日本、德国获得多项设计大奖。

7.2.2 青年心理与青年产品设计

7.2.2.1 独生代消费心理和行为特征

独生代主要指"80后"，他们是"幸运"的一代，在发达城市里的独生子女，他们是第一批接触到市场经济、时尚和文化的人群。在他们的意识中，每个人都应该自立。在这一代人身上，东西方的文化差异变得越来越小。

著名投资银行百富勤预言，到2016年将是中国的一个消费繁荣期。自1978年实施计划生育政策以来，从1982年到2005年出生的独生子女，总人数已接近3.3亿，他们生长的环境比1977年至1981年的独生子女更好，更不喜欢储蓄，追求消费的舒适便利和品牌形象，将成为中国消费市场的主力军，中国的消费结构将随着独生代消费能力的提升发生历史性改变。

（1）影响独生代消费心理的因素

①白领化追求：独生代消费者的受教育程度提高，他们多拥有知识资本，以脑力劳动为主，是形成中国新生中产阶级的重要支柱，也是未来市场消费的主要支持者。但他们受本身现实收入限制，在消费层次上较平民化，观念受广告影响较大，崇尚白领品质生活，对各类名牌产品如数家珍，即倾向上的高端化和行为上的低端化。

②青年群体化意识：独生代在踏入校园，尤其是大学校园后，开始初步独立于父母的自主消费，形成新的特殊的消费群体圈。消费观念由开始的谨慎性慢慢过渡到越来越开放，消费观念也更多受周围同学、朋友，或群体中的领袖消费者、偶像等参照群体的影响，消费心理随着对新环境的适应和过渡，开始产生变化。商家构建"新生活方式"的概念，不断宣传暗示青年消费者，改变旧有的消费习惯，选择属于青年的消费方式，购买属于青年群体的产品。

③个性价值取向：这一代青年人成长于中国社会由计划经济向市场经济转变的发展时期，生活水平较上一辈有质的飞跃，形成了独立、自我的个性特点。他们认为"我就是我"，"Nothing is impossible"，"just do it"，崇尚个性化、风格

---

① 王白鸽. 基于心理学的儿童产品设计方法研究与应用 [D]. 陕西科技大学硕士学位论文. 2009：6-7
② 宋专茂. 设计心理学 [M]. 广州：广东高等教育出版社，2007：105-107

化的价值观念，需求变得多样化，消费变得复杂化。一切都因为"我"有"我"的特定需求和消费欲望，带有我的情感色彩和特定的选择价值，产品要能体现"我"的消费品位、消费文化和消费追求。

④时尚敏锐的知觉：对独生代青年而言，多数仍处于依靠家庭的消费时期，价格接受度上倾向于中低端化，具有强调独特、紧跟时代脉搏的心理特征，属前沿消费者。他们青睐时尚、个性化、功能多元化、能体现自我风格的产品，品牌大众化的知觉日渐深入人心。产品不仅为品牌的选择者提供所需的价值，并帮使用者体现自身的选择价值，这些都是当今青年一代最需要和重视的。

（2）独生代的消费行为特征

①独特的消费行为：这一代的独生子女，有独立的思考方式和价值观，有自己的见解和取舍，有自我化的价值观，追求个性彰显、与众不同、"我有我风格"，这些都导致了更加前卫、个性、新鲜的消费行为。个性化成为他们消费的必然选择。

②感性的消费行为：情感消费是当代感性消费的一种重要方式。产品打上"年轻"、"炫目"、"新潮"等时尚新一族类元素，并在商场中配放时下最流行的音乐时，很多青年消费者容易陷入商家营造的"感性、冲动化购买氛围"，产生购买欲望。

③赶潮流的消费行为：独生代消费者对追逐潮流主要表现在：一方面对产品外观和款式的重视，让整个IT数码领域在工业设计上越来越重视；另一方面对IT和数码产品的功能化追求，让市场掀起高科技产品不断推陈出新的潮流。比如换手机的人中，独生代群体占的比重最大。

④乐体验的消费行为：独生代消费者重视产品消费体验是否能给自己带来心理上、情感上最大的满足，并获得差异性、个性化、多样化的体验感觉。例如在数码领域，SONY是最先建立品牌体验店的，SONY梦工厂让年轻群体享受到不一般的视听享受，激发其购买欲望，让SONY数码产品赢得年轻人群的爱戴。现在很多家居产品、工艺品的DIY设计也颇受年轻群体的青睐。

⑤好面子的消费行为[①]：中国人的"面子"观念极强，不仅不能"伤面子"、"丢面子"，还要"给面子"、"赏面子"。这在独生代消费者身上也表现得非常明显，面子构成驱动中国人消费的重大动因。针对中国人的这一消费现象，洁柔"面子"纸巾的广告词是"洁柔面子，好有face（面子）"，让消费者在使用产品的时候也觉得自己很有面子。

7.2.2.2 青年用品市场分析与设计

青年约占我国人口的33%，构成了我国市场上一支举足轻重的消费者队伍。青年人已可以独立掌握自己的消费开支，能自己挣钱自己花，父母给的钱也是自己支配的。由于家庭负担轻，经济收入中直接用于自身消费的份额很大，所以青年人的消费能力相对最强。青年人的消费内容丰富多彩，消费意愿强烈多样。区分青年用品市场，不仅要分析青年的消费内容，还要分析青年人的消费方式和消费特点。

①求新求奇的消费倾向：求新求奇，即新奇偏好，指在购买过程中对新产品和奇特产品的追求，这种求新求奇的倾向实质上是青年人求知欲、创造欲在消费心理上的反映。新产品开发和新产品设计要注意新颖和时尚，因为青年人是时髦产品最主要的顾客。

②求美求名的消费动机：青年人求美求名的心理也很强烈，他们欣赏美，创造美，包括喜欢欣赏自己的美，创造自己的美。在消费活动中，他们购买的商品，不但要求产品造型美观，还注重包装、装潢、色彩的美感，至于产品价格的高低他们似乎很少在乎。

③冲动性的购买行为：青年人冲动性的购买行为是指他们购买行为迅速、果断、反应快、购买过程短，不需要长时间的考虑，只要他们认为合意的商品，即使预先没有购买计划或暂时没有购买力，他们也想方设法，迅速作出购买决定。

④购买动机的炫耀欲和同调性：青年消费经常表现为：人家没有的想要有，人家有的要跟着有，人家都有的不想有。他们极易受广告宣传的感染，情感色彩较浓。所以设计青年消费用品时，应以审美价值和威望名誉价值为主，从造型、包装、商标到广告都反映出优美、名贵和令人羡慕。

⑤消费心理不成熟：青年期的生理发展已趋成熟，但生理的成熟并不意味心理的成熟，表现为独立性与依赖性共存；强烈的求新求异与识别

[①] 阳翼. 中国独生代消费行为研究 [M]. 暨南大学出版社. 2008：195－196

能力低的矛盾；情绪热情奔放，追求时尚和缺乏理智判断的矛盾以及理想与现实的矛盾等。所以图书、音像、电子产品市场以及其他产品市场的产品设计和生产，要注意能诱发青年积极进步和健康的情绪，引导他们合理消费，不仅关心他们的物质文明，也关心他们的精神文明。

青年人活跃，影响广泛，其消费行为能在较大程度上影响中老年人，从而扩大商品的市场占有率。比如牛仔裤、牛仔衫已不是青年人的特有商品，中老年人也乐意穿上它们。所以，国外广告设计者，非常重视青年人的这一先导作用，在时装、化妆品、日用品、食品、电子产品、网络产品等广告宣传中，以青年人唱主角，取得了既经济又明显的广告效果。

7.2.3 中老年心理与产品设计

7.2.3.1 中老年的消费特点

我国作为人口大国，是世界上老年人口最多的国家。根据2010年第六次全国人口普查主要数据公报（第1号）文件公布，我国60岁以上的人口已达1.78亿人，占13.26%，其中65岁及以上人口为1.19亿人，占8.87%。据有关部门预测，到2015年我国60岁以上的人口将超过2亿，约占总人口的14%。并在2059年左右，人口老龄化达到顶峰。在理论上，人口规模、购买能力、消费倾向是构成市场的三大要素，而人口规模是基础。庞大的中老年群体为形成一个巨大的市场细分奠定了基础。

中年消费者指35~59岁的人。他们的消费心理特征表现为：

①注重商品的实用性、价格和外观的统一：中年人由于要考虑整个家庭，经济条件的限制，对新奇、时尚的商品不像青年人那样热衷，购物时更注重商品的功能、质量和用途，对外观要求一般。

②注重商品的便利性：中年消费者处于事业的关键时期，工作比较繁重，他们更欢迎方便、速效的商品，如半成品的食物、副食品、方便食品、耐用消费品等，且购买时有一定的习惯性。

③理性购买多于冲动性购买：由于负担重，经济较为紧张，因此中年人在购买时计划性较强，常反复考虑，做好决策才动身去采购，少有冲动性购买行为。在选择商品时，理智胜过感情因素，总以合理安排家庭生活、子女教育和成长为主，价格既要适中，又要符合质量要求，购买决策比较慎重。

老年消费者指60岁以上的消费者，其中60~74岁为年轻老人，74~89岁为老年人，90岁以上为长寿老人。他们的消费心理特征表现为：

①惯性强，对于商标、厂牌的忠诚度高：老年人一旦用惯某种商品就会形成习惯，对其情感深厚难以忘怀。对新商品、新商标接受较慢，不信任感强。

②追求方便实用，对服务要求较高：老年人的消费已非常成熟、理智，其购买动机往往以实用方便为主，购买过程中，希望商店提供良好的服务环境，对商品需要售货员耐心讲解等。

7.2.3.2 中老年用品市场细分与设计

我国中老年人年龄跨度大，组成的市场巨大，有长期稳定的需求。设计中老年人用的新产品，一般要满足其求实求廉的心理，符合大众化的从众心态。厂家应从降低成本，提高质量和产品功能着手，努力扩大产品的市场占有率。同时也应发现中老年用品市场的新动态。比如，中老年的服装市场，中年人已不满足传统的服装，他们要求把自己打扮得年轻些，漂亮些，中老年人对服装的选择大多数以休闲舒适为主。所以要不断开发新产品，尤其是老年服装，不能只在服装型号的加肥改瘦上做文章。老年人的消费观念也不是静止不变的，只要样式得体，老年人也欢迎色泽更鲜艳的服装。老年消费者越来越倾向于选择比年轻人更花哨的服装，以弥补肌肤风韵的消退，"老来俏"不再是贬义词。

中老年人的消费受朋友、子女的影响很大。子女的意见、朋友和爱人的陪同在一定程度上会影响到他的购买欲。他们不经意的一句话就能够影响到老年人的购买心理，从而产生与之前不同的消费心理。从中老年人生理发展的特点，他们对健康的需求更为重视，保健用品对中老年人有极大的吸引力，包括各类滋补品、疗效食品、体育用品、家用治疗器等。

日本运营商NTT DoCoMo发布的Raku-Raku系列手机Raku-Raku PHONE Basic（图7-1），并不追求高端的功能，是针对老年人听力有所下降这一因素，在基本通话功能方面做了很多努力。通过多项新技术，提高了通话的质量：降低通话时的噪声、将对方的声音放慢、在来电以及收到短信及邮件时可自动读出来电来信人的姓名以及信息内容、清晰的显示屏，产品的功能诉求完全针对老年人视力和听力有所下降、反应速度相对迟缓。

图7-1 Raku-Raku PHONE Basic 老年人手机

由于外来文化和青年消费的示范效应，中老年消费观念发生转化，中老年的消费自我压抑现象逐步缩小；老年人离退休生活的丰富化，使他们的消费内容也日趋复杂；中老年人的消费活动在逐步增强，消费需求日趋丰富，消费决策从求实求廉的动机向求新求美的动机转化。所以，设计和生产中老年消费品，应当超越传统的设计思想，从满足人们高层次的审美自尊等精神需求着眼。生理上，老年人身体机能和健康逐渐下降，生活产生很多困难；心理上，部分老年人会因退休在家而觉得生活没有寄托，或因身体不好要人照顾而嫌弃自己。所以设计首先要想到老年人的生活方式，设计适于老年人使用的产品，更多注重通用设计、人文关怀设计，并减少老年人对高科技产品的恐惧感，以占据未来的中老年用品市场。

7.3 性别与设计心理

不同的性别会产生不同的消费行为。对某一具体的消费者而言，由于生理心理特点不同，在社会和家庭里扮演的角色不同，往往表现出不同的消费特点，把握男女两性在购买行为上的性别差异，对产品的设计、产品的开发、广告策略等有十分重要的意义。

7.3.1 心理的性别差异

消费行为的性别差异是人的心理性别差异在消费活动中的反映。性别差异反映在人们活动的许多方面，与消费者心理有关的是两性的记忆差异、思维差异、情绪差异、个性差异和气质差异。

7.3.1.1 两性的记忆差异

记忆是人脑对过去经历过的事物的反映，包括识记、保持和回忆几个基本过程。不同性别的人有不同的生理机制，因此产生两性的记忆差异。首先，女性擅长描述性记忆，男性则侧重逻辑思维性的记忆，所以女学生对单词、成语、课文有较强记忆力。其次，女性相对男性而言，有较强的情绪记忆能力，善于体验某种情感并回忆当时当地的情景，容易触景生情。第三，在识记过程中，女性大多用机械识记，根据材料的外在联系采取简单重复的方法进行识记，男性则较多采用意义识记，通过对材料的理解进行识记。

7.3.1.2 两性的思维差异

思维是人脑对客观事物间接性和概括性的反映。思维过程包括分析、综合、比较、抽象和概括等环节，其中分析和综合是基本过程。男性和女性的思维差异主要表现在思维能力上，特别是抽象思维能力上。一般而言，女性有较好的具体思维能力及形象思维能力，男性有较好的抽象思维能力和逻辑推理能力。在自然科学研究领域、高新技术研究领域及高层领导决策机构中，男性的地位优于女性；女性在文艺界、教育界中比例较大。

7.3.1.3 两性的情绪差异

情绪是人的天然需要是否得到满足而产生的一种态度体验。情绪有较强的情景性、激动性和短暂性。两性在情绪过程中有明显的差异。首先，女性相对胆小、怯懦和多虑，男性则相对勇敢大胆。其次，女性比男性更容易产生移情作用。所谓移情是将自身置于他人的情绪空间中，感受别人正感受的情绪，所以女性更富同情心。另外，女性的情绪稳定性差，易受暗示，遵从性强，易受广告和商品外部形象的感染。

7.3.1.4 两性的个性差异

个性，西方也称人格，指人的外在自我和内在自我的总和。个性是一个人身上表现出来的本质的、经常的、稳定的心理特征，主要反映在能力、气质和性格上的差异。两性的个性差异主要表现在三个方面：

其一，男性比女性更具攻击性，这种差异在2~2.5岁儿童的游戏阶段就已出现，男孩喜欢刀枪等攻击性玩具，而女孩则喜欢抱洋娃娃。

其二，男性比女性更具支配性。这是由社会文化对男性的角色期望造成，这一差异潜在地反映在人们的社会活动中，尤其在有"男尊女卑"的传统意识背景下的国家。

其三，男性比女性更富有自信心。心理学家

曾做过研究，让一群学生参加考试后，立即要求他们根据自己的情况预测自己的成绩，女生的自我评估分数往往比男生低。男生总是过高估计自己，女生经常比较保守地估计自己，说明男性更富自信心。

7.3.1.5 两性的气质差异

气质是人的个性心理特征之一，指在人的认识、情感、言语、行动中，心理活动发生时力量的强弱、变化的快慢和均衡程度等稳定的动力特征。气质是一个人内在涵养或修养的外在体现，是内在的不自觉的外露。一般来说，男性较女性沉稳、刚毅、豁达、豪放、粗犷、威严、大胆、果断等，具有特殊的力度感；女性则多具有温柔、典雅、柔弱、聪慧、秀气、矜持、犹豫的一面等。

7.3.2 消费心理的性别差异与设计

消费心理的性别差异，主要反映男女两性的购买能力、消费需求和购买决策的不同。

7.3.2.1 购买能力的性别差异

男性的经济收入较高，但直接用于个人消费的部分却不见得高于女性。在我国经济和文化比较发达的城镇，男性的购买力低于女性，即使在比较贫穷落后的农村，男性的购买力也近似女性。所以重点研究女性消费心理尤为必要。

7.3.2.2 消费需求的性别差异

女性消费用品数量之多、品种之繁、色彩之艳，是男性用品市场望尘莫及的。完全为男性特有的商品非常少，如男性服装、鞋帽、男性化妆品等。由于女性擅长情绪记忆和具体形象思维，她们对产品造型、包装设计以及商标装潢上的考虑多于男性，所以产品的设计者、广告的制作者应充分理解女性消费心理，重点研究女性用品市场的变化。

7.3.2.3 购买决策的差异

男性消费者购买决策时间短，挑选商品粗略迅速，逻辑思维强，讲究产品的质量和效用，对商品的外观和包装则不太注意；女性消费者细腻谨慎，在商店柜台前久留的多是女性消费者，而来去匆匆的多是男性购买者。这是女性情绪上胆怯、不稳定，个性上缺乏自信的表现。

7.3.2.4 女性消费者对商品要求的差异

她们既考虑质量价格，又考虑花色、式样、包装装饰，相信具体思维，对产品的了解不是依据广告的说明，更多通过他人使用后的口传信息和自己接触后的感想，而男性消费者较多通过广告传达商品信息。女性易受暗示和感染，从众现象较普遍，因而要做好女性用品的广告宣传和橱窗设计，激发女性消费者的购买动机。在女性用品的设计过程中，注意产品构造的细节问题，加强产品的包装和装潢设计，还要提高女性用品柜台营业员的素质，包括有较多的商品知识、有较强的耐心，有百拿不厌、百问不烦的服务态度等。

7.3.3 女性消费心理分析与设计

随着中国社会、教育、就业环境等多方面开放与变迁，女性劳动人口每年大幅增长，女性成为重要的人力资源。女性经验、思维与特质也随之转变，且受到重视，未来女性消费市场极具潜力。综上所述，女性的购买能力、购买需求和购买决策与男性有明显不同，加之女性用品市场的重要性，有必要专门分析女性消费心理。

女性在家庭中同时担任女儿、妻子、母亲、主妇等多种角色，所以女性不但为自己挑选商品，还要主持全家人的消费。虽然女性不是企业产品的使用者，却是产品的实际购买者，或者对购买行为有决策权的重要人物。女性对日常用品有绝对的购买决定权，对于买房、家庭装修、私家车的购买具有很大的建议权，女性做决策的家庭也不在少数。有数据显示，美国80%的购买决定是由女性消费者作出的；在汽车购买中女性占据60%；40%股票由女性持有。还有数据显示，女性在消费方面拥有很大的发言权，78%的已婚女性负责为家庭日常开销和购买衣物作决定，在购买如房子、汽车等大额商品时，23%的已婚女性表示她们能独立作出购买决定，77%的女性会与配偶商量后作出决定，但其个人喜好仍会对最终决定产生重大影响。[①] 同时，商家的广告宣传和包装装潢设计若能增添夫妻情意、母子情意的色彩，其促销效果比直接正面宣传要更有效。比如"你买下这件夹克衫，你丈夫穿起来一定气派"，"你孩子戴上这项帽子，保准谁见了谁喜欢"，这些开导，会激起女性的强烈购买动机。女性消费心理特点，主要有以下几方面。

（1）强烈的购买动机

---

① 单羽青.企业需要关注中国女性消费力量［N］.中国经济时报，2007.8

女性的购买动机在许多方面比男性强烈。由于女性在家庭中的角色位置，料理家务比别人多，家庭观念较强，考虑家庭的开销较多，因而妇女在购买生活必需品中有强烈的动机。

（2）求实的购买心理

在已婚女性中，要权衡一家的消费，总是精打细算。她们购买时讲究经济实惠，挑选商品时仔细，甚至有时斤斤计较。

（3）健康、安全心理[1]

现代女性关注消费，以及消费品对自己、家人的健康和安全问题。例如喜欢购买绿色食品、自然食品、低脂肪、低胆固醇、高营养食品等。

（4）从众心理

女性的从众心理比男性强，在消费行为中，女性易受市场环境气氛的感染，容易冲动，易被他人的行为左右。比如许多人抢购某种商品，她也参加抢购；女友说这双鞋不好看，她就放弃购买。她们常了解市场动态，如遇到家庭日常生活用品要涨价，便会争先恐后地去购买以备后用。同时购买后易反悔，退货换货以女性消费者为多。

（5）爱美心理

爱美之心，人皆有之，女性更甚。这与两性的审美差异有关。女性对男性的容貌和打扮并不十分注意，她们注意的是男性的意志和力量。相反，男性对女性形象的要求则比较高，一般来说，男性首先注意女性的仪表和修饰。女性为把自己打扮得更美丽更漂亮，热衷于化妆品、服装、鞋帽及首饰等用品的购买。女性在挑选商品时，侧重于外观包装，对于同样用途、价格和质量的商品，总乐于选择上乘质量的包装。女性对美有强烈的追求和感受，还喜欢创造自己的美。女性用品的设计师，可从她们那里可以找到丰富的创作源泉。

（6）自尊心理

女性消费者具有较强的自我保护意识，对外在事物反映敏感，形成一种自尊、自重的心理。在消费活动中，以购买内容和标准来评价自己和别人。在购物时，希望得到销售人员的尊重和认同。在现实生活中，男子在穿戴方面有追求同一的倾向，女性则有相异的倾向，即男人尽可能地与别人相似，女人则力求与众不同。

（7）注重直观与细节

女性购买行为的一个显著特点，就是她们对商品的观察和记忆注重外表和直观细节，对商品评价富于形象思维。广告渲染的温馨气氛、食品的诱人气味、服饰的款式和色彩、色彩鲜明的包装和富有美感的橱窗设计都会引起女性消费者的注意，产生好感进而激起她们强烈的购买欲望。她们购买商品时比男性更注重商品细节，通常会花费更多的时间在不同厂家的不同产品之间进行比较，更关心商品带来的具体利益。同时对产品的造型和外表十分挑剔，有时竟对产品的商标没有贴正、外包装有一点弄脏而放弃了购买。同样的产品比性能，同样的性能比价格，同样的价格比服务，甚至一些小的促销礼品和服务人员热情的态度都会影响女性消费者的购买决定。这就要求商家对商品的细节和外观形象做到尽善尽美，避免显而易见的缺陷，同时体现流行和时尚。

（8）联想力强

女性喜欢自我卷入，她们不是客观地分析产品的优缺点，而是依自己的经验来决定购买。所以厂家的广告设计和产品的命名都应分析女性消费者的联想和心理活动，来决定女性用品的宣传方式。如有些女性减肥用品，会引起消费者焦虑和不安，因为她购买这种商品时，心中会嘀咕人家会不会认为我肥胖，买无疑承认这个事实。社会心理学的研究认为，女性比男性更易发生"移情作用"，她们往往设身处地考虑广告宣传和商品的命名。为打消女性的这些顾虑，若改用其他命名，效果就会好些。

（9）讲究服饰

与男性相比，女性更乐于自我表现自我陶醉，她们讲究服饰以满足自我表现。女性在力量上不如男性，但她们也有成就欲和进取心，借助服饰来表现能力、个性甚至地位的方式自古就有，这是女性乐于服饰和购买服装的基本动机之一。女性服装市场是最广阔最巨大的服装市场，把握女性的服装心理，是设计和生产为女性消费者喜爱的服装产品的重要一环。女性服装心理引起的焦虑比男性多，穿着不入时的服装怕人说"老古董"、"乡巴佬"；穿大众化衣服怕别人说"没特点"；穿适合于工作的制服又怕别人说地位低下……总之，她们希望服装的品种、款式和价格能有更广泛的挑选余地，以满足不同场合的不同着装需求。

---

[1] 于海涛. 浅析现代女性消费心理与营销策略 [J]. 哈尔滨商业大学学报（社会科学版）. 2005.5：83

(10) 注重口碑

女性通常具有较强的表达、感染和传播能力，善于通过说服、劝告、传话等对周围其他消费者产生影响。这个特点决定女性是口碑的传播者和接收者，一些产品通过女性的口碑传播可以起到一般广告所达不到的效果。把自己的抱怨反映给产品或服务提供者的大多数是女性消费者，因此女性顾客的反馈和口碑非常重要，商家一定要讨得女士的欢心才能赢得市场的青睐。

7.3.4 男性消费心理分析与设计

男性消费心理不同于女性。男性对社会地位的追求、对身份的追求、对家庭责任的过度负担以及所从事职业的特点等因素，决定了男性消费者的消费心理一般趋向追求身份、地位、精神等方面的满足，从穿到开的车子很多都注重选择名牌①。男性消费心理有如下特点。

(1) 男性的购买动机

一般来说，男性的购买动机在许多方面不如女性强烈。在家庭中，男性在购买上不如女性主动、积极。男性往往是受家人嘱咐，同事、朋友委托，工作需要时才去购买，如无购买必要，男性很少光顾商场。男性在购买活动中不喜欢像女性那样联想，购买动机一旦形成，就比较稳定，购买行为也比较有规律，在购买商品时常对具有明显男性特征的商品感兴趣。

(2) 男性的癖好

男性的嗜好比女性多，而且较为强烈。男性是烟、酒、茶的主要消费者，许多人对它们嗜好成癖；男性好动，攻击性强，对运动类商品、棋类、牌类也较喜欢；另外，男性中喜欢古玩字画、钓鱼集邮者也比女性多。在男性购买的商品中，满足癖好的商品是重要的内容。

(3) 男性的购买决策

男性较为理智自信，他们往往在购买之前就物色好购买对象，所以购买比较迅速。男性的犹豫不决一般发生在购买之前，一旦成交，较少后悔。男性知觉商品时整体感较强，加之性情粗犷，因此不愿在柜台前花太多时间去挑选商品，满足于"还行"、"还过得去"。即使买到的商品稍有毛病，只要无伤大雅，也就接受了。

(4) 男性的价格心理

男性对价格的高低不如女性敏感，男性往往重视商品的质量，只要商品合意，往往不在乎价格高低，更不愿过多地讨价还价。

(5) 男性的求便心理

男性的求便心理比女性突出。男人购买小商品时喜欢在居住地附近购买，喜欢做一次性购买，希望一次能尽量将所需要的商品都买到。男人讨厌购买时排队，排队时间过长会产生厌倦，以致放弃购买或转到别处购买。

(6) 男性的自尊心理

男性自尊心较强，遇事"爱面子"，怕别人说自己"穷"、"无能"、"小心眼"。男性尤其不愿意让别人怜悯自己，认为让别人怜悯是无能的表现。即使在购买中吃亏上当，他们也绝不愿让他人知道，不像女性那样受骗后感情冲动。男性重视商品的质量和购买时不愿过多地讨价还价，亦是自尊的表现。

(7) 男性的做东心理

男人最忌讳别人说自己"小气"和"吝啬"。男人比女人更喜欢做东。几个人凑在一起去饭店吃饭，男人们总是争先恐后地付钱。男性在馈赠亲友的礼品时也比女性大方，宁可自己平时节俭衣食，送人礼品时总要"拿得出手"。男性在做东时或送亲友礼物时，心理上的快乐往往是女性难以体会的，这种心理就是自我表现。男人不像女人那样喜欢通过服饰和首饰之类自我表现，男人的服饰比女人朴素、实用，但不等于男人没有自我表现的心理。实际上，男人的自我表现欲也很强烈，做东和给别人送贵重礼物都是自我表现。

(8) 男性的家庭消费观

在许多家庭里，男性对自己的穿戴有时很随便，但在给妻子买衣服和首饰时却十分积极，颇费心机，不仅舍得花钱，而且舍得花时间和跑腿。男人最痛苦的是自己的妻子儿女没有漂亮、时髦的衣饰，因为妻子儿女的衣饰是世人观察男人社会地位和经济实力的"窗口"。在购买家庭基本建设方面的大件商品时，男性往往是优势决策一方，他们相信亲身经历，不愿人云亦云；男人较少受商品广告和宣传的影响，较少受时髦的感染，分析能力和判断能力较女性强，不易发生感情冲动式购买。

---

① 誉林青容. 基于女性消费心理的化妆品营销策略研究 [J]. 上海管理科学. 2008, 4: 40

7.3.5 中国城市女性消费状况调查报告[①]

由中国妇女杂志社与华坤女性生活调查中心以及华坤女性消费指导中心调查的《2009～2010年：中国女性生活状况报告（No.4）》对中国女性消费的状况调查进行了调查。这是第5次中国城市女性生活质量调查，于2009年8月～10月在北京、上海、广州、深圳、杭州、哈尔滨、长沙、兰州、郑州和青岛等10个城市实施。共发放问卷1200份，回收有效问卷1074份，有效回收率为89.5%，其中包括一部分追踪样本，共采集数据462894个。调查结果显示如下。

（1）城市女性最大的一笔开支，服装位居第一

城市女性2009年个人最大的一笔支出，服装消费居第一位（29.4%），数码产品（10.8%）、旅游（9.5%）分别排在第二、三位。

84.0%的城市女性每月都有化妆品消费支出，且品牌消费倾向突出。

99.1%的城市女性每月都有通讯（电话费、上网费）费用支出。

（2）休闲文化类消费旺盛，投资热情不减

59.4%的城市女性2009年有旅游消费。支出在501～2500元的人数最多，占22.3%。

62.1%的城市女性每月都有休闲文化类消费。

39.4%的城市女性自己花钱"充电"学习。

（3）消费方式发生变化，网上购物比例增加

42.3%的城市女性选择网上购物和网上购买服务，而这一比例在2008年仅20.09%，但是33.5%的城市女性表示"网购不能代替逛商场的乐趣"，因为逛商场是许多城市女性重要的休闲娱乐方式。

（4）储蓄、消费、投资比例发生变化

城市女性可支配收入用于储蓄、消费和投资理财的比例是24:63:13。与2008年相比，消费比例上升10%，投资理财比例略有上升。

（5）投资理财的四大热点

56.1%的被调查女性进行了投资，排在前四位的分别是：股票（22.5%）、基金（21.5%）、购房（15.1%）、商业保险（13.3%）。

7.4 个性与设计心理

个性亦称人格，是反映一个人独特的精神面貌，包括外在自我和内在自我的总和。个性由兴趣爱好、能力、气质和性格等四方面组成，个性对消费者心理的影响是由这四个心理特征来表现，下面进行分述。

7.4.1 兴趣爱好与设计心理

7.4.1.1 兴趣与色彩偏爱

兴趣，是一个人对一定事物所抱的积极态度，反映一个人优先对一定事物发生注意的倾向。如一个人对工业造型设计感兴趣，就会对工业新产品展销会或工业设计展览会抱积极态度，到会参观必然对好的产品造型设计反复观赏。

兴趣爱好是个性的一个重要内容。不同的个体常常具有不同的兴趣爱好，这种兴趣爱好也表现在对商品的造型、色彩、商标等方面的爱好上。比如儿童较幼稚，思维不成熟，往往只欣赏爱好一些简单、鲜艳、明快活泼的色彩；年轻人精力旺盛、朝气蓬勃，喜欢新鲜活泼、刺激性强的造型和色彩；成年人见多识广，有一定的欣赏能力，喜欢较丰富多彩的时尚产品；老年人饱经沧桑，性情平和，喜爱造型稳健、色彩素雅的产品，而不喜欢奇形怪状的设计，他们需要更多的平稳和安宁，常偏向于沉着含蓄的色彩。

不同的兴趣爱好，反映不同的个性特点。心理学家研究了具有不同颜色爱好的消费者所具有的个性特征，结果发现：

喜欢绿色、蓝色等冷色调的消费者通常表现出安祥、冷漠、喜欢沉思的特点，他们沉默寡言，不喜交际，但好幻想，内心世界复杂。

喜欢红色、橙色等暖色调的消费者比较活泼，精神饱满，富于情感，待人热情，有时不免性急。喜欢红色的消费者一般比较喜欢活动，精力充沛，渴望刺激，对新异的装饰和陈设感兴趣，但情绪比较多变。

喜欢红褐色的消费者，多愁善感，又容易使人感到亲切，性格柔和温顺，这些人幼年可能家教较严，或在家庭中由其配偶占支配地位。

喜欢粉红色的消费者性情优雅，这部分人常不自觉地表现出对"文雅"的渴望，希望忘记生活中的残酷和丑恶。

喜欢橙黄色的消费者，比较开朗乐观，好交际，易结交朋友。喜欢黄色的消费者，醉心于现代作风，热心变动，但常常落落寡合，一般来

[①] 韩湘景. 女性生活蓝皮书 [M]. 北京：社会科学文献出版社. 2009，5

说，黄色最受比较文雅的知识分子欢迎。

喜欢紫色的消费者，常带有神秘色彩，具有艺术家的气质，但性情可能比较怪僻。

喜欢棕色的消费者，稳重可靠，责任心和义务感强，他们不喜欢出风头，对新奇事物不大感兴趣，同时有点固执和尖刻。

喜欢棕色和绿色相近的消费者，非常精明，对金钱十分小心谨慎，行事以安全为第一。

喜欢黑紫罗兰色或黑色的消费者，比较悲观和忧郁；喜欢褐红近灰色的消费者，则讨人喜欢，不坚持己见，与世无争，善于用迂回巧妙的方式获得他人的好感。

乳黄色及浅蓝色，这两种颜色大多数人比较喜欢。偏爱乳黄色的人比较热情，偏爱浅蓝色的人比较冷静。白色和银白色，淡雅脱俗，其爱好者一般比较清高。

当然，颜色爱好与个性特征的关系也并不像上述的那么简单和绝对，但这些研究成果无疑对产品目标消费者的色调及造型、包装装潢设计，有一定的参考价值。

7.4.1.2 兴趣与生活方式

生活方式就是一个人怎样生活，是个性的外显成分之一。目前较为流行的生活方式测量方法主要有心理图示法（AIO）和VALS两种。

心理图示法（AIO）可以把对消费者生活方式质的分析与描述转变为量的分析，从而制定出市场细分的标准。心理图示法多以问卷的形式进行，即通过各种陈述句，让受访者表态（用态度指数表征）。陈述内容广泛，反映消费者兴趣偏好的方方面面，几乎无所不至。心理图示法（AIO）从三个维度来测量消费者的生活方式，即活动（Activities），如消费者的工作、业余消遣、休假、购物、体育、款待客人等；兴趣（Interests），如消费者对家庭、服装流行式样、食品、娱乐等的兴趣；意见（Opinions），如消费者对自己、社会问题、政治、经济、产品、文化、教育、将来的问题等的意见。比如三个方面的问题可以分别设计为：我经常听流行音乐（活动）；我对最新的时尚趋势很感兴趣（兴趣）；一个女人应该待在家里（观点）。AIO模型首先将三个维度的内容变成可操作的陈述，编制成相应的调查问卷，表7-1列出的是一部分陈述。问卷编制完成后，可抽样调查消费者，然后分析处理调查材料，从而发现生活方式不同的消费者群，为细分市场提供依据。

表7-1 心理图示法（AIO）内容与相应的操作陈述

AIO 内容	操作陈述（项目）
社交观念	朋友要真诚
	对朋友不强求
对服饰的态度	衣服要质量好，要穿出个性、品位
	衣服舒服就好
对分歧的看法	有自己的看法，但不强加给别人
	坚持自己的立场，会辩论
未来计划	对前途有考虑，希望把家庭和工作兼顾好
	有自己的事业，不需要很多钱，但要自由

VALS（Values And Lifestyle Survey）的中文名称为价值观及生活方式调查。2002年，中国新生代市场监测机构基于美国、日本业界领先的消费者生活形态的分类研究模型VALS，通过1997年以来在中国内地进行的关于居民媒体接触习惯和产品/品牌消费习惯的连续调查积累的大量相关翔实数据，对中国消费者进行了心理层面上的分析，建立了适应中国市场大众时代复杂的经济态势下的中国消费者生活形态模型——CHINA - VALS。图7-2为居民生活形态分群与社会分层的结构图（简称China - Vals），共5层14个分群。横坐标表示生活形态，包括生活态度和方式的信息。如图所示，根据量化数据及测试语句意义特征，14个分群分类为三大不同的形态派别："积极形态派"、"求进务实派"和"平稳现实派"。从分类数据上看，"积极形态派"高达整体的41.69%，"求进务实派"占40.26%，"平稳现实派"约占20%。从整体分析，包括"积极形态派"和"求进务实派"的11种族群占中国消费者整体的80%以上，反映了中国消费者普遍持有积极、务实的消费心态。从具体分群的数字来看，中层的"随社会流族"，人数比例最高为13.95%，其他各分群比例比较接近，多在6%~7%。纵坐标是社会分层，基于被访者职业特质、文化程度及个人收入三方面内容进行。如图所示，下层有2个分群，中下层3个，中层有6个，中上层有2个，上层只有一个分群。中层的相对比例最高为48.18%。就14分群的总体而言，从分群结构下层向上层（纵坐标）来看，可以发现被访者的生活形态重心的变化趋势是由"基本生活"向"工作事业"方面延展。[1]

---

[1] 吴垠. 关于中国居民分群范式（China - Vals）的研究. 零点调查公司. 2003

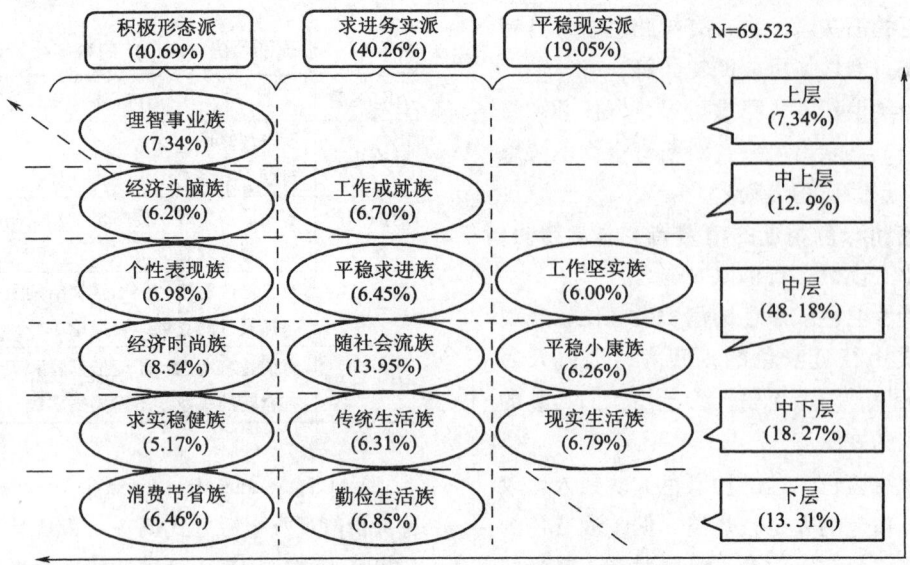

图7-2 生活形态分群与社会分层的结构（China-Vals）

7.4.2 能力与设计心理

7.4.2.1 能力与购买能力

能力，是人顺利完成某种活动所必须具备的，并直接影响活动效率的个性心理特征。根据作用方式不同，能力可以分为一般能力和特殊能力。一般能力亦称智力，指顺利完成各种活动所必须具备的基本能力，如观察能力、记忆能力、思维能力、想象能力等。我国著名心理学家朱智贤认为，智力是一种综合的认识方面的心理特征，它主要包括：感知记忆能力，特别是观察力；抽象概括能力（包括想象力），这是智力的核心部分；创造力，是智力的高级表现。当然智力结构理论颇多，美国心理学家吉尔福特甚至认为人的智力因素有120种。特殊能力是指顺利完成某些特殊活动所必须具备的能力，如创造能力、鉴赏能力、组织领导能力等，这些能力是从事音乐、绘画、领导等特殊或专业活动所必不可少的。一般能力与特殊能力存在有机的联系，一般能力的发展为特殊能力的掌握提供基础和条件；而特殊能力的发展又能促进一般能力的提高。

消费者的购买行为，需要多种能力的综合运用，主要表现为对商品的识别能力、挑选能力、评价能力、鉴赏能力，对商品信息的理解能力和购买的判断能力，这些能力的协同表现称之为购买能力。比如消费者在购买服装和布料时，需要手对布料的感觉能力，摸一摸服装和布料的质地；需要眼睛的识别能力，观察产品的质量和花色；还需要同别的产品进行分析比较，评价所选的服装和布料；最后还需要综合决策能力，决定购买与否。一般购买能力强的消费者，不需外界因素的过多参与，挑选迅速，购买迅速，成交率较高，买后退货现象也较少。而购买能力较低的顾客，常表现出犹豫不决，拿不定主意，易受购买环境的影响，倘若销售人员采取有效的促销策略，比如介绍产品、当场示范以及简易的广告说明书等，对促成消费者的购买行为实现有十分重要的意义。

7.4.2.2 能力与服务产品设计

和能力有关但又不同的两个概念是知识和技能。知识是概括化的经验系统，技能是概括化的行为模式，能力则是概括化的心理特征。能力发展到一定程度时就会定型，但知识和技能却可以不断积累。这对于企业和设计师有重要的启示。尽管消费者的能力有限，有高低大小之分，但人却可以不断学习而获得新的知识和技能。在科学技术、生产水平不断发展的现代社会，不断提高企业和设计师的整体文化技术素质，是保证组织生存发展的重要方式之一。因此，许多大型且有战略远见的企业和设计师，都重视自身员工素质的培养，把人的素质的提高看成是企业发展的根本前提。

摩托罗拉所介绍的经验，是该公司如何把员工教育当做使企业发展而立于不败之地的秘诀。摩托罗拉公司在竞争激烈、困境环生的经济世界，一直经营绩效斐然。究其原因，根本的一点在于公司的文化与教育。为了实现公司"人才第一"的理念，公司对员工的教育下了很大的力气。摩托罗拉公司1974年发起并创立摩托罗拉大学，摩托罗拉大学自成立三十多年来，不断得到完善和发展，被公认为企业培训教育的楷模和世界顶尖的企业大学；2005年，被亚太人力资源研究协会授予"杰出企业大学奖"①。公司一年花两亿美元从事教育，其1992年的教育开支高达一亿美元，加上所费工时，实际代价还要翻一番，达到两亿美元，占公司营业收入的1.5%。1990年，公司规定：每名员工，从安全保卫人员到董事长，一年至少要有五天的时间接受培训。董事长兼首席执行委员乔治·费舍尔（GeorgeFisher）说："这种投资短时间内是无法衡量其效益的。"但不这样做，员工队伍知识将日益老化。他重视企业内部消费者（员工）的满意度，尤其是长远满意度提升的工作，即个人生涯规划的设计工作。

很多公司也注重为消费者提供消费体验，例如各种消费体验店。将手机和电脑放在同一家体验店销售的传统模式已经不能满足消费者需求，三星布局平板电脑体验式营销战略，于2011年6月正式在北京建立GALAXY TAB体验店。三星为GALAXY TAB体验店统一配备工作人员及促销员，针对三星GALAXY TAB系列产品为顾客作出详细的解答，从而达到为消费者提供更直接、更快捷、更贴心的体验及购买服务，也对三星GALAXY TAB终端销售产生直接促进的作用。

7.4.3 气质与设计心理
7.4.3.1 气质和气质类型

气质，俗称脾气，是个体典型表现于心理过程的动力方面的特点，包括心理活动的速度、强度、稳定性和指向性方面的内容。比如人的知觉速度有快慢，人的意志程度有强弱，人的思维灵活程度有高低，人的注意稳定时间有长短，人的活动指向性有的倾向于外部事物，有的倾向于内部事物，乐意体验自己的思想和情感。每个消费者的理性决策、情感变化及对外反应模式都不是杂乱无章的，是统一受控于自身的身心气质，是其意识与无意识交互作用结果的表象。俗话说，

江山易改，禀性难移。这里的禀性就指人的气质，它决定了每个人的个性身心特征及心理过程。不同气质的人，其思维能力、性格、兴趣及情绪变化均明显不同，其与社会环境的接触及反应模式也不同，于是显示出不同的消费心理及行为变化图景。②

购买同一商品，不同气质类型的消费者会采取完全不同的行为方式。因此，气质是消费者固有特征的一种典型表现。

气质作为个体稳定的心理动机特征，一经形成便会长期保持下去，并对人的心理和行为产生持久影响。但气质的稳定性是相对的，它会随年龄的增长、环境的变化，特别在教育的影响下，发生不同程度的变化，这一变化是缓慢、渐进的过程。③

一般人的气质可以分成四种基本类型：兴奋型（胆汁质）、活泼型（多血质）、安静型（黏液质）、抑制型（抑郁质），四种气质类型在行为方式上的典型表现如下：

兴奋型：表现为直率、热情、精力旺盛，脾气急躁，情绪兴奋性高，易冲动，反应迅速，心境变化剧烈，具有外倾性。

活泼型：表现为活泼、好动、敏感，反应迅速，喜欢与人交往，注意力易转移，兴趣和情绪易变化，具有外倾性。

安静型：表现为安静、稳重，反应缓慢，沉默寡言，情绪不易外露，注意稳定，但难以转移，善于忍耐，具有内倾性。

抑制型：表现为情绪体验深刻，孤僻，行动迟缓而且不强烈，善于觉察他人不易觉察的细节，具有内倾性。

人的气质无好坏之分。每一种气质表现有积极和消极两方面。如胆汁质的人可成为积极、热情的人，也可发展为任性、粗暴、易发脾气的人；多血质的人情感丰富，工作能力强，易适应新的环境，但注意力不够集中，兴趣容易转移，无恒心等；抑郁质的人工作中耐受能力差，容易感到疲劳，但感情比较细腻，做事审慎小心，观察力敏锐，善于察觉到别人不易察觉的细小事物。气质只属于人的各种心理品质的动力方面，

---

① 摩托罗拉大学．摩托罗拉中国．http：//www.motorola.com.cn/mu/about_mu.asp
② 罗纪宁．基于"心理场"的消费者气质研究——全息系统方法论在消费者行为研究中的应用［J］．管理学报．2007，4（6）：707
③ 江林．消费者行为学（第二版）［M］．北京：首都经济贸易大学出版社．2005：79

它使人的心理活动染上某些独特的色彩，却并不决定一个人性格的倾向性和能力的发展水平。据研究，俄罗斯的四位著名作家就是四种气质的代表；普希金具有明显的胆汁质特征，赫尔岑具有多血质的特征，克雷洛夫属于黏液质，果戈理属于抑郁质。气质类型各不相同，却不影响他们在文学上取得杰出成就。

7.4.3.2 消费气质类型

气质与消费行为有密切关系。在现实生活中，具有上述四种典型气质类型的消费者不多，大多数消费者的气质近似某种气质类型，或是几种气质的混合。消费者在各自消费行为中有不同的表现，原因之一，由消费者的气质类型决定。根据气质类型划分的消费者类型有：

①习惯型：以安静型和抑制型气质类型居多。其特点是注意稳定，体验深刻，习惯因素强，购买迅速，较少挑选和比较，常表现为某一商标的信赖者。

②理智型：以安静型气质居多。其特点是冷静、慎重、选择和比较细致，受外界因素影响小，善于控制情绪。

③冲动型：以兴奋型气质居多。其特点是情绪易冲动，心境变化剧烈，喜欢追求新产品，较多考虑产品外观和本人兴趣，销售宣传对冲动型购买者影响特别大。

④定价型：以抑制型和活泼型气质居多。其特点是重视价格；善于发现价格变动和差异，对价格反应敏锐和迅速，多数人倾向于廉价商品，如果经济条件许可也会倾向高价商品。

⑤想象型：以活泼型气质居多。其特点是活泼好动，注意容易转移，兴趣易变换，易受情绪影响，想象力和联想丰富，审美意识强，易受产品外表造型、颜色和命名的影响。

⑥沉静型：以安静型气质居多。其特点是不善交际、沉默寡言，表情动作不很明显，挑选产品认真仔细，一般不愿与营业员谈论与自己购物无关的话题，信任文静、稳重的营业员。

⑦敏感型：以安静型和抑制型气质居多。其特点是在消费体验方面比较深刻，对购买和使用产品的心理感受十分敏感，并直接影响到心境及情绪，在遇到不满意的产品或遭受不良服务时，经常作出强烈的反应。

⑧粗放型：以兴奋型和活泼型气质居多。其特点是在消费体验方面不太敏感，不过分注重和强调自己的心理感受，对于购买和使用产品的满意程度不十分苛求，表现出一定程度的容忍和粗疏。

⑨果断型：以兴奋型和活泼型气质居多。其特点是心直口快，言谈举止比较匆忙，一旦见到自己满意的产品，会果断地作出购买决定，并迅速实施购买。

⑩犹豫型：以安静型和抑制型气质居多。其特点是在挑选产品时则优柔寡断，十分谨慎，动作比较缓慢，挑选时间比较长，在决定购买后易发生反复。

⑪主动型：以兴奋型和活泼型气质居多。其特点是主动与售货员进行接触，积极提出问题并寻求咨询，有时还会主动征询其他在场顾客意见，表现十分活跃。

⑫被动型：以安静型和抑制型气质居多。其特点是比较消极被动，通常要由售货员主动进行询问，不会首先提出问题，不太容易沟通。

⑬随机型：以安静型气质居多。其特点是个性温和、宽容谦让，既有主见，又尊重他人意见，在购买过程中处事灵活，也希望能够挑选比较，若遇到顾客多或营业员忙时，就会动作快，少挑选；反之就挑选仔细些。

⑭不定型：各种气质类型者均有。这类消费者通常缺乏购买经验和商品知识，购买心理不稳定，一般是应急而买，奉命而买，或顺便而买。

7.4.4 性格与设计心理

7.4.4.1 性格与消费性格

性格指个体对现实的态度和与之相适应的习惯化行为方式。性格是人个性中最重要、最显著的心理特征，它通过对事物的倾向性态度、意志、活动、言语、外貌等方面表现出来。

性格特征反映到消费者对产品态度和购买行为上，就构成千差万别的消费性格。消费性格主要表现在消费态度上，是节约还是奢侈，是控制还是放纵等；在消费倾向上，是保守还是自由，是富于幻想还是立足现实，是求新还是守旧；在消费情绪上，是乐观还是悲观，是抑郁还是开朗，是表现在外还是倾向于内；在购买决策上，是独立还是依赖，是民主还是专制；在购买方式上，是冲动还是冷静，是稳定还是被动；在购买行动上，是迅速还是迟疑等。

早期心理学家阿尔波特（G. Wall port）等学者根据人们所持的价值观把消费者划为六种性格类型：理论型、经济型、审美型、社会型、权力型、宗教型，然后根据这六种不同类型，指出他们消费行为的不同性格特征。

理论型的消费者，是指追求真理的人，他们面对事实，关心变化，胸怀宽阔。

经济型的消费者，是指以效用和价值为生活准则的人，这种人价值意识强，只想买实惠的东西。

审美型的消费者，对消费品追求美的价值，以审美观点衡量商品的价值。从审美心理看，喜欢新的、有变化的东西。18世纪英国的美学家贺加斯认为，人的各种感官都喜欢变化，而讨厌千篇一律。因为美就蕴藏在变化之中，一成不变，清一色，不能唤起人们的美感。所以人们对产品的品种花色，渴望不断翻新变化，多少年一贯制是行不通的。

社会型的消费者，指受他人影响而引起购买动机，选择倾向上服从集体标准的人。这类消费者从众心理明显，在消费行为上表现为同调性。

权力型的消费者，指对权力地位表示关心的人，这些人在自己周围置备能够满足权力要求的商品，他们的消费行为优越感、炫耀欲比较突出。

宗教型的消费者，不太受"世俗标准"的约束，他们按照信仰的原则来选择符合他们信仰的商品，比如麦加表和麦加指针的小地毯。

在现实生活中很少有典型的某种类型消费者存在。每一个消费者都或多或少地具备这六种价值观。比如，一个消费者既是精打细算的经济型人，同时对产品的造型色彩又有审美要求，又有同调性的社会压力，促成他的购买行为。一般而言，消费者关心价格，但并不是所有价格便宜的商品都能引起购买动机，如果质量性能相同，审美比价格更重要。同样，消费者在选购时尚商品时，也参照自己所属群体的社会标准，倘若离社会标准太远，消费者也会放弃审美而遵从社会规范，选购与社会标准相吻合的商品。

7.4.4.2 消费者价值观和生活形态

价值观（values）是一套关于事物、行为之优劣、好坏的最基本的信念或判断。其特性在于：其一，价值观决定行为或事物在人心目中是否具有可接受性及其重要程度如何。其二，价值观具有个体性，同一事物或行为对不同的人，可接受性不同，重要程度也不同。比如，有人认为不应有"死刑"的处罚，任何人无权决定他人生命是否应终止；但有人认为，夺走他人性命的

歹徒，应以命抵命。有人看中企业的名誉，有人则不在乎，认为企业名誉同个人利益无关。这些都反映了事物对人的不同接受性和重要程度。每一个人都在心目中对各种事物有接受性和重要性的判断。所有这些判断按一定关系组织起来，就构成了这个人的价值体系（value system）。每个人都有自己的价值体系，这个价值体系决定每个人对自由、权益、民主、自尊、公正、道义、服从、诚实、正直、快乐等价值标准的看法。

（1）价值观类型

每个人都有自己的价值观，这是价值观的个体性。但并不是说，人的价值观没有共性。阿尔波特（G. W. Allport）及其同事是最早尝试对价值观进行归类的。他们认为可以将价值观分为六种，前面已经提到。当然，没有哪个人是绝对属于某一种类型的。实际上，六种类型在不同人有着不同的配置。阿尔波特等人发现：不同职业的人对这六种价值观的重视程度不同，形成不同的优先顺序，反映了不同的价值体系（见表7-2）。

表7-2 三种职业的人对价值观重要性的排序

排序	牧师	采购代理商	工业工程师
1	宗教的	经济的	理论的
2	社会的	理论的	权力的
3	审美的	权力的	经济的
4	权力的	宗教的	审美的
5	理论的	审美的	宗教的
6	经济的	社会的	社会的

（2）价值观与生活形态

不同学者从不同的角度可能得到不尽相同的结论。研究认为，可以用七个层次来描述人的价值观与生活形态（C. W. Graves）：

层次一：反应性的（Reactive）。这一层次的人意识不到自己或他人是万物之灵的人类，只依基本的生理需要作出反应。这种人通常是刚出生的婴儿，在消费者中很少有这种人。

层次二：宗族的（Tribalistic）。这类人依赖性很强，极易受传统与权威人物的影响。

层次三：自我中心（Egocentrism）。这种人是彻底的个人主义者，只对权力有兴趣，既自私，又富攻击性。

层次四：一致性（Conformity）。这种人不太能够忍受模棱两可，不能接受与自己持不同意见

的人，非常希望别人能接受自己的价值观。

层次五：操纵的（Manipulative）。这类人喜欢通过操纵别人或事物来实现自己的目标。他们信奉唯物论，努力寻求社会地位与名望。

层次六：社会中心的（Sociocentric）。这种人认为人际间的友爱与和睦，比超越别人更重要。这是一些被操纵者、从众者、唯物论者排斥的人。

层次七：存在的（Existential）。这种人最不能忍受模棱两可情境和接受不同的价值观。他们对于僵化的制度、束缚人手脚的政策、地位的象征及职权的滥用，都会直言批评。

用这七层次分类模型可以详细剖析消费者中价值观的分歧。不同年代出生的人，具有不同教育、生活、职业背景的人，他们所处的价值层次会有所不同，其价值观的内容，可以从他们成长时期的社会历史背景及个人生活经历予以推测，这对消费行为的解释和预测很有帮助。从一定意义上说，年龄可以作为区别价值层次的重要指标之一。

价值观与生活年代长期研究表明，价值观同人生活、成长的历史年代有密切的关系。以美国为例，在经济大萧条和第二次世界大战期间长大的人，大约在 20 世纪 40、50 年代开始工作，他们信奉基督教新教的工作伦理，对雇主忠心耿耿。他们的价值观介于层次二到四之间。而在 60、70 年代开始工作的人，受嬉皮作风和存在主义的影响，较重视生活的品质，不太看重金钱、财产的数量。他们希望拥有自主权，忠于自己而不是雇佣自己的企业。他们的价值观属于层次六、七。80 年代开始工作的人，比较倾向传统的价值观，但更重视成就与物质生活，认为只要能够达到目的，可以不惜手段。他们认为，雇佣他们的企业只是他们追求事业前程的跳板。这些人的价值观处于层次五。90 年代以后开始工作的人非常重视生活质量，精于安排工作、学习、娱乐和社交的时间，雇主与雇员之间是金钱至上的关系，成功欲望驱动着他们在工作上不断进取。他们的价值观处于层次五到七。

7.4.5 个性与市场心理细分设计
7.4.5.1 市场细分类别

消费者特征种类提供最流行的市场细分基础，包括九个主要因素：地理因素、人口统计因素、心理因素、消费心态（生活方式）特征、社会文化变量、使用相关的特征、使用情景因素、利益寻求以及混合细分形式。相对应的市场细分方法有以下几种：地理细分、人口细分、心理细分、消费心态细分、社会文化细分、使用情况细分、使用情景细分、利益细分、混合细分[1]、心理细分、行为细分（使用情况细分、使用情景细分、利益细分）[2]、环境细分（地理细分、人口细分、社会文化分细分），这几种细分方法实际上分为三大类别。

（1）地理细分

地理细分按消费者所处的地理位置来细分消费者市场。主要依据处在不同地理位置的消费者对产品有不同的需要和偏好，对生产者和设计师所采取的市场营销战略，对企业的产品价格、分销渠道、广告宣传等市场营销措施，也会有不同的反映。例如，南甜北咸、东辣西酸就是不同地区消费者在饮食偏好上的差别。气候差别也是地理差别的一种反映，这种差别会导致像空调、游泳用品等购买上的差异。

（2）人口细分

人口细分是按照年龄、性别、家庭结构、家庭生命周期、收入、职业、教育等"人口变量"来细分消费者市场，人口特征一般很容易确认和测量；这些特征可能经常与特定产品的使用有联系。例如，大学生是图书、野营设备、旅行用品、电子产品的重要市场。再比如性别变量对区别化妆品、雪茄烟等市场很有效。

（3）心理细分

心理细分是按照消费者的个性、购买动机、生活方式、态度和兴趣等心理变量来细分消费者市场。一个大手大脚、随便花钱的人会更注重享乐取向的消费；性格内向、小心谨慎的人对购买热门股票会很感兴趣；消费者的个性特点、自我观念是细分市场的有效依据，因为消费者更可能购买在他看来商标形象与自己形象相容的产品。

（4）消费心态细分

消费心态细分主要应用于生活方式分析。对消费者的心态进行描述是对消费者可测量的活动、兴趣和观念（AIO）的综合。AIO 消费心态

---

[1]（美）L. G. 希夫曼，L. L. 卡纽克著，俞文钊译. 消费者行为学（第七版）[M]. 上海：华东师范大学出版社，2002：46-50
[2] 阳翼. 中国独生代消费行为研究 [M]. 广州：暨南大学出版社 2008.12：39

研究最为常见的形式是运用一组专门设计的陈述（一个消费心态调查表）来鉴别消费者的人格、购买动机、兴趣、动态、信仰和价值等相关方面。消费心态研究的吸引力在于它对所得出的消费者细分部分的多次生动和使用的描述①。将消费心态和人口统计变量结合起来的混合细分策略可以获得对消费者细分的丰富描述。

（5）社会文化细分

社会文化细分是依据社会学和人类学的各种因素，诸如社会阶层、参照群体、家庭生命周期阶段、风俗习惯等来细分消费者市场。处于不同社会阶层的消费者，在教育、收入、职业、居住地点等方面不同，在产品的选择、生活方式、购买习惯和价值观念等方面都表现出差异。参照群体常给消费者以无形影响，人们可能向往一个出色的文艺团体或球队，而这样的群体成员使用的东西，无形中吸引消费者去追求，一个著名球星的号码，可能被许多消费者所喜爱。所以广告主不惜重金聘请明星、名人作广告。家庭的生命周期在不同阶段上，消费行为也会有明显的变化，例如，婚龄期的年轻人，对于结婚用品最为关注；当了父母，又会关注子女所需要的生活和文化用品；进入老年，人们又对滋养保健和其他老年用品感兴趣。

（6）使用情况细分

使用者行为细分依据产品的使用率和对商标的信任度。利用使用率来划分市场，通常可分为高使用率、中使用率、低使用率和非使用者。例如，在考虑一种补酒的推销设计时，自然常指向于购买量大的那部分消费者，而购买量大的消费者人数有时却并不多。认准商标买货是常有的事，在竞争对手众多的情况下，突出负有盛名的产品特点，不仅强化已取得信任的那部分消费者，还能进一步争取随机购买的消费者，以达到扩展市场的目标。

（7）使用情景细分

使用情景细分依据使用时间、地点、目标和使用者进行细分。在其他环境中或情景中，或其他场合，同一个消费者可能会作出其他的选择。一些可能会影响一次购买或消费选择的情境因素还包括是周日或是周末（例如去看电影）；时间是否足够（例如使用平邮还是快递）；是给女朋友或父母的礼物还是给自己的礼物（一个给自己的奖励）。②

（8）利益细分

市场细分的方法建立在人们对某种特定产品要获得利益的基础上，这种方法意在估量消费价值体系及消费者对同档产品不同品牌的感觉。利益细分能在同一产品种类中对不同的品牌进行定位，例如产品或服务对消费者而言，最为重要和最有意义的利益、是否方便、是否有利于名声的提高、是否物有所值等。不断改变的生活方式在决定产品益处方面起到主要作用，也为营销人员提供推出新产品和服务的机会。③

（9）混合市场细分

将几个细分变量结合在一起来细分市场，比只用一种细分变量更丰富，能更准确界定消费者。这些包括消费心态和人口统计侧面图、地理人口统计和VALS2。

7.4.5.2　个性与心理市场细分

国外的许多消费心理学家一直在寻找特定个性特征与特定的商品（商标）爱好之间的关系，他们试图研究，使用某个特定商标（或商品）的消费者是否表现出某种一致的个性特征。他们曾进行过一项研究，调查了9000名消费者的个性特征和吸烟情况，并进行统计处理。结果发现，吸烟者的成就需要一般高于不吸烟者；同是吸烟者，吸过滤嘴香烟的消费者表现出更为强烈的优胜和成就需要，而喜欢吸不带过滤嘴香烟的消费者，对独立自主的要求较高。很明显，如果诸如此类的研究具有普遍意义，那么，它对商品市场的开发将具有重大价值。

有些研究者提出，应首先对个性特征与商品爱好之间关系进行理论研究，从中找出一种较为典型的与某种消费行为有关的个性特征，比如购买风险精神（对新产品的接受程度），然后设计专门用于研究消费者行为的个性调查表。

具有哪些个性特征的消费者容易接受新产品（或革新过的产品）？根据消费心理学家的研究，有三个性特征起着重要作用：固执程度、内外的特点和"宽容度"。

（1）个性的固执程度

作为一种个性特征，固执程度指个体对不熟

---

① L.G. 希夫曼，L.L. 卡纽克著，俞文钊译. 消费者行为学（第七版）[M]. 上海：华东师范大学出版社，2002：57
② L.G. 希夫曼，L.L. 卡纽克著，俞文钊译. 消费者行为学（第七版）. 上海：华东师范大学出版社，2002：65
③ [美] J. 保罗·彼得，杰里·C. 奥尔森，韩德昌译. 消费者行为与营销攻略[M]. 大连：东北财经大学出版社，2000：428

悉的事物或信念,或是与自己所持信念相反的信息的态度。一个极为固执的人表现出僵化的行为方式,对不熟悉的事物或信念持"防卫"态度,并带有极大的不安和不满。相反,一个固执程度较低的人表现出乐意考虑新鲜事物或对立信念的特点。在对待新产品的态度上,固执程度较低的消费者常表现得比较开明,更愿意对新产品进行挑选和购买。对这部分消费者来说,在推销新产品时,详细说明新产品与传统产品的区别和新产品所具有的优点,是一种适宜的推销设计。相对而言,固执程度较高的消费者对新产品的态度比较保守,更喜欢现有的和传统产品。但是,如果新产品以一种富于权威的姿态出现,这部分消费者也会表现出乐意接受新产品的倾向。因此,为了影响个性比较固执的消费者,请权威人士或专家来作出呼吁,是更为有效的推销设计。

(2) 个性的内外指向性

内向性格的消费者在面对新产品时,往往依靠他们自己的"内在"价值或标准进行比较。新产品与传统产品的差异越大,越有可能被内向型消费者接受。外向型消费者在判断一种新产品时,更多依靠他人指导,对正确和错误的判断也较多地依靠外在标准。外向型消费者是否接受新产品,很大程度上要看其他人对新产品的接受程度。刚刚进入市场的新产品,内向型消费者更有希望成为第一批光顾者,而外向性消费者,往往要到后来,才会去购买和使用。在容易接受的推销设计上,内外向程度不同的消费者也表现出一定差异。内向型消费者更容易接受强调产品特征和对个人益处的广告,因为这种方式的销售直接使他们能利用内在标准评判产品;外向型消费者比较容易接受那些表明产品被社会或其他消费者接受程度的销售宣传,这与他们更多依靠他人作指导的倾向一致。

(3) 个性的宽容度

在个性特征上,所谓宽容度是指个体在接受一个新事物时甘愿冒风险的程度。甘愿冒较大风险的人称为高宽容度者;只愿意冒很小风险的人称为低宽容度者。这两类人在对待新产品的态度上存在差异。对消费者来说,接受一种新产品总是带有一定风险:新产品很有可能更好满足他们的需要,但也可能完全相反。一般来说,高宽容度者为更大限度地满足自己的需要,愿意冒较大的风险,并承受可能的消极后果,比较容易接受新产品,愿意进行尝试。低宽容度者为了减少所冒风险,宁可放弃使用更令人满意的产品的机会,更多地选择已有的和比较熟悉的传统产品,只要这些产品对他们来说还过得去。

除此之外,这两类消费者在能够接受的产品新异程度上也存在差异。高宽容度者更乐意购买作了较大变动,甚至彻底革新的产品,表现出较大的冒险性,而低宽容度者乐意接受一般只是较小的改进,比如产品外观、色泽上的改变,即一些"徒有其表"的新产品。

个性差异在其他消费行为上也有所表现。例如,具有革新精神、较为开放、固执程度较低的消费者比具有相反特征的消费者更易接受进口商品。自信心较高的消费者对新产品和比较新奇的消费品一般持更积极的态度,他们不大喜欢过于热情的售货方式。自信心较低的消费者更多倾向传统的和符合潮流的消费品,购买时更多依靠销售人员的帮助。他们比较欣赏能主动提供服务并积极提出建议的售货员。国外一项研究指出,自信心较高的妇女经常光顾廉价商店购买衣物,而自信心较低的妇女则喜欢到传统的百货商店去购买。

过去,生产者和设计师一般采用年龄、收入、教育程度、性别、婚姻状态、城乡等人口统计学特征对消费者分类,这种分类标准比较固定、客观,且具有很大价值。但这些人口统计学上的特征,最终都是通过影响消费者的心理过程而影响他们的消费行为。因此,根据消费者的心理特征,如需要、动机、态度,特别是消费者的个性等心理特点来进行细分,即进行心理的市场细分,能为市场经营设计提供更为全面和丰富的消费者情况。在西方国家,这种方法被广泛地应用到市场分区、产品定位和重新定位以及销售广告中,许多商品依靠这一方法取得了极大成功。

7.5 家庭与设计心理

消费者作为个体都生活在一定的家庭中。大多数人在一生中至少要属于两个家庭,一个是父母的家庭,一个是结婚以后组建的新家庭。所以,家庭因素是影响消费行为的个体要素之一。家庭与个体的消费关系密切,家庭不仅对于购买习惯形成影响力,而且消费者所进行的购买活动,也取决于家庭的决策,购买一件商品可能是根据家庭中某一成员的判断,也可能因家庭成员的反对而中止购买活动。因此分析家庭对消费的影响十分必要，同时还要为现代家庭的消费进行导向性设计，这些是设计师必须考虑的问题。

我们认为，家庭对消费的影响主要表现在微观和宏观两个方面，可以从微观家庭结构的购买特点和购买决策类型及家庭生活周期入手分析家庭对消费者的影响。

7.5.1 家庭结构与消费者购买特点

第六次全国人口普查主要数据公报[1]（第1号）文件显示，2010年末全国总人口13.7亿人，约有4亿户家庭12.4亿家庭户人口。家庭消费规模之大是举世无双的。西方社会所界定的家庭基本上是核心式家庭，西方社会学中的Family指一对夫妻及其未成年的子女所组成的；而中国家庭概念是指中国人最基本的社会生活单位。这种生活单位包括有夫妻及未婚子女，还包括当家做主的夫妻两方的其他直系亲属、旁系亲属以及无血缘关系的其他人员。中国家庭不仅要承担西方家庭未必承担的赡养老人的义务，还要负担一般西方家庭不愿负担的继续教养待业子女的责任。综上所述，中国家庭有三个基本特征：其一，它是一个社会群体；其二，它以婚姻、血缘或收养关系为基础；其三，家庭成员经济上互相依赖。

7.5.1.1 目前我国的家庭结构类型

①夫妻式家庭。由一对夫妇组成的家庭，这是单一的家庭结构，最典型的代表是没有孩子的年轻夫妇，另外孩子离巢后夫妻双方相依生活的老年夫妻型家庭也属此类。

②核心式家庭。由一对夫妻加上后代组成的家庭，这种家庭结构是当今世界家庭发展的主要目标模式，我国的城市尤其是大城市，这种家庭形式日益增多。

③复合式家庭。由三代或三代以上人共同组成的大家庭。这种结构的家庭在我国农村较为普遍。

④丁克家庭。丁克是Double Income No Kids四个单词首字母的组合——DINK的谐音，指双职业，能生但选择不生育，只有夫妇两人组成的家庭。"丁克家庭"很难成为全社会的生活潮流，但在夫妻文化程度都较高的家庭里，这一观念大有市场。

7.5.1.2 四种家庭结构的购买特点分析

夫妻式家庭的购买特点是没有负担，购买力比较强，他们主要购买家具或成人用品，不需要为子女操心。业余时间里，年轻夫妇经常逛商店，购买时新产品为自己的新巢添风采，也有很多年轻白领夫妻家庭为负担住房和汽车费用等而成为"房奴"、"车奴"、"卡奴"。老年型夫妻乐意购买营养保健用品和乐于旅游。核心式家庭的消费特点是子女开销日趋重要，尤其是独生子女身上的花费约占家庭收入的50%以上，儿童在这类家庭的购买决策中时常发挥重要作用。复合式家庭的购买特点是照顾两头的需要，即经常注意购买老年用品和小孩用品。在多代人的家庭中，独生子女不仅受到父母的精心照顾，还受到祖父母或外祖父母的特殊爱护，长辈舍得在他们身上花钱，尽量满足他们的各种需要，这不仅影响家庭购买，也使小辈的消费习惯和方式与当年的长辈大不相同。他们没有节欲心理，不知道计划用钱，即使成人后，其购买决策能力也比较差。因此，这类家庭的长辈应当注意自己的消费行为，使子女养成良好的消费习惯。丁克家庭常见于发达国家和发展中国家的发达城市，夫妻双方有较好的学历背景，具有很强消费能力，不用存钱给下一代，很少下厨房，不为柴米油盐忙碌，能经常外出度假，收入高于平均水平。

7.5.1.3 家庭消费的决策类型

一般家庭消费的决策类型有三种：优势控制型决策、民主型决策和自主型决策。

①优势控制型决策：指丈夫或妻子一方对购买决策起决定作用。这种决策一般有两种情况，其一是在男性至上型和女性至上型的经济形态家庭中，或丈夫支配一切或妻子支配一切，随着时代发展，这种独裁式的家庭形态逐渐减少，购买决策表现为另一种情形：一般购买大宗贵重耐用消费品时，优势控制决策较多地偏向男性一方，而服装、食品和日用品则多半集中于女性一方。现实生活中，这种优势控制决策是很微妙的，表面上以女性为主，实际是男性作出决定。有些广告和商标设计者注意家庭购买决策的关系，推出"爱妻型"全自动洗衣机，收到很好的市场效果。

②民主型决策：指共同支配特定商品的消费，在决策上有平等或相近的影响力。现代社

---

[1] 2010年第六次全国人口普查主要数据公报（第1号）. 中华人民共和国国家统计局. http://www.stats.gov.cn/

会，民主型决策的家庭日趋增多，即使在购买家庭共同使用的大宗贵重商品时，也不是男性优势控制决策。

③自主型决策：指夫妻双方单独决定购买某一商品。一般新婚夫妇倾向民主决策，老年夫妇较多自主决策；知识分子家庭也多偏自主型决策。商品越贵重，民主决策的可能性越多；购买风险小的则自主决策多。对老年夫妇的家庭进行调查研究表明，老年男子在酒烟和洗理费等方面花的零用钱较多，而老年妇女则在点心、水果和化妆品等方面花的零用钱较多。

总之，家庭消费决策存在着多元性和微妙性，以上分析的三种决策类型之间并无截然区别，在优势控制决策中包含民主决策成分，在民主决策类型的家庭中有时也自主决策购买。产销双方都应当注意家庭消费决策者的变化，从产品的商标、造型、包装乃至广告宣传和营销方式上，努力说服主要的决策者，以促进营销。

7.5.1.4　家庭消费的功能

家庭的功能受家庭生活的性质和结构制约，不同时代、不同种族、不同国家和不同家庭，家庭功能都会有所不同。西方社会学曾把家庭功能概括为生产、繁殖、经济、社会四个方面。中国现代家庭在消费时具有以下四个具体功能：

一是实际目标功能。现代家庭不仅需要生物学意义上的生存，更需要社会文化学意义上的生存。家庭总以必要的住宅、特定的消费品为消费对象，在获得能够维持家庭生活生存时，还要获取能够象征家庭成员的性别、年龄等各种作用的不同文化资料以不断改善家庭生活状况，这也是家庭消费单位在社会文化上规定的目标，这种功能标准称为"生活标准"。

二是维持和紧急应对的功能。家庭消费单位为了家庭内部的模式维持与紧急情况处理，必须有一定水准的支出。如要为特定的娱乐、闲暇、趣味、社交等活动支出，要为随时碰到的紧急事态支出。这种功能支出的标准叫做"趣味与道德标准"。

三是环境的适应功能。家庭与它所起的作用相关联，其支出需要与其身份及所处的阶层相适应，表明该家庭在这个社会系统中所处的地位和作用。家庭通常以其消费的支出，来维持同社会环境的关系。就是说，家庭要按照自身所应遵守的某种规范（如社会公德、法律规定、文化习俗等）来调控自己的生活节律，以与外环境保持一致。这一基准被称为"地位评价标准"。

四是储蓄功能。家庭为适应将来的偶发性事态要求，必须保持一定的储蓄功能。它为家庭保持一定生活标准起保证作用。一般来说，家庭储蓄通常表现出分配给履行职能的必要额之后的余额，这一基准被称作"保护标准"。

7.5.2　家庭生活周期与产品设计

7.5.2.1　家庭生活周期与产品设计

家庭生活周期亦称家庭生命周期。所谓家庭生活周期是指一个家庭从建立、发展到最终解体的整个过程。以核心家庭为例，一般典型的家庭生活周期分为六个阶段：单身期、新婚期、父母期、父母后期、空巢期和解体期。处于不同阶段上的家庭，其消费行为和消费方式存在很大差异，分析这种差异，是市场心理微观分析的一个重要方面。

家庭生命周期的不同阶段，家庭规模和人口不同，收入水平不同，家庭负担有差别，家庭的消费行为和消费重点不同，家庭消费决策也不同，具体如表7-3。

单身期：单身期的年轻人，家庭尚未成立，但经济上已经独立，除基本的衣食以外，大量消费集中在娱乐、时装、化妆品、旅游和各种交际性消费上。消费倾向表现出"享乐主义"的色彩，到单身期后阶段，消费者开始为建立家庭而做准备，社交和娱乐性消费相对下降。这个阶段的目标市场是服装、娱乐、化妆品和旅游消费等。

新婚期：家庭刚刚建立，尚未有子女。这时期的消费者主要支出是"基本建设"，即购买家具、床上用品、室内装饰、餐具、家用电器等大量的家庭用品。由于尚无孩子，业余时间多，娱乐性消费支出也较大。这阶段的目标市场是各种家庭用品、家具、家用电器和娱乐性消费等。

表 7-3　　　　　　　　　　　　　　　　家庭生命周期

生命周期	人口规模	家庭构成	收入状况	主导消费
单身期	1	男性或女性	参加工作到结婚时期，收入低，消费支出大	满足基本需要，自身教育投资和时尚消费，如服装、娱乐性消费、化妆品、旅游等
新婚期	2	夫妻双方	收入增加且生活稳定	家庭主要消费期，耐用品消费，贷款增加，买房，如家具、家电等
父母期	2+X↑	夫妻，子女增加	家庭成员年龄增长，从小孩出生到大学，收入增加，投资能力增强	医疗保健、学前教育、智力开发费用，如儿童用品、玩具、服装等
父母后期	2+X↓	夫妻，子女参加工作到家长退休	工作能力、经济状况到高峰状态，重点扩大投资	耐用消费品更新，如上学费用、子女婚姻、化妆品、服装等
空巢期	2	夫妻双方	退休以后，主要是安度晚年，投资和消费较保守	旅游、文化、保健和医疗消费，杂志等
解体期	1	一方独居	收入继续减少，花费积蓄和接受子女赡养	保健和医疗消费

父母期：家庭生活周期中持续最长的阶段，一般要延续 20～30 年。孩子的出生，使家庭生活方式发生巨大的变化，消费方式也随之改变。娱乐、旅游方面的消费支出转向婴儿食品、衣物、玩具和医疗、教育开支。在这一时期，夫妻双方的经济收入有所增加，有的家庭继续添置某些大型耐用消费品。这时的目标市场是儿童用品、学生用品、食品、服装、玩具和家用电器等。

父母后期：子女已长大成人，有的学已成就，有的成家立业，这时父母尚要补贴子女部分学习和生活上的费用，诸如承担子女大学期间的生活和学习费用，为子女的婚姻作经济准备。这时的目标市场是婚姻用品、学习和生活用品、化妆品和书刊杂志等。

空巢期：指夫妻双方退休以后的时期，主要是享受晚年的时期，因为没有工作方面的经济来源，所以投资消费都变得比较保守。主要消费集中在医疗保健和旅游方面。

解体期：指父母中仅剩一人，直到全部去世。这时进入所谓的"纯消费需要"阶段，但老人市场的医疗、保健、娱乐、旅游等的支出日益增多。这样解体期的目标市场就呈现各方面需求减少、而老年娱乐、安全保健和旅游需求增加的趋势。

7.5.2.2 影响家庭消费水平的主要因素

影响家庭消费水平的因素有经济因素和非经济因素，经济因素可分为宏观和微观方面。宏观层面影响家庭消费水平的主要因素主要是整个国民经济环境，包括：国民收入总额提高速度、积累与消费的比例、积累基金和消费基金的合理分配和利用、人口总量及其增长速度、物价水平。微观层面影响家庭消费水平的因素更着眼于每一个家庭个体上的差异，主要有以下几方面：第一，家庭构成的差异引起家庭消费水平的差异，包括：家庭职业的构成、家庭成员的年龄构成、家庭文化背景构成、家庭空间构成；第二，家庭生活的外部条件引起的家庭消费水平上的差异，包括市场条件（市场供求状况、物价水平等）、社会福利设施条件、自然环境条件等；第三，家庭管理方面原因引起家庭消费水平上的差异。此外，家庭成员的家庭价值观念以及个人的人生观、价值观等也会引起家庭消费水平的差异[1]。影响当前我国农民家庭消费的主要因素包括农民消费力、消费心理、家庭生命周期、消费体制、消费品供给以及消费文化环境等，其中城乡收入差距拉大和消费体制是导致农民消费能力不强、消费倾向偏低的主导因素，形成制约农民家庭消费的"瓶颈"，使得城乡居民消费二元结构的局面一定程度上被固化。[2]

7.5.3 家庭消费设计

家庭消费设计是家庭成员为一定的需要和目的，对物质与精神文化生活等各个方面和环节进行组织、决策、计划、指挥或调节，主要目的在于较好地发挥家庭的各种职能。广义家庭消费设计的内涵包括以下方面。

---

[1] 黄升民，陈素白，吕明杰. 多种形态的中国城市家庭消费 [M]. 北京：中国轻工业出版社，2006：49
[2] 程林顺. 影响农民家庭消费的主要因素分析 [J]. 金融与经济. 2009.3：8

7.5.3.1 家庭经济设计

一切家庭活动都直接或间接地与经济开支有关。科学设计家庭经济，从纵的角度看，有未婚青年、新婚夫妇怎样计划开支、中年夫妇、老年人怎样计划开支、富裕家庭、困难家庭怎样掌握经济计划以及生产性家庭怎样搞好经济核算等许多问题；从横的角度看，有如何正确处理收入和支出的关系、需要和可能的关系、长远目标和近期打算的关系、家庭整体利益和个人利益的关系，还有怎样搞好家庭储蓄、家庭保险、家用物品租赁、消费信贷等一系列问题。

7.5.3.2 家庭饮食设计

饮食是每个人及家庭每天都要妥善安排的一个重要环节，家庭不同成员的营养需求如何保持平衡，一日三餐应作何种合理安排，怎样根据吃的需要、食品贮藏和保鲜等要求有计划地购买食品，怎样搞好食品的贮藏和保鲜，这对日常饮食的多样化、科学化至关重要。许多精明的家庭主妇（也有不少先生）不仅懂得合理选购食物，而且做出来的饭菜色彩鲜艳、香气扑鼻、味道可口、形状美观、营养丰富，这同她（他）们掌握营养结构、饮食设计和制作的知识有密切关系。

7.5.3.3 家庭物资设计

现代家用的消费品品种增多，质量更好。如对它们的性能和用途了解得不够，自然不能做到物尽其用；或者使用品保管不得其法，缩短使用寿命，造成经济上的损失。为此，要学会家用物资的设计。如要懂得家用电器的使用和保养的常识；要了解衣物的洗涤、晾晒、熨烫、除渍、收藏；要掌握食具和饮具的清洁方法以及家庭藏书的方法等。每一种消费品都有其主要用途，使用价值也具有时限性，存放久了会老化变质，使用价值便逐渐减小。错过物品最能发挥效用的时间都会造成不同程度的浪费。目前，消费品更新换代的步伐日益加快，为防止家用物品的积压和老化，要计划购置、妥善保管、合理使用。搞好物资设计，不仅要在各个环节杜绝浪费，而且还要学会废物利用，变废为宝，从而节省开支。有些家庭利用废易拉罐制作装饰品，既美化家庭生活环境又优化生态环境，很值得称道。

7.5.3.4 家务劳动设计

家务劳动设计与消费密切相关，其核心是提高家务劳动的经济效益，以尽量少的物质消耗与劳动消耗，高质量地完成较多的家务劳动总量。如根据收入状况购置适量的质量较好的家务劳动资料和劳动加工的对象（洗衣机、冰箱、方便面条等），可以减轻家务劳动，提高劳动效率；逐步提高家务劳动的技能和熟练程度，使劳动物质高效能地发挥作用，多快好省地完成家务劳动；保持适宜的劳动程度，按照各种家务劳动所需体力、脑力程度的不同及时变换劳动内容；按照家庭成员的年龄、身体、工作和性格等状况合理分配家务劳动，通过科学设计提高家庭消费效益。

7.5.3.5 家庭卫生设计

家庭也有个生态的问题，这就是家庭成员与环境的关系。要搞好家庭环境，必须对有关家庭的布置、绿化、卫生进行有效设计。如在居住面积不大的条件下怎样充分利用住房空间；房间的色调、家具的配置与摆放、室内照明的选择、窗帘的选择等诸如此类的家庭布置方式都有讲究。家庭绿化工作若能因地制宜地摆设观赏植物，可点缀环境，使家人在繁忙的学习、工作之余松弛一下紧张的神经，调节生活。

7.5.3.6 家庭保健设计

随着生产发展和居民收入增长，家庭开始注重健康投资和保健。然而，健康投资的数量、品种、时间，家用保健设施的添置，家庭病床的安置，家庭护理工作，家庭安全措施以及体育保健的实施都需要科学决策和设计，如小儿保健要搞好合理喂养及护理、预防接种、常见病的防治；妇女保健，要搞好"四期"卫生；老年保健要注意饮食、劳动和体育锻炼，做到精神愉快，环境安静，作息规律，养成良好的卫生习惯，克服吸烟和喝酒的嗜好。家庭保健的内容丰富，以进补为例，春夏秋冬进补，进补药品与进补食品等，各有其妙。家中备常用药物也甚为必要。

7.5.3.7 家庭文化设计

家庭物质消费应有计划，文化娱乐和社会交往等家庭精神文化消费也迫切需要组织和协调。因此，每个家庭都要处理好物质需求与文化需求的关系，重视家庭人口文化素质上的智力投资，认真安排好家内的文化娱乐活动、社交活动、旅游活动、喜庆活动……现在不少家庭只强调物质消费的安排而忽视文化消费的设计，这是片面的。现代社会的文化信息和宣传媒介十分发达，看书籍、报刊，看电影、电视，上网，参观各类展览会，观赏文艺表演、体育比赛，均已成为居民消费中必不可少的项目。有效利用闲暇时间以增大消费效益，是家庭消费设计中极需研究和解决的课题，对子女的娱乐和社交活动更须做到合理安排。

此外，对于某些特殊家庭的消费设计还要专门研究，如两地分居家庭、不完全家庭、残疾人家庭等的日常设计，都应纳入家庭消费设计的研究范畴。

7.5.4 家庭消费新观念

7.5.4.1 节约消费

随着建立节约型社会的倡导被广泛认可，不管经济状况如何，各个经济水平的家庭都应建立节约消费的生活习惯。对产品的耐用性、经济性、实用性有更高的要求，比如佳佳酱油，它的广告语是"一瓶当做两瓶用"，品质好又经济，当然获得了消费者青睐；而汰渍洗衣粉的定位则是"干净有保证，只需两块钱"。

7.5.4.2 绿色消费

绿色环保观念的深入人心使越来越多的家庭关注环境保护，绿色产品大受欢迎。绿色消费指：在消费时选择未被污染或有助于公共健康的绿色产品；在消费过程中注重对垃圾的处置，不造成环境污染；转变消费观念，崇尚自然、追求健康，在追求生活舒适的同时，注重环保，节约资源和能源，实现可持续消费。对家庭来说，购买使用绿色产品就代表着家人的健康，因此而推出的无磷洗衣粉、不伤手的洗洁精、环保型油漆、天然绿色的家具产品等都受到家庭的欢迎。

7.5.4.3 安全消费

居家生活，最重要的是安全，特别是家里有孩子和老人的时候，购买任何使用产品都要考虑到家人的安全问题。对青年和成年人来说安全的产品，对孩子和老人未必是安全的。家具、家用电器、餐具、卫浴产品等都应特别关注安全和使用方便，避免家人使用不便或受到伤害。防止儿童打开的打火机、方便婴儿使用的记忆勺子；考虑老人使用、避免老人在洗澡时滑倒而设计的坐式淋浴器，无尖角的家具避免儿童受伤等。对设计师来说，体会到使用者的需求，拥有关切的、为使用者解决问题的心态才能设计出好的产品。

7.5.4.4 情感消费

随着我国经济的发展，生存压力、紧张生活使人们情感沟通逐渐减少，产品人情味是人们渴望的。运用情感手段最容易感动接受者，那些感动对象——产品，会铭刻在消费者内心深处，形成该产品长期、固定的购买群体。好的产品是智慧的投入情感的倾注，带着亲切、友善、充满关怀和理解的情感与消费者进行交流。比如雕牌洗衣粉的广告画面通过一个下岗工人的小女儿用她稚嫩的小手使用价廉物美的雕牌洗衣粉为母亲分忧，使"只买对的不买贵的"深入人心。

7.5.4.5 品牌消费

品牌消费，指使用品牌产品以满足物质和文化生活的需要。随着消费者文化层次、收入水平、消费观念提升，城市家庭消费的品牌意识不断增强，对知名品牌也越来越偏爱，例如买家具、厨具、电器偏向特定品牌。城市家庭消费观趋向从"商品消费"进入"品牌消费"。

7.5.4.6 理性消费

理性消费指在能力允许下以效用最大化原则进行的消费，是消费者根据自己判断作出合理的购买决策。当物质还不充裕时，理性消费者追求的商品是价廉物美、经久耐用。全球经济危机影响到世界大多数行业与企业，在全球市场弥漫的减员、降薪、破产的气息中，城市家庭为保持高质量的生活而理性消费显得格外重要。

思考题

一、名词解释

1. 兴趣 2. 气质 3. 性格 4. 价值观
5. 心理细分市场 6. 绿色消费

二、简述题

1. 中老年消费心理特点。
2. 女性消费心理特点。
3. 消费气质类型。
4. 价值观与生活方式细分市场。
5. 市场细分类别。
6. 消费者生活方式。
7. 家庭生命周期。

三、分析题

1. 分析独生代消费心理特点。
2. 分析儿童消费心理特点、如何开发儿童用品市场。
3. 分析消费者的价值观差异对工业设计的启示。
4. 分析消费者的个性特征与新产品（商品）设计。
5. 分析家庭因素对消费行为的影响，并提出家庭消费的合理设计。

四、实务操作

根据消费者满意度调查的预测结果，团队成员分工合作完成项目区分度考验（用总加态度量表法）。

第八章
设计心理宏观分析

■ 设计心理宏观综述
■ 社会文化与设计心理
■ 社会阶层与设计心理
■ 社会群体与设计心理
■ 社会心理与设计心理

8.1 设计心理宏观综述

设计心理的宏观分析，就是分析影响消费者行为的外环境，即影响消费行为的社会要素。这些要素主要有社会文化、社会阶层、社会群体和社会心理现象等。

8.1.1 社会文化与消费心理
8.1.1.1 文化的内涵及测量
（1）文化的内涵

希夫曼把文化界定为人们习得的信念、价值观和风俗的总和，它们对特定社会成员的消费行为起支配作用。信念和价值观成分指个人所具有的关于"事物"和财产累积起来的感情和优先考虑的需要。信念是由大量心理的和语言的陈述组成，这些陈述反映了一个人对某些事物的特殊理解和评估。价值观也是信念，却不同于别的信念。它需要满足五个标准：数量较少；是合适文化行为的指南；具有持久性或难以改变性；不受具体目标或情景所束缚；被社会成员广泛接受。从广义上来看价值观和信念都是心理意向，对人们的具体态度有广泛影响，这种具体态度反过来又影响一个人在具体情景中可能产生的反应的方式。与价值观和信念内隐指标相比，风俗是行为的外显模式，这种行为模式由具体情景中被认可的或可接受的文化行为方式构成。风俗由每天或日常行为组成，是常见的和可接受的行为方式。只要人们对文化的信念、价值观和风俗感到满意，人们就会持续遵守它。[1]

文化基于人口统计变量、地理、政治、宗教及国家和族群等因素可以区分成不同的亚文化。亚文化指一个大社会内的某一群体所具有的独特文化。这一群体具有某些和其他群体及其所在的大群体不同的特性。同一个亚文化中的人，会拥有相似的个人态度、价值观，同时也表现出相类似的消费行为与决策。Assael（1998）认为亚文化具有独特性、同质性、排他性的特征，不同亚文化中的人们，在产品需求与购买行为上表现出很大不同。在一个文化中，影响亚文化形成的因素主要有：年龄（新新人类容易接受新事物）、宗教（不同宗教有不同教规，例如伊斯兰教徒不吃猪肉）、族群（客家人较节俭）、收入（高收入人人能承担较高经济风险的事物）、性别（传统认为性别角色分配是男主外女主内）、家庭（不同家庭生活习惯不同）、职业（白领阶层出席正式场合机会较多）、社区（不同社区有不同文明规范）、地域（北方人喜欢吃面食）、社会阶层（社会阶层越高的人对艺术活动的消费越多）、专业（艺术专业人的审美取向特殊）等。[2]

（2）文化的测量

一般用三种方法测量社会或消费者的文化内涵：内容分析、人种研究、价值观测量。[3]

内容分析主要是针对整个沟通的言辞、书面文字以及图像的内容等进行分析。人们把它作为一种确定社会中所发生的社会和文化变化的较为客观的研究方法。

---

[1] L.G.希夫曼，L.L.卡纽克著，俞文钊译.消费者行为学（第七版）[M].上海：华东师范大学出版社，2002：443-447
[2] 林建煌.消费者行为学[M].北京：北京大学出版社，2004，9：176
[3] 叶敏，张波，平宇伟.消费者行为学[M].北京：北京邮电大学出版社，2008，1：86

人种研究主要包括对消费者进行现场调查、深度访谈、焦点群体等。消费者现场调查借由实际观察消费者在消费场合中的行为,来推论背后的原因或是找出会影响该行为的因素,得出这个社会的价值观、信念和风俗的结论。深度访谈能对单一主题进行深入地探讨,包含众多复杂内涵的文化问题,同时可以展示图片或产品,但耗时又昂贵,对访谈技巧要求较高。焦点群体针对一小群的样本,透过开放性的问题与互动的交谈,由访谈者做深入访谈。

价值观测量工具已被运用在消费者行为研究中,包括:罗基奇价值观测量、LOV 量表、及价值观和生活方式(VALS,在第七章已讨论)量表。罗基奇价值观测量(如表 8-1)是一种价值观自测工具,分为两部分,每一部分用来测量不同的但却互补的个人价值观类型。第一部分由 18 个终极价值观项目组成,用来测量现存的终极价值观态度的相对重要性。第二部分由 18 个工具性价值观项目组成,用来测量一个人达到价值观终极状态所采用的基本方法。量表的前半部分与后半部分是相关的,后半部分被认为是手段。

表 8-1　　罗基奇价值观

18 个终极价值观项目	18 个工具型价值观项目
舒适的生活(富足的生活)	雄心勃勃(辛勤工作、奋发向上)
振奋的生活(刺激的、积极的生活)	心胸开阔(开放)
成就感(持续的贡献)	能干(有能力、有效率)
和平的世界(没有冲突和战争)	欢乐(轻松愉快)
美丽的世界(艺术和自然的美)	清洁(卫生、整洁)
平等(兄弟情谊、机会均等)	勇敢(坚持自己的信仰)
家庭安全(照顾自己所爱的人)	宽容(谅解他人)
自由(独立、自主的选择)	助人为乐(为他人的福利工作)
幸福(满足)	正直(真挚、诚实)
内在和谐(没有内心冲突)	富于想象(大胆、有创造性)

续表

成熟的爱(性和精神上的亲密)	独立(自力更生、自给自足)
国家的安全(免遭攻击)	智慧(有知识、善思考)
快乐(快乐的、休闲的生活)	符合逻辑(理性的)
救世(救世的、永恒的生活)	博爱(温情的、温柔的)
自尊(自重)	顺从(有责任感、尊重的)
社会承认(尊重、赞赏)	礼貌(有礼的、性情好)
真挚的友谊(亲密关系)	负责(可靠的)
睿智(对生活有成熟的理解)	自我控制(自律的、约束的)

LOV 量表是用来测量消费者个人价值观的一种测量工具。LOV 量表要求消费者从九个价值观项目(自尊、刺激、受人尊敬、归属感、与他人保持友好关系、享受生活、自我实现、成就感、安全)中识别出两个最重要的价值观,这两个最重要的价值观是以罗基奇价值观测量的终极价值观为基础的。

不同的社会文化下,其核心价值观往往存在着很大的差异。例如,东方文化比西方文化更重视家庭,东方文化较重视合作,西方文化则看重竞争。不同颜色在不同文化下也代表着不同的意义,需要了解其间的差异,才能根据不同国家的社会文化,设计适合的产品或服务。

8.1.1.2　文化对消费者行为的影响

文化与消费者行为的关系是一种双向互相影响的关系。一方面,某种产品和消费者所处的文化越是兼容,就越可能被消费者接受。另外产品本身也可以塑造文化,就如很多产品上市后引发新的生活方式和产生新的文化形态。例如,因特网的发明已经给人类生活与文化带来巨大的冲击,几乎我们的生活方式和文化的各个层面都感受到它的影响。文化对消费者行为的影响表现在各个层面,例如文化会影响消费者的思考模式、消费标准、对信息的搜索行为、对替代产品的评估标准、购买行为、产品的使用与消费、对产品的处置等。

DESIS - China 社会创新和可持续设计联盟(中国)是致力于服务设计的国际联盟,其可持续的创新理念对世界及中国的设计教育及社会发展探索持续产生影响。基于中国饮食文化,

DESIS2011 工作坊于 2011 年 4 月至 5 月在中国无锡江南大学举行，以"与创新先锋共同设计新型食品网络"为主题，对中国食品网络创新先锋——小毛驴市民农园、北京回龙观绿之盟有机生活馆、广西柳州爱农会及无锡天蓝地绿有机农场这四个案例进行实地考察。工作坊采用服务设计的方法和工具，对其现有服务模式进行分析，提出创新服务模式，以期建立并加强生产者与消费者双方的信任关系。工作坊对于生态农业、健康饮食、可持续发展的多方面提出了更广阔的思考空间，这个项目的成功也成为 2015 年米兰世博会的内容之一。

8.1.1.3 跨文化营销策略[①]

跨文化理论流派众多：有的从语言角度来研究文化差异（Mandelbaum, 1949; Hoijer, 1994），有的从交际特点来定义文化差异（Hall, 1976），也有从文化价值的角度来定义文化差异的各种表现形式（Hofstede, 1980），还有的从面子出发来看待文化差异（Ting Toomey, 1980）与交际行为的关系。跨文化理论领域中不少的理论框架都具有跨学科理论的特点。

国际著名的跨文化研究专家霍夫斯塔德（G. Hofstede）的文化价值层面理论是目前国际跨文化研究领域中一个最重要的跨学科理论框架之一。20 世纪 60 年代末 70 年代初霍夫斯塔德对美国 IBM 公司设在全球 50 多个国家和地区分公司中的十多万员工进行抽样调查，得出文化价值的四个层面：权力距离、不确定性回避、个人主义—集体主义、男性度—女性度。霍夫斯塔德研究了中国人的价值观（儒家文化的价值观）后，归结出第五个维度，即长期观—短期观。霍夫斯塔德的研究在所包括的国家和地区都得到不同的分值，分别从不同的角度反映各自的文化特征，有很高的理论和实践意义。

跨文化营销（Cross - cultural Marketing）是指企业在两种以上不同文化环境下进行的营销活动，这种营销活动强调达成交易双方（企业与顾客、客户、分销商、供应商等）的文化背景差异管理。它着眼于解决跨越文化界限进行营销时所遇到的文化冲突问题，从文化差异角度拓展营销思维。跨文化营销的重点在于对异质文化信息的收集、分析，在收集、分析的基础上进行异质文化理解，并选择适当的营销模式进入目标市场。例如通过研究中国消费文化的特点，把握中国消费者消费行为背后的文化背景，跨国企业可以制定品牌本土文化推广策略，赢得消费者认同；对本土企业来说，开展国际营销高度重视文化差异的研究，增加跨国经营的成功机会，在国际市场上占有一席之地。

零点是中国专业研究咨询市场的早期开拓者与当前领导者之一，侧重为杰出本土企业和国际化企业提供专业调查咨询服务。零点倡导研究具体指导社会群体的消费文化，提供关于中国社会文化与社会群体消费文化现状与变迁的第一手数据快报。例如《中国城市文化消费报告》（2010）包括总卷和八个城市的分卷，是中国传媒大学文化产业研究院针对中国城市文化产业发展和文化消费状况，选择了北京、上海、重庆、广州、长沙、郑州、沈阳、西安八个城市，对市民文化需求和消费现状进行深入调查，立足于市民的文化消费行为，以城市居民文化消费数据的定量分析为主要手段，以文化产业和文化消费的定性分析为重要补充。

8.1.2 社会阶层与消费心理

8.1.2.1 社会阶层与划分

社会阶层是社会分层化的结果。不同的社会阶层除了代表不同的分群，也可能代表不同的偏好、兴趣与行为。社会阶层的形成受多种因素影响。不同国家有不同的文化，因此在区分社会阶层上的变量也有所差异。有些国家和文化偏重以财富作为划分社会阶层的指标，强调财富指标重于职业指标；有些文化偏向以职业作为社会阶层划分的结果；也有一些文化偏向以学历作为社会阶层划分的标准。多元化的社会往往使用多重指标来形成社会的阶层。社会阶层的形成主要还是受一些社会成员的个人因素（特别是社会经济因素）影响，不同的社会阶层成员会表现出不同的消费行为。

中国进行社会分层研究时主要的分层标准有如下几种：

一是从社会资源配置的角度来界定（陆学艺等）；二是从经济角度（收入和财产）来界定（李春玲等）；三是从经济、政治、文化、社会地位来界定（景跃军、张景荣等）；四是从消费水平和消费方式来界定（李培林等）；五是从阶层归属意识来界定。学术界提出的当

[①] 王丽文，李彬彬. 跨文化理论导向 TCL 手机品牌文化推广研究. [D]. 硕士学位论文，江南大学，2006

代中国社会阶层分层标准不尽相同,它既反映研究者不同的理论视角,又是转型时期中国社会阶层变化的写照,具有相当的解释力和良好的前瞻性。①

8.1.2.2 社会阶层对消费者行为的影响

一个人可能借由其所拥有的物品来彰显社会阶层,包括穿着、居住的房屋、汽车、居家摆设、消费场所等。从产品到服务的品牌、质量到多样化的消费环境,繁荣的市场供应不同消费者各种选择的可能性。消费的各种选择体现着身份差别和口味差别,消费成为一种身份的象征手段。社会阶层作为市场细分的标准比收入更好,因为不同阶层的家庭如中上层、中产阶层和工人家庭即使收入相同,在消费方面的差别也很大②。这表现为三个方面:一是不同的社会阶层所购买的物品和服务不同;二是不同阶层在购买商品时所选择的购买地点不同;三是不同的社会阶层对广告等促销方式的态度不同③。所以,社会阶层本身便是市场细分中一个很重要的细分变量。

社会阶层对消费行为的影响主要表现在消费者对消费环境的选择、消费倾向和购买倾向心理、信息选择心理、对消费目标的选择、对住房消费和服务消费的选择等来实现的。

在社会阶层对消费心理影响方面的研究主要有:《中高收入群体生活形态、价值观及消费文化研究报告》(零点调查公司,2002)、《地位与消费——当代中国社会各阶层消费状况研究》(赵卫华,2007)、《转型时期中国中产阶层消费行为研究》(黄庐进,2011)、《中国当代社会阶层分析》(最新修订本)(杨继绳,2011)等。其中,《中国城市的阶层结构与社会网络》(张文宏,2006)是一项关于中国城市居民阶层结构与社会网络的实证研究,研究结果表明,阶层地位对社会网络特征的影响,主要是由于人们在阶层结构中占据不同位置,阶层地位对网络结构的影响基本不受个人人口特征影响,其社会学定量研究的成果为阶层分析和网络分析提供了融合的视角,开辟了新的研究领域,也是国内第一部个体网研究专著。

8.1.3 社会群体与消费心理分析

8.1.3.1 群体与划分

人总是生活在一定的社会群体之中,消费者也一样。在消费者周围环境有很多群体,除家庭是人所接触的第一个群体外,还有朋友、邻居、同学、同事以及各式各样的互动对象,这些群体和消费者之间存在双向互动。所有的消费者行为都无法免除这些群体的有形与无形影响。

在消费者行为领域,参照群体极为重要。参照群体是任何作为某位个体的比较点(或参照点)的人或者群体,该个体形成一般的或者特殊的价值观、态度或者特殊的行为导向。参照群体对个体行为的影响程度通常依赖于个体和产品的性质,依赖于特殊的社会因素④。与消费行为相关的参照群体有家庭、工作群体、相关群体、业余的社会群体、朋友群体、购买群体、虚拟群体、消费者行动群体等。

8.1.3.2 社会群体对消费者行为的影响

群体对消费者行为的影响导致消费者在群体中,往往出现去个人化的状态,即消费者在群体中会失去个人的自我,而将自己与群体融为一体。有三种影响方式值得关注:参照群体会提供个人信息并影响其认知;参照群体会影响个人的需求与偏好;参照群体内的规范可以强迫或刺激消费者行为。三种影响方式的相对大小依所针对的产品类型而定。⑤

社会群体与消费心理在消费者行为学的研究中体现较多,例如"消费者行为学"专著中关于参照群体与消费行为的研究,有:《群体过程》(布朗著/胡鑫,庆小飞译,2007)、《亿万市场——洞察中国新兴消费群》(唐锐涛/张渊等译,2008)、《中国贫困群体调查》(杨绪盟,2010)等。《调查中国生活真相》(袁岳,2007)通过翔实的调查数据和趣味调查图,展示一幅真实生动的当代中国生活全景图,包括职场、消费、人际关系、财经等七方面,其中多个调查发现为首次公布;《中国贫困群体调查》包括"穷二代"概念的提出与含义、穷人的后代并不等于

---

① 刁乃莉. 近年来中国社会阶层研究综述. 学术交流. 2009 (10): 142-143
② 赵卫华. 地位与消费——当代中国社会各阶层消费状况研究 [M]. 北京: 社会科学文献出版社, 2007, 12: 165-166
③ 周长城. 经济社会学 [M]. 北京: 中国人民大学出版社, 2003: 230
④ L.G. 希夫曼, L.L. 卡纽克著, 俞文钊译. 消费者行为学(第七版)[M]. 上海: 华东师范大学出版社, 2002: 354
⑤ 林建煌. 消费者行为学 [M]. 北京: 北京大学出版社. 2004, 9: 183-184

就是穷 N 代、"穷二代"的数量和群体组成、"穷二代"可能是引发社会断裂的一个危险地带等内容，群体的研究从社会学角度进行，在此不做讨论。

8.1.4 社会心理现象与设计心理

社会心理现象也称大众心理，是一种群体性的心理现象，发生在组织松散、人数众多的群体中。社会心理现象包括模仿、暗示、感染、从众和时尚等，对消费者行为影响最大的是时尚。

随着大众消费时代的兴起，时尚消费也随着出现。我们生活在一个被时尚统治的时代，上至社会名流，下至普通大众，无人可以挣脱时尚的摆布。挪威卑尔根大学哲学系副教授拉斯·史文德森在《时尚的哲学》中指出："我们中的绝大多数人都是时尚世界的子民……时尚的原则就是对新无止尽的追求，为了新而新，而这一点不仅影响了人们的购买，更深地影响了人们的行为方式、思考方式以及对生活节奏的感知，没有任何一个时代的普通人像今天的人一样害怕落伍。"在作者看来，时尚是一种历史现象，也是一种审美哲学，它跟政治、艺术、哲学之间的关联耐人寻味。"透过时尚，我们能更透彻地理解自己以及我们的行为①。"时尚一方面意味着相同阶层的联合，意味着一个以它为特征的社会圈子的共同性，另一方面在这样的行为中，不同阶层、群体之间的界限不断被突破，而真正的时尚中心总是在较上层阶级之中。德国思想家齐奥尔格·齐美尔在其文集《时尚的哲学》中总结到："时尚的魅力在于：它一方面使既定的社会圈子和其他的圈子相互分离，另一方面，使一个既定的社会圈子更加紧密——显现了既是原因又是结果的紧密联系；它受到社会圈子的支持，一个圈子内的成员需要相互模仿，因为模仿可以减轻个人美学与伦理上的责任感；无论通过时尚因素的夸大，还是丢弃，在这些原来就有的细微差别内，时尚具有不断生产的可能性。"②

谈到时尚设计，不得不提到苹果的产品。苹果一直以良好的性能和极简设计，使消费者产生使用偏好。"苹果改变了世界，并且不止一点点。"苹果被誉为时尚创新的代名词，影响和改变着商业世界。苹果电脑在技术和设计领域内引发无数次潮流，它一次次推出的革命性外观设计，让所有追求完美的消费者为之倾倒，也使从 IBM 到微软，所有电脑无不跟着苹果的设计亦步亦趋。苹果每年只开发一两款产品，但几乎每款都在市场内引发轰动。苹果推出的最新产品 iPhone 和 iPad 秉承"圆滑线、易用性、对环境的关注"的设计理念，引领时尚，每推出一代产品，都有"果粉"在专卖店排队购买。

苹果营销也成为时尚的营销模式。在"果粉"盼望苹果手机面世的长达一年多时间里，网上讨论不断，甚至有人自称搞到了苹果手机的设计方案。但直到发布当日，人们最终看到 iPhone 的真实面目，几乎所有人都猜中了它叫 iPhone，但几乎所有人都没有猜中它的造型，更为它的各种性能惊叹。苹果的产品之所以如此受欢迎，很大程度上来源于其对市场供应的控制，也就是使市场处于某种相对的"饥饿"状态，有利于保持其产品价格的稳定性和对产品升级的控制权。苹果的饥饿营销则正好利用人们这种赶潮流、追时尚的心理。

关于时尚有较多研究，经典的著作有德国思想家齐奥尔格·齐美尔的文集《时尚的哲学》，挪威卑尔根大学哲学系副教授拉斯·史文德森的专著《时尚的哲学》；研究论文《时尚设计符号与中国人视觉思维关系之探讨》（戴大方，2008）探讨时尚设计符号与中国人视觉思维关系间的相对关联性，总结符合国人视觉认知的时尚符号和视觉文化，为设计师创作时提供更多参考依据，推广带有中国符号特征的多元化时尚；各类时尚杂志及时尚设计类书籍更是不可胜数，如《瑞丽家居》、《时尚先生》等。

8.2 社会文化与设计心理

社会文化，广义地讲，是人类社会发展过程中所创造的物质与精神财富的总和；狭义地讲，是社会的意识形态及与之相适应的制度，包括政治、宗教、道德伦理、风俗习惯等。

对消费行为产生直接影响的是狭义的社会文化。社会文化以各种形式向社会成员规范了行为和价值标准，不同社会文化背景下的人们，在生活标准、兴趣爱好、风俗习惯、行为模式等方

---

① ［挪威］拉斯·史文德森著，李漫译. 时尚的哲学［M］. 北京大学出版社，2010
② 齐奥尔格·齐美尔著，费勇译. 时尚的哲学［M］. 文化艺术出版社，2001

面，显示出各种差异，同时也反映在消费行为上。不同国家的人们在消费行为上存在着差异。例如，美国的家庭主妇每周大体只买一两次东西；在尼日利亚，人们一般每天只买少量的东西；在澳大利亚，因为人力成本高，为节省开支，人们想出了超市的无人售货方式等。生活在同一国度的各民族，也有不同的风俗习惯和消费行为。比如我国的回族人民食用清真食品；蒙古族人民习惯于游牧生活，住蒙古包；维吾尔族人民能歌善舞，喜爱戴顶小花帽……

8.2.1 中国文化特点

(1) 统一性与多样性的统一①

中国文化在数千年的发展中经历了各地域、多民族文化及外来文化的融合发展，最终以汉民族文化为主体，以中原文化为核心，形成了统一性与多样性相结合的发展态势。统一性指中国传统文化以儒家学说为主体，以儒释道三教文化为精髓。多样性指主体文化以外的各民族文化及外来文化，它们与主体文化融合互补，长期共存。

(2) 重视人际和谐、天人合一的整体思维模式

中国传统文化强调和谐理念，追求团结和统一，这使中国消费者在审美取向上讲究和谐，把四平八稳的象征性图案或物品看成美的标志。"和"是儒家的重要思想，北京故宫皇帝处理国务的太"和"殿，整体观渗透在中国文化的各个层面，包括中医和建筑。

(3) 重视直觉，向内求，不重视理论推演

中国先哲的思想是内求而来，如老子的"为道日损，损之又损，以至于无为……"，"道可道，非常道"（《道德经》）。中国传统文化重视道德修养，形式上不是长篇大论。很多哲学家如黑格尔认为中国没有哲学，只有思想，因为西方哲学是外求而得：认识、分析、验证、总结；而中国传统的智慧是内省而来，不思而得出结论。中医受中国古代唯物论和辩证法思想的深刻影响，对事物的观察分析方法，多以"取类比象"的整体性观察方法，通过对现象的分析，以探求其内在机理。在诊治疾病时，中医通过面色、形体、舌象、脉象等外在变化，了解和判断其内在的病变，以作出正确诊断，进行适当治疗；西医以眼见为实，治疗方法建立在眼睛看见的东西上。如脚上一块骨头突出，中医通过观察及把脉来判定是脾出了问题，通过对脾经的调理可以明显使骨头下去，而西医通过手术将骨头削去一块。

(4) 佛教文化影响下的审美心理

佛教的传入，包括佛事活动场所的建筑装饰、佛事用品的使用及教徒的消费示范，也影响着中国人的审美与消费心理。例如在色彩偏好上，上古时代人们认为黑色是支配万物的天帝色彩，夏商周时其天子的冕服为黑色。随着佛教的传入，人们把对黑色的崇拜转向对大地（黄色、红色）的崇拜。在图案喜好方面，中国人喜欢运用龙凤呈祥、龙飞凤舞、九龙戏珠等吉祥图案表示美好的祝愿，也隐喻人们对佛教图腾的崇拜。②

(5) 经济全球化的跨文化发展

中国的本土文化被打上全球化的印记，并出现多种文化并存的局面。这既表现在外部世界的品牌文化（LV等）、快餐文化（肯德基等）、娱乐文化（好莱坞等）、节日文化（圣诞节等）等消费性文化、时尚和大众文化在中国的流行，也表现在外来意识形态、艺术风格等严肃文化对中国的影响上。很多外来文化已经深深地影响着中国的青年一代，对中国的传统文化造成巨大冲击。如今中国掀起"英语热"，而国外也掀起"汉语热"。"汉语桥"世界大学生中文比赛，自2002年以来共举行了九届，来自世界60多个国家的812名大学生先后应邀到中国参加决赛，各国参加预赛的大学生达九万多人，此比赛已成为各国大学生学习汉语、了解中国文化的重要平台。中国文化的影响范围越来越广泛。在对待外来文化的态度上，我们要以自己的传统文化为本，客观地审视外来文化，接受外来文化里有益于自己的成分，对外来文化的创新不仅不会使原有的文化传统中断，而且会大大促进自身文化传统更快更健康地发展。

8.2.2 中国文化的消费行为

我国是一个历史悠久、富有民族传统的东方文明古国，有独特的社会风貌，同西方文化有较大差别。在这种文化背景下，中国市场的消费

---

① 包晓光. 中国传统文化的特征. 价值中国网，2009.2.12
② 宋专茂. 设计心理学 [M]. 广州：广东高等教育出版社，2007：121

者，有一些独特的消费动机、购买标准和购买方式。分析我国当前社会文化背景下的消费行为特点，对企业的国内产品定向、新产品设计和开发等有重要的现实意义。我国文化背景下，反映在消费行为中的特点，主要有以下几方面。

8.2.2.1 传统家文化影响的消费心理

以家庭为主的购买准则：中国市场，以家庭为单位的消费活动居多。个人消费行为往往与整个家庭紧密联在一起，个人不仅要考虑自己的需要，更要考虑整个家庭的需要，或受到整个家庭消费准则的制约。

家庭规模不同，生活体系类型不同，其购买准则也不同。按生活体系类型，家庭可分为六个类型：

积极生活扩充型：此类家庭消费革新意识强，休闲活动积极，社交范围广；

勤俭型：此类家庭扬俭抑奢，主勤劳、重节约，休闲活动消极，注意储蓄；

自我规则型：此类家庭生活目标明确，生活充实，家庭收入和支出规划合理，不易随波逐流；

保守型：此类家庭消费革新意识弱，活动范围狭窄，消费观念保守，态度僵化，不愿意接受新产品；

享乐型：此类家庭重时尚、求新奇，闲暇消费高，浪费性开支大，生活目标为"及时行乐"；

麻木型：此类家庭无生活目标，一日三餐保平安，低收入低消费，似乎新产品、社会活动与他们无缘。

在城镇，中国的家庭意识比西方强，家庭各成员间的依存关系，使购买决策者的购买方式以家庭为单位计算；在广大农村，传统意识更加浓厚，不仅强化以家庭为主的消费模式，还受到家族的风俗习惯制约。和西方消费模式相比，中国人的消费准则是重视自己的义务和责任，而西方社会比较重视个人的权利。比如，在我国父母给孩子选购衣服是合乎情理的事，孩子应当符合家庭的消费模式；而在美国，家长不应干预孩子着装，孩子自己选购服装理所当然。

8.2.2.2 血缘和地缘凝聚的感情消费

血缘。首先"孝"是一种家庭情感的回馈，父母对儿女给予情感，子女也相应地回馈。其次家庭中的情感体现父母对子女的关爱。从古至今，父母往往将子女的事放在第一位。中国人强调兄弟姐妹之间的互助和友爱，强调亲戚之间的互相关怀。消费时往往考虑家族成员的感受，老人、孩子放在第一位，而不只从自身感受出发。

很多情感的交流都源于"礼"。"礼文化"在消费中的体现非常广泛。亲人之间用礼品表达亲情，邻里之间以馈赠增进感情，朋友之间也用礼品表达感情。近年来礼品市场异常火爆，中秋、重阳、端午及农历新年往往是礼品消费的黄金季节。

地缘性恋古怀旧情结消费。地缘的影响使人有很多共同性，有文化认同感。中国人传统的"家"观念，表现在消费心理上，就是一种恋古怀旧的情结，这种情结使中国人在购买时会偏向自己所处的文化圈，对曾经拥有过、使用过的东西很有感情，对类似产品或具有某些熟悉符号的产品产生偏爱。

8.2.2.3 朴素的民风和"节欲"的消费观念

中国有13亿多人口，60%生活在广大农村。我国人民向来以勤俭持家为荣，以挥霍浪费为耻，崇尚节俭是我国的传统民风。反映在消费方面：花钱较为慎重，长于计划，精打细算，购置较多生活必需品，而用于享受方面的奢侈品较少。消费观念基本上以实惠、耐用为主。尤其是我国中老年人的消费，更表现出一种自我压抑的消费。中年人在消费时，常考虑上有老、下有小的负担情况，虽然经济收入明显高于青年人，但直接用于自己消费的成分并不多。相比之下，西方的中老年人的消费行为就大不一样，他们因孩子就业而获得消费上的"解放"，他们周游世界，住高级宾馆，品尝各地美味佳肴。

8.2.2.4 重人情和求同的消费动机

中国人比较重视人与人之间的关系和情感，这在消费动机上有明显的反映。西方社会强调个人价值、个人需要、个人权力和个人意志；中国人注重社会规范，考虑行为的社会效应，不愿意突出自己，不愿意太引人注目，对于别人对自己的看法比较敏感。当形成购买动机时，总想到别人会对自己有什么看法，总以社会上一般消费观念规范自己的消费动机。对商品的评价也多受他人影响，如果属于某个团体或集体的成员，所受的影响和约束就更甚。

中国人寻求商品信息，不太注重广告宣传，而是相信口传信息，尤其是亲友和同事的介绍。这些都是消费求同心理的表现。中国人在婚丧嫁娶方面的消费，存在相互攀比的现象，力求同调也是出于求同的消费动机。因此，中国市场的产品，大众化的设计比较受欢迎。如今，青年人已不甘于消费的同一性，而是追求标新立异，个性化和审美要求明显增加。比如，越来越多的男女青年对时尚服装表现出巨大的兴趣和爱好，他们不仅注重服装的面料，也对服装的款式提出更高要求，尤其是女性，希望突出自己的独特性，力求个性化表现。青年人激进的意识也影响了中老年人。"吃讲营养，穿讲漂亮，用讲高档"的消费趋势已经形成。因此在中国市场上，求新求美的艺术设计已成为广大产品设计师的努力方向。

8.2.2.5 含蓄的民族性格和审美情趣

中国产品的艺术化要体现东方文明古国含蓄的民族性格和审美情趣。如果说西方民族的典型性格是外向、奔放，那么中国的民族性格则比较内向、含蓄。在艺术表现手法上，西方艺术以写实为主要手法，如油画、水粉画，强调现实和立体感；中国艺术则以写意为主，像国画，用线条勾勒出千姿百态的人物和自然景物，用水墨渲染出无穷的意境。另外，在服装审美情趣中，中国人喜欢色调柔和的、淡雅的、朴素而庄重的衣着；而西方人则喜欢色彩艳丽的、显示人体美、裸露的装束。在产品的广告设计中，也要注意中国消费者审美的含蓄性。

产品设计的艺术化，除了要发扬传统艺术的特点，也要吸收西方艺术之精华为我所用，这样才能使我国的产品设计多样化。比如，中国传统服装的改革，应当吸取西方服装讲究实用的长处。西方人注意到社会在发展，人们走路、工作的速度在加快，服装设计应当便于活动，有助于提高工作效率，所以他们的服装简洁大方，线条流畅，表现出现代意识。而我国的传统服装，像典型的传统服装旗袍，中国妇女穿上很好看，但喜欢穿这种服装的年轻妇女却为数不多。因为，高领服装夏天穿起来很热，下身的裙子太紧穿起来很不方便，特别是骑自行车的时候。将传统的旗袍加以改革，将高领变成一字领或方领，下身配短裙，这种中西结合的旗袍新款式，很快为广大中国妇女所喜爱，也在职业女性中流行起来。

8.2.2.6 重直觉判断的消费决策

跨文化的研究发现，在判断事物时，中国人常用直觉的方法，而西方人习惯于分析的方法。这种思维方式的差异，使中国人的消费决策过程有别于西方人。中国人评价一种产品，常是先对产品有个总体印象，然后再从总体上寻找总体印象的依据，看这个印象是否正确；西方人则常先分析产品各项功能的好坏，然后综合对各项功能优劣的分析得出总的印象。所以中国市场上，创名牌就显得特别重要，中国消费者的消费决策以名牌产品为导向，他们特别愿意购买名牌产品，一方面是名牌的质量比较可靠，买名牌，可以少担风险；另一方面也和购物时中国人不善于一项一项地检验产品的性能，而只注重对其总体的印象有关。

8.2.2.7 崇尚孔孟的购买风格

中国具有5000多年文明史，传统思想内容丰富，源远流长，长期影响着中国人的行为，其中包括消费行为。在传统思想中，影响最大的是孔子的儒家思想。孔子的学生颜回身居陋巷，吃饭用竹筒子，喝水用瓢，深得孔子厚爱。另一影响很大的老庄道家思想也反对奢侈行为。受儒道两家节俭思想的影响，中国人养成了朴素的民风和勤俭持家的好习惯。儒道两家还提倡"礼让"。孔子强调"克己复礼"，在物质利益上不争忍让。孔孟耻于计较物质上的得失，"君子喻于义，小人喻于利。"庄子主张把度量衡用具统统取消，以免人们在斤两上争来争去。这种忍让思想影响了中国消费者的购买风格。

许多消费者在购物过程中，利益受到损害，明知短斤少两，也忍气吞声"不争"，即使是几百元的损失，也常自认倒霉了事，甚至还有"吃亏是福"的心理。在这方面，中国消费者同西方消费者的行为有明显的差别。有个真实的故事说明这一差别：在南亚某一国家的餐馆里，有一位中国人和一位美国人同桌就餐，两人都要了一份煮鱼，但侍者端来的却是炸鱼。当时中国人的反应是：炸鱼同煮鱼价格相当，虽油腻些，但可以将就，不必计较了。而那位美国人却立刻指出错误，除要求更换外，还要求侍者以及餐厅经理向他道歉。

崇尚礼让的购买风格有利有弊。在购买过程中，礼貌待人，尊重他人的劳动，形成买卖双方和谐的人际关系，是礼让购买作风有利的一面，也是理想的"产消共益体"构建的基础。对于损害消费者利益行为，尤其是不法商贩的缺斤少两，消费者不能迁就忍让，否则就助长了各种违法行为的滋长蔓延。虽然对个人说来，买二斤东西亏二两份量，只是损失几角钱，但如不制止商贩的不法行为，其他消费者就会继续受害。目前，国家有关部门正在加强管理，净化市场，将伪劣商品清除出市场，这反映国家对消费者权益十分重视。要根本解决消费者的权益问题，只靠政府干预是不够的，还需要每一个消费者都起来捍卫自己的权益，我们的购物环境和社会风气就会净化，有利于社会主义的商品经济的健康发展。

8.2.2.8 传统风俗与消费行为

风俗是一种社会规范，是指一个民族在长期共同的社会生活中自发积累起来，并为多数人遵循的行为方式。中国有许多风俗节日，比如春节、中秋节、重阳节、端午节等，伴随着各种节日有许多风俗活动，象征着中国人善良、聪慧、勇敢。因此，中国风俗节日的消费行为也别有趣味。中秋的月饼、端午的粽子、九九的重阳糕、正月十五的元宵……

传统风俗也表现在中国的民宅建筑风格方面。建筑是物化风俗、物化的生活方式和消费方式。中国传统住宅建筑是田园式的独门独院，看上去封闭、向内，而西方是开放、向外的。但是，中国住宅的对外封闭是一种自我防卫，是家族生活的外在表现，而西方的对外敞开是一种自我表现，在敞开的背后则是界限严明的个室，他人难以进入个室。在住宅消费行为上存在如此大的差别，人们并不觉得有什么特殊，而是习以为常，这是传统风俗不同所致。

8.2.2.9 旅游文化与旅游设计心理

旅游是现代文化消费的重要内容。如何根据中国各名胜古迹特有的旅游消费心理，设计适销对路的旅游纪念品，是设计师关注的新方向，如一些名山名水名地都是旅游的稀缺资源。随着西藏、云南等地旅游市场的火爆，当地的旅游纪念品开始走俏。藏药、藏香及土特产和具有民族风情的工艺纪念品深受游客的喜欢。云南丽江古城等地的民族工艺品，当地的土特产都是游客必带的纪念品。旅游产品及民族工艺品的再设计不但对于发展旅游文化有积极作用，也迎合了消费者的旅游购物心理。很多藏饰还深受国外消费者的喜欢，很多外国游客到中国，都会收集大量民族工艺品和饰品。很多新锐设计师已经将民俗产品的设计和再包装列进自己的设计范围，设计出大量仿古和改造的民俗艺术品。这些艺术品大多将文化、旅游、纪念品融为一体，构思巧妙，创意新颖，既突出民族神韵，又集纪念、珍藏、馈赠、使用及经济价值于一身，凝聚了中国文化的典范，值得各地设计师参考。

另外，一些旅游业发达国家的旅游纪念品设计，给我国设计师提供了很好的借鉴。比如法国巴黎的艾菲尔铁塔、美国纽约的自由女神雕像、荷兰的风车、非洲的木雕……不仅被设计制成各种材质、各种规格、各种价位的纪念品，并早已成为各国的象征。埃及同我国都是文明古国，他们充分利用古代流传下来的纸莎草为材料，配以现代丝网印技术，将传统的、典型的古埃及绘画图案化，批量制成大小不一的装饰画或贺年卡（贺卡上用古埃及文、古代印度文、英文、中文篆书四种文字印上恭贺词语），物美价廉，形成独具特色的旅游纪念品类。他们还利用复制古币和传统壁画中的形象制成精美实用又易携带的信封、电话簿、明信片、邮票、钥匙链、钱包、项链、T恤衫、书包……寻求特色的旅游纪念品类，是这类产品开发的关键。

现代旅游消费心理具有三个显著特点：

大众性。随着社会经济发展，旅游已由早期少数人的特权变成现代人们日常生活中的重要组成部分，形成了大众化的旅游时代。

世界性。空运的发展缩短了旅行时间，扩大了旅游空间，形成了世界性国际旅游市场。

综合性。现代旅游中，通常由旅游经营企业事先根据旅游地各种情况，并结合旅游者需求提供旅游产品，标志着旅游活动日趋产业化、商品化。

8.2.2.10 外来文化影响下的消费心理

据报道，2008年中国首次超过美国成为世界第二大奢侈品消费国。中国奢侈品消费者年轻化成大趋势，平均比美国年轻25岁。环球时报报道称中国内地2010年的奢侈品市场消费总额达到107亿美元，占全球份额的1/4。预计中国将在2012年超过日本，成为全球第一大奢侈品消费国。民营资本的迅速增长是推动奢侈品市场的一大动因。由于外来思想的冲击和逐渐渗透，国民认识到外来文化的很多优势，加上这种新鲜的、从未在中国土地上生长的文化，让中国民众产生了强烈的好奇心。这些产品更具时尚性、流行性、趣味性，在质量和性能方面更优良，价格上比国内产品具有优势，因此，它们也逐渐占据中国的消费市场。

20世纪30年代的旧上海，由于殖民主义的入侵，整个上海受西方文化冲击猛烈，从服装、发型、家庭装修到生活用具无一不体现这一特点。现阶段，中国人的消费观也深受西方和日韩流行文化影响，从日常消费品到奢侈品消费，再到文化消费等，都能够看到外来文化的踪影，甚至原封不动地照搬。这些外来文化不仅对消费观念产生了影响，对中国人的价值观和生活方式也产生了潜移默化的作用，使人们在很多方面放弃了原有的一些良好的习惯和观念，甚至产生一些不理性消费。例如，奢侈品消费在中国的兴起，很多消费者表现出狂热的态度，不求最好但求最贵，往往用价格、名气来衡量产品的好坏，为追求这种流行，常购买超出自己消费能力的产品，或者抱有攀比炫耀的心态去购买产品。奢侈品在中国的兴起，一方面体现了中国人生活水平的提高，人们在解决基础需求之后会要求更高层次的需求满足；另一方面体现了中国人对奢侈品的理解还比较浮浅，消费观念还很不理性，尚没有形成良好的消费观。对于这样的问题，设计的任务在于引导消费者形成良好的审美观，培养消费者健康的消费理念。

8.2.2.11 酒桌文化的消费心理

在我国博大精深的饮食文化中，酒文化占据重要的份额。酒文化的精髓不仅在酒本身的品质和渊源，更在于它与主体间亲密接触的最辉煌时刻，也就是酒桌文化。酒桌文化已经成为中国人生活中的一部分，求人办事请客吃饭，招待贵宾请客吃饭，感谢别人请客吃饭，朋友聚会请客吃饭，饭局已经无所不在的在生活中出现。在中国，不一定什么事都可以摆到桌面上来说，酒桌除外。酒桌适宜神交、社交、私交。酒桌浇筑了一个社交的中国、节庆的中国、礼仪的中国。中国人在酒桌上不谈生意，喝好了，生意也就差不多了，这是潜规则。但是这种礼仪社交文化已经越来越不健康。为此，设计师要发挥主观能动性，设计能引导人们健康消费的产品。

8.2.2.12 重面子的消费心理

消费行为的影响因素包括群体影响和个体影响。与西方相比，中国消费行为的一个显著差异是受群体的影响巨大。中国人在消费中更重视别人的看法和意见，更关注个人消费的社会群体效应。中国人无论古今、不论贫富、不论城乡，都追求要脸要面，将送礼、维系体面和关系等视为基本需要，将争脸、给面子和礼尚往来列入基本行为规范，从而形成中国人社会中恒久而普遍的面子消费行为，甚至构成驱动消费的重大动因，造就出中国非常大的特殊消费市场。这些消费包括礼品消费（送礼行情）、礼俗消费（婚丧嫁娶、走亲访友）、攀比消费、节日消费、关系消费、公关及特殊消费等。①

8.2.3 消费习俗与设计心理

8.2.3.1 消费习俗对消费者行为的影响

消费习俗是指人们在长期社会活动中形成的各种消费风俗习惯。消费习俗的形成沿袭既有政治、经济、文化、历史的原因，又有消费心理的影响。消费习俗一旦形成，不仅直接影响人们的日常消费生活，而且影响人们的消费心理，影响人们的生活情操与品位。

消费习俗作为一种影响消费者行为的社会因素，对消费者购买行为产生广泛而深远的影响。消费习俗对消费者行为的影响主要表现在四个方面：一是购买行为的普遍性，即消费习俗能够在某些特定的情况下引起消费者对某些特定商品的普遍需求；二是购买行为的长期性，即消费习俗一旦形成，就会世代相传地进入人们生活的各个方面，强有力地影响着人们的购买行为；三是购买行为的周期性，即消费习俗是周期性出现的，消费习俗的反复性、重复性使购买行为在非特定的时间内，需求减少或不产生特定的购买行为；四是购买行为的无条件性，即消费习俗是为广大消费者所接受的行为方式，它使购买行为较少有条件的限制。②

8.2.3.2 消费习俗的营销策略

（1）挖掘习俗内涵，引导消费行为

研究与挖掘消费习俗的内涵，对消费习俗中具有传统文化特点、适应当前环境与观念变化、具有积极影响意义的活动与内容进行汇总、整理与提炼，使之特色化、系统化、规范化，并通过多种传媒途径广为传播，加深人们对特定消费习俗的了解和认识，强化人们的记忆，不仅有助于消费习俗的世代延续，满足人们在物质上、心理上和情感上的需求，更有助于在习俗来临之时引

---

① 卢泰宏. 中国消费者行为报告 [M]. 北京：中国社会科学出版社，2005.2：366
② 孙晓红. 论消费习俗商机与营销对策 [J]. 经济理论研究，2006.3：49－50

导消费行为，进而达到促进企业销售，即获利的目的。

（2）开发习俗产品，满足消费行为

时代的发展与社会的进步使人们对各种消费物品有更高要求，传统生产方式所形成的品种、花色、数量、档次单一的习俗产品已远远不能满足消费者需求。对此，企业应顺应形势变化，精心开发具有时代特色的习俗产品。对有条件的地方可以尝试用现代化生产方式取代传统手工作坊式操作，提高产品的生产量和标准化程度，满足消费者一致性消费需求；不断开发品种多、花色全的习俗产品，满足消费者差异化消费需求；提高服务水平，确保产品质量，创造名牌产品。例如中秋节是中国的传统节日，吃月饼是中国人的传统习俗。月饼包装设计作为月饼文化的重要组成部分，在设计中蕴涵和注入了浓郁的中国文化精神。近二十年来，月饼包装的附加值远远超过其本身的价值，逐渐由吃月饼变成吃月饼包装。传统文化在月饼包装设计中的表达逐步由图解式到多元化发展，体现了传统文化在包装设计中的传承和发展。不过，要注意避免过度包装现象，倡导低碳、绿色设计理念。

（3）设定习俗假日，刺激消费行为

在民间，清明节、端午节、中秋节、重阳节等传统习俗节日因其特定的文化内涵、精神崇尚与寄托，一直受到人们的重视。自古以来，每逢节日来临，人们会有各种各样的纪念活动和消费行为，并形成富有中国文化特色的消费举动。随着人们工作与生活节奏加快，闲暇时间减少及外来文化的冲击，上述具有传统中国文化特色的、有利于社会未来发展的习俗活动正在人们的观念中一点点淡去，有些已面临着消失的危险。因此，通过官方干预来保护、复兴传统节日，精心选择有利于社会发展的消费习俗，适当增加或调整法定假日时间，是一件利国利民利企业的大好事。目前关于这一问题的讨论已经浮上水面，40多位民俗学者建议延长春节假期。同时，增设清明、端午、中秋等传统节日为法定假日的提议已经通过并实施。通过官方干预，复兴传统节日，既可以弘扬民族文化，增强民族自豪感，增加消费时间，刺激消费者消费，又可以带动企业发展，促进社会进步。

8.3 社会阶层与设计心理

国外的消费心理研究表明，个人的消费支出形态与经济收入水准之间并无显著的关系，但与社会阶层关系很大。因此，生产者和设计师了解社会阶层如何影响消费形态，是十分重要的。

8.3.1 社会阶层的划分

社会阶层，是人们在社会生活中因某些共同点或一致的特征而组成的社会集团。社会阶层具有结构性，属于同一社会阶层的人，由于共同特征的制约，会形成共同的消费价值观、消费需求和消费方式。

社会阶层的结构性象征着社会成员的分层。按照一般的划分方法，被社会成员认为最理想的阶层就是社会的上层，反之就是社会的下层，还有居于两者之间的中上层、中层、中下层等。如第七章所述，零点调查公司将中国消费者分为5层14个分群。上层包括理智事业族；中上层包括经济头脑族和工作成就族；中层包括个性表现族、平稳求进族、工作坚实族、经济时尚族、随社会流族、平稳小康族；中下层包括求实稳健族、传统生活族、现实生活族；下层包括消费节省族和勤俭生活族。

一般认为，影响社会分层的因素有很多，但主要因素是社会成员的经济收入、教育水准、职业和财产。

8.3.1.1 经济收入与设计心理

经济收入通常反映个人成就和家庭背景，同时在一定程度上也是权力和地位的象征。不同收入的消费者往往有不同的消费心理和消费行为。比如高收入的阶层消费者大多在高级豪华商场购买商品或奢侈品，而且他们有时还很注意印有这类商店标记的包装纸或其他包装材料；低收入阶层的消费者则多在一般百货商店购买自己所需商品。虽然他们有时也去高级豪华商店，但多半只是去猎奇而已。

8.3.1.2 教育水准与消费行为

由于教育水准不同，形成了不同的消费价值观，也就形成不同的消费行为。在美国，一个卡车司机和一位教师，年收入可能都是28000美元，但他们的消费方式却完全不同。所以，消费行为不仅取决于经济收入，还在很大程度上取决于消费者的教育水准和价值观。教育水准是划分社会阶层的另一指标。由于社会成员所受教育的时间长短和程度高低不同，就形成了不同的价值观、不同的行为习惯和心理上的差异。如表8-2。

表8-2　教育水准与消费行为的关系

中阶层	低阶层
1. 着眼于将来	1. 着眼于现在
2. 倾向于理智	2. 倾向于情感
3. 对世界有发展性意识	3. 对世界只有维持性意识
4. 视野开阔，没有限制	4. 视野狭窄，有限制
5. 作决定时考虑周密	5. 作决定时略加考虑
6. 充满自信，愿意冒险	6. 重视安全
7. 思维倾向于无形的和抽象的	7. 思维倾向于有形的和知觉的

因此，在消费行为上也表现出一定的差异性，比如在产品感觉上，高阶层的消费者偏爱温和感受，低阶层的消费者喜爱强刺激性；在审美观上，高阶层消费者较为一致，低阶层消费者存在较大差异，他们注重安全需要，一般存在着即刻实现的消费倾向。中阶层消费者比较注重体面，尤其是中阶层的妇女，怀着强烈的社会同调性，因此中阶层的消费者彼此间相互影响比较大；高阶层消费者往往注重成熟感和成就感，对具有象征性意义的商品和属于精神享受的艺术品比较重视。

8.3.1.3　社会职业与消费行为

各国人民对这一指标的接受，显示了一致性的看法。国外研究报告表明，世界六个主要发达国家（英、德、美、法、俄、日）中，职业声望显示出高度一致，即在某个国家享有高声望的一种职业，在其他国家同样享有高声望，反之亦是如此。这表明，世界各国人民在判断职业地位高低时，所使用的标准相近或相同，他们认为法官、医生、科学家、政府官员和大学教授是社会地位最高的五种职业。现代社会中，用职业作为划分社会地位的重要标准，明显表现在青年择业和大学生分配过程中。因此，无论是过去还是现在，人们都把职业作为划分社会阶层的一个标准。在我国，中年知识分子所从事的职业大多是教师、科研人员和一些企事业单位的工作人员，他们都属于同一阶层的消费者，其消费行为颇为类似，在购买过程中，他们一般不在营业柜台前久留，往往比较注重商品的外形、式样，注重商品的美，对商品的质量比较挑剔。他们有较强的自尊心，求廉一般不成为他们的购买动机。书籍是他们生活中的重要消费品。

8.3.1.4　财产与消费行为

财产已经被社会学家用作一个社会阶层的指标[1]。财产包括动产（如银行存款）和不动产（如房屋、汽车等）。随着经济快速发展，居民家庭积累的财产数量不断增加，居民家庭理财的领域不断拓展，理财产品种类不断增加，城镇居民的家庭财产已由过去的单一银行存款变为多种理财产品和理财方式组合，如股票、基金等[2]。同时，居民家庭拥有的耐用品数量显著增加。以城镇居民家庭为例，从1990年到2010年，我国城镇居民家庭每百户拥有的摩托车、电冰箱、彩电、空调、家用电脑、家用汽车的增长显著（表8-3）。

表8-3　城镇居民家庭百户耐用消费品拥有量[3]

消费品	1990年	1995年	1999年	2000年	2006年	2007年	2008年	2009年	2010年
摩托车/辆	1.94	6.29	15.12	18.80	25.30	24.81	21.39	22.4	22.4
电冰箱/台	42.33	66.22	77.74	80.10	91.75	95.03	93.63	95.4	96.5
彩色电视机/台	59.04	89.79	111.57	116.60	137.43	137.79	132.89	135.7	136.8
空调器/台	0.34	8.09	24.48	30.80	87.79	95.08	100.28	106.8	111.7
家用电脑/台	—	—	5.91	9.70	47.20	53.77	59.26	65.7	69.9
家用汽车/辆	—	—	0.34	0.50	4.32	6.06	8.83	10.9	12.7

原则上说，家庭财产越多，居民的消费就越多，然而，我国近几年出现了高积累、低消费的现象。这和社会发展以及政治制度等有很大的关系，在此不做讨论。

---

[1] L.G.希夫曼，L.L.卡纽克著．俞文钊译．消费者行为学（第七版）．上海：华东师范大学出版社，2002：408
[2] 李彦和．简析我国居民理财型消费行为[J]．消费经济．2008，24（4）：95
[3] 中华人民共和国国家统计局．中国统计年鉴，2010

应当指出，划分社会阶层的标准，还有思想文化、宗教信仰、政治地位以及城乡差别、成员的年龄差异等。所以，在划分社会阶层时，还可采用综合指数，即把上述这些客观标准综合起来，按其重要性进行加权，这种方法比单一标准更可靠些。

8.3.2 社会阶层与设计心理

8.3.2.1 社会阶层的特征

①同质性：一般来说，同一阶层的人有相似的态度、活动、兴趣和其他行为模式，他们接触的媒体、购买的商品与服务以及购物的场所都会比较相似。

②认同性：各阶层的人之间的交往会受到限制。一般来说，同阶层的人之间的交往会觉得舒服，所以同阶层的人来往较多，他们有一致的看法。

③多元性：社会阶层包括职业、收入、文化教育条件、居住地等各个方面。每一方面就是一个元维度，它们对划分阶层都起作用。但是，到底一个社会可以分出多少阶层，划分阶层的标准又是什么？现在并没有一个合理的意见。

④动态性：每个人所属的阶层都是可能发生变化的，也就是他所处的阶层既可以上升，也可以下降。

⑤稳定性：社会阶层具有相当的稳定性，通常在短期内，社会阶层并不会有太大改变，因此，具有相当持久性。

⑥周延性与互斥性：每个社会成员都可以依据分级的标准而归入某一社会阶层，同时每一个人也只可归入一种社会阶层，也就是不应有一个社会成员同时属于两种或两种以上的社会阶层，也不应该有成员无法取得社会阶层的归属。①

8.3.2.2 社会阶层与设计心理分析

许多研究都证明，不同阶层的人对人、对物的态度不同，信念不同，价值观念也不相同。即使收入水平相同、所属阶层不同，其生活方式和消费行为也有显著的差异。

西方国家的研究发现社会阶层对消费行为的影响较大。但是，近年来社会阶层之间消费行为存在的差异逐渐减少，同时，在同一社会阶层里也发现了消费行为的差异，所以在市场细分时，除了社会阶层外，还要考虑收入、年龄、家庭生命周期等多种指标。有研究表明，对属于中低档但可作为社会阶层标志的产品，如冷冻和快餐食品、饮料等，用社会阶层作为市场细分的指标比较好；对价高但并不是社会阶层标志的产品来说，如厨房及洗涤用品，用收入作为市场细分的指标比较合适；对于中高档能作为社会阶层标志的产品来说，如高档衣服、化妆品、汽车等，市场细分时把社会阶层和收入综合起来考虑更加合适。例如，在一个机构或公司里，职位有高低之分，所以要针对不同职业阶层设计不同的职业服色彩。职位从低到高，职业服的色彩也遵循从鲜艳到淡雅的规律，颜色的纯度和明度都逐渐下降。低层职位的职业服色彩较为丰富艳丽，体现穿着者的年轻、活力和亲和力；中层职位的职业服色彩较中庸保守，体现穿着者的谨慎、踏实和可信赖度；高层职位的职业服色彩高压权威，更具领导者的个性魅力。

8.3.3 社会阶层对消费行为的具体影响

社会阶层对消费行为的具体影响主要是通过影响消费者的消费环境、选择心理、消费倾向、信息选择心理等来实现的。

8.3.3.1 对消费环境的选择

大部分的消费者，尤其是女性消费者，倾向于在符合自己身份的环境里消费商品。属于低阶层的消费者认为，如果到高级豪华商店或商场去购买会感到不自在不舒服。例如在商店选择上，不同阶层的消费者存在着差异。高阶层消费注重时髦豪华，而低阶层消费者则关心价格因素。见表8-4。

表8-4　社会阶层与商店选择

商店的特点	高阶层	中阶层	低阶层
价格实惠	19%	33%	65%
品种齐全	12%	42%	28%
非常时髦	69%	25%	7%

消费环境的选择是消费分化的一个表现，到不同场所购物，显示购物者的身份差异。好的消费环境不仅给人赏心悦目的感觉，更体现消费者在身份和地位上的优越。消费环境与购买的商品和服务的质量也有密切关系。在购物环境的选择上，阶层地位较高的人选择的环境较好，阶级地

---

① 林建煌. 消费者行为学[M]. 北京：北京大学出版社. 2004：217

位低的人到较差环境购物的比例大；在就餐环境与餐馆的选择上，阶层比较高的人通常去环境比较好的高档餐厅，阶层地位较低的人就不太在意餐馆的环境和情调，主要考虑方便实惠；在交通工具的选择上，阶层差异也比较明显，阶层地位比较高的人，不但乘私家车上班的比例比较大，乘公车（单位专车和班车）的机会也多，而阶层地位较低者则以公交车、地铁和步行为主。①

8.3.3.2 消费倾向和购买倾向

社会阶层的高低，首先影响社会成员的消费和储蓄比例。一般而言，社会阶层高低与消费倾向成反比，社会阶层越高，储蓄倾向越大，消费倾向越小；社会阶层越低，则储蓄倾向越小，消费倾向越大。其次，阶层的高低还影响消费者的购买模式。低阶层的消费者许多时候喜欢大批量地购买某些商品，而高阶层的消费者更多地强调生活质量，大量购买的习惯较少出现②。再次，阶层的高低还影响消费者的购买倾向和消费结构。

8.3.3.3 消费信息的选择

一般说来，低社会阶层的消费者并不进行过多的信息调查，他们对商品信息、价格信息没有过大的选择欲望，而高阶层的消费者一般比较注重商品信息的调查和选择，他们的购买行为和消费行为对信息的依赖性较大。另外，在所接受的宣传媒介形式上，各社会阶层也存在着差异。高阶层成员较多接触报纸和杂志，而低阶层消费者则比较喜欢故事性小说及反映名人的传闻轶事和娱乐性刊物，在电视节目类型的选择上，高阶层消费者比较喜欢时事政论、高层次的音乐舞蹈、戏剧等节目，而低阶层消费者喜爱电视连续剧、喜剧等节目。所以，广告设计师应把握不同阶层消费者对广告宣传内容的需求规律，运用不同的广告媒介，获得较好的广告效应。

8.3.3.4 消费目标的差异

不同的消费阶层有不同的消费目标。据上海市的消费者抽样调查，30%的低收入居民在消费上追求廉价，40%的中等收入居民追求实惠，30%的高收入居民追求优质和品牌。因此产品设计人员要根据不同阶层的消费者的消费目标，设计出不同档次、不同品种的产品，让各种收入层次的居民均可找到自己喜欢的产品。另外消费目标的差异还受居住条件的限制，一般高阶层的居民，住房条件宽敞、独用性强，因此他们对室内装饰、成套家具、厨房设备等消费品购买力强，而住房条件不好的居民则没有这些消费目标。

8.3.3.5 住房消费的差异

住房既是生活必需品，又是一种重要的身份物品，住房同时也是固定资产，购买住房是一种投资方式，所以住房是集使用价值、交换价值和身份价值为一体的财富和消费品。住房条件可用人均居住面积衡量，但也有居民不止一处住房，有的家庭可能有两套或更多住房，所以居住面积也并不能完全反映各个阶层住房拥有和使用的情况，但居住条件的好坏却反映生活方式和生活质量的差别。较高阶层对住房面积、居住环境、购买汽车的条件都高于较低阶层的人。

8.3.3.6 服务消费的阶层差异

随着人们生活水平的提高，消费结构不断升级，人们对服务消费的要求也不断提高。例如住房贷款是为让工资收入相对较低的人也买得起自己的住房，而实际上，阶层地位较高者更有可能获得各种消费贷款，而不是急需住房，往往有一套以上的住房者不少人有住房贷款。旅游是这几年都市消费的新亮点，从各阶层出去旅游的比例看，阶层地位较高的企业经理人员、干部、专业技术人员等出去旅游的比例很高，而很多阶层地位比较低的人既没有很多经济基础，也没闲暇时间。在教育消费方面，阶层地位较高者接受各种教育的比例更大，而其他阶层则相对较少，这表明阶层地位越低，改变自我的机会越缺乏，一生中向上流动的可能性也越小。③

8.4 社会群体与设计心理

所谓社会群体，是指由一些经常在一起活动交往，以实现个人或共同目的的个体所组合的人群结合体。社会群体并不是个体的简单相加，而是个体通过一定目的、一定方式结合而成，群体中的个体行为不仅要受自己独立的思想、信念、价值标准、消费观念等影响，而且要受社会群体中其他个体的影响。因此，消费者的消费行为必然要受到其所属群体的影响。首先，群体成员在

---

① 赵卫华著. 地位与消费——当代中国社会各阶层消费状况研究 [M]. 北京：社会科学文献出版社. 2007：168－180
② 汪彤彤，徐龙，金志芳. 消费者行为分析 [M]. 上海：复旦大学出版社. 2008：117
③ 赵卫华. 地位与消费——当代中国社会各阶层消费状况研究 [M]. 北京：社会科学文献出版社，2007.12：194－198

接触和互动过程中，通过心理和行为的相互影响与学习，会产生一些共同的信念、态度和规范，对消费者的行为产生潜移默化的影响。其次，群体规范和压力会促使消费者自觉或不自觉地与群体的期待保持一致，即使是那些个人主义色彩很重、独立性很强的人也无法摆脱群体的影响。再次，很多产品的购买和消费与群体的存在和发展密不可分。比如加入某一球迷俱乐部，不仅要参加该俱乐部的活动，还要购买与该俱乐部形象一致的产品，如印有某种标志或某个球星头像的球衣、球帽、旗帜等。

8.4.1 社会群体与消费行为

与消费行为有关的社会群体主要是家庭、工作群体、相关群体、业余群体、朋友群体、购买群体、虚拟群体和消费者行动群体。

8.4.1.1 家庭与消费行为

人的一生，大部分时间在家庭度过，家庭成员之间的频繁互动使其对个体行为的影响广泛而深远。个体的价值观、信念、态度和言谈举止无不打上家庭影响的烙印。不仅如此，家庭还是一个购买决策单位，家庭购买决策既制约和影响家庭成员的购买行为，反过来家庭成员又对家庭购买决策施加影响。我国著名学者尹世杰主编的《当代消费经济词典》中把家庭消费解释为"家庭消费是家庭消费活动的总和。其主要内容包括：安排家庭成员的物质文化生活、家务劳动、养育子女、赡养老人等。家庭消费是个人消费的基本单位和主要场所，是家庭成员生活费统一收支的单位[①]。"家庭，尤其是城市家庭不再是生产单位，而相应的分配和交换基本以个人为单位进行，消费成为家庭经济功能中保留的最后一项内容，且日益增强。家庭掌握着最主要的消费购买，如购买房屋、汽车、耐用家电等。[②]

8.4.1.2 工作群体与消费行为

工作群体是由消费者所属工作单位的同事构成。它是一种正式群体，有明确的特定目标，有固定的组织形式，从事经常的活动。比如工厂的班组，学校的班级、教研室，部队的班排，机关的科室，农村的居委会，娱乐界的工作室和体工队等。工作群体的成员有较长时间的交往机会，因而影响各个成员的消费行为，他们通常会共同评论产品的性能和质量、流行的款式、花色品种等，这种议论对消费决策是一个重要的参与因素。工作群体有成文的行为规范，这些规范对其成员有约束力，影响成员的行为，这种影响也反映在成员的消费行为上。比如，过去的行为规范是艰苦奋斗，勤俭持家，那么消费行为就是求廉求实为主。改革开放之后，工作群体的行为规范也发生变化，主张美化生活、美化环境，因此，消费行为就出现了强烈的求新求美的动向。

8.4.1.3 相关群体与消费行为

相关群体，指在对一个人思想、态度和信仰以影响的人群。相关群体亦称榜样群体。相关群体的规模大小不等，家庭、工作群体也属相关群体，此外，学校、机关、朋友、政党等也是相关群体。经常往来的群体以及他愿意模仿的别的群体，是影响消费行为的重要相关群体。

相关群体是一种特殊类型的群体，它是消费者作出购买决策的比较物和参照物，是个体心目中的规范。相关群体对消费行为会产生具体的影响，表现在以下几个方面。

（1）对消费行为的修正

某种产品及其有关资料在未到达消费者手中或消费者未见到之前，就已经被相关群体作了某种程度的修正。这种修正可能是褒义的，也可能是贬义的，以增加和减弱这一产品隐含的特征。比如工作群体对某一新产品持肯定态度，就可以使工作群体成员及其影响下的潜在消费者对产品增加好感。

（2）个体消费对相关群体的依赖

有的消费者缺乏消费经验，不能确定购买某一商品的结果能否满足需要。在这种情况下消费者对相关群体的依赖性，远远超过商业环境的依赖性。中国人在了解产品时，重视朋友、邻居、同事等相关群体的口传信息以及直接的商品体验，相比之下，对商业环境的刺激（如广告宣传、橱窗布置以及外包装等）依赖性较弱。

（3）对消费行为的规范

相关群体若内聚力强、影响力大，则产生一种团体压力，形成一种规范，使消费者个人在商品的选择上与之相适应。一般而言，消费者对商品体验和获得信息越多，他对这种商品的选择就越不受相关群体的影响。另外，产品本身的特点

[①] 尹世杰著. 当代消费经济词典［M］. 成都：西南财经大学出版社，1991

[②] 黄升民，陈素白，吕明杰. 多种形态的中国城市家庭消费［M］. 北京：中国轻工业出版社，2006：9

比较贵或有购物风险的产品，容易引起人们的顾虑和评论，那么人们在购买时易受相关群体的影响，像彩电、冰箱等耐用消费品以及高档服装等的购买，而一般日用品不易受相关群体的影响。

（4）相关群体的消费权威性

若相关群体具有权威性和吸引力，那么他们使用的产品牌号、商标、造型等，就会更有效地被一般消费者所采纳和赞同。精明的厂商利用这一消费心理，采用名人、专家作相关群体，在广告设计和产品设计上发挥他们的权威性和吸引力，可收到很好的市场效益。我们常看到电影明星为化妆品做广告，医学专家为新药品做广告，在乐器上标有"××音乐学院监制"字样的包装等，诸如此类，皆对打开产品销路很有帮助。

8.4.1.4 业余群体与消费行为

运动俱乐部、学校校友会、业余摄影爱好者协会等组织均属业余社会群体。人们加入这类群体，基于各种目的。有的是为获取知识、开阔视野，有的是为认识新朋友、新的重要人物，有的是为追求个人的兴趣与爱好等。业余群体内各成员不像家庭成员和朋友那么亲密，但彼此之间也有讨论和交流的机会。群体内受尊敬和仰慕的成员的消费行为，可能会被其他成员谈论或模仿。业余群体的成员还会消费一些共同的产品，或一起消费某些产品。比如，滑雪俱乐部的成员要购买滑雪服、滑雪鞋和很多其他滑雪用品。①

8.4.1.5 朋友群体与消费行为

朋友群体是一种非正式群体，其成员之间的相互关系带有明显的情绪色彩。人以群分，物以类聚，这是朋友群体的最大特点。朋友群体的形成，有的是住在一起的邻居，有的是同乡同学，有的是有相似的生活经历，也有的是工作相同、工作场所相近，还有的是有共同的信念和价值观，有共同的兴趣和爱好等。总之，朋友群体因形成原因的多样而出现多种类型，对消费行为形成也有多种影响。

工作群体和相关群体对消费行为的影响，可起到宏观调控作用，而朋友群体对消费者的购买行为是直接影响。尤其是独身期的年轻人，他们经济上日趋独立，购买力强，社交活动频繁，心理上的独立性使他们不愿请教自己的父母和师长，而乐意到朋友群体中去求取帮助。从形成购买动机到了解商品信息、进行商品选择，直到产生购买行为，无一不受到朋友群体的影响。在商场，父母和年轻人一起购物的现象较少见，大多是青年朋友一起评价商品。另外，消费行为的同调性，也是朋友群体影响的实例。比如朋友买了iPhone手机，大家都以羡慕口吻在议论，这种朋友群体的影响将促使你等不到自己手机的使用效能丧失，就会尽早去购买iPhone手机，以赶上消费的"时代步伐"，尽快与朋友保持同一的消费水平，达到心理上的平衡。

8.4.1.6 购买群体与消费行为

购买群体是一种松散的非正式群体。当两个或两个以上的消费者决定一起去购买商品时，他们就组成了一个购买群体，购买群体通常由朋友群体所派生。购买群体对当前的短期消费行为影响很大。国外研究发现，当三人以上共同购买时，他们会比单独购买时更多地偏离原先的购买计划，或者比原计划买的多或买的少。这时更多受来自相关群体和朋友群体信息的影响，有些人原来没有购买计划，但碍于朋友的情面，而违意购买；也有些人在大家称赞商品时，发生冲动性购买，反之也有取消购买意愿的。据测算，两人以上一起购买时，超出计划的购买量几乎比单独购买时多出1倍。

购买过程中也有群体效应，消费者和售货员之间的买卖活动构成了松散的群体，这种群体效应表现在缩小顾客与营销人员之间的心理距离所产生的促销，即心理促销策略。比如语言促销，合适的称呼、恰当的用词以及观点表同的运用，都可以取得成功的效果。社会心理学认为，当宣传者和被宣传者之间观点一致时，他们之间的相似之处，会使人产生表同趋势，把宣传人看成自己人，这就是"自己人效应"。广告设计师应当充分把握消费者心理，有针对性地进行产品宣传，使消费者产生表同，促使顾客尽快作出购买决策。这些都是心理促销策略。

8.4.1.7 虚拟群体与消费行为

计算机和互联网的出现使得新类型的群体出现——虚拟群体或者团体。任何人都可以打开计算机进入网络中访问特殊兴趣的网址，或进入聊天室或微博，或寻找相同爱好的人。通过互联网能知道世界各地的新闻，可以知道哪位朋友正在线上以便能够及时发送和接收信息。社区的定义不再是50年前所定义的"在人们中的社会联系

---

① 社会群体. 维基百科 http://wiki.mbalib.com/wiki/%E7%A4%BE%E4%BC%9A%E7%BE%A4%E4%BD%93

的集合",还有相当广泛的"互联网社区"。互联网社区为成员提供了广阔的信息和伙伴关系、社会关系,覆盖了极大范围的主题和议题(如素食主义、贸易、聊天、购物、游戏、旅游、邮件、艺术等)。在互联网上人们可以自由表达自己的思想,和没有见过的人交流感情,不需要考虑自己的相貌、身材等。①

时下流行的网络团购就是一种虚拟消费群体。团购作为一种新兴的电子商务模式,通过消费者自行组团、专业团购网站、商家组织团购等形式,提升用户与商家的议价能力,并极大程度地获得商品让利,引起消费者及业内厂商,甚至是资本市场关注。团购的商品价格更为优惠,尽管团购还不是主流消费模式,但它所具有的爆炸力已逐渐显露出来。各种各样的团购网也如雨后春笋般出现,如拉手网、美团网、糯米网、购物狂等。

8.4.1.8 消费者行动群体的消费行为

消费者行动群体作为一个对用户至上主义者的反应已经出现。有许多这样的群体,他们致力于以健康和负责的方式帮助消费者作出正确的购买决定,提供消费产品和服务,提高消费者的生活质量。消费者行动群体可分成两类:一是组织去纠正特殊的消费者陋习,然后解散的那些群体;二是组织去解决更广泛、更普遍的问题,运作长期或者无限期的群体。如组织在一起的一群生气的邻居,反对在邻居间屋顶的栏杆处开口等是临时的、特殊问题引起的消费者行动群体。1980年成立的美国反对酒后驾驶的母亲协会(MADD)是一个长期的消费者行动群体,她们动用本地人物力量去同酒后驾驶作斗争,支持用行动去限制酒精饮料广告等,她们通常反对任何可能对年轻人产生不良影响的广告和产品。②

8.4.2 消费文化与群体心理研究

根据零点公司的群体划分模型,消费文化对相关群体的影响很大,与此相关的代表性群体主要有:中学生群体、年轻女性群体、新男性、网民群体、农村居民群体。③

8.4.2.1 中学生群体

中学生群体信息敏感,乐于探索时尚,乐观面对未来,技术兴趣高,强调个性,有强有力的个人直接购买力与间接购买力。他们有很强的一致性和叛逆性格,易与其他社会群体发生冲突,非常情绪化。同学和同学外的朋友在消费中的影响超过家庭成员,在家里妈妈影响最重要,之后是爸爸,妹妹和老师差不多。中学生对形象使者、符号、包装、广告风格兴趣浓厚,所以产品外观应经常、快速变化,以吸引他的注意力。营销要突出伙伴群体在他们中间的特殊作用,要使这个品牌吻合受欢迎伙伴的特征。欧洲的做 peer group marketing 的专家研究了一个城市中十多岁儿童的行为模式后,做出一个营销攻势:为了卖一种时尚手表,派出一千个人在这些学生最爱出现的地方戴这块表,炫耀这块表。只用一个月的时间就把这块表卖俏了。他们发现这种炫耀非常重要,这个群体对外观非常敏感。选出来的一千个人看起来都很酷,当四个小女孩发现一个很酷的人戴着这块手表时,四个小女孩一商量,马上就加入这个群体。

8.4.2.2 年轻女性群体

年轻女性中间最突出的就是追求"独立平等"。按照零点公司所做的调查分析,年轻女性主要分为三种:事业型、传统家庭型、双向型,其中双向型占47.8%,这使很多女性内在压力较男性强。因此女性的购物行为也许不单纯是一种购物行为,而是发泄行为。在工作中,处在高压状态的办公室白领女性在购物时,没有目标的行为比例高于中年妇女和中学生。这证明压力可以导致人们的购物行为。

给青年女性做广告,要吻合她们的情绪。女性大多数喜欢购物、赶时髦、注重享受、讲究名牌、注重款式、随意购物、为自己消费等。对女性产品的营销设计,在广告中有三个方面,第一选择谁来代表,称为形象使者;第二个是选择这个人之后,准备让他传递什么样的信息;第三,是在什么样的背景下。

8.4.2.3 新男性群体

新男性和一般男性最大的区别是尊重女性的程度特别高,富有的程度较高,懂得讨女性喜欢,对外表的装饰比较在行,会玩,能挣钱。按照新男性的装备水平可以分成4类:商务族、平

---

① L. G. 希夫曼,L. L. 卡纽克著,俞文钊. 消费者行为学(第七版)[M]. 上海:华东师范大学出版社,2002:361-362
② L. G. 希夫曼,L. L. 卡纽克著,俞文钊. 消费者行为学(第七版)[M]. 上海:华东师范大学出版社,2002:399
③ 袁岳. 我们需要以文化为核心的营销研究. 零点调查公司,2002

衡族、实力派、新异族。商务族的装备中间，最多的是自己买的房子，还有最典型的装备包括电脑、手机、信用卡；平衡族每年有15天的带薪休假、每月听一次音乐会、有飞机全程累计卡、健身俱乐部会员卡，他们将休闲和工作很好结合；实力派有男性香水、名牌手表、名牌袜子、洋酒、高级运动装备等，这一类男性的"表面功夫"做得很好，他们也有汽车、自己的房子以及多种多样的娱乐安排，是新男性中间的精锐；新异族的典型装备有耳环、染发、紧身衣。这一族的装备怪一些，其他没有什么特别之处，和其他族之间差距较大。新男性代表人物主要来自影视娱乐界、政治家、企业家，他们具有社会领导价值和消费领导价值。

潘石屹在销售SOHO现代城时，概念上是要卖给新经济贵族，但事实上住在现代城的大多数为旧经济的。这就属于利用新男性这个群体，去撬动另一个群体。

8.4.2.4 网民群体

网民往往积极自信，讲究自由重于功利，乐于体验重于结果。生活中和进到网络中的人，体现的人格不大一样。网上有虚拟形象、虚拟话题、虚拟活动、虚拟社区，也有虚拟人格。根据零点公司的调研，实践证明，在网络社区中间所表现的人格，更接近人们内心想表现的。对网民来说，他们消费行为的指向，更多针对有助于增加他行动广度和深度的产品。

网络消费在生活中已经普及，只要有网络，人们坐在家中就可买到想要的东西，办理相关服务。年轻人更多选择在网上购物，如淘宝网、京东网、卓越网、凡客诚品等；人们在旅游出行之前更愿意到网上查找或定制旅游路线；各类手机支付、网上银行提供越来越方便的服务；网络虚拟礼物消费也异常繁荣……各类车、房、服装、电子产品、团购和各类服务的网络正在改变着人们的生活方式。网民的发言权越来越大，一个网民对一个产品或服务有了美好的体验，会迅速通过网络告知其他人，并影响更多人去购买。反之，若一个网民对某个商品有负面感受，也会迅速让更多人知道。

8.4.2.5 农村居民群体

家庭经济状况对农村居民群体消费的影响最大。随着社会的发展，中国居民的贫富差距越来越大，农村居民的收入比较低，影响到他们消费水平的提高。农民关注的焦点有：孩子、乱收费等。很多农民向往城市生活；新一代年轻农民有"去"农村化的倾向。所谓"去"农村化，就是说极力减低自我农村化的特点。在给农村居民塑造品牌个性的时候，用城市化形象较好，他们具有一种特殊的城市认同趋向。当然做得非常漂亮，也不适合农村。随着农村城镇化进程的加快，国家的惠农政策也在不断完善，农村居民的收入有一定提高。例如家电下乡政策顺应农民消费升级的新趋势，开发、生产适合农村消费特点、性能可靠、质量有保证、物美价廉的家电产品，并提供满足农民需求的流通和售后服务；对农民购买纳入补贴范围的家电产品给予一定比例（13%）的财政补贴，激活农民购买能力，扩大农村消费，促进内需和外需协调发展。

8.5 社会心理与设计心理

社会心理现象包括模仿、暗示、感染、从众和时尚，对消费者行为影响最大的是时尚。

8.5.1 社会心理现象概述

8.5.1.1 模仿

模仿指仿照一定榜样作出类似动作和行为的过程。消费活动中的模仿指当某些人的消费行为被他人认可并羡慕时，便会产生仿效和重复这类人的消费行为倾向，从而形成消费行为的模仿。在消费领域中，模仿是一种普遍存在的社会心理和行为现象，从服装、发型、家具到饮食习惯等都可成为模仿的对象。例如英国已故王妃戴安娜因怀孕而特地设计穿着的一款底色鲜艳、夹着黑白色碎花的孕妇装成为当时英国妇女模仿的流行服装。

8.5.1.2 暗示

暗示又称提示，是在无对抗条件下，用含蓄、间接的方式对消费者的心理和行为产生影响，从而使消费者产生顺从性的反应，或接受暗示者的观点，或按暗示者要求的方式行事。在购买行为中，消费者接受暗示而影响决策的现象极为常见。暗示越含蓄，效果越好。直接的提示形式易使消费者产生疑虑和戒备心理，间接地暗示容易得到消费者的认同和接受。

---

① 叶敏，张波，平宇伟. 消费者行为学 [M]. 北京：北京邮电大学出版社，2008：67-72

8.5.1.3 感染

感染是通过某种方式引起他人相同的情绪和行动，包括受到别人思想、行为的影响。社会心理学的研究认为，群体对个体的影响主要是由于感染的结果。处于群体中的个体几乎都会受到一种精神感染式的暗示或提示，在这种感染下，人们会不由自主地产生这样的信念：多数人的看法比一个人的看法更值得信赖。感染实质上是情绪的传递与交流，可以改变人的情绪，使人自发地生发出一种与环境一致的情绪，调适自己的身心。

8.5.1.4 从众

从众行为是指个体在群体压力下改变个人意见而与多数人取得一致认识的行为倾向。在消费领域中，从众行为表现为消费者自觉或不自觉地跟从大多数消费者的消费行为，以保持自身行为与多数人行为的一致性，避免个人心理上的矛盾和冲突。这种个人因群体而遵照多数人的消费行为方式进行消费，就是从众消费行为。

8.5.2 时尚的一般概述

时尚，又称流行，是指在一定时期内社会上或一个群体中普遍流传的某种生活规格或样式，它代表了某种生活方式和行为。由众多人的相互影响，迅速普及到日常生活的各个领域，比如装饰、礼仪、生活方式、消费行为等方面。在流行现象中，还伴有一些不同于一般流行的特殊现象。时髦、摩登、时狂是常见的三种，它们与流行有程度、规模、时间上的区别。社会心理学家孙本文在解释时髦现象时说，时髦流行于社会上层的极少数人，以极端新奇方式出现，寿命也就更短；摩登是比一般流行要优美一些的行为方式和表现方式，也是属于上流现象；时狂则相反，是流行于社会下层的尘俗现象，表现得更剧烈、更短暂。

时尚是一种政治现象、经济现象、社会现象、历史现象、心理现象和文化现象。

8.5.2.1 时尚是一种政治现象

时尚现象往往受重大政治事件或科技成就的影响。比如阿波罗飞船登月，国际市场上便出现太空服、宇宙衫以及以混沌模糊、低色度和低明度的太空、宇宙色为标志的流行色；由于人们对战争的厌恶、对工业污染的困扰，普遍追求展现大自然色彩的流行色和古代图案造型的偏爱，我国设计的以马王堆汉墓中发掘的汉代丝绸和帛画为原型的图案和色彩，在国内外轰动一时，在国际市场上的售价比同类印花绸要高几倍。

8.5.2.2 时尚是一种经济现象

它反映了消费者的收入水平的提高和生产工艺技术的进步。德国社会学家 G. 齐美尔说"越是容易激动的年代，时尚的变化越迅速"，即时尚越有市场。中国处在社会经济高速发展的"激动年代"，人们对时尚的追求日新月异。尤其是青年女性经济地位的逐步增强和强大的消费能力，对时尚产业产生了巨大的推动力。日本一家经济研究所曾对1951—1961年这10年中纺织品流行色进行了分析，发现流行色与经济状况有明显的关联，社会经济状况好，则流行鲜艳明朗的颜色，反之，则流行低沉、灰暗的颜色。像1951年、1953年日本经济状况不佳，穿灰黑、藏青等颜色服装的人比例较大。到经济转好的1960年，反映愉悦情绪的玫红、粉红、金黄、橘黄、大红等颜色的服装显著增加。

8.5.2.3 时尚是一种社会现象

时尚的社会现象表现在三个方面，其一，时尚或流行涉及的范围广，几乎社会生活的方方面面均有反映。比如流行歌、流行语、流行色、流行服装、流行发式、流行家具、流行歌舞、流行鞋帽、流行动作、流行思考方式等。其二，流行是大量人参与的现象。为数相当的人随从和追求的流行，在同类现象中，有数量上的优势，否则，不称为流行现象。到大街上或公共场所，一眼看上去可以大体看得出流行服装、流行发型等，因为流行表现为大量现象。其三，时尚或流行是某一时期的社会现象，有一定的时间性，过了一定时间不再流行。流行达到高峰时期成为"热"，如"足球热"、"琼瑶热"、"中国热"等。时尚或流行的时间是短暂的，长时间不变被人消化、吸收，则转化为习惯和传统。其四，时尚表现出社会阶级同化与分化的现象。时尚是社会阶级分化的产物，有着既使既定的社会各界和谐共处，又使他们相互分离的双重作用。时尚一方面意味着相同阶层的联合，意味着一个以它为特征的社会圈子的共同性，另一方面，在这种行为中，不同阶层、群体之间的界限不断被突破。这种消费实则是向人们表达某种社会优越感，以挑起人们的羡慕、嫉妒和尊敬。所以时尚消费是一种符号代表，还表现出消费者个性、社会地位和权力。[①]

8.5.2.4 时尚是一种历史现象

时尚的产生和传播只是在人类社会开化到一定阶段，社会内部有了阶级上和身份上的明显区别之后，才有可能开始出现。比如，我国盛唐时期时尚现象的产生和传播，是在盛唐实行开放政策和社会交往增加的历史条件下出现的。由于封建贵族看到少数民族和外国文化的不同之处和长处，朝廷内开始模仿异文化服装、帽子；唐太宗时期，外国遣使朝贡，带进了西方的服装文化，在宫廷内引起宫女服装时尚现象的出现，说明时尚的产生和传播，受经济历史条件的限制。在原始社会，无所谓时尚。近代社会的时尚与古代不同，现代时尚又与近代社会不同，随着社会历史的发展，随着经济和科技水平的提高，时尚的内容和形式也发生不断的演变。

8.5.2.5 时尚是一种心理现象

时尚现象也是一种心理现象，它反映了消费者渴望变化、求新求美、自我表现等心理上、精神上的需求。在分析影响人类知觉的因素中，客体的新异性、变化活动性等是重要的内容。只有产品的造型、款式、色彩不断地变化更新，才能吸引消费、刺激消费、扩大消费，使产品有良好的市场效益。

从流行的个人心理上看，它是一种个性追求，自我实现，试图用标新立异来提高身价的心理现象。流行又是一种自我保护、自我防卫，试图用出众而避开和弥补自己的不足。流行的这两种个人心理机制，好像是不相容的、对立的，实际上是统一的，是一种多相人格的表现。作为个性追求的流行，是表现在外的东西；作为自我防卫的流行，是藏于内部的东西，是由于自己的某种不足而产生的自卑感、防卫心。因此，对流行的追求，也是对自卑的一种克服，因而产生了顺从心理，也就是对标新立异现象的服从。

在人们的社会生活中，时尚现象在消费行为中反映比较突出，消费者通过对所崇尚的事物（任何样式可言的事物）的追求，获得心理上的满足。随着时代的变化，经济的发展，消费者的观念更新，生活水平的提高，有经济能力来"显示消费"和"显示闲暇"，这两个概念是美国社会学家韦伯伦在说明时尚现象的形成而提出的，他认为时尚最初起源于社会上层阶级的富有和对富有的炫耀，为"显示消费"，"显示闲暇"而在消费行为中最早出现时尚现象。

8.5.2.6 时尚是一种文化现象

流行文化、传统文化、外来文化都在不同程度上影响着时尚，而这些往往会通过设计体现出来，通过消费传播开来。流行文化对时尚和设计的影响丝毫不亚于经典文化对其的影响。例如，可爱文化对设计风格的影响。近年来，一种提倡天真、搞笑、新鲜稚嫩生活态度的可爱文化已经渐渐被年轻人所接受和推崇。它符合"80后"逃避生理上已经成熟的现实，不愿长大，寻找童年旧梦的心态。在可爱文化的影响下，那些带有童年特色能唤起温暖回忆或能保留年幼特点的物品越来越多地受到欢迎。意大利ALEESSI公司的设计师捕捉这一流行特色，设计出一系列具有可爱设计风格的家居产品，其产品造型特点简洁、可爱、结构简单色彩明亮，有的还添加了幽默的元素。

生产力发展的水平和物质生活水平的提高，给时尚现象的产生提供了最基本的条件。人们生活贫困和无衣无食，讲时尚、追时髦是不可能的。交通和大众媒介的发展，为时尚现象的大量出现提供了可能性。交通发达了，人们可以随时由农村到城市，由小城市到大城市，由一个大城市到另一个大城市，广开眼界；原来见不到，甚至想不到的服装、装饰、生活方式、行为方式，都能见到学到。消费者可以不到外地，不出家门，只要看电影、听广播、看电视、上网，就能知道社会上的流行服装和商品。于是，人们沿着大众传播提供的线索和方便，很快地就追上了某种时髦。

8.5.3 时尚的规律和设计

时尚现象亦同其他事物一样，有自身的规律和特点，在设计过程中，参考这些规律和特点，对开发流行产品和设计流行商品有重要的启示。这些时尚的规律遵循某些原则，主要表现为以下几点。

8.5.3.1 "反传统性"原则

时尚或流行，尤其现代社会里的流行是反传统的、逆传统而行的。首先，传统带有守旧性，时尚或流行是以"标新"为主要特征，追求"新"和"奇"，好像和以往不同才算新，并且越新越奇，就越好、越合时尚、越流行。其次，

[①] 唐琳. 城市青年职业女性群体时尚消费特征研究——以长沙市为例 [D]. 中南大学硕士学位论文, 2008.5

传统是长时间不变的，时尚或流行则重在"入时"，过了时候就不再时兴。传统的中山装几十年不变，而时装则是年年翻花样。再次，传统讲节约、流行讲高消费。流行既然和讲究新奇分不开，为了追求某种新奇，便不惜"成本"，不计"代价"，并且流行达到热点时，还出现奢侈现象。总之，时尚、流行、时髦，是任何一个社会都不能避免的社会现象。有传统的、陈旧的生活方式，就有对传统的某种反抗和改造。

8.5.3.2 "短时性"原则

时尚对现代社会的影响力极大增长的原因是时尚产生的速度加快。产生的速度加快也就决定破灭的速度加快。时尚产生的速度快，即追求者加入的速度加快，当加入人数过多时，便是时尚的破灭。"时尚总是只被特定人群中的一部分人所运用，他们中的大多数只是在接受它的路上。一旦一种时尚被广泛接受，我们就不再把它叫做时尚了。一件起先只是少数人做的事变成大多数人都去做的事。例如某些衣服的式样或社会行为开始只是少数人的前卫行为但立即为大多数人所跟从，这件事就不再是时尚了。时尚的发展壮大导致的是它自身的死亡，因为它的发展壮大即它的广泛流行抵消了它的独立性①。"时尚、流行在历史上都是"昙花一现"。因为是"昙花一现"，促使一些人产生一种不失时机的追赶心理。

8.5.3.3 时尚遵守"循环原则"

时尚的发展有一定的循环性。曾经有人说，时尚就像钟摆，如果这轮赶不上就等它下轮转回来，说的就是时尚的回归性。某种时髦形式在消失几年、十几年甚至几十年之后，又会出现，形成一种循环。一位英国学者经过多年对服装行为的研究发现，时装的式样兴衰有一定的循环规律。如果一个人穿上离时兴还有5年的时装，就会被人认为是怪物；提前3年穿戴被认为是招摇过市；提前1年穿，会被认为是大胆的行为；正在时兴的当年，穿这种衣服的人就会被认为非常得体；一年后再穿就显得过时；五年后再穿，就成了老古董；十年后再穿只能招来耻笑；可是过了三十年再穿，人们又会认为很新奇，具有独创精神了。中国妇女穿的旗袍，解放后不时兴了，而现在又被当做时髦服装穿起来。现阶段，时尚的循环性在很多方面都得以体现，如2002年的唐装风和2008年的中国风、传统风等。

8.5.3.4 时尚遵守"新奇原则"

每一种时尚都是以与众不同的形式和方法出现的。几十年过后，原来时兴的已被大多数人遗忘，从而它又成为新奇的东西。"新奇原则"，是通过人的心理活动起作用的，每个人在社会中都以不同的手法和途径来显示其个性特征，其目的是在他人心目中形成"自我形象"。时尚既要求模仿，又要求个性化，由此形成了时尚形态的日益纷繁多样化。而"新奇原则"的利用，就能使他人更快更早地注意行为主体。因为新奇的东西对人的刺激大，容易引起人的无意注意。许多人喜欢别出心裁的打扮，实际上就是自觉不自觉地利用这一原则，从而达到自我显示，引起他人注意，满足心理需要的目的。

8.5.3.5 时尚遵守"从众原则"

这一原则决定了时尚的流行趋势。一般说来，社会中对时尚极端注意和极端不注意的人都属少数，绝大多数人随着时尚的发展而转移。人们往往认为，凡是合乎时尚的就是好的、美的，反之就是落伍的和不合时宜的。这种从众心理是人们寻求社会认同感和社会安全感的表现。因此，在社会中人们都有一种心理倾向，即被大多数人接受的，个人也乐意接受。这种顺从大多数人的心理和个体自愿接受社会行为规范的倾向，是时尚得以流行的重要条件。

8.5.3.6 时尚遵守"价值原则"

贵的是好的，高档的是时髦的。流行商品在款式、造型、色彩及其他方面是比较讲究的，这种产品在流行期间很受消费者欢迎，市场上往往出现供不应求的现象。消费者对流行产品的追求往往胜过对价格的追求，所以流行商品的价格往往定得偏高。如果价格定得偏低，消费者反而会产生"新不如旧"的怀疑心理。消费者总是根据经验把价格同商品的质量挂钩，"一分钱一分货"，"便宜没好货"，往往用价格高低来衡量商品价值和品质的标准。所以，时尚遵守"价值原则"，也被称为"奢侈原则"。

8.5.3.7 时尚有年龄与性别差异的原则

一般说来，时尚对儿童和老年人影响较少，对年轻人影响较大，对男性影响较少，而对女性影响较大。青年人注重个性和自我表现，女性是比较感性的消费群体，注重外表，追求时尚，因此时尚产品的设计主要是针对青年人中的女性群

---

① ［德］齐奥尔格·齐美尔著，费勇译. 时尚的哲学［M］. 文化艺术出版社，2001

体，如化妆品、服饰等用品比较多。

8.5.4 流行方式与设计心理

时尚的流行方式大致有四种。

8.5.4.1 自上而下的流行

由社会上层人士首先使用，如政治、经济界领袖人物带头使用，然后向下传播，形成风气。领袖人物作为一个重要团体或国家的代表，具有很明显的代表性和引导作用，对整个社会的风气通常有很大的影响作用。

我国古代《韩非子》上有一记载：齐桓公喜欢穿紫颜色的衣服，故全国的老百姓也仿效穿紫色衣服。齐桓公对此十分担心，对管仲讲："我们喜欢穿紫色衣服，紫色很贵，老百姓都这样做，怎么办？"管仲向齐桓公献策道："你若要阻止这种风气，首先是自己不穿，还要告诉大臣说，自己不喜欢紫色衣服。你以后凡是看到穿紫色衣服的，必须讲吾嫌紫色臭。"齐桓公愿意试试看，于是，一天之内大臣们都不再穿紫色衣服，一月之内齐国的老百姓也都不穿紫色衣服，一年之内他所统治的地区也无人再穿紫色衣服了。我国现代服装中山装、列宁装等式样，都是通过由上到下的方式传播的。例如我国原国家主席江泽民在参加 APAKE 会议时所穿的唐装引起了时装界的唐装热。

世界流行的时装，有的也是上层人士首先穿起。美国总统里根入主白宫后，里根夫人南希连续被评为全美十大时髦女性之一。一位时装展览负责人说："里根夫人为时装的款式定了格调，有的妇女只是问，这是南希买的式样吗？"

8.5.4.2 横向传播的流行

由社会某一阶层内互相影响，或不同社会阶层之间蔓延、普及，最终成为风气。当今世界已面临世界经济一体化的趋势，不同民族不同国家的文化相互影响，以不同的形式相互交融，这是势不可挡的大趋势，在这样的背景下很容易发生这种阶层间的横向传播。比如幸子衫、大岛服、高跟男鞋以及"西装热"等。我国服装市场的"西服热"，堪称一场服装革命。无独有偶，翻开日本服装史，也曾有过一场主张穿西服的服装革命，叫做"洋装风"。日本的民族服装是和服，但自明治维新后，日本放弃了锁国政策，敞开了原来固步自封的大门，欧美文化长驱直入。一些接受西洋文化的人们，在服装上逐渐倾向于洋服。欧美文化熏陶日久，身穿洋服的人们也愈众，但是形成"洋装风"，掀起服装革命的导火线，却是一次大地震和一场大火。

1923 年 9 月 1 日，日本关东发生大地震，一时间房倒屋塌，山动地摇。身穿和服的人们行动不便，逃避不及，惨遭不幸。1932 年 12 月 16 日，东京白木屋百货公司不慎失火，女店员们因和服在身，逃脱不便，被大火吞噬，于是人们又归咎于和服。自此之后，人心所向，大势所趋，和服在作为日常服装的应用上，不得不让位于洋装，洋装也就一跃而成为日本服装的主流，形成了"洋装风"。不过，作为民族服装的和服，掉头向高级化方向发展，成为日本人喜庆盛典、拜访亲友的必备礼服。

8.5.4.3 自下而上的流行

由社会低阶层消费者首先使用，然后向上散播，形成风气，如美国的牛仔裤。众所周知，牛仔裤是美国开发西部时，淘金工人的蓝领服装。它之所以广为流行，是由于其规格齐全、质地厚实、随意舒适。特别是 20 世纪 50 年代，美国著名影星詹姆斯·迪安和马龙·白兰度分别主演了《伊甸园之东》和《野种》两部电影。影片一公映，两人就成了美国青年崇拜的偶像，而他们在影片中身穿 T 型汗衫和黑皮夹克、下身一条"利惠牌"牛仔裤的这套打扮，顿时成了一代青年竞相追逐的时尚。到了 20 世纪 70 年代，那些保守刻板的会计师、教授、经理也穿起了牛仔裤，后来美国总统里根、克林顿在休闲时，也穿牛仔裤。20 世纪七八十年代，中国放映南斯拉夫电影《瓦尔特保卫萨拉热窝》，不仅瓦尔特这个人成了中国青年喜欢的形象，他那件类似夹克的上装也在青年中流行起来。后来许多商店为了招揽顾客，还特地把这种式样的衣服标上"瓦尔特装"，许多知识界、文化界人士也穿上了这种时装。

8.5.4.4 中心人物的自由扩散

由具有一定社会影响力的公众人物或时尚带头人的倡导或影响而形成的不定向的大面积扩散，影响范围广，涉及各个阶层。如公众所熟悉喜爱或崇拜的偶像或明星的服饰甚至发型都会受到大众的追捧。球王贝克汉姆的独特发型曾掀起了一股模仿风；台湾综艺类节目"女人我最大"，就会经常邀请一些当红明星参与录制，节目中明星们所推荐的各种产品，如化妆品、健身器具等都会成为时尚一族热衷的产品。

8.5.4.5 时尚的现代传播方式

随着社会生产力发展水平的提高和社会生活

内容的多样化，以及交通和大众传播的发展与网络化，时尚现象也开始发生变化，不像以前那样仅仅从社会上层少数人开始，传到社会下层，而是出现了和过去不同的传播方式。

现代社会为时尚的传播提供了前所未有的条件：交通和大众媒体的高速发展，各种传真通讯设备和卫星的同步传播，使人们能很快了解流行趋势；加上各种流行色、流行款式的发布会、研讨会、商品的交易会、博览会，使人们能很快地赶上某种时尚。

时尚的流行对人们的消费行为有重要影响，把握消费者的时尚心理和时尚兴衰规律，会更好地指导产品的设计、生产和销售。某种时尚的兴起和流行，一定时间内会造成产品的供不应求，但时尚的流行也会使一些产品因式样过时而滞销。有些厂商注意运用时尚的作用，直接雇用年轻人作为生产服装的"流动模特儿"，或举办时装表演，组成时装表演队等，表面上似乎增加了一笔开支，但随着服装的"流行"，很快就会获得一笔可观的利润。其实，这仅仅是利用时尚原则的一个方面，更重要的工作是产品设计要时尚，要及时发现和创造健康新颖的产品造型式样，把握流行色的趋势，并且利用广告宣传媒介，在广大消费者中迅速传播，形成风气，这样的市场效益将更为可观。

8.5.4.6 流行与消费者行为的关系

①流行一定程度上可以促进消费者在某些产品消费上的共同偏好。不同阶层、不同社会文化和经济背景的人群，在产品和服务的消费上呈现很大的差异性，流行则可以打破地位、等级、社会分层的界限，使不同层次、不同背景的消费者在流行商品的选择上表现出同一性。

②流行促进人们在商品购买上的从众行为。流行虽然是一种自发行为，但在消费者周围营造了一种不容忽视的环境，传媒对流行事物的大量传播，朋友、同事和其他相关群体对流行现象的谈论和热衷，都进一步强化消费者已有的从众心理，促使其采取从众行为。

③流行以满足一定的社会和心理需要为基础。中国人民大学公共管理学院社会学系教授沙莲香认为，流行具有以下功能："流行提供了一种很好的方式，使人们得以发挥自己异想天开和反复无常的天性而又无害于社会与他人；得以用温和的方式逃避习俗的专制；可以在社会认可的范围内尝试新奇的东西；使精英阶层可以实现他们那种令人生厌的阶层分界努力；也允许地位低下者与地位高贵者进行外在的、虚假的认同。"流行的上述功能实际上折射出它满足消费者一定的社会和心理需求的能力。

④流行过程不同阶段采用者，一般具有较大的心理与个性差异。流行过程大体可分为介绍、风行、高潮、衰落四个阶段。一些消费者可能在介绍或风行阶段就率先接受流行事物，加入到流行中；另外一些消费者可能在这一过程的后期才逐步接受流行事物。流行事物的早期采用者一般是体现"差异性心理"，即通过带头消费别人没有使用的商品与服务，借以显示自己的独特性。流行过程中的晚期采用者，多是显示协调性、一致性心理，即通过购买流行产品，以跟上时代的潮流和步伐，以表明不甘独立与社会之外的心态。①

8.5.4.7 消费流行的趋势与设计

消费流行是在一定时期和范围内，大部分消费者呈现出相似或相同行为的一种消费现象。当某种商品或时尚同时引起多数消费者的兴趣和购买意愿时，对这种商品或时尚的需求在短时期内会迅速蔓延、扩展，并带动更多消费者争相仿效、狂热追求。此时，这种商品即成为流行商品，这种消费趋势就成为消费流行。在消费活动中，没有什么现象比消费流行更能引起消费者的兴趣。当消费流行盛行时，到处都有正在流行的商品出售；众多不同年龄阶段的消费者津津乐道于正流行着的商品；各种各样的宣传媒介大肆渲染、推波助澜；一些企业由于抓住时机，迎合了流行风潮而大获其利，另一些企业则由于受流行的冲击或没有赶上节奏而蒙受巨大的经济损失。由此，消费流行成为设计师必须予以关注的一种重要的群体行为现象。②

消费流行范围有阶层性、地区性、全国性、世界性几种形式。世界性、全国性的消费流行在地区出现也带有鲜明的地域特点，形成不同地区消费流行的地域差。一般而言，世界性消费流行是先从经济发达地区开始，进而到一些富裕国家和地区。这种消费流行的地域差表现为波浪式运

---

① 符国群. 消费者行为学（第二版）[M]. 武汉：武汉大学出版社，2004：265
② 叶敏，张波，平宇伟. 消费者行为学[M]. 北京：北京邮电大学出版社，2008：74

动,当发达国家处于消费流行的第一阶段时,其他国家还未形成流行;当发达国家处于消费流行的第二阶段时,一些富裕国家和地区开始进入消费流行的第一阶段;当发达国家处于消费流行的第三阶段,富裕国家处于消费流行的第二阶段时,一些发展中国家则刚进入消费流行的第一阶段;由于消费流行地域差别的存在,设计师可以采取各种策略,延长商品的市场生命周期,增加企业盈利。

一般发达国家在消费流行进入第三阶段时,为减少损失,保持盈利,往往开始向发展中国家转移老产品生产资金和技术设备,扩大产品销售地区。作为发展中国家的企业市场策略,应一方面大胆引进技术,生产出适合本国需要的流行商品,另一方面利用发达国家的生产技术开发新产品,对产品进行创新设计,以便将产品打入发达国家市场。从地域角度分析,国内形成的消费流行具有这样一些特点:商品一般从京、津、沪、广州等大城市开始流行,逐渐向中部地区(南京、武汉、郑州等)转移,然后进入西安、重庆、兰州等地区。服饰类消费品流行有时是从南到北逐渐流行。广州、上海等地区处于消费流行的第一阶段,其他地区尚未开始流行;广州、上海进入第二阶段;南京、武汉等地进入第一阶段;广州、上海等地进入第三阶段,东北地区则刚开始流行。

这种消费流行地域差别变化十分复杂、不能一概而论,有时服装流行从大连、青岛、天津等地开始进入内地,有时直接从北京开始传遍其他地区。利用消费流行的地域差,企业的市场营销大有可为:第一,可以按照地域流行规定,引进新产品,引导消费流行;第二,向其他地区扩大流行消费品销售,延长消费品生命周期,增加盈利;第三,与经济发达地区合作,利用本地资源、技术优势,共同开发流行商品。

除上述特征与一般性的消费相比,消费流行还具有如下的特征:

①骤发性:消费者对于某种产品或服务的需求,往往是急剧膨胀,迅速增长。这是消费流行的主要特征。

②短暂性:消费流行具有来势快、消失快的规律。常表现为昙花一现,其流行期往往是三五个月或者一两个月。对于流行产品,其重复购买率低,多属一次性购买,也缩短了流行时间。

③一致性:流行消费本身由从众化需求所决定,使得消费者对流行产品或劳务的需求时空范围趋向一致。

④集中性:由于消费流行的一致性,在流行产品的流行时间相对短暂的影响下,使得流行产品购买活动趋向集中,易于形成流行高潮。

8.5.4.8 流行色与流行趋势

每年都有一大批来自世界各地的流行色专家,他们携带各种提案聚集到法国巴黎,共同商量下一年度每季的流行色提案。每一组流行色都有其灵感来源:热带雨林、碧空蓝天、大海、阳光、唐三彩等。他们在调查研究消费者上一季度采用最多的颜色,并注意找出哪些是较新出现的、有上升势头的颜色。大家分析消费者的心理与对颜色的喜好,并窥探消费者的内心,猜测在下一季度的政治、经济和社会形势下,消费者喜欢什么颜色,在充分讨论和分析的基础上,投票决定下一季度的流行色,由此可见,消费者既是流行色的流,又是源。专家所做的是归纳总结和分析,这种预测的流行色可使飘荡在生活与感觉中的流行色,或印在纸上的流行色,为纺织服装企业提供信息,及时生产出人们喜欢的流行色纺织商品,引导服饰消费潮流。例如澳大利亚羊毛服务公司 AWI 发布 2011/12 秋冬女装色彩款式趋势(图8-1)的关键款式有百慕大短裤配夹克外套、低调时尚的绉绸束腰裙、正式夹克配迷你裙和紧身打底裤。其细节和色彩为:男装灵感、修改夹克和束腰长衫、城市分体式、九分裤、图形剪裁、管型、束腰、个性裙装。①

图 8-1 AWI 发布 2011/12 秋冬女装色彩款式趋势

---

① 2011/12 秋冬女装款式风格及色彩趋势. 中国流行色协会 http://www.fashioncolor.org.cn/forecast/show.asp?id=993

杜邦公司是世界上最大的汽车涂料供应商之一。杜邦公司调查了全球 11 个主要汽车市场，包括北美、中国、日本、欧洲、南非等，发布了《2010 年全球乘用车流行色调查报告》。报告显示，银色是全球最流行的汽车颜色，中国大街上，有三分之一的汽车是银色的。全球范围内汽车使用最多的是银色，全球有 26% 的汽车选用银色，其次是黑色和灰色。这三大自然色基本上在所有主要市场都占据着前三位。与 2009 年相比，流行颜色基本一致，但黑色正在缩短与银色的差距，到 2010 年，两种颜色的普及率仅仅相差两个百分点。不过，两个汽车大国美国和日本的市场偏好有些特别，最受欢迎的颜色都是白色。

2010 年中国汽车市场最流行的三大主流颜色依次是银、黑和灰，采用这三种颜色的车辆占到全部车辆的八成以上（图 8-2）。中国人在汽车颜色的选择上体现出的一大特点是"黑色的回归"，黑色车的比例比 2009 年增加 8 个百分点；绿、黄、棕等颜色则较为小众，使用率都在 1% 左右；喜欢银色车的中国车主占到 33%；偏好黑色的车主也占到 31%，而全球的平均水平是 24%；有 26% 的韩国人也偏好黑色车。2006 年时，蓝色还是中国车主青睐的三大颜色之一，平均每六辆车就有一辆蓝色车。而 2010 年，开蓝色车的中国人已是"百里挑一"。业内人士分析称，发生交通事故比例最高的是蓝色汽车，然后依次为绿色、灰色、白色、红色和黑色。蓝色是后退色，因而蓝色的汽车看起来比实际距离远，容易被其他汽车撞上。与蓝色的没落形成鲜明对比的是灰色，五年内，灰色车的比例由 3% 猛增到 18%。所以，上年汽车流行色的调研结果有利于定位来年汽车色彩的设计。[①]

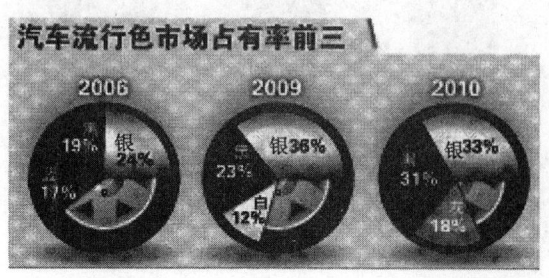

图 8-2　国际汽车市场流行色占有率

8.5.5　时尚与产品设计

8.5.5.1　时尚化设计

在产品的造型设计中，产品的流行性是一个突出的问题。在日本，若跟上流行色彩和款式的成衣，每件可售 10 万日元。而过了流行期的衣服，连 500 日元一件也卖不掉。可见流行性对产品的造型设计之重要。

流行性是大众消费心理的重要表现。在产品设计中，产品的流行样式称时尚现象，时尚现象是一种社会消费现象，这种现象表现为在一定时期内，常常会出现一种为一个集团、阶层的多数人所接受和使用的产品式样，这种产品的式样就叫做"时式"。比如衣服中的新"时装"，妇女中的新"发型"，日用品中的新"款式"，一旦为多数人所接受和采用，就成为时式产品。时式一般出现在人们最易看见又最易变化的部分，特别表现在头发和面部的化妆、首饰及服饰等方面，也容易出现在家庭陈设布置上。另外，时式中最明显的表现是流行色，意思就是时髦、时兴的色彩，即新鲜、新颖的生活用色。所以，产品流行色就是时式问题。

8.5.5.2　时尚产品的特征

时尚产品的特点，首先是具有一定的生命周期。它和其他事物一样，有自身的运动周期，一般要经历从"提倡→传播→形成风气→下降→消失"这样几个阶段。

其次是具有循环性。日本提出流行色循环的大规律是：明色调→暗色调→明色调，或是暖色调→冷色调→暖色调，在服装款式的演变上也有类似现象。如瘦腿裤→喇叭裤→瘦腿裤，长裙→超短裙→长裙。有些流行色能延续三四年，有的只流行一二年就销声匿迹，而有的流行色在衰退之后，经过二三十年，又可能重新成为流行色。

其三，时尚产品有从众性。流行的款式或色彩大都是通过模仿和从众来实现的。人们往往认为，合乎时尚的就是好的和美的，反之就是落伍的和不合时宜的，这种从众心理是人们寻求社会认同感和安全感的表现，因此人们往往自觉或不自觉地接受大多数人的样式，这种心理倾向是时尚得以流行的重要条件。时尚现象是相互影响、相互促动而形成的社会大众的群体现象，少数人采用的产品，不能称之为流行产品，流行产品要

[①] 2010 年全球乘用车流行色调查报告. 杜邦公司, 2010, 12

有规模效益，要有相当数量的人使用产品，才可产生规模效应。

其四，时尚产品有新奇性。新颖的造型、奇特的功能和迷人的色彩会引起人们的关注，而大众纷纷效仿则引起流行；反之，陈旧的造型、落后的功能以及毫无活力的色彩，绝不会引起消费者的追随，因而也不可能是时尚产品。目前工业产品以"薄、轻、细、小"为时尚，而"厚、重、粗、大"则受到人们的反对，所以创制新奇的产品，是创造流行的重要策略。当然，模仿可以创造流行，但这种流行产品只能红极一时，产品生命周期很短，只有精心设计，极富创造价值的产品，其生命力才是旺盛的。

第五，时尚产品的高价性。时尚产品一般定价较高，因为它们一般用料精良，设计别致，显示出它的不同凡响。另外，少数追求时髦的消费者更看重时尚产品的心理价值，所以时尚产品虽贵，购买者还是有的。

第六，时尚产品的时代性。时尚产品是社会进步、科技发展的结果，代表时代的特征，对陈旧传统的造型加以反对和否定。作为某种时代或某个发展阶段时代特点的典型产品，一般应具备两个条件：①这种产品代表了该时代先进科技的最新水平；②这种产品的使用要足以深刻影响人们的物质和文化生活。现代汽车造型设计，就是当代时尚产品的典型，它的卓越性能、优美的造型以及多种用途深深地渗透到各个领域，加快了人们的生活节奏，它是20世纪具有时代特征的典型产品。它的线条轻快柔和、有速度感、色彩明快、表面光洁、组合紧凑、舒适豪华等造型特点，成为其他机械产品仿效的样板，是工业产品流行性设计的样本。

8.5.5.3 时尚产品的扩散

时尚产品的扩散循着时尚现象扩散规律。中国有一首古诗，生动地描述了时尚现象的倡导、传播的过程情况："吴王好剑客，百姓多创瘢；楚王好细腰，宫中多饿死；城中好高髻，四方高一天；城中好广眉，四方且半额；城中好大袖，四方全匹帛。"

这首诗中所叙述的时尚扩散规律在如今社会也是一样。比如化妆是一种生活方式，是人们在满足了温饱、安全需求之后的社会需要。生活方式有其顺应的流行路线，自然是由发达地区向不发达地区传播或推行一种生活方式；很难想象，贫困山区的生活方式会逆向改变、影响沿海大都市富裕居民的生活方式。所以，时尚的化妆品只能先为开放发达的都市消费者设计，然后再传播到其他地区。

产品设计师要注意到时尚的先进性，瞄准国际时尚产品的动向，迅速作出反应，利用国际与国内的市场时间差，在国内市场也能成为领导产品新潮流的主角。比如国际上流行省时的方便食品，像速溶咖啡、快餐面，国内就有速溶茶、方便面、速溶中成药剂等；美国流行轻食品即高营养低脂肪的食品和天然食品，国内市场也出现许多低糖、低钠、低热量的营养食品，还出现由五谷杂粮精制的"黑五类"天然食品。这些时尚产品，销路很好。

8.5.5.4 时尚信息与时尚产品设计

产品设计要富有时代感，要符合国际国内的流行式样，在市场上要有较好的销路。社会群体的适应和习惯由流行所致，而适应和习惯又会导致心理厌倦，厌倦是流行时尚的"杀手"。所以时尚产品流行曲线是呈波浪式的。根据这种流行周期性特征，要求设计师在一种产品成为时尚的时候，就要开始酝酿下一个新的时尚产品，及时做好新品开发。因此研究和把握消费者的时尚现象规律和时尚信息，对时尚产品的设计显得十分重要。

①消费者信息。由消费者组成的市场是时尚设计的源泉。正确把握市场的实际供需情况，了解市场发展趋势，科学分析不同消费者层次的心理需求和经济现状，开发适合不同消费者兴趣的产品，就能设计适销对路的产品，实现较高的价值。例如，在北京举办的亚运会，有人预测到实用性望远镜肯定短缺，就及时推出一种用料省、结构简单的袖珍望远镜。主要是采用价格低廉的纸板制造，能折叠，使用、携带十分方便，为体育爱好者们雪中送炭。产品的附加值率较高，经济效益十分好，这就是信息价值的作用。

②科技成果信息。时尚产品的特点是新、奇、特，越是新奇的东西越是能够吸引人的眼球，设计师在产品中运用最新的技术来作为时尚的亮点，并使产品代表时代特征，能深刻影响人们的物质文化生活，提高产品技术含量。为此，设计人员应该信息灵通，掌握正在转让的有些科技成果，从中找到合适的科技成果，为我所用。例如，有的设计人员经常去参观发明展览、科技成果展览和技术市场，目的就是寻找适合本单位的科技成果。有一家手表厂通过科技信息了解到

真空镀金可以使表壳像黄金一样高贵华丽，还能增强表面强度。设计人员很快就采用这项镀金技术，设计出一系列华丽的镀金表，提高了企业的经济效益。

③把信息纳入产品中，构思成多信息产品。产品本身也可以带来信息。就以手表来说，设计师硬是在这小小之处装上了电子计算器，既能看时间，也能作加减乘除的计算。还有的在手表上装上体温计和脉搏仪，既能计时，又能测体温，还能计心律，从而提高了手表的信息量。现在，有人在普通的奶瓶上装了温度计，以便大人从温度计看到奶温，这个信息使婴儿吃到相当于体温的可口的奶。有些设计师很有信息价值观念，十分重视科技信息和经济信息，采用一条信息救活一个企业的例子，在信息经社会的今天，已不是稀奇之事。

④细分时尚消费群。从社会分层的角度，中间层是时尚消费最积极的追求者；下层群体因为经济条件的制约，而不太具备追赶时尚的物质条件；上层群体则以高贵同其他群体区别开来，或囿于经典，或创造和引导时尚，而不是追赶时尚。因此时尚产品设计一般定位在中档消费层次。

从年龄的差异上分类，老年群体相对保守，是固守传统的保守群体；而年轻群体更趋开放，更倾向于赶时髦、讲时尚。这对设计策划商业宣传时的定位很重要。如2003年中国移动瞄准年轻、时尚一族用户，在全国推广"动感地带 M-Zone"是成功的一例。

从性别角度来讲，不同性别会产生不同的消费行为，同时对时尚的敏感程度也是不同的。女性强烈的购买动机、从众心理和爱美心理都促使她们更注重时尚，更关心时尚文化和时尚产品。如深圳朵唯志远科技有限公司是第一个专属于女性的手机品牌，秉承"爱让女人更美丽"的品牌理念，关注现代女性对"爱、美、尚、家"的多维追求，推出全球女性手机"DOOV 朵唯"手机，并以舒淇为代言人，将女性化发挥到了极致，亦传递了"爱让女人更美丽"的概念。

⑤运用时尚文化。研究最新的流行文化，将流行文化转化到时尚产品中很重要。时尚或流行可以表现多种领域，最开始可能是体现在文化领域，由于一种思想或文化得到很多人的认可和传播，而使这种思想成为一种流行或前卫的代表。好的设计一定是包含了很多的文化因素或情感因素，如现代年轻人中流行的一种后现代的无厘头文化，便可见于产品之间。

从其他艺术领域吸取最新时尚元素，运用到产品设计中。时尚作为当下社会发展现象的体现，渗透到很多艺术领域。如音乐、舞蹈、绘画、影视、动漫等多个领域，设计师要能将其他领域的时尚表现形式提炼为色彩上或造型上的符号转化到设计中去。如很多新的网络游戏中的动漫人物形象、热门动画片里可爱的小动物形象，都可以运用到产品设计中作为设计元素。

⑥将时尚变为经典。时尚的主要局限性是生命周期短，而经典的寿命长、价值更高。因此，应努力将部分时尚转变为经典。时尚消费有一定周期性，时尚的东西代表了它必然是短暂的。所以，设计师要在产品处于蔓延或普及阶段的时候就要对现有时尚产品进行调整或重新设计，以延长该时尚的寿命，为企业取得最大程度的利润。如斯沃淇（Swath）手表、李维斯（Levi's）牛仔裤，其关键是以永恒价值塑造品牌，将使用变成收藏。

8.5.5.5 时尚产品的调研与设计

流行产品的生命周期和整个商品生命周期一样，越来越短。日本20世纪80年代的日用陶瓷设计，要求每3年更新一次造型，每1年半更新300个花面，每半年淘汰100~150个花面，每个花面有7种色调，符合时代审美趣味的新产品不断问世。由此可见，一定要为设计时尚产品占有大量的资料，掌握市场化信息和消费心理趋势，分析和预测流行产品的流行色、流行款式、流行装饰等。所以，开展时尚产品的调研必不可少。

调研就是采集信息，信息就是财富。如能在设计中善于利用时尚信息这个财富，就可以提高产品附加值。如何进行时尚产品的调研？

调研工作首先是调查，然后是分析研究，最后提出对时尚的预测。

调查是要得到大量情报和市场信息。首先要收集各国各地区的流行样式、流行色专业研究机构提供的资料，如时装杂志、造型杂志、装饰装潢杂志、流行色卡、流行花色预测资料等，从而了解各国各地区人民的生活现状、时代动向。其次，了解专业性市场，包括业务洽谈反映、市场销售状况、消费者爱好的民意测验等；日本有种做法，是将消费者分成几个类型来调查其爱好，然后汇总，得出比例数。现在用CSI显示。

调查之后，便要分析。比如根据调查材料，

发现目前世界各国经济不景气、政治不稳定而出现一种逃避主义，反映在国际时尚上，出现了复古的倾向，如国际市场流行古典色、早期美洲拓荒色。我国出口的红木家具、仿古的雕刻柜子、彩缎的沙发套、古典式台灯等近来又变得时髦起来，甚至古色古香的包装款式也大加流行，比如雷允上药店的产品六神丸包装用古代线装书的造型，上海中医学院制药厂的产品杏林牌"辛苓冲剂"的包装装潢，外观以蓝色为基调，配以月白色的古朴花纹，使人联想起中国古代青瓷花纹，突出了中药的悠久历史。这些都与国际时尚有直接的关系。

通过对国际时尚的调查、分析，就可以进行预测。比如调查分析国际时尚的复古倾向，就可以预测，以中国古典艺术为主的产品造型设计必然有好的市场效应。因此，收集和调查世界人民如何看待中国和中国文化遗产这方面的资料，研究17世纪中国通向波斯、西欧的丝绸之路的文化，以及敦煌壁画、青铜器、马王堆文物、唐三彩、宋瓷、明锦等历代造型、款式和色彩方面的精华，以此为创作的源泉，向世界人民展示我国悠久的文明和高超的审美表现手法。

另外，根据时尚现象的周期性、循环性规律，预测产品的时尚。比如流行的洛可可式民族服装，历史上曾周期性的流行过两次，色彩也同样如此。我们可以根据循环性预测时尚现象，不过这种循环不是原样的重复再现，而是赋予新的现代的观点来丰富历史上流行过的色彩和款式，以求产生新的时尚。

产品的时尚设计，还受到科学技术进步的影响，比如包装材料和印刷技术的更新和进步，使过去阴暗无光的黑色变得清晰、光亮起来，使黑色系列的产品设计风靡世界各地，从食品包装到化妆品造型色彩都采用黑色，汽车、家具、家用电器也采用黑色装饰，"黑色热"在各国各地兴起。

产品的时尚设计除了各国消费者都能接受的超时性新颖性以外，还应注意反映本国消费者的个性。比如正当东南亚流行黑色时，日本却流行白色。日本人民对富士山顶的皑皑白雪有深厚的感情，喜欢用洁白的色彩来装饰商品。所以，流行色不仅反映消费者对颜色的态度取向，也反映消费者的情感诉求和个性，因此时尚设计要富有情感色彩，这样才能符合消费者心理，使时尚产品迅速蔓延、扩散，形成风气，市场效果也自然会好。

思考题

一、名词解释

1. 社会文化 　2. 跨文化 　3. 社会阶层 　4. 社会群体 　5. 虚拟群体 　6. 模仿 　7. 时尚

二、简述题

1. 中国传统文化的特点。
2. 社会群体的类型。
3. 划分社会阶层的指数。
4. 时尚的特征。
5. 流行的方式。

三、分析题

1. 分析中国文化背景条件下的消费心理特点。
2. 分析社会阶层对消费心理的影响。
3. 如何根据流行规律，设计流行产品。
4. 分析时尚产品的规律及其设计。

四、实务操作

根据消费者满意度 CSI 问卷区分度考验结果，修正 CSI 问卷。

第九章
产品设计与消费者心理

■ 产品设计与消费者心理综述
■ 产品生命周期与消费者心理
■ 产品造型设计与消费者心理
■ 产品功能设计与消费者心理

9.1 产品设计与消费者心理综述

9.1.1 产品生命周期与消费者心理

9.1.1.1 产品生命周期与产品设计

随着并行工程的提出，首次将产品生命周期的概念从经济管理领域扩展到了工程领域，将产品生命周期的范围从市场阶段扩展到了研制阶段，真正提出了覆盖从产品需求分析、概念设计、详细设计、制造、销售、售后服务，直到产品报废回收全过程的产品全生命周期的概念①。黄双喜等在国家863主题资助项目中对产品生命周期管理进行了系统的研究。阐述了产品全生命周期管理（Product Lifecycle Management，PLM）的概念，并且提出了产品生命周期都是由产品定义、产品生产和运作支持这三个基本的生命周期组成，在此基础之上探讨了每个阶段中如何运用PLM系统。刘永清等在国家自然科学基金项目《基于生命周期评估的产品设计研究》中详细地解说了生命周期评估（Life Cycle Assessment）理论，以及LCA理论对于产品设计的要求与指导意义，提出了"废物最小化"设计可以从再生性、节能性、非物质设计的角度入手，而针对"生态化"的设计可以从生态性、智能性、可塑性的方面考虑。

从消费心理的角度而言，产品生命周期的扩展要求设计师在产品设计、研发阶段深入了解目标消费者（用户）的需求，并且在产品进入市场（开始使用）过程中随时掌握消费者（用户）对于产品的反馈，保证产品质量，提高竞争力。例如，在产品开发初期。首先需要知道：谁是目标用户？产品将会满足他们哪方面的需求？目标用户的需求应该如何被满足？也就是要解决Who、What、How 的问题。

9.1.1.2 产品市场生命周期与产品特点

产品生命周期理论（Product Life Cycle，PLC），是美国哈佛大学教授雷蒙德·弗农（Raymond Vernon）1966 年在其《产品周期中的国际投资与国际贸易》一文中首次提出的。产品生命周期亦即产品的市场寿命或经济寿命，它是相对于产品的物质寿命或使用寿命而言的。传统的产品生命周期，指产品从投放市场开始，到它失去竞争能力，在市场上被淘汰为止的整个运行过程，也就是产品的市场生命周期。产品生命周期一般分为四个阶段，即导入期、成长期、成熟期（亦称饱和期）和衰退期。例如，一款新型电子产品刚投放市场首先进入导入期，随着其逐渐被消费者所认识、销量逐渐上升而进入成长期，随后，拥有了较为稳定的销量和较为固定的消费群体，即进入成熟期，之后会慢慢被新的同类或新型产品所逐渐取代而进入衰退期。

9.1.2 产品创新设计与消费者心理

随着科学技术的普及、市场信息的共享以及行业内交流的日趋便捷，产品设计的同质化越来越明显，如何在激烈的市场竞争中脱颖而出，创新设计尤为重要。从宏观战略性的角度，创新的策略维度包括四种：由上而下的创新；由下而上的创新；由外而内的创新；伙伴创新。其中由外而内地创新，与设计心理研究关系尤为密切。其实这种"由外而内"的创新就是在自觉地、广泛地利用设计心理的研究成果不断促进产品创新。

---

① 熊光楞. 并行工程的理论与实践［M］. 北京：清华大学出版社，2001

在传统的创新概念中，构想、理念、产品和服务都来自于公司内部，后来经过开发从而进入市场。因此，普遍形成这样的观点：公司给世界带来了伟大的构想。这是一个"由内而外"的过程，但是现在情况发生了改变。现在参与创新过程的主体有：客户、合作伙伴、主管机关、竞争者，以及许多潜在的参与者。这些共同参与者源自企业内部，蔓延至市场，由内而外；同时他们利用外部构想和资源共同完成"由外而内"的创新。利用用户、消费者的知识和经验为产品和服务提出宝贵意见，并且通过与他们的沟通来促进产品创新，从而提供更好的体验服务。从企业自身的角度出发，产品架构清晰，但是设计师拥有较少的创新空间；而从改善用户的体验出发，产品部门拥有更多的自主，理解用户行为，提取重点用户体验因素，进而实现打动用户的产品创新。以用户为中心，以消费者为导向的设计使得企业、设计师必须充分考虑消费者的心理，无论是在产品的造型、功能还是使用体验方面都应予以足够的重视。

9.1.2.1 产品造型设计与消费者心理

国内外学者对于产品造型与消费者心理的关系进行了广泛研究。苏建宁等（2004）在《基于感性意象的产品造型设计方法研究》中研究了用户和设计师在感知产品造型上的共同点及差异，建立了两者之间的感知意象匹配模型，并以MP3音乐播放器和固定电话造型设计为例进行了验证。有学者提出：从设计研究方向上，大体可以将造型设计专门知识研究分为三类：造型的意象特征研究，即采用感性工学、造型意象尺度等方法研究造型的情感信息、语义信息以及形态关系；造型设计的约束关系研究，即采用人机工程、工程学等方法研究造型的多种约束条件和复合信息模型；造型设计问题求解模式研究，即从设计问题、设计求解和设计解的内涵与关系上构建设计问题求解的理论模型。这实际上是从广义的层面解读了造型设计。

产品造型设计的心理因素可以从材质、色彩、形态三方面来分别研究。2009年李森等在国家自然科学基金项目《基于消费者感性需求的产品造型材质选择方法》中对手机材质意向进行了实证研究，并建立了消费者材质感觉偏好的最优尺度回归模型。

而关于自我概念与产品造型的研究对产品造型个性化设计方面提供了一定的依据。自我概念一般被划分为以下两类：真实自我（Actual Self）：即一个人如何看待他自己，这是对客观存在的自我的一种认知；理想自我（Ideal Self/Desired Self）：即一个人希望自己成为什么样子，这是对理想自我状态的一种想象。通常来说，理想自我概念是真实自我概念的参照标准。如果在两者之间有差异，那么个体会去努力实现理想自我。从这个意义上来说，理想自我是影响人们行为的一种激励因素。

消费者希望购买行为和产品使用能体现自我概念，实现自我一致性。比如，有的产品表明其使用者成熟、稳重；有的产品表明年轻、活跃。而产品设计中，企业希望自己设计的产品形象能符合目标消费者的偏好，进而促使其购买。因此，自我概念与产品造型的研究为设计者指明了产品整体造型的感性方向，而关于材质、色彩等具体的意向研究又为整体造型设计提供了更为细致的参考。黄琦（2003）在国家863高技术研究发展计划资助项目《基于特征匹配的产品风格认知方法》中，以多向度评测法提取产品风格特征，将特征作为产品风格认知的基本单元，提出了基于特征匹配的风格识别模型，将产品按照风格特征匹配的强弱度进行划分，并且以太阳镜为例，分析了影响太阳镜风格的主要特征。

9.1.2.2 产品功能设计与消费者心理

产品功能设计，唐纳德·诺曼的《好用型设计》从日常生活用品的易用性和可用性方面提出了一些通俗易懂却容易被人们忽略的设计原则：良好的概念模式、可视性、反馈和匹配。设计的根本就是要让人们方便容易地使用产品。所有伟大的设计都是在艺术美、可靠性、安全性、易用性、成本和功能之间寻求平衡与和谐[1]。另外，在现代工程心理学领域，不仅研究人的生理特征，更侧重于人的心理特征，其中感性工学的发展是引人瞩目的。

日本、美国、台湾等国家和地区有许多专家学者从事这一领域的研究工作。台湾学者陈国祥2001年指出感性工学是一种工学技术，运用此技术将感性需求及意义，具体转化为细部设计的

---

[1] 唐纳德·A.诺曼著，梅琼译. 设计心理学 [M]. 北京：中信出版社，2010

形态要素。①

设计心理学中意象尺度法最早在设计中的应用是在色彩方面，该方法在日本和台湾运用在色彩心理效应方面的研究十分普遍。意象尺度是人们深层次的心理活动，主要借助科学的方法，通过对人们评价某一事物的心理量的测量、计算和分析，降低人们对某一事物的认知维度，得到意象尺度分布图，通过意象图研究产品在坐标图中的位置，比较分析其规律的一种方法。

在日本、台湾以及众多工业设计发达的国家和地区，都成功地运用这种方法从事产品色彩的设计、研究、计划等工作。如日本色彩设计研究所的小林重顺在色彩意象研究中用冷暖、软硬两组形容词形成的意象空间来分析产品、色彩之间的关系；日本色彩设计研究所也用色彩意象尺度法为日本银行界做企业形象定位，为各种产品、包装定位等；台湾学者则利用该方法对产品形象展开系统的调查与统计分析，确定产品意象用语和概念意象，探讨产品的认知空间等。在国内，湖南大学的赵江洪教授率先提出，设计过程中视觉语言的本质就是表达意象的理念，开展了国内意象心理方面的研究，并在国家"九五"和"十五"科技攻关项目中，应用意象尺度法对数控机床的色彩配色和产品形态进行了大量的研究工作。马丽娜（2011）在《大学生气质类型与微型轿车色彩偏好及意象研究》中，首先梳理有关气质、色彩学及色彩意象等方面的相关理论，其次对目前微型轿车的色彩情况进行深入的研究分析；接着针对本次研究所选择的色彩样本进行色彩意象评价实验，并在此基础上设计最终的调查问卷，然后运用统计分析方法对不同气质类型大学生的色彩偏好进行相关分析；最后运用意象尺度法并结合问卷分析结果，构建出基于大学生气质类型的微型轿车色彩意象尺度图及意象形容词尺度图。②

9.1.2.3 新型产品设计与用户心理

2006年，世界工业设计协会联合会（ICSID）在其官方网站上为"设计"做了新的定义："设计是一种创造性活动，其目的是为物品、流程、服务以及它们在整个生命周期中构成的系统建立起多方面的品质。因此，设计既是技术创新人性化的重要因素，也是经济文化交流的关键因素。"其最根本的变革是将设计这种"创造性活动"的关注点由物品本体的创造扩展到了物品创造的流程以及如何服务于人类的完整生命系统，并将这些创造性活动的目的确定为"多方面品质"的建立③。在这些方面新型产品设计中，我们重点介绍用户体验设计、服务设计以及品牌设计。

首先，用户体验设计在近年来受到了广泛关注。用户不再被动地等待设计，而是直接参与并影响设计，以保证设计真正符合用户的需要，其特征在于参与设计的互动性和以用户体验为中心，以提供良好的感觉为目的。用户体验的概念最早兴起于20世纪40年代的人机交互设计领域，以可用性（Usability）和以用户为中心的设计（User—Centered Design, UCD）为基础。

Alan Cooper（2006）指出交互系统必须设计为能够适合一定范围内的用户体验和用户环境，或者必须采取步骤限制设计领域。例如，通过培训可以减少复杂系统内部对易于学习的需求。或者，可以缩小系统规模，以便更好地满足用户的核心需求。④

Jennifer Preece 等（2003）认为交互设计就是关于创建新的用户体验的问题。交互设计所要完成的目标包括可用性目标、用户体验目标。所谓"用户体验"指的是用户与系统交互时的感觉如何。⑤

Garrett（2002）在他的《用户体验要素——用户为中心的网站设计》一书中认为用户体验包括用户对品牌特征、信息可用性、功能性和内容性等方面的体验。

Norman（2008）将用户体验扩展到用户与产品互动的各个方面，提出了本能层、行为层和情感层理论。⑥

武汉理工大学胡飞2009年在其《聚焦用户》中，总结国内外资料的前提下提出了聚焦用户的一些民族学和社会文化学的方法和案例；滕学伟

---

① 孙菁. 基于意象的产品造型设计方法研究 [D]. 武汉理工大学博士学位论文，2007
② 马丽娜. 大学生气质类型与微型轿车色彩偏好及意象研究 [D]. 无锡：江南大学，2011
③ 童慧明. 广东工业设计教育的战略重构 [C]. 工业设计教育新机遇论文集，2010
④ [美] Alan cooper. 交互设计之路——让高科技产品回归人性 [M]. 北京：电子工业出版社，2006
⑤ [美] Jennifer Preece 等著 刘晓辉 等译. 交互设计 - 超越人机交互. [M]. 北京：电子工业出版社，2003
⑥ [美] Donald A. Norman，付秋芳，程进三等译. 情感化设计 [M]. 北京：电子工业出版社，2008

(2007) 在其 GIS 人机交互界面研究的论文中分析了 GIS 人机交互设计和交互界面的特点，提出了 GIS 人机交互界面的设计原则，然后结合 GIS 系统人机交互的特点，从有效性、效率和用户满意度三个指标出发，建立了 GIS 人机交互界面可用性评估的指标体系。

UCD 的最基本思想就是将用户（user）时时刻刻摆在首位，在产品生命周期的最初阶段，产品的策略应以满足用户的需求为基本动机和最终目的；在其后的产品设计和开发过程中，对用户的研究和理解应当被当做各种决策的依据；同时，产品在各个阶段的评估信息也应当来源于用户的反馈。所以，用户的概念是整个设计思想和评估思想的核心。

此外，服务设计作为新型的产品设计正在逐步被重视。丁熊、秦臻（2009）：广义的产品设计包括有形产品的设计和无形服务的设计。服务设计是根据经营目标和自身资源特点，对服务运作提出战略性的创意并进行规划设计，其核心内容为完整的服务产品与服务提供系统的有机组合，是通过无形的、非物质的手段来实现满足消费者精神需求过程的一种系统设计。从产品与服务的关系看服务设计的内容：①以产品消费为主，服务为辅；②以服务为主导，产品作为载体；③产品与服务相辅相成，互为补充。[①]

哥本哈根设计学院关于服务设计的定义：服务设计是一个新型的领域，主要是通过综合运用有形和无形的手段进行充分的思想创新。当它应用于零售、银行、运输、医疗等时，它给最终用户体验提供了很多利益。服务设计是一个实践，最终结果是设计系统和过程，目的是提高用户的整体服务。江南大学与米兰理工大学合作的 DESIS 工作坊，实践了将服务设计应用于食品网络，并且提出许多创新性的设计。

9.1.3　产品设计心理研究

伊利诺伊理工大学设计学院院长惠特尼指出，能够在当今市场取得成功的产品，是那些能够满足消费者需求的产品，这些产品所满足的需求常常是消费者本身还没有意识到的。在产品设计中，设计师所要关注的不仅是当前消费者所体现出的需求，还有消费者尚未发现或未被挖掘出的需求。以消费者驱动的创新设计使得人们越来越多地关注产品设计与消费者心理之间的关系。另外，由消费者驱动的创新设计，需要我们注意以下几点[②]：其一，要充分关注各种显在和潜在的需求，特别是潜在的需求，它往往是用来创造新市场的突破点；其二，消费者需求的载体应是整体产品概念，包括产品、服务以及产品的整个接触使用过程概念；其三，由消费者驱动代表在整个过程中始终以消费者为中心思考设计、创意设计、评估设计。正如苹果公司正是抓住了消费者的潜在需求，为消费者带来电子产品的全新使用体验而获得新一轮的巨大成功。

9.2　产品生命周期与消费者心理

9.2.1　产品生命周期概述

如前所述，产品生命周期理论（Product Life Cycle，PLC），是美国哈佛大学教授雷蒙德·弗农（Raymond Vernon）1966 年在其《产品周期中的国际投资与国际贸易》一文中首次提出的。产品生命周期亦即产品的市场寿命或经济寿命，它是相对于产品的物质寿命或使用寿命而言的。

市场产品生命周期，指产品从投放市场开始，到它失去竞争能力，在市场上被淘汰为止的整个运行过程。产品生命周期一般分为四个阶段，即导入期、成长期、成熟期（亦称饱和期）和衰退期。当然并非所有产品的生命周期都如此，可能有些产品一上市就很快进入成长期，没有经过引入期的缓慢增长过程；有些产品则没有成长期，从引入期直接进入成熟期；另外还有些流行产品，时兴一时，寿命短暂，很快退出。市场产品生命周期与消费者心理，就是研究各个阶段的产品的特点，以及这些特点对消费者心理产生影响的规律，同时研究新产品在消费者中扩散的规律等。学习产品生命周期与消费者心理的关系，对搞好产品设计有重要的指导意义。

目前世界先进国家的产品生命周期越来越短，日本已缩短到三个月，甚至不到三个月。日本夏普公司认为以个人电脑为例，若在三个月内不出新产品，则本企业的产品就会淘汰。在日本市场产品质量已无什么区别，同质化十分明显，

---

① 丁熊，秦臻. 论服务设计 [J]. 装饰，2009.4：133 – 134
② 张凌浩. 下一个产品 [M]. 南京：江苏美术出版社，2008：37

企业间竞争不是比质量，而是比有特色的产品，比设计。夏普公司第三代社长提出"与其做第一，不如做唯一"。这种形势迫使我国的产品设计师们，要不断推出新产品来，了解产品生命周期特点，使产品设计师适应动态形势下的市场变化、消费心理变化，掌握预测的应变能力。所以市场调研 CSI 采集工作十分重要，目前欧洲和日本等发达国家均以纵贯式的 CSI 导向设计。当产品大量热销时，即意味着该产品将进入消亡期、衰退期，企业必须早做准备，拿出更好更新的产品来重新占领市场。如图 9-1 所示，如果企业缺乏持续创新的能力，就会走向衰退。而企业具备了永续创新能力，即便产品市场逐渐萎缩，也仍然会拥有处于新产品创新和工艺创新阶段的新产品。

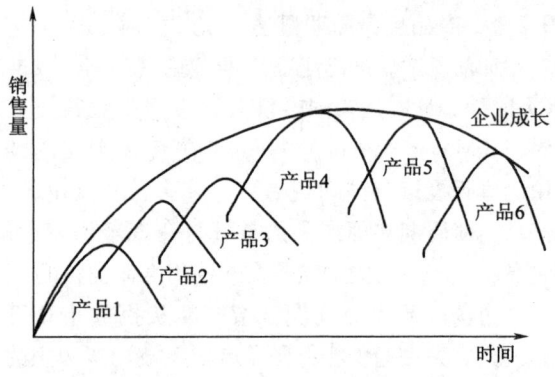

图 9-1 企业成长的西格玛曲线

有些产品设计师，视设计为模仿，所谓新产品"开发"，都是买来海外市场的样品之后，丝毫不改地加以模仿，而唯一有所不同的，就是在别人产品的商标位置上换上自己的商标。有的还自鸣得意，"国内首创"，其实充其量不过是"国内首抄"，利用国内外产品生命周期的时间差，来赚取国内市场的钱。由于模仿的产品是市场上已有的产品，也许是处于导入期的产品，其产品通过模仿、研制、投放市场，这时该产品已属成熟或衰退期了，如果当时模仿的是成熟期的产品，那么其市场生命周期就更短了。所以模仿式的产品设计决非长久之计，尤其是要求产品打入国际市场，借船出海式的模仿设计就无立足之地了。

因为国际市场竞争激烈，并且对"仿造"有严厉的制裁。而创造性的产品设计，附加值高，出口创汇率也高。例如，某报载，国产的景德镇 96 件一套的高级餐具在香港市场上仅售 360 港元；而英国有创造性设计的同类餐具则售价 7500 港元，差别就在于前者为老面孔的传统设计，而后者是最新设计。所以，产品设计一定要在创新上狠下功夫，才能牢牢掌握产品生命周期的"龙头"，处于产品生命周期运转的制高点，而不会被产品生命周期所淘汰。

9.2.2 产品生命周期与产品设计

随着产品生命周期的概念从经济管理领域向产品设计领域的扩展，产品生命周期的范围也从市场阶段扩展到了研制阶段。这样，产品生命周期覆盖了从产品需求分析、概念设计、详细设计、制造、销售、售后服务，直到产品报废回收的全过程。

从产品设计的角度来看，产品生命周期的理论强调了设计、生产、销售以及回收各个环节之间的协调与反馈。产品设计直接指导生产，并且在很大程度上影响着销售；而生产的经济因素、技术因素又反过来制约着设计，销售的好坏状况又反馈到设计环节以指导进一步的设计。

任何工业企业的产品生命周期都是由产品定义、产品生产和运作支持这三个基本的紧密交织在一起的生命周期组成。[①]

9.2.2.1 产品定义生命周期

该阶段开始于最初的客户需求和产品概念，结束于产品报废和现场服务支持，产品定义作为企业知识财富，定义产品是如何设计、制造、操作和服务等信息的。

产品概念产生阶段基于市场信息，获得新产品或产品设计改进的概念。PLM 系统在该阶段主要对产品的市场预测、产品创意、商业前景预测、客户需求和投资规划等活动提供支持。PLM 系统从所连接的其他系统中提取信息，增加市场需求分析和产品开发计划的准确度。在设计阶段，产品开发团队将通过 PLM 系统交换和共享产品设计数据和思路，协同完成产品的设计工作等。该阶段主要活动包括产品的概念设计、详细设计、设计评估等。

9.2.2.2 产品生产生命周期

该阶段主要是发布产品，包括与生产和销售产品相关的活动。该周期包括如何生产、制造、

[①] 黄双喜，范玉顺. 产品生命周期管理研究综述 [M]. 计算机集成制造系统，2004，10 (1)

管理库存和运输，其管理对象是物理意义上的产品。处于不同市场生命周期的产品随其销售情况的不同，生产数量与质量的关注点也不同。下文将详细介绍不同产品市场生命周期中的产品特点。

9.2.2.3 运作支持生命周期

该阶段主要是对企业运作所需的基础设施、人力、财务和（制造）资源等进行统一监控和调配。生命周期的各个环节相互影响与反馈，比如，在新产品开发阶段，大量的人力、物力将集中于研发与需求调研部门；在产品导入期，推广与宣传又成为最为重要的环节；在后续的成熟、衰退阶段，产品新功能的开发，以及新产品的开发要与宣传推广并重。

产品生命周期不仅关注于产品的设计、生产、销售还要关注于产品的报废回收，产品生命周期评价理论正是关注于此。生命周期评价（Life Cycle Assessment，LCA），起源于20世纪60年代化学工程中应用的"物质—能量流平衡方法"。生命周期评估是一个目标过程，这一目标过程在于评估涉及产品、生产或者鉴别能源和资源用途和环境释放活动的环境负荷，以此评价能源和资源的利用和释放对环境所造成的冲击，并且评估和提供改善环境的机会。

产品生命周期评价理论对于产品设计有如下几个方面的指导性。[①]

9.2.2.4 针对"废物最小化"的产品设计

（1）"产品再生性"设计

产品再生性主要指产品在其生命周期结束之后能够以不同的形态存在，而不直接加以处置或废弃。因此产品再生性设计与"一次性使用"是完全对立的. 再生性设计的含义包括：

①产品在丧失其主要功能的情况下，具有多种辅助性、备用性功能；

②产品容易拆卸、组合，便于修复；

③产品便于再造（REMANUFACTURING）。

与此同时，产品的再生层次包括：产品整体再生、产品零部件再生、产品元器件再生和产品原材料再生。而"产品再生性"设计的最高层次在于实现产品整体再生。

（2）"产品节能性"设计

产品节能性设计主要在于实现降低能耗的目标。产品的能耗包括生产、使用、回收三个阶段，集中在生产和消费两大领域。产品的节能性设计主要通过两个途径得以实现：减少能耗的总量，在能耗总量不变时，用可再生性能源替代不可再生性能源。现阶段产品的设计应该逐步脱离碳氢能源（如燃气汽车），而以生物能作为产品生产、消费的主要动力。

（3）产品的"非物质化"设计

目前，关于"非物质化"还是一个比较模糊的概念，比较典型的做法就是使产品更为轻巧，生产同样的产品使用的物质和能量越来越少。此外，在纳米技术的基础上实现分子、原子层次的组合式生产也是非物质化的途径。但非物质化的最高层次应在于通过既定的产品，不断增加非物质化投入是满足人们越来越多的需求，换句话就是"出售设备的使用而不是设备本身"。以此实现稳定现有生产的同时增加财富。为此，这种模式下产品使用者的地位得到极大增强，使用者不再是一个购买消费者而成为经济体系的中心。为此，产品的非物质化设计就是优化长期使用物品，而不是最大限度的生产、大规模的销售、使用寿命很短的产品。

9.2.2.5 针对"生态化"的产品设计

产品生态化设计必须遵循生物的基本特性。相对于非生物物质，生物具有以下四个基本特性：有生命、能繁殖、可塑性、自调整。为此，在产品设计原则中要体现生态化，也要遵循有机生命的基本思路。

（1）"产品生态性"设计

产品生态性设计使产品具备简单的生物特性，如自主制造功能。产品，尤其体积微小的产品应该具有微生物有机体自我复制的功能，通过这一功能产品能够进行自主制造，从而实现自动再生产。此外，产品还应具备自修复功能，当某一功能件遭受创伤，在自主制造功能基础上产品能够自动修复这一功能件，从而回复产品正常使用。在这方面，德国铁路配件的埋伏设计有很好的口碑。

（2）"产品智能性"设计

系统功能、具有一定的智慧的产品，在微电子计算机和高速计算机控制下，使产品具备一定的"智慧"，当外部生态环境发生变化时，实现

---

① 刘永清，肖忠东，彭岳建. 基于生命周期评估的产品设计研究 [J]. 湘潭大学自然科学学报，2008，30（2）国家自然科学基金项目（70301015），湖南省教育厅资助科研项目（06C349）1 湖南省社科基金项目（07YBB216）

产品的自我调节，从而实现产品和生态环境之间的良性"互动"。随着物联网技术（基于互联网、传统电信网等信息承载体，让所有能够被独立寻址的普通物理对象实现互联互通的网络）的不断进步，产品的智能性将会得到改进。

（3）"产品可塑性"设计

在未来产品使用过程中，为延长产品的使用寿命，必须使产品具有较强可塑性，很容易"转型"。这可以通过模块化设计得以实现。模块化设计指对一定范围内的不同功能、不同性能、不同规格的产品进行分析，划分并设计出一系列功能模块，通过模块的不同组合形成不同产品。这种设计不仅有利于产品多功能的发挥，还有利于产品的组合、拆卸。现在不少的家具和家居类产品都提供人们自由组合和分块使用的机会，不仅增强了使用的趣味性，而且降低了因部分组件损坏而带来的损失。

正如绿色设计所倡导的3R理论（即 Reduce、Recycle、Reuse）一样，不仅要减少物质和能源的消耗，减少有害物质的排放，而且要使产品及零部件能够方便地分类回收并再生循环或重新利用。在设计阶段就要将环境因素和预防污染的措施纳入设计之中，将环境性能作为产品的设计目标和出发点，力求使产品对环境的影响为最小。

9.2.3 产品市场生命周期与产品特点

9.2.3.1 导入期产品的特点

导入期是产品刚投入市场的试销阶段。在这一时期，由于产品刚刚由设计到制成销售，因此它在各方面还可能存在着一定的缺陷，但是它有自己的特点。

（1）产品的新颖性

这种产品的款式新颖、造型别致，功能比原有产品先进。作为新产品，它的首要特点就是表现在它的"新"字上。由于它是在原有的基础上开发出来的，因此，它在产品设计上，必然较之原有产品有更多的功用，更新的款式，有更利于购买者操作使用的方便独到之处。这一特点正是新产品未来生命力的源泉所在。

（2）产品的独创性

这种产品在设计、生产上还处于初创阶段，一般表现为独家产品，具有一定的垄断性。另外，因它的独创性前所未有，能理解和采用的人就比较少，开始的市场占有率较低。只被少数有超前消费意识的人所接受，但是它有强大的生命力，必然统治未来的市场。苹果公司所推出的iPhone以及iPad等系列产品正是凭借其所带来的全新使用体验迅速占领市场的。

（3）产品的不稳定性

由于这类产品的设计与生产处于初始阶段，产品的功能和造型还不稳定，还没有达到尽善尽美的阶段。生产厂家为了提高产品的声誉，扩大市场占有率，往往会吸收消费者的意见，较快地改进产品，因此产品的设计和生产工艺均未完全定型，这一时期所生产和投放市场的产品，在花色、外形和功能上变化会比较大。

（4）产品的扩散小

由于产品还刚刚投放市场，处于试销阶段，其知名度还比较小。尤其是它的用途和优点还未能为消费者所尽知，因此销路还没有完全打开。对生产厂家来说，订货一般不多，生产批量也较小，加上对产品生产的经验不足，质量会出现不稳定。

9.2.3.2 成长期产品的特点

新产品被开发出来以后投放市场，经过导入期的各种营销努力，这种产品终于在市场上站稳了脚跟，并以迅速发展、迅速扩大市场占有率的态势进入产品生命周期的第二阶段——成长期。

成长期是产品生命周期中的重要阶段。产品在导入期，由于存在各种不足，加之大多数消费者不了解，甚至不相信，使新产品在这一时期销售比较困难，销售量和销售利润都较低。但是，经过导入期中各种宣传手段、促销手段的运用，加上最先试用者的"现身说法"，终于形成了一种对新产品的消费需求趋势。人们相互传递新产品的使用信息，相互模仿、相互感染，使最先试用者已不再"时髦"。进入成长期之后，购买新产品的消费者，渐渐地由少到多，新产品的扩散便呈气候。

成长期的产品特点，主要表现在以下三个方面。

（1）产品的销售增加

进入成长期的产品销售量和销售利润较之前一阶段迅速增加。新产品在导入期，对消费者来说是陌生的，后经产品广告等宣传手段的刺激，消费者或是主动的，或是被动的接受了新产品的有关信息，开始对新产品有所了解。如果他们在使用新产品之后抱肯定态度，那么就产生了对新产品的消费欲望，加上消费者之间的信息交流，使该新产品的购买者迅速增加,从而使新产品的销售量迅速增加,销售利润也随之上升。

(2) 产品质量稳定,投入批量生产

新产品在导入期,产品的设计和性能均未定型,生产不稳定。经过导入期的努力,广泛吸取消费者的意见,促成产品的设计和生产工艺完善,使新产品基本定型。由于生产工艺基本固定,生产工人也积累了一定的实际生产操作经验,使产品的质量有了一定的保证。生产厂家在这一基础上,为了适应市场消费需求迅速增长的特点,在原有规范上开始进行大批量生产。

(3) 市场竞争日趋激烈

由于新产品经历了一定的销售时期,这使得它的设计、性能及其他特点已不是"独家占有"。另外,销售量的迅速增加,使产品的生产成本不断降低,这时,竞争者也看到了新产品发展的势头,他们也开始利用自己的生产条件,纷纷组织生产,甚至对已有产品再进行某种改进,使新产品日臻完善。因此,市场竞争日趋激烈。当苹果系列产品凭借 ios 系统惊人的用户体验迅速占领市场之后,三星、HTC、诺基亚等也纷纷通过开放的安卓系统或是新奇的 WP7 系统进行着市场的争夺。

9.2.3.3 成熟期的产品特点

成熟期是产品生命周期中的"鼎盛"时期,犹如人的生命,在经历了幼年、少年时期而进入青壮年时期。成熟期指产品的销售达到了顶峰,然后进入销量的增加缓慢甚至停滞的时期。在成熟期,产品各方面基本完善,消费者对产品以肯定的评价,使消费者对新产品的需求猛增,表现在消费行为上,就是对新产品的蜂拥争购。

成熟期的产品特点,主要表现在以下几方面。

(1) 产品定型,工艺成熟,渐趋老化

新产品在导入期之所以会引起"最先试用者"的追求时髦的购买动机,之所以会在成长期形成大众消费趋势,一个最根本的原因就在于它的"新"。它具有以前同类产品不具备的功能和用途;可以更好地满足消费者的需求。它还具有比以前同类产品更美,更符合消费习惯的造型,从而使消费者通过使用它而改变了某些消费习惯;这些都是新产品得以取胜的原因。但产品进入成熟期以后,经过导入期成长期不断修正改进,使产品定型、工艺成熟、质量稳定。因此,在这一时期,伴随产品的成熟,产品的性能和质量再上一层楼,已经变得非常困难,渐渐趋向老化。

(2) 产品销量增长缓慢甚至停滞

新产品进入成长期之后,其销路日趋看好,使得竞争者看到这种产品的发展势头,也纷纷开始想方设法来生产这种产品。这种现象到了成熟期仍然有增无减。因此,这一时期,各个厂家相似的产品在市场上大量涌现,从数量上讲,它已完全满足消费者的需求。另外,由于基本消费者中已有相当一部分人购买了这种商品,故而"改进型"购买者相对减少,尤其是到了成熟期的后期,这种现象更加明显。这时,产品的销售量增长缓慢,甚至出现停滞。

(3) 产品价格趋向一致,市场竞争更加激烈

产品在导入期时,掌握生产工艺和技术的厂家是一花独放,到了成长期生产厂家也不多,市场上虽有不同厂家生产的同种产品,但由于先期生产者的生产工艺先进,产品质量比较好,市场销售出现明显的优势,即使存在市场竞争,但不激烈。但是,产品进入成熟期以后,情况便发生变化,由于这种产品的工艺技术成熟,许多厂家都能掌握它的生产技术,因此竞争者之间的差距缩小,这就使得同种产品在市场上不断涌现的同时,产品的价格也趋于一致,各生产者的生产成本也趋于平衡,市场竞争更加激烈。而且,这时仿制品和替代品也不断出现在市场上,开始对产品的寿命形成威胁。

(4) 企业利润开始下降

日趋激烈的市场竞争,给企业的产品销售带来了困难。企业为了销售产品,不得不采取多种营销手段,这就必然使得他们所付出的宣传推销费用(广告费)增加。即使如此,企业产品的销售可能仍然比较困难,企业的利润开始下降。

9.2.3.4 衰退期产品的特点

产品的衰退期是指它在市场上失去竞争能力、陈旧老化、市场销售量下降并出现被淘汰趋势的时期。产品在经历了导入期的艰难试销,成长期的迅速增长和成熟期的大规模销售之后,无论是社会需求量,还是商业库存量都达到了一个趋近于饱和的水平。这时,产品虽已完善,但它的销量只能看跌。虽经努力,却仍然回天乏术,这时产品进入产品生命周期的最后阶段,即衰退期。

衰退期产品的特点,主要表现在以下几个方面。

（1）产品由新变旧

产品之所以在导入期、成长期、成熟期各阶段成为畅销品，其原因就在于产品突破了旧产品的弱点，在各方面体现其优越、崭新的特点而成为新产品，这种新产品在各个阶段都满足了各种不同消费者的消费心理。但是，进入衰退期之后，市场上又出现了比它更先进更新更好的产品，它便相形见绌，显得陈旧老化，一部分消费者对这一过时产品不感兴趣了。时尚类产品尤其如此，一旦失去时尚的制高点便会迅速跌入谷底，无人问津。

（2）产品的销售量迅速下降

这种产品除了一部分消费者由于一些特定心理因素仍会购买外，随着消费者的消费兴趣的转移，大部分消费者不愿再购买它，从而使得它的销售量迅速下降。

（3）利润下降，甚至亏损

由于企业这时要付出巨大的营销努力，并且仍然要继续不断地设法改进产品的功能、提高产品的质量，加上消费者需要减少，企业生产开工不足，这就必然使得企业的生产成本继续上升，利润被压缩到最低水平，甚至出现亏损现象。

（4）一亏再亏，无力回天

产品即使亏本"拍卖"，也已"回天无术"，产品的"丧钟"敲响了。这时不得不进入新产品的生命周期循环。

9.2.4 产品生命周期与消费者心理

产品生命周期心理，既包括产品研发、设计初期目标消费群体（用户）的心理和行为规律，又包括在产品市场生命周期中消费者（用户）的态度和反馈。

要保证产品进入市场后被用户或者消费者所接受，赢得市场竞争力，必须在整个产品的设计、研发的最初期获得准确的需求信息，把握正确的设计方向。首先需要知道：Who、What、How 三点内容。也就是：

谁是目标用户（消费者）？

产品将会满足他们哪方面的需求？

目标用户（消费者）的需求应该如何被满足？

这些问题需要运用设计心理和用户研究的方法来解答。

另外，产品市场生命周期的研究表现在两个方面，其一是把消费者作为个体现象，研究消费者对新产品的接受和拒绝的规律；其二是把消费者作为消费群体，研究新产品的扩散过程，实际上就是消费者群体接受新产品的过程，关于这一点将在后面讨论。

消费者对待新产品的态度存在着个体差异，某些人在新产品投入市场的导入期就很快加以接受，另一些人则需要很长时间，经过导入、成长，直至成熟期之后，才能决定是否接受，还有一些人接受新事物更慢，到了成熟期以后甚至衰退期才购进（使用）产品。这些人的情况比较复杂，有的人是传统派，不易接受新产品；有的人因为信息不灵，知觉新产品较迟；还有的人因为没有购买（使用）新产品的需要或经济条件不允许等，所以这些人不一定都是守旧者。美国研究消费行为的专家，根据消费者在产品生命周期各阶段的消费行为，将所有消费者分为"革新者"、"早期接受者"、"普及初期接受者"、"普及后期接受者"和"守旧者"，每组内消费者的个性特征相似，但各组消费者之间的个性特征存在着差异。这一研究情况，可以列表，见表9-1、表9-2。

表9-1　　产品市场生命周期中各组消费者的人数比例

产品生命周期	消费者组别	人数比例（%）
导入期	革新者	2.5
成长期	早期接受者	13.5
成长、成熟期	普及初期接受者	34.0
成熟期	普及后期接受者	34.0
衰退期	守旧者	16.0

表9-2　　各组消费者的个性特征

消费者组别	消费者个性特征
革新者	冒险性、独立性强
早期接受者	受其他人尊敬，经常是公众意见的领导人
普及初期接受者	服从性强、愿意照别人的路子走
普及后期接受者	怀疑论者
守旧者	遵从传统观念，当新事物失去新异性时才肯接受

分析产品生命周期各个阶段消费者（用户）的行为规律，对新产品设计、广告设计、营销设计，无疑是十分重要的。

9.2.4.1 导入期的消费行为和产品设计

新产品一旦投放市场，便是产品生命周期的

导入期。导入期产品的一大特点就是"新"。无论是新产品开发，还是在原有产品基础之上的革新、改进，都会使得它在造型、结构、功能等方面较之以前的同类产品优越。正由于新产品的"新"，满足了早期采用者的求新求异求美的特殊心理需要。接受新事物最早的消费者被称之为"革新者"，他们一般对变异持肯定态度，冒险性和独立性强，个人成就动机较高，对事物的期望值也较高。从年龄上看，革新者以年轻消费者居多，他们注意仪表修饰，男青年愿意使自己更英俊潇洒，女青年愿意将自己打扮得更漂亮俊俏，因此他们对新产品的追求欲望更加强烈。通过使用新产品，尤其是别致、时尚的产品来赢得异性的青睐。

从情绪上看，革新者都是冲动型的购买者和激情反应型的消费者，他们对新产品的接受能力很强，购买动机往往是求新、求美、求奇、求胜，以自己消费新产品来表示自己与一般人的差别，而且他们也很容易受广告宣传和实物引导的影响。所以，新产品一踏进导入期，这类消费者就率先使用，成为勇敢的"最先试用者"。

从人数上看，革新者仅占消费者的 2.5%。虽然人数不多，尤其是在导入期的前期，它还不能代表一种消费潮流，但它却成为某种产品消费的带头人，成为某类新产品消费大趋势形成的推动者。如今饱受关注的新型互联网产品微博，就在短短的时间内越过成长期直接进入了成熟期。

从消费阶层上看，革新者一般教育水准较高，经济收入可以满足他们支付新产品的能力。导入期的产品具有新颖和品质优良的特色，消费者宁愿它们的价格高一点，这不仅符合按质论价的原则，也可以更好地满足革新者的求新求胜的消费心理。

从性别上看，革新者中男性消费者多于女性。因为女性消费者独立性、冒险性不如男性，对新产品接受的信心不高，购买时比较善于精打细算，对产品要求高。由于导入期产品质量还不稳定，各方面设计还不完善，价格一般也比较高，所以不符合大多数妇女的消费习惯。

综上所述，导入期的消费（使用）人群行为特点是人数极少，动机是求新求美求异求胜；购买个性是独立型，年龄以青年人居多；性别以男性居多；带冲动性等。针对导入期消费行为规律，产品的设计应把握一个"新"字，新产品不仅仅只是创造性的全新产品，还包括对现有产品的革新与改进，因此导入期产品的设计就有全新型产品、革新型产品、改进型产品和部分改进型产品等几种类型。即使是名牌优质的成熟产品也存在一个老化问题，它必然会进入衰退期而被市场淘汰。所以产品设计人员不断运用创造性想象和再造性想象；或设计出前所未有的全新产品，或在原有产品的基础上，对原有的设计、结构和造型加以改进，在性能上加以发展，以满足消费者的求新求美的消费动机，尤其对名牌产品加以革新，更满足导入期消费者的求名求胜的购买心理。

另外导入期产品的广告宣传的重点，是介绍新产品的新意所在以及使用要点，不要过分地虚张声势，因为导入期的所谓革新者，大多是独立型个性的男性消费者，他们文化水准较高，不易从众。

9.2.4.2 成长期的消费行为和产品设计

成长期是产品能否生存下来，形成气候的关键期，否则，新产品开发出来，只能停留在导入期，不成气候而最终淘汰。所以把握成长期消费行为规律，可以指导产品设计师把成长期产品及时修正、扩大影响，占领市场。

成长期产品的消费者，已不像导入期那样凤毛麟角，而形成早期使用大众的局面。他们与革新者的消费行为不同，最典型的消费心理就是趋优性。产品进入成长期，经多方努力改进，使新产品设计定型，质量不断稳定，产品的优越性逐步显露，消费者的购买兴趣和动机有所增强，消费需求从最先试用者扩展到早期使用大众。他们认为新产品质量过关，而且批量生产的质量似乎要优于试产试销的产品质量，因此销售量出现上升的势头，这是早期使用大众的趋优消费行为的结果。

当然，另一方面，早期使用大众还存有疑虑心理，对不断改进的新产品还存在种种不放心，比如家用电器的耗能与安全问题，食品新产品的营养问题、保健问题、保质问题等。虽然他们已经接受并肯定了成长期产品，然而一旦购买，总有一定的风险，这就使早期使用大众抱着疑虑的消费心理去购买新产品。购买决策上表现出明显的比较性和选择性，一直到他们终于认定这种新产品的优越性之后，才发生购买行为。因此，免费品尝、免费使用等能够让消费者真实体验的方式对打消消费者疑虑，促进其购买有着不可小觑的积极作用。

另外，早期使用大众的价格心理不同于革新者，革新者以高价购得新产品为荣，而大众消费者则不仅要求物美，更要求价廉，他们往往对价格敏感，从价格的比较中决定其购买行为。一般地讲，产品进入成长期，开始批量生产，产品的成本有所下降，价格应当有所下降，这样才能满足早期使用大众的求廉心理。

其次，成长期是新产品的扩散过程，对于消费者个体来讲，是否知觉到新产品的"新"字，是决定消费者对新产品态度的反应。所以加强新产品的宣传攻势，包括广告宣传、包装装潢刺激、实物演示等方式，不但影响有购买需求的消费者，也能触动广大的潜在购买者。宣传新产品的手段，一般有两种：其一是大众传播媒介物，比如报刊、广播、电视等传统媒体和以网络为代表的新媒体；其二是人际交往，比如家庭、同事、同学和亲朋好友等。大众传播媒介可以使新产品在广大消费者中迅速传播，但人们对新产品的态度却多半靠人际交往来确定。所以特别要注重口传信息的作用。

以上分析了成长期产品的接受者、早期使用大众的消费行为规律。作为产品设计人员应当清楚，首先要巩固新产品的优越性，提高质量，保证声誉以满足消费者的趋优心理；其次是改进工艺，降低成本，降低价格，以满足消费者的求廉心理；再次还要加强新产品的宣传攻势，促使新产品扩散速度加快，形成销售量不断增加。

9.2.4.3 成熟期的消费行为与产品设计

选择心理与产品设计。产品进入成熟期之后，消费者心理发生了显著性的变化。在成熟期之前，产品的购买者还是不多，销售量比导入期要好。到成熟期时，消费者已从早期使用大众转向基本消费大众，他们视产品的购买行为为一般消费而不足为奇，产品的销售量达到峰值，并且维持高原态势。在成熟期里，购买心理最明显的特征就是严格地挑选商品。

由于产品成熟，市场上同类产品丰富，这就为消费者选购心理创造了客观条件；另外基本消费群体掌握较多的产品信息，他们接受了大众传播媒介和早期使用大众的信息，尤其是来自相关群体的信息，知道产品的优缺点，因此，他们可以对市场出现的同类产品进行严格的挑选。这种比较和选择，包括对产品的功能比较，对产品造型、装潢的选择，对产品价格的比较以及对产品售后服务和零配件供应方便程度加以选择等。

另外，求廉心理总是占有重要地位。产品在成熟期之前，购买者一般还是少数人，即使是早期使用大众，其消费阶层还是偏高的，他们较高的经济收入可以支付产品在导入期、成长期的偏高定价。产品进入成熟期，开始面向众多的经济收入一般不高的基本消费大众，再加上新产品已失去新的优势，成为大众的一般消费品，所以求廉的消费心理在消费者行为中表现得尤为突出。

其次，产品的销售量已趋近饱和，在达到顶峰之后开始出现增长的停滞，厂商库存增多，这时新加入的购买者已日趋渐少，而且潜在消费者更少，丰富的产品和充足的挑选余地，使他们对产品的质量和效能要求更高、更严。

对于成熟期消费者的行为规律，产品设计的工作重点应当是，尽可能地开发产品的新功能，在质量上更加精益求精，并设法力争改进产品的特色和款式，为消费者提供新的利益。例如，一些饮料类产品常常会定期推出同系列的多种口味以增加新鲜感来巩固已有消费者群体。在成熟期，尽管产品的功能改进是比较困难的，但可以增加产品的服务项目，以良好的售后服务来促进产品的形象。

另外，在产品广告设计中要改变形式。在成熟期之前，革新者和早期接受者对一般的产品广告的刺激，如普通的声像和文字广告，都会产生良好的反应。但到了成熟期，由于消费者对产品有严格的选择心理，因此他们更乐意接受对比性广告，如更多地向基本消费大众介绍本产品的独创性、优越性的实物演示广告和模具广告，加强对比，这样的广告形式，将满足他们的选购心理需要。

9.2.4.4 衰退期的消费行为与产品设计

产品进入衰退期后，会变得陈旧过时，在消费者心理上产生了特定的影响，这个影响最典型的反应就是期待心理。消费者的期待心理主要表现在两个方面：

其一，期待变化的心理。他们对产品陈旧发生不满情绪，消费兴趣开始转移，期待着更新更好的同类产品出现，也就是期待质量更高，造型更美，功能更全的新产品问世，来满足他们期盼变化的心理。

其二，期待降价心理。在衰退期时出现的消费者大多是守旧者，他们消费阶层较低，求廉求实是他们的主要购买动机，即使消费阶层较高的人，保守意识也很强。而厂家为了减少损失，加快资金周转，减少库存积压而采取的"大甩卖"，大幅度降低产品价格，正迎合他们期待产品降价处理的心理。一般衰退期产品的销售呈下降趋势，但不同种类的产品下降速度不尽相同，有的下降快，有的可以延续多年。

所以产品设计人员要有两手准备，针对期待变化心理，积极开发新产品，满足革新者求新求胜的心理需求，缩短产品生命周期。另外也要进一步降低成本和加强市场促销策略的运用，以降低产品价格，满足消费大众和守旧者的求廉心理，尽快走出衰退期的低谷，迎接产品生命周期的新循环。

9.2.5 新产品扩散与设计

新产品一旦研制成功，投放市场，产品的产品生命周期便开始运行，但各种新产品的命运却不尽相同：有的新产品打不开销路，没过导入期就到衰退期，过早夭折；有的新产品初上市，销路尚好，度过导入期，随着时间推移，销量情况逐渐走下坡路，没有形成成长的势头而被市场所淘汰；也有的新产品初上市时，也许并不为很多消费者所接受，但随着时间的推移，其销路逐步推广，最后深入到每个消费者家庭，完成产品的正常市场周期运行。由此可见，在产品生命周期的四个环节中，惟成长期最重要，倘若新产品顺利度过成长期，那么这个新产品就是成功的，反之则失败。研究产品成长的规律，实际上就是分析新产品的扩散过程，这对企业开发新产品和设计人员的决策是至关重要的。

9.2.5.1 新产品的扩散过程

新产品的扩散过程，是指消费者接受新产品并且不断在消费者总体中展开的过程。接受和拒绝新产品是消费者的个体现象，扩散则是一种群体现象。把消费者作为一个整体来研究消费问题时，新产品的扩散过程实际上就是消费者群体接受新产品的过程。新产品的扩散过程决定了该产品的产品生命周期运行成功与否，也决定了该产品销售量增长的过程，只有消费者接受率不断增长，这种产品的销售量才会呈上升的势头，所以国外市场研究专家十分重视新产品扩散过程的研究。他们认为，新产品的扩散过程是一种动态的运动过程，若以时间为自变量，以消费者群体的接受率为因变量，则两个变量的关系呈S形，这一曲线表明大部分新产品扩散过程的规律。如图9-2所示。

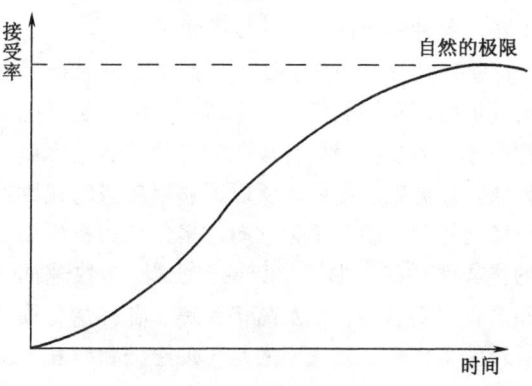

图9-2 新产品的扩散曲线（S形曲线）

这条S形曲线说明：新产品在导入期，消费者的接受率较低，因为潜在的消费者对该产品的性能、质量、价格等信息，还缺乏了解或缺乏比较和评价的标准，对使用新产品所带来的好处和利益存在疑虑，所以这时只有少数"勇敢者"接受新产品。随着时间的推移，有关新产品的信息不断在消费者总体中扩散，消费者对产品的接受率相应地不断增长，产品顺利越过成长期，直到该产品的拥有和使用趋近饱和时，产品进入成熟期后，若没有更新产品替代这种产品的作用，该产品的社会拥有率将稳定在一个水平上不发生很大变化，即到达自然极限；若有另一种新产品可以替代这种产品，并具有更多的优点，则该产品的社会拥有率将逐渐降低，产品进入衰退期，最后被另一新产品完全取代。

9.2.5.2 影响新产品扩散的因素分析

影响新产品扩散的因素很多，以消费者为研究主体，那么来自消费者外部的因素，诸如社会经济因素、产品本身特性、产品的传播渠道以及从众现象等，称之为影响新产品扩散的客观因素，而来自消费者内部的因素；诸如消费者的知觉、动机、态度、价值观、尝试、评价等，称之为影响新产品扩散的主观因素。下面就这两方面的因素加以分析。

（1）影响新产品扩散的客观因素

①社会经济因素。消费者的经济收入对新产品的接受和扩散有重要的制约作用。国内外的研究表明，若经济发展繁荣，消费者收入水平提高，新产品扩散速度快，反之则变慢，甚至停滞不前。我国在改革开放之前，经济发展速度慢，人们收入普遍不高，电视机、电冰箱等耐用消费品社会拥有率极低，产品扩散很困难。而现在，人们的收入水平普遍提高了，不用说电视、冰箱

这些基本家用电器，甚至连奢侈品也有了可观的市场，各种新产品扩散速度都快了很多。

②新产品本身的特征。产品本身的特征是影响其扩散的重要因素。如果新产品的优越性能非常明显，容易被消费者接受，它的扩散速度就比较快。比如数码相机之所以能够以较快的速度在市场上扩散，就是因为它有许多传统相机所没有的优势和功能，如，"所见即所得"，快速回放和节省后期费用，以及高倍变焦、各种情景模式等功能多样性，更重要的是，现在的数码相机品质也越来越高，出品可以适用于我们日常需求——网络发布和不太大的数码冲印，因而数码相机迅速在主流领域取代了传统相机。

产品的使用方法是否复杂，是影响新产品扩散的又一因素。使用新产品越需要复杂的知识和技能，产品就越不易被消费者接受。现代的工业产品，往往结构复杂，而新产品往往又是非专家购买和使用，这就要求产品设计者从使用者角度出发，尽量简化操作难度和复杂性，在产品广告宣传，侧重"使用方便"的宣传，这样新产品的扩散速度才会加快。苹果 iPad，简易的触摸方式和手写功能极大地方便了人们的使用，甚至连老人和儿童也很容易并且乐意使用。

另外，新产品是否可试用，是影响新产品扩散速度的又一因素。一般的消费者都是在试用新产品觉得满意之后，才会变成新产品的经常使用者。比如食品类的新产品初上市时，应提供小包装供消费者品尝用；大件的耐用消费品，若允许消费者试用，一般可以提高新产品的扩散速度。目前，产品体验店的兴起正是源自于此。国外有些厂商实行产品试用可退货的销售方式，增强了消费者对产品的信任度，也促使消费者了解新产品的优良性能，结果证实消费者退货率很低，而销售量却大大增加，这是提高新产品扩散速度的重要途径。

③新产品的传播渠道。新产品扩散过程中，应充分运用传播手段，这是促成扩散的重要方法。传播新产品的渠道主要有两种：一种是大众传播媒介物，如报刊、广播、电视和互联网等，这主要靠产品的广告设计者充分运用广告宣传的侧重点和表现方式来达到目的。另一种是人际传播渠道，如家庭成员、同学同事、亲朋好友之间口传信息，而这种口传信息将导致产品形象的优劣。这种人际交往形式的传播是影响新产品扩散的重要原因。如今，facebook、twitter 或者是国内的人人网、微博等社交网络平台极大地加速了这种人际传播。

④从众现象。当一个人的活动趋向于其他人的活动时，这种行为便是从众现象。从众是一种社会心理现象，对消费者群体接受新产品的过程影响较大，因此从众是影响新产品扩散的因素之一。我们常看到这种情景：当消费者想要购买一种既缺乏有关知识又无使用经验的商品时，自然希望能跟随别人去购买或在有经验的人指导下去购买商品。比如在百货商店里，经常会出现这样的情况：某个柜台前面，围着几个人，他们在买新产品，这样，不时会有他人前来探望，有时顾客会越围越多，争相抢购，他们甚至能为抢购到新产品而感到幸运。

(2) 影响新产品扩散的主观因素

影响新产品的扩散，除了外部条件之外，消费者的主观内部因素也十分重要。一个产品在客观上是否全新，往往并不十分重要，关键是消费者是否知觉它是新的，对产品的知觉决定了消费者对新产品的反应，也决定新产品的扩散过程。任何一种新产品，仅在一段有限的时间内，即导入期是新的，而在相当长的成长期内，对消费者来说则是潜在的新产品。比如平板电脑早已推出，但是直到苹果 iPad2 才使人们真正开始从新产品的角度关注平板电脑。所以，研究新产品扩散的主观因素，主要研究潜在消费者的行为规律，分析他们接受新产品的过程。这里主要包括消费者的知觉、动机、态度、价值观、尝试和评价过程，是新产品扩散的主观因素的重要环节，这些环节可以制定出一个消费者对新产品接受过程的模型流程图，图的方框中标明接受新产品过程的步骤，方框上面标示的是阻力来源何处，下面标示的是生产者设计者对于降低阻力的策略。如图 9-3 所示。

现将接受新产品过程的各环节说明如下：

①知觉：知觉是接受过程的开始，必须有关于新产品的刺激源，才能引起消费者知觉和需要知觉，才可以实行接受过程。在知觉阶段中，新产品的广告设计可以集中于宣传新产品的用途，当潜在的消费者注意到这些用途时，他可能会觉得这种产品将会满足自己的某种需求，这样就会使他进入接受过程的下一个环节。

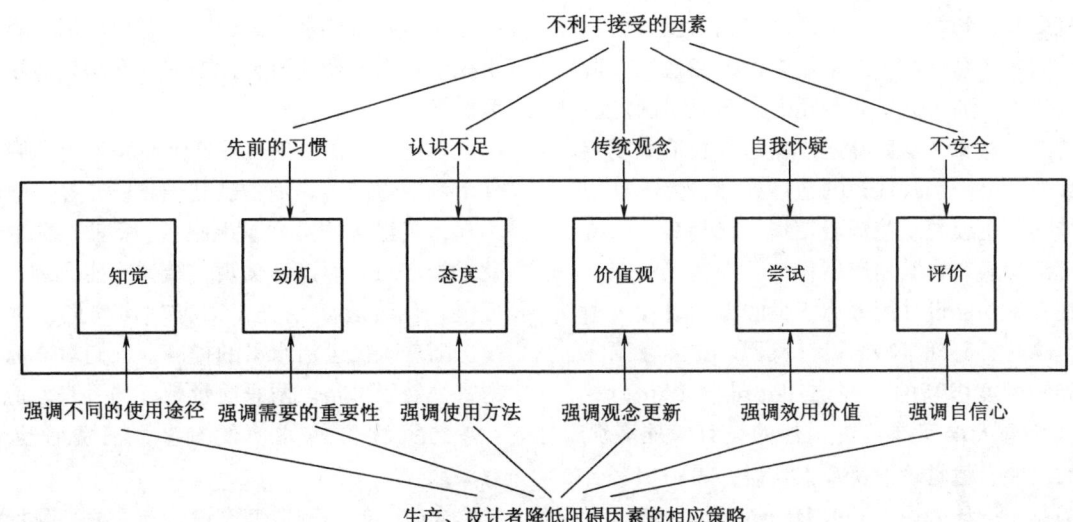

图9-3 消费者接受新产品过程的模型

②动机：消费者旧有的购买习惯是新产品接受的阻力，要诱发消费者产生购买新产品的动机，必须针对阻力，宣传新产品需要的重要性和优越性，使消费者对新产品和新产品购买有一种良好的印象，同时利用人际交往的压力使人感到某种消费需求的迫切性。例如，当前手机的拥有率这么高，如果一个年轻人至今还未有手机，那么他与人交往时，就会受到压力，促成他消费手机的同调性。因此，强调需求的重要性是提高购买动机的有效策略。

③态度：肯定态度的建立是新产品扩散的重要步骤。产品导入期，只有极少数的革新者持肯定态度，广大的潜在消费者态度不明显。如果在成长期，潜在消费者仍感到自己对产品的知识不足，缺乏信任，则他们可能对新产品持否定态度，而影响新产品的扩散过程。所以，产品的生产者设计者应充分宣传新产品的使用方法方便、操作简单，消费者就可能转变自己的态度，愿意接受新产品。

④价值观：消费者的价值观是影响消费行为的重要因素。如果新产品与消费者的价值观念、消费态度协调一致，新产品就比较容易迅速扩散；反之，若新产品与消费者原有观念和习惯相冲突，则扩散过程就会受阻而减慢。比如，过去消费者对于粗粮一般缺乏积极的态度，广告宣传中着力表现吃粗细粮搭配的混合主食比吃纯细粮的营养更丰富，从而改变消费者对粗粮的价值观，进而达到消费者改变原来对粗粮的消极态度。

⑤尝试：消费者探究心理是很普遍的，在接受新产品之前，总希望先亲自试用一下这种产品。在购买一个全新的产品时，消费者往往买得少一些，取得使用经验后再决定是否大量购买或长期使用。因此，产品的设计者，应当提供少量购买的条件，供消费者尝试使用，如现在普遍流行的各种品牌体验店，供消费者免费索取的化妆品小样，还有超市中提供的新食品免费品尝等都很好地满足了消费者的试探心理，对打开新产品的销路十分有利。

⑥评价：评价一般是接着尝试而发生的。尝试之后，消费者总要归纳他们的印象，对新产品作出总体评价。如果消费者不相信自己对新产品所作出的评价，也就是说消费者对新产品存着疑虑心理，担心它的质量是否可靠，性能是否稳定等，这种不放心导致的不安全感，将成为阻碍新产品接受的根源。所以，产品的设计人员和广告制作者，应把重点放在设法帮助消费者理解使用的方法，大力宣传成功的使用经验，增强消费者的自信心和信任感，加快新产品扩散的进程。

9.3 产品造型设计与消费者心理

9.3.1 产品造型设计心理概述

产品造型设计是科学技术和文化艺术相结合的一门交叉型学科，它综合了科技、文化、艺术与经济的成果，涉及美学、人机工程学、生态学、市场学、心理学、创造学和技术学等学科领域。造型是产品的实体形态，一般涉及产品的外观、材质和色彩等属性，是产品实用功能的表现形式，同一产品功能可以采用多种产品造型。造型研究侧重于通过某一消费品的市场调研确定消费者的感性意象，从而确定产品的创新造型或相关参数的改进。当代优秀的造型设计，无不利用心理策略，也就是从消费者市场变化趋势，消费者心理活动规律去策划产品设计。即使以重视产品的技术和功能设计而著称于世的德国设计大师们，也拿起了心理策略的设计武器。比如在国际设计界知名度极高的"蛙设计公司"（Frog design），创办人埃辛杰认为，他的设计策略是强调人的尺度、触觉价值及拟人学说。另一个著名的德国莫尔设计公司（MoII Design）的兰纳先生也认为，要详细研究消费者的人口特征及消费行为，制定面向更多消费者的心理设计策略，即强调市场的多样化，需要既为消费者的理性需求，也为非理性需求而设计，他称之为"用有毅力的感情来设计"。

当代美国产品的造型设计，更以实用、合理、为人服务而畅销。他们认为，一项优秀的设计，首先取悦于消费者的视觉，其二是它的操作与使用方面无疑也是可靠、简便和经济的。

日本的设计师对消费心理的关注就更突出了，他们要把一个产品打入某国市场，在设计产品之前，会派人到那个国家去用调查法或问卷法了解消费者的消费需求和购买动机，然后根据市场反馈的信息，结合设计师的鉴赏力和专长来策划产品。他们常常会生产出好几种款式和样式，以满足不同层次消费者的差异性。为了决定哪几种更受消费者的欢迎，他们不仅用问卷法还用观察法，他们会把这些花色品种的产品放到电子监控的商店里，在那里机器可以很容易观察消费情况，根据观察消费者的购买行为，再决定各品种的生产数量和如何改进销售策略。日本设计师在调查消费者心理方面花费的财力和劳力是不予核算的，他们认为，没有消费心理的研究，也就没有高质量的产品设计。

产品造型设计是产品生产的起点。一个产品应该具有什么功能，怎样的外形结构，要具有什么样的目标市场，在产品造型设计的总体计划中就已经决定了。若待产品生产出来，进入市场，进入流通过程之后，再来考虑是否满足消费者的需求，已是生米煮成熟饭，为时太晚了。部分产品之所以积压严重，其中一条重要原因，就是不重视消费者心理的研究，不重视在消费市场调查前提下的产品设计。

目前，我国一些工业产品竞争性差，在国内外市场屡遭冷遇。消费者普遍称，"看上眼的买不起，买得起的又看不上眼"。所谓"看上眼"，就是指产品外形设计美观，结构功能合理，使用方便，包装装潢精美，富有时代气息，价格适中。随着人民生活水平的提高，人们对产品造型的重视胜于价格。两只质量相近的手表，造型设计差的一种价格即使便宜些，消费者也不愿意买。

同时，产品的造型设计，是一种高附加值的设计，其可以提高产品的技术含量和艺术含量，成为消费者满意的紧俏产品。产品的价值除了材料成本，人工费用、设备折旧和运输费用等有形的"硬"价值以外，还应包括技术的新颖性、实用性，产品整体的优良设计和售后服务之类无形的"软"价值，这种"软"价值亦称为"附加价值"通过价格表现的产品价值，如果这种附加价值所占的比值很高，就可认定该产品是高附加值产品。市场的发展趋势是，这种附加值在产品价值中所占的比重越来越大，以致同样的产品，同样的功能，同样的制造成本，却由于造型设计的差异而导致售价相差几十倍，乃至上千倍。可见，产品的造型设计在产品的整体设计中的作用是何等重要！有关设计提高附加值的理论研究和实务操作，已在第六章介绍了。

产品造型的感觉特性主要取决于产品的材质、色彩和形态。例如，木材往往给人温暖的感觉，红色常常给人以热情的联想，而圆润的形态常给人以小巧、可爱的感觉。

9.3.1.1 材质与产品造型设计

材料的色彩、质感、光泽、纹理、触感、舒适感、亲切感、冷暖度、重量感、柔软感等表面特征，对产品的外观造型有着特殊的表现力，在造型设计中应充分的考虑。不同的材质都有其自身的外观特征和质感，给人以不同的感觉[①]。设计师要根据产品的功能和特性，合理科学地运用材料的外表特征和质感，应用美的法则组织它们，使材料各自的美感特征相互衬托，相得益彰，以获得产品造型设计的形、色、质的完美统

---

① 潘翔. 材质的美感——对 3C 产品设计中材料运用的研究 [D]. 同济大学硕士论文，2009

一。在很多的家具产品中将新型或者传统的材料与常用的木材、竹材进行结合，从而带给人们不同的感性体验。例如塑料与木材的结合给人以现代的全新感受，而宣纸与木材的结合则唤起了人们的怀旧情愫。

9.3.1.2 色彩与产品造型设计

人们对色彩的印象、感觉就是色彩的意象。色彩本身并没有什么意义与情感，因为人类独特的知觉特征和社会文化背景使人们对于不同的色彩有了不同的感受。这反映了人们深层次的情感活动，是对色彩想象和联想的结果。

产品色彩意象的形成，来源于人们对于产品色彩的认知[①]。产品通过自身的造型、色彩、材质等因素，来向消费者传达自身的价值与文化。产品色彩的价值不仅仅只是一种视觉上的美感，它还承载着消费者生理、心理以及情感等不同层次的体验与需求，还体现了外在环境文化所赋予产品的价值与文脉意义，所以设计师要重视产品色彩的设计与运用，以期发挥其最大的功效，很好地建立起设计师和消费者之间沟通的桥梁。色彩意象尺度主要是根据色彩所引发的心里感觉为分类标准，一般以柔软—僵硬感为纵轴，以动感—静止感为横轴，形成二维坐标系。任何一个或一组色彩或产品都能在坐标上找到合适的位置，并且各个坐标位置也都可以用适当的语言来表达，在色彩形象和语言形象之间建立起一一对应的联系，方便人们客观、理性地判断色彩意象。

9.3.1.3 形态与产品造型设计

产品形态本质上是由抽象加变化的点、线、面、体为基本构成元素的。因此产品形态给人的心理感受离不开点、线、面等基础造型元素所包含的感觉因素。点包括圆形点、方形点、不规则点分别给人以圆润、规整、灵动的感觉。线包括直线、曲线和自由曲线，从直到曲的变化形式，给人的感受也从平衡规整改变为灵活自由。而面作为线的集合体，主要包括正方形、圆形、矩形、梯形、不规则形等形式，给人的感受也千差万别。运用产品形态设计美学内在规律与形式法则，挖掘与探索产品形态各要素（如形状、色彩、材质、质感等）最佳有机的组合方式，突出形态美的创造的最大自由度。这样不仅可以展现产品形态各要素整合后的整体造型形象意义，而且透过所设计的形态与用户沟通、交流，能发挥形态设计之美的实用价值与意义。[②]

综上所述，根据消费者心理的研究，产品的造型设计应当采取一些心理策略，这对提高我们的设计水平是十分有益的。

9.3.2 产品的造型设计的心理策略

随着我国社会主义市场经济的发展，消费市场的需求也发生了显著的变化，人们渐渐认识到需求不仅有物质的一面，更有心理的一面。过去人们容易看重物质的一面，忽视心理的一面。事实上，消费者不仅需要产品的使用功能，也需要心理的、艺术的、思想的、社会的追求。富裕起来的中国消费者，对产品的要求不仅要具备使用价值，而且要求产品的造型设计有艺术价值，观赏价值。在令人眼花缭乱的商店柜台面前，正逐步改变着购物观念，由过去把实用、廉价作为天经地义的准则变为产品设计是否新颖、漂亮看得与前者一样的重要。更多的消费者，特别注重优良的产品造型设计所表现出的心理价值，这种产品是反映消费者的社会地位、文化水准、个人情趣的象征。

消费者购买商品，除了取得实用价值以外，还要求在使用中获得心理上的满足。比如现在消费者对手表的需求，大多是为了反映消费者的自尊和社交等多方面的需求，而不是为了获得其计时的功能。年轻人希望手表是一个体现个性的装饰品，造型奇特，充满情趣，能够散发年轻的气息；而消费层次较高的人们会把手表当做彰显身份、地位的媒介。华贵典雅，品牌效应都是重要的选择因素。因此手表的设计，其附加价值是远远超出其使用价值的。而作为礼品的手表，包装的设计尤其重要，设计精美的盒包装手表是满足消费者社交需求的佳品。

消费者的审美需求是满足其心理需要的重要方面。消费者要求产品不但要实用，而且要美观，特别是日用消费品，除了是生活用品以外，还希望它同时是一件工艺品，具有欣赏价值。所以消费者在选购商品时讲究款式、花色、造型、色彩，就是为了在使用这些用品时，能获取美感，从而达到心理上的满足。许多发达国家的工

[①] 傅炯，韩挺．产品流行色基本原理和研究方法 [C]．当代亚洲色彩应用——第四届亚洲色彩论坛论文集，北京：中国纺织出版社，2007.9: 38-40

[②] 李和森．基于产品形态的设计美学研究 [D]．武汉理工大学硕士学位论文，2006

业造型设计是以美学为设计原则的，出现了专门的研究领域。比如国外美学界把研究工业产品美的技艺称为"工业艺术"；把研究制造具有审美价值的日用消费品工业称为"消费美学"；把研究产品美的科学称为"技术美学"等。以飞利浦·斯塔克的榨汁机为例，其榨汁的功能已经被完全抛在脑后，取而代之的是其科技感十足的外形，完全成为家居中一道风景。

为了满足消费者的心理需求，产品造型设计的心理策略，可以从以下几方面去思考。

9.3.2.1 单纯化设计

现代设计的美感，体现在整形、分量、节奏、韵律上，大多倾向于单纯、简朴、大方、安定、稳重、气势的美。这些造型的特点，一反过去的烦琐、堆砌、柔弱、零碎的手工艺狭隘手法。现代工业的机械化，机械运动的秩序、反复、节奏、曲直、平整、量块……愈单纯、愈简练，也就愈利于大规模的生产。所以，产品的造型设计，既要研究传统的造型美的规律，又要灵活地运用和突破传统，创造出现代美的新产品。现代人生活在复杂纷繁的社会环境中，他们工作紧张、竞争激烈，回到家中希望获取宁静，反映在选择日用消费品的造型上，则是"单纯"和"静穆"的审美观，这种审美观是古希腊传统造型美的体现。希腊造型艺术所表现的最高的美的理想，是"高贵的单纯，静穆的伟大"，单纯到像"没有味道的清水"，静穆到似乎没有表情。这种单纯化的审美观，对现代工业设计来说，十分有用。因为"单纯"和"静穆"对人的心灵净化和心理平衡是十分重要的。所以，"单纯化"成了现代造型设计的一大特征。日本的"无印良品"可以说是单纯化设计的典范，它追求自然、简约、质朴的生活方式，力求做到极简化设计，去除了一切不必要的加工和颜色，简单到只剩下素材和功能本身。

9.3.2.2 人情味的设计

人的情感活动是人的精神生活的主要方面。产品的人情味设计，就是遵循人的情感活动规律，把握消费者的情感内容和表现方式用符合"人情味"的产品造型，去求取消费者在心理上的共鸣，产生喜欢和愉悦的态度，唤起人们对新的生活方式的追求。人的情感内容是复杂的，对产品造型设计的态度也会表现出极大的差异性。所以人情味的造型设计首先是多元化的，增加设计的品种，是人情味设计的首要工作，以便满足不同年龄、不同性别、不同文化修养、不同职业消费者的选择心理。

人情味设计要精心地选择恰当的表现手法，细腻地反映消费含丰富复杂的情感内容，在色彩、款式、装饰等方面收集大量的表现语言，这些语言都是内涵丰富的情感内容，经过设计师的创造性的组合，会出现令人满意的人情味的造型设计。其评价标准是，消费者是否从您的产品设计中找到了他所能理解的情感语言，是否达到了情感诉求的目的。倘若产品一放到货架上，消费者就认为是专为他设计的，那么这一产品的人情味设计就是成功的。例如，董绍扬（2011）《"新宅女"情感价值导向的美容小家电体验设计研究》中，针对"新宅女"群体的出现，为"新宅女"美容小家电体验进行个案外观样式设计策略研究，结合电吹风产品评价得出产品情感体验因素，联系"陪护感"体验主题得出用户情感价值三要素：愉悦、安心及成就感，从情感体验的本能、行为、反思情感体验层次形式将"新宅女"对美容小家电关注因素匹配，逐个归纳基于美容小家电"陪同感"情感价值下体验设计策略。

当今世界崇尚的人情味就是追求人人平等的理念，人人期盼得到他人的尊重。而现代设计界的热门话题"通用设计"，就是一种极富有人情味的设计。通用设计是面向所有的人，不论其身体有无残疾、老人或者幼儿，以及存在障碍的程度如何，都有表示关爱的产品设计内容。在十几年前《科技新时代》杂志提出通用设计有六个主要特征：

①包容性。尽可能考虑到各种不同人的特征，为所有的人提供方便，送去关爱，不论其有无障碍。尤其是环境和环境设施，既适合健全的人活动，又适合存在不同障碍的残疾人、老年人，以及儿童等弱者的活动。

②便利性。充分考虑人的行为能力，最简便、最省力、最安全、最准确地达到使用的目的，最大限度地满足人们的愿望。如物体的操作性、防疲劳、易识别、触感舒服、空间宽敞、获取信息方便、不同障碍的人之间容易交流等的人性化设计。

③自立性。承认人的差异，尊重所有的人。通过给有障碍的人提供必需的辅助用具及便于活动的空间，尽量使他们能独立行动。帮助有障碍的人提高自身的机能去适应环境，提供必要的求

助装置。尽量使他们感受到生活在富有人情味的世界。

④选择性。通用性设计并不追求统一的标准。对某一产品、某一空间来说应增加其适应性。就整体而言，应提供满足不同需求的商品和活动空间，以供给不同的选择，使有障碍的人排除障碍。要寻求包容性和选择性之间的平衡。

⑤经济性。通用设计的服务对象包括了相当一部分弱势人群，因此要保持低成本、低价格，要有良好的性能价格比。经济性的设计，抚平了弱势与强势阶层的差距，送去了设计师的人情味。

⑥舒适性。生理障碍往往伴有心理障碍。要通过对形态、色彩等的设计处理，达到美的视觉效果和良好和触觉效果，即使有视觉障碍的人也能感到愉悦。空间环境更要追求舒适性，特别是便于使用轮椅者、盲人等的活动。

9.3.2.3 审美情趣的设计

美感是人类的高级情感，审美情趣是人们追求精神需求的体现。产品的美感设计是造型设计重要的心理策略之一。正如唐纳德·诺曼在《情感化设计》中提到的：美观的物品更好用。美观的物品使人感觉良好，这种感觉反过来又使他们更具创造性地思考，这样就更容易找到所面对问题的答案。①

(1) 情趣化设计的时代性

人们的审美能力和审美情趣是和社会历史发展同步的，是反映相应时代的特征，各个时代都有不同的审美意识，这种意识导致各个时代产品的不同造型。远古时代彩陶的圆润，青铜器的凝重，代表了当时奴隶主贵族权势的象征；封建时代明朝家具简练大方，太师椅端庄稳定，是当时封建社会正襟危坐的礼教规范的反映；而当代工业社会带来的生态不平衡和环境污染问题已深深地影响到人们的审美意识，并反映到产品造型的时代特征上，在纷繁嘈杂的车间长期工作的人，偏爱安定有序的形态，偏爱大自然单纯清新的色彩。所以，人们的审美情趣带有时代性，产品的美感设计也应当具备这种时代性。

(2) 情趣化设计的民族性

从产品语意学的角度讲，产品要让使用者产生认知操作或心理上的认同，进而唤起使用者对其文化与自然环境的记忆。民族性的设计恰恰是对特定文化审美情趣的呼应。形态代表当代、当地人们的审美意识，造型中有机化或几何化的形态处理、线条的比例，都被加上特定的含义，象征特定的地域文化特点。色彩在不同的地域文化中有着不同的象征意义。例如：以色彩来象征方位、等级等。材料又体现着产品的特殊意义。中国传统上从自然和谐的观念出发，重视材料的自然品质和特色。例如竹子、木材等自然材料本身就饱含特定的文化情趣。

西方人的情感表露比较外向，审美过程的思维成分高于情感成分，而中国人的情感表达比较内向而含蓄，审美过程以感性经验把握为主，在情感的表达方式上，以比拟的方式设计造型，比较容易接受。中国人喜欢含蓄美和中和美。含蓄、优雅的造型设计符合国内消费者的审美情趣，比如对色彩的设计期望，已从追求富丽华贵的色彩转向节制的高光、适量的亚光和大量的无光，进入了所谓银色、黄色、银灰色世界，变华贵的色彩为含蓄的色彩。

(3) 情趣化设计的和谐性

中国消费者还崇尚祥和，追求中和美。在产品设计造型时就要考虑消费者追求和谐、平衡、圆满的情感需求，产品的外观上要对称、均衡，这种造型通常是通过配置的零件、元件的形状、分量等，在大小、远近、轻重、高低上的变化，而保持重心稳定来表现，使人产生出稳重、严肃、庄重、沉静等感觉。圆满的情感设计，在产品造型上的反映是配套设计，比如日用瓷器的配套设计、服装的配套设计、日用品的配套设计等。

9.3.2.4 地位功能的设计

产品的设计心理策略，除了单纯化的设计、美感设计和富有人情味以外，不能忽视产品的优越感和炫耀欲的心理功能，这种心理功能亦称地位功能。比如人们对于奢侈品的追逐，一方面是被其精湛的设计所吸引，另一方面则是为了显示自己与众不同的优越感。这一心态就是追求产品的地位功能，以满足自己的炫耀欲。人都有自我表现的欲望，他们期望产品的造型可以显示自己的鉴赏力和审美力，显示自己的富裕和社会地位等。

产品的地位功能设计，一般有以下几种情形：其一是用稀有贵重材料制作的产品，如金银

---

① （美）诺曼著，付秋芳，程进三译. 情感化设计 [M]. 北京：电子工业出版社，2005

珠宝制品，裘皮制品等，这类产品本身具有一定的美观功能，同时由于物以稀为贵，穿戴或拥有它们便可以显示出富有。其二是豪华型产品，如新型汽车、高级家用电器等。这类产品的功能往往很多，工艺精致，外观华丽，但售价很高。购买这类产品，从使用功能上讲可能并不合算，但满足了心理功能，即地位功能，因为不是随便什么人都能用得起的。比如意大利进口的真皮沙发，一套售价几十万元，从使用价值和审美价值上看，没有人会问津，太不经济了，但考虑到它的地位功能，照样有人去买。其三是名牌产品，也有极高的地位价值。比如进口的名牌运动鞋、时装、化妆品、名烟名酒等，尤其是各种品牌推出的限量版产品更是在极大程度上迎合了人们的地位欲望。其四就是流行的时髦产品。这类产品除了具有使用性和审美性以外，时髦本身也是一种地位价值。

9.3.2.5 个性化设计

一个成功的造型设计，除了注意功能、结构和外形等统一的共性以外，还应该有其独特的个性，才能使它从许多同类产品中区别出来，引起消费者的注意和喜爱。西方学者把产品个性归为六类，根据这六类产品，它们的个性设计有很大的区别，值得造型设计师借鉴。

（1）功能类产品设计

主要是指满足消费者的生理需求，给人们以具体使用价值的产品，如日常生活用品。这类产品设计，力求朴实、有效、经济耐用，在科学性和实用性上下工夫。

（2）成人类产品设计

此类产品专供成人使用，因此产品个性应该成熟、智慧、大方、不失风度。设计这类产品，一般以结构严谨、质量上乘、色调淡雅、大方实用为原则，不宜过分标新立异。

（3）渴望类产品设计

满足消费者的安全、护身、防护等保护自我的需要。如美容化妆用品、个人卫生用品、体育用品等。设计这类产品，应视具体的消费对象，以使用方便、感觉舒适为原则。

（4）威望类产品设计

这是一种能够提高消费者的社会威望，表现其事业成功、个人成就的产品。设计这类产品，必须考虑选用高贵的材料，设计豪华的款式，体现出超群的产品个性，其产量是严格控制的，价格是昂贵的，功能是超群的，制作是精美的。

（5）地位类产品设计

此类产品是专供社会某一特定阶层使用的，使用者可以借此表示自己所处的地位和身份，成为某一阶层成员的共同标志，从而获得一种群体的归属感。设计这类产品，应考虑消费者的不同生活环境、经济地位和消费习惯，使产品具有不同的特点。比如知识阶层和劳动阶层，城市与农村，其使用的产品个性应有明显的区别。

（6）娱乐类产品设计

这是为消费者提供某种快感，以引起他们的某些冲动而去购买的产品。如成年人的零食、小孩的玩具、游戏娱乐用品等。这类产品的设计往往以新奇、有趣取胜。

产品造型的个性设计，是建立在对消费者个性心理研究之上的。消费者的个性，亦称人格（Personality），是指一个人整个的心理面貌。它包括外在自我和内在自我的总和。过去研究人的个性特征，更多地注重外显行为，这是由于行为主义的指导思想和研究手段决定的。如今人们对人格的深层次内容也进行剖析，认为人格是由外显行为和内隐行为合一的综合反映。综合的个性观对产品造型的个性设计要求也是综合的，也就是产品的造型设计代表产品个性的显在因素，而产品的内在结构、功能方面的设计则是内隐因素。优秀的产品造型个性设计是显在因素和内隐因素兼顾，设计出新颖美观的外观和科学、合理、方便的产品内质的统一。

消费者的个性差异，是内、外因素的影响形成的。影响消费者个性的内部因素是遗传和先天素质，外部因素则是社会环境和宣传教育。产品的个性设计也是如此，受到形成产品内在因素的技术、材质和工艺的影响，也受到社会的发展、社会文化的差异和社会心理等外在条件的影响。研究产品的个性设计，不仅需要拥有技术、材料、工艺等方面知识的科学技术，也需要拥有社会科学和心理方面的人文知识。过去的产品个性设计，往往只注重某一方面，而导致产品设计的个性化是"重内轻外"，即所谓纯功能主义；或者导致产品设计的个性化是追求表面的花哨，这两个方面都是片面的。

有的产品的造型设计只注重外观的、整体形象的个性化设计，而对产品的细节、小配件上处理是忽略的，只抓"西瓜"不问"芝麻"的设计思想，也是影响个性化设计的。日本、德国设计的工业产品对细节一丝不苟。他们从小部件上的独特设计而使整个产品显示其差异性，这种产品的个性化设计方法值得借鉴。

产品的个性化造型设计，就是根据消费者个性的差异性，设计出代表这种差异性的新颖产品。比如美国设计师哈里森教授专门为老年人设计的厨房器具，故意使用粗大的调节器和超大的手柄，就极富个性。

产品的造型设计是产品的造型设计与内在功能质量设计的统一，是在符合功能要求的前提下，将设计对象按消费者的审美要求给予必要的美化，这种美化包括多样性和独创性，绝非要求凡是功能相同的物品，造型也完全一样；在反对过分强调"功能决定形式"的同时，也要注意功能是决定形式特征的关键。也就是说，造型可以多种多样，但都是从功能要求出发的。所以，造型设计是一种整体设计思想，是建立在消费者的整体需求和心理需求基础之上的，不仅要满足消费者的物质需求，还要满足他们的精神需求，这样的造型设计既有经济性、技术性和使用合理性，又有审美情趣，这样的造型设计是物质设计和精神设计的有机整体，如同服装的整体设计一样。

9.4 产品功能设计与消费者心理

功能设计（Functional Design）就是按照产品定位的主要功能要求，在对用户需求及现有产品进行功能分析的基础上，对所定位产品应具备的目标功能系统进行系统策划和构建的创造活动。在现代产品技术同质化和市场竞争日趋激烈的形势下，产品的创新设计是赢得竞争的根本。其中产品的功能创新设计是产品创新设计的重要环节，同时通过对产品功能的不断地合理开拓创新设计，可以满足人们不断增长的需求，提高生活质量，改善人与自然的关系，从而推动社会物质文明和精神文明的发展。

9.4.1 产品功能设计与生理需求

消费者购买产品，首先是为了满足其生理上的某种需要，也就是首先考虑使用价值。尤其是经济发展水平较低，消费层次属于温饱型的消费者群体中，求取实用的购买动机，还是起主导作用的。一幅画没有任何使用价值而无损于它的艺术性。一件家具，如果不能使用，再美也是废物。因此设计家具时应考虑它的使用价值，是否舒适，是否符合人们的行为习惯，是否满足人们安全感等生理方面的需求。即使在消费层次比较高的发达国家，产品的造型设计也要考虑到消费者的实用性。当今美国设计的明显倾向是功能显示简洁易懂。产品应该易于使用、安全和舒适，其目的是为了消费者在看见和触摸产品的那一瞬间就明白了一切。

最高效率地掌握和操作产品是当今设计的关键。现代生活的人们工作节奏加快，心理上的紧迫感增强了，大家面临的是竞争激烈的世界，人们都希望高效快速地掌握和操作产品，这种现代人对产品功能设计的要求，促使一代新的功能设计的产品诞生。产品的功能设计要根据消费者对产品的生理需要，力求达到产品的方便性、使用的科学性和相应的价值观。当使用者购买一件产品后，在使用产品前，如果先要花数十分钟在说明书上，那就说明该产品的功能设计未能对该产品的使用性深入研究，而把担子撂给说明书的读者。国内许多产品设计都有这个毛病。一件好的产品设计，应能让消费者容易了解其操作过程及其功能。特别是现在的多功能产品设计，几乎达到了饱和状态，消费者往往不会用到所有的功能。

比如一份有关微波烤箱的消费者调查显示，消费者认为微波烤箱其功能包罗万象，使用者可设定开关时间，也可输入食物的原料，如种类、重量，以计算所需的微波量。但有的消费者反映，在使用的四年的时间里，只用过其最基本的功能：将食物放入，设定烤食所需时间，然后开机。至于其他复杂的附加功能，从未用过，即使想用，也得先翻出几年前买烤箱时附送的说明书，否则根本无法知晓它的操作程序。结果，造成了功能的闲置和浪费。因此，产品功能的集成必须考虑市场需求，并非功能越多越好，应以产品市场和用户需求为定位前提。可以说按照消费者的生理需求（使用需求）搞好产品的功能设计，是衡量产品设计成功与否的先决条件。

目前中国的工业化程度正在逐步提高，消费需求也在日益增长，对于产品功能的需求也在朝着多元化发展。产品的功能设计有几个趋势，是值得设计人员注意的。

（1）产品逐步向"一物多用"的多功能方向发展

多功能组合设计不仅节约了空间和材料，而

且在原来产品的基础上带来了新的使用体验,但是这种功能的组合是要巧妙合理的,而不是生硬的堆砌。在设计多功能的产品时,要注意产品造型的简洁形态,操作的方便性,使用的舒适性。

(2) 产品向自动化方向发展

自动化的控制程序设计应当符合人体工程原理,符合消费者的使用习惯,易于识别和理解,否则操作出现误差,要影响自动化产品的功能发挥。另外注意产品的安全措施的设计,以免出现故障损伤机器或使用者。

(3) 产品向"轻、薄、细、小"方向发展

自从日本产品以"超薄型"设计领导世界产品新潮流之后,各国的产品都纷纷效仿,尤其是香港、东南亚和韩国的产品设计,更是亦步亦趋。由于开放的经济政策,大量的"洋货"纷纷涌入国内市场,加上中外合资产品也具有先进的产品设计,使中国消费者一下子大开眼界,他们宁肯节衣缩食也要购买外国货。严峻的事实使中国的设计必须向先进国家学习,向"轻、薄、细、小"的设计风格学习,改变我国的一些产品的面貌。

(4) 新技术和新材料的运用为产品的功能和外形提供了更多的可能和选择性

正是因为技术的发展,才使各种数码产品能够向更薄和更轻不断进行挑战。而新材料的出现不仅节省了对原有材料的使用,而且为使用者带来了新的视觉与触觉的体验。

(5) 产品设计注意了人与环境的关系,逐步向整体设计效应发展

设计产品不仅要满足使用者的生理功能,还要满足全体人民和整个生态环境的安全需求。目前的产品功能设计已经汲取了国外设计的教训,注意把产品设计向整体设计效应的水平推进。

整体设计效应是指设计既不是产品的外形设计,也不是产品的功能设计,更不是装饰与美化,而是旨在提高人类的生活质量,使人和物及其构成的环境取得高度的和谐。尤其在产品的功能设计时要注意防止环境污染,这已成为多数设计师所注意的问题。发达国家在这方面所走的弯路,可谓前车之鉴。

现代人的生活节奏快,要求产品使用方便,结构科学合理,显示产品的先进性,为此,就要研究工程心理和工效学方面的知识,也就是对人体性能的新把握,使人更舒适,更方便,更满意,在产品设计中,要考虑消费者的行为规律,力求达到人—机—环境的匹配,从人体工学方面去开发新产品。比如各种舒适的桌椅设计,外科手术器材的造型设计,都是以人体为模型的雕塑性式样。仪表的设计就更离不开工程心理的参数,在汽车驾驶室里有速度计、里程表、油量表等,飞机座舱内的仪表就更复杂了。仪表设计怎样才能更鲜明,怎样才能迅速引起操作者的注意,怎样才能不易造成误读这些都是仪表设计中所必须考虑的心理学问题。因此,产品功能设计应当了解人的心理活动规律。

9.4.2 产品功能设计与工程心理

产品设计是以人为使用对象、满足人的要求的,把人的因素放在首位是毋庸置疑的,但这种正确的认识却得来不易。早在第二次世界大战中,美国的空军飞行事故屡屡发生,大批飞行员不战而亡,这使空军大伤脑筋。于是组织了一大批科学家从实验心理学的角度去分析人的知觉、判断与行为操作之间的关系。结果发现飞机设计中存在许多忽略人的生理、心理因素的问题。比如,高度计采用三针式仪表设计,使许多飞行员由于误读数字而机毁人亡。后改为单针式高度计,事故发生率骤然下降。因此,人们总结了这一惨痛的教训,认为从前产品设计时,总是把机械和使用者截然分开,这是不符合操作规律的,产品设计必须考虑人机匹配问题,否则这一系统的效能就不能得到发挥。从此,诞生了一门新的学科——工程心理学。

工程心理学是为解决现代技术装备的复杂性与人的有限操作能力之间的矛盾而发展起来的,它主要应用实验心理学的原理和方法,研究产品的功能设计与人的生理、心理和行为特点的匹配关系。工程心理学偏重于基础研究,提供技术设计中人的因素参数,比如在工作场所的尺寸方面,针对诸如人的体高和坐高、臂长、腿长、目视距离,工作台上各个单元(如终端设备的显示屏幕、键盘、文件等)的分布位置等;在感官方面,针对诸如开关、键钮的驱动力、揿钮(指感)和光、声指示的设计,以及台面、键盘表面的光反射、字符是否清晰等内容。工程心理学与人类工程学(Human Engineering)、人的因素(Human Factors)或工效学(Ergonomics)、人体工程学等,是同义语,其研究内容和方法基本相同,只是工程心理学更注重科学实验,而工效学、人体工程学则着力于实际应用。它们的目的

都是为了优化工业设计或工程设计，提高人们的工作生活质量。

随着科学技术的发展，大量的智能型产品的设计必然摆在工业设计师面前。我们应当了解人—机信息交换界面的传递规律，把握人的接受信息、加工信息的能力、机智和习性。人机匹配在现代工业中主要表现为，人机双方通过显示器和控制器进行信息交换。因此机器对人的适应，主要考虑产品设计要满足各类显示器的信息显示特点与人的各种相应感官活动的特点相匹配，控制器的造型、阻尼、力矩等与人的效应器官的活动特点相匹配。如果产品设计没有充分考虑两者之间的匹配，那么就会超过使用者操作者的能力限度，或者加重使用者的工作负荷，这样就会降低系统的效率和可靠性，许多事故就会发生。

在工程心理方面日本进行了较为全面的研究，称之为"感性工学"。感性工学最早由日本马自达汽车集团前会长山本健一于1986年在美国密歇根大学发表题为"汽车文化论"的演讲中首次提出，它是一种运用工程技术手段来探讨"人"的感性与"物"的设计特性间关系的理论及方法。在产品设计领域，它将人们对"物"（即已有产品、数字或虚拟产品）的感性意象定量、半定量地表达出来，并与产品设计特性相关联，以实现在产品设计中体现"人"（这里包括消费者、设计者等）的感性感受，设计出符合"人"的感觉期望的产品。感性工学也是一种消费者导向的基于人因工程的产品开发支持技术，利用此技术，可将人们模糊不明的感性需求及意象转化为细部设计的形态要素。

《国际工业人类工效学》杂志分别在1995年第1期和1997年第2期，用2个专集介绍了感性工学的研究方法及应用。目前，感性工学的研究主要包括3个方面：第一，从人的因素及心理学的角度去探讨顾客的感觉和需求；第二，在定性和定量的层面上从消费者的感性意象中辨认出设计特性；第三，建构感性工学的模式和人机系统。

林佳梁（2010）《手机造型特征对意向认知影响的研究》针对第二个方面做了研究：以NOKIA手机为测试样本，以大学生为受测对象，应用问卷调查与统计方法根据感性工学理论建构了大学生的感性语意与手机造型要素之间的对应关系，例如：有激情的手机，造型元素的组合为：大圆弧，弧线型，适中型，小圆弧，立式，屏幕/键盘分开，与数字键一起。借助这样的对应关系，设计师根据目标消费者选择的理想感性语意，便可得到对应的手机造型元素，从而保证其设计最有效率地符合目标消费者期望的感性语意，导向新产品设计。

所谓意象，是指由外界的某种刺激，包括声音、色彩、图形、物象、动态、各种符号等，在人们心理引发的形象、概念或场景。它是色彩、造型、材质等多种因素的综合心理表现。这么看来，意象其实属于一种心理特征，是大脑的一种意识活动，它的形成涉及人的知觉和生活经验，通过感官感知物体传达出的概念，根据物体表现出来的特征而产生的一系列联想。意向尺度，主要是借助实验、统计、计算等科学方法，通过对人们评价某一事物的层次的心理量的测量、计算、分析，减少人们对某一事物的认知维度，并得到意象尺度图，比较其分布规律的一种方法。意象尺度法最早在设计中的应用是在色彩方面，色彩意象尺度法，就主要是将色彩的属性和心理表现进行综合考虑，把不具体的色彩印象，根据色彩的逻辑而生成的意象尺度来区分有关色彩的心理以及情感层面的效应，以此导向产品设计。

9.4.2.1 产品功能设计与人体工程学

现代的人机工学主要包括三方面的计测和评价方法：一是形态学的方法，它主要是对人体在安静和活动状态下的各局部尺寸以及作业域、关节活动域、肌肉力量等进行计测的方法。二是心理学的方法，主要是针对人的感觉、知觉等进行主观评价，比如喜好度和豪华感等。三是生理学的方法，主要是通过对人的生理反应进行计测从而得以对人所使用的器具和所处的环境进行相关评价。生理学的方法又可以概括成三大系：一是中枢神经系（脑），其中的主要方法是脑波（EEG）、事象关联电位（ERP）和脑血流量等；二是肌肉骨骼系，主要包括肌电图（EMG）和肌音图（MMG）等；三是自律神经系，主要是血压、脉搏、心电图（ECG）、心拍变动性（HRV）、皮肤电气活动（EDA）、眼球电图（EOG）、瞳孔径等。[①]

人体工程学告诉我们，大至工作环境，小至一件产品、一种工具，必须与人的生理构造相适

---

① 宋武，人机工学研究对于产品设计的支撑［J］，创意与设计，2010（2）

应,才能给人以方便舒适的感觉。影响人与物关系的主要因素,一是空间,二是光线,三是色彩,四是声音,五是人和物的秩序。例如工作环境宽敞,能使人心胸开阔,神清意爽,从而提高工作效率;空间狭小,则使人觉得沉闷、压抑,影响工作情绪;光线明亮、柔和、适中,可以保持人的视力,而过强过弱的光线,都易使人眼睛疲劳、影响工作。又如机械产品的设计必须考虑到人和物的秩序,包括人体的力度、速度、准确度、控制范围、人体动作的次序等。做到布局合理、容易操作,使用者不必大幅度移动身体就可以操作控制。具体到一件产品的设计,也必须根据产品的性质和人体的构造,运用人体工程学的原理进行科学的处置,才能设计合理,使用方便。

比如手表的外壳、表带、表盘,是根据人们的手腕结构,左右手的活动差异以及眼睛视角的状况,设计成左手佩戴,字码向内,抬手即可看到时间的造型。椅子的设计,应该是根据人腿的长短和屈曲程度来决定高度,根据臀部的大小决定宽度,根据腰部姿势决定靠背的斜倾度,根据手臂的长短和关节的部位设置扶手。这样设计出来的椅子,坐起来舒适安稳,姿态自然,可使人的血液循环正常,肌肉放松,减少精神紧张和疲劳,符合人体要求。

再如眼镜的型式变化,从手持式到夹鼻式到挂耳式到隐形眼镜,都是人体工程学的具体运用。近年来,日本的汽车工业之所以能够雄踞美国市场,原因之一就是他们研究了西方人身材高大的特点,设计了特别宽敞舒适而且座位可以自动调节的汽车,以适合美国人的人体结构需要。日本生产的电冰箱,所以受到家庭主妇的喜爱,就是由于设计者研究了人们从箱内取物的姿势,把电冰箱设计成多层次、多门户,减少了消费者许多弯腰曲背之劳;其东芝冰箱还设计了轻触式开门系统,免去了抠扒之劳。美国的牛仔裤所以能够风行世界,则是由于设计者研究了各色人种的不同体型,制定了40多种不同的尺码和型号,使不同肥瘦高矮和不同身段的人,都能选购到最合适的尺寸。

过去我国的产品设计考虑人体工程学方面的因素很少,近期已有很大的改观,即使像日用陶瓷这类产品,也认识到设计成功与否取决于所设计的产品与人之间关系规律的准确性。因此,在设计时就充分考虑人的因素,合理地将人体工程学应用于产品设计之中,使产品的功能设计与造型设计趋向合理。在我国工业设计的各个领域中,已开始注重人体工程学的研究,尤其是造型设计和室内设计方面,比如室内墙壁的颜色、灯光的亮度及角度是否适合人的生理、心理特性;门把手的位置、造型,电灯开关的形状、开向是否考虑到人的习惯。厨房的调整台、涮洗台、配料台及煤气灶、自来水龙头、冰箱、碗柜的排列,尺寸高低是否考虑了使用便利而顾及了整体的效果。总之,设计的着眼点是消费者,是人的一方,而不是物的一方。

在家具设计中,人体工程学的应用更为突出。当人体工程学知识尚未用到家具设计之前,人们认为桌比椅重要。顺序是:桌、椅、人。现在我们以人体工程学为设计指南,从人体生理解剖角度分析立位和坐位时人的脊椎形状的变化,提出了人、桌、椅的新顺序。这不单是排列顺序的形式变化,而是强调人的因素第一的新的设计价值观的确立。更重要的是桌椅尺寸的基准点,也由地面移到臀部的坐骨结节点上,所有尺寸都由它来决定,而不是由地面决定。因此,就功能来看,桌子的高度应是从坐骨点到桌面的距离,也称差尺。它是桌子的实际高度,余下的尺寸属于附加尺寸。它的确立对于家具设计具有相当重要的意义,以它为基点设计制作的桌椅适合人体需要,避免过高或过低的桌子带给人的疲劳。

床的设计,更要重视人体工程学的意义。人生有1/3的时间要在床上度过,提高睡眠质量不是从延长睡眠时间着手,而是改进床的设计以提高睡眠的质量。多数人以为床越软越好,其实不然,过软的床使卧者体压分布形成一种恶性平均的状态。因为人体有的部分分量重,有的部分分量轻,一旦躺在过软的床上,脑部、臀部等较重部分便深陷下去,较轻的腰部便上浮出来,人体成为W形,显然这种姿势人是难以睡好觉的。根据人体工程学的研究,床的弹性应具有软—硬—软的三层结构,才能弥补过软的床给人带来的不适和疲劳的不良感觉。总之,人体工程学在产品设计中有广泛的应用。产品的一切功能设置必须符合人的尺度并具有良好的人机界面,使人真正处于主动地位,而不是对产品的消极适应,这也是达到产品人性化设计的基本条件。

9.4.2.2 产品设计与现代工程心理学

现代科学技术发展很快,产品都在不断地更新换代,但人体机能的发展却是有限的,人与机之间出现了很大差距。一旦机器的机能（如速度）超过了人的感官（如视觉）和大脑机能的反应限度，在人机之间没有适合人的"转换"连接体的话，人就不能操纵机械，也不能适应机器，就容易发生危险。人机之间的转换连接体就是显示器和控制器，许多人机事故是由显示器与控制器这两组人机接口匹配不好引起的。为使人机匹配得好，在确定人机系统总体要求后，就要为显示器与控制器的设计，进行人机匹配的实验和测试，这就是现代工程心理学所进行的工作。

有学者提出了突出自然匹配原则的几种设计方法。[①]

（1）就近设计

心理学指出，视觉搜索是知觉的六个基本功能之一，因此减少视觉搜索的时间，是提高感知力的重要手段之一。通过在界面设计上减少控制器和显示器之间的距离，可以达到这一目的，因此就近设计也就是指缩短显示器与控制器的空间距离。

显示器与键盘的位置关系中，二者距离的远近影响自然匹配的程度。在同一个平面内的交互界面上，显示器与控制器主要是上下布置或左右布置，虽然上下布置的产品便于手持，但从交互的匹配原则来说，左右布置的显示器与控制器的距离更近，更方便人们对应键盘控制与屏幕显示位置的关系，ATM 取款机中的确认键分别布置于显示器的两侧，并用横线将软件界面的选择信息，与相对应的确认键链接，减少了眼睛的视觉搜索时间，增加了二者的匹配性，同时提高了易用性，降低了生手用户发生错误的概率。

（2）空间类比设计

利用空间类比概念设计控制器，如控制器上移，表明物体也上移；为了控制一排灯的开关，可以把开关的排列顺序与灯的顺序保持一致。有些自然匹配则是文化或生理层面的，例如，升高表示增加，降低表示减少，声音高表示数量多。数量、音量、重量、长度和亮度都是可以逐渐增加的变量。如圆键盘或拨轮方向与显示方向的匹配设计。在人对圆周方向移动和垂直方向移动的匹配认知习惯中，顺时针方向与向下移动匹配，逆时针移动与向上移动匹配。

9.4.2.3 优化人—机—环境系统

现代工程心理学不但研究人的生理特征，更侧重于人的心理特征，重点研究人的信息加工能力，以及在人—机信息交换界面中传递的规律。在人—机—环境系统中，人是主体，主动者，人始终有意识有目的地使用和支配着机器；机器是被动者，是人的工具，始终受人支配，服从于人，满足人的使用要求。而环境则是一个制约条件和影响因素，人是可以改造环境和制造环境的。所以，在产品的系统设计中，人的因素是第一位的。现代工程心理学研究人的因素是很广泛的，包括不可见的心理因素，即人对产品的心理感受的信息接收（见图9-4）和可见部分的行为活动要求，如视觉、听觉、触觉、人体尺度、人体活动区间等。产品设计是否充分考虑了人的能力，将从人的产品知觉（人对产品的直接感官经验），产品认知（人对产品的信息加工处理），产品态度（人对产品的好恶表示）上表现出来。评价一种产品优劣，主要看产品设计是否充分考虑人的物质功能和精神功能的要求，是否达到人—机—环境系统的最优化。

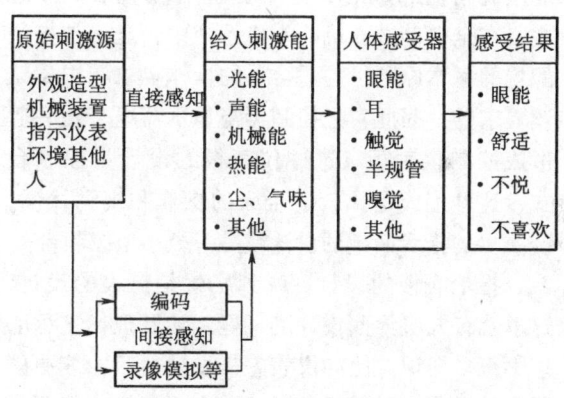

图9-4 人对产品的心理感受信息接受图

许多现代产品的设计都配有电脑控制程序。比如全自动洗衣机，彩电的遥控装置以及全自动电风扇等。这些全自动装置设计，是通过显示器和控制器来实现的。显示器是用来显示某种需要和功能的装置，表示信息从机器向人传送的系统设计；而控制器则表示信息从人到机器传递的系统设计。比如全自动洗衣机的显示面设计，首先考虑视觉显示器设计，仪表板必须放在最适当的视野范围内，以提高可视性；其次仪表板中的

[①] 程彬，赵宏梅. 产品人机交互的匹配和可视性研究［C］. 设计教育研究——2008工业设计国际教育研讨会论文集，2008

显示器和控制器要根据不同功能、不同使用频率，进行不同水平的配置，以提高产品使用的方便性和有效性。

另外大部分还由指示灯（绿色）显示其工作状态。绿灯选择按照我国《GB2893—82 安全色》的规定，作为指示灯颜色较适宜；还起用了听觉显示器——蜂鸣器。由于听觉显示有一些优点，其反应比视觉反应快，而且不管来自哪一方向都能引起人的反应（视觉显示只能在身体前面），因此听觉刺激往往用作报警。蜂鸣器是常见的音响报警装置的一种，它是报警器中声压级最低，频率也最低的装置，它柔和地呼唤人们的注意，一般不会使人紧张和惊恐，适用于家庭环境中。洗衣机的蜂鸣器可以有许多作用：开始按键时有短促声响以示机器进入工作状态；洗衣结束时自动鸣响；还可以作故障报警之用；当机器出现进水时间过长、排水时间过长、门开关脱撞、脱水时台板盖未闭合等故障时，蜂鸣器会每隔一会儿响一次，超过一定时长未处理故障，机器便自动进入暂停状态，这对于操作到一定阶段必须让操作者返回（如洗涤完毕）或安全有可能出现问题的场合，是十分适用和有效的。总之，在全自动洗衣机的人机系统中，显示与控制配置的基本原则，是适合人的操作要求和视觉认读要求的，因此常把控制器与显示器组合在一起形成控制仪表板，这种仪表板的设计为控制台式，这种型式是比较适合人的操作和视觉认读，洗衣机的指示面板的设计就是一个小型控制台。

指示面板的设计，说到底就是仪表的设计，这里就有人机界面设计的问题，涉及现代工程心理学很多知识。比如仪表怎样设计显示才能更鲜明？怎样才能引起使用者的注意？怎样才能不易造成误判？工程心理学认为，仪表设计必须考虑人的能力、机智和习性，了解人的信息传递效率，以及接受信息的通道容量，如注意的广度，记忆的广度等。人对简单信号的反应速度很难短于 0.1 秒，对复杂信号的反应需要更长的时间；人对刺激的感受能力也是有限的，比如人只能辨别相差 3% 的重量差别，1% 的亮度差别；但是人的某些感受能力却比机器高，比如人对微光的灵敏度超过任何机器，对音色的分辨能力也高于机器，人还有机器所不具备的知觉恒常性，因而人识别图像的能力远胜过机器。诸如此类的研究，充分了解了人—机系统中人的各种特性，在人机设计上，就得到很好的运用。例如，一个测定不同形状仪表优劣的心理学实验，如图 9-5 所示，四种不同形状的仪表各显示 0.18 秒，让被试报出读数。试验结果，不同形状仪表读数的错误率是不同的。

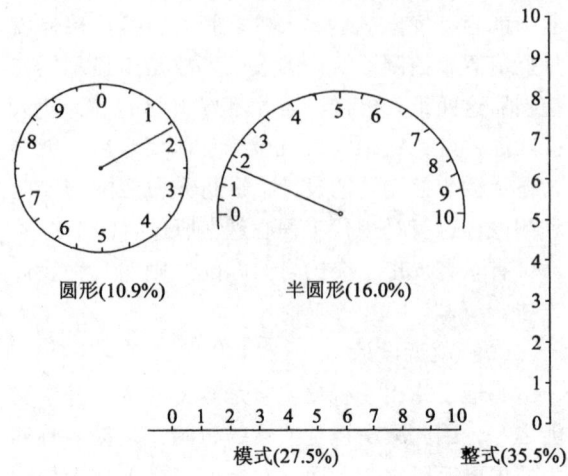

图 9-5　不同形状仪表读数的错误率

由这个实验可知，按时间读数的准确度来说，半圆形的仪表比圆形的差，竖直显示的仪表比水平显示的仪表差，而水平的又比半圆的差。这是由于人的习惯及心理因素影响所致。对于时间，人们习惯于圆形显示器，钟表都是圆形的。又由于人们读数的习惯总是从左到右，所以水平式优于竖直式。

（1）设计显示器的心理学原则

要使显示器达到最佳的显示效果，在设计显示器时必须考虑人的因素。比如，显示用什么颜色，多大亮度，是用形象显示还是符号显示，如果用符号显示，符号的笔画与整个符号的比例应为多大，用什么字体等等，这些都可以到工程心理学有关字符设计、仪表色彩设计等测试数据中找到科学的依据。不过，从总体上讲，显示器设计应遵循以下原则：

①明确显示器使用目的。显示方式、精确度、形式大小等都要根据目的来定。

②明确使用条件。任何显示器都在一定环境条件下使用。环境对于显示效果有一定的影响，对使用显示器的人也会有影响。应考虑显示距离、照明、显示角度和干扰因素等。

③一致性。显示器与产品的其他部分一起使用时，相互之间的关系必须做到保持一致，充分协调。

④标准化。许多工业产品是国际通用的，可以互换或共同组合使用。不同厂家生产同样类型的

仪器，一定要一致，即标准化。产品除了在技术条件上考虑国际标准外，在造型设计上也应考虑与国外类似产品的相互协调，否则联机使用时会显得格格不入。客户在订货时很重视这方面的情况。

⑤习惯性。显示方式应和习惯相一致。例如显示时间，由于人们习惯于看钟表，故仪表的设计以圆形较好。

（2）控制器的设计的心理学原则

在人机系统中，人与机器相互作用的另一个界面是人操纵控制器。在控制器的设计中，同样也要考虑人的因素，人的生理和心理特点。只有这样，才能做到操作者使用方便、舒适、安全，达到安全生产，提高效率的目的，从控制器要适应人的特点的角度看，设计控制器时应注意下列几方面的问题：

①控制器与显示器应协调一致。这种一致性主要表现在通道一致、空间关系一致、运动关系一致等。如用声音显示信息，最好用口头作反应；如显示的是空间位置，则用手、足控制较好；不同的空间排列对操作者有不同的影响，控制器与显示器的空间关系一致，有利于正确操作，减少和防止错误。另外，操作的运动方向与信息的显示方向应一致。

②几种控制器放在一起，必须使操作者易于辨认，甚至不用视觉也能辨认。如许多不同用途的旋钮放在一起，最好采用不同的形状，或旋钮的表面采用不同的色彩，这样有利于辨认。

③控制器所需的力量要适中，使操作者感到舒适。用力过大则易疲劳，用力过小则不易控制。不论是推力还是拉力，使用的角度不同，力量的大小也不同。如果用脚操作（如汽车刹车板），所需力量可比手操纵大一些。一般而言，操作器不能离人太远，也不能离人太近。太远了费力大，太近了不舒服。要使控制器设计符合人的特点，就必须对人体各部分的功能尺寸进行测定。

美国设计心理学家唐纳德·A.诺曼博士强调好用型的设计，他提出四点优秀设计原理：

①可视性。产品的设计符合可视性原则，用户一看就知道产品的各项功能及各个控制器的作用。如果控制器的位置和功能之间的关系明确，用户操作起来就很方便，也无须记住使用说明。

②正确的概念模式。设计人员提供给用户一个正确的概念模型，使操作按钮的设计与操作结果保持一致。这样，人们能够预测操作行为的结果，而不必死记硬背。

③正确的匹配。用户可以判定操作与结果，控制器与其功能、系统状态和可视部分之间的关系。前文也有过详细的描述。

④反馈。用户能够接收到有关操作结果的完整、持续的反馈信息。反馈的含义指向用户提供信息，使用户知道某一操作是否已经完成以及操作所产生的结果。[①]

闻名设计界的夏普公司设计师们，追求"以人为本"的设计理念。他们提出五点建议，体现其人性味设计，值得我们学习和借鉴：

①明快性。设计概念和图形、形状和界面、操作和运用……力求达到消费者明确易懂。

②信赖性。在保证产品达到坚固性、安全性的同时，力求使消费者感到这是名牌的风范。

③诚实性。不断追求产品设计的完美性，不断收集消费者的意见，确保产品的承诺，使消费者满意。

④简易性。在开发新产品时，注意对各类人群特征的关注，尤其是特殊人群产品的开发，如老年人、残疾人等弱势群体都能简单方便地使用。

⑤享受性。让消费者对产品体会到高科技成果的享受，使用的舒适性，并且没有环境污染。日本夏普公司的设计认为，过去的设计是配合功能性生产来设计外形，是设计部向技术部要技术参数，决定其设计方案包括造型设计（目前中国绝大多数生产者和设计师是如此操作的）。而如今的夏普设计是由设计部从市场采集CSI，以消费者为中心，分析CSI参数，导向造型设计和功能设计。在企业中是设计指挥生产，而不是生产左右设计，真正体现了设计的龙头和核心作用。

9.5 新型产品设计与用户心理

9.5.1 用户体验设计与用户心理

用户体验设计（User Experience Design，UED）近年来受到了IT界和设计界的广泛关注，它是一项包含了产品设计、服务、活动与环境等多个因素的综合性设计，每一项因素都基于个人或群体需要、愿望、信念、知识、技能、经验的考虑。

---

① （美）诺曼著，梅琼译.设计心理学[M].北京：中信出版社，2010

在这个过程中，用户不再被动地等待设计，而是直接参与并影响设计，以保证设计真正符合用户的需要，其特征在于参与设计的互动性和以用户体验为中心，以提供良好的感觉为目的。

用户体验的概念出自交互设计领域，在最初它仅仅代表的是交互设计目标的一个方面，即对用户体验质量所作出的明确说明。也就是说在产品、系统与人交互的过程中除了达到可用性目标中的可行性、有效性、易学易记性、安全性、通用性之外还应该具备其他品质如：令人满意愉快、有趣有用、富有启发性、富有美感、让人有成就感、让人得到情感满足等。Jennifer Preece 等（2001）认为交互设计就是关于创建新的用户体验的问题。交互设计要完成的目标包括可用性目标、用户体验目标。所谓"用户体验"指的是用户与系统交互时的感觉如何，用户体验的目标与可用性的目标不同，后者更为客观，而前者关心的是用户从自己的角度如何体验交互式产品，而不是从产品的角度评价系统多有用或多有效。

最初"用户体验"的概念阐述建立在人与机器交互的基础上，研究者将产品的设计与人在使用产品过程中的主观感受分割开，分别用"可用性、易用性"和"用户体验"来考量，在最初的交互设计中，其目标是由这两方面组成的，因此"用户体验"的概念在发展初期所代表的仅仅是主观意识上的愉悦和满足。随着交互设计的发展，尤其是产品的功能即将发挥到极致时，产品的趣味性及其带给人的主观愉悦度就变成了设计的主旋律，用户体验的目标也渐渐清晰并被赋予更深的内涵。在与产品的交互中，主观的愉悦度和满意度开始占上风，产品或系统的可用或易用也开始通过"用户体验"的好坏来衡量。[1]

用户体验是用户在使用产品（服务）的过程中建立起来的主观心理感受。个体差异也决定了每个用户的真实体验是无法通过其他途径完全模拟或再现。但对于一个界定明确的用户群体来讲，其用户体验的共性能够经由良好设计的实验来认识到。一方面，设计团队要从社会学、人类学、心理学等领域做大量的研究；另一方面，又要从视觉因素、人的行为等方面去观察和分析。

在对用户进行研究时，从用户体验的角度出发可以采用以下的方式进行。[2]

9.5.1.1 建立正确的用户体验模型和沟通渠道

对于产品设计本身，用户体验设计的核心在于提倡以用户为中心的设计。用户和设计师之间总是存在着知识、认知等方面的差异，设计人员要确保用户不仅明白操作的方法，还看得出系统的工作状态。因此设计师要从体验用户的角度出发，研究和开发适合用户、符合用户心理的概念模型，通常包含设计模型、用户模型和系统表象三个方面，设计模型是指设计师头脑中对产品的概念，用户模型是指用户所认为的系统，用户和设计人员之间的交流只能通过系统本身来进行。

而用户体验设计的心理模型应该体现在设计模型和用户模型的交流上，设计师不仅仅通过系统（产品）和用户进行沟通，而更应该搭建两者之间的沟通桥梁。

通过沟通桥梁的搭建，设计师能建立起相对正确的用户模型，而这些正是以人本为中心点的产品设计。通常可以通过对用户的研究来认知和搭建用户心理模型。这类研究是基于用户自身对产品系统使用的互动体验而归纳出来的行为模式和心理模式。这种研究可以在几个层次上进行：

第一，设计师站在用户的角度来思考对于产品的使用和感知。这是一种初级的思维换位方式，只能初步了解个体用户对于产品系统的认识，设计模型和用户模型的匹配性比较差。

第二，通过各类测试的方法。正如本书第二章中所介绍的各种设计心理学的研究方法正在用户研究的领域扮演着重要的角色。

9.5.1.2 扩大用户体验的感知范围，丰富用户体验的概念

从某种意义上来说，用户体验是一个比较广泛的概念。用户体验设计是多维感知，这种多维感知概念，不仅仅包含用户对这个产品系统的认知、操控过程，还包含用户对产品的主观感受，包括设计风格、设计哲学、文化构造等。

Effie Lai – Chong Law 等认为，用户体验是基于产品、系统、服务，以及客观物体的独立现象，而非社会性[3]。即人与产品、系统等交互过程中产生的主观感受。以用户为中心的设计是用

---

[1] 郭苏. C2C 网络购物平台用户体验的角色划分研究 [D]. 无锡：江南大学，2009
[2] 欧阳波，贺赟. 用户研究和用户体验设计 [J]. 江苏大学学报（自然科学版），2006.27（5）
[3] Effie Lai – Chong Law. Understanding, scoping and defining user experience: a survey approach. CHI 09 Proceedings of the 27th international conference on Human factors in computing systems, ACM New York, NY, USA

户体验的重要准则。以用户为中心的设计的提出，意味着设计研究和设计一些重要思想变化：

首先，一个产品的来源可能有多种情况，用户需求、企业利益、市场需求，或可能是技术发展所驱动。从本质来说，这些不同的来源并不矛盾。一个好的产品，是用户需求和企业利益的结合，而这两者都可能引发对技术发展的需求。越是在产品的早期设计阶段，能充分地了解目标用户群的需求，结合企业战略，就能越大程度地降低产品后期的研发周期和节约成本。同时，用户对产品的接受程度就会上升，能更大程度地推动企业的进步。用户接收度不仅仅局限于产品的某个外包装或者某些界面载体，而是贯穿产品的整体设计理念，这需要我们从早期的设计中就要以用户为中心。

其次，基于用户需求的设计，往往能激发"未来产品"的设计创新。因为，基于用户需求的同时，就为引导和"超越"用户需求提供了创新基础。这同时也有利于我们对于系列产品的整体规划。同时，随着用户有着越来越多的同类产品的选择性，用户会更注重他们使用这些产品的过程中所需要的时间成本、学习成本和情绪感受。用户不太愿意将他们的时间花费在一个对自己而言仅为实现功能的产品上，产品应该传达积极的情绪感受，让用户快速地完成他们所需要的功能。

设计项目通常需要注意几种学科的协同合作，才能达成有益的用户体验。如《About Face 3 交互设计精髓》中提到，数字产品的用户体验可以包括三个方面的关注：形式、行为和内容。交互设计关注行为的设计也关注行为如何与形式和内容产生联系。同样，信息架构关注内容的结构，但同时也关注用来访问内容的行为以及内容如何呈现给使用者。工业设计和图形设计关注产品和服务的形式，但也要保证这种形式必须支持产品的使用，这就意味着也要关注行为和内容。[1]

郭苏在《C2C网络购物平台用户体验的角色划分研究》中的理论分析引入科技接受度模型（TAM），分析用户对网络购物平台的认知过程，明确用户体验的目的和意义，划分网络购物平台的体验要素：基础要素、易用要素、情感要素。提出人物角色法对于网站用户体验的积极作用，并提出用户人物角色划分的标准：网购经验、生活方式、用户体验差异。实证研究通过定性研究初步得出用网购经验、生活方式以及人口统计特征对网络购物人群的用户体验差异具有影响。在定量研究的问卷调研方面结合理论分析和定性结论，将网购经验、生活方式与用户体验要素进行方差分析，得出网购经验、生活方式等对于用户体验的基础要素、易用要素、情感要素方面存在的具体差异。最终研究得出划分C2C网络购物平台用户体验人群角色细分的标准和使用原则。

9.5.2 现代服务设计与用户心理

所谓服务设计是企业和设计师将各种投入的资源要素（人力、物料、设备、资金、信息、技术等）变换为产出服务产品的过程，也就是"投入—变换—产出"过程。服务设计的特点是非物质性、不可存储性和同一性。[2]

现代服务设计专注于从顾客的角度审视服务，其目的是确保：从顾客的角度讲，该服务是有用、可用、符合需求的；从服务提供者的角度讲，该服务是有效、高效、与众不同的。服务设计师为未来的服务设想、规划和设计解决方案，他们观察和解释顾客的需求和行为模式，并把他们转化到未来的服务中。这个过程要求使用探究性的、有创造力的、可评估的研究方法。[3]

服务设计通常是指通过确定服务要素组合方案以尽可能满足顾客服务需求的过程[4]。服务产品设计必须"以用户为中心"，根据用户的需求进行有效的服务产品设计。

服务产品设计可以是有形产品，也可以是无形产品，或者有形产品与无形产品相互补充，互为整体；服务设计是系统化的设计，要求设计师整体考虑与之相关的内部和外部因素，在这个过程中，需要用户有较高的参与度，通过服务提供者与服务需求者之间的互动完成服务产品消费，不同的用户需求导向不同的服务产品设计。

在国际环境下，随着工业经济的快速发展，有关专家和学者不仅站在商业的角度对服务设计进行了研究，同时认为服务设计是推动社会创新

---

[1] （美）Alan Cooper, Robert Reimann, David Cronin 著，刘松涛等译. About Face 3：交互设计精髓 [M]. 北京：电子工业出版社，2008

[2] 李彬彬著. 设计效果心理评价 [M]. 北京：中国轻工业出版社，2005：220

[3] Mager . B. Service Design definition in the design dictionary. Design dictionary . Board of international Research in Design. 2008

[4] Goldstein S M, Johnston R, Duffy J, Rao J. The service concept：The missing link in service design research？[J] . Journal of Operations Management，2002，20（2）：121-134

的重要力量。试图通过设计来创造更大的社会价值，而不仅仅是经济利益。江南大学与米兰理工大学合办的 DESIS 工作坊，进行了将服务设计应用于食品网络的尝试。食品网络的服务过程，包含生产、购买以及传送中的每个环节，其中每一个环节都可以进行创新的服务设计。例如，在生产环节鼓励市民自己种植，既保证了蔬菜的新鲜又能体验劳动的乐趣；在购买过程，改变原有的超市购买的形式，组织集市来让农民亲自销售，带给购买者更多新鲜感与安全感；传送过程，以送货上门的方式来提高信任度。

服务行业林林总总，除了传统的餐饮、购物、娱乐行业以外，伴随互联网发展而来的新型服务行业也需要运用现代服务设计的新理念。

赵彭（2011）"基于群体文化学方法的都市'拼客'拼车服务设计研究"以社会文化学为基础，深入挖掘现代都市人生活中的出行问题，运用多种用户研究方法对目标人群进行了深度研究，在倡导低碳环保的时代背景下，借助于现代网络技术，提出了"拼车服务设计"概念，并对此进行了深入的讨论。整个拼车服务主要由"目标用户"、"服务提供"、"技术支持"三方参与构成（图9-6），从解决出租车和非营利性私家车拼车的服务功能必要性出发，设计基本功能模块六个，分别是"用户信息注册与信息管理模块"、"拼车信息发布与查询模块"、"信息匹配与车辆调度模块"、"拼车安全保障模块"、"拼车科学计费模块"、"拼车服务评价模块"，建议增设聊天交友、博客微博、位置查找、天气预报等附加功能模块。最后从乘客和车主使用该拼车服务的两类情境出发，设计非营利性私家车拼车服务流程和出租车拼车服务流程。①

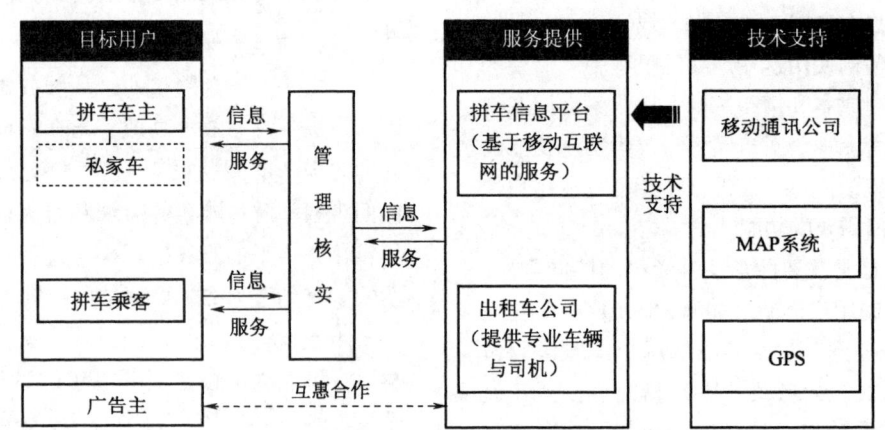

图9-6 拼车服务的组成系统图

思考题

一、名词解释

1. 产品生命周期　2. 新产品扩散　3. 从众现象　4. 工程心理学　5. 感性工学　6. 用户体验

二、简述题

1. 成长期产品特点。
2. 影响新产品扩散的因素。
3. 人情味设计。
4. 设计显示器的心理学原则。
5. C2C 电子商务网站可用性评价指标。

三、分析题

1. 分析导入期、成长期消费行为规律，谈谈应对的产品设计思路。
2. 如何应对产品生命周期的规律制定产品营销策略。
3. 分析产品造型设计的心理策略。
4. 从消费者心理分析的视角，如何提升产品功能设计的水平。

四、实务操作

制定 CSI 问卷初稿，在小范围内模拟目标消费者的问卷发放、回收，收集反馈信息并修正问卷。

---

① 赵彭. 基于群体文化学方法的都市"拼客"拼车服务设计研究 [D]. 无锡：江南大学，2011

第十章
商品设计与消费者心理

■ 商品设计与消费者心理综述
■ 广告设计与消费者心理
■ 商标设计与消费者心理
■ 包装设计与消费者心理

10.1 商品设计与消费者心理综述

10.1.1 商品设计中消费者心理运用

设计是连接商品与人之间的桥梁（物与人），人的欲望、需求和想象正是借助设计的名义凝聚在有形或无形的商品之上。同时，设计又依靠商品来传达科学技术、文化观念甚至哲学思考对人类生活方式的影响。近年来设计与商品之间的关系是如此的密切，在"商品设计"中，产品设计的目标就是充分实现商品的价值。从根本上说，商品的价值就是人类价值观的转译，体现在交换主体围绕商品所建立的广泛的社会关系中。因此，商品设计的终极目标就是寻求"消费人"、"企业人"、"社会人"和"生态人"多重主体利益的"共赢[①]"。现代商品设计已从传统的"4P"（即产品 Product、价格 Price、分销 Place、促销 Promotion）转移成为"4C"（即消费者的需求 Consumer Wants And Needs、成本 Cost、便利性 Convenience、沟通 Communication）[②]，在整合营销传播中，产品如何转变为商品，这是一个复杂的系统工程，有很多因素制约。将 4C 理论进行延伸，可以将它看做是一个"4C + 2P 组合论"问题，2P 组合即公关（Public Relation）和政治（Political Power）。

有关产品设计的问题，已在前一章研讨了，现在从产品促销设计即商品设计来分析。商品设计主要包括广告设计、商标设计、包装设计等方面内容。本章重点研究商品设计与消费者心理之间的关联性。主要是广告设计与消费者心理、商标设计与消费者心理、包装设计与消费者心理。

10.1.2 现代广告设计与消费心理

现代广告设计与消费心理，即将设计心理学的普遍规律应用于广告活动中。有学者把它定义为："说服大众购买商品和劳务，为促使其采购行为而研究其心理与行为的学问[③]。"还有学者这样定义："研究广告活动中有关信息传递、说服购买心理规律的一门科学。"广告界大量事实证明"广告战即心理战"。一般来讲，广告设计与消费者心理联系的过程大体如下：引起注意——启发联想——增进感情——增强记忆——实现购买。

广告学科经过一百多年的发展历程，已经成为一个独立且庞大的学科体系。目前国际上有以下几类影响较大的广告理论：

（1）独特的销售重点论。1961 年罗瑟·瑞夫斯（美国）在《实效的广告》一书中系统阐释了 USP（Unique Selling Proposition, USP）理论，指出每个广告都必须向消费者陈述一个主张，该主张必须是竞争者所不能或不会提出的，这一主张必须是强有力的，聚焦在一个点上，并能不断重复产品的"独特"功效。USP 理论在 20 世纪 80 年代被传入中国后，"白加黑"感冒药等一批利用 USP 诉求的产品都获得了成功。

（2）品牌印象论。20 世纪 60 年代，美国广告步入"创意革命时代"。大卫·奥格威的"品牌形象论"、威廉·伯恩巴克的"ROI 理论"和

[①] 刘新. 关于设计评价标准的思考 [D]. D2B——第一届国际设计管理高峰会, 2007
[②] （美）唐·E. 舒尔茨等著，吴怡国等译. 整合行销传播 [M]. 北京：中国物价出版社，2002
[③] 乐国安. 应用社会心理学 [M]. 天津：南开大学出版社，2010：199 - 220

李奥·贝纳的"与生俱来的戏剧性"成为这一时期最具代表性的理论。其中"品牌形象论"最具启发性，他指出为塑造品牌服务是广告最主要的目标，任何一个广告都是对品牌的长期投资，描绘品牌的形象比强调产品的具体功能特征要重要得多。"Hello, Moto"所塑造的摩托罗拉酷玩形象是一个成功例子。

（3）表现论。代表人物是DDB公司的彭巴克（William Bernbacli），他提出广告所引起的消费者特定行为的改变，创作中固然重视广告传达内容，但更重视表现创意和表现技巧。

（4）平实淳朴论。它主要由李奥·本纳特公司的本纳特（Leo Burnett）提出。本纳特主张在广告的创作中要去寻求商品的"先天戏剧性"，并以平易近人、温和可亲的方式表现出来。

（5）定位论。20世纪60年代末70年代初，艾·里斯和杰·屈特首次提出"定位"概念[①]。定位论继承了USP理论的差异化营销理念，但却比USP论更符合当代消费趋势。定位论与当代消费形态的契合，使"定位"一词被广泛应用到营销策划之中：受众定位、产品定位、市场定位、价格定位等。如"朵唯"女性手机的目标受众就定位为女性。

（6）整合营销论（Integrated Marketing Communi—cations，简称IMC）。由舒尔茨等提出，它将广告与营销、传播联系起来，表现出一种系统、集中的大广告走向，对广告发展具有革命性意义。IMC理论的精髓可归纳为两点：将与消费者的沟通（Communication）作为一切营销手段的中心；用同一个声音说话。[②]

上述六种经典广告理论能够在一定程度上满足当代消费形态的现状。但是对于层出不穷的新消费特征，只依靠原有理论的改进是不够的，广告研究必须不断探索出新理论来适应和拉动消费的快速发展。

在国内，与广告设计的消费者心理评价研究相关的文献主要有：北京大学研究生肖莉2008年在其学位论文《网络广告价值驱动因素研究——以IBM公司为例》[③]中从理论研究和实证研究两方面入手，将定性分析方法与定量分析方法相结合，归纳、分析出网络广告价值驱动因素。以IBM公司网络广告为例，采用实验法，运用分析结论来评价IBM公司网络广告，归纳出其成功之处与不足之处，并提出改善建议。经过综合分析，网络广告价值正在逐步地被消费者接受和认可；"娱乐性"、"可信赖性"、"信息性"、"互动性"、"表现力"、"投放方式"都是网络广告价值驱动因素。潜铁宇、蔡杰（2008）《基于AIDMA理论分析电视广告的创新设计》[④]表达了通过AIDMA理论的五个方面重新定位电视广告的创新设计，使电视广告与观众的关系更和谐，以求达到更显著的广告效果。鲍玉乾（2009）《现代消费心理对现代广告设计的影响》[⑤]，主要分析了现代社会消费群体的消费心理，并对如何发挥现代消费心理对现代广告设计的正确影响作用作了研究。

10.1.3 现代商标设计与消费心理

标志属于视觉传达的范畴，是传达讯息、表达思想的一种媒介，也是商标标志、专业标志、会议标志、组织标志的一种统称。它具有说明和代表的功能，而且也是象征信任和荣誉的图案。现代商标设计是一种图形语言，它代表着企业的形象，也成为区分商品的记号，承担着宣传和美化企业（商品）的任务。不同的商标设计形式，会产生不同的视觉效果，优秀的商标构成形式必须具有商品性、代表性、通用性、易记性和持久性，以便建立和提高企业或产品的知名度。

目前，国内外都十分关注商品标志，并将企业或商品的标志归于企业经营的一种策略——CI（英文Corporate Identity的缩写），其主题是"企业识别体系"。它是将企业总体形象以及经营理念通过视觉形式展现给消费者，这个总体形象是在消费者的心目中以商标的形式予以记忆和评论的。一个优秀的商标能使企业优质产品扩大销售从而获得丰厚的利润，同时也是企业开创名牌产

[①] 朱月昌，俞立华. 中国广告业生存及发展模式研究 [M]. 北京：中国工商出版社，2004.74

[②] （美）唐·舒尔茨，斯坦利·L.坦纳鲍姆，罗伯特·F.劳特伯恩. 孙斌艺，张丽君译. 整合营销沟通 [M]. 上海：上海人民出版社，2006：48-55

[③] 肖莉. 网络广告价值驱动因素研究——以IBM公司为例 [J]. 北京大学，2008

[④] 潜铁宇，蔡杰. 基于AIDMA理论分析电视广告的创新设计 [J]. 2008年国际工业设计研讨会暨第13届全国工业设计学术年会论文集，2008

[⑤] 鲍玉乾. 现代消费心理对现代广告设计的影响 [J]. 文教资料，2009 (7)

品并维护其品牌地位的重要手段。青岛双星的商标就是由中文"双星"、英文"Double Star"及星星图案组成，图文并茂，标志醒目，标识名称也得到强化，适合人们记忆识别。商标设计是为了使企业的整体特征反复在消费者面前出现，从而使消费者产生强烈的商标总印象，加强对企业和商品的记忆。

10.1.4 现代包装设计与消费心理

现代包装设计是指选用合适的包装材料，运用巧妙的工艺手段，为商品进行容器结构造型和包装的美化装饰设计。包装设计的作用主要有两个，其一是保护产品，其次是美化和宣传产品。通过包装不仅使产品具有既安全又漂亮的外衣，更成为一种强有力的营销工具[1]。现代包装，除了继续保存和发展传统的保护产品、方便储藏和运输功能外，更重要的，它是"以迎合市场、引导消费、满足人们对商品包装的物质功能与审美功能需要为中心的包装[2]。"所以，对消费者心理的研究和把握是现代包装设计的根本要求。时代在变，消费者的心理结构和需求层次都在变化，对个性、文化、情感和健康的诉求是当代消费者普遍的心理要求，也是现代包装设计定位的基础和关键。例如，百事可乐（Pepsi）包装设计中，设计师采取具有曲线装饰感的图案作为包装主体图形设计，创造出更新颖、更有趣味和内涵的包装设计。

整体的包装设计观不仅仅是将科学设计观和艺术设计观的简单叠加，而是当今包装设计发展的必然，要经得起包装设计实践的检验。经过实证研究发现，当前包装设计所面临的一些问题是：①分工专业化使要掌握的专业技能越来越精，导致技术的门槛也越来越高；②包装设计作为边缘学科所涉及的学科门类越来越多，要求知识的涵盖面越来越广；③从生产工艺上来说受材料、印刷、成型技术等科技因素的制约也日益严重；④环境的恶化与资源的匮乏等等因素无不影响着现代的包装设计[3]。因此，树立包装整体系统化设计角度思考和创新机制，才能适应现代包装设计的时代要求。

目前在此领域的国内相关著名研究有，朱和平教授的《现代包装设计理论及应用研究》一书，针对当前包装设计领域理论创新不足，设计理论与设计实践应用严重脱节的现状，从包装设计的特点出发，立足于理论联系实际，创造性地将包装设计理论与设计实践相结合，不仅具有较高的学术理论价值，并且对设计实践具有较强的现实指导意义。

此外，虚拟技术的引入正好解决了传统包装设计中出现的诸多问题，使得包装设计能够适应时代发展，快速、准确、节约地实现设计目标。虚拟技术作为一门综合性信息技术，它融合了数字图像处理、计算机图形学、人工智能、多媒体技术、传感器、网络，以及并行处理技术等多个信息技术分支的最新发展成果，应用虚拟技术进行包装设计，其优势和作用主要体现在以下几个方面：[4]

①设计便捷直观，真实感强，且变更与修改简捷，系列化设计非常方便。

②设计表达更加简易，表现品质更高，并可以任意控制，交互性能好。

③保证互通和协同，设计人员协作更加紧密。

④设计周期短，制作成本低，设计效率高。

⑤文件小，发布格式多样，信息传递极为快捷。

虚拟产品包装设计流程如图10-1所示。

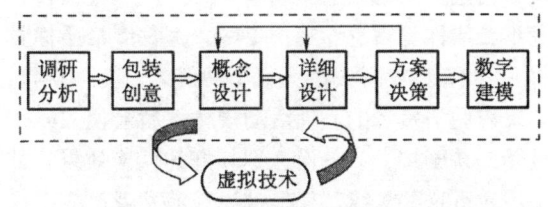

图10-1 虚拟产品包装设计流程图

传统的包装设计方法效率低、成本高，将虚拟技术引入产品的包装设计流程，建立分布式的协同设计系统，可以很好地整合客户的个性化需求和不同设计者的独特优势。通过系统的协同机制和虚拟设计服务中心，借助虚拟技术的优势，可以形成全新的包装设计体系。虚拟技术的应

---

[1] 刘玉珊. Photo8h 印平面设计与创意大讲堂 [M]. 北京：清华大学出版社，2007
[2] 郁涛. 商标形象设计在包装中的作用研究 [J]. 包装工程，2007，28（4）
[3] 孙湘明. 理论创新与应用研究结合的典范——《现代包装设计理论及应用研究》述评 [J]. 2009
[4] 吴明，卢纯福，黄薇. 包装设计与数字化的设计手段 [J]. 包装工程，2005，26（1）：91-92

用,满足了包装结构、风格形式日趋多样化,市场响应日趋迅速化的要求,为产品赢得市场添加了有力砝码。随着虚拟技术研究的逐步深入,产品包装设计也将具有更为广阔的前景。

"现代乃至将来都是一个过剩的消费时代。在一个相对富裕的社会里,消费者的目的,不再是只为需要而消费,而更多的是为消费而消费,为感觉而消费①"。由于经济的飞速发展,物质极大化,人们对物质的需求已不成问题,但由于生活节奏的加快和人本意识的回归。人们对自我的关注和情感的需求会越来越强烈。消费者的角度就是设计的角度。只有充分了解和把握新时代的消费者心理的变化,才能实现商品广告设计、商标设计和包装设计的准确定位,才能真正实现商品与消费者的零距离沟通,进而达到促销目的。

10.2 广告设计与消费者心理

广告界有一句名言说得好:"科学的广告术是遵循心理学法则的②"。广告设计的最终目的是促销商品,要实现这个目的,就必须遵循消费者的心理活动规律,从消费者的心理出发,做到令人喜闻乐见、易于接受,从而收到较好的广告效果。著名广告大师大卫奥格威(David Ogilvy)曾说:"我不认为广告是一种娱乐或者艺术,我认为它是资讯的传播媒介。当我写一则广告时,我不希望你觉得它很有'创意',我倒希望你觉得它很有意义而去购买那产品③。"广告设计,如果遵循消费者的心理活动规律,就会使人乐于接受,易于接受,从而达到较好的广告效果;如果不注重这些规律,就很难说服消费者改变态度进而发生购买行为。在消费者的心理活动规律中,在广告设计中运用最多的内容,当数消费者的认识规律和消费者的情感规律。在消费者的认识规律中,以感知规律、注意规律和记忆规律在广告设计中尤为重要。心理学家曾做过这样二种调查和实验:在同一内容和图画的两种不同的广告设计,一种注意按照消费者的认识规律安排文字和画面;另一种则是随意安排的,这两种不同的广告画面导致了不同的记忆效果。统计表明,这两种广告的记忆效果大致为80:43,也就是说,遵循消费者的认识规律的广告,其效果比不遵循的要提高效率近1倍。

消费者的心理活动除了理性的认知方面的内容,情感活动也是重要的一面。消费者购买商品,除了购买产品的使用价值外,同时也购买产品的精神形象,在使用产品的使用价值的同时,也享受其带来的情感满足。比如购买手机时,消费者不仅是对通信本身的需求,同时还有彰显个性、体现品位等追求。广告设计要把握消费者的这种情感规律,考虑如何最大限度地唤起人们对这种美好愿望的向往,变"硬推销"为"软推销",或者说变"产品诉求"为"情感诉求",以婉转的手法,先让人们为情景气氛所感染,然后求得情感上的共鸣,进而在认识上产生和广告宣传者一致的共识:"这一切都是该产品所带来的",最后诱导消费者产生购买产品的行为。所以研究消费者的情感规律是现代广告设计的重要内容。

10.2.1 广告设计与消费者的感知

消费者的感知,是消费者认识产品的初级阶段——感性认识阶段,包括感觉和知觉过程。消费者对商品的感觉,是商品直接作用于消费者相应的感受器而引起的个别属性的反应。比如购买环境、所购商品、服务员的态度以及行为表现等方面。在购买活动中,人的五种感受器都参与接受商品信息,即视、听、嗅、味、触觉等。这些信息通过神经系统,由感受器传到神经中枢,由此产生对商品个别属性的反应,这是消费者接触商品的最简单的心理过程。在感觉的基础上,消费者还会对产品的感觉材料进行综合整理,把商品包含的许多不同特征和组成部分加以解释,在头脑中加以整合的过程,这就是消费者对商品的知觉过程。通过消费者的看、听、闻、尝、摸等感觉过程,消费者形成了对商品的完整形象。与感觉相比,知觉对商品的反应更深入更全面。在现实生活中,消费者对商品的感觉和知觉时间是极为短暂的,有时甚至同时发生,所以人们往往统称为感知,通俗讲是讨论知觉规律。在广告设计和宣传中,合理运用消费者知觉规律是十分重

---

① 赵勇,谭刚,杨彦林.消费者冲动购买行为心理机制探析与管理[J].科技创业月刊,2008,21(1)
② 罗真如.平面广告设计[M].哈尔滨:黑龙江美术出版社,2002
③ 姜智彬.广告心理学[M].上海:上海人民美术出版社,2008

要的，它不仅可以使画面简洁，还可以使画面变得新颖。如在广州形象广告中，运用一个"红辣椒"代替"交"字，不但没有影响"广交会"的识别，反而给人耳目一新的感觉。

消费者的知觉规律是由知觉的整体性、选择性、理解性和恒常性来体现的。知觉的规律在广告设计中有广泛的运用。

10.2.1.1 知觉的整体性与广告设计

知觉是对事物的各种属性和各个部分的整体的反应。人们的认识过程，不可能停留在感觉阶段，不可能永远是片面的、局部的、个别的。知觉是一种整体性认识，是将客观外界信息进行高层次的加工，因此现代心理学对知觉研究特别重视，整体性是消费者知觉的主要或基本特性。如台湾24届时报金像奖海报类金奖作品NBA篮球赛《十字架篇》，整个画面就是一个篮球的局部，使观众一看就知道是有关篮球方面的信息。影响知觉整体性的因素有：接近原则、相似原则、闭合原则、对象和背景原则等。格式塔心理学派对此进行了研究，提出许多组合的原则和规律，这些原则在广告设计中有广泛的应用。

①接近原则。凡是空间上的接近，时间上连续的事物，易于构成一个整体而被我们清晰地感知。在广告设计中经常运用接近原则，收到良好的效果。比如广播广告的语言要注意连续、完整、抑扬顿挫，主要宣传内容音速放慢，一般内容中速播音，这样广告受众可以利用接近原则区分广告的重点内容，从而达到宣传的目的。

②相似原则。形状相似的事物会被知觉为整体。广告设计者运用相似原则，将广告放在内容有联系的文章附近，反应效果较好。例如，书籍广告自然是置于书评附近比较合适，至于广告放在左页或右页，实验证明其效果一般没有明显的差异，主要是因为阅读习惯所致。

③闭锁原则。人们会依自己的经验将不闭合的图形自动完型为一个整体。国外的广告设计者根据闭锁原则设计出"不完全广告词语"，并证明消费者普遍具有不自觉地填补不完全广告词语的倾向，从而使不完全广告更具有吸引力，更有助于加深消费者对广告的印象和提高记忆的分数。比如有一幅节油的广告画，画上的"油"字，"氵"偏旁少了两点，是个残缺不全的油字。但是，可以相信任何认识汉字的读者，都会自己加上两点，把它看成是完整的"油"字，在心理上形成了一个完形。这一完形的过程对广告读者来说，产生了激励效应，使他觉得自己发现了什么，引起他的兴趣，使他感到节约能源的重要，达到了广告宣传的主题。

④对象和背景的原则。人们具有把知觉的刺激，组合为对象和背景关系的倾向。其中优先区分的刺激为图像，其余则为背景。在广告设计中，要注意把想宣传的产品凸出来，让它成为整个广告的"图形"，而不是背景。如果宣传的产品不能成为广告的对象，这样的广告宣传就毫无意义。比如一家生产多种钢材的钢铁公司，在推销制作床架的钢材广告中，做了一次失败的广告宣传：他们在广告中画了一个漂亮姑娘，在床上跳来跳去。这里姑娘成了宣传对象，而钢材成了背景，难怪许多市场研究者大声疾呼："你忘了自己卖的是个什么产品！"当然，知觉的对象和背景不是固定不变的，而是可以互相转换的，消费者选择什么，不选择什么，要受其主观意识的影响。

10.2.1.2 知觉的选择性与广告设计

在一定时间内，作用于感官的多种刺激，人们并非全部感受无遗，在视觉中，那些进入注意的中心，被清楚地感知到的部分，成为知觉的图形，其余就退到后面，成为知觉的背景。那么，人们到底对哪一部分刺激进行感知呢？1969年美国广告协会与哈佛大学联合进行了一次关于消费者广告知觉选择性的研究，他们发现每个成人通过各种媒体，一般每半天遇到150个广告，但如果要求他们在计数器上记下自己半天中曾看到的广告数，却发现普通只注意11～20个广告，这说明消费者对广告刺激是有选择性的。影响知觉选择性的因素主要来源于主客观两方面。

①客观因素。主要指刺激的性质，广告环境对消费者的刺激包括多种变量，诸如广告画面尺寸、色彩、活动性、特异性、播出的时间及次数等。广告心理研究表明，"对比"是一种最能引起消费者注意，最能激发消费者对广告发生兴趣的手段之一，而对比的方法是多种多样的。有人用4年功夫调查了广告的大小对比问题，发现尺寸为半页和全页大小的同一广告的效果不同，广告为全页时，其知觉分数大约为半页的1倍；在广告的动静对比中，静态广告远不如动态广告引人注目。在色彩对比中，有人曾对杂志上的彩色广告作过比较分析，发现二色广告（黑和单色）比黑白广告读者多1%，而四色广告比黑白广告多54%。

②主观因素。主要指消费者的生活经验、价值观、态度、需要等个性差异，这些因素影响他们对广告的知觉选择。消费者一般对那些于自身有价值的刺激表现出优先感知的倾向，而对那些引起不快或感到有威胁的刺激避而不见，表现出防御性倾向。比如，电热毯在刚开始进入市场时，很多人不敢购买、使用，就是因为人们把偶然的电热毯爆炸事件扩大化，认为容易爆炸是电热毯这种商品的特征之一。有人对广告词的识别阈限与人的情感之间的关系作了研究，对美好的词反应快，而晦涩的词则反应慢。消费者的期望也会影响他对商品广告的知觉。一个听朋友说某种剃须刀特别好的顾客，在挑选剃须刀时，会很快知觉到朋友介绍的剃须刀的优点。

10.2.1.3 知觉的理解性和广告设计

知觉的理解性主要是指人在知觉时总是用以前获得的有关知识和自己的实践经验来理解所知觉的对象，而且理解时常靠语词的帮助。广告设计应充分利用消费者知觉的理解性，尤其在广告标题和文字说明的设计上，以引起消费者的注意。大多数广告标题是为了使消费者产生即刻效应，并诱使消费者阅读广告正文。一个好的广告标题是为消费者提供效益的，只有消费者认为广告对自己有利，才会去注意它。所以，广告标题设计，应以"效益"去打动消费者，使之产生购买欲望。前几年，美国柯达公司所做的柯达照相机广告的标题为："您只需要按一下快门，余下的一切由我来做！"用这样的语言作标题去宣传照相机，显然为消费者提供了效益，使它的产品称霸全球。广告标题除了要引起消费者的即刻效应外，还要有简洁易于理解的广告正文，以维持标题所产生的心理反应。上面所举的柯达公司的广告上，如果只用标题来吸引消费者，其他字词的理解性并不强，对消费者的购买动机诱发作用不大。所以，柯达的广告标题下，还有一段广告正文——"距离、对焦、速度、光圈等，统统不用您操心，只要一按快门，就能照出您所满意的照片。"一般说来，广告文字要简明扼要，使消费者在很短的时间内就可以理解广告所要表述的内容，模棱两可的广告文字虽然有的可以取得暂时的效益，但从长远利益来看，对广告本身会产生副作用。

广告设计要易于理解，必须基于消费者已有的知识基础，这样在广告宣传内容里加入消费者熟悉的内容，消费者在接受广告时就有亲切感。容易理解也便于记忆。比如有些广告词借用大众熟悉的成语和俗语，受到消费者的欢迎。日本丰田汽车的广告语"车到山前必有路，有路就有丰田车"，灵活地运用我国的一句俗语把路和车连在一起，使消费者理解丰田汽车无路不在的特大销售量，进而对丰田汽车产生信任感，使丰田汽车打入了中国市场。2003年伊拉克战争爆发，统一润滑油迅速抓住时机，在战争爆发当天播放了一则广告，内容只有一行字并配以雄浑的画外音："多一些润滑，少一些摩擦"。这则广告一语双关，不仅准确地诉求了"多一些润滑"的产品特点，又道出了"少一些摩擦"的和平呼声，含蓄、隽永、耐人寻味。

另外，广告的标题和文字设计要有利于消费者的理解，还必须和广告画面有机地配合，共同产生效应。比如前面举的钢材广告的文字和标题，画面是一个姑娘在床上跳来跳去，这种组合就降低了广告的效果。

10.2.1.4 知觉的恒常性与广告设计

恒常性是指知觉中由于有知识经验参与，当知觉的客观条件在一定范围内改变时，我们对它的知觉印象在相当程度上仍保持着相当的稳定性，人们的知觉是不随外界条件的变化而变化的[①]。比如一个人站在离我1米、5米甚至更远的地方，他在我们的视网膜的成像循光学原理是不同的，但我们认为这个人的大小是不变的，这就是知觉的恒常性。这一性质说明，当知觉的条件在一定范围内改变了的时候，我们对知觉对象的大小、形状、亮度、颜色、方位仍然相对地保持不变。在广告设计中，尤其是广告图形设计中，广泛应用知觉的恒常性规律。日本的一幅饮料广告画，画面将一筒饮料横跨两山之间，给人以"天下小而饮料大"之感觉。虽然饮料筒这一对象的大小发生变化，但人们除了获得清晰的饮料商品形象之外，不会发生饮料筒真的大于两座山的知觉。

10.2.2 广告设计与消费者的注意

消费者对广告的认识，离不开注意，广告必须首先能吸引消费者的注意，然后才有可能发挥作用。对广告信息的注意和关注体现在外界环境里众多的信息中，对于广告信息分配了多少信息

---

① 王纯菲，宋玉书. 广告美学[M]. 长沙：中南大学出版社，2005

处理能力。注意的第一阶段被称为"潜意识注意反应（preconscious attention）"，消费者的一个无意识自发的过程，表现为视线会不自觉地被广告所吸引[①]。此时，消费者会马上判断该广告信息是否与自身有关。如同"鸡尾酒会效果"（即使在嘈杂的人声之中也能清楚地听见与自己有关的话题的现象）一样，消费者能够从众多的信息刺激中无意识地对需要关注的广告信息进行筛选。注意的第二个阶段被称为"焦点关注反应（focal attention）"，即在一定时间内对筛选出的信息有意识地停下视线，进行较为详细的信息处理。促进潜意识注意反应的要素主要是广告方面的要素，如"刺激的强度、大小、对比、颜色、动态、位置"等；而影响焦点关注反应的要素则主要是消费者一方的要素，如"信息的有益性、娱乐性（需求）、支持性（态度）、新奇性（刺激）、亲近性（反复接触、启动反应）"等[②]。所以，广告若引不起注意，它的其他作用就无从产生，因此，在设计广告时，必须考虑消费者的注意规律。

10.2.2.1 消费者的注意规律

（1）消费者的注意

注意是消费者对一定事物的集中和指向，它明显地表现了人的意识对客观事物的警觉性和选择性。比如消费者在看或听广告时，专心听广告内容，仔细看广告图片，聚精会神地考虑广告提供的信息。这里讲的专心、仔细、聚精会神的心理现象，都反映了消费者接受广告宣传时的注意状态。

注意是人的一种心理状态，它为心理过程提供一种背景状态。注意是心理或意识活动对一定的指向与集中，是一种普遍的心理现象。注意一般分为有意注意和无意注意两种。有意注意是按照预定的目的，经过意志努力的注意；无意注意则指自然而然的注意，事先无目的，也不需意志努力。比如人们晚间在马路上，被闪烁的霓虹灯广告所吸引，这就是无意注意；如果人们对广告内容产生了兴趣，主动阅读，识记广告信息，这就是有意注意在发挥作用。所以，广告应该首先能够引起无意注意。消费者对广告的注意，一般是无意注意。研究无意注意规律对广告设计有重要意义。

（2）影响注意的因素

一般引起无意注意的因素分两大类，一是刺激物本身的特征。广告的刺激强度、新异性、对比度以及所处位置等特征，都可影响对广告的注意程度，二是消费者主观状态，包括对商品的需要、兴趣、态度以及当时的情绪状态等，这些因素的分析，对提高广告的注意十分有利，应当引起广告设计的重视。

①刺激物本身的特点。刺激物的强弱性：刺激要引起反应，必须达到一定的强度，而且在一定范围内，刺激强度越大，人对这种刺激的注意就越强烈。在广告设计中，首先要注意刺激强度这一因素。比如广告宣传中利用巨大声响、奇异的音乐、浓烈的色彩、醒目的标题、耀眼的光亮等，使消费者的确受到强烈刺激而引起不由自主的注意。但除了刺激物的绝对强度之外，刺激物的相对强度在引起无意注意时也很重要。所谓相对强度，指刺激物与其背景刺激物强度的比较。如果背景刺激物强度弱，则刺激物易于引起人们注意。比如在手机卖场，颜色鲜艳的手机产品，给予消费者的视觉刺激往往较强，常使消费者一进来就被吸引到柜台前。

②刺激物的新异性。新异的刺激容易引起人们的注意，千篇一律，刻板重复的刺激很难引起关注。广告的新异性通常表现在其形式和内容上的更新。我国第一个病毒视频广告百度的"唐伯虎"系列，利用中国经典断句难题"我知道你不知道我知道你不知道我知道你不知道"，狠狠地嘲弄了那个只晓得"我知道"的老外，一行大字："百度，更懂中文"对竞争对手Google进行了极大的讽刺。视频中的恶搞元素满足了网民的娱乐新奇的追求心理，而这个通常无法在电视渠道播放的广告，仅通过一些百度员工发电子邮件给朋友和一些小网站挂出链接却获得了极大的成功。

③刺激物的对比度。刺激物在形状、大小、颜色等方面与其他刺激物存在的显著对比，容易引起注意。增大对比的手法在广告设计中经常采用。大版面广告设计并不是将小广告放大，而是利用扩大版面留出大块空白，突出广告主题；同样，在彩印广告中，彩色的作用有时并不为了反映主体的色泽，而是利用它来吸引注意。假如在

---

① 刘世英，彭征明，袁国娟. 广告也幽默 [M]. 北京：中国时代经济出版社，2006
② 祝莹. 产品形态设计与消费者心理研究 [D]. 合肥：合肥工业大学出版社，2005

广告中毫无对比，就无法吸引人注意。如印刷广告，若光是肥大字体挤在一起，既无对比也无空白，那么只会让人有沉重之感，从而产生对广告的厌烦态度。

④刺激物的活动性。运动的物体，变化中的物体较之静态的物体更能引起注意。广告设计利用这一因素设计动态的变化广告，收到良好的效果。英国T-Moblie的"地铁跳舞"篇除了使用人海战术规模效应之外，更重要地是成功地吸引到受众进行参与。在伦敦的一地铁站里预先安排好的350名舞蹈者做路人装扮散布在车站人群中，随着音乐起舞，不明真相的周围群众也加入进来，由旁观者变为分享者，该事件引得上千家媒体竞相报道，更超越了病毒视频广告的网络效应。

⑤消费者主观状态。广告能否引起人们的注意，最终要看外部刺激是否符合消费者的主观状态。同样一个广告，由于消费者的主观状态不同，引起的效果也不一样。消费者的主观状态包括人对事物的需要、兴趣、态度、情绪和经验等。能满足个人的需要和兴趣的事物，就容易成为无意注意的对象，因为这些事对他具有重要意义。比如，从事文教工作的人注意书刊广告，父母注意儿童用品广告，而老年消费者则关心保健用品广告。情绪状态在很大程度上影响着消费者的无意注意。人若心情愉快精神饱满时，平时不太容易注意的事物，这时也很容易引起他的注意，尤其是对新鲜事物更易发生注意。个人已有的知识经验对无意注意同样具有重要意义。进入一家新华书店，不同专业知识分子的经验不同，对书店的注意也不同，学文的总注意社科类书籍，而学理工类的则关心自然科学的新书。

10.2.2.2 消费者的注意特征与广告设计

消费者的注意规律还反映在注意的特征上。注意的特征包括注意的稳定性、注意的广度、注意的分配和注意的转移。

（1）注意的稳定性与广告设计

注意的稳定性，又称注意的持久性，是指在一定事物上注意所能持续的时间。注意长时间的稳定而不分散，这是注意有良好品质的表现。注意稳定性的影响因素是多方面的，来自外部环境的对象特点与稳定性有关，内容丰富的对象比内容枯燥的对象更容易稳定，活动对象比静止对象更容易保持较长时间的注意；注意的稳定性与主观状态也有关，人对所从事的活动意义理解深刻，抱积极态度，或对活动有兴趣，则注意稳定。所以，我们在广告设计中，应把握广告主题能迎合消费者的兴趣，广告文字易于理解，广告标题能诱发积极情绪，才能使消费者对广告的注意有良好稳定性。另外，人的注意会发生周期性的感觉变化。比如一只手表，离开我们一定距离，我们会一会儿听到表的声音，一会儿又听不到；或者感到表的声音一时强一时弱，注意的这种周期性变化称为注意的起伏。这是和人的感觉器官神经节律性功能有关。所以，在广播广告的设计中，播音速度不能太快，超出注意的节律就会影响广告效果。

（2）注意的广度与广告设计

注意的广度也称注意的范围，指在同一时间内能够清楚地把握对象的数量。心理学家米勒实验表明，在短暂时间内，成年人平均能注意到7个左右的黑色圆点或4~6个没有联系的外文字母，即2.5个二进制单位。不过在实际的电视广告节目里，30秒钟内有效的传递字数大约为65个。这就告诉我们，人接受信息能力是有限的。这对广告设计，尤其是路牌广告与电视广告、电台广播广告等都有实际意义。广告的标题字数不宜太多，以六七个字为宜。当前国内有些广告，内容繁杂，项目太多，一味追求宣传的数量，好像付了广告费不多说多写几句就亏了本似的，其结果适得其反。超过一定限度，说得越多越不管用，效果就越不好。因而，最好是变力求宣传数量为力求宣传效果。

提高广告宣传效果，就要解决广告信息量大与人接受信息有限的矛盾。一般可以采用信息编组、压缩信息、选择适当信息形式和增加刺激维度等方法。

①信息编组。为了使广告更多更有效地传递信息，将超出人们接受信息容量的材料加以编组，形成"组块"，便于人们注意。

如图10-2所示，甲组散乱地分布着九个圆圈，一眼看去不易正确估计，可乙组同样是9个圆圈，结果就大不一样。所以信息编组可以扩大注意广度。

②信息压缩。尽可能将大量的广告信息压缩在人们的注意广度之内。这一点对动体广告（车身广告）设计尤为重要。据研究，一般动体广告在行人面前的停留时间为2秒左右，这就决定动体广告的信息必须高度压缩。

③选择适当的信息形式。研究表明，图形所

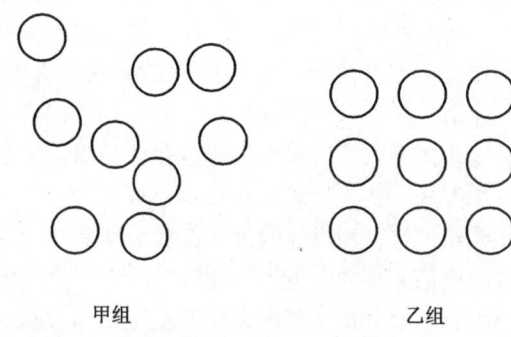

图 10-2 信息编组

携带的信息量远大于文字携带的信息量,广告中最常用的图形就是商标、商品形象、包装形象等[①]。ABSOLUT 大玩主题与变奏的创意游戏,就像孙悟空七十二变般令人目不暇接,跳脱传统酒品的沉闷,主要希望消费者光是看到酒瓶,就不自觉地优雅起来,无须文字介绍,仅凭包装就可以了解是什么商品。

④增加刺激维度。消费者对广告的注意以无意注意为主,无意注意是一种定向反射。定向反射是由环境中的变化所引起的有机体的一种应答性反应。因此,在一定限度内,客体刺激物的强度越大,人们对这种刺激物的注意越强。要增加正确辨认刺激的数目,可以设法增加刺激的维度。广告心理研究表明,在不同媒介物上重复做同一广告的效果比同一媒介物上重复做广告的效果好,即在电视上做 50 次广告,不如用同样的开支在电视、广播、报刊和车身上各做几次同样的广告效果好。

(3) 注意的分配与广告设计

注意的分配是指一个人把自己的注意同时指向于不同的对象或活动。例如,人们接触电梯楼宇广告时,可以一边看,一边记,分配自己的注意。注意的分配是有条件的,同时进行的几种活动,至少有一种是熟悉的。这样可以把大部分注意力分配到比较生疏的活动上。如果两种活动都不熟悉,都需要集中注意,那么注意的分配就比较困难。因此,广告视听宣传时,最好不把令人生疏的音乐或画面与人们不熟悉的汉语拼音等放在一起,那样不会达到预期的效果。比如麦当劳在广告宣传时,借用了王力宏的主打歌曲《我就喜欢》作为广告的主题曲,即使陌生人走在路上,当他听到这首歌,也能瞬间辨别出麦当劳就

在附近。户外广告的设计更要考虑人们的注意分配规律。路牌广告、车身广告的受众都是行进中的人们,有的步行,有的驾车,有的骑自行车,他们注视路边广告不可能分配很多的注意力,所以广告的标题必须醒目简洁,为大众易于理解,保留印象,如用人们熟悉的成语、常识和双关语等口号警句式语言,便于广告受众的注意分配。比如孔府家酒巧妙地把《北京人在纽约》的火爆嫁接到自己的广告中来,而一炮成名的王姬和"千万次的问"成为最大的记忆点,不过人们也记住了"孔府家酒,叫人想家"这句充满中国人情味的广告语。

(4) 注意的转移与广告设计

注意的转移是指一个人根据新的任务,主动地把注意从一个对象转到另一对象上。例如,看电视广告,或听广播广告,通常是完了一个,又接一个。注意从一个广告转移到另一广告,这就是注意的转移。一般而言,注意的转移快慢和难易程度取决于原来注意的紧张度以及引起注意转移的新事物的性质。原来注意的紧张程度越高,新的事物越不符合引起注意的条件,注意转移就越困难,越缓慢。如果一个人因某种原因正全神贯注地看一个电视广告,当新广告出现时,他往往心思还在刚才那个广告上;当新广告符合人们的需要和兴趣,那么注意的转移相对就快些。所以,掌握注意转移的心理学规律,对于搞好广告宣传和设计十分重要。

10.2.3 广告设计与消费者的记忆

广告要能产生心理效能,首先要引起人们的注意。但是刺激的特性只能在短时间内起作用而成为注意的对象,并不意味着立即就会使消费者发生购买行为,产生购买行为还需要经过一个思考过程。因此对于广告信息的记忆就是消费者思考问题所必要的前提,如果广告难以被人记住,其效果一定不理想。在广告设计中,把握消费者的记忆规律是十分重要的问题。

10.2.3.1 消费者的记忆规律

(1) 什么是记忆

记忆是一个人的过去经验在头脑中的反映。人们在生活和活动中,感知过的事物,思考过的问题,体验过的情绪,练习过的动作,总会或多或少地、不同程度地保留在头脑中,即使这些事物不在眼前,人脑也会把它重新显现出来,这个

---

① 陈睿. 绝对伏特加创意整合营销 [J]. 国际公关,2007,(1): 80-81

过程就是记忆。比如昨晚看的英语单词，今天仍然记住它的内容；或先前看过的产品设计，翻阅到类似的图片，会勾起之前的记忆，凡此种种都是记忆的表现。

记忆是一个复杂的心理过程，它包括三个环节：即识记、保持和回忆。其中回忆过程包括两种形式，一种是再现，一种是再认。从信息论角度看，记忆就是一种信息输入、编码、存储和提取的过程。以广告记忆而言，记忆是把不同的广告区别开，记在大脑中，这是一个积累过程。保持是巩固已得到的广告宣传内容。再现就是识记过的事物不在面前时能将其"回想"出来。记忆过程的三环节是一个相互联系相互制约的统一整体，记忆始于识记，识记是保持的前提，没有识记就谈不上对广告宣传内容的保持；没有识记和保持，消费者是不可能对广告宣传回忆的。消费者通过对广告宣传内容的识记、保持和回忆来实现其消费行为和购买决策的。

记忆的一个重要元素是记忆表象，它是指记忆过的事物不在眼前时在大脑中再现的形象，亦称表象。表象是感知留下的形象，因此它是直观的，可以反映出事物的大体轮廓和一些主要特征，是实现记忆的重要线索。研究人类记忆的生理心理学家认为，在人的记忆中，语言符号的信息量与形象直观的信息量之比是1:1000，这个比例告诉广告设计者，广告宣传应以形象刺激为主，利用表象优势达到良好的记忆效果。因此，形象广告比文字广告效果好。

（2）人类记忆的内容

人类记忆主要包括形象记忆、逻辑记忆、情绪记忆和动作记忆。

形象记忆，即以感知过的事物形象为内容的记忆。比如在电视广告上看到一种商品的形状、大小、颜色，比自己现有的要好，或正符合自己的要求，在头脑中留下这个商品的形象，这种记忆即形象记忆。例如，苹果手机的标志给人的形象记忆就是一只被啃了一口、汁液丰富的苹果。

逻辑记忆，即以概念、判断、推理为内容的记忆。比如消费者通过广告说明，知道新型洗衣机具有不缠绕衣物的特点，是因为它采用了新的波轮设计，从而改进了水流形式，这就是一种逻辑记忆，当然过分宣传工作原理和工艺原理，对大众产品的广告读者似乎效果不佳。比如一种新型洗衣粉的广告宣传，大谈洗衣粉的高分子改进结构的原理，占据了大部分宝贵的几十秒的时间，使消费者关心的产品优缺点、价格及购买途径没有较深的印象，最后新产品广告宣传是失败的。相反，在宣传大、中型机械器材的广告中，却要说明工作原理，因为这些产品的广告读者一般是专业技术人员。所以广告宣传要慎重运用逻辑记忆方式。

情绪记忆，即以体验过的某种情绪和情感为内容的记忆。情绪记忆在广告宣传中经常使用，也很重要。这种记忆的印象比其他记忆印象更为持久，甚至终生难忘，但是如果运用不当，也会产生不良后果。比如美国广告片"死神来了"和"死神的失职"都是营造一些强刺激情景，而引起诸如习惯性恐惧等异常病状。所以，广告宣传在使用情绪记忆时，要注意把握分寸。

运动记忆，指以做过的运动和动作为内容的记忆。比如电视广告以手表落地来表示其防振性能；给某个摔伤的人带来微笑说明这种伤痛药的疗效；在介绍新型购物方式的自选商场时，由进场挑选到结算成交的动作过程的记忆，这些都是运动记忆。

（3）记忆与遗忘

记忆在持续的时间上区别很大。一个人可能记得小时候发生过的事，但他在广告上看到某产品厂家的电话号码却不易记住。这前面的一种记忆称为长时记忆，而后面的一种记忆称为短时记忆。

短时记忆在头脑中保持的时间一般不超过1分钟。心理学家L. 彼得逊曾对短时记忆的保持时间做过研究，他要求被试在3秒、6秒、9秒、12秒、15秒和18秒回忆刚才见过的东西。研究发现，在没有复述和重复出现材料的情况下，18秒钟后回忆的正确率很低，只有10%左右，如果不被复述，大约在30秒钟以内就会消失和遗忘。因此在连续播出的电视节目或广播节目中，即使是记住一个商标名称也是不容易的。L. 彼得逊还提出了一种短时记忆的保持曲线，如图10-3所示：

广告心理学家对短时记忆的规律十分重视，因为广告不能拍成电影或电视剧，不能写成小说，短短几十秒钟，它运用的就是人们的短时记忆。短时记忆的含量不大，实验统计，短时记忆容量为7±2，这说明人类在一瞬间只能接受刺激大约7个，一般也就是5~9个。如果出现一系列数字如2864318454，给一个人看，让他读一遍或听一遍，立即回忆，只能回想起5~9个单位。

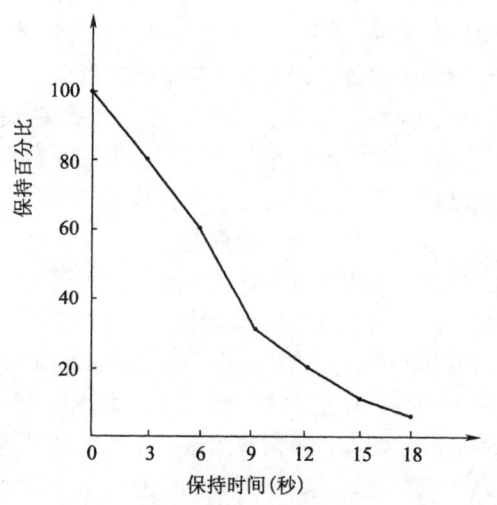

图 10-3 短时记忆保持曲线

如果对材料进行重新组合，则情况就大不相同了。比如把广告单位的电话号码 2864318454 分成三段，28 局 6431 转分机 8454，这样就好记忆了，广告宣传中，数字太长时要分成块，文字叙述也要利用常用的语词单位，像成语、押韵句、对仗句等，把文字分成几块，以便于记忆和回忆。

长时记忆是指 1 分钟以上，直至数日、数周、数年，甚至保持终身的记忆。人类具有惊人的记忆力，人脑可以储存 10^{14} 比特的信息，这个数字是个天文数字，也就是说地球上现有的图书信息，所有的文字知识信息全能接受下来，记忆下来。因此长时记忆的容量是很大的，保持的时间也很长。广告要想进入人的长时记忆，若不经常重复或再现，是不可能的。研究人类遗忘规律的德国心理学家艾宾浩斯提出了著名的遗忘曲线。如图 10-4 所示。

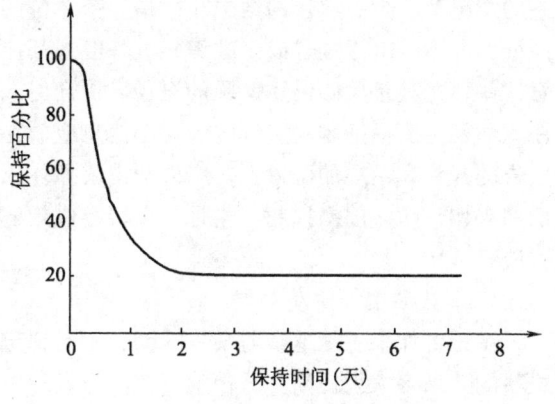

图 10-4 艾宾浩斯遗忘曲线

从遗忘曲线中可以看出，遗忘的进程是先快后慢，识记后材料的保持是随时间递减的，这种递减在最初的短时间内特别迅速，遗忘很快，以后遗忘发展缓慢。遗忘的进程是受许多因素的制约，比如识记材料的意义和作用，识记材料的性质、识记材料的数量、学习程度、识记材料的系列位置、识记方法等。在分析这些因素的基础上，形成增强记忆的心理学方法和策略，在广告宣传和设计中有重要的参考价值。

10.2.3.2 增强消费者的广告记忆策略

对广告的宣传来说，一定程度的遗忘是不可避免的，但是，人们可以根据消费者的记忆规律，在广告设计和广告宣传上采取一定的策略，将遗忘限制到最低程度，增强消费者的广告记忆。一般的心理策略有以下几方面。

（1）适当减少广告识记材料的数量

识记材料的数量是影响遗忘进程的因素之一。要提高消费者对广告的记忆率，广告的文稿应简明扼要，至于广告标题更要短小精悍。国外广告心理学家通过实验得出结论：少于 6 个字的广告标题，读者的记忆率为 34%，而多于 6 个字的记忆率只有 13%，电台广告转瞬即逝，其文字说明要简明扼要。适当减少广告识记材料的数量，可以说有两种策略。其一是减少广告识记材料的绝对量，能用 5 个字的广告绝不用 7 个字。另一种则是减少广告识记材料的相对量，也就是说识记材料绝对量压缩不下来时，应根据记忆心理学原理对识记材料进行重新组合。如果记忆材料能分成块，就等于相对量的减少。

（2）突出识记材料的意义和作用

识记材料的意义和作用，可以影响遗忘的进程，有兴趣、意义大的识记材料，遗忘就缓慢。如果消费者对广告材料感兴趣，符合他的需求，对他意义重大，就会集中注意力，加强记忆。因此，广告必须"瞄准"消费者的注意力，使其倍感兴趣，才能提高记忆效果。广告标题应该能表现出商品的用途和优点，力求简洁生动、注意文字的独特性和趣味性。一般应把握这几条原则：

①新颖突出。利用消费者的好奇心理，以新异刺激的广告标题吸引消费者。

②开门见山。使广告读者一目了然。

③切忌夸张。广告应有真实感，广告标题应有可信度，以加深消费者的广告印象。

④富有趣味。有趣的标题文字易于吸引消费

者，也便于记忆。

⑤富有新意。广告标题必须富有创新性，避免模仿，产生雷同。突出广告识记材料的意义，应在广告标题上下功夫。

⑥富有幽默。幽默是现代人生活必不可少的生活方式，幽默的广告会加深消费者的记忆。

(3) 充分利用形象记忆的优势

识记材料的性质对遗忘进程也有影响，一般图形携带的信息量远远超过文字。前面已经提到，在人的记忆中，文字信息量与图形信息量之比为1:1000，所以图形识记效率优于文字。在广告设计中，应充分利用形象记忆的优势，尽可能利用图形和画面效果携带和传递更多的信息。广告宣传中，有意识地采用实物直观和模拟直观，以及语言直观进行信息的直观表达，不仅可以强烈地吸引消费者的注意，而且使人一目了然，增强知觉度，提高记忆效果。利用形象记忆优势，不仅可以引起注意，还有助于人们的理解，理解的东西才便于记忆。广告要形象化、具体化，切忌空洞抽象，以求给消费者留下深刻的印象。

(4) 设置鲜明特征，便于识记和回忆

心理学的研究表明，整个记忆过程（识记、保持和回忆）都需要有个线索，才能顺利完成。所谓线索就是特征、标记，它对于人们自始至终的记忆过程都有重要的作用。人们的识记过程都有一个"识"的环节，即认识事物特征的环节。对人的识记，要抓住他的外貌特征来记忆；对事件的识记，要抓住它的时间、场所、当事人等特征来识记。

心理学家认为，任何媒体的广告，都要用文字词语，这是诸种广告宣传形式中最大的共同点。户外广告可以不用音乐、不用动作，广播广告可以不用颜色，但凡是广告都有文字语词，所以强调广告文字方面的特征。所谓鲜明的文字语词方面的特征，就是要用简短易懂的语词高度概括广告内容。比如，强生的广告语"天生的，强生的"，强生的商业广告语，采用简洁有力，设计有节奏的韵律化语言，使用易于领悟的习惯用语或成语，鲜明突出地把广告的有关信息显现给消费者，促进他的消费行为。

(5) 合理地重复广告

合理地组织复习，是阻止遗忘发展的有效方法。广告宣传和设计，应当掌握有效复习的方法。首先，复习要及时。根据遗忘曲线的趋势先快后慢，应当在遗忘没有大规模发展时就开始复习，这样效果最好。消费者对广告的初次接受，印象和痕迹不会很深，遗忘也快。广告宣传中，有意识地采取重复的方法，反复刺激消费者的视觉听觉，加深有关信息印象，延长信息存储时间，是常用的心理策略。所以，广告在开始集中播出之后，仍应保持一定的重复频率。广告重复的另一效果是吸引新的消费者。

其次，是重复必须适度，有变化。同一广告重复过多，可能会在消费者中引起厌烦情绪。比如恒源祥的十二生肖广告，广告内容平白而无新意，但却连续重复达十二次以上，令消费者形成厌烦心理。因此，重复应当是有变化的，采取多种媒体或表现方式，增添新的信息，从新的角度使旧的内容重现。一般来说，在各种媒体上做同一广告会收到更好的效果。另外，重复的变化性表现在重复的多样化上，动员消费者的多种感官参与，会激发消费者的购买兴趣和动机，形成产品良好的印象，最终实现购买行为。

最后，合理地分配重复时间也是比较重要的问题。一般来讲，集中复习与分散复习相结合最有效。集中复习易疲劳，易降低人们的记忆兴趣，抑制作用也大。分散复习因中间有间隔时间，可以防止抑制的积累，有利于识记材料的巩固。在广告宣传中，要把握好集中和分散之间的关系，掌握广告内容与广告媒体的匹配。

(6) 注意广告重点识记材料的系列位置

识记材料的系列位置是影响遗忘和记忆的因素之一。心理学的研究表明，识记材料的两端易记，中间易忘。这是因为前端材料无前摄抑制，也就是没有先学习的材料对识记和回忆后学习材料的干扰作用；而后端材料没有倒摄抑制，也就是没有后学习材料对保持和回忆先学习材料的干扰作用。在广告宣传中，发生前摄抑制和倒摄抑制的情况都不少。广告的结尾往往是生产单位的地址、电话、电报挂号或邮政编码，一般人都注意这些，尤其是关心讲述购买的途径，更会引人注意而发生倒摄抑制。广告中的关键信息应放在广告的开头和结尾的位置上，广告开始就抓住人们的兴趣，防止前摄抑制，这是一个很有成效的方法。

(7) 让消费者主动参与

识记者如果主动地参与某一活动，则对识记材料的效果会大大提高。这种策略在广告设计中经常采用。如广告只提供判断和推理的理由和依据，将结论留给消费者自行作出，使消费者直接参与产品的介绍。心理学家查包洛塞兹等曾做过实验，将学生分为两组，一组使用装好的圆规，另一组则要求把拆散的圆规装配好再用。然后要求两组学生尽量准确地画出他们刚才使用过的圆规。结果，第一组所画的圆规不正确，许多重要的零件均未画出，而第二组却把圆规画得很正确。说明识记材料成为智力活动的对象之后，主动参与成分多了，识记效果就好。

（8）提高人们对广告内容的理解

要使广告给人留下深刻的印象，并且记忆下来，重要的条件之一，就是让广告读者理解广告，在理解中记忆广告。所以，对识记材料进行整理，充实其意义成分，是提高记忆效率的有效方法。

（9）增强受众对广告内容记忆的联想

联想度是广告在传播时，激发受众产生共鸣，在回忆一件事物的同时回忆起有关的另一件事，或者由所想起的某一件事物又记起了有关的其他事物的一种神经联系。根据反应事物间联系的不同，联想主要分为相似联想、对比联想、关系联想。相似联想是指受众由对一件事物的感知所引起的，对该事物在性质、形态等方面相似的事物的联想。比如经典广告南方黑芝麻糊，每当看到这则广告我们总会勾起儿时的回忆，温馨而甜蜜。对比联想是指人们由对某一事物的感知所引起的，对于该事物有相反特点的事物的联想。关系联想是指受众依靠事物之间的各种关系而导致的联想。联想在广告设计中非常重要，通过联想，可以把有限的时间和空间在受众的心理上扩大和延伸，推动受众思维，引发受众感情，有利于受众对广告信息的提取和记忆。

10.2.4　广告设计与消费者的情感

广告设计的最终目的是要诱发消费者产生购买行为，而消费者的购买行为发生是和人们的情感活动联系在一起的，消费者的情感可以变为购买行为的发动机。因此，注重消费者的情感规律是现代广告设计的重要方面。

消费者的情感是指消费者对商品与人的需要之间态度的体验。消费者对商品或广告的态度会产生肯定或否定的情感，当消费者对广告有肯定的态度时，就会产生爱好、满意、愉快等内心的体验；而当消费者对广告有否定态度时，就会产生憎恨、不满意、不愉快、痛苦、忧愁等内心体验。因此情感是一种态度的体验。消费者的态度是由人们的需求是否得以满足而决定的。消费者对商品的需要千差万别。

情感发展的初级阶段是情绪，人和动物都有，动物的情绪是本能的反应，没有社会化的制约。因此，人的情绪活动是社会性的。情绪往往与人的低级心理过程（感觉、知觉）联系在一起。例如，杂乱的购物环境会使消费者不愉快，而整洁美观的环境使人有好感；亲切的广告用语，使消费者易于接受，产生满意态度，而生硬的说教，则使消费者产生疏远的情绪。专家的研究表明，声刺激较之光刺激，更容易引起情绪反应，情绪反应与声音的感受联系更为紧密、更为直接、更能激起共鸣，因此，对消费者的情绪激发，用听觉表现手法也就比视觉表现手法更有力，更有效。所以，广告设计在利用消费者情绪规律时，应当考到媒体选择。消费者的情感丰富而复杂，有属于社交类的情感，如亲情、友情；有属于自尊、审美的情感，如民族感、独立感；也有属于自我发展类型的情感，如认可感、赞誉感等。成功的广告都不同程度地选择有针对性的题材。例如"孔府家酒叫人想家"这句广告语就是以游子情为题材，深深打动了游子的心。

情感因素能诱导受众对广告内容的理解沿着一定的方向发展，并对理解的重点、深度起调节作用。充满人情味的关爱是人正常成长所必需的。每个人来到世间，必然会享受到亲情、友情、爱情、天地万物之爱等。这也是目前众多广告定位在"爱"字上的原因。广告以爱心打开消费者的心扉，从而激发消费者的购买欲。由于母爱被誉为人世间最伟大的爱，于是娃哈哈AD钙奶就有了"妈妈我要喝"这句长盛不衰的广告语。

现代广告设计必须注重消费者的情感规律，亦称情感设计。商品广告的情感设计，从研究商品的特点和消费者的情感规律出发，寻求最能引发消费者共鸣的触发点，加强广告的感染力，促使消费者在动情中接受广告。唐代大诗人白居易曰："感人之心，莫先乎情"，商品广告的情感设计正是如此，广告有了情感介入，就能够打动人，感染人，激发人的内心需求，缩短商品与消费者之间的距离，使人们在情感的体验中愉快地接受广告诉求。三精葡萄糖酸锌口服液电视广告，以母子情为主题，解决了妈妈心中的难题——孩子不吃饭，胃口不好，推出了"聪明的妈妈就是会用'锌'"的广告词，利用谐音手法，将妈妈对孩子的用心关爱与补锌联系起来，以情动人，以情促销。

广告的情感设计是很复杂的，内容是很丰富的，涉及的问题也很多，这里我们只讨论几个方面。

10.2.4.1 广告的情感设计有别于艺术作品的情感表现

首先，情感设计的目的性不同。艺术作品中表现情感是以欣赏为目的的，它可以使人在精神上得到某种满足；而广告的情感设计，是宣传商品和推销商品的一种手段，如果所设计的情感不能达到促销目的，那么这种情感设计就是失败的。

其次，情感设计的相对明确性不同。艺术作品的情感可以是隐晦的、深奥的，一幅画的情感由画家个人的主观感受确定，别人理解与否都可以不管；但商品广告的情感设计必须从消费者的情感出发，必须让消费者理解、会意，而且不容你有更多的时间面对广告细细揣摩，注重时间效应。

第三，情感设计的特定性不同。艺术作品的情感表现形式是没有限定性的，喜、怒、哀、惧、爱、恶、欲等都可以表现，通过触动，使人们产生不同的感受；但广告的情感设计一般以引起消费者的喜或乐等良好的、肯定的情绪为主，因为这类情感最容易激发消费者对商品的热情。比如大众甲壳虫汽车"想想还是小的好"，金科房地产公司广告语："我们广告做得不好"，红豆服装的电视广告"不要太潇洒了！"香烟广告："吸烟对人体是有害的，××牌香烟也不例外。"这些广告的情感设计利用诙谐、幽默、趣味等手段，以引起消费者的注意，进而触动其好奇心，必欲一试而后快，从而达到广告促销的目的。

10.2.4.2 畏惧的情感设计要适度

成功的广告设计能打动消费者的内心，在心理上形成震撼力，这种打动不仅可以来自正面的表现，也可以来自反面的表现，利用人们的畏惧、担忧的心理，吸引受众的眼球。畏惧的情感设计作用同样取决于适度，如图10-5所示，低畏惧诉求与高畏惧诉求促成消费者态度改变的效果比较差。前者由于引起的心理不平衡较小，因而缺乏必要的推动力；后者则易激发心理防御机制，而产生回避反应。只有适中的畏惧诉求，才更有可能引发消费者态度的变化。最近的研究指明，若说服信息只限于描述畏惧的情境，而缺乏提示免受其害的实际手段，是不太可能获得预期说服效果的。个体对畏惧诉求中的恐吓信息，真正作出反应依赖于下述四点：

①这种恐吓信息对消费者有多严重；
②出现这种凶兆的可能性有多大；
③什么活动可免受这种恐吓；
④怎样才能作出这种应付反应行为。

有鉴于此，在广告说服中，畏惧诉求应该提供有关恐吓严重性的信息；其出现的概率；有效的应付反应和怎样方便地去使用这种应付反应。畏惧广告多用于公益类广告。比如，安全带的广告，以车祸意外后，灵魂出窍的灵异手法，表现系安全带与没有系的前后差别，视觉表现上极具震撼力。

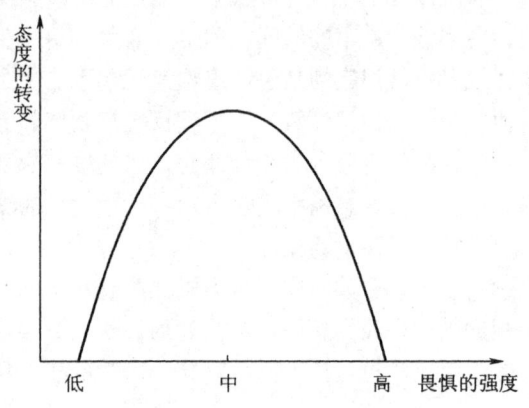

图10-5 态度变化与畏惧度关系

10.2.4.3 广告的情感设计要重视语言的感染力

广告语言生动活泼、言简意赅、表现力强，是广告情感设计的重要组成部分。不少失败的广告，缺乏新颖生动之处，缺少感染力，消费者过目就忘，再加上没有个性，千篇一律的套话，使消费者产生厌烦的情绪，怎么能产生促销的效果？广告语言要富有感染力和说服力，就必须深入了解消费者的情感生活。当然消费者的情感生活是错综复杂的，不同年龄、性别、区域、民族的消费者，由于生理条件和性格特征差异，会表现出不同的情绪反应，但是也有共同的情感体验。亲情无价，在人类情感世界中，亲情是一种最无私、最诚挚的感情。尊老爱幼历来是中华民族的传统美德，如果广告以亲情作为诉求对象，必将产生感人肺腑的力量。腾讯12年亲情篇中以广告词"弹指间，心无间"拉近了与消费者之间的距离，整个广告故事构架以最平凡的母子情为依托，充满了亲和力。

另外，有感染力的广告语言不能"王婆卖瓜，自吹自擂"，消费者不喜欢自我表白，而是喜欢客观的介绍。比如日本有一家体育用品公司，在其销售的运动衣口袋里都有一张纸条："这件运动衣是用日本最高级的染料，用最优秀的技术染色。但我们仍觉遗憾的是，茶色的染色还没有达到完全不褪色的程度。"这种诚实的广告设计，客观地介绍产品，反而增加了消费者的信任感，沟通了消费者的情感，最终这家公司的产品在市场上赢得了信誉，产品盛销不衰。

广告语言的情感设计为了避免商品的自我独白，往往通过第三者来介绍商品，这第三者可以是社会名流，如体育明星、电影明星，也可以是政府显赫人物。美国的"派克"钢笔广告设计，就是把罗斯福总统的声誉和派克钢笔联系起来，给派克钢笔涂上名贵高雅的色彩，广告用语是"总统用的是派克"，广告画面是罗斯福总统用派克钢笔在一文件上签字。这一广告在美国消费者中，无人不知无人不晓，引起情感共鸣，这种感染力甚至波及世界，在中国也有很大的影响。有感染力的广告用语的一个特征，就是利用消费者喜闻乐见的民谚和诗歌。民间谚语，源远流长，讲究格律音韵，朗朗上口，便于记忆。利用民谚，使人回味无穷，把宣传的商品与人们记忆中的民谚巧妙地联系起来，使消费者产生美好的联想，进而形成情感的诱发，促使购买动机的产生。比如国外打字机的广告用语："不打不相识"用双关谚语，确切惟妙。

10.2.4.4 广告的情感设计要有人情味

所谓人情味就是广告对消费者要有亲和度，这种亲和度包括广告语言的亲和度、广告画面中人物的亲和度和环境的亲和度所产生的综合效应。

首先，广告的人情味表现在广告语言的亲和度。现代广告设计大师会告诉我们："记住，你正和自己的朋友对话，千万要用'您'或'您的'来诉求"，在他们拟就的广告对白里，绝无做买卖的痕迹，尽是为您、陪您、与您……形成一种亲和的氛围，而他们费尽心机所要推销的商品，也因此顺利地在消费者脑海里树立起自己的形象。比如之前提到的"弹指间，心无间"，和著名公益广告"妈妈，洗脚"，都赢得了消费者的信任与良好的口碑，感到十分亲切，促成对此类产品的好感。但是也有的广告设计不注意情感的亲和性，俨然以一位长者的口吻，动不动就操起了购买本产品是你的"明智的选择"，和"最佳的选择"等广告用语，难免给人一种言不由衷的感受。

其次，广告画面的亲和度也很重要。国外打进中国市场的产品，他们在中国做广告，其广告画面的亲和度就十分明显。例如，2007年中国体育健儿全力备战即将举办的北京奥运会，百事可乐改变其包装上的标志性的蓝色，推出红色"中国队百事纪念罐"。广告传播皆围绕"中国红"的主题展开创意。百事可乐此次传播活动采取的是"本土化传播"与中国重大事件相结合的方式，希冀在广告传播中以其"亲民"策略扎根中国本土，与中国的消费者共同关注中国的盛事。

10.2.5 国际广告设计理论与消费心理分析

10.2.5.1 国际的主要广告设计理论

目前国际上有四种影响较大的广告理论：独特的销售重点型、品牌印象型、表现型和平实淳朴型。它们各自的代表人物分别是泰德·贝提斯公司的雷福斯（Rosser Reeves）；欧格威马萨尔公司的欧格威（David Ogilvy）、DDB公司的彭巴克（William Bernbacli）以及李奥·本纳特公司的本纳特（Leo Burnett）。

（1）雷福斯的"独特的销售重点型"广告设计理论

雷福斯在广告的创作中重视商品品牌印象的树立，他主张广告设计在传达内容方面发现产品的独特的销售重点（Unique Selling Proposition，USP）是最为重要的。雷福斯认为，USP的条件有三个：其一，产品本身所包括特定的用途；其二，为竞争者所不采用的特定的东西；其三，同销售相关连的独特的东西。USP的决定通常需要对产品本身以及消费者使用该产品之情形进行深入的市场研究。在商品趋向同质化时，USP的寻求尤其重要，即如今的CSI调查尤为重要。

（2）欧格威的"品牌印象型"广告设计理论

欧格威在广告的创作中也重视商品品牌印象的树立，但他所指的品牌形象的内容不只是商品的性能特点，而且还包括高级感、亲近性这些情绪的东西。他主张在广告策划的长期计划里，必须尽全力去维护一个令人欣赏的品牌形象，甚至在必要时牺牲一些短期利益也在所不惜。在创作中，欧格威常用名人的证言型或名人印象同品牌印象相结合等方法。

（3）彭巴克的"表现型"广告设计理论

彭巴克重视广告所引起的消费者特定行为的改变，在广告创作中，他固然重视广告的传达内容，但是他更重视表现创意和表现技巧。他认为，广告的目的就是利用表现创意和表现技巧在影响过程中产生"信息接受"，如果无法顺利使信息被接受的话，便很难产生消费者态度与行为的改变。在创作广告时，彭巴克经常使用巨大的商品照片和引人入胜的标题，这使得消费者会在不知不觉中被吸引去看文案的内容。

一般说，表现型方法的基本原理有如下几条：①广告的文案必须是真实而不夸张的，应该尊重消费者；②广告所采取的途径，必须是明确而直接的；③广告必须有自己的特点，创造与他人的差异性；④在广告制作中，幽默是不可忽视的。

（4）本纳特的"平实淳朴型"广告设计理论

本纳特认为，最好的撰文人员必须具备表现的天才，即能够把已知的和可信的事情重新组合，"我们力求坦诚率直而不武断，我们力求热忱而不矫揉虚饰"。因而，他的广告表现方式就是追求"信赖"和"热忱"。在平实淳朴的广告表现途径的原则下，本纳特主张在广告的创作中要去寻求商品的"先天戏剧性"（Inherent drama）。

他较赞同的广告设计的理想方式是去挖掘商品的"先天戏剧性"，然后以一种平实、热忱的方式表达出来。为了求真、求实，为了淳朴自然，本纳特在人的作品中往往不用著名的人物，而是用一般的平凡人物。他这样做的用意有二：一是用简单的事实提出商品的特性及效用，而不是用优美的词藻包裹出来；二是发掘出商品本身的"先天戏剧性"，以平易近人、温和可亲的方式提出来。

10.2.5.2 消费者的成熟度与广告设计策略

（1）消费者成熟度与广告设计

消费者的成熟度是由其文化水准、经济收入、地域、文化习俗等人口特征制约的，一般由消费者类型确定。若是潜在消费者，应当选择"知晓型广告"设计，若是准消费者即过客，则采用"理解型广告"设计；若是显在消费者，就采用"确信型广告"设计；若是常客和种子消费者则采用"品牌型广告"设计。

"知晓型广告"设计可以采用雷福斯的"独特的销售重点型"理论作参考。

"理解型广告"设计可以采用本纳特的"平实淳朴型"理论作依据。

"确信型广告"设计可以采用彭巴克的"表现型"理论作方法。

"品牌型广告"设计可以采用欧格威的"品牌印象型"理论作为样本。

（2）现代广告策划与消费心理

现代广告靠整体策划，广告提供的不仅是好的广告表现，而且是对市场、产品和消费者的调查分析，是全新的广告创意和完美的广告制作，是综合实施的能力和认真的广告效果评估的整合，即广告策划四部曲：市场调查—广告创意—媒体选择—广告评估，每一部曲都是以消费者心理分析为导向，自始至终离不开现代广告心理的研究，体现了现代广告心理对广告策划的导向作用。

①广告策划第一步，市场调查、广告定位。

现代广告心理是以消费者为对象，以市场调查为手段，进行广告定位的。美国消费心理学专家斯泰奇指出，产品要做广告，必须首先调查消费者的六个方面的资料，然后才能讨论如何做广告[1]。这六个方面是：其一，谁是本产品的用户与买主？其二，这些用户与买主的数量有多大？其三，他们大约能消费的某产品的数量是多少？其四，他们大都居住在何地和在何地消费某产品？其五，近期内他们如何满足对某产品的需求？其六，他们对这些产品有什么感觉？是好是坏？是满意是不满意？有什么改进意见和要求？斯泰奇自己认为，第六条显然是消费者心理分析，是现代广告策划的基本点。在寻找广告的目标市场过程中，有大量艰苦细致的工作，稍有不慎，目标市场没有找准，广告效果就付之东流。

现代广告在经历了新产品至上和形象至上的时代以后，已发展成为定位至上的时代，即如何确立企业或新产品在潜在消费者心目中的位置。营销中的定位是现代市场营销观念的具体体现，它是以了解和分析消费者的需求心理为中心和出发点，根据消费者对公司或产品某种属性的重视程度，给公司或新产品规定一定的市场定位。日本有许多在全世界闻名的电器公司，而这些公司似乎并无"撞车"之虞。原因何在？原来，这

---

[1] 周怡. 商标设计的符号学意义 [J]. 大连民族学院学报，2010，12（5）

些公司都有自己独具特色的定位。索尼公司在电器方面追求高、精、尖的第一流产品；而日立、东芝则向着大、洋、全的方向发展。从人造卫星、大型计算机到普通家用电器为主，以最广泛的消费者层作为主要销售市场，以消费者的潜在需要作为开发新产品的主要方向，集中力量，攻占一点，产品多样，面向大众。它们之所以都能够成功，都是很好地运用了市场定位的策略。从方法上说，定位就是抓住"在疲劳轰炸的广告与商品情报中被注意到"的设计技术。例如，佳洁士牙膏总是强调它的防龋齿功能，奔驰汽车总是宣传良好的发动机性能。每一种品牌都应突出一种属性，并使自己成为该属性方面的"第一位"，因为消费者容易记住领先企业或产品的信息。

②广告策划的第二步，广告创意、说服受众。

现代广告心理以说服消费者为主。广告策划的第二步是广告创意，创意并非仅仅创"异"，而是根据广告定位，用独特新颖的表现手法，恰当动人的形式，说服目标消费者的创造性的主意。在许多情况下，消费者对某种商品原先并没有"购买意识"，广告创意的难点就是如何使这些消费者转变购买意识，从没有到有，从知之不多到知之足够引发购买行为，甚至从怀疑心理转变成购买心理。

说服消费者改变态度，必须了解消费者的原有态度和个性，如果原有态度与产品的宣传不一致程度大，就比较难做，广告创意往往选择先易后难的策略，先说服易于改变态度的消费者，然后以点推面，逐步说服其他难于转变购买意识的人。这里日本方便面打入香港市场就是一个成功的范例。当时，日商决定将方便面打入香港市场，但那时的香港人习惯于吃大米，对面条几乎不感兴趣，没有"购买意识"。日商并未急于全面进攻，而是开展了大量调查研究，认为成年人饮食习惯形成后，一般难以改变，与之推行方便面的宣传，肯定不一致程度大，说服工作困难大；而儿童在饮食上尚未形成固定习惯，态度容易改变，目标消费者先定位于儿童，广告首先进攻儿童市场。配套的广告创意表现在多种促销活动上，比如在学校附近销售，在儿童乐园儿童商店做POP广告，在儿童电视节目前后做广告，上市之初免费赠送等等，很快占领了儿童饮食市场，此后逐渐引起了成年人的浓厚兴趣，这时日商立即扩大销售，使方便面在香港市场风行一时。

③广告策划第三步，媒体选择、匹配受众。

现代广告心理的分析，是选择能够吸引消费者的媒体。现代广告策划中的媒体选择，是以消费者为中心的系统工程中的子系统，是在前二部曲的基础之上，根据目标消费者在什么地方、什么时间接触什么媒体，他们喜欢什么活动，他们的人口特征是什么，用什么表现方式迎合消费者最恰当、最受欢迎等信息，都是市场调查和广告创意阶段提供给媒体选择的，所以媒体选择的优劣，全在于前两个子系统的工作。广告信息是借助于媒体送达消费者的，广告信息能否有效地送达消费者不仅取决于广告本身，还取决于媒体和媒体内容的吸引力。了解媒体组合的整合效应及创意媒体的心理效果等，也成为广告心理战所关心、研究的重要问题。如"麦当劳见面吧"，通过传统媒体和新媒体SNS网络平台的联合，进行了成功营销，将"别宅了，见面吧"变成了一股新的风尚。

根据消费者的行为规律寻求最佳的媒体发布，也是很重要的现代广告心理。目标消费者的行为有静态的内容，比如年龄、性别、文化程度、职业、家庭、气质、性格等要素，把握这些要素，对准确选择媒体类型和发布的时间地点十分有利。广告发布的媒体波段并非都在黄金时刻受众收听率、收视率最高。国外有则家庭厨房用具的广告就选择下午两三点区间的C波段，效果也很好。因为厨房用具的目标消费者是家庭主妇，她们是C波段的忠实收视者。目标消费者的行为规律中动态成分也很多，比如需要、动机、兴趣等；比如，OPPO音乐手机锁定青年的收视习惯，广告集中于内地一线娱乐媒体湖南卫视发布，在每日娱乐节目前后插播音乐手机广告，收到极好的广告效果。

④广告策划第四步，效果评估、受众满意。

现代广告心理重视广告效果评估的心理效应。过去的广告评估重视广告的经济效果评估，也就是广告作品通过广告媒体传播之后所产生的销售量变化的情况，有关这方面的研究也比较多，在此不过多涉入。我们关心的是广告整体策划中的广告本身效果评价，实质上也就是对广告作品心理效应的评价，这种评价，是围绕目标消费者的心理活动而进行的。在接受广告之后发生的心理变化程度，包括对广告所传递信息的注意、兴趣、理解、记忆等方面的反应，测定的项目有吸引力、认知力、易读性、说服力、行动率等指标，列表进行评分，请被测试者（包括一般的消费者和专业人员）逐项评分，得分越高，广告效果越好。表10-1是广告心理评估得分表。

表10-1 广告心理评估得分表

评价项目	评价依据	满分	打分
吸引力	吸引注意力的程度	20	
认知力	对广告销售主题的认识程度	20	
易读性	能否了解广告的全部内容	10	
说服力	广告引起的兴趣如何	10	
	对广告商品的好感程度	10	
行动率	由广告引起的立即购买行动	20	
	由广告唤起的潜在购买准备	10	

优劣分数线	最佳广告	优等广告	中等广告	下等广告	最差广告
	80～100分	60～80分	40～60分	20～40分	0～20分

商品广告的效果评估当然的仲裁人是消费者，是广告的接受者。然而当前有些优秀商业广告的评估，都是广告公司、广告协会为代表的广告人、产品厂家的广告主或是专家、艺术家、舆论权威这样的人士组成的评委。用句时髦的话来说，应是消费者的"直接选举"，而非"间接选举"。况且目前优秀广告评选的间接"代表们"是否真能代表市场，是否能代表消费者的全部客观的意愿，也是大打问号的。所以优秀商业广告的评选大赛，应当以消费者意愿为主，起码应该仿照电影"百花奖"（观众评）和"金鸡奖"（专家评）的评选方式。但是广告毕竟不是电影，消费者受众的主导性更强，消费者是它的上帝，促使消费者购买才是优秀广告的试金石。评价商品消费者的意愿和态度科学地表达出来，是现代广告心理的重要内容。

广告效果评估可以及时修正广告策略，决定下一步广告如何做，是继续维持原状，还是不做，或是改变定位。效果评估本身也是一种市场调研，其中消费者满意度CSI调查是十分重要的，消费者的认同和满意度已成为评估广告的重要指标。由消费者担任广告优劣的仲裁者和评价人，这种观念在广告界，尤其是中国广告界已渐渐形成共识，消费者对企业的认同逐渐由形象的华丽转向实质内涵的满意，以消费心理为核心的营销策略，必然占据营销的方方面面，体现在广告促销中最明显的标志，就是围绕消费者进行广告策划，以消费心理的分析技术操作广告策划的各步程序，并最终以消费者的满意度，来评价广告效果的优劣。比如全球广告"艾菲奖"中就有专门由受众评选的奖项。

10.3 商标设计与消费者心理

商品的商标设计是商品设计系统工程中的一个重要环节。商品能否打开销路、占领市场，商品的内在质量、功能设计和外观形象设计固然重要，但商标在市场上的声誉和直接给消费者的识别和印记作用，也是不可低估的。有些商品长久畅销不衰，比如，ABSOLUT牌伏特加、可口可乐、李宁运动鞋、海尔冰箱等，其原因之一就是有个响亮的商标。因此，商标设计是商品设计的一个重要的组成部分，对生产经营者来说是一个重要的问题。

商品的商标设计绝非是一种单纯的实用美术，在商标设计过程中，必须了解商标法和有关法律，调查消费市场和市场上的商标情况，熟悉有关国家的社会文化和消费习惯，研究消费者心理。如果对上述方面缺乏了解而又不花工夫去调查或研究，设计出来的商标常常会碰到这样那样的问题，甚至产生原本可以避免的争议，有时还引起经济上的严重损失。这里我们不讨论商标设计与法律之间的关系问题，我们仅从消费者心理的研究角度，谈谈商标对消费行为的影响和消费者心理规律对商标设计的制约，即所谓商标心理研究，包括商标图形设计心理和商品命名心理。

10.3.1 商标的心理功能

现代的商标设计，并不局限于为产品本身的标志而设计，它是一个总体策划，是通过企业形象的视觉识别系统，由企业标志、标准字体、标准色彩等基本要素组成，给消费者以统一性、组织性、系统性的深刻印象，使消费者在接受企业形象的巨大视觉冲击中，牢牢地记住产品商标。世界最驰名的商标"可口可乐"，就是成功地运用这种CI策略的典型。此外，"索尼"、"珠江啤酒"、"王老吉"等产品的商标设计，无一不是通过良好的企业形象设计走向成功的。有关企业形象设计与消费者满意度的研究，将在第十一章讨论。

现代商标设计非常重视消费者心理研究，重视商标的心理功能。

商标的心理功能一般具有以下几方面。

（1）识别和标记功能

作为特定商品的标志，商标表示商品的独特性质，并将它区别于其他同类商品。商标的识别和标记功能使一定商标、一定规格的商品代表一定的质和量。美国造型学家安海姆·鲁道夫说："任何一种作品的内容都必须超出作品所含的那些个别表象①。"在现实购买活动中，消费者就是认商标购买的。

（2）传播功能

一种商品的商标如果设计独特、构思巧妙、标志鲜明，加上商品质量上乘，那么这个商标就能发挥有力的宣传作用，能迅速、广泛地传播商品的形象和声誉，使商品家喻户晓、深入人心，进而吸引消费者，刺激消费者，促使其作出购买决策。

（3）促销功能

商标的促销功能是由商标本身所产生的。一个设计出色的商标，可以通过巧妙的图文、配置鲜明的色彩，吸引广大消费者，使产品在消费者的脑海中留下印象，从而对消费者产生刺激，激起消费者对商标所代表的产品的购买欲望，起到促进消费的作用。因此，生产经营企业可以通过宣传商标、突出商标来利用商标的促销功能扩大其产品的知名度，尤其是名牌商标的促销功能更为显著。

（4）广告功能

一个设计出色的商标，通过商标本身的图形、文字、色彩等，可以起到"微型广告"的作用，在消费者中，产生传播产品和宣传产品的心理功能。商标作为生产经营企业的形象，可以帮助消费者在购买和使用产品的过程中，比较迅速地找到生产者和销售者，获得咨询、维修、更换零配件等服务。因此，商标可以把它所代表的产品和售后服务更大范围地传播给消费者，使其形象深印在消费者脑海之中，并不断向社会各消费者群体渗透，起着大众传播的作用。

（5）保护功能

商标的保护功能是体现在买卖双方利益的保护。商标在国家的商标管理机构注册后，就获得专用权，受到法律保护，禁止他人假冒和仿造使用。商标的这种排他性和使用特权使得企业及其产品与商标的固定联系保持唯一性，一定的企业产品有一定的商标，不同的企业同类产品有不同的商标，这就是商标对生产者的保护，保护在社会主义竞争条件下，维护生产者、经营者的信誉和经济利益。另外商标也可以维护消费者的利益。任何企业若以商标为手段蒙骗消费者，坑害消费者的利益，消费者有权要求有关部门对其进行制裁。

（6）提示功能

商标的提示效应在某种意义上很像广告。在消费者接受的外部刺激中，商标是最具有意义的刺激物。商标作为商品特征综合的、抽象的体现，能以其鲜明的标志、独具匠心的设计加强对消费者的刺激，激发其购买欲望。当消费者存在某种需求时，商标的提示效应可以使消费者对商品产生偏好，从而影响消费者的购买决策，最终促成购买行为。商标是联结产品与市场、产品与消费者的桥梁和纽带，是商品实现自我的重要载体，可算是一种"无声的推销员"。

（7）稳定功能

商标不是企业及其产品的简单表现，而是一定企业形象，一定产品质量的象征。同一商标、同一规格的产品，可以代表一定的质量标准和技术要求，商标的确定，有利于实行产品标准化和保证产品质量应达到的标准，从而保证质量的稳定。所以消费者买了有牌子的东西，质量可靠，产品有了出处，消费者感到安全。所以，商标对企业事实上起着一种无形的限制作用，以稳定产品质量和消费者心中的企业形象。

10.3.2 商标设计心理

商标设计的第一要务便是要让商标被大众迅速认知，要做到迅速认知就必须与众不同，也就是遵循"差异律"。所谓差异律，是指被感知的对象与它的背景之间要有一定区别，才能感知得清楚。对象与背景的差别越大，对象就被感知得越清晰。这一规律的内在机制主要源于知觉的选择性。针对商标设计来说，就是要找到一个独有的，与众不同的视觉符号或符号组。而差异律中所说的背景，既包括企业的竞争对手，也包括环境；也就是说要和所有阻碍识别的因素区别开

---

① 易斌. 从商标史看品牌商标的确立 [J]. 包装工程，2007，28（3）

来。有了差别，也就增加了被关注，被记住的可能。比如著名的星巴克咖啡（STARBUCKS COFFEE），采用圆形，深蓝，绿色，女神和字母的组合徽章，何以如此成功？因为将差异做到了极致。

商标的设计具有较大的灵活性。它既可以由词、字母、数字、图形等材料单独构成，也可以由这些材料的任何两项或几项混合而构成，甚至以商品的包装和容器的特殊式样等构成。商标的设计题材也是极为广泛的，自然界中的山岳江河、虫鱼花鸟、龟鳖龙蛇以及山水风景、名胜古迹、神话传说，文化活动中某些简练的有一定意义的词语，简单的数字、线条、几何图形等等，都可制成商标。真可谓百花齐放、千姿百态。有人或许会认为，商标设计大概无须费神，什么山名、花名、鸟名、鱼名……信手拈来便是，其实不然，在现代市场销售中，要发挥商标的心理功能，商标设计不管在名称品牌的选择，还是企业形象的设计，都不是随意的，而是颇有讲究的。这里有法律的问题、心理的问题，也有社会的、经济的问题。总之商标设计是个复杂的值得研究的问题。

首先，商标设计要遵守商标法的有关条例，市场上已注册的商标或与此相同、相似的商标，如果用在相同或类似商品上，不仅不能注册，也不能在商业上使用，否则就是侵犯别人的权利。我国的不少商标，常常在文字和图形上设计相互雷同，缺乏新意，因而造成混淆，引起冲突。在申请商标注册时，即使商标审查员那里已通过，也可能在商标异议期内引起异议，即使异议消除，商标在本国得到注册，也不能保证在国外不引起争议。

其次，避免使用难以注册为商标的东西。比如国徽、国旗、军旗、国际组织等标志，本产品的通用名称和图形、直接表示产品的主要原料、质量、用途等方面的标志，违反公共秩序和道德风纪的标志，含有诽谤性或伤害宗教感情的标志等。但是在我国，上述提到的应当避免的商标设计还是很多的，诸如"健民"牌药品，"芬芳"化妆品，"天鹅"羽绒制品，"金锦"服装，"上海"手表，"荔枝"药酒，"远航"皮箱等等，都是带有叙述性的商标，所谓"叙述性"，就是指商标的文字或图形对商品的性质、特点、质量、成分、原料、产地、用途等起到直接说明的作用，这是本应避免的。

商标必须符合产品本身的属性。比如自行车以凤凰或飞鸽作为商标，而不用蜗牛作商标，这与形容自行车能够疾驶如飞这一属性有关；以永久为商标而不以浮云、朝露为商标，则与自行车经久耐用有关。更为重要的一条，即商标设计必须符合消费者心理，特别注意组成商标的东西在消费对象心理上的各种刺激，不能造成消费者在购买商品时难以识别，不能用主销对象忌讳的词语和形象，或使人反感的标志。那么，商标设计应注意哪些心理学原则呢？根据国内外的经验，一般有如下几点。

10.3.2.1 商标的形象化

商标必须形象化，才容易为消费者所感知，引起人们的注意。心理学告诉我们，人们感知客观事物主要靠五种感觉器官，这五种感知事物所占的比例依次为：视觉60%，听觉20%，触觉15%，嗅觉3%，味觉2%。由此可知，视觉是人们感知事物最重要的器官，而"形象化"则是刺激视觉最有效的办法。

日本的三菱汽车公司的商标是由三个菱形组成的图案，简洁鲜明，即使是不懂日文的人，也能对三菱图案留下深刻的印象。世界十大驰名商标的"百事可乐"的设计，图形简洁醒目，不仅具有很好的审美性与传达性，而且还便于制作，可以反复使用，广为宣传。更值得一提的是，商标设计者还利用了"百事可乐"，读音的形象化，来加深消费者的商标印象。思科（CISCO）的商标，让人联想到信号；而中国银行，则让人联想到古钱币。（图10-6）

图10-6 商标的形象化

10.3.2.2 商标的意义化

商标必须有一定意义，才容易为消费者所记忆和理解，进而引起消费者的联想，激发其购买欲望。心理学认为，理解的事物便于记忆，意义记忆优于机械记忆。实验表明，人们要记住没有意义的字是十分困难的。因此，许多外国商标的名称当翻译成中文时，要赋予新的意义，例如"Sprite"这一可口可乐公司的知名品牌。进入到中国市场时，它被翻译为"雪碧"。"雪"在中国文化中的含义为"冰凉,纯洁",而"碧"的含义为"清澈,透明,有活力"。作为一种饮料,当然这个商标就能给消费者一种新鲜、清爽、舒适的感觉。所以考虑到文化因素 Sprite 用音义结合的方法翻译为"雪碧"当然比用直译的"斯必来特"和意译的"妖怪"更加有效。而世界第二大零售超市"Carrefour"被翻译为"家乐福",著名的婴儿用品品牌"Pamper"译为"帮宝适"更进一步说明文化因素在音义结合的翻译方法中是不得不考虑的重要因素,就是为了使商标具有新的意义,使之容易记忆,产生联想。

10.3.2.3 商标的审美化

审美动机是消费者对商标的重要心理倾向。消费者不仅对商品有求美动机,而且对商品的商标也有审美要求。消费者的审美动机是指对商标所具有的求美欲望,它要求商标设计要具有艺术性和新颖性,具有审美价值。

所谓艺术性,就是商标图案设计要生动形象,具有艺术魅力,能给消费者以艺术享受。因此,商标设计就要从美学的角度分析图案设计和图文组合。比如,在商标设计过程中,设计者可以参照人物、动物、植物、风景以及天文现象等自然景观,创造自然美以满足消费者的求美心理。

所谓新颖性,就是商标图案的构思要有新意,要新颖巧妙,与消费者的求新心理发生共鸣。因此,商标设计应重视研究分析物象的选择。比如我国的永久牌自行车商标,就是用"永久"两字人为地形成自行车物象而设计的;德国奔驰牌汽车的商标是一个汽车方向盘的几何图形;波兰某化妆品制造厂的商标,象征花朵似美丽可爱;美国某海产品公司的标志,以活蹦鲜跳的海鱼的图像为商标,使消费者不看文字也能联想到它所代表的公司经营的商品。还有些商标设计广泛应用视幻艺术,即根据人眼的视觉规律,利用几何图形的渐变、交替、重叠等处理方法,直观地描述光的运动规律。比如,德国 MM 平面玻璃厂的商标,画面效果恰似用四块晶莹剔透的平面玻璃组成的"M"字母,使观看者在视觉上产生幻觉或运动感,从而加深印象,加深美的感受(图10-7)。

10.3.2.4 商标的吉祥化

商标设计的吉祥,给消费者以安全感和稳定感,是消费者对商标设计的安全心理的反映。

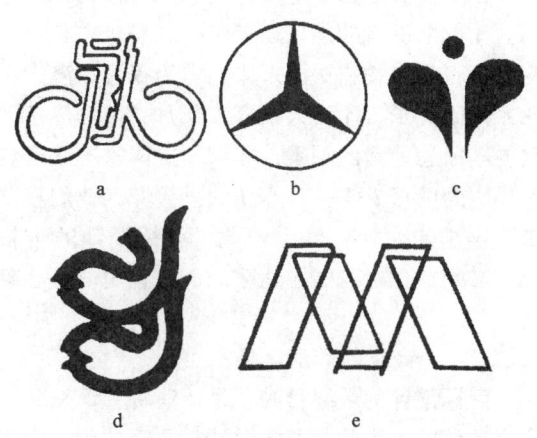

图 10-7
a 中国"永久"牌 b 德国"奔驰"汽车标志
c 波兰化妆品厂商标 d 美国海产品公司标志 e 德国"MM"平面玻璃厂商标

安全是人类的基本需求,是人类其他需求得以存在的基础,对消费者而言,安全是其对周围的事物,包括其所购消费品的一个基本心理要求。消费者都有自己心目中的吉祥物,因此,吉祥物出现就使消费者心情舒畅;相反,不祥之兆出现对消费者具有威胁,从而使其心理失衡,失去安全感。所以,商标设计必须适应消费者心理上吉祥与不吉祥的划分,满足其安全心理需要。图10-8是麒麟啤酒的商标形象,麒麟是传说的神兽,有着悠久的历史,与龙、凤、龟并称"四灵",有太平、吉祥的寓意。从麒麟啤酒的品牌标识中,我们可以看到麒麟的形象,它是许多吉祥动物形象特征的综合体,表达对美好事物的追求和向往。

图 10-8 商标的吉祥化

由于各国各地区的风俗习惯不同,宗教信仰

不同，消费者心目中的吉祥物和不吉祥物也就不同。比如欧洲有的地区以黑猫、红马、白象、菊花为不吉祥之物，法国人以孔雀为祸鸟，澳大利亚人讨厌兔子，印度人不喜欢新月，信仰伊斯兰教的国家忌讳猪的图案，非洲不少国家不欢迎狗和猫头鹰的形象等。日本人偏爱樱花，他们喜欢带有樱花的商标图案。因此，商标设计的吉祥化，必须加强对各国各地区的消费者的消费心理研究。

10.3.2.5 商标的简洁化

商标设计的最终目的，是让消费者识别和记住产品商标。为此，商标设计就要简洁化，明确化。简洁化是指商标不必包涵众多意义去求全增繁。比如设计一个"西湖"商标；把西湖十景画全，什么都要，其结果必然是什么都没有。应该抓住典型现象，在有限的空间中去以简呈状，可以达到以少胜多的效果。明确化是说商标必须一目了然，有鲜明性。现代商标设计用抽象的文字和图案，既可摆脱具象的局限，又可以在浩瀚的商标海洋中独树一帜。但是有的商标设计虽有这个美好的愿望，可表现手法太幼稚，似乎商标设计简单化就等于明确化，没有深入研究消费者知觉的理解规律，认为设计者和生产厂家理解的东西，消费者就一定理解，事实上大相径庭。有些生产企业的名称用译成的外文或拼音文的第一位字母去组成他们的标志，如 CSN 或 CSM（甚至更长的一串），结果，一则使消费者不理解，不知其含义，二则易于混同，缺少识辨的鲜明度。

欲使消费者理解，必须了解消费者的知识基础，使自己设计的商标含蓄的程度与表现的手法与消费者的知识基础匹配，这样就能达到一目了然的效果。图 10-9 是几幅优秀商标设计，图 a 是美国义务救援者协会的标志，画面简洁但寓意深刻；图 b 是某锁厂的商标，是以产品的变形与企业名称中的字母的恰当组合构成的；图 c 是日航标志，用飞禽作航空标志，寓意自由翱翔蓝天；图 d 是美国水禽湖公园标志；图 e 是加拿大早产儿救援协会标志；图 f 是意大利国际纪录电影节标志。

10.3.2.6 商标的整合化

心理学研究表明，人们对客观事物的感知，不是个别的局部的认知，而是一个整合过程。消费者对商标的感知，是对商标形象、字体及色彩的固定组合的知觉。图形、字体、色彩这三者组

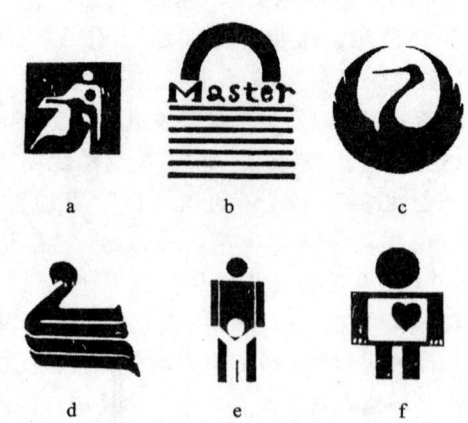

图 10-9 优秀商标设计

合在一起就构成一种固定的商品标志。例如，可口可乐广告有时仅用红白两色加一波纹，不必附加任何文字说明，人们就知道是可口可乐的广告；又如健牌香烟的广告就经常采用海滨拍摄的风景照片，基调是两个穿白衣的情侣，蓝色的大海，金色的沙滩，同样的白、蓝、金色的组合，使广告色彩与商标色彩具有内在的联系。消费者的知觉是有恒常性的，知觉的对象的某些线索发生一些变化，比如固定色彩的排列组合上有差别，背景条件上有差别，文字字体上有差别等，都不会改变消费者对产品的总体印象和对产品商标的识别；这就是知觉恒常性所起的作用。

现代商标设计的"CI"战略的心理学原理之一也在于此。一个成功的商标设计，应当强化产品的视觉特征，将富有特征值的元素创造性整合成固定的标志、固定的色彩、固定的字体等，形成"CI"策略的基本元素，然后推出产品商标设计的总体策划，在宣传"CI"的过程中确定产品的商标形象。

10.3.2.7 商标的民族化

不同国家、民族会有各不相同的风俗、习惯。因而事物间形成的常规关系也不同。故商标创意要"入境随俗"，要从民族文化心理的角度了解各种文字在表达上的不同的特点、忌讳、隐喻等。讲究好兆头，趋吉求利的心理就是其中主要的一种。比如有些商标创意采用了具有中国特色的民间传统图案，如"鱼"与"余"谐音，"莲"与"年"谐音，故用"鱼戏莲"来表示"年年有余"。除了图案外，数字也是体现民族文化心理特征的重要因素。中国人喜欢"6"、"9"数字，"66"大顺，"9"是"久"的谐音。如"999胃泰"商标词，它不仅体现了药品的理

性诉求，即主要成分是三桠苦和九里香，又使病人能产生"吃了此药永久安康"的良好联想。再如日本"丰田"牌汽车，原本的日语发音并不是现在的片假名，但丰田家族出于迷信心理，有意将其改为"TOYOTA"，因为日文的片假名拼写时前者笔画为10，后者为8，按日本风俗，8是吉祥数字。

10.3.2.8 商标的意境化

商标的意境化主要体现在商标所表现的内容形象上。比如汉字商标"杏花村"可以使人联想到"杏花飘香，细雨和风，山郭水村，酒旗迎风"的景象，进而可以感受到一种春意盎然的闲适意境。但是因为英文与汉语不同，汉语的象征意义远比英文要多得多，所以由英语商标能引起的意境联想并不多。有些商标本身没有意境，但广告和图案为它创造了优美的意境。这种意境能将受众带到一个妙趣横生、难以忘怀的艺术境界中去。

10.3.3 商标的命名心理

商品命名包括商品名称的命名和商品牌号（品牌）的命名两部分。商品命名设计是商标设计的组成部分，运用消费者心理活动规律来研究商品命名的问题，应当归于商品命名心理的内容。

10.3.3.1 商品名称命名的心理学原则

商品名称命名的心理学原则是：便于感知、了解商品的功能和性质；便于记忆，指导消费者进行指名购买；便于思维，促使消费者产生购买决策；便于想象，联想到该名称商品的心理含义，满足消费者的心理需要，促进消费行为。

（1）望名生义

成功的商品名称使消费者不一定要见到商品，只要听到名称就可以了解商品的某些特性。比如"金嗓子喉宝"，使人一看便明白是一种治疗嗓子的药。名副其实是商品命名的基本心理要求，也是其他要求的基础。所以，商品名称应该与商品的主要性质和功能相符合，并根据其性能、特点进行某种程度的概括，给它安上一个特定的名称，以突出商品的个性特征。

（2）便于记忆

商品名称应该高度概括商品特点，力求简洁。按照短时记忆规律，一般以七个字以内为宜。文字太长则不宜记忆，而且印象模糊。另外，商品命名时应尽量避免冷僻、复杂、拗口、费解的字句和方言土语。面对一般消费者的商品，应顾及他们的知识水平，不宜采用过于专业化的名称。比如药品"复方磺胺甲基异恶唑片"，一般消费者见后会不知所云，改名为"S·M·Z"就简洁易记得多。

（3）能产生良好的联想

商品名称应具有形象性、趣味性、启发性，能勾起消费者的联想，强化消费者对商品的印象，促进购买行为。如 Valderma 是英国的一种药皂，它由 Value（有益）+ derma（希腊语，皮肤）组合而成，意思是"有益于皮肤"。该药皂进入中国市场后被译为"益肤"，与原文意义极为贴合。

（4）引人注意

引人注意是商品命名最主要的目的，也是最重要的要求。商品名称要做到引人注目，应首先了解目标消费者的特征，包括年龄、职业、性别、知识水平等，以便根据不同消费者的心理需求，有针对性地对商品命名。例如，女性用品的命名应秀美小巧，男性用品应雄健粗犷，儿童用品应活泼可爱，而老年用品则应吉祥稳重。

10.3.3.2 商品品牌命名心理

为了使不同企业生产的同类商品彼此区别，有必要赋予商品不同的品牌名称，或称牌名、牌子。事实证明，良好的牌名对企业具有极为重要的意义。一个成功的商品牌名可以成为企业的象征，因而具有重大的经济价值。比如美国柯达（KODAK）公司的胶卷牌名虽然只有五个字母，却价值20亿美元。国外企业十分重视商品品牌设计，如美国埃克森石油公司就用6年时间，花费1.22亿美元从55个国家的1万多个品牌设计中选定了 Exxon 这个商品品牌。

商品的品牌命名，是一件非常慎重的工作，它同商品名称命名一样，需要遵循心理学原则。日本三菱汽车公司的专家认为，一个适当的牌名必须做到如下几点。

①文字优美，可读性高，悦耳动听。

②要首创，绝不能模仿。

③与商品保持良好的关联性。美国的设计师道格拉斯在《牌名的开发和测试》一文中提出，品牌名称的要求和功能为：体现商品本身的功能性，或是突出商品的优点。比如护手霜以"美加净"为牌号就非常适合，它宣传了使用该商品的好处——干净、美观。提出独特性，与其他商品区隔化。比如日本索尼电器公司的牌号"SO-

NY",在英文中是没有这个词的,完全是独创。便于记忆。比如柯达胶卷的牌名 KODAK,前后字母均为"K",K 字暗指"国王"(king),而且发音响亮,世人皆知,印象深刻,利于记忆。

④押韵,朗朗上口。比如索尼(Sony)丰田(Toyota),尼康(Nikon)等。

⑤文字游戏。比如上海司其乐洗衣机厂生产的"司其乐"牌洗衣机牌号,就运用了文字游戏,说明用了洗衣机,使其乐融融之意。

⑥具有潜在价值。即提出具有暗示、启发、联想作用的标识语。牌名应能够使消费者产生良好的联想。比如白猫洗衣粉的牌号使人自然联想到逗人喜爱的动物——白猫。

⑦给人以良好印象,产生积极的态度。成功的牌名应使消费者体会到良好的含义。畅销全球的饮料可口可乐牌名的翻译就十分成功。它一方面切合英文的原音 COCA—COLA,另一方面,这个牌名在中文里有良好的含义,味道——可口,饮用后的感受——可乐,因而给消费者以良好的印象,使可口可乐在中国市场成为极畅销的饮品。

10.3.3.3 品牌设计的具体程序

选择一个新品牌是一件需要创造力和想象力的工作,它一般要经历三个阶段,即准备与创作阶段,内部评选阶段和外部测试阶段。

(1) 准备与创作阶段

由设计人员在研究商品性能、特征、使用对象、使用时机等情况的基础上进行构思,并提出若干个候选品牌供评选。

(2) 内部评选阶段

着重对各个候选品牌进行评价和筛选。评选的主要依据是消费者对品牌的可能反应。具体标准上面已谈到。

(3) 外部测试阶段

由消费者对牌名进行评价。评价可以采用间接问卷法,如向消费者出示牌名,然后询问:"你认为这个词有什么含义?""它可能代表哪一类商品?""你认为哪一类商品决不会用这个牌号?"等。最后根据内部评选和外部测试的结果,在综合考虑的基础上,作出最后选择,确定商品的牌号命名。

商品牌名的命名设计,既是一项创造力很强的工作,又是一项严肃认真的工作。但是有些企业不是靠提高产品质量等正当途径来建立产品信誉和企业形象,也不是认真组织设计师开动脑筋,创造新颖别致的品牌,而是采取一些投机取巧的办法,其中随便影射知名度高的驰名商标就是一例。例如,以"SHRAP"商标影射"SHARP"(夏普)商标,以"TASHIBO"商标影射"TASHIBA"(东芝)商标,这样做肯定会引起争议,有时候要承担巨大的损失赔偿,而且对消费者是极不负责的。有些驰名商标中的部分文字没有专用权,用作自己商标的一部分是可以的,比如,"非常可乐","少林可乐","人参可乐"商标中的"可乐"两字。如果再进一步,就可能引起争议。例如"人参可乐"的英文商标曾用"GINSENGCOCA—COLA"(人参可口可乐),这就直接侵犯了"可口可乐"商标权利。当然,我国商标设计师应当学习和借鉴国际驰名商标设计的经验,同时也借鉴他们推出产品商标的整体策划过程,即 CI 策略。

10.3.4 外销商品的商标心理

随着改革开放政策的深入,我国的外向型企业越来越多,外销产品也与日俱增。在激烈的国际市场竞争中,外销的成功与否,主要取决于商品的质量、价格、交货期、服务和信誉等因素,但商品的外文商标设计有时也会起到意想不到的作用。外文商标是出口产品的标志,命名妥当与否,对于出口企业关系极大。消费者对于许多熟知的产品,往往只知商标而不知生产厂商的名称。"金鸡"闹钟在国内享有一定声誉,它的英译为 Golden cock。Cock 一词除了有"雄鸡"之意外,在英美国家经常喻指人体器官。任何带有 cock 的商标词都有损商品的形象,给人一种粗俗、缺乏教养的印象。再如"五羊"牌自行车被译为"Five Goats"。Goat 在英语中比喻不正经男子、色鬼,因此无论男人还是女人都不愿骑它。最典型的是带"龙"字和"红"字的商标词,在西方国家它们特别有损商品的形象,因为西方人心目中的"龙"是一种凶恶和令人厌恶的动物,"红色"象征极端与危险。我国有一些价廉物美的出口产品外销情况不佳,其外文商标制定不妥,就是造成这一状况的一个重要原因。因此,外销商品的商标设计,必须依照所销国度的消费文化心理,注意各国市场消费者的特殊习惯,避免产生不好的联想和评价。但是,设计外销产品的商标是一种极为复杂的决策活动,没有现成的模式可供套用,企业只能根据产品的性质,国外商标法规，国外消费心理，企业所要达到的意图来进行选择。所以，制定一个理想的外销商品商标，应当注意以下几个方面。

10.3.4.1 外文商标的发音和词意要适应不同语言文化的要求

取外文商标时，应该先请教精通外语和外国风俗习惯的专家，或者精通中文的外国人。英国的 Navamark 公司就专为出口商品选择商标，许多公司还聘请商品进口国专家鉴定商标。目前国内企业制定外文商标，往往采取用中文名称直译成英文，或以中文名称的汉语拼音作为外文商标，结果得出个毫无意义又难以记忆的外文商标，不但念起来不顺口，而且产生一连串问题，妨碍了出口产品的外销。如，在中国人的传统观念中"凤凰"是一种吉祥的鸟，给人以"吉祥、如意、高贵"的联想，所以许多出口商品的商标或图案喜欢用凤凰作标记。上海生产的一款名牌自行车曾把其汉语商标"凤凰"直译为 Phoenix，殊不知在西方文化中 Phoenix 意蕴"再生"，以此为商标势必使人产生"死而复生"、"死里逃生"的不良联想。显然，这样的翻译在国外市场上难以起到劝购、导购的作用。这样直译的商标，虽然设计方法简单，但效果不佳。再如，我国出口试销美国的"轻身减肥片"原译名为 Obesity-reducing Tablets，在以减肥为时尚的美国却一度滞销。市场调查发现问题出在商品的英译名违反购买者的消费心理。美国人看了药名产生的联想是此药专为 Obese people（肥胖症者）服用。后改为 Slimming pills，很快就打开了销路。

10.3.4.2 外销商品商标设计，要注意民族、宗教、地域的风俗习惯

各国的风俗习惯、政策法令、宗教信仰、消费习惯都有所不同，我们外销商品的商标，必须注意不同文化背景消费者的风俗习惯，以免产生不好的联想和误解。如英国汽车商标词 zephyr（西风）：英国面临大西洋，东面是欧洲大陆，西风徐徐从大西洋吹来，恰似中国的东风，如雪莱在《西风颂》（ode to the west wind）中热情地讴歌了温暖和煦的西风，因此 zephyr 也含有丰富的文化内涵。日本人认为荷花是不吉利的象征，瑞士人厌恶猫头鹰，英国人不喜欢大象和山羊，法国人忌用胡桃，意大利人忌用菊花，西方人忌讳数字"13"等，销往这些国家和地区的商品商标就不应含有或类似这些忌讳的图案和文字。同一牌名在不同国度可能具有不同的含义。

10.3.4.3 外文商标的设计要易认易读

商标设计要易认易读，这是基本的心理学原则，不管是中文商标还是外文商标，都必须遵循这一原则。简短易读的外文商标便于消费者在匆匆的一瞥中识别，提高"印象深刻度"，和谐、顺口的声音能使消费者闻之欣悦，并且可以用任何语言发音。比如畅销全球的 COCA-COLA 的商标设计，不但英文和谐顺口，中文也和谐顺口。简洁是商标设计的重要因素，商标原是一种意象浓缩化身，如口号一样，字母越少，越简练，越有力。现代商标趋向单纯、强烈。由于人们生活节奏加快，或从车窗匆匆一瞥，或浏览报章杂志，过目时间仅短短数秒钟，属于短时记忆范围。因此外文商标的易认、易读性极为重要。另外，拗口的商标不便于消费者认读，所以也应避免。综上所述，外文商标宜简短、容易发音、易于辨认和记忆。

10.3.4.4 外文商标尽量采用无含义的创造性的词组成

商标设计的原则之一是独一无二，有区别的特征，而无含义的创造性词组成的商标，一般会具有特色；与其他商标有显著性差异。国外组成商标的方法通常有以下几种：

①由带含义的词组成：若能借用文字简洁、含义深远的词作为商标，效果就比较好。比如先锋音响（Pioneer）、西铁城手表（Citizen）、皇冠牌汽车（Crown）、四通打字机（Stone）等。

②由无含义的词组成：比如，柯达彩卷（KODAK）、理光复印机（Ricon）、索尼电器（SONY）等，这类商标最易在各国得到注册，受到保护。

③由两个或三个含义词简化拼合而成：如莱卡照相机（Leica），它是由公司名称莱兹和照相机英文词（Camera）缩写而成，又如柯尼卡（Konica）、亚西卡（Yashica）和富士卡（Fujica），这是一条外文商标的组合规则。我国外销商标的直译往往违反这一规则，比如小天鹅洗衣机（Little Swan），没有把"Little"和"Swan"两个具有含义的单词进行拼合。

10.3.4.5 外文商标设计必须注意国外商标法规的有关规定

外文商标设计应避免国外商标设计的禁忌以便依法注册，避免他人冒用。按照国外商标法规设计外销商品的商标，应该注意以下几点：

①外国对商标名称易使人误认或误解的情况有严格限制：外文商标的设计要考虑国别的因素，比如一家港台合资公司负责推销的黑人（Darky）牙膏，在东南亚地区畅销了90年。然而一旦销往美国即遭指责，因其产品名称及包装设计构成种族侮辱的含义。该公司当初选择"Darky"商标，意在说明用了牙膏，牙齿会像黑人牙齿一样雪白。但在美国，黑人认为"Darky"一词有侮辱之意，就连白人也不接受，结果没人愿意购买。

②外国对具有商品性状、功用、原料、质量等含义的商标也严加限制：比如，有些国家认为我国名牌自行车"永久"是夸大商品功能，三羊牌毛毯与商品原料有联系，不予注册。所以，外文商标不要涉及商品质量、特点，避免与商品原料或成分有任何联系。当然，在无这类限制的国家可以例外。

③有些国家的商标法规定，地理名称或数字不能作为商标：如我国名牌产品中华牌香烟、青岛牌啤酒、555牌座钟等，在有些国家申请注册就发生困难。所以出口商品不宜用地名、数字作为外文商标。

④必须避免商标含有英、美姓氏的文字：比如钻石牌手表（Diamond）、前进牌球鞋（Forward）均系英美姓氏，因此难以注册。又比如小天鹅洗衣机（Little Swan），其中Swan也系英美姓氏，用作商标不妥。

⑤避免商标文字有不好的含义：我们前面举的许多外销商品失败的商标，如白象牌电池、芬芳牌爽身粉、白猫洗衣粉等都因外文商标有不好的含义，严重影响了外销。

10.4　包装设计与消费者心理

自古就有"货卖一张皮"的说法，在现代社会中，商品的包装装潢是重要的促销手段，在国际上，包装装潢已成为一门科学，包装装潢工业亦成为世界上最大的行业之一。商品包装随着市场竞争的需要逐渐发展成为集保护、销售和广告宣传于一身的IKI包装（焦点广告），肩负起"沉默而极具说服力的推销员"的现代使命。

现代商品包装设计离不开消费者心理的分析。既然包装是促销的手段，那么作为市场的主人消费者，必定是包装的主攻对象，包装设计脱离消费者，那么再精心的设计，也不能打动消费

者去购买商品，包装的促销目的也就成了泡影。日本包装设计师认为，如今的消费者欣赏情趣和生活方式变得越来越个性化、多样化，甚至每个家庭成员之间的爱好都各不相同。这样一来，如果包装不根据消费者的个性化、多样化需要来设计，是很难在市场上获得成功的。现在已进入一个个性化商品的时代，这也要求商品的包装设计要与商品的特点相适应。

另外，消费者注重包装的心理功能意识越来越强烈，人们对包装的要求不仅仅是把东西包起来，而是通过包装设计的超时性，反映消费者因技术革新和社会变迁而产生的理性要求和情感要求，他们想透过商品的包装，反映自己对新事物的追求和超前享受的优越感和炫耀欲，反映自己的社会地位和经济状况。这种影响归根到底就是包装对消费者的刺激传达的水平：包装的好坏取决于它的刺激效能的大小。商品包装上印上清晰的说明是非常重要的，要想以最佳效果传达你最重要的想法，最好是利用一种简洁的、注重视觉的方式将其表现出来，利用形象的说明图是提高视觉传达水平的有效方法。目前，商品说明书有增加内容的趋势，而消费者的阅读心理是文字越少越好，越简明越易接受，反之，会产生消极的影响。

当代包装设计心理认为，要注重对人们知觉的感染，而不要过多地把注意力放在信息传达方面。研究消费者对包装设计的内在心理要求和心理倾向的规律，称为包装设计心理，本节介绍的是包装设计心理概述，包括包装的心理功能，包装装潢设计的一般心理策略，和外销商品的包装问题等。

10.4.1　包装的心理功能

包装的基本功能是承载和保护商品，使之不致毁损、散落、溢出、变质。零星、细小的商品通过包装成为一个整体，在运输和出售过程中不易散失；液态、气态、粉末状的商品，借助包装可避免溢出、挥发和散失，便于运输、携带和使用；食品、药品等的包装可以避免商品的变质和腐败；有毒、易燃的商品只有通过包装才能防振、防潮、防热、防生锈、防污损等。所有这些，都是包装的原始基本功能。现代商品的包装，除了提高早期包装基本功能的水平，发展到标准化、通用化和集装化以外，重视包装的心理功能是现代包装的一大趋势。

包装的心理功能，主要有如下几个方面。

10.4.1.1 识别功能

包装是产品差异化的重要表现之一。利用独特的包装，可以使某一特定的商品区别于其他牌号的商品，使消费者花较少的时间就能把各种商品互相区别和辨认出来，以便进行选购。包装的识别功能是通过包装设计的形象性来达到的，包装一方面要能显示出商品的形象，另一方面，包装本身的设计要有一定的"刺激效能"，具有吸引力。消费者对商品的认识是从包装开始的，有刺激性的包装，可以引起消费者的注意，加速消费者的识别，促使购买。刺激效能低的包装，非但不能促进销售，有时甚至会模糊消费者的识别，抑制消费者已萌发的购买欲望。

10.4.1.2 便利功能

包装的便利功能反映了消费者求取方便。包装使商品具有适当的分量、可靠的保藏手段和方便的开启方式，使消费者易于携带、保管和投入使用。许多包装还印上使用方法，指导消费者正确地操作和运用，给消费者带来许多方便。例如，美国的骆驼牌香烟是最早使用玻璃纸包装的香烟之一。玻璃纸包装可以使香烟保持适当的湿度，使香烟抽起来味道可口。骆驼牌香烟当年采用玻璃纸包装后大受消费者欢迎。销量也大增。但是，另一家香烟公司，即幸运牌香烟的生产商却敏锐地注意到骆驼牌香烟包装的一个缺点：不易拆封。由于玻璃纸包装非常严密，拆封颇费时间，尤其当性急的抽烟者急于抽出香烟时更感困难，消费者对此颇有怨言。经过研究之后，这家公司对玻璃纸包装增加了便利功能，他们在玻璃纸的一端粘上一条红色的撕条，使拆封变得非常简便。于是，幸运牌香烟公司在广告上特别强调这种一撕即开的便利功能。这种改进的包装立刻获得消费者的赞赏与共鸣，使幸运牌香烟销量扶摇直上，一跃超过了骆驼牌香烟。

10.4.1.3 美化功能

包装可以美化商品，使商品装潢得鲜艳夺目，形象完美，像一件艺术品一样，吸引消费者的注意，诱发消费者的兴趣，从而产生购买欲望。消费者在选购商品时，直接看到的是包装而不是商品本身，对某些种类的商品来说，包装精美可能成为购买决策的关键因素。比如化妆品、礼品等社交类商品，工艺品、古玩、美食等享受类商品，尤其是妇女用品的包装更为重要。因为女性消费者求美动机是比较普遍的，她们对商品的选购细腻严谨，对商品的各方面要进行全面的评估，而对商品的外观造型和外包装同样重视，有的妇女因商品的外观有一些不明显的斑点而另行挑选，也有因商品的外包装不整洁而不购买。美国杜邦公司的市场研究人员在研究了包装的功能之后，提出著名的杜邦定律：进入超级市场的顾客中，有63%事前缺乏明确的购货目标，实际购买量约有70%是受现场环境影响，根据包装的形态和色调来决定购买牌号的。

10.4.1.4 增值功能

包装是商品的显示器，良好的包装能赋予产品一种特殊的象征，建立产品的良好形象，提高产品的身价，使购买该商品的消费者好像同时也买到了身份、地位一样给消费者以一种特殊的满足感①。我国过去在出口瓷器时，用稻草碎纸加纸盒包装，不仅易损耗，而且给人以质量低劣的感觉，尽管价格低廉，消费者也不欢迎。后来，改为软缎、描花彩木匣小包装，同样的商品，价格上涨了百倍，却大受西方消费者的欢迎。这就是包装增值，心理功能的效应。消费心理学家发现，在很多情况下，商品的外包装可以影响消费者对商品内在质量的判断。例如，请两组消费者来品尝咖啡的味道，一组是品尝由电咖啡壶盛的咖啡，另一组品尝古色古香的咖啡壶盛的咖啡，结果消费者认为古色古香咖啡壶盛的咖啡，色、香、味优于电咖啡壶盛的咖啡。但实际上两组消费者品尝的是同一种咖啡。

10.4.1.5 促销功能

消费者选购商品时，一眼看见的是商品的包装，而不是商品本身，因此包装的优劣对产品的销售至关重要。当然，消费者不可能只凭商品的外表包装装潢来判定它的质量，但产品的包装，即产品的外观形象，常常影响到消费者购买时的决策，正像人们的外表装饰会影响别人对他的判断一样。外销商品的包装设计，要迎合国外消费者的口味，赶上国际流行的时式，在包装的图案、形状、色彩上精心策划、精心制作，以达到刺激消费需求，吸引消费者，促进出口产品的销售。在国内市场，包装的促销功能同样明显。中国消费者重礼仪和人际关系，对待亲朋好友，舍得花钱去购买精美包装的礼品。

---

① 朱和平. 现代包装设计理论及应用研究［M］. 北京：人民出版社，2008

10.4.1.6 指导消费的功能

在包装设计中，根据商品的主要特点，放上说明书，或印有产品的主要配料和使用说明，会产生指导消费的功能。在包装上加上提示性的语言，往往会起到更大的指导消费之效应。比如在食品包装上标上"新鲜"、"脆"、"松软"等，可以解除消费者怕变质的顾虑，也可以使消费者知道这种食品的特点。

另外，不同价值的商品包装亦应有区别。这种包装的区别，指导消费者了解包装与商品的价值或质量水平相配合，既不能将一般商品同样追求包装的华贵，给消费者带来不必要的破费；也不能把高级商品搞成"稻草包黄金"，自贬身价。比如，同类而不同质的陶瓷茶具，高档的包装最好是手提箱式的，中档的包装宜于用塑料硬盒，低档的包装用瓦楞纸盒，内填碎纸防振即可，既轻便，又保险。

10.4.1.7 集散功能

包装的集散功能主要体现在方便消费者，便于批发和零售。集散功能表现在两个方面：其一是成套包装，即将企业生产经营的有关联的产品置于同一包装中，成套供应，便于消费者购买、携带和使用，如急救箱、针线包、园艺工具、茶具、餐具等。我国市场上的雀巢咖啡加伴侣的礼品盒包装，就是属于此类。另外一种就是分散包装，可以根据产品的性质和消费者使用习惯，按产品的重量、数量，设计各种不同的包装，比如茶叶有大包装、小包装、袋泡茶等，满足不同消费者的需要。这种小包装不仅受到消费者的欢迎，而且给厂家和零售商带来利益。

10.4.1.8 保护功能

包装的保护功能，是指商品包装必须能保证商品本体及商品包装材料的安全。安全需求是消费者最基本的需要，他们要求产品本身的安全性，通过包装维护产品，保持出厂时的最佳形象和品质，处于包装物之中的商品本体必须是完好无损的，不能保护商品本体使之不受损害的包装是没有意义的，所以，商品包装必须根据商品本体特点分别具有抗压性、防腐性、防湿性等，这是包装的保护功能之一。另外保护功能还要求包装器材必须安全牢靠。

包装上可采用另加封条、封带或封签、附加封套等办法。包装的保护功能，是满足消费者对商品安全性的心理要求，只有包装安全，才能激起消费者的惠顾动机，促成购买行为。

10.4.1.9 广告功能

包装是赤裸裸的商品广告。包装装潢是"产品的脸"，精美的包装，可以提高产品的市场形象，起到"无声推销员"的广告功能。包装上往往要标明厂家、地址、商标等内容，一方面向消费者提供保证质量、注意信誉的信息，另一方面使消费者可以监督产品的质量，给消费者以信任感。

包装的广告功能是十分明显的。山东的"龙口"粉丝系纯绿豆制品，台湾粉丝是绿豆与土豆混制而成，两者优劣显而易见。但在毛里求斯市场上，精美包装的100克台湾粉丝售11卢比，非常畅销，而250克的龙口粉丝因包装寒酸，包装广告意识不强，不能引起当地消费者的注意，虽然价格只卖5.5卢比，还不如台湾粉丝销得快，有人称之为："俏'龙王'，没穿美'龙袍'。"国外曾做过统计，到超级市场购买物品的妇女，实际购买的东西常常超过原来想购买的45%，这就是精美包装所起的广告功能，驱动消费者发生更多的购买行为。

10.4.2 包装的设计心理策略

所谓包装设计的心理策略，就是要求设计人员对商品本身诸因素、市场诸因素和消费者心理诸因素加以综合分析研究，从而设计出既能体现商品特点，又能适应市场竞争优势，迎合消费者心理需求的包装式样来。因此，在现代消费活动中，良好的商品包装应符合以下八个心理策略。

10.4.2.1 求美心理策略

这是以追求商品的审美艺术价值为主要特征的消费心理。这类消费者特别重视商品的造型、材质、色彩、商标、包装装潢等。事实上，现代的消费者，早已按照自己的审美意识去审视商品、挑选商品，那种纯粹以商品的性能来满足消费者需要的时代已经成为过去。随着人们生活水平的进一步提高，这种审美化的消费趋势，必将掀起巨大的浪潮。在消费的审美化趋势中，一个引人注目的现象，就是消费者对商品包装的艺术性要求越来越高，实践证明，造型美观、图案高雅、色彩宜人、印刷精美的包装，不仅能够给人以健康的艺术美感，而且能够引起消费者的兴趣，激起消费者强烈的购买欲望。

10.4.2.2 求便心理策略

顾客购物都求方便，例如透明或开窗式包装的食品可以方便挑选；组合式包装的礼品篮可以方便使用；软包装饮料方便携带等，包装的方便易用增添了商品的吸引力。国外流行的"无障碍"包装，如接触式判断识别包中用锯齿状标识区分洗涤剂的类型；在罐装食品中设置"盖中部凹陷状证明未过保质期"的自动识别标志等，它们原来是为迎合高龄老人和残疾人而开发的，结果深得消费者的喜爱，可见求便是所有人的消费心理。

10.4.2.3 求实心理策略

产品，包括包装，它的设计必须能够满足消费者的核心需求，也就是必须具有实在的价值。在所有年龄的文化群体中，老年人最讲求质朴、实在，但是现在五花八门的老年人健康滋补品却普遍是"形式大于内容"的过度包装。这些产品即使能够吸引到偶然的礼品购买，也难以赢得消费者的忠诚，缺乏长远发展的动力。

10.4.2.4 求新心理策略

特别是对于科技含量比较高的产品，包装的材料、工艺、款式和装潢设计都应该体现出技术的先进性。例如采用凸凹工艺制作的立体式包装、无菌包装和防盗包装等，就可以通过新颖独特的包装来反映科学技术的优异成果，映衬产品的优越性能。

10.4.2.5 求信心理策略

在产品上突出了厂名、商标，有助于减轻购买者对产品质量的怀疑心理。特别是有一定知名度的企业，这样做对产品和企业的宣传一举两得。美国百威公司的银冰啤酒的包装上有一个企鹅厂牌图案组成的品质标志，只有当啤酒冷藏温度最适宜的时候，活泼的小企鹅形象才会显示出来。

10.4.2.6 求名心理策略

这是以追求名牌和高档商品为主要特征的消费心理。名牌商品之所以受到垂青，一个重要原因就是有的消费者特别信赖名牌商品的质量。事实上，名牌之所以有名，是因为它蕴涵着一个企业几代人的心血，它是商品的高技术、高质量、高信誉的体现，具有一定的文化历史内涵。为了适应这类消费者的需要，包装装潢在造型设计、材料选用、印刷制作等方面都应当力求设计新颖、印刷精美。尤其是名牌商标，应特别突出商标的特征，这样，不仅可以满足消费者的求名心理，还可以利用名牌效应，促进商品销售。

10.4.2.7 品位的心理策略

包装使产品走向文化性，其包装已经人格化了，富含了人文的层面。懂得生活的人们注重包装的品质、造型、包装方式、时尚元素等各方面，对包装的附加功能极为感兴趣。有时甚至将富有品质感或代表时尚的包装材料或者容器加以再利用，反而成为一种体现个人生活品位与追随时尚的表现。麦当劳纪念版马克杯，既实现了使用价值，也满足了年轻人追求时尚品牌的心理。

10.4.2.8 求趣心理策略

人们在紧张的生活中尤其需要轻松和幽默，美国的一家公司在所生产的饼干的罐盖上印上各种有趣的谜语，只有吃饼干才能在罐底找到谜底，产品很受欢迎。我国的儿童食品有许多都附有小卡片、小玩具，比如小浣熊干脆面里面就经常有水浒传人物卡等，结果迷住了大批的小顾客，好奇心驱使他们重复购买。消费心理还可按生态心理和性别等标准细分。消费者心理市场细分的多层次决定了包装促销也要从多角度进行。我国儿童食品"奇多"粟米脆每包都附有一个小圈，一定数量的小圈可以拼成玩具，小圈越多，拼的玩具就越漂亮，结果迷住了大批的小顾客。人们的好奇心往往可以驱使他们重复购买。

除上述几种消费心理外，还有以追求廉价商品为主要特征的求廉心理，以及攀比心理、个性心理等。不管基于何种心理，商品的包装设计都必须适应消费者的心理特点，合乎消费者的心理需要。只有这样，才能使商品的包装成为"无声的售货员"，真正起到促进销售的作用。

10.4.3 外销商品的包装设计心理

包装设计应该注意不同文化背景下人们所特有的风俗习惯。销往外国的商品，应当了解各地区人们对装饰所用的形和色的特殊要求，保证外销商品有很好的目标市场。前几年，由于缺乏对国外消费者的心理特点的了解，外销产品尽管质量上乘，但销路不好，经常会因包装不适合当地消费者的习惯而被大幅度削价处理，给国家造成大量损失。比如日本消费者认为红色的商品包装是喜庆的象征，而瑞典和德国的消费者则认为红色包装是不祥的征兆。原来我国出口的红色爆竹在那里不太受欢迎，后改成灰色包装后就扩大了销售。所以研究各国消费者对装饰所用的形和色的特殊要求是十分必要的。

10.4.3.1 消费者对装饰中"形"的差异心理

（1）形的差异心理

以三角形为例，三角形的包装，在有些国家和地区是讳忌的。香港的消费者认为，三角形是消极的，而圆形和方形有积极的意义；捷克斯洛伐克人认为三角形是"毒"的标记；土耳其通常用绿色三角形表示"免费样品"；罗马尼亚人认为三角形既有正面的意思，也可以有反面的意思；在尼加拉瓜，三角形是国家的象征，庄严的标志，不得乱用；还有的国家和地区，则把三角形作为警告性的标记等。显然，销往这些国家的商品，在包装设计上就应避免三角形或类似的图案。

（2）某些数和形的差异心理

西方国家普遍忌讳数字"13"最喜欢的数字是"7"；而一些中国人喜欢"9"字，不喜欢"4、7"。结婚成套用品的定价就采用999元或1999元，以表示新婚夫妻白头偕老，地久天长。香港的消费者则喜欢带"8"字的装饰，因为"8"和"发"谐音（表示发财）。另外在装潢设计中应注意某些图案，不要犯了外销国的忌讳。比如1985年3月3日，埃及内政部长下令查抄和没收埃及市场上出售的中国鞋，因为这鞋底上的花纹同阿拉伯文"真主"字样相似；据了解，阿拉伯文中某些单词，特别是笔画简单的阿文"真主"字样，常常会和商品装潢设计的图案相似，被认为是阿文字母而造成误会。这次查收和没收的中国鞋是天津生产的白鹤牌女布鞋，鞋后跟的防滑图案同阿文"真主"字相似，这虽然是个误会和巧合，但值得设计人员的重视，以免引起不必要的纠纷和损失。

10.4.3.2 消费者对包装设计中"色"的差异心理

世界各国各有自己喜爱和忌讳的色彩。我们在包装装潢设计中，必须充分了解这些忌讳和喜好，才能避免外销产品受损失。法国、比利时厌恶墨绿色。因它会使人联想到纳粹军服，那里的男孩惯穿蓝色，女孩喜爱粉红色服装。法国还忌讳绿色的地毯，因为该国在举行葬礼时有铺绿树叶的风俗。在奥地利最流行绿色，在服装上以使用绿色为"高贵"，灰色法兰绒上衣要配上绿色领子，绿色猎装也很盛行。塞浦路斯的希腊族人喜爱蓝、白配色，而土耳其族人喜爱绿色。保加利亚人则不喜爱鲜明的色彩，特别不喜欢鲜绿色，而普遍喜爱灰调的茶色和绿色。德国因为政治原因而忌用茶色、黑、深蓝色的衬衫。在荷兰，代表国家的颜色橙、蓝色十分受欢迎，特别是橙色，在节日里广泛地应用。在爱尔兰，传统的枯草绿色最受欢迎，而类似英国国旗的红白蓝色的短大衣及橙色都不受欢迎。挪威由于当地的冬季时间长，人们喜爱鲜明色，特别是红、蓝、绿。瑞典除了不把代表国家的蓝、黄二色用在商业上，其他无特殊要求。瑞士十分喜爱三原色和同类相配，并喜爱国旗上的红、白色。巴西出于迷信，认为紫色代表悲伤，暗茶色预示着要遭不幸。墨西哥则把代表国家色的红、白、绿三色广泛地用于各种装饰中。伊斯兰教徒喜好绿色，认为黄色是死亡的象征。埃及的流行色是绿，伊位克也喜爱绿。巴基斯坦认为国旗上的翡翠绿最美。突尼斯的伊斯兰教徒喜爱绿、白、红。在马来西亚，黄色为皇家所用颜色，一般人不能穿用。而美国、日本、加拿大等国，对色彩似乎无特殊好恶。

10.4.3.3 消费者对包装设计中"意"的差异心理

设计承载了对人类精神和心灵慰藉的重任。不同国家对包装设计蕴藏的文化意义理解也不同。包装设计在体现现代感的同时，也注重归属感的传达，提升包装设计对消费者情感上的感召力。例如日式包装设计，其设计风格多来自禅宗文化的审美意识，也有江户时期都市文化的美感精华。而中国人并不了解日本历史，就体味不出包装所传达的江户之意，仅靠外在的书法字体理解包装属于民族化风格。包装设计不应该仅仅是借鉴传统色彩、图案，更重要的是借鉴其精神内涵和文化气质，才能引起消费者的共鸣。中国虽然没有很强的宗教观念，但拥有儒家、佛教、道教思想这些宝贵的财富，在包装设计的审美上可以运用这方面的精神，进而通达现代人的心灵。

思考题

一、名词解释

1. 知觉 2. 注意 3. 记忆 4. 情感
5. 联想

二、简述题

1. 广告策划四部曲。
2. 现代国际广告设计理念。
3. 商标的心理功能。
4. 包装的心理功能。
5. 包装设计的心理策略。
6. 包装设计中的人情化和民族化理念。

三、分析题

1. 广告设计如何利用消费者的注意和记忆规律，提高广告的知名度。

2. 根据消费者的情感规律，如何进行广告设计，提高广告的亲和度。

3. 外销产品商标设计与消费心理的关联分析。

4. 根据包装的心理策略分析，如何在现代社会中满足消费者对包装的需求。

四、实务分析

CSI 问卷的进一步修正，完成定稿工作。小组讨论：根据 CSI 问卷的回收，分析反馈信息，讨论修正意见，并完成定稿工作。

第十一章
企业设计与消费者满意度

■ 企业设计与消费者满意度综述
■ 企业设计的理论研究
■ 企业设计与消费者满意度专题研究
■ 企业设计与消费者满意度案例分析

11.1 企业设计与消费者满意度综述

11.1.1 企业设计相关研究

市场全球化，企业之间的竞争越来越演化为品牌之间的竞争。企业设计在设计学界更多的是对企业品牌形象的设计，消费者选择在很大程度上取决于对企业品牌的认可。

企业树立良好的品牌形象就要善于整合和把控企业内外部资源，良好的品牌形象代表企业的实力，企业的实力则是通过对内外部资源的有效利用来提高。所以，针对企业的内外部资源，企业设计包括两个部分：企业外部设计和企业内部设计。近些年来，国内外企业在企业设计方面的创新成果快速累积，企业设计的理论和实践方面都得到了更加丰富的内容充实和发展。传统理论方面，外部设计主要有CIS（Corporate Identity System）是企业的外部形象设计，是建立企业形象的有效途径。企业内部设计主要包括：BPR（Business Process Reengineering）理论、并行工程CE（Concurrent Engineering）、敏捷生产AM（Agile Manufacturing）、虚拟公司设计VC（Virtual Company）、柔性设计、精益生产，都是企业内部进行的设计，强调企业内部业务流程的改造，以关心客户的需求、满意度和内部员工满意度为目标。

知识经济作为一种崭新经济形态悄然兴起，在知识经济模式中，知识、信息就是个人的乃至整个经济的首要资源。信息技术的发展缩短了人们与信息的距离，本质性地改变了企业、客户、供应商和内部员工之间的信息交换渠道，企业需要对既有的企业组织结构、客户群的选择等企业设计战略要素，重新审视和调整以获取新的竞争优势，从而在新经济下更好地树立企业的品牌形象，使企业增值。这种大环境背景下，企业必须以新观念来指导企业设计的各项工作，所以产生了企业设计的新概念。

组织结构扁平化，是企业的内部设计。它通过减少组织层次来提高组织信息收集，信息传递和组织决策的效率，最后发挥组织成员的内在潜力和创新能力，从而提高组织整体绩效。信息技术迅速发展，市场环境瞬息万变，企业组织必须作出快速反应和迅速决策以保持企业的竞争优势。组织结构扁平化无疑增强了组织快速反应的能力。

企业资源规划（Enterprise Resource Planning，ERP）是借用一种新的管理模式来改造原企业旧的管理模式，同企业业务流程重组（BPR）是密切相关的。提高企业供需链管理的竞争优势，必然会带来企业业务流程、信息流程和组织机构的改革。这个改革，已不限于企业内部，而是把供需链上的供需双方合作伙伴包罗进来，系统考虑整个供需链的业务流程。BPR的概念和应用已经从企业内部扩展到企业与需求市场和供应市场整个供需链的业务流程和组织机构的重组。

计算机集成制造系统（Computer Integrated Manufacturing Systems，CIMS）基本出发点是：企业的各种生产经营活动是不可分割的，要统一考虑；整个生产制造过程实质上是信息的采集、传递和加工处理的过程。CIMS把企业生产全部过程中有关的人、技术、经营管理三要素及其信息与物流有机集成在一起，并优化运行。CIMS与ERP有一定的共同之处，都是比较重视企业内部流程的系统性，所不同的是，ERP侧重于各种管理信息的集成，而计算机集成制造系统（CIMS）侧重于技术信息的集成，它们之间在内容上有重叠但又是互补的关系。

企业的设计重点从关注产品本身转到对服务及整个流程的重视，对个人体验的重视，以人为核心的服务设计在产品设计中起着越来越重要的作用，所以出现了企业服务设计、企业可持续设计、企业体验营销设计。

企业服务设计，更加注重如服务开发、商业价值、品牌等其他因素的价值，从关注设计本身扩展为关注物品、过程、服务，以及它们在整个生命周期中构成的系统建立起多方面的品质。产品设计和服务设计都是为了创造更好的生活、满足人们的需求。但是二者所不同的是，产品设计需要诸多资源，在一种标准化和规格化的条件中进行，表现出产品设计对象的大众化。企业服务设计活动包括产品本身的设计和设计生产流程这两个方面，是一个统一体。服务产品设计可以根据不同客户设计不同服务方式，具有个性化与自主化。

企业可持续设计，是一种构建及开发可持续解决方案的策略设计活动。"可持续设计"对"解决方案"的寻求（透过设计），主要是针对整个生产消费循环，而不是只侧重于生产环节，是整合了产品与服务而形成的可持续设计战略，主要有三种：以产品设计为主的共享产品设计战略、以产品服务整合设计的产品—服务系统设计战略、以服务为主的服务设计战略。[1]

企业体验营销设计，是指体验的营销，或者说体验营销的核心是体验。体验营销有广义和狭义之分。狭义的体验营销只包括对体验本身的营销，即企业营销的主体是产生体验的过程，消费者通过付费而消费这一体验过程，最后形成消费者自己独特的体验。此时企业的目的就是兜售体验。广义的体验营销包括的范围较广，除狭义的体验营销所指的范围外，它还包括通过体验的方式来销售产品和服务，企业在产品和服务中附加了体验，体验成了企业的卖点。此时，企业的目的是销售产品和服务，体验只是它的一种手段，而且是一种重要的营销手段。[2]

"在以用户为主导的体验经济时代，各大企业的竞争已更加外化为品牌之间的竞争。因此，塑造良好的企业品牌形象是当今企业经营的制胜关键。企业的经营理念、目标、方向等要素组成了企业品牌形象的基本内涵，产品（服务）的质量及价值等要素则是企业品牌形象内涵外延的载体，它们在塑造企业品牌形象中起着十分关键的作用[3]"。企业设计在塑造企业品牌形象中的整合作用在许多世界著名品牌企业中得到了充分的证实和认可，如联想的螺旋企业文化模型、苹果公司营销战略设计等。

11.1.2 消费者满意度的企业设计

消费者满意度（Customer Satisfaction Index，简称CSI）的研究中，我们发现对于消费者的定义是狭隘的，仅仅把外部消费者看做是消费者，而忽视了企业的内部消费者，也就是企业内部员工。企业在消费者满意度的测评中，要使测评更加科学、有效，就要综合考虑企业的内外部消费者。

基于消费者满意度CSI理论的企业设计主要包括两个部分：内部指标和外部指标。

(1) 内部指标

是针对企业内部消费者，即为员工所设计。"这是因为企业员工在经营中的参与程度和积极性在很大程度上影响着消费者的满意程度，如果员工不满意则消费者满意就会成为无源之水[4]。"对内部员工的设计应从5方面考虑：整体指标是指企业在员工心目中的整体形象；工作指标包括工作环境的舒适性和安全感、压力、挑战性、内容与自身专业的对应性等；激励水平包括员工对薪酬与福利满意程度、晋升机会、被肯定程度、个人价值、精神嘉奖等；教育培训主要指员工接受更高教育或是接受新知识、新技能的教育等；员工关系主要包括个人受到其他员工及领导的尊重程度、支持与信任度、上级对下级及同事之间的关心程度、同事之间沟通情况、团队凝聚等。针对这些指标，企业设计策略可以作出不同的调整，最大程度地提高员工的满意度。

(2) 外部指标

针对企业的外部消费者而设计，其中包括了

---

[1] 王超，韩笑. 设计的变革与成长——试论企业可持续设计战略 [C] //2009 - 2009 清华国际设计管理大会
[2] 张巧丽. 体验营销及其应用研究 [D]. 武汉：湖北大学，2008
[3] 刘国余. 设计在塑造企业品牌形象中的整合作用 [C] //2007 -2007 国际工业设计研讨会暨第12届全国工业设计学术年会. 深圳：中国机械工程工业设计分会，2007
[4] 郑小勇. 企业顾客满意度的指标设计及评价方法研究 [J]. 天津工业大学学报，2004，23 (3)：85

企业的供应商、企业的外部消费者以及企业的合作者。不同的消费者会有不同的满意度指标，"ACSI 模型中的潜在变量有 7 个：顾客期望值、对产品质量的认知、对服务质量的认知、对价值的认知、顾客满意度、顾客投诉和顾客忠诚度①"（ACSI 全称 American Customer Satisfaction Index），企业要根据这不同的指标来进行企业设计，因为顾客参与能力与参与意愿往往对服务质量及服务效率产生极大影响。

张银银的《快递服务设计中顾客需求的实证研究》②，在实现顾客需求信息识别和运用（Quality Function Developmoent）法将顾客需求转化为服务属性的过程中，借鉴相关研究成果，以顾客需求与服务设计要素的分析为起点，通过前期顾客需求项目斟选问卷，对 22 个快递服务质量二级指标做重要性市场调查，选取重要性排名前十位的服务质量二级指标，分析其服务特性和需求层次，结合服务设计的四要素来设计定量问卷，调查顾客对快递服务的消费满意度。同时，以顾客最佳经历为评判标准，重新对问卷项做二次评价。通过数据分析顾客的满意度和期望度（实际消费经历），运用加权计算顾客对快递服务项需求的重要度，并且用四象限图找出顾客低满意高期望的快递需求，结合重要度，排序顾客需求的优先级，最后得出货物安全、递送准时、服务灵活、信任性和沟通性是企业亟待解决的问题。同样经过专业人员的评判，提取快递服务属性，建立 QFD 模型，评价服务属性与顾客需求间的相互关联性，得出员工、设施、服务质量保障和增值服务为企业最应重视的服务属性，并给出解决服务属性的技术参数。

内部指标和外部指标相互影响，"员工满意度越高，组织越有可能以顾客和市场为导向，从而令顾客满意③"。这里的顾客就是指外部消费者。"Heskett 等构建的'服务利润链'模型认为内部服务质量决定员工满意度，员工满意度决定员工生产率和员工保留，继而决定外部服务质量，接着影响顾客满意度④"。相反，外部消费者的满意度评价，可以衡量内部员工的工作绩效，形成员工绩效评价体系，督促员工更好的工作，对员工满意度的提升有一定的影响。

11.1.3 企业设计与消费者满意度

本书提到的企业设计传统理论以及新概念，是从企业的内外两个方面来考虑的。CIS 设计是企业的外部设计，主要是从企业外部消费者着手，树立消费者良好的品牌形象。BPR，组织结构扁平化，ERP，CIMS 都是基于企业内部流程的设计，提高业务流程和业务服务，从而提高内外部消费者满意度。

服务设计主要是通过整合设计的两种方法，"即整合工业化和顾客化服务设计方法，将服务运营活动划分为前台运营和后台运营，在前台充分运用顾客化方法，在后台尽量运用工业化方法，以期同时实现顾客化的服务和高效率运行目标"。⑤

企业可持续设计，是企业在技术创新、产品开发、污染治理等方面为经济和社会的可持续发展作出贡献，就要求其自身能够可持续发展。企业之间的竞争主要是软实力的竞争，因此，其发展战略必须致力于提高企业的软实力，诸如：企业组织结构的可持续性、企业业务和市场细分的可持续性、企业长期战略的可持续性。

企业体验营销设计，体验营销研究的重点在于明确"体验"在消费者需求结构中的属性与内涵，进而制订相应的企业营销策略的设计。体验营销模式的设计取决于企业对体验究竟是消费者消费的核心产品，还是附加产品的认知与判定上。

企业设计，使企业科学地认识处于改革大潮中经济、文化等从无序走向有序的特点和规律，从而找到自己的坐标和设计的基准线，进而提高企业质量，使企业的生存能力、抗风险能力和发展能力都得到提升，树立企业良好的品牌形象。

杨利的《大学生国产手机风险认知模式的研究》⑥ 立足于国内手机市场竞争激烈、国产品牌

---

① 邓丽梅，沈蕾. 服务业如何导入并实施顾客满意度（CSI）工程. 上海商业，2002（10）
② 张银银. 李彬彬. 快递服务设计中顾客需求的实证研究 [D]. 无锡：江南大学，2008
③ Ahmed P K, Rafiq. The role of internal marketing in theimplementation of marketing strategies [J]. Journal of Marketing Practice: Applied Marketing Science, 1995, 1 (4)：32 - 51
④ Heskett J L, Jones T O, Loveman G W, et al. Puttingthe sercive—profit chain to work [J]. Hazard Business Review, 1994, (3 - 4)：164 - 174
⑤ 杨洋，白露. 整合服务设计实现质量与效率兼得 [J]. 中小企业管理与科技，2009（28）：26
⑥ 杨利，李彬彬. 大学生国产手机风险认知模式的研究 [D]. 无锡：江南大学，2008

手机占有率持续走低、不敌洋品牌这一宏观社会背景，选取未来引领消费时尚的先导力量——大学生作为研究人群，运用深度访谈、问卷调查、关联分析、比较分析、因子分析、主成分分析相结合的方法，以国外现有风险认知模型理论作为研究基础，对大学生在购买手机决策中所考虑到的因素进行理论研究。选择在国内外已有理论模型中较为完整的风险要素法为基础，针对大学生的消费心理及购买决策过程进行深入分析研究，以现有理论模型为基本架构，利用成分分析的方法进行主要调查因素的提取，得到了"大学生国产手机风险认知因子量表"。量表由4个主因素，24个变量组成。"大学生国产手机风险认知因子量表"中的4个主因素分别是：①性能风险因子，②社会风险因子，③财务风险因子，④心理风险因子。通过对这四个主要因子的进一步分析，并结合设计管理风险决策的相关理论，可以得出：国内品牌手机在大学生市场中的定位需要重点考虑两个方面，一是价格质量方面，二是符合大学生自身的品牌形象定位方面。由大学生的经济实力决定他们的消费特点，他们比较关注手机价格及性能方面的因素，国产厂商需要提高自己手机的性价比来满足大学生消费者这方面的要求，另一方面，由大学生所处的年龄层及生活氛围所决定的他们的消费心理特点，例如他们追求时尚、个性及符合自身形象的产品，国内厂商需要从这方面为切入点，将自己的产品定位于符合大学生心理及自身形象特点的方面上，以吸引他们。此研究建立大学生国产手机风险认知模型，给国产手机厂商企业在设计决策的制定提供参考。

本书提出在消费者满意度CSI基础上进行企业设计研究，从而更好地为消费者服务，增强企业的竞争力。

11.2 企业设计的理论研究

"企业设计，是指根据企业的目标、资源和经营环境条件，应用一定的原理和方法，构建一个合乎需要的新企业系统的工作过程。与机器、建筑物设计等'硬工程'设计不同，企业设计属于'软工程'设计。"①

11.2.1 企业外部形象设计

企业外部形象设计，又称CIS设计，由企业理念识别（Mind Identity, MI）、企业行为识别（Behavior Identity, BI）和视觉识别（Visual Identity, VI）三者有机组成的整体。其三者的关系如图11-1所示。

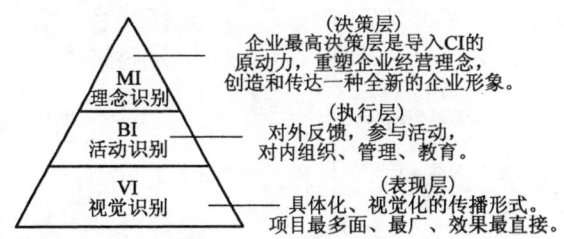

图11-1　CIS的三要素构成

有关CIS设计这方面的研究，已有很多学者进行理论和实践的探讨，本书只是换一种视角，从消费者满意度或称态度指数的方法来参与讨论CIS设计。比如，用满意度为尺度的语义分析量表法研究企业形象评价。

11.2.1.1　用语义分析态度量表测评企业形象

企业形象可以通过各种方式加以测量，语义分析量表就是其中的一种。图11-2是一个企业形象语义分析量表的例子。图中的3条折线ABC是假想中的三家企业形象评价曲线，可以看出，B企业的形象优于其他两家，C企业的形象最差。根据这个测量结果可以建议，B企业应在产品本身上下工夫，并适当加强促销活动；A企业则需要在文明经商或服务态度上做更多的努力，宣传与促销活动也应加强；C企业无论在产品本身还是服务态度上都需要作根本的改善，才有希望塑造出良好的形象。

11.2.1.2　企业形象CIS导入的基本步骤

由中科院心理所马谋超教授主持的国家自然科学基金研究项目《转轨中的中国企业识别系统CIS营销战略研究》中报告认为：导入CIS因行业特性和企业实际存在问题的不同而有所不同。不过，任何企业导入CIS的程序，按国际惯例原则上都要经历企业诊断、企业规划和实施几个基本步骤。

①企业诊断，第一步是开展对企业实态和企业形象的调查。调查主要以问卷，即把调查项目

---

① 刘焕新. 现代企业设计理念和方法论特点 [J]. 管理观察, 2008.8

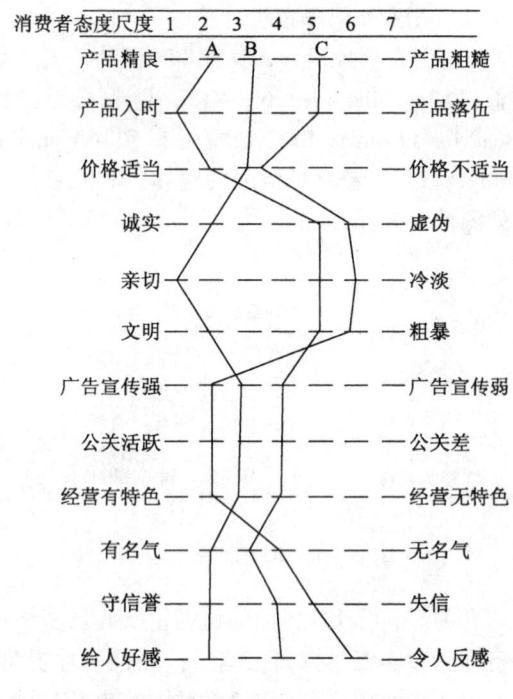

图 11-2 企业形象语义分析量表

编成调查表的方式进行。在国外，通常使用的问卷有"企业机会评价"（Assessment of opportunity）。这种问卷调查的是市场活动中企业的定位；另一种问卷是围绕着企业形象项目编制的，使用特殊的统计分析技术，在计算机上对调查数据进行处理，从而获得企业形象的基本要素。

企业诊断的第二步是，对调查资料进行研讨，以明确企业要将自己塑造成什么样的形象；企业发展的方向、重点；与同行业对手的差异和本企业的主要问题及其原因等。

图 11-3 描述了同行业的两家企业形象。从中可以清楚地看出，一家企业形象明显优于另一家，但在 19 和 20 两项上却又远远低于另一家。如果这两项又是形象要素的话，那么，改善它们自然将是 CIS 的重要任务。

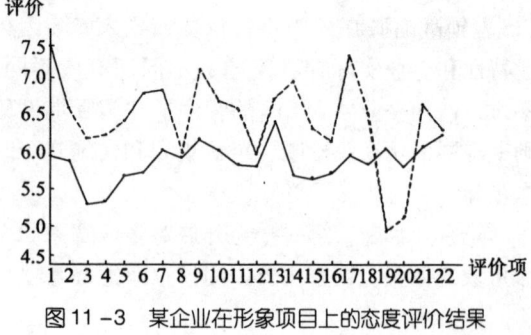

图 11-3 某企业在形象项目上的态度评价结果

②企业规划的重点是明确提出 CIS 的开发目标，即本企业准备解决的主要问题和解决问题的办法。此外，具体实施的细节与办法、时间进程表、作业的组织机构、预算费用和预算结果，也都是企业规划的内容。

③实施阶段，从制定明确目标、设立一流形象的指导原则或企业理念到视觉识别设计、企业行为与活动的规范与培训等，都要依照规划的程序实现。

笔者有幸在中国科学院心理所首席科学家陈龙研究员的指导下，进行有关满意度指标在企业设计中的运用，特别是用于企业内部"组织行为与经济绩效"的研究，即企业内部组织流程再造设计（侧重于企业文化和组织行为设计）得到国家自然科学基金和原国家轻工总会的立项资助，有关这方面的讨论将在本章的第三节作专题介绍，在第四节作案例分析。

11.2.1.3 企业设计未来的发展趋势

"企业理念设计应具备导向力、凝聚力、辐射力、稳定力等基本功能。良好的企业理念，可以使企业员工潜移默化地接受本企业的共同的价值取向[1]。"关键是企业如何设计？

①技术领先，用现代设计理念诠释产品，以使企业更贴近竞争市场。技术的进步，会使整个社会带来阶梯性的变革，更为企业提供了超常规发展的机遇。一个企业必须能够在技术变革的时期，及时调整战略，主动适应新技术的要求，转变观念，调整战略，在新的技术平台，运用先进的设计里面开发产品，就会使自己迅速脱颖而出。

②消费者优先，注重消费者体验及互动。消费者体验"它区别于产品的有形性及顾客对功能的重视，区别于商品的交换性及顾客对价格的关注，区别于服务的无形性及顾客对质量的追求，而是更加专注于消费前的殷切期待、消费中的美妙享受和消费后的难以忘怀[2]"。就企业而言，应集中注意力和关键资源于消费者体验上，才能真正提高顾客的满意度和忠诚度，但由于消费者体验需求的个性化与多样性，标准化的体验模式很难满足不同顾客的体验需求。因此，只有采取有效措施针对不同顾客提出的不同体验需求"定制"体验产品，才能激励顾客体验消费并使之满意。譬如，在设计产品时，有意识地为产品和服

---

[1] 张平. CIS 发展趋势 [J]. 安徽文学（评论研究），2008.7：108
[2] 刘建新，孙明贵. 顾客体验的形成机理与体验营销 [J]. 财经论丛，2006.3

务增添愉悦、美感、感官享受等成分,并在外观、包装、陈列以及品牌标识等载体中充分体现出来。

11.2.2 企业内部设计与消费者满意度

11.2.2.1 企业内部流程重组设计与消费者满意度

企业内部业务流程重组(Business Process Redesign,简称 BPR),强调以业务流程为改造对象和中心,以关心客户的需求和满意度为目标,对现有的业务流程进行根本的再思考和彻底的再设计,利用先进的制造技术、信息技术以及现代的管理手段,最大限度地实现技术上的功能集成和管理上的职能集成,以打破传统的职能型组织结构,建立全新的过程型组织结构,从而实现企业经营在成本、质量、服务和速度等方面的巨大改善。

在 BPR 中,比较有名的方式是日本的精良生产 LP(Lean Production)、美国的企业重组 BPR(Business Process Reengineering)、并行工程 CE(Concurrent Engineering)、敏捷生产 AM(Agile Manufacturing)、虚拟公司设计 VC(Virtual Company)和组织结构扁平化。这些企业设计的最终目的,一则是提升企业外部的顾客满意度 CSI,二则是提升企业内部顾客的满意度 CSI。总之 BPR 是围绕 CSI 展开的,企业设计的全程由 CSI 导向。

惠普公司客户关怀中心(HP e – CCC)新理念。HP e – CCC 是一套将业务原则制度和最新计算机技术融为一体的解决方案系统,将与客户交流的方式,如:拜访、电话联系,以及通过因特网远程访问集合一体,从而实现了企业与客户、供应商、业务伙伴之间的无缝协作方式,提高客户的满意度和对产品的忠实度。以客户为中心的理念越来越强烈地引入企业的经营运作中,全球范围的企业都在试图寻求增强其现有客户关系的价值、吸引新客户以及最大赢利。菲利普·莫利斯公司拥有 2.6 亿烟民的个人档案;卡夫通用食品公司建立了 3000 万顾客的个人档案;布洛克巴斯特公司建立了 3600 万家庭的娱乐消费档案。

苹果公司建立了更加动态的消费者档案:共享信息资源,实体店的店员在与顾客零距离接触中形成的顾客档案,同时苹果积极构建信息互通机制,建立信息共享平台,使"果粉"通过信息平台进行沟通交流,实现"果粉"咨询与需求信息的同步化,让苹果公司都能及时地获取消费者信息资料,有的放矢地为消费者提供个性化服务,促进顾客忠诚度的提高;创造活动机会,苹果公司既注重巩固老顾客,又强调发展新顾客,为此,每次苹果都举办隆重的新产品发布会,增加了苹果公司与"果粉"的互动体验。

联想企业的业务模式是把服务于关系型的大客户的业务模式和服务于中小企业交易型模式在一个企业里完美的结合起来,针对不同的客户需求、使用习惯和购买习惯来细分不同的模式。对于长期型的客户长期维护与其的关系,产品比较稳定,而且按需定制,然后按照订单进行生产,联想称其为关系型的业务模式。对于中小型的客户,通过和渠道的合作,在全国的县城、乡镇都能够看到联想的渠道网络,这非常符合这类客户的购买习惯,喜欢看了东西再购买,并且一交钱就想马上提货使用,这不是直销模式所能提供给这类客户的服务。

11.2.2.2 企业柔性设计与消费者满意度

"所谓柔性战略,指的是企业在动态的环境下,主动适应变化、利用变化和创造变化以提高自身可持续竞争能力而制定的行动方案。"[①]

柔性设计包括美国提出的企业重组(BPR)、并行工程(CE)、虚拟公司(VC)、敏捷制造(AM)、日本的精良生产(LP)和组织结构扁平化。

美国提出的企业重组,主张将原来的几项相关性强的业务或机构合并为一,形成一个"案件组"(Case Team),其中职员称为"案件承担者"(Case Worker),这些人共同在一起负责一项从头到尾的工作,大家共同讨论商量,同时赋予小组一定决策权力。这样做的结果是消除了原部门之间的交接及由此引起的损耗、延误,决策变得迅速而准确。赋予职工决策权力,"案件组"的人员有权自主决策,这样不仅使决策变得迅速有效,而且还增强了成员的工作兴趣、满足感和责任感,达到企业内部顾客的高满意度。

美国提出的并行工程主张组织跨部门跨专业的项目组,对产品设计及其相关过程(包括制造过程和支持过程)进行并行、一体化设计,从一开始就考虑到产品全生命周期中所有因素,包括

---

① 赵森. 联想集团柔性战略研究[J]. 集团经济研究,2006.1

质量、成本、进度和消费者要求，并考虑如何提升 CSI。

敏捷制造（AM）指出，如果市场需要的话，便马上从本公司和其他公司选出各种优势力量，集成一个临时的经营生产实体，即虚拟公司（VC）来满足市场或用户的需要。而一旦承接的产品或项目完成，虚拟公司自行解体，这些人员立即转到其他项目。这种既竞争又合作的灵活多变的动态组织结构设计，它可以是企业和供应商、消费者组成的专业项目组，也可以是相互竞争的公司组成的某一产品、项目的临时组织机构，这样就改变了过去金字塔式的多级管理，把更多的决策权下放到项目组，提高企业的反应能力。

如何解决层级结构的组织形式在现代环境下面临的难题，最有效的办法是扁平化。"所谓扁平化组织结构，就是一种通过减少管理层次、压缩职能机构、裁减人员而建立起来的一种紧凑而富有弹性的新型团体组织[①]"，有利于整体绩效的提高，降低管理成本，提高管理层的决策效率，有利于人才的培养，最终达到企业内部员工和外部顾客的双重满意度。

对时装生产企业来说，缩短时装上市周期，快速应对流行的需要是绝对必需的。班尼顿（Benetton）公司是意大利大型的服装生产企业，它的传统生产方式是，一开始就查阅有关流行时装方面的信息，再进行商品策划（款式及颜色）。生产流程则是，先把丝染上色再织布，这称为先染；布织好后，接着便是配合服装的款式加以设计、剪裁、缝制、销售等，如图 11-4 所示。

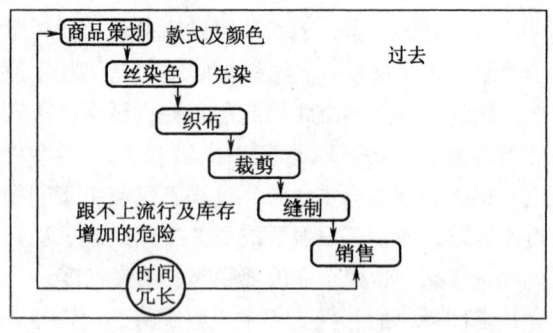

图 11-4　BPR 设计参考图
（班尼顿公司服装生产的传统流程图）

这一流程，从设定商品的款式及颜色的商品策划到销售为止，花费了不少时间。后来，该公司将这一流程改变为图 11-5 所示的新流程。

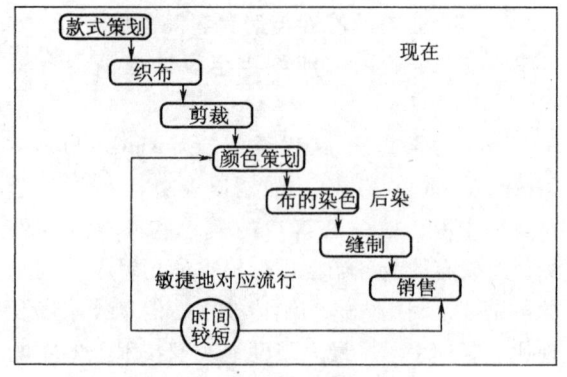

图 11-5　BPR 设计参考图
（班尼顿公司服装生产的改进流程图）

这新的流程，一开始先织原色布，然后剪裁。由于款式方面一年内还不至于有大幅度的变化，但是花样与颜色的变化大。因此，只要颜色等方面的最新流行信息一到手后，即可进行颜色的策划，然后才染色，这样的制作快了很多，使他们的消费者满意度 CSI 很高，锁定了目标消费者。

11.2.2.3　信息技术的企业设计与消费者满意度

企业资源规划 ERP，提供了企业信息化集成的最佳解决方案，它把企业的物流、人流、资金流、信息流统一起来进行管理，以求最大限度地利用企业现有资源，实现企业经济效益的最大化。"一个完整的 ERP 项目通常包括三大阶段：需求分析、系统选型和系统实施[②]"。从企业内部来说，首先要根据顾客和市场的需求开发出具有竞争力的产品，而且要用符合设计要求的可靠工艺和设备加工出来，其次要通过现代化管理，按市场需求实现低成本、高质量、按时高效地把产品交付到顾客手中。从企业外部来说，ERP 将企业和供应商、分销商以及客户紧密联系起来，对供应链上所有环节进行有效管理，减少了企业运营成本，提高了运作效率，提高了企业的竞争力。所以，ERP 不管是从内还是从外，都是最大限度地从客户满意度出发，实现客户的需求。

计算机集成制造系统（CIMS），通过计算机技术把分散在产品设计制造过程中各种孤立的自动化子系统有机地集成起来，形成适用于多品

---

① 王洋. 浅议企业扁平化组织结构 [J]. 科技信息（科学·教研），2007.36：157
② 李钢，张鑫磊. 基于工程项目管理理论的 ERP 项目实施目标评价 [J]. 天津大学学报，2006.6：411

种、小批量生产，实现整体效益的集成化和智能化制造系统。"CIMS 计算机集成制造系统是将信息技术、现代管理技术和制造技术相结合，并应用于企业产品全生命周期的各个阶段，通过过程优化及资源优化，实现物流、信息流、资金流的集成和优化运行，达到人、技术、经营的集成，以改进产品的设计生产、管理、经营决策和市场服务，从而提高企业的市场应变和竞争能力[1]"。CIMS 技术构成主要有：先进的制造技术、敏捷制造、虚拟制造、并行工程，是对先前技术的更高层次的提升。CIMS 的发展以满足制造业市场需求为目的，注重"数字化"、"精密化"、"自动化"、"智能化"、"绿色"等理念，越来越强调人的主体地位，使企业内部员工以及外部客户的 CSI 都得到提升。

11.2.3 美国企业设计与消费者满意度

1993 年哈佛大学的哈默博士和詹姆斯·钱辟博士推出《再造公司》之后，全球掀起了 BPR 运动。哈默博士提出了"流程再造"的概念，认为再造企业是根本，重新思考，彻底翻新作业流程，以便在现今衡量表现的关键上，如成本、品质、服务和速度等获戏剧化的改善。所谓戏剧化的成就，意味着要求至少要达到这样的数量概念：生产周期缩短 70%，成本降低 40%，顾客满意度、产品质量和总数均提高 40%。

11.2.3.1 BPR 的出发点——消费者的需求、面向消费者

流程重组是企业内外环境变化所共同作用的结果，但流程重组的直接驱动力是企业为了更快更好地满足顾客不断变化的需求。在当今以消费者为导向的时代，以产品和服务进行差异化所带来的利益期的时间越来越短，即在产品所形成的差异化上已经出现了界限。消费者越来越重视时间，时间也就成了顾客需求的关键因素。能否快速满足顾客的时间要求，就成为企业竞争力的一个重要方面，以时间的差异化作为企业的差异化，便成为企业所追求的一个有效手段。

如 IBM 公司的信贷流程中，BPR 以前，当顾客提出贷款时，由经办员负责记录申请单、送给信用部、审查信用状况、送给商务部、研拟条约内容、给估价员估算应付利率、送给秘书组、由秘书组综合资料、送给销售代表、最后交给顾客。这样的流程一般需要 6 天，有时会拖到两个星期。从顾客来讲，这样的流程效率太低，难以满足顾客对时间的要求，不能给顾客真正满意的服务。在 BPR 中，从顾客的需求出发分析这个流程，站在顾客的立场上思考顾客希望得到什么样的服务。就这个贷款流程而言，顾客希望贷款申请得到快速响应，且希望只与一个人保持联系，此人能随时提供有关申请进展的各种信息。本着满足顾客需求的特性，对这一流程进行重组时，就由一个交易员对一份贷款申请从头至尾全权处理，随时回答顾客的各种询问。结果，不仅使贷款申请处理流程由原来的一周缩为 4 个小时，更重要的是他们的业务足足增加了 100 倍。

11.2.3.2 BPR 的面向消费者与现行企业的运作有着根本的不同

现行的企业制度下，企业员工绩效的评价是由职能部门的经理来决定，员工多数情况下，不是考虑怎样让顾客满意而是想方设法讨好上司。经过重组设计后的企业，员工的绩效以流程运作的结果来衡量，也就是顾客的满意度大小成为评价员工业绩的唯一标准。

斯堪的那维亚航空公司从顾客满意度的观点加以考虑时，不禁思索：这真的能提高顾客的满意度？顾客在投诉时必然是满面怒气，而且希望能立即获得答复，如果回答他"本部门无法回答，请至总公司，将给您满意的答复"，这样，反而令顾客生气，更不可能提高顾客满意度了。真正从顾客满意度的立场考虑的话，最希望的莫过于能在现场获得解决，所以该公司改变做法，将投诉处理设在各工作现场，亦即由市内的票务中心及机场的柜台受理顾客投诉并即时处理，从而，公司的服务质量大幅提高，并获得顾客的满意与信赖。

通过"顾客投诉中心"集中处理活动的分散，使原本一个漫长而复杂的顾客投诉与答复流程，变成现场可随时解决的活动，其效率的提高情况是可想而知的。事实上，流程再造为企业带来了惊人的变化。福特汽车公司在实施流程再造后，把负责货款支付的人员由 500 人减少到 125 人，它的某些分公司把耗费在货款支付上的营业费用减少了 95%。还有柯达公司对新产品开发实施流程再造，结果把 35 毫米焦距一次性照相机从产品概念到产品生产所需要的开发时间一下子

---

[1] 李梁，吴先文. CIMS 在冶金企业中的应用研究 [J]. 机电工程技术，2011，40（1）：86

缩减了50%，从原来的38周降低到19周。

11.2.4 日本企业设计与消费者满意度

在日本精良生产（Lean Production 即 LP）中，工作的组织是以团队或多功能项目为主要形式，员工不再是只单独完成自己原来那一小部分专业工作。如在新产品开发过程中，是以"主查"负责制为领导方式，将产品设计、工艺、制造、服务等不同专业人员甚至包括消费者和供应商、中间商等在一起组成团队小组，进行信息沟通和并行开发。在企业中不设专门的质量检验部门和人员，生产和质量检测属于同一项目组，质量检查贯穿于整个生产过程中，装配线上下来的产品可直接运到用户手中。除了企业内部的产品开发小组、生产质量控制小组等外，这种团队的概念还扩大到与供应商、协作厂、销售商和消费者等更大的范围，形成不同层次的团队即"命运共同体"，即产消共益体。

除此之外，现代生产方式中，越来越重视人的积极性的调动。注意对员工进行教育，把其切身利益与公司利益结合起来，同时要求员工以主人翁地位参与公司管理，提出合理化建议，并赋予其必要的权力。如在精良生产中，生产线上的每一个员工在生产出现故障和废品时，都有权拉铃让一个工区的生产停下来，并立即与小组人员一起寻找原因，作出决策，迅速解决问题。

精良生产的"精良（Lean）"就是要大量精简这些机构，彻底排除一切浪费。精良生产企业中不设专门的质量检测和设备维修部门，而是合并在生产部门里。组织精简是精良生产和企业重组长期追求的目标。

日本的精良生产注重以人为本的理念，强调员工的主体地位，充分发挥其自主性、积极性和创造性，使企业内部的CSI得到提升。但是美国学习它时，由于文化背景和社会条件的差别，其效果总是不尽如人意。因此，精良生产中最重要的是其思想，而不是其形式。只有领会其精神，才能真正发挥其优势。

11.2.5 现代企业设计与消费者满意度

11.2.5.1 企业服务设计与消费者满意度

服务设计是有效地计划和组织一项服务中所涉及的人、基础设施、通信交流以及物料等相关因素，从而提高用户体验和服务质量的设计活动。服务设计以为客户设计策划一系列易用、满意、信赖、有效地服务为目标，广泛地运用于各项服务业。服务设计的方法主要是工业化方法和顾客化方法。工业化方法着眼于从系统化、标准化的观点出发，将小规模、个人化、无定形的服务系统改造为大规模、标准化、较为定形的服务系统，以提高服务效率和服务质量。肯德基，通过在全球标准化、规范化的服务，使其服务质量、特点、可靠性在顾客心目中留下鲜明的印象。顾客化方法是认真考虑顾客的偏好、特点、需要，将其作为生产资源纳入到服务系统中，一方面满足顾客的个性化需求，提高其满意度；另一方面提高服务的运营效率[①]。

Richard Chase 进行大量认知心理学、社会行为学的研究和服务设计实践后，给出服务设计的首要原则[②]，主要包括：

（1）让顾客控制服务过程：当顾客自己控制服务过程的时候，他们的抱怨会大大减少。

（2）分割愉快，整合不满：将使顾客感到愉快的过程分割成不同的部分，而将顾客不满（例如等待）的部分组成一个单一的过程，有利于实现更高的服务质量。

（3）强有力的结束：在服务过程中，往往是服务结束时的表现决定了顾客的满意度。因此在服务设计中，服务结束的内容和方式应当成为一个重点考虑的问题。

"顾客是理智与情感的统一体，满足顾客功利性需求或情感性需求能够产生不同程度的收益效果[③]""顾客体验是消费者的心智与事件之间发生交互作用的结果，产生于顾客与企业之间的互动，并且需要顾客的主动参与，它使顾客的心理需求、知识获取与情感交流得以具体化[④]"。所以基于体验的新服务设计（new service design，

[①] 杨洋，白露. 整合服务设计实现质量与效率兼得［J］. 中小企业管理与科技，2009. 28：25
[②] Chase R B. It's time to get to first principles in service design［J］. Managing Service Quality, 2004, 14 (2/3)：126 - 128
[③] HOLBROOK M B. Consumption experience, customer value, and subjective personal introspection: an illustrative photographic essay［J］. Journal of Business Research, 2006. 59：714 - 725
[④] GUPTA S, VAJIC M. The contextual and dialectical nature of experience［A］. in J A FITZSIMMONS, F M J. New Service Development: Creating Memorable Experiences［C］. Thousand Oaks CA: Sage, 2000：33 - 51

NSD）应运而生，它是"根据顾客的体验需求，客观地描述服务概念、服务系统和关键服务过程的特点，以及确定服务标准并使之形象化和具体化"[1]。

对服务的良好设计，可以有效地提高品牌和企业的整体形象，使消费者对服务产生更大的满意度，内部员工会有强烈的企业归属感。另一方面，服务设计能够帮助企业提高服务效率从而节约成本。

11.2.5.2 企业可持续设计与 CSI

本章综述里面已经提到：企业的可持续设计，是整合了产品与服务而形成的可持续设计战略。主要有三种：以产品设计为主的共享产品设计战略、以产品服务整合设计的产品—服务系统设计战略、以服务为主的服务设计战略。

共享产品设计策略主要是针对产品的重新设计，在产品设计的同时以一套完备共享体系作为支撑。当前的产品市场，人们最基本的需求是相似的，也就是公共性的需求。共享产品具有共享性和有效性，通过整合共享使用来满足人们的公共需求，增加了社会资源和物质资源的利用率，符合可持续发展的趋势。

产品—服务系统设计（Prouduct - Service System，简称 PSS），将企业的焦点从仅仅设计和销售物质性产品向销售一个产品和服务系统转变，从而能够满足具体的客户要求。以洗衣机为例，在传统的销售下，顾客购买一台洗衣机在家洗衣，最后由于更新换代而丢弃。而在 PSS 下，一个人把清洁服务看做是客户购买的整合了的功能解决方案（后者最终结果），那么利润就和 PSS 的销售的流量相关，而不是与销售的洗衣机的数量相关。现在的投币式洗衣机就是产品—服务系统设计的模式。

以服务为主的服务设计战略是在不改变产品的情况下，通过人性化的服务设计来提升产品价值。成功的服务设计是建立在对用户需求详细研究的基础上的，可以说是以用户为中心设计的延伸，通过研究用户，来提供合适的服务，进而获得用户的认可。通过服务提升产品的价值也为企业提供了新的可持续发展的方法和思考。

11.2.5.3 企业体验营销设计与消费者满意度

体验营销的核心理念是：不仅为顾客提供满意的产品和服务，还要为他们创造有价值的体验。它的特点在于[2]：

①关注消费者的体验。注重企业与顾客之间的沟通，从顾客体验的角度审视自己的产品和服务。

②以体验为导向设计、制作和销售产品。使产品成为集产品、商品、服务、体验为一体的综合性物质，为企业带来超值效益。

③检验消费情景。营销要通过各种手段和途径创造一种综合效应以增加消费体验，还要根据社会文化、环境等因素思考消费者所要表达的内在价值观念、消费文化和生活意义，使企业的营销观念和方式得到扩展，提升内涵。消费者在消费前、消费中、消费后的体验已成为企业提高顾客满意度和品牌忠诚度的关键性和决定性因素。

④消费者双重性的确定。消费者在消费时是理性与感性兼具的。

⑤主题性。体验要确定一个主题，体验式营销要从这个主题出发，所有服务都要统一。

⑥方法与工具的多样性。体验是多种多样的，体验营销的方法和工具也是多样的，企业要善于寻找和开发适合自己的营销方法和工具并推陈出新。

企业在体验营销中，要把各种策略感官式、情感式、思考式、行动式、关联式等进行整合，将消费者的体验做到最大化；注重品牌的营销，创造一种强调体验的品牌形象，消费者就会蜂拥而至。

11.3　企业设计与消费者满意度专题研究

《轻工企业组织行为与经济绩效》是探索中国轻工企业发展的理论和务实研究的软科学项目。被原中国轻工总会科技发展部列为 1996—1998 年重点软科学项目（轻科软 95014 号），同时得到国家自然科学基金管理科学部的资助（79670092 号）。笔者有幸成为项目组负责人，得到国内外众多 OD 专家的指导和江南大学设计学院（原无锡轻工业学院）、商学院师生大力支持，圆满完成理论研究和务实操作。本节的《轻工企业组织行为与经济绩效的跨文化实证研究》

---

[1] 蒋侃. 基于顾客体验的新服务开发与设计 [J]. 科技管理研究, 2010, 30 (14): 147
[2] 侯家麟. 体验营销下如何提高顾客忠诚度 [J]. 中国流通经济, 2007, 21 (9)

是介绍理论研究的阶段性结果，下一节《"A"电器集团公司企业发展研究报告》是介绍个案实务操作。

轻工企业组织行为与经济绩效的跨文化实证研究

为了探索中国轻工企业组织行为与经济绩效的因果关系和操作程序，本课题组运用经本土化修定的测量工具：①英国谢菲尔德大学工作心理研究所W. 迈克尔教授的"企业对市场的态度"量表，②荷兰学者Hofstede的"企业对文化理念的态度"量表，③日本学者三隅二不二教授的"企业对管理情境的态度"量表。在中国沿海地区四省一直辖市里，抽取8个不同行业的轻工企业，实施以上三个有关企业组织行为的量表测试。取得的轻工企业组织行为的态度指数，与8个轻工企业按实态经济绩效优劣排序的参数，二者进行列联分析。结果表明：第一，轻工企业对市场的指数与经济绩效一般呈正相关，但也有两极化的反弹现象。第二，轻工企业文化理念的态度指数与经济绩效，一般亦呈正相关；但有些文化因素（一、三）呈负相关。第三，轻工企业在管理八个情境中的组织行为，总体态度指数均值全高于日本和中国企业均值，但个案分析后，企业经济绩效与管理情境态度指数之间有复杂关系（既有正相关，又有负相关）。

11.3.1　专题研究的引言

国际研究资料表明：在理论上，人的因素、组织行为与经济绩效之间的关系和因果模式，还没有令人满意的结果，存在较大的分歧。经济学家偏重于组织外部因素的研究，比如资金、资源、设备、技术等诸方面对经济绩效的影响；而心理学家、行为科学家则偏重于组织内部因素的分析，比如组织结构、组织文化、领导行为、工作满意度、工作责任感、目标认同、员工心理保健等因素对经济绩效的影响。当今著名的经济学家、心理学家赫伯特·西蒙（H. Simon）是1978年诺贝尔经济学奖得主，他在《管理行为》中曾提出一个命题：管理之所以能成为一门科学的两个条件是：

第一，提出组织管理与实现经济绩效之间的因果模式；

第二，研制出一些可以衡量具体管理措施效果的测量工具。

对经济绩效的实证研究，已成为近几年来各国管理科学研究的重点，各国专家普遍关注一个问题：即如何根据不同经济条件、不同文化背景下，寻求提高经济绩效的有效途径。

在这方面的研究值得称道的有：其一，是日本学者研制的领导行为PM理论和测量工具，提出了领导行为和管理情境的各种参数与经济绩效的关系；其二，是荷兰学者Hofstede对64个国家的文化与管理关系的研究，提出企业文化对经济绩效的影响；其三，是英国"经济绩效研究中心"的专家们，比如伦敦经济学院（London School for Economic）谢菲尔德大学工作心理研究所（Institute of Work Psychology University of Shcffield），他们提出企业内部组织气氛与经济绩效的关系，以及企业对外部环境（市场）的应对能力和采取的竞争战略与经济绩效的关系。这些先进的构想和方法，为我们的课题立项和顺利展开，提供重要的参考架构和操作程序。我们非常珍惜日、荷、英等国科学家的工作和成果，本着跨文化研究的宗旨，要借鉴国外的先进理论和方法，必须对它们进行认真的本土化修订，才能保证这种研究的信度和效度，而这部分工作是中科院心理所陈龙研究员领导的小组完成的。《轻工企业组织行为与经济绩效的跨文化实证研究》所采用的三个模块的量表，正是日、荷、英三国量表的本土化修订稿。当然，这个量表修定稿在扩大实证的过程中，会不断完善的。

瑞士专家瓦尔特·施塔尔也提出企业和政府如何运用"明智的"发展思路，在通过技术进步获得经济利益的同时，为可持续的发展作出贡献，提出一种新的商业模式，该模式能让知识转化为更好的经济绩效、更多的就业机会和社会福利。①

赫伯特·西蒙（H. Simon）教授提出的科学管理的两个条件，即企业组织行为与经济绩效的因果模式和一些可以衡量具体管理措施效果的测量工具，是十分有价值的。《轻工企业组织行为与经济绩效的实证研究》是这种探索的一种尝试，对国有轻工企业推行现代企业制度，有十分重要的现实意义，对中国轻工企业的企业诊断和企业咨询事业，有十分可行的操作性意义。

11.3.2　专题研究的方法

本研究采用信度和效度较高的日、荷、英三

---

① （瑞士）瓦尔特·施塔尔（Walter R. Stahel）著. 绩效经济 [M]. 上海：上海译文出版社，2009

国专家设计好的问卷,经本土化处理后,发放到中国轻工企业中,然后通过反馈研究,来探索企业的组织行为与经济绩效的关系。这次实证调查,在市场经济比较发达的东南沿海开放地区企业进行,这样对国外的先进测量问卷,比较能配合。我们抽取了12家轻工企业,分布在辽宁的大连(4家)、山东(2家)、安徽(2家)、江苏(2家)和上海(2家)。这些企业分别来自家电、食品、文化用品、日化、制盐和轻工机械等行业,在轻工行业有一定代表性。

调查以问卷法和访谈法相结合,每个样本企业主要以管理干部为被试,抽取被试的人数都大于该厂干部总数的三分之一,符合统计学要求。a1厂(58人),a2厂(50人),a3厂(49人),a4厂(31人),a5厂(28人),a6厂(18人),a7厂(31人),a8厂(47人),a9厂(33人),a10厂(18人),a11厂(22人),a12厂(28人),一共回收有效问卷446份。问卷内容由三个模块组成,参见图11-6。

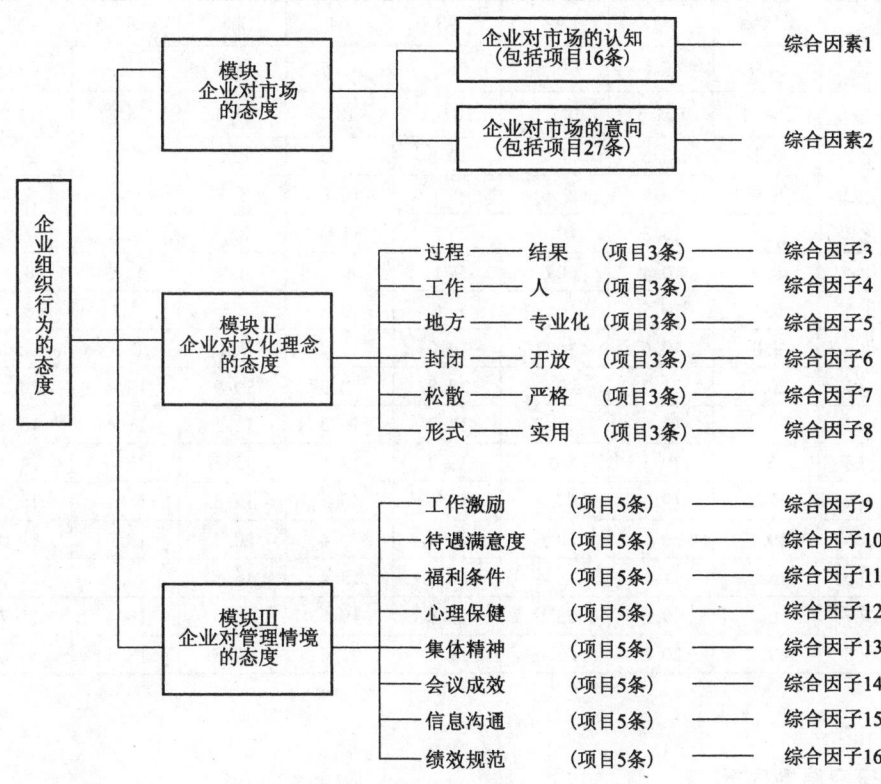

图11-6 企业组织行为的态度结构图

模块Ⅰ的问卷构念,由英国"经济绩效研究中心"的谢菲尔德大学工作心理研究所的迈克尔(W. Mlchacl)教授提供的关于"企业对环境不确定性和竞争战略的态度量表",我们课题组所使用的问卷,均为经中科院心理所陈龙研究员领导的小组专家修订稿(以下两个模块的项目同样处理过)。综合因素测定值是由项目组合累加的态度均值表示为态度指数。

模块Ⅱ的问卷构念,由荷兰学者Hofstede提出的有关"企业文化的测定量表",经因素分析形成6个综合因素,测定值也是综合因素的累加态度均值表示为态度指数。

模块Ⅲ的问卷构念,由日本学者研制的PM理论与管理情境8个因素的量表,测定值也是该方面项目的累加态度均值表示为态度指数。

考虑到反馈研究的因素,我们只公布8个轻工企业,用这三个模块16个综合变量的态度测量值,累加均值来表示企业组织行为有关态度指数,测定值最高分为5分,最低值为1分。这些态度指数可以反映企业组织行为的方方面面,我们根据8个轻工企业的经济绩效,进行态度指数与经济绩效的关联分析,初步探索中国轻工企业组织行为与经济绩效的关系,为进一步探索中国国有企业组织行为与经济绩效的关系(国家自然科学基金项目),做阶段性工作。

根据现场实态调查的结果,将8个轻工样本企业的经济绩效,按好、中、差排序编号,以便于分析研究。为了遵守企业咨询的原则,不公开企业名称。排序编号如下：

第一，经济绩效好的企业：A1（a6）和 A2（a2）

A1 是省优秀包装印刷行业企业，人均创利 30 万元，A2 是全国轻工优秀企业之一，人均创利 13 万元。

第二，经济绩效较好的企业：A3（a5）、A4（a7）、A5（a4）。A3 市优秀轻工企业，A4、A5 是省优秀轻工企业。

第三，经济绩效一般的企业（有亏损）：A6（a8）、A7（a3）。

第四，经济绩效差的企业：A8（a1）（亏损严重，近乎破产）。

8 个轻工企业的 16 个方面组织行为的态度指数与其经济绩效的实证数据的关联分析如表 11-1 所示。

表 11-1　　组织行为与经济绩效的关联分析

		SMea	A1	A2	A3	A4	A5	A6	A7	A8
模块 I	环境	54.7	52	70.6	51.5	45.6	41.0	47.9	46.9	66.9
	竞争	104.4	113.3	144.9	107.7	118.2	85.1	84.3	79.3	105.1
模块 II	文化1	9.1	10.6	9.2	10.8	10.5	8.1	8.3	8.1	9.1
	文化2	8.9	10.9	9.6	9.7	10.0	8.3	8.9	7.7	8.1
	文化3	9.4	10.3	10.4	9.1	11.9	8.3	9.2	7.9	9.0
	文化4	8.5	10.4	8.6	9.1	8.6	6.8	8.6	8.1	8.6
	文化5	9.7	10.5	10.7	9.6	10.8	8.6	9.1	8.9	10.0
	文化6	9.0	10.6	10.7	10.0	11.2	7.1	8.6	7.6	7.7
模块 III	组织1	20.3	21.7	20.0	22.8	22.3	19.9	19.2	20.2	19.1
	组织2	13.4	16.6	13.7	17.0	16.5	11.1	11.4	10.3	14.6
	组织3	16.2	20.1	16.1	18.7	18.6	15.6	15.6	14.8	14.5
	组织4	17.2	19.3	17.4	18.6	20.3	17.8	15.1	16.2	16.4
	组织5	19.5	20.1	18.6	20.7	22.4	20.5	18.9	19.0	18.7
	组织6	15.5	17.8	15.4	16.9	18.4	15.8	15.2	14.7	13.6
	组织7	16.7	19.0	18.5	18.8	19.5	16.3	16.4	15.7	13.2
	组织8	19.2	20.8	19.6	19.8	21.6	19.8	18.5	19.0	17.5

11.3.3 专题研究结果分析

11.3.3.1 企业对市场的态度指数与经济绩效的关系

根据模块 I 的测量工具，所测的 8 个轻工企业对市场的态度指数显示见图 11-7。

（1）轻工企业对市场认知态度指数与经济绩效的分析

图 11-7 表示八个不同行业的轻工企业（A1，A2，A3，A4，A5，A6，A7，A8）对市场环境的认识水平的差异。这些认识的累加综合认知态度指数，表征该企业对市场的外环境的总认识水平，也是企业忧患意识的反映。得分高于 8 个企业团体均值（54.7 分）的分别是：A2（70.6），A8（66.9），A2 厂远远高于总体均值。通过反馈研究，发现 A2 企业实态亦是中国轻工企业的最佳经济绩效厂之一。如此好的经济绩

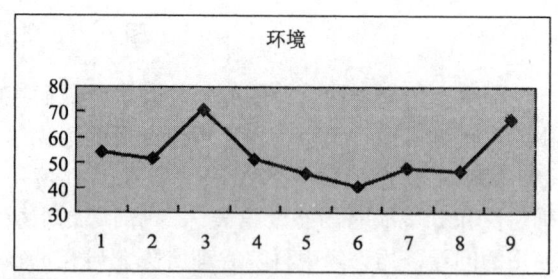

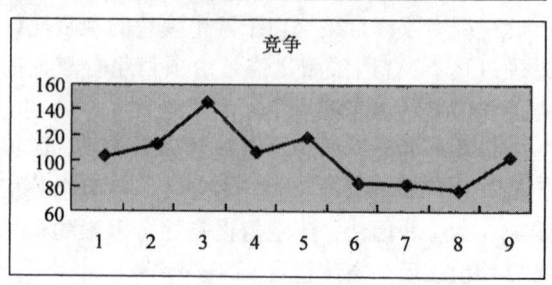

图 11-7　企业对市场的态度指数与经济绩效的关系

效,是该企业有自己独特的组织行为和市场观念,他们忧患意识极强,实行"末日管理",奉行"我们一直在努力"的企业理念。他们认为市场是企业的第一线,市场活,企业才能活;而且他们认定检验工厂各项工作好坏,最为敏感并能作出反应的是市场。同时我们注意到态度指数下滑的 A4(45.6),A5(41.0),A7(46.9),其经济绩效也随之下滑,出现亏损现象。特别值得一提的是 A8 亏损严重,其态度指数反弹居高,是企业濒临破产时的醒悟和极大的关注和担忧所致。由此可见,企业的市场观念与经济绩效的关系存在某种正相关和反弹现象。

(2) 轻工企业对市场竞争意向的态度指数与经济绩效的分析

图 11-7 表示:8 个轻工企业对市场竞争的努力程度的反应。从图 11-7 可知,最佳的仍是 A2 厂(144.9 分),而最差的是 A7 厂(79.3 分)。实态调查反映,A7 厂计划经济的色彩较浓,销售队伍年龄偏大;全厂虽然在质量管理上颇下功夫,但观念停留在尽力降低能耗上做文章。降低成本提高质量固然重要,但缺乏在新产品开发、品牌广告宣传,以及售后服务、营业推广等方面的努力,这是远远不够的。从另一侧面提示,企业对市场竞争的努力程度应当重点把眼光放在外部环境,对市场应当是全方位、多角度的。这样该综合指数才会高,其经济绩效是随综合指数攀高而呈现较好的结果。

11.3.3.2 企业文化理念的参数与经济绩效的关系

根据模块 Ⅱ 的测量量表,所测的 8 个轻工企业对企业文化的态度指数显示如图 11-8 所示。
图 11-8(文化 1-文化 6)

(1) 轻工企业文化理念之一态度指数与经济绩效的分析

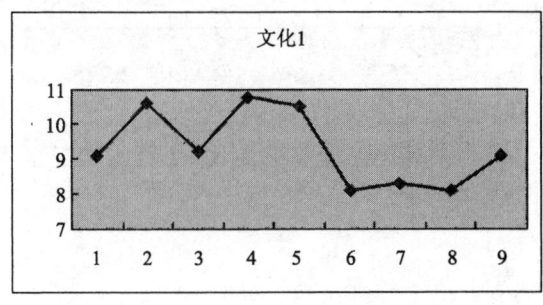

图 11-8 (文化 1)

图 11-8(文化 1)表明企业文化综合因子之一(过程—结果,即注重眼前—指向未来)的测定值。这一综合变量表明企业组织行为若得分偏高,则相对而言看重未来发展、长远利益,是指向未来型的企业;若企业组织行为得分偏低,则表明是眼前利益型的企业。我们注意到得分最高的 A3 厂(10.8 分),A1 厂(10.6 分),A3 厂虽经济绩效在样本群中没有排第一,但在食品行业还是屈指可数的;得分较低的 A5 厂(8.1 分),A7 厂(8.1 分),A6 厂(8.3 分)均为亏损企业,其组织行为是指向眼前利益的。但是,经济绩效好的 A2 厂,其文化一的综合因子得分并不高(9.2 分),所以企业文化一因子与经济绩效的关系,并不一定构成顺向关系。中国轻工行业的多数似乎是眼前利益型的企业,而眼前利益型企业经济绩效也较高,并且在中国企业中较为普遍。

(2) 轻工企业文化理念之二态度指数与经济绩效的分析

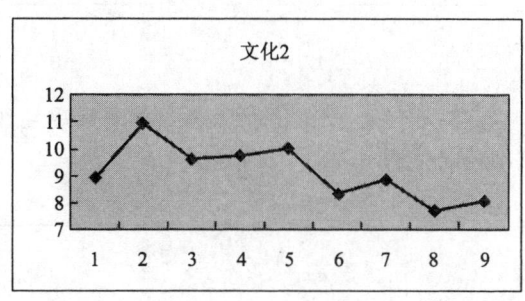

图 11-8 (文化 2)

图 11-8(文化 2)表明企业文化综合因子之二(工作—人即以生产为本—以人为本)的测定值。这一综合变量表明:企业组织行为侧重点以"生产为本"则偏向低分,"以人为本"的组织行为则偏向高分。从图上反映的高于该总体均值(8.9 分)的企业有 A2 厂(9.6 分)、A3 厂(9.7 分)、A1 厂(10.9 分)、A4(10.0 分),企业实态调查表明:这四家轻工企业的经济绩效均属好的和较好的之列,其组织行为比较偏向"以人为本"。但我们样本企业较少,还需扩大样本企业再下结论。

(3) 轻工企业文化理念之三态度指数与经济绩效的分析

图 11-8(文化 3)表明企业文化综合因子之三(地方—专业化,即简单划一—全面综合)的测定值。这一综合变量表明得分偏低则企业组织行为是刚性管理、简单划一的操作,而得分偏

高则企业组织行为是柔性管理,全面综合的权变模式。在图中得分最高的 A4 厂(11.9 分),其次是 A2 厂(10.4 分)、A1 厂(10.3 分)。在另一次实证研究中,经济绩效好的 A2 厂该综合指标的得分是 29 分,而国际均值是 50 分,A2 厂离国际均值居然差之甚远,不言而喻这样换算国际计分法的话,A4 厂也定会低于国际均值标准(50 分)的。所以,轻工企业作为总体而言,其组织行为还是以刚性管理模式为主。在市场经济发展的早期,刚性管理的组织行为与经济绩效的关系是匹配的、一致的。

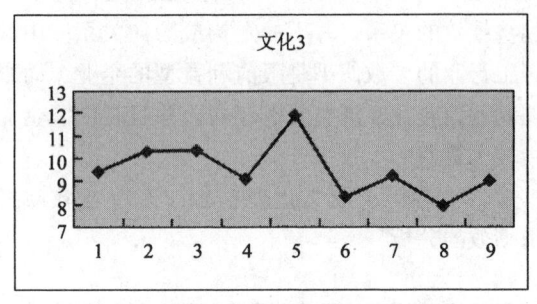

图 11-8 (文化 3)

(4) 轻工企业文化理念之四态度指数与经济绩效的分析

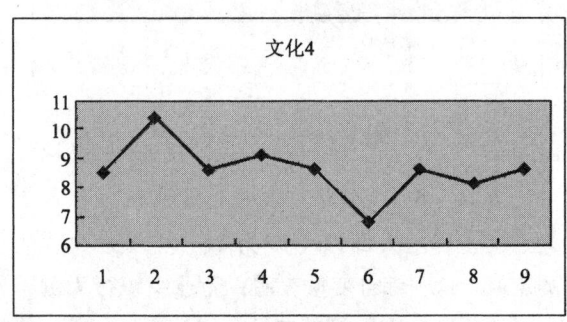

图 11-8 (文化 4)

图 11-8 (文化 4) 表明企业文化综合因子之四(封闭—开放,即信息封闭—信息开放)的测定值。这一综合变量表明得分偏低则信息封闭,得分偏高则信息开放。在图中得分最高的是 A1 厂(10.4 分),最低的是 A5 厂(6.8 分)。A1 厂是连通式办公室办公,上下级之间,员工与员工之间,内部各职能部门都较开放和透明,其组织结构是扁平的。而 A5 厂的厂部和车间距离较远,内部职能部门是封闭的,其组织结构是高耸的,当然 A5 厂经济绩效较差不仅是组织结构问题,还有其他组织行为上的问题。另外,信息沟通更重要的是重视每个员工在沟通网络中的角色,及每个员工是否发挥更大的作用。

(5) 轻工企业文化理念之五态度指数与经济绩效的分析

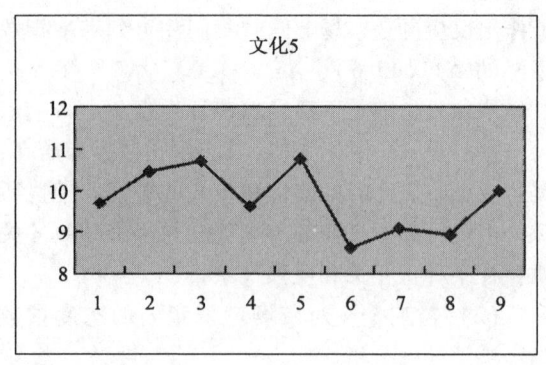

图 11-8 (文化 5)

图 11-8 (文化 5) 表明企业文化综合因子之五(松散—严格,即管理松散—管理严格)的测定值。这一综合变量表明:得分偏低则管理较松,得分偏高则管理较严。图中显示,得分最高的是 A3 厂(10.8 分)、A2 厂(10.7 分),得分最低的是 A5 厂(8.6 分)。研究发现 A2 厂有严格的管理措施,比如迟到三次的员工要除名;追求 24 小时 365 天运转不停,实行严格的质量管理。我们将 A2 厂的得分换算成国际参数互比,发现 A2 得分虽然变为 114.28 分,但与欧洲航空公司的企业得分 150 分相比,还有较大的差距。所以中国轻工企业的组织行为总体上是比较松散的,这也是经济绩效普遍不高的原因之一。

(6) 轻工企业文化理念之六态度指数与经济绩效的分析

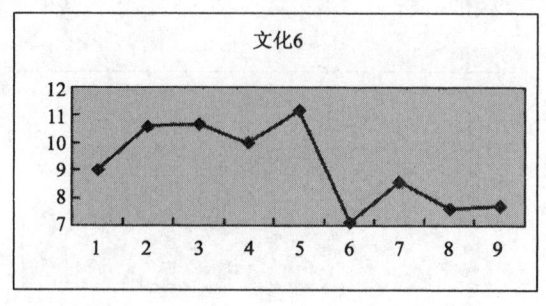

图 11-8 (文化 6)

图 11-8 (文化 6) 表明企业文化综合因子之六(形式—实用,即形式主义—讲究实效)

的测定值。图中显示得分最高的轻工企业是 A4 厂（11.2 分）、A2 厂（10.7 分），最低分的企业是 A7 厂（7.1 分）。从反馈研究中获知，A4 厂和 A1 厂市场意识很强，以消费者为中心的服务观念和措施比较到位，其市场占有率较高，经济绩效自然就好。相反 A7 厂市场意识不强，循规蹈矩，则失去市场，其经济绩效大幅度滑坡也在情理之中。

综上分析，企业文化六因子得分高的轻工企业，其经济绩效大多数随之攀高，比如企业文化理念二、四、五、六，与经济绩效的关系是正相关，但其中也有比较复杂的关系，比如企业文化理念因子之一、三得分较低的轻工企业，其组织行为与经济绩效则成负相关，即得分低，其经济绩效反而较高。

11.3.3.3 企业在管理情境中的态度指数与经济绩效的关系

根据模块Ⅲ的测量工具，所测的八个经济绩效不同的轻工企业，对管理情境的 8 个综合因素的态度指数之间的关系，见图 11-9（组织 1-组织 8）。

（1）轻工企业"工作激励"态度指数与经济绩效的关系

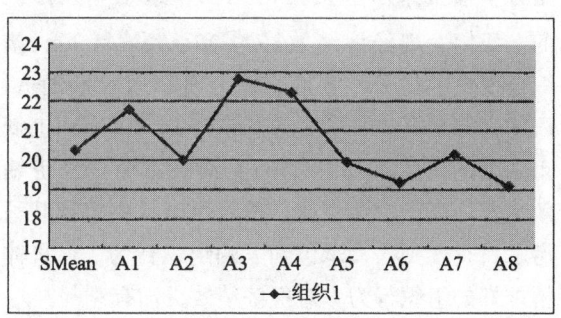

图 11-9 （组织 1）

由图 11-9（组织 1）表明：8 个轻工企业的员工"工作激励"方面的测定值，这一综合变量，包括企业员工对工作的兴趣感、干劲、认同感、自豪感和上进心等变量的态度指数。图中显示，八个企业总体均值（20.3 分），高于中国均值（18.07 分），更高于日本均值（16.20 分）。这反映中国轻工企业，在强大的市场压力下，积极性很高。国有企业如此高的积极性，其经济绩效普遍不高，而且出现反向变化，即工作激励得分并不高的 A2（19.1 分）、A1 厂（21.7 分），其经济绩效反而比得分高的 A3 厂（22.8 分），A4 厂（22.3 分）明显好，这种反差在中国均值（18.07 分）与日本均值（16.20 分）也反映出来。

反馈研究中可知，工作激励得分高而经济绩效低的原因有多方面，其一，是员工的积极性没有引导到工作目标上，中国的人力资源浪费极大。其二，说明中国员工的工作负荷并不高，需要科学的工作分析，人浮于事，潜能很大。其三，中国国有企业经济绩效不高，主要责任不在员工，而是领导和机制上的原因造成的。

（2）轻工企业"待遇满意度"态度指数与经济绩效的关系

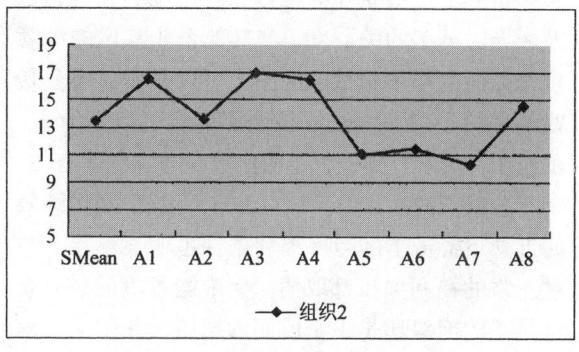

图 11-9 （组织 2）

由图 11-9（组织 2）表明 8 个轻工企业的员工"对待遇满意度"方面的测定值。这一综合因素包括企业员工对工资、待遇、奖金、报酬的公平性和整个福利保障设施的态度指数。从图中可以显示经济绩效低的 A7（10.3 分）、A5 厂（11.1 分），A6（11.4 分）其态度指数亦低；但反之则不然，也就是说经济绩效高的企业其待遇的满意度并不最高，而经济绩效并不高的企业，其满意度指数却也不低。这种反差现象，在中国企业样本总体均值（12.02）和日本企业总体均值（10.10）也有反映，即日本总体企业经济绩效高于中国，而日本的总体待遇满意度却低于中国。我们认为这种负相关现象，一方面与企业的工作压力和负荷有关，压力大绩效高，满意度低；另一方面说明员工得到的收入与付出的努力是不相称的，即付出的并不多而得到的报酬却不少，这就是"大锅饭"体制的反映。说明中国轻工企业乃至全国企业的工作设置和体制上的问题，关于工作与报酬的合理性和科学性问题，都很值得深入研究。

（3）轻工企业"企业福利"态度指数与经济绩效的关系

由图 11-9（组织 3）表明：8 个轻工企业

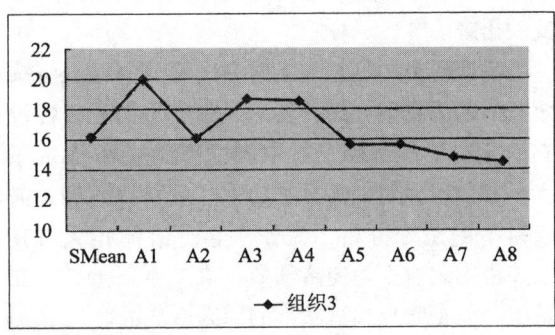

图 11-9 （组织3）

员工对"企业满意度"的测定值。这一综合因素包括企业员工对企业的工作条件、福利条件，以及领导对员工的关心度、与其他企业参比的满意度等方面的态度指数。从图中可以显示，得分最高的 A1 厂（20.1 分），该企业确实"以人为本"的组织行为和与其他企业相比很高的满意度有关。而得分最低的是 A8 厂（14.5 分），该厂经济绩效每况愈下，员工的劳保福利条件也明显不足，一些正常的福利项目都取消。但难能可贵的是，企业员工的抱怨还是少于他们的期望。参比这一综合变量的日本均值（14.10 分），A8 厂在如此差的劳保福利条件下，其满意度还高于日本员工。

（4）轻工企业"心理保健"态度指数与经济绩效的关系

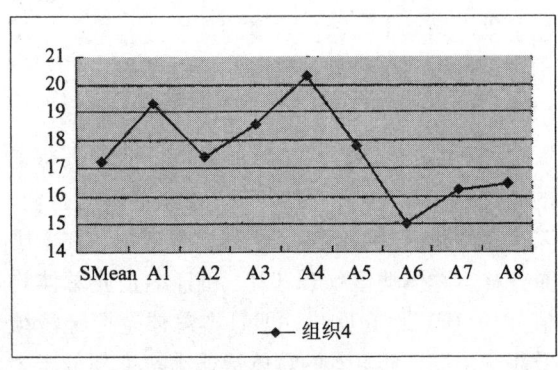

图 11-9 （组织4）

由图 11-9（组织4）表明：8 个轻工企业对"心理保健"的测定值。这一综合变量包括心理压力、后顾之忧、工作烦恼等心理紧张度的态度指数。从图中显示，轻工企业 8 个样本企业总体均值（17.2 分）高于中国企业总体均值（16.54 分），更高于日本均值（14.00 分），看来中国轻工企业员工的工作紧张度较高。这种较高的紧张度和中国轻工企业直面市场，直面市场冲击是有关系的。如此高的工作紧张度，但经济绩效却不及日本企业，这其中的问题是否应当反思？

（5）轻工企业"集体精神"态度指数与经济绩效的关系

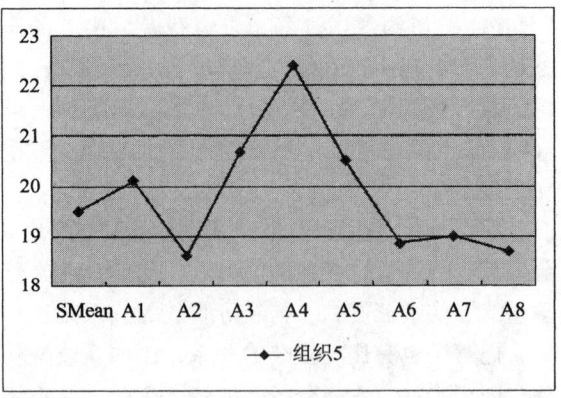

图 11-9 （组织5）

由图 11-9（组织 5）表明：8 个轻工企业对"集体精神"的态度指数，得分的高低表征企业的团队工作精神和协作观念的强弱。从图中显示，轻工企业总体均值（19.50 分）高于中国企业总体均值（18.78 分）更高于日本均值（16.40 分）。反馈研究发现，大家的事大家去做，工作需要时，互相帮助，这是好的一面；但由于工作职责不明，每个人具体工作无法考核，一项工作大家都负责，结果谁也不负责，出了差错分不清谁来承担责任的局面，这是令人担忧的。我们发现经济绩效好的 A2 厂和 A1 厂，该综合变量的得分并不高，而经济绩效一般的 A4 厂却得分最高。日本企业均值（16.40 分）也低于中国的均值（18.74 分），而日本企业经济绩效却普遍高于中国企业，是否可以从中得到某种启示：责任到人，承包到人的组织行为，比集体精神好的组织行为，对经济绩效更加有利呢？

（6）轻工企业"会议成效"态度指数与经济绩效的关系

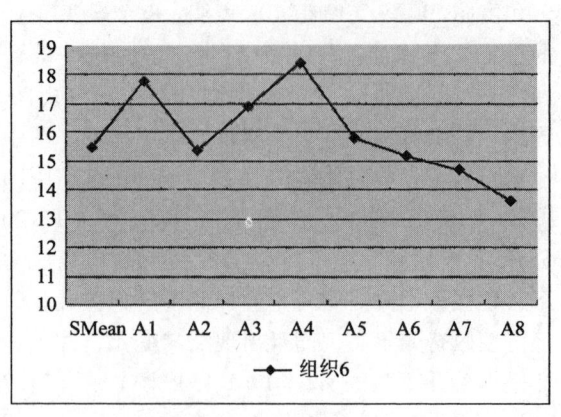

图 11-9 （组织6）

由图 11-9（组织 6）表明 8 个轻工企业对"会议成效"的态度指数。得分高低反映企业员工对会议形式、解决问题效果优劣的看法，以及对会议重视程度的反应。经济绩效最好的 A1 厂（17.8）高于总体均值，但经济绩效一般的 A4（18.4）、A3（16.9）却也高于总体均值；而经济绩效很好的 A2 厂其得分一般（15.40），并低于总体均值。会议的作用不仅仅是上级布置任务，员工接受任务的被动形式，而应当利用会议给员工以参与管理，提出工作设计、工作意见和方法的场所，只有发挥员工的创造性，重视员工的会议参与，才能发挥会议的成效，才能促进企业经济绩效的上升。会议的频率少或形式主义的会议，不会真正发挥员工的主动性，A4 厂和 A3 厂就属此类。而 A2 厂的会议频率多到一定程度时（该厂有晨会、晚会、中层干部会、个人小结会等各种会议），经济绩效也会随之上升的。总之，会议成效与经济绩效的关系有两种：空洞的会议、形式主义的会议其经济绩效不高，而会议次数加大或会议次数并不多，但员工参与度大，则经济绩效变明显有攀升。

(7) 轻工企业"信息沟通"的态度指数与经济绩效的关系

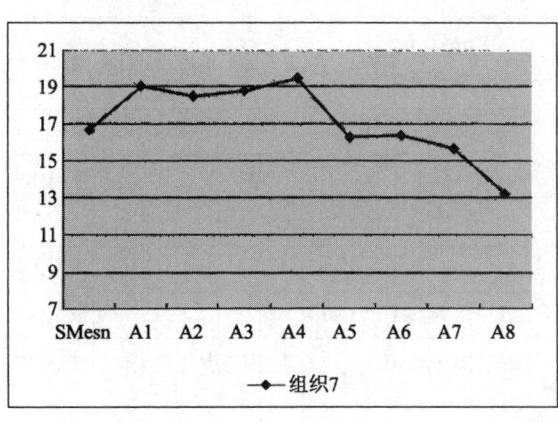

图 11-9 （组织 7）

图 11-9（组织 7）表示 8 个轻工企业对"信息沟通"的态度指数。这一综合变量反映企业内部上下沟通、平行沟通的状况和相应的组织行为。中国轻工企业重视对企业内部信息和外部信息的收集和交流，比如得分较高的 A2 厂（18.5 分），该厂采取大办公室办公、上情下达、下情上达、左右沟通、全方位渠道畅通。企业内部归属感强，凝聚力大；该厂不仅企业内部信息沟通好，他们还注意到和外部环境的沟通，也就是对外部环境的信息了如指掌。他们在国外设立多个信息窗口，并设立"新闻信息中心"和"技术资料库"，经常派各级员工到先进国家去学习、培训和考察，跟踪国外最新技术，通过技术合作形式，吸收、消化国外名牌产品的先进技术和工艺。他们在美国还设立技术开发公司，利用国外先进技术和优秀人才，加快新品开发速度，抢先占领市场而提高经济绩效。A4 厂其信息沟通得分高（19.50），组织行为较规范，清晰的组织沟通渠道高悬墙上，使人一目了然。该厂是省优秀轻工企业，全厂上下各部门会议频繁，互通情报，及时处理，快速反应机制灵活。然而，A8 厂（13.2）已三年不开职代会了，平时只有本部门开会，布置任务；全厂开会极少，整个厂的经营状况一概不知；并且员工的意见没有正式渠道上报，导致企业小道消息蔓延，组织结构涣散，企业经济绩效逐步滑坡，从损亏企业走向濒临破产。所以企业组织行为要重视沟通，这是影响经济绩效的重要因素之一。

(8) 轻工企业"绩效规范"的态度指数与经济绩效的关系

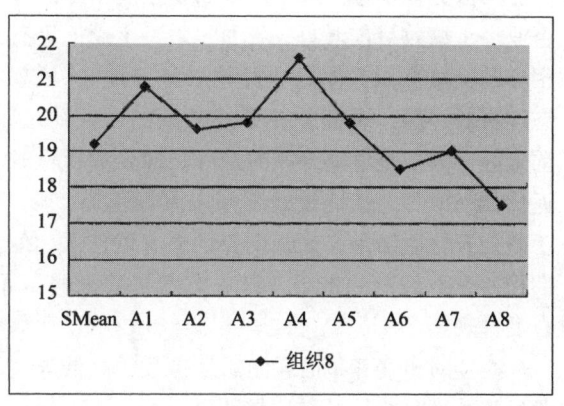

图 11-9 （组织 8）

图 11-9（组织 8）表示 8 个轻工企业对"绩效规范"的态度指数。这一综合变量反映企业组织行为中对完成任务目标的态度，以及相应的组织规范。从图中可以发现，中国轻工企业样本总体态度指数（19.2）低于中国企业均值（19.25），高于日本均值（16.10）。得分高，反映企业员工对完成企业目标和超额完成目标的态度积极，但也提示我们是否工作额度定得不太高，工作潜能很大，有待我们科学地进行工作分析，制定合适的工作目标，以此来提高经济绩效。从反馈研究中得知 A1 厂和 A4 厂的组织气氛比较宽松，工作负荷弹性较大，员工可以自我

定指标,"以人为本"的管理模式比较突出,因此这两个厂的经济绩效后劲比较大,而A2厂,A3厂目前的经济绩效较高,管理森严,工作指标不断攀高,似乎泰勒制模式再现,因此这类厂的经济绩效后劲还有多大?值得追踪研究一番。

11.3.4 专题研究小结

本课题组运用经本土化修订的英、荷、日三模块问卷量表,对中国轻工企业中的8家企业,进行实证研究和反馈研究,企望探索组织行为与经济绩效之间的因果模式,以此来验证三国学者所研制的衡量管理绩效的测量工具,其有效性、科学性和文化普适性。结果如下:

第一,英国"经济绩效研究中心"的谢菲尔德大学工作心理研究所(W.迈克尔教授)提供的企业对市场的态度指数,包括认知态度和意向态度的测定。问卷统计结果显示,中国轻工企业的绝大多数对市场认知态度的指数与经济绩效呈线性关系。例如A1、A2、A3、A4、A5、A6、A7厂。但若企业该项态度指数明显居高,高于总体均值时(例如A2厂和A8厂),企业组织行为有两极分化现象。其一是健康企业的信号。即企业经济绩效目前看好,比如A2厂企业,仍有很高的忧患意识,他们实行"末日管理",该项态度指数居高,表征企业是成长型的,后劲足、前景好。其二是危险企业的信号。即企业积重难返比如A8厂,经济绩效下滑,亏损由暗到明,矛盾公开化的结果,这时企业忧患意识也强,他们担心企业破产和倒闭,该项态度指数也居高,有反弹现象。

企业对市场竞争的意向态度指数的高低与企业经济绩效呈线性关系比较明显。A1、A2、A3、A4厂的该项态度指数均高于总体均值,事实上,这些企业经济绩效是极好的、好的和较好的;相反该项态度指数低于轻工企业总体均值的,则经济绩效普遍是较差和差的。

第二,荷兰学者Hofstede教授编制的"企业文化"测定量表,在中国轻工企业8个厂作实证研究。结果反映,中国轻工企业在企业文化因素之二(以工作为本—以人为本),企业文化因素之四(封闭型—开放型),企业文化因素之五(松散型—严格型)和企业文化因素之六(形式主义—讲究实用)的态度指数,与企业经济绩效有正相关的关系,这四个态度指数较高的企业,其经济绩效也攀高。也就是说,企业的文化理念是偏向以人为本的、开放型、严格型和讲究实效的组织行为的企业,其经济绩效必然是好的。

但企业文化因素之一(眼前利益型—指向未来型),企业文化因素之三(简单划一刚性管理—综合权变柔性管理),这两个变量,在中国轻工企业的测定中,其态度指数与经济绩效有部分负相关的变化,也就是说态度指数并不高,是眼前利益型的企业理念,并采用刚性管理模式,其经济绩效也并不低。若和国际参照系比较,中国轻工企业的总体组织行为,均偏向眼前利益型,大部分企业的管理模式也是刚性管理,但其中也不乏许多经济绩效好的轻工企业,所以,在市场经济初级阶段时,这种组织行为和管理模式,有较高的经济绩效。

第三,日本学者编制的PM量表中的管理情境8因素测量,在中国轻工企业8个厂作实证研究。结果反映在8种管理情境中,员工的态度指数与经济绩效之间存在复杂的关系,有的正相关,即态度指数高经济绩效也高,反之亦然;但有的负相关,即存在态度指数高而经济绩效却不高的现象;还有的在某些因子表现正相关现象;有些因子则表现为负相关现象,参见表11-2。

表11-2 企业管理情景与经济绩效数据

		中国均值	日本均值	SMean	A1	A2	A3	A4	A5	A6	A7	A8
模块Ⅲ	组织1	18.07	16.2	20.3	21.7	20.0	22.8	22.3	19.9	19.2	20.2	19.1
	组织2	12.02	10.1	13.4	16.6	13.7	17.0	16.5	11.1	11.4	10.3	14.6
	组织3	14.72	14.1	16.2	20.1	16.1	18.7	18.6	15.6	15.6	14.8	14.5
	组织4	16.54	14.0	17.2	19.3	17.4	18.6	20.3	17.2	15.1	16.2	16.4
	组织5	18.74	16.4	19.5	18.8	18.6	20.4	20.5	18.9	19.0	18.7	
	组织6	13.61	15.5	15.4	17.8	15.4	16.9	18.4	15.8	15.2	14.7	13.6
	组织7	14.41	15.6	16.7	18.5	19.5	16.3	16.4	15.7	13.2		
	组织8	19.25	16.1	19.2	20.8	19.2	21.6	19.8	18.5	19.0	17.5	

在"工作激励"态度指数的实证研究中,轻工企业总体均值,高于中国企业总体均值,也高于日本企业总体均值。这一结果并不令人乐观,因为中国轻工企业的员工工作积极性很高,这固然很好,但轻工企业总体经济绩效并不令人满意,主要原因有三:其一员工的积极性并没有引导到工作目标上,人力资源浪费大;其二说明中国员工包括轻工企业员工的工作负荷并不高,潜力很大;其三说明中国国有企业经济绩效不

高，主要责任不在员工，而在于领导和机制上的原因。

中国轻工企业在"待遇满意度"的态度指数，表征满意度与经济绩效之间，基本是正相关，即满意度高的企业经济绩效好。但和日本企业满意度相比，轻工企业样本总体均值高于日本企业总体均值，但经济绩效有的企业比日本好，大多数企业不如日本企业绩效。这里的原因有许多，其中重要一条是，中国员工吃苦耐劳，对待遇的指标期望值较低，相应地满意度就升高了。

中国轻工企业的"福利条件"态度指数（16.2），高于中国企业均值（14.72）和日本企业均值（14.10）。样本企业研究表明，轻工企业福利条件好的，其经济绩效也高，反之亦然。但中国大多数企业福利条件都较差，工作条件比日本企业差，但其态度指数居高，可见中国员工对福利条件的期望值不高，容易满足；另外中国员工的吃苦耐劳精神，也是该态度指数居高的原因。

中国轻工企业的"心理保健"态度指数较高（17.2）高于中国企业均值和日本均值，反映中国轻工企业直面市场，竞争压力大，工作紧张度高，但总体经济绩效并不高，是否考虑适当的心理调适，有效的工作安排和时间安排，来提高绩效。

中国轻工企业的"集体精神"态度指数也较高（19.50），高于中国企业均值和日本企业均值，说明中国轻工企业的组织行为中，具有"集体精神"较好的优点，但优点之中不能忽视"大家一起干而工作职责不清"的隐患，目前有迹象表明，承包制企业、股份制企业的责任到人、承包到位的组织行为，比集体精神好的国有企业组织行为，有更好的经济绩效，这一现象是否有普遍意义，我们需要进一步扩大样本企业，去追踪研究。

中国轻工企业的"会议绩效"态度指数和日本企业态度指数一样（15.50），高于中国企业均值（13.61）说明中国轻工企业，"会议成效"水平较高。但8个企业个案分析发现，会议成效与经济绩效的关系有两种：形式主义会议经济效不高；但加大会议频率和增加会议成员的参与度，则会议成效显著，所产生的经济绩效也升高。

中国轻工企业的"信息沟通"的态度指数，高于中国企业均值（14.41）和日本企业均值（15.6），则说明中国轻工企业普遍重视对企业外部市场的沟通，也重视对企业内部员工的沟通，中国轻工企业似乎比其他的中国企业行业员工，更适应市场经济。

中国轻工企业的"绩效规范"的态度指数（19.2），低于中国企业均值（19.25）而高于日本企业均值（16.10），说明中国轻工企业完成组织目标态度比较积极，但也提示其工作额度是否定得不太高，工作潜能很大；至于什么样的绩效规范是中国轻工企业最佳的组织行为，有待进一步扩大样本企业追踪研究，方可找出较为满意的结果。

本实证研究是初步的阶段性研究，探索轻工企业组织行为与经济绩效的因果模式和操作程序，尚须进行纵贯式追踪研究。

11.4 企业设计与消费者满意度案例分析

11.4.1 "A"电器集团公司企业咨询与CSI分析

中国轻工总会软科学基金和国家自然科学基金双重资助下，由笔者主持的1996—1998年重点软科学课题《轻工企业组织行为与经济绩效》的实证研究，目的是为企业诊断和企业发展，提供可行性的导向和具体的操作模式。

课题组根据"A"厂的要求，侧重于"A"品牌形象加强和完善的研究，这需要"A"品牌的外部形象实态调查和企业内部形象的实态调查。这两方面的实态调查，提示企业目前问题所在，然后我们通过反馈研究的形式，和"A"厂的9个职能部门的员工，一起讨论解决问题的办法和对策；接着我们课题组进行认真的分析，最后提出这份《"A"电器集团公司企业发展研究报告》，我们希望企业审定，并能够采纳咨询意见，这些建议有利于巩固和完善"A"品牌的形象，促进企业进一步发展。

本企业发展研究报告分三个部分：

第一，"A"企业整体形象实态调查，包括公司的外部实态调查（市场调研）和内部管理实态调查（内部测评）。

第二，根据实态调查的数据显示，分析公司存在的主要问题。

第三，提出解决问题的办法——建立"A"企业形象重塑研究所。

我们根据国际规范的企业咨询和诊断三部曲的操作，经过半年时间，完成了进入企业实态调查、数据处理和反馈研究三阶段的工作。按照项目工作合同书规定：7、8月份进入企业和数据采集，9、10月份是数据处理和制图制表，11、12月份是反馈分析研究，课题组严格按时间表，完成了研究任务。下面分别叙述三阶段的工作。

11.4.2 数据采集阶段对"A"企业整体形象实态调研

"A"品牌的整体形象由外部形象和内部形象两部分组成。为此，我们课题组设计了两个方面的实态调查，即外部形象数据采集和企业内部管理的数据采集。

11.4.2.1 数据采集阶段

（1）企业形象外部数据采集

我们用国际规范的市场调研方式，采集消费者对"A"品牌的认知，这里包括用问卷法对全国消费者的面上调查，也包括在某地区用访谈法，对具有代表性的消费者的点上采访。我们请大学生利用暑期社会实践的机会，开展对"A"品牌电器的调查，课题组设计了问卷，在全国12个省市18个地区，发放了3000份调查表，工作历时2个月。

（2）企业内部管理数据的采集

我们在总课题组专家（中国科学院心理所陈龙研究员，中国石油大学人力资源研究所张炳林研究员、占德千副研究员）的直接指导和帮助下，1996年8月份课题组在"A"样本企业工作。我们采用国际先进的测量工具和测量手段，对企业管理的9个职能部门（销售部、财务部、生产计划部、材料供应部、技术开发部、质量部、综合管理部、党群工作部、车间主任等）同时进行抽样调查。抽样规范，抽样的人数超过样本总体1/3，符合统计要求，可以说明样本企业整体。采集的资料，涉及企业内部形象的方方面面，包括企业领导行为，群体行为和个体行为的参数，内容包括综合因素：管理情境8个因素、企业文化6个因素、竞争策略努力程度6个因素，以及对环境不确定性认知的3个因素。我们采集的全部数据是真实可靠的，为我们的企业咨询和企业诊断，奠定了坚实的基础。

11.4.2.2 数据处理阶段

（1）对有关企业外部形象数据的处理

根据市场调查的结果，进行数据输入和分析，写出两种调查报告书：一种是现场访谈报告书共计17份；另一种是全国"A"品牌市场调查（全国12个省市，18个地区，发放了3000份问卷）问卷结果报告书，按地区总结共13份，此项工作有300多位师生参加。

（2）企业内部管理实态资料的数据处理

我们按国际规范的SPSS软件包，进行数据输入，并设计了特殊软件进行数据处理，根据148个变量，对不同的部门、不同的年龄、不同的工龄、文化程度、不同的职务、政治面貌等七个方面进行数据归纳，制作图表，并把计算机内的图表$148 \times 7 = 1036$张，全部用手工绘制成五颜六色的结果放大图。还有30个综合变量（F1-F30）$30 \times 7 = 210$张，同样结果图放大。最后还有3张关于竞争策略对环境不确定性认知的综合图表和领导行为的PM分析图，这样课题组一共手工绘制了1249张统计结果图。事实证明，当课题组带着这些反映企业员工和干部认知差异的结果图，组织他们进行反馈研究讨论时，他们饶有兴趣地参与讨论。

为了便于分析，我们动用了总课题组的数据库，采用日本4万个企业实态调查的数据库常模和中国200个企业的数据库常模，在此我们非常感谢总课题组的慷慨支持；并感谢将要支持我们的英国伦敦经济学院和谢菲尔德大学的企业咨询和企业诊断的专家。

11.4.2.3 反馈分析阶段

反馈的主要目的是，帮助组织成员对本企业的实态有进一步的了解，主要包括企业内部成员对企业整体形象看法的差异，各部门之间对企业看法的差异，不同层次的人对企业看法的差异。这些差异，通过我们绘制五颜六色图表，直观地反映了企业的实态。我们举行了群体反馈、部门反馈、分层反馈、个人反馈和领导反馈等多种反馈形式，参与反馈讨论的干部、员工一致认为，调查内容基本反映企业实态。

11.4.3 分析"A"电器集团企业设计存在的问题

根据上述"A"企业整体实态调查数据，进行实证分析，找出公司存在的主要问题，通过课题组的反馈研究，结合与企业的领导、干部、员工共同讨论的结果，提出以下几方面的意见和建议。

11.4.3.1 关于企业外部形象的调研分析

全国十二个省十八个城市调查结果表明：

"A"品牌电器的知名度较高,知晓这个品牌的消费者占问卷人数的88%,这是一个既喜又忧的数字。可喜的是在许多地区知名度很高,比如盐城地区96%,北京地区96%,河南省96%,山西地区92%,上海地区93%,南京地区90%。但在一些北方地区知名度相对小一些,白城地区78%,吉林省占83%,河北晋州地区只占42.4%。值得担忧的是,华东地区的知名度应当高的却并非高,杭州地区61%,安徽黄山地区87%,无锡87%,常熟68%。我们在某地区进行重点访谈,经过资料采集,与其他地区资料进行统筹分析,发现"A"品牌在35岁以上的消费者中有很高的知名度,而在35岁以下的消费者中知晓度低,比如杭州地区,问卷被试30～35岁占52%,35～50岁占19%(知晓度71%),而在上海地区35～50岁消费者占50%,50～60岁占20%(知晓度70%),也就是说知晓"A"品牌的人中,70%以上是中老年人,这显然是昔日辉煌的"A"品牌的延迟效应,在中年人中有很高的声誉。但是一个主要的购买者群是青年消费者,他们知晓"A"品牌的仅占30%,这不能不引起"A"厂的高度重视。因为青年人是当前和未来市场的主要购买群,他们结婚、孝敬老人、送礼等,经常要购买小家电,因此把握这部分消费者,吸引他们购买"A"品牌很重要,这是把握未来潜在市场的主要目标;另外巩固已购买"A"的消费者,对产品的信誉更重要,因为他们有口碑效应,可以扩大已有市场。鉴于这两部分消费者状况,分析"A"产品现状,通过调查访谈出现的问题,认真分析,积极研究对策。课题组建议,"A"厂迅速成立"A"企业形象重塑研究所,解决"A"品牌危机,恢复"A"品牌良好形象,再创辉煌。

"A"电器有强劲的竞争对手,比如在某地市场,就遇上深圳的艾美特、上海的华生、振华、舒乐及南京的胜美、蝙蝠。相比之下,"A"暴露出许多问题。对于企业外部形象存在的主要问题,课题组提出以下几方面的意见和建议。

(1)产品质量是企业形象的生命线

过去"A"产品有很高的美誉度,产品质量好是根本原因。但是今天,由于质量问题,极大地损害了"A"的品牌形象,造成"A"品牌美誉度的下降。老一代A厂人辛辛苦苦积累的无形资产——"A"品牌,被不合格的产品质量,在无情地吞食,应当引起"A"厂领导的高度重视,所以企业形象塑造的首要问题是,恢复昔日过硬的质量,重振雄风。

(2)款式陈旧,色彩不美观,要加强产品外观设计

"A"产品与深圳的艾美特形成明显的对比。对于青年消费者而言,他们求新、求美、求名的消费动机非常明显,对于价格已不再多考虑;即使是中老年人,消费观念也在变化,人们对产品的外观、色彩,很看重。所以,企业要注重产品附加值的提高,尤其在产品外观设计上着手,树立良好的产品外观形象。

(3)广告攻势不够强劲,是产品知晓度滑坡的原因之一

广告费用的支出,应当看做是无形资产的投入,有很高的回报率,目前各地的"A"品牌知晓度,就是当年优良广告的效果。目前应当继续利用当年的优良广告。另外,根据不同层次消费者的关注点,创意广告;根据不同年龄消费者的消费理由,设计广告。

(4)企业不仅销售产品,更重要的是提供服务

良好的服务形象,是企业形象的重要组成部分。服务的意识,应当结合精神文明建设,加强职业道德教育,体现在各部门工作中,比如销售部门应当建立维修网络,尤其是要建立顾客档案,有原始记录,工作记录,对企业质量管理进行及时反馈。真正树立"消费者第一"的营销形象,由消费者操作"质量否认权"。

(5)强化"A"品牌战略

1987年"A"电器获得国家质量银质奖,树立了"A"名牌地位。市场竞争,不进则退,要强化"A"品牌,才能保住名牌。从反馈研究的分析,"A"品牌潜伏的危机很大,虽然知晓度达到88%,但滑坡的迹象越发明显,产品美誉度也在下降,这是品牌地位的基础。建议发动全厂员工,人人关心"A"品牌,只能做维护"A"品牌的事,不能对"A"品牌袖手旁观,珍惜"A"品牌,强化"A"品牌才是"A"电器集团公司的当务之急。

以上五条建议的具体实施,应当在"A企业形象重塑研究所"里,由企业咨询专家(CIS专家,OD专家)和企业决策层共同讨论解决。

11.4.3.2 关于企业内部形象的调研

企业形象重点是从企业内部形象塑造做起,由内向外发布,这样的企业形象工程是踏踏实实的、

健康的、有活力的；否则，就是花架子，昙花一现，没有长久效应的。为了完成企业内部形象设计，我们认真进行了"A"厂企业内部实态调查，采用的测量工具和调研方法是具有国际水准的。

我们运用这些科学的测量工具，在某地"A"电器集团公司9个职能部门，进行抽样测试，抽查人数占总体的40%，有统计学意义。经过两个月反馈研究，我们提出如下几方面的咨询意见，供企业发展参考。

我们运用国际上享有盛誉的日本学者设计的PM量表，（PM分析是评估企业领导行为状况的一种先进测量工具，P：Performance 工作绩效；M：Maintenance 团体维系）。课题组测量了"A"厂在"工作激励、待遇满意度、福利条件、心理保健、集体精神、会议成效、信息沟通、绩效规范"有关管理情境8个综合变量，我们的8个综合变量包括40个子变量的参数。并将这些参数和日本常模、中国常模分别比较（参见表11-3）。

表11-3 管理情境8个综合因素的均值比较

		B厂	A厂	中国	日本
1	工作激励	20.04	19.06	18.07	16.20
2	待遇满意度	13.68	14.48	12.02	10.10
3	福利条件	16.02	14.50	14.72	14.10
4	心理保健	17.38	16.45	16.54	14.00
5	集体精神	18.58	18.67	18.74	16.40
6	会议成效	15.58	13.61	13.61	15.50
7	信息沟通	18.46	13.16	14.41	15.60
8	绩效规范	19.62	17.89	19.25	16.10

根据中国、日本企业数据库的显示：中国均值明显高于日本数据的有：①工作激励，②待遇满意度，③企业福利，④心理保健，⑤集体精神，⑥绩效规范；低于日本均值的是会议成效和信息沟通。我们分析企业的管理状况，可以从这八个管理情境入手分析，这八个管理情境是综合变量，每一变量又包含5个子变量，这里反映的都是企业内部各层面上认知的差异，需要我们辩证地、系统地分析，才能得出正确的结论。也就是说，得分高于日本，并不一定说明管理状况比日本好，主要讨论在某种管理情境下的经济绩效如何。

比如反映个体行为水平的四个综合变量：工作激励、待遇满意度、企业福利、心理保健中，有三个因素得分高于日本（除心理保健外），但由于中国的PM均值P值得分、M值得分均低于日本均值（$\bar{P}_{中}=33.24$，$\bar{M}_{中}=29.76$，$\bar{P}_{日}=34.30$，$\bar{M}_{日}=31.30$），因此，说明中国企业的组织行为和领导能力方面都低于日本企业的管理，不能把较高的个体（员工）积极性引导和规范到组织水平和整体水平上，产生较高的经济绩效。

另外，绩效规范高固然好，说明有完成工作任务的积极性，但也反映了工作压力不大，核定的工作任务数量是否太低了。人们越容易完成任务，越愿意完成任务，但久而久之，则可能从中得不到工作的成就感，这也影响到整个组织、群体的志向水平和成就动机。

至于"会议成效"和"信息沟通"两个综合因素，中国均值都低于日本均值，而"B"厂却在这两个因素上得分较高，这是难能可贵的，这说明"B"厂的"大办公室"办公方式，信息沟通快，他们的晨会和晚会也产生了很好的会议成效。会议成效首先要召开必要的会议，而"A"厂在这方面做得不够，据企业员工反映，该厂职代会已多年不开了；不搞升级评比之后，有许多会议就不开了。其次，会议成效，不仅是用会议形式上情下达，布置工作，更重要的是通过会议，增强员工的参与感，给他们以发言的机会，集思广益，不是走形式，信息沟通还是指上行、下行，平行沟通渠道是否畅通，促进工作，重视每个人在沟通网络中的角色和作用。

我们把采集到的"A"厂的40变量的数据与中国均值、日本均值、"B"厂均值进行比较，讨论一下数据反映的差异（表11-4），并把课题组与本厂员工反馈讨论的结果，提出供出来参考，希望"A"电器集团公司引起注意。

表11 管理情境40个子变量差异比较

情景因素	序号	与中国均值的差异	与日本均值差异	与"B"厂均值差异
工作激励	1	0.63	0.78	0.04
	2	0.38	0.72	-0.18
	3	-0.04	0.80	-0.26
	4	0.13	0.26	-0.26
	5	-0.11	0.30	-0.32
对待遇满意程度	6	0.60	1.54	0.58
	7	0.62	1.37	0.21
	8	0.29	0.77	-0.15
	9	0.31	0.19	0.01
	10	0.15	0.58	0.22

续表

差异 情景因素	序号	与中国均值的差异	与日本均值差异	与"B"厂均值差异
企业保健	11	0.18	0.27	-0.13
	12	0.16	0.11	-0.15
	13	-0.56·	-0.20·	-0.40
	14	-0.11·	-0.18·	-0.10
	15	-0.12·	0.41	-0.83
心理保健	16	0.17·	0.09	0.09
	17	0.07·	0.36	0.28
	18	0.12	0.72	-0.24
	19	-0.01	0.66	-1.00
	20	0.04	0.62	-0.06
集体精神	21	-0.09·	0.24	-0.14
	22	0.24	0.54	0.28
	23	-0.25·	0.33	-0.05
	24	-0.01	0.94	-0.14
	25	0.04	0.22	0.14
会议成效	26	-0.05·	-0.73·	-0.45
	27	0.16	-0.05·	-0.19
	28	-0.10·	-0.13·	-0.49
	29	-0.17·	-0.52·	-0.38
	30	0.08	-0.48·	-0.28
信息沟通	31	-0.22·	-0.42·	-1.72
	32	-0.37·	-0.48·	-1.00
	33	-0.06·	-0.43·	-1.15
	34	-0.44·	-0.55·	-0.85
	35	-0.16·	-0.56·	-0.58
绩效规范	36	0.15	0.27	-0.01
	37	-0.31·	0.49	-0.79
	38	-0.98·	-0.30·	-0.20
	39	-0.44·	0.40	-0.14
	40	-0.18·	0.53	0.01

(1)"工作激励"综合变量分析

这一综合变量的数据显示："A"厂与中国均值比较，因素3"对现任的工作你是当做自己的事情去做吗？"（-0.04），因素5"就现任的工作而言，你想掌握更高一级的知识技能吗？"（-0.11），说明"A"厂的员工在工作主动性和精益求精的精神上，低于全国企业均值。而因素1（你对现任工作感兴趣吗？）高于全国均值（0.63），甚至高于"B"厂（0.04），这也说明A厂的工作积极性比较高，关键需要领导加强引导和保护，引导他们对工作敬业，认真负责，这样才能生产高质量的产品。对此，课题组具体指出，三方面的问题：

①员工积极性反映得不均衡。"A"厂的积极性较高，特别需要领导引导和保护。从全厂看，员工对工作还是很有兴趣的，也想干，其均值高于全国水平，也高于日本均值。但突出反映在各部门之间对此问题看法的不均衡，主要是销售部门积极性较高，而质检部门、技术部门的积极性低。从反馈情况看，主要问题在于厂领导把工作的重心摆在市场营销上，而质量意识淡薄，对技术开发投入极少，挫伤了质量部门、技术人员的积极性。

质量部没有质量否决权，质检权威性的丧失，使得不合格零部件，进入了生产线，从而导致产品合格率的降低，因此造成有些销售点上出售的"A"产品，开箱合格率低到50%（市场调查结果）。对于一个工厂来讲，质量是企业的生命，"A"厂的滑坡，可以说与质量意识的淡薄有极大的关系，这已经在很大程度上损伤了"A"厂的品牌形象。

②员工的责任感不强。关于这一方面，由变量3（"对现任的工作你是当做自己的事情去做的吗？"）的回答反映出，大部分人不以为然，虽然从数据上看，本厂均值比较高，但大部分员工在反馈时，表示上级怎么说就怎么干，干好干坏一个样，主观能动性没有调动起来。而且由于全厂整体文化层次比较低（全员工中大专以上的仅占7.45%），另外领导对工作的要求不高，放松管理，从后面的调查数据也实证这点（在"严格—松散"测评上，"A"厂得分40.38，而"B"厂得分114.26，差距很大），所以，现象显示在下面，而反映的是上面管理层的问题。

③对掌握新知识的积极性不高。反馈研究表明，领导层们工作比较忙，而且用到时，可借助他人知识来补充，且现有知识应付目前低效工作足够了，这是一种情况；技术人员本该对掌握更高一级知识技能有积极性，但技术人员积极性低。这一实态的主要原因是，"A"的拳头产品技术已经成熟，要进行技术革新比较困难，新品开发很难；更主要的是厂里不重视技术部门的工作，技术人员工作无动力，意见

比较大。而从文化层次上分析这一点，更令人担忧：中专、中技生要求学习是因为他们年轻，求知欲较强，不满意"A"厂现状，希望通过学习换个环境；而文化层次低的、年纪大的员工，不想去竞争一个更好职位，依靠多年的工作经验，对现有工作已熟练，不思再学。对于大学生来讲，近年进厂的大学生一部分外出搞营销，专业不对口；另一些人则以现有知识应付目前工作，感到绰绰有余。

（2）"对待遇满意度"的综合因素分析

这一综合变量的数据反映，"A"厂在五个子因素（因素6—因素10）与中国、日本均值比，全是正值。甚至有四个因素比"B"厂的得分高。但实态并不令人满意。我们通过反馈分析可知：从总体上讲，"A"厂员工对待遇的满意程度很高，高于全国均值，高于日本，也高于我们另一样本企业"B"厂。"A"厂员工收入并不高，但对待遇满意度比较高，这是一个十分令人感兴趣的问题。反馈中我们发现主要原因在于，"A"厂的工作压力轻，付出的劳动与获得的报酬相比较，收入高于付出的劳动强度，所以员工对待遇还是比较满意的。当然，本厂的文化层次偏低，员工的期望值比较低，所以对待遇的满意程度要求不高，容易满足。这些情况表明，一方面大锅饭现象比较严重；另一方面在人力资源管理上的漏洞较大，岗位职务分析与对应的报酬计算，还有待于进一步研究。

（3）"企业保健"综合变量的分析

这一综合变量中，"A"厂与中国均值比较有三项得分为负值（因素13，因素14，因素15），和日本均值比，也是该三项为负值。但"A"厂的员工并没有因企业福利条件比较差而过多地埋怨"A"厂的领导，他们的理解精神，令我们课题组成员非常感动。

企业保健即员工对福利、劳保等条件的看法，由数据及反馈资料看，"A"厂员工对本厂的企业保健措施满意度较高，在企业效益不景气的情况下，厂领导在这方面的工作，得到员工肯定已属不易，而员工能体谅厂里的苦衷，更是可贵的。当然，这其中也存在一定的弊端和漏洞，员工反映较多的是：

①医药费的报销问题。实报实销令员工满意，但也让一些人钻空子，造成医药费的报销额度过大，这反映出企业管理制度上的欠缺。当然，这个问题在企业实行医疗保险后，将迎刃而解。

②劳动保护改善的努力程度低于日本及全国均值，（因素13）主要反映连正常福利，如降温费、车间工人劳保手套、自行车车贴等都取消了。员工认为，正常的劳保支出不应削减，否则影响员工的工作积极性。

（4）"心理保健"综合因素分析

这一综合变量的参数反映，"A"厂与中国均值比较除因素18（0.12）为正值，其余为负值，与日本均值比较全为正值，与"B"厂比较有两个负值（因素16、因素17）。通过反馈分析，具体情况是：因素18（你干工作是否有后顾之忧?）

"A"厂与中国均值比为正值。说明在工作的后顾之忧问题上，大部分人无后顾之忧，或者比较少。后顾之忧最多者为销售人员，由于一年大部分时间在外，家庭、安全感都是后顾之忧，年轻人的成家压力比较大，这些问题尚需大家共同探讨一个解决的途径。

"A"厂与日本均值相比较，全为正值。反映"A"厂的心理保健得分较高，这里反映了"A"厂心理保健的两个层面：一方面员工关系比较融洽，另一方面反映员工没有压力。进一步讲，即员工工作的紧张度小，职责范围不清楚。反馈分析表明，除了销售部门奖金与资金回笼数挂钩；财务部门分工明确以外，其他部门，如质量、技术、党群、综合等部门任务无指标，考核无标准，员工职责范围不清楚，每天上班所要做的工作不明确，无计划，故而形成工作无紧张感，工作不讲效率，因此，心理压力小，心理保健这一因素得分较高。这也是人力资源管理上的问题，需要到"A"企业形象重塑研究所去进一步讨论解决。

（5）"集体工作精神"综合因素分析

这一综合变量中，"A"厂与中国均值比较中，得正值的是因素22和因素25，同样这2个因素得分也高于"B"厂。说明A厂相互合作精神很好，在工作需要时，同事们能给你帮助。而其他三个因素与中国均值、"B"厂均值相比，皆为负数，说明在"A"厂的集体工作精神好的情况中也存在着一些问题和漏洞，通过反馈研究，具体分析如下：

①各部门之间的协调情况并不尽如人意。一提"A"厂质量问题，销售部认为，质量部应承担责任，应加强质量把关；质量部又认为供应部

门在进材料时应卡得紧一些，且认为本部门的权威性不够，在厂里讲话没人听；供应部门认为自己无权调动资金，赊购别人材料，只能达到这种水平。这样，工作上互相不协调的结果是"踢皮球"，最后谁也不负这个责任。

②部门内部情况也有所不同。大多数部门都反映本部门集体工作精神比较好，同事们能努力地完成工作任务，这也是因素22、因素25得分较高的原因，但个人之间职责不清，每个人具体工作任务不明确，工作量无法考核。一项工作大家都负责，结果是谁也不负责，造成一旦工作上出了差错，也分不清究竟该什么人来负责的局面。

(6)"会议成效"综合因素分析

这一综合变量中，"A"厂与中国均值比较，有两个因素（因素27，因素30）略高，其他三个因素（因素26，因素28，因素29）皆低于中国均值，和日本、"B"厂均值比都为负值，因此反映出"A"厂的会议成效情况很不好，需要加大力度改进，反馈分析的主要情况如下：

员工普遍反映厂里会议很少，员工没有机会参加各种会议，只有被动地接受任务。中层干部会议不定期，也无固定形式。部门会议中，领导只按自己意图行事，有些厂里的经营状况他们认为不该告诉员工，便不再下达，员工没有机会参与，职代会也很少开了，员工的参与意识严重被挫伤。员工只有被动接受任务，故会议成效很低。这一点，基于"A"厂的经营现状，领导的做法有些是无奈，是可以理解的，但员工的主人翁感削弱了，与企业同生死、共命运的决心也随之动摇了。所以，跳槽者、不满者日渐增多，在这一点上，应当向"B"厂学习。

(7)"信息沟通"因素分析

这一综合变量，"A"厂与中国均值、日本均值、"B"厂比都是负值，并且分值极低，说明信息沟通渠道不畅，通过反馈分析，具体情况是：

在反馈中，课题组听到部分员工反映，部门开会，布置任务，对本部门情况比较清楚，但全厂会议很少，厂里的经营计划、经营现状一概不知，员工的意见很难上达领导；员工认为他们的意见不受上级重视，上面意见精神由于会议较少，且效益滑坡后，领导也认为无更

多信息告诉群众。而"B"厂的信息收集工作做得很扎实，工作反馈表、晨会、晚会、中层干部会、个人工作小结，领导直接面对员工，让员工了解企业经营现状及存在的问题，上情下达，下情上达，沟通很快。"A"厂也曾学习"B"厂，写过个人工作小结，但总的情况是领导与员工商量少了，决定多了，最后群众不愿反映情况，形成一种开会的形式主义。这种情况造成，上下级间信息沟通渠道的不畅通，表明正式渠道不畅，必然导致组织结构涣散，企业凝聚力下降。

当然，部门之间是存在差异的。如财务部门的员工认为，自己处于厂里重要地位，各部门情况最终都要汇总到财务部门。所以，厂里大大小小的信息、情况，都要经过财务部门，财务部门的信息沟通比较畅通。而质量部与技术开发部认为，他们根本不知道本厂的计划和营运状况，厂里不重视他们，这两个部门的员工认为他们的意见上级很不重视，信息沟通渠道严重阻塞。所以，"A企业形象重塑研究所"，要专门研究质量部和技术开发部的问题。

(8)"绩效规范"综合因素分析

这一综合变量中，"A"厂与中国均值比较，只有因素36（在你工作岗位上，同事之间是否为工作而互相交换意见）为正值（0.15），与"B"厂比较因素40（你个人是否想超额完成任务）为正值（0.01），其余皆为负值；而与日本企业均值比较，只有一个因素38（我和我的同事在工作竞赛中和集体活动中，不想输给其他部门）为负值（-0.30），其余均为正值。表明A厂一方面很想好好干，超额完成工作任务，这是极其宝贵的精神财富和可贵的工作上进心；但另一方面也说明"A"厂的工作定额是否比较低。没有满负荷，更谈不上超负荷运转所产生的结果。这些问题是人力资源管理中，有关职务分析、定岗定额的内容，最好在"A"企业形象重塑研究所，专门开辟有关人力资源管理的研究，提出科学的针对性的改进措施。

11.4.3.3 关于企业文化测评结果

我们运用了国际著名的美国管理心理学家吉特·霍夫斯泰特设计的《企业文化》测定量表，他已经在全世界56个地区和国家测定了跨文化管理的问题，建立了数据库，这次也慷慨支持我们的总课题组，把数据库提供给我们使用。"B"

厂和"A"厂作为样本企业，我们课题组对它们进行了测定，结果如表11-5所示。

表11-5 企业文化六个综合因素均值表

	B厂	A厂	国际均值	国际最高值
过程—结果	34.49	31.03	50	197.4
工作—人	61.09	59.89	50	230.9
地方—专业化	29.00	20.69	50	170.3
封闭—开发	90.26	56.09	50	260.0
松散—严格	114.28	40.38	50	330.4
形式—实用	88.96	33.35	50	220.9

（1）过程—结果（注重眼前—指向未来）

这一综合变量表明：如果企业管理注重当前行为，就是注重眼前利益，综合评定得分偏低，而注重结果，则看重未来发展，长远利益，则得分偏高。"B"厂与"A"厂得分都是三十几分，在50分以下，说明轻工企业的组织行为有共性的特征。这种特征表明，两个轻工企业都是注重当前行为，属同种管理类型，注重眼前效益，注重短期效益，风险意识不够；对长期效益与长期规划的重视程度，两个企业基本相同，与国际均值50分及国际最高值197.4分相差甚远。其中"A"厂是经济效益滑坡的国有企业，而"B"厂是经济效益上升的国有企业，两者在管理方式上并没有显著性差异。

"B"厂和"A"厂都是眼前利益型，对未来发展，虽然"B"厂做了多方面努力，目前，取得了惊人的成绩，但还有大量工作要做，才能占领未来之市场；当然，"A"厂相对于"B"厂来讲，要做的工作更多，压力更大。这也是"A"企业形象重塑研究所从事的工作，但这部分工作要在企业发展研究的专家们指导下，才能完成，国外效益最好的500家企业，全请了企业发展研究顾问。

（2）工作—人（以生产为本—以人为本）

这一综合变量表明：如果企业管理的侧重点以"生产为本"得低分，而"以人为本"则得高分，两个企业的得分均值，都高于国际均值（50分），说明这两个企业还是比较关心员工的。这与社会主义制度及国有企业的性质，及历来的传统文化中重人情、讲亲和有关。但是比丹麦、荷兰等欧洲国家的最高分230.9分，还差得远，所以还有许多工作要做，比如民主管理，让员工有更多的机会参与管理。企业不仅重视大量机器设备投入，也要重视技术人员本身的积极性、创造性。随着企业发展，企业员工中高层次、高学历的人员，比例将加大，"以人为本"的管理模式更显重要。高学历、高层次的人，不完全在乎报酬，他可以通过人才流动，去寻求发挥其才能的更理想环境。因此，企业要注重尊重科技人才，给他们创造一个可发挥他们能力的工作环境和心理环境，让他们全力为企业奋斗。这也是"A"企业形象重塑研究所研究的问题：如何留住高层次人员、科技人员，吸引他们为"A"厂全力奋斗。

（3）地方—专业化（简单划一—全面综合）

这一综合变量虽表明：简单划一的管理模式得低分，全面综合的管理模式得高分。轻工企业的这一综合变量的得分，不令人满意，"B"厂与"A"厂两厂的均值离国际50分的均值差距较大，反映轻工企业的组织行为还是比较落后的。在企业发展生命的不同阶段，应当采取不同的管理模式，才能获得满意的经济绩效。在企业初创阶段、不成熟期，可以采用刚性管理，简单划一的操作；一旦企业从无序步入有序，逐步进入成熟期的时候，企业管理的模式应当作适当的调整，建立一种领导者和被领导者协调一致，高效运作的管理系统。

（4）封闭—开放（信息封闭—信息开放）

这一综合变量表明：如果企业管理中信息封闭得低分，信息开放得高分。两个样本企业差距较大，"B"厂为90.26分，"A"厂为56.09分，说明"B"厂管理上较"A"厂开放。"B"厂在上下级之间、员工与员工之间、内部各职能部门之间较开放与透明，这与大办公室、晨会、晚会，及企业工作计划是密切相关的，但与国际最高值比较差距就大了。因为信息沟通与开放，不仅是上行、下行、平行沟通渠道，是否畅通与促进工作，更重要的是，重视每个员工在沟通网络中的角色，及每个员工是否发挥更大的作用。"A"厂应加强这方面的工作。

（5）松散—严格（管理松散—管理严格）

这一综合变量表明：管理松散得低分，管理严格得高分。"B"厂得分为114.28分，"A"厂得分为40.38分，在反馈研究的过程中，课题组了解到："B"厂迟到三次要开除，并且严格执行，追求"24小时365天运转"；实行严格的质量管理。这些严格的管理措施，若与欧洲航空公司的企业得分150分相比又差40几分，再与世界最高值330.4分比还有更大差距。而"A"企业的员工在工作纪律上较为松散，企业在产品质量管理中存在薄弱环节。分析这一综合变量可知：一方面说明与工作性质、行业特点有关；另一方面说明"A"厂的内部管理存在许多问题，而且十分严重，需要引起领导的充分的重视。比如质量管理、成本管理、财务管理、人力资源管理、营销管理等方面，都需要有更合理更科学的管理模式和操作程序。

（6）形式—实用（形式主义—讲究实效）

本综合变量"B"厂得分88.96，高于50分的国际均值。"A"厂得分33.35分，比"B"厂低55.61分。这一综合变量反映企业在"主要强调全盘的执行组织程序"还是"主要强调客户的需求"这两个维度上的情况，如果偏向前者，则反映在工作规范上是流于形式，如果偏向后者，则表明讲究实效。"A"厂在这方面的差距分析，可以参阅前面"企业内部形象实态调查"的许多内容，"A"厂这么低的得分应当引起领导的充分注意。

11.4.4 课题组提出解决企业设计问题的建议

课题组按照国际规范的企业诊断三部曲操作，得出如上的分析结果，并清楚地指出了企业的主要问题所在，这种通过实态分析、进行动态管理的方式和方法，也是现代企业制度运作中的重要内容。通过我们在样本企业的实际操作，获取实证资料，然后反馈给样本企业，经过反复研究、策划，提出"A"电器集团公司企业发展研究报告，并建议，建立"A"企业形象重塑研究所实施操作。前面我们经大量的实证研究表明，建立这一机构（或"A"厂自己提出更合适的名称），目的是改善企业管理，真正走上现代企业制度的轨道，实现"A"企业形象的再度辉煌。任重而道远，需要上下一条心，齐心协力，共渡难关；从我做起，从眼前做起。为此，课题组提出两方面的改进建议。

11.4.4.1 加强企业内部管理，重塑"A"企业形象

（1）产品质量是企业形象的生命线，狠抓产品质量，树立"A"品牌新形象

鉴于上面的分析，我们知道，"A"品牌因质量原因已深受损害，企业的产品质量是企业的生命，"A"厂要在市场竞争中站稳脚跟，必须在质量问题上下足功夫，否则只顾抓销售，拼命抢市场结果适得其反。抓产品质量，要从以下几方面努力：

①首先要加强质量意识。领导上要将重心向"抓质量"偏移，在员工中树立质量意识，不仅仅将它作为一句口号，而是将质量意识真正树立起来。像"B"厂人一样，全厂上下，人人关心产品质量。

②提高质检人员的素质，加强职业道德教育。"A"厂产品质量下降的原因，课题组从反馈中了解到，质检人员的文化水平、素质能力不太符合要求。因此应在提高现有质量部人员素质、技术水平的基础上，多补充一些技术水平过硬，综合素质高的人员进质量部，而将一些不合格的质检人员替下来。

同时，应加强各级人员的职业道德教育，让生产工人和质检人员、材料供应人员意识到质量对一个企业形象的重要性，意识到每一件不合格产品对"A"品牌的损害有多么严重，从而人人在自己的工作环节上对质量把关，加强质量管理。

③制定严格的质检规章制度，真正实现"质量否决权"。"A"厂在产品质量工作上虽然人人在喊口号，但并未落实，究其深层次的原因，关键在于质量部门员工在企业地位低，无威信，无法执行质检否决权。因此要建立相应的规章制度，赋予质检人员相应的权力及承担对等的义务，并认真贯彻执行质检否决权，严格质量管理。

④加强服务，建立用户档案，维护"A"品牌信誉。"A"厂的产品虽然属小家电，但企业也应从消费者的角度出发，为生产出的每一件产品建立质量跟踪信誉卡，即对每一件产品从原材料的供应，到每一生产环节生产、质检等各个环节都加以相应的台账记录。这样，不论产品在哪一个环节上出问题，就可跟踪调查原因，追究相应的责任。这有利于提高产品质量，维护"A"的品牌和信誉。

（2）加强产品设计，提高产品附加值

①加大技术投入。从全国市场调查面上汇总和某地区的点上调查的结果显示，"A"厂电器的造型、色彩、功能等属产品设计方面的问题，与广东、上海、南京等同行业竞争对手比较，明显有差距，所以加大产品设计力度，尤为必要；因为小家电已步入成熟期，产品附加值的挖掘显得十分重要。"A"厂技术开发部力量薄弱，员

工积极性低，这是必须改变的，应当意识到技术对企业的重要性。

②提高技术人员的地位，兑现奖惩措施。目前"A"厂技术开发部留不住人才，人才纷纷跳槽，与技术人员在厂里地位有关，工程师的工资与门卫工资差距很小，这种状况致使技术人员人心不稳，而且年龄结构不合理。这与"B"厂技术部相比有很大差距。另对技术提成的制度也应兑现，以发挥技术人员的积极性。

③技术开发要制定五年、十年的中长期规划，并实行目标管理。企业技术开发要有长远目标，"A"厂之所以出现目前的滑坡，重要的原因是，企业在发展的鼎盛期，没有注重技术资金的储备，在技术开发上没有长远规划造成的恶果。由于工作没有中长期规划，没目标的压力，企业发展就会盲目，甚至步入误区，今日"A"企业的大幅度滑坡，就是深刻的教训，这一教训，应当引起整个轻工行业的重视。

（3）加强企业内部信息沟通，提高会议成效

前述8个问题中，信息沟通与会议成效问题最为突出，一个成功的管理者应博纳众家之言，发挥员工的主观能动性，"A"厂员工的集体工作精神比较好，但领导没有把较高的内聚力导向组织目标上去，再加上民主管理较差，员工都没有参与感，没有发挥主人翁的优势，这与企业内部信息沟通阻塞，有很大关系。为此，企业应从以下方面着手改变：

①定期召开各种层次的会议，传达上级意图，听取群众意见。应当定期开职代会，工会代表会议，中层干部会议，明确地告诉企业职工厂里现状，以后的发展规划，遇到的困难，各部门应负担的职责，听取职工各方面的意见，集思广益，形成上下、左右信息沟通渠道的畅通，让员工急企业之所急，想企业之所想，加强员工的参与意识。

②积极倡导"合理化建议"活动，发挥员工的主观能动性。鼓励职工提出各种建议，对于一些合理化建议的提出者，给予一定的奖励。提拔一些有能力的员工到相应的岗位上做管理工作。

（4）企业领导应协调备各部门的工作，加强全面管理

"A"厂员工普遍认为，企业领导过分注重销售，而忽视了内部管理，致使内部各部门之间的工作没有协调好，各自为政，职责不清。科室人员工作无压力，奖惩力度不够，无法调动职工的积极性。因此建议厂领导进行全面管理，对产品、质量、成本、销售一起抓，不可偏废，同时应建立合理的岗位责任制，责任到部门，责任到个人。应当使每个科室人员，在上班时间明确自己当日的工作任务和应达到的要求，应当有工作计划、工作小结来考核每个职工的工作效率、工作成绩，对于奖惩制度的执行应当加大力度，该重奖的重奖，该重罚者重罚，使每个职工有危机感的同时，又有了工作的动力，改变目前科室人员职责不清的状况和各部门推卸责任的情况。

（5）加强成本管理，强化财务管理意识

从反馈资料看，员工对企业财务人员的工作不理解，认为财务部门只管贷款，不主动监督开支，缺乏财务管理意识。企业效益不行，但浪费惊人，既不开源，又不节流。这从根本上来讲，是财务部门的监督制度不健全造成的。我们建议：

①健全定额成本管理制度。制定科学合理的定额，节约材料，严格控制废品率，以降低生产成本。

②财务部门应对费用进行预算控制。对企业的各部门费用加以核定，减少不必要的开支。

③财务部门应发挥其管理职能。积极参与企业管理，发挥理财功能。"A"厂财务工作中的问题，是很多企业的普遍问题，应好好加以研究、

11.4.4.2 强化企业外部形象，重塑"A"整体形象

（1）重塑"A"企业形象是一个整体策划过程（CIS策划）

强化企业外部形象的工作，是一个整体工程、系统工程。不是单一部门能承担的，也就是说，CIS（企业形象识别系统）策划是整体策划。前面也提到过，它包括三部分：即MI、BI和VI。国际规范的CIS设计，是由里向外操作，即企业理念、精神形成之后，上下一条心（MI是企业的"心"）；然后通过培训，规范企业员工的行为，统一企业员工的行为（BI是企业的"手"）；最后把区别于其他同行业的特征，用视觉识别的各种手法，向公众发布（VI是企业的"脸"）。所以，只有企业内部管理井井有条，企业员工与组织目标达成共识，自觉地用行为来实

现组织目标时,那时候的 VI(比如广告承诺),才是真实的。不然,产品质量不好,服务不好,企业员工行为不文明等现象出现时,只会给企业脸上抹黑。

因此,课题组建议,成立"A"企业形象重塑研究所,专门研究这三者(MI、BI、VI)的统一。从"A"企业形象重塑工程的角度看,"A"企业形象重塑研究所就是"A"企业 CIS 工作委员会。

(2)具体的"A"企业形象整体策划有关建议

课题组的研究报告,在第一部分实态调查和第二部分问题分析中,已经边分析边提出对策,并且逐一把解决问题的方法做了充分的交代,希望"A"厂认真思考。只有解决了企业存在的问题(当然是一步一步来,分轻、重、缓、急处理),才能为导入"A"企业 CIS 打下坚实的基础。同时,调整内部管理模式,强化管理过程,也就是导入 CIS 的开始。所以,加强内部管理和企业内部形象的塑造,是为外部形象的发布和展示,做先期工作的,也就是先做 MI、BI,最后发布 VI。

有关企业形象内部操作和外部操作的具体意见和方法,请"A"厂在研究报告查看对外部形象塑造提出了五条建议;而有关内部形象的塑造的建议可以从研究报告的有关章节中查到。

(3)"A"企业形象塑造的具体操作

在"A"企业形象重塑研究所内应当解决"A"企业 CIS 导入问题,应当讨论"A"企业 CIS 导入的机构设立和职能落实问题。

导入 CIS,是一个统一性、关联性、整合性很强的复杂工程,需要各方人员和丰富的知识经验,方能完成。规范的 CIS 负责机构一般由三方面组成:企业内部人员、CIS 问题专家、专业设计公司。

企业内部人员由企业总经理或厂长挂帅,各职能部门负责人组成。因为 CIS 工程应是一项自上而下发动,自下而上响应,全体职工共同参与,实行统一行动的过程。因此,企业领导人的 CIS 意识很重要,完整的 CIS 导入每步作业,都需要领导人的支持和职工的配合,这一点很重要。

CIS 问题专家是企业咨询、企业发展的顾问(OD 专家)。要求有丰富的现代企业管理、行为科学、公共关系、广告策划、消费心理分析等方面的知识,同时要有教育培训、说服宣传能力,在导入 CIS 的过程中提供多方面的专业指导。不仅在 CIS 导入的前期工程中,需要专家指导,在今后长期的实施管理过程中,专家亦可以提供咨询、进行督导。本课题组可以承担这方面的任务。

专业设计公司(CIS 设计公司)是企业导入 CIS 的协作单位,要具备丰富的经验和专门技术,能够和 CIS 问题专家、企业领导充分配合,迅速有效地完成调研分析、策划设计工作,帮助企业进行形象定位。课题组可以提供资深的设计公司承担,这些设计公司作为训练有素的外界人士,可以给企业提出中肯的意见,帮助企业发现问题,有利于企业的 CIS 决策。

(课题组提出的有关企业咨询和企业发展的意见和建议,谨供"A"电器集团公司参考。)

中国轻工总会软科学研究项目
《轻工企业组织行为与经济绩效》
江南大学设计学院(原无锡轻工大学)课题组

11.4.5 中外企业设计与 CSI 案例分析
11.4.5.1 中国联想企业设计案例分析[①]

(1)企业文化发展

联想以竞争性文化价值模型为基础,设计了自己的螺旋发展模型。以"对内—对外"和"控制—自主"为两个维度,这两个维度划分出四个象限,每一个象限代表一种文化导向:目标导向——服务文化,联想提出"客户就是皇后"的理念,因为皇帝也要听皇后的,皇后的位置更不可忽视;规则导向——严格文化,联想提出了"认真、严格、主动、高效"的严格文化,是对管理的进一步规范;支持导向——亲情文化,提出"平等、信任、欣赏、亲情"为主题的亲情文化,营造亲情的氛围;创新导向——创新文化,服务文化、严格文化、亲情文化代表了联想过去和现在的文化主流,而创新文化是面向未来。

(2)企业管理的发展

管理三要素:建班子——领导班子是企业的大脑,起着聚集力量的作用;定战略——不同时期、不同内容的战略,是核心竞争力发展的主线;带队伍——全企业的员工围绕着企业的核心

[①] 李建立. 剖析持续发展公司的变革秘诀解读科技创新企业的成功转型. 联想再造,北京:中国发展出版社,2004

层，共同努力增强企业的综合竞争力。[①]

价值流再造：联想把管理看做一间房子，战略远景就犹如房顶，组织结构、流程与信息化技术就犹如房子的支撑框架，组织文化则犹如房子的地基。参见图 11 – 10（价值流再造示意图）。[②]

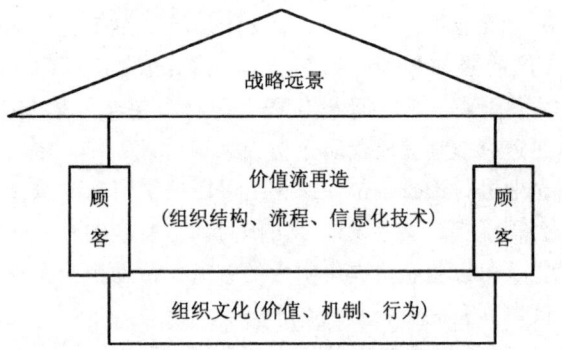

图 11 –10　价值流再造示意图
（图片来源：齐振宏　一个基于帕勒摩定律与价值流再造的实证分析——以联想集团为例）

（3）人力资源管理

"入模子"是指每个进入联想的员工都必须进入联想的"模子"，成为与联想需要相符的联想人。联想的"人模"教育分为两层，一层是针对一般员工的，一层是针对管理人员和骨干的。

培养人才的方法："缝鞋垫"与"做西服"，刚学缝纫的时候，不拿上等的毛料去做西服，而应该先学缝鞋垫，只有通过不断的实践和学习，才能培养出手艺；"赛马中识别好马"、"谁跑得快支持谁"，识别人才和培养人才的最好方法，是在工作中观察；训练搭班子、协调作战的能力。联想成立总裁办公室，办公室内有来自各个职能部门的经理，对总裁需要决策的项目出谋划策。

薪酬福利，是员工所获得的所有报酬，其中包括工资、年终奖金、员工持股、社会福利和公司福利。通过合理的薪酬福利结构、公平地制定标准，让员工的收入明确，更好地激励员工工作。

联想的企业文化随着环境的变化不断地改进和创新，也带动着企业管理模式和内部管理策略的调整，促进了联想企业的发展。

11.4.5.2　美国苹果公司体验设计与 CSI 案例分析

苹果公司的成功一方面可归于其产品出色的设计和优秀的功能（产品设计），另一方面归于品牌策略的成功（品牌设计），使得苹果公司产品不仅仅满足消费者使用的需求，而是上升到情感和认同的境界。

（1）"苹果"微创新

苹果公司有着这样一种创新理念：将每一件产品、每一件事情都做到极致，同时也要体现简单、易用、美观和时尚。乔布斯新理念的核心是"用户体验"——集中精力改进既有技术，使其变得更好用、更容易被用户接受。这种对用户体验的创新就是微创新。

设计微创新。苹果公司一开始做 iPod 之所以能够流行，首先在于它一流的设计，再一个微创新，是里面的东芝小硬盘，号称可以存储一万首歌，一辈子都听不完。从 iPod 开始，每一个微小的创新，持续改变，都成就了一个伟大的产品。iPod 中加入一个小屏幕，就有了 iPod Touch 的雏形。有了 iPod Touch，任何一个人都会想到，如果加上一个通话模块打电话怎么样呢？于是，就有了 iPhone。有了 iPhone，把它的屏幕一下子拉大，就变成了 iPad。[③] iPod 为苹果公司捕捉了不少消费者的体验，也为以后产品的创造奠定了基础。

商业模式微创新。乔布斯和苹果公司成了不少人崇拜的对象，大家开始学苹果公司做手机、做 AppStore、做各种 Pad。抄袭商业模式表面上来看最省劲，但简单抄袭肯定死，真正学到精髓的才可能生存。App Store 之所以成功，它是在 iTunes 基础上的微创新。2003 年 6 月，苹果公司将 iPod 播放器、iTunes 分销平台和音乐商店联合在一起的新商业模式，证明了数字音乐收费下载模式和消费者是很多的[④]。能在 iTunes 上卖歌，那么在 App Store 上卖软件和游戏便应运而生了。这样的事实也表明了用户愿花钱获取使用功能之

[①]　解析联想集团的企业文化 [J]．石油政工研究，2008 年第 4 期：78 – 79
[②]　齐振宏．一个基于帕勒摩定律与价值流再造的实证分析——以联想集团为例 [J]．科研管理，2006.7：157
[③]　乔布斯和微创新 [EB/OL]．http://blog.sina.com.cn/s/blog_ 49f9228d0100xhmm.html
[④]　吴海葵．苹果公司商业模式创新的研究 [D]．广州：中山大学，2010

外的东西。

苹果公司的发展历程告诉我们,一件好的产品必定是创新的产品,但是这种"新"是与消费心理结合的"新",是与市场结合的"新",是对用户体验的"创新",否则生产的新产品只会因脱离消费者需求而成为先烈。强调"用户体验",其本质就是吃透了用户需求和用户心理的高层次的市场营销。"终极的用户体验"是"崇拜"。如今诸多"果粉"的疯狂行为,显然已经超出理性范畴。

(2)"苹果"的体验文化

产品承担着会话者的角色,会话的主要功能不是解决一些问题,而是改善体验的品质。苹果公司的产品正如我们知道的宝马奔驰等品牌一样已经不仅仅代表一个产品符号,它同时具有文化符号的特征①。人们在经历技术崇拜之后,越来越关注产品的使用体验。在逛街的时候,人们随意走进一家"苹果"店,Apple Store 精心设计了呈现"数字生活中枢的用户体验场",这是一个既能反映公司经营理念,又能推动产品销售的场所。至今,全球共有约 300 家 Apple Store。"天才吧"是"苹果"店的另一个创新,让顾客可以与维修人员面对面地进行问题检修。另外,消费者还可以参加 Apple Store 零售店举办的讲座以及针对儿童人群举行的夏令营。这就是苹果公司全面体验营销的策略,和一种给予人们自由选择权利和尊重个体价值的人性主张。苹果公司成功地塑造了它的体验文化。

"体验设计在产品功能基础上赋予了产品更多的情感体验,不仅适当地增强了产品与使用者的互动性和沟通性,同时也在某种程度上令设计向着更加人性化或者是更加情绪化的方向发展"②,满足了人们的心理需求,提升了消费者对产品和企业的满意度。

思考题

一、名词解释

1. CIS 设计　2. BPR 设计　3. 精良工程(LP)　4. 敏捷制造(AM)　5. 虚拟公司(CV)　6. 组织结构扁平化　7. 企业资源规划 ERP　8. 计算机集成制造系统 CIMS　9. 企业服务设计　10. 企业可持续设计

二、简述题

1. CIS 导入的基本步骤。
2. 企业服务设计的方法和原则。
3. 企业文化评价维度(6 因素)。
4. 管理情境的评价维度(8 因素)。
5. 苹果公司的企业设计。

三、分析题

1. 根据 CIS 导入的基本步骤,作为设计师应当采用什么手段去实现基本步骤。
2. 结合实例说明企业服务设计如何提升消费者满意度。
3. 分析企业形象设计未来的发展趋势。

四、实务操作(小组讨论)

1. 谈谈你对企业设计的案例:"A"电器集团公司企业咨询与 CSI 分析的体会。
2. 我国 CIS 设计的误区及对策。
3. 国际 BPR 设计对我国工业设计的启示。

---

① 郑智轩. 苹果产品的设计与受众体验心态的思考[J]. 剑南文学, 2010(4): 141
② 于文恺. 浅析设计中的体验心理[J]. 科技创新导报, 2009(9): 242

后 记

《设计心理学》(第一版)出版已 10 年有余,我们每年上课的基本原理变化不大,但举例说明是与时俱进的。《设计心理学》第二版补充了理论研究的前沿动态和实践运作的新进展,而推出的案例也是最新成果。参与完成这一修订任务的是我们设计心理学方向研究团队的成员:王天贤(第六章、第十一章)、康琳(第二章、第九章)、冉鹏(第三章、第四章)、武改翠(第七章、第八章)、王丽娜(第五章、第十章),他们和导师合作,尽心尽力,我对此非常欣慰,向他们表示衷心的感谢。另外,向为本书提供资讯和案例的文献作者一并表示谢意。